量子力学习题与解答

陈鄂生　李明明　编著

科学出版社

北京

内 容 简 介

本书汇集量子力学习题约 300 个，并给出详细解答. 这些习题按内容分成八章：薛定谔方程与一维定态问题、力学量算符、表象、三维定态问题、近似方法、自旋、全同粒子体系和散射. 每章前列出学习要点，这是在做题前必须掌握的基本知识. 这些习题大部分取自近 20 年中国科学院、北京大学、南京大学、复旦大学等高校硕士研究生入学考试量子力学试题，并在附录中给出这些院校的量子力学试卷约 70 份，其中除简单题外均给出解答.

本书可作为大学本科物理专业“量子力学”课程的参考书，并供报考物理相关专业的硕士研究生入学考试备考者在考前学习使用.

图书在版编目(CIP)数据

量子力学习题与解答 / 陈鄂生，李明明编著. —北京：科学出版社，2012

ISBN 978-7-03-032773-4

Ⅰ. ①量… Ⅱ. ①陈… Ⅲ. ①量子力学–高等学校–题解 Ⅳ. ①O413.1-44

中国版本图书馆CIP数据核字(2011)第231663号

责任编辑：胡 凯 杨 锐 / 责任校对：刘小梅
责任印制：霍 兵 / 封面设计：王 浩

科学出版社 出版
北京东黄城根北街 16 号
邮政编码：100717
http://www.sciencep.com
三河市骏杰印刷有限公司印刷
科学出版社发行 各地新华书店经销
*
2012 年 1 月第 一 版 开本：720 × 1000 1/16
2025 年 2 月第二十三次印刷 印张：28
字数：554 000

定价：89.00 元

(如有印装质量问题，我社负责调换)

前　言

我曾在山东大学讲授“量子力学”课程多年. 在这期间，常有学生带着近期各院校量子力学考研试题来探讨试题的求解方法. 时间久了，我就积累了大量这方面的材料. 2003 年，我将这些材料整理成一份讲义“量子力学习题与解答”，作为量子力学的课堂辅助教材和考研辅导教材给学生使用. 2005 年，我转到山东大学威海分校继续讲授量子力学，在这期间又积累了一些新的材料，并将它们补充到讲义中，这就形成了本书. 我希望本书对讲授量子力学的教师和学习量子力学的学生能有一点帮助.

我要特别感谢鲁东大学的柳盛典教授、科学出版社的胡凯和杨锐两位编辑，正是在他们的大力支持和帮助下，本书才得以正式出版. 我还要感谢我的历届学生，他们为本书提供了大量素材，并参与了部分习题的讨论. 例如书中习题 7.15 的解答方法 1 就由李静同学提出，她所提出的方法 1 比我采用的方法 2 要简单得多.

由于水平有限，书中错误在所难免，真诚期待读者的批评和指正.

陈鄂生

2011 年 7 月

目　录

第一章　薛定谔方程与一维定态问题

学 习 要 点

1. 在坐标表象中，无自旋的粒子或虽有自旋但不考虑自旋运动的粒子的态，用波函数 $\psi(\boldsymbol{r},t)$ 表示. $|\psi(\boldsymbol{r},t)|^2\,\mathrm{d}\tau$ 表示 t 时刻、粒子处于空间 $\boldsymbol{r}$ 处 $\mathrm{d}\tau$ 体积元内的概率，$|\psi(\boldsymbol{r},t)|^2$ 表示概率密度. 根据波函数的物理意义，波函数 $\psi(\boldsymbol{r},t)$ 应具有如下性质：(1)任一时刻在全空间找到粒子的概率 $\int |\psi(\boldsymbol{r},t)|^2\,\mathrm{d}\tau$ 取有限值，即 $\psi(\boldsymbol{r},t)$ 是平方可积的；(2) $|\psi(\boldsymbol{r},t)|$ 是单值的；(3) $\psi(\boldsymbol{r},t)$ 与 $\nabla\psi(\boldsymbol{r},t)$ 是 $\boldsymbol{r}$ 的连续函数.

2. 波函数 $\psi(\boldsymbol{r},t)$ 满足薛定谔方程

$$\mathrm{i}\hbar\frac{\partial}{\partial t}\psi(\boldsymbol{r},t)=\hat{H}\psi(\boldsymbol{r},t) \tag{1-1}$$

其中

$$\hat{H}=-\frac{\hbar^2}{2\mu}\nabla^2+V(\boldsymbol{r},t) \tag{1-2}$$

是粒子的哈密顿算符，它由动能算符 $\hat{T}=-\dfrac{\hbar^2}{2\mu}\nabla^2$ 与势能算符 $V(\boldsymbol{r},t)$ 组成. 如果势能 $V=V(\boldsymbol{r})$ 不含时间 t，则

$$\psi(\boldsymbol{r},t)=\mathrm{e}^{-\mathrm{i}Et/\hbar}\,\psi(\boldsymbol{r}) \tag{1-3}$$

$\psi(\boldsymbol{r})$ 满足定态方程

$$\left[-\frac{\hbar^2}{2\mu}\nabla^2+V(\boldsymbol{r})\right]\psi(\boldsymbol{r})=E\psi(\boldsymbol{r}) \tag{1-4}$$

或

$$\hat{H}\psi(\boldsymbol{r})=E\psi(\boldsymbol{r}) \tag{1-5}$$

这里的 E 作为哈密顿算符 $\hat{H}$ 的本征值，代表粒子的能量. 在已知势能 $V(\boldsymbol{r})$ 的条件下，可以求出定态方程(1-4)的解：定态能量 E 与定态波函数 $\psi(\boldsymbol{r})$.对于粒子被束缚在有限空间内运动的态(束缚态)，定态能量取分立值. 假若定态方程(1-4)的解已求出，它们是 E_n 与 $\psi_n(\boldsymbol{r}),n=1,2,\cdots$.选择 $\psi_n(\boldsymbol{r})$ 中的常数因子，使之满足归一化条件

$$\int |\psi_n(\boldsymbol{r})|^2 \mathrm{d}\tau = 1 \tag{1-6}$$

含有时间的定态波函数为

$$\psi_n(\boldsymbol{r},t) = \mathrm{e}^{-\mathrm{i}E_n t/\hbar}\ \psi_n(\boldsymbol{r}) \tag{1-7}$$

含时薛定谔方程(1-1)的一般解为

$$\psi(\boldsymbol{r},t) = \sum_{n=1}^{\infty} c_n \mathrm{e}^{-\mathrm{i}E_n t/\hbar}\ \psi_n(\boldsymbol{r}) \tag{1-8}$$

其中 c_n 为任意常数. 如果已知 $t=0$ 时的波函数 $\psi(\boldsymbol{r},0)=\varphi(\boldsymbol{r})$, 则常数 c_n 不再是任意的,

$$c_n = (\psi_n, \varphi) = \int \psi_n^*(\boldsymbol{r})\varphi(\boldsymbol{r})\ \mathrm{d}\tau \tag{1-9}$$

$|c_n|^2$ 代表粒子能量取值 E_n 的概率.

3. 一维束缚定态有如下性质: (1)能量是非简并的; (2)波函数是实函数; (3) 如果势函数 $V(x)$ 满足对称条件: $V(-x)=V(x)$, 则波函数 $\psi(x)$ 有确定的宇称, $\psi(x)$ 不是偶函数, 就是奇函数.

4. 一维无限深方势阱 $V(x)=\begin{cases}0, & 0<x<a\\ \infty, & x<0, x>a\end{cases}$ 中的定态能量和波函数为

$$E_n = \frac{n^2\pi^2\hbar^2}{2\mu a^2}, \quad n=1,2,\cdots \tag{1-10}$$

$$\psi_n(x) = \begin{cases}\sqrt{\dfrac{2}{a}}\sin\dfrac{n\pi x}{a}, & 0<x<a\\ 0, & x<0, x>a\end{cases} \tag{1-11}$$

如果坐标原点取在势阱中心, 则定态波函数为

$$\psi_n(x) = \begin{cases}\sqrt{\dfrac{2}{a}}\sin\left[\dfrac{n\pi}{a}\left(x+\dfrac{a}{2}\right)\right], & |x|<\dfrac{a}{2}\\ 0, & |x|>\dfrac{a}{2}\end{cases} \tag{1-12}$$

$\psi_n(x)$ 具有宇称 $(-1)^{n+1}$.

5. 势能 $V(x)=\dfrac{1}{2}\mu\omega^2 x^2$ 的一维谐振子定态能量和波函数为

$$E_n = \left(n + \frac{1}{2}\right)\hbar\omega \tag{1-13}$$

$$\psi_n(x) = N_n \mathrm{e}^{-\alpha^2 x^2/2} H_n(\alpha x) \tag{1-14}$$

$$\alpha = \sqrt{\frac{\mu\omega}{\hbar}},\ N_n = \sqrt{\frac{\alpha}{\pi^{1/2} 2^n n!}},\ n = 0,1,2,\cdots \tag{1-15}$$

$\psi_n(x)$ 具有宇称 $(-1)^n$.

6. 在 δ 函数势场 $V(x) = A\delta(x-a)$ 中，定态波函数 $\psi(x)$ 在 $x=a$ 点连续，它的一阶导数 $\psi'(x)$ 在 $x=a$ 点不连续：

$$\psi'(a^+) - \psi'(a^-) = \frac{2\mu A}{\hbar^2}\psi(a) \tag{1-16}$$

7. 波函数为 $\psi(x)$ 的一维运动粒子的动量概率分布函数为

$$W(p) = \left|\frac{1}{(2\pi\hbar)^{1/2}}\int_{-\infty}^{+\infty} \mathrm{e}^{-\mathrm{i}px/\hbar}\psi(x)\mathrm{d}x\right|^2 \tag{1-17}$$

概率流密度为

$$j = -\frac{\mathrm{i}\hbar}{2\mu}\left[\psi^*(x)\frac{\mathrm{d}}{\mathrm{d}x}\psi(x) - \psi(x)\frac{\mathrm{d}}{\mathrm{d}x}\psi^*(x)\right] \tag{1-18}$$

8. 在量子力学中，通常采用波函数 $|\psi(t)\rangle$ 随时间变化，力学量 $\hat{F}(\boldsymbol{r}, \hat{\boldsymbol{p}})$ 不随时间变化的描述方式. 这种描述方式叫做薛定谔(S)绘景. 在 S 绘景中，运动方程为薛定谔方程

$$\mathrm{i}\hbar\frac{\partial|\psi(t)\rangle}{\partial t} = \hat{H}|\psi(t)\rangle \tag{1-19}$$

另一种描述方式叫做海森伯(H)绘景. 在 H 绘景中，波函数 $|\psi_{\mathrm{H}}\rangle$ 不随时间变化，力学量 $\hat{F}_{\mathrm{H}}(t)$ 随时间变化，运动方程为

$$\frac{\mathrm{d}\hat{F}_{\mathrm{H}}(t)}{\mathrm{d}t} = \frac{1}{\mathrm{i}\hbar}[\hat{F}_{\mathrm{H}}(t), \hat{H}_{\mathrm{H}}(t)] \tag{1-20}$$

两个绘景中波函数之间的关系，以及力学量之间的关系是

$$|\psi(t)\rangle = \mathrm{e}^{-\mathrm{i}\hat{H}t/\hbar}|\psi(0)\rangle = \mathrm{e}^{-\mathrm{i}\hat{H}t/\hbar}|\psi_{\mathrm{H}}\rangle,\ |\psi(0)\rangle = |\psi_{\mathrm{H}}\rangle \tag{1-21}$$

$$\hat{F}_{\mathrm{H}}(t) = \mathrm{e}^{\mathrm{i}\hat{H}t/\hbar}\hat{F}\mathrm{e}^{-\mathrm{i}\hat{H}t/\hbar},\ \hat{F}_{\mathrm{H}}(0) = \hat{F} \tag{1-22}$$

由式(1-22)看出，在两个绘景中，哈密顿量是一样的：$\hat{H}_{\mathrm{H}}(t) = \hat{H}$，

$$\frac{\hat{p}_{\mathrm{H}}^2(t)}{2\mu}+V\left(\hat{\boldsymbol{r}}_{\mathrm{H}}(t)\right)=\frac{\hat{p}^2}{2\mu}+V(\boldsymbol{r}) \tag{1-23}$$

在两个绘景中，力学量的平均值是一样的：

$$\begin{aligned}\overline{F(t)}&=\left\langle\psi_{\mathrm{H}}\right|\hat{F}_{\mathrm{H}}(t)\left|\psi_{\mathrm{H}}\right\rangle=\left\langle\psi(0)\right|\mathrm{e}^{\mathrm{i}\hat{H}t/\hbar}\hat{F}\mathrm{e}^{-\mathrm{i}\hat{H}t/\hbar}\left|\psi(0)\right\rangle\\&=\left\langle\psi(t)\right|\hat{F}\left|\psi(t)\right\rangle\end{aligned} \tag{1-24}$$

以上内容是在S绘景中所有力学量，包括哈密顿量，都是同时间无关的假定下给出的. 如果在S绘景中力学量本身$\hat{F}(t)$含时间，则在H绘景中，运动方程为

$$\frac{\mathrm{d}\hat{F}_{\mathrm{H}}(t)}{\mathrm{d}t}=\frac{\partial\hat{F}_{\mathrm{H}}(t)}{\partial t}+\frac{1}{\mathrm{i}\hbar}[\hat{F}_{\mathrm{H}}(t),\hat{H}_{\mathrm{H}}(t)] \tag{1-25}$$

习题与解答

1.1 一个质量为μ的粒子在一维势场$V(x)=\begin{cases}0, & |x|>a\\ -V_0, & |x|<a\end{cases}$中运动，其中$V_0>0$. 求基态能量$E_0$满足的方程；求存在且仅存在一个束缚态的条件.

解 在此势场中的定态方程为

$$-\frac{\hbar^2}{2\mu}\frac{\mathrm{d}^2\psi(x)}{\mathrm{d}x^2}=E\psi(x), \qquad |x|>a$$

$$-\frac{\hbar^2}{2\mu}\frac{\mathrm{d}^2\psi(x)}{\mathrm{d}x^2}-V_0\psi(x)=E\psi(x), \quad |x|<a$$

在此势场中要形成束缚态，能量E只能在0与$-V_0$之间. 令

$$E=-|E|, \alpha=\sqrt{\frac{2\mu|E|}{\hbar^2}}, \beta=\sqrt{\frac{2\mu(V_0-|E|)}{\hbar^2}} \tag{1}$$

定态方程变为

$$\begin{aligned}&\frac{\mathrm{d}^2\psi(x)}{\mathrm{d}x^2}=\alpha^2\psi(x), \quad |x|>a\\&\frac{\mathrm{d}^2\psi(x)}{\mathrm{d}x^2}=-\beta^2\psi(x), \ |x|<a\end{aligned} \tag{2}$$

由于$V(x)$满足对称条件$V(-x)=V(x)$，一维束缚定态有确定的宇称. 方程(2)的偶宇称解为

$$\psi_1(x) = A\mathrm{e}^{\alpha x}, \qquad x < -a$$
$$\psi_2(x) = B\cos\beta x, \quad -a < x < a \tag{3}$$
$$\psi_3(x) = A\mathrm{e}^{-\alpha x}, \qquad x > a$$

由ψ与ψ'在$x=a$点的连续条件,得

$$B\cos\beta a = A\mathrm{e}^{-\alpha a} \tag{4}$$

$$B\beta\sin\beta a = A\alpha\mathrm{e}^{-\alpha a} \tag{5}$$

以上两式相比,得

$$\beta\tan\beta a = \alpha \tag{6}$$

令

$$\eta = \alpha a,\ \zeta = \beta a \tag{7}$$

式(6)变为

$$\eta = \zeta\tan\zeta \tag{8}$$

由η与ζ的定义式(7)与(1),得

$$\eta^2 + \zeta^2 = \frac{2\mu V_0 a^2}{\hbar^2} \equiv Q^2\ (\text{常数}) \tag{9}$$

$$Q = \sqrt{\frac{2\mu V_0 a^2}{\hbar^2}} \tag{10}$$

偶宇称定态能量由方程(8)与(9)通过作图法确定. 如图 1.1 所示, 由曲线$\eta=\zeta\tan\zeta$与半径为Q的圆在(η,ζ)坐标系的第一象限$(\eta>0,\zeta>0)$内的交点得到$\eta_0,\eta_2,\cdots,\eta_i,\cdots$, 从而得到偶宇称定态能量

$$E_i = -\frac{\eta_i^2\hbar^2}{2\mu a^2},\ i=0,2,\cdots \tag{11}$$

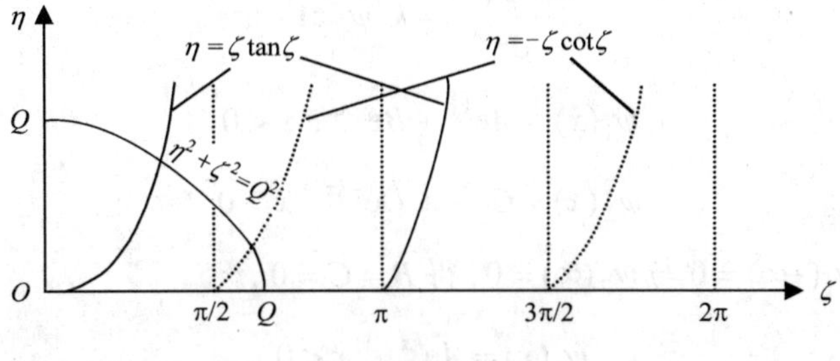

图 1.1

从图1.1看出, 无论势阱参数V_0与a取什么值, 至少存在一个偶宇称束缚态——基

态. 基态能量 E_0 满足的方程为(8)与(9).

类似的推导可得奇宇称态能量由方程

$$\eta = -\zeta \cot \zeta \tag{12}$$

与(9)决定. 由图1.1看出, 只有当 $Q > \pi/2$ 时, 才存在奇宇称束缚态[曲线(12)与(9)才有交点].奇宇称态的最低能量 $E_1 > E_0$, 为体系的第一激发态能量. 由此可见, 体系存在且仅存在一个束缚态的条件为

$$Q = \sqrt{\frac{2\mu V_0 a^2}{\hbar^2}} < \frac{\pi}{2} \quad 或 \quad V_0 a^2 < \frac{\pi^2 \hbar^2}{8\mu} \tag{13}$$

1.2　质量为 μ 的粒子在势场 $V(x) = -\alpha\delta(x)$ $(\alpha > 0)$ 中运动, 求束缚态能级和相应的波函数.

解　定态方程为

$$\left[-\frac{\hbar^2}{2\mu}\frac{\mathrm{d}^2}{\mathrm{d}x^2} - \alpha\delta(x)\right]\psi(x) = E\psi(x)$$

在 δ 函数势阱中要形成束缚态, 能量必定是负的. 令

$$E = -|E|,\ k = \sqrt{\frac{2\mu|E|}{\hbar^2}}$$

方程变为

$$\frac{\mathrm{d}^2\psi(x)}{\mathrm{d}x^2} = -\frac{2\mu\alpha}{\hbar^2}\delta(x)\psi(x) + k^2\psi(x)$$

在求解含有 $\delta(x)$ 函数势的方程时, 要去掉势能发散点 $x = 0$. 然后在 $x < 0$ 与 $x > 0$ 两个区求出波函数的一般解. 波函数 $\psi(x)$ 在 $x = 0$ 的值将由 $\psi(x)$ 的连续条件来决定. 不考虑 $x = 0$ 时, 方程及其一般解为

$$\frac{\mathrm{d}^2\psi(x)}{\mathrm{d}x^2} = k^2\psi(x)$$

$$\psi_1(x) = A\mathrm{e}^{kx} + B\mathrm{e}^{-kx},\ x < 0$$

$$\psi_2(x) = C\mathrm{e}^{kx} + D\mathrm{e}^{-kx},\ x > 0$$

由束缚态条件 $\psi_1(-\infty) = 0$ 与 $\psi_2(\infty) = 0$, 得 $B = C = 0$,

$$\psi_1(x) = A\mathrm{e}^{kx}, \quad x < 0$$
$$\psi_2(x) = D\mathrm{e}^{-kx},\ x > 0$$

由$\psi(x)$在$x=0$的连续条件$\psi_1(0)=\psi_2(0)$，得$A=D$，

$$\psi_1(x)=Ae^{kx},\quad x<0$$
$$\psi_2(x)=Ae^{-kx},\quad x>0$$

再由$\psi'(x)$在$x=0$的不连续条件

$$\psi_2'(0)-\psi_1'(0)=-\frac{2\mu\alpha}{\hbar^2}\psi_1(0)$$

得$k=\mu\alpha/\hbar^2$. 根据k的定义式

$$k=\frac{\mu\alpha}{\hbar^2}=\sqrt{\frac{2\mu|E|}{\hbar^2}}$$

由上式算出束缚态能量

$$E=-\frac{\mu\alpha^2}{2\hbar^2}$$

相应的归一化波函数为

$$\psi(x)=\sqrt{k}e^{-k|x|}=\sqrt{\frac{\mu\alpha}{\hbar^2}}e^{-\mu\alpha|x|/\hbar^2}$$

1.3　质量为μ的粒子处于一维势场

$$V(x)=\begin{cases}\infty, & x\geqslant a\\ 0, & 0<x<a\\ \infty, & x=0\\ 0, & -a<x<0\\ \infty, & x\leqslant -a\end{cases}$$

中，求定态能量E与波函数$\psi(x)$.

解　在$0<x<a$与$-a<x<0$区内，定态方程均为

$$\frac{d^2\psi(x)}{dx^2}+k^2\psi(x)=0,\ k=\sqrt{\frac{2\mu E}{\hbar^2}}$$

其解为

$$\psi_1(x)=A_1\sin kx+B_1\cos kx,\ -a<x<0$$
$$\psi_2(x)=A_2\sin kx+B_2\cos kx,\ 0<x<a$$

因$V(0)=\infty$，故$\psi(0)=0$. 由此得，$B_1=B_2=0$. 上式变为

$$\psi(x) = A\sin kx,\ |x| \leqslant a$$

由 $\psi(\pm a) = 0$, 得 $ka = n\pi, n = 1,2,\cdots$. 故有

$$k = \frac{n\pi}{a} = \sqrt{\frac{2\mu E}{\hbar^2}},\ E_n = \frac{n^2\pi^2\hbar^2}{2\mu a^2}$$

$$\psi_n(x) = \begin{cases} A_n \sin\dfrac{n\pi x}{a}, & |x| \leqslant a \\ 0, & |x| > a \end{cases}$$

由波函数的归一化条件得 $A_n = \sqrt{1/a}$.

1.4　求在半壁无限深方势阱 $V(x) = \begin{cases} \infty, & x < 0 \\ 0, & 0 < x < a \\ V_0, & x > a \end{cases}$ 中存在束缚态的条件 $(V_0 > 0)$.

解　显然, $x < 0$ 的 $\psi(x) = 0$. 在此势阱中束缚态能量 E 在 0 与 V_0 之间. 令

$$k = \sqrt{\frac{2\mu E}{\hbar^2}},\ \alpha = \sqrt{\frac{2\mu(V_0 - E)}{\hbar^2}} \tag{1}$$

定态方程为

$$\frac{d^2\psi(x)}{dx^2} + k^2\psi(x) = 0,\ 0 < x < a \tag{2}$$

$$\frac{d^2\psi(x)}{dx^2} - \alpha^2\psi(x) = 0,\quad x > a \tag{3}$$

方程(2)与(3)满足条件 $\psi(0) = 0$ 与 $\psi(\infty) = 0$ 的解为

$$\psi_1(x) = A\sin kx,\ 0 < x < a \tag{4}$$

$$\psi_2(x) = Be^{-\alpha x},\quad x > a \tag{5}$$

由连续条件 $\psi_1(a) = \psi_2(a)$ 与 $\psi_1'(a) = \psi_2'(a)$ 得

$$A\sin ka = Be^{-\alpha a} \tag{6}$$

$$Ak\cos ka = -B\alpha e^{-\alpha a} \tag{7}$$

以上两式相比, 得

$$\alpha = -k\cot ka \tag{8}$$

令

$$\eta = \alpha a,\ \zeta = ka \tag{9}$$

式(8)变为

$$\eta = -\zeta\cot\zeta \tag{10}$$

由式(9)与(1)得

$$\eta^2+\zeta^2=\frac{2\mu V_0 a^2}{\hbar^2}\equiv Q^2,\ Q=\sqrt{\frac{2\mu V_0 a^2}{\hbar^2}} \tag{11}$$

定态能量E由曲线(10)与(11)在(η,ζ)坐标系的第一象限$(\eta>0,\zeta>0)$内的交点得到. 由图1.2看出，只有在$Q\geqslant\pi/2$时，两曲线才有交点，故存在束缚态的条件是

$$Q=\sqrt{\frac{2\mu V_0 a^2}{\hbar^2}}\geqslant\frac{\pi}{2}\quad 或\quad V_0 a^2\geqslant\frac{\pi^2\hbar^2}{8\mu} \tag{12}$$

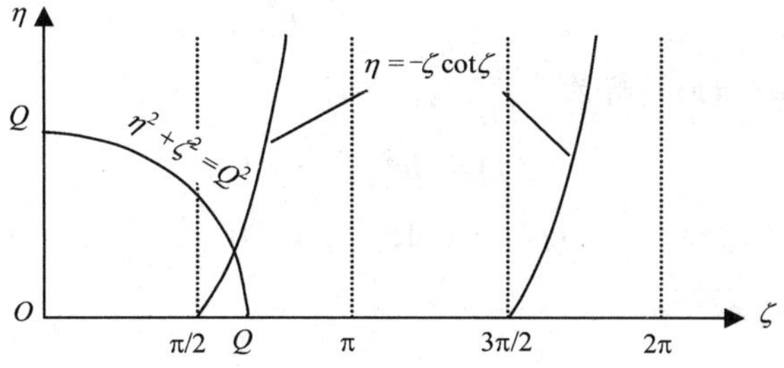

图 1.2

1.5　质量为μ的粒子在一维势场

$$V(x)=-\alpha\delta(x)+V'(x),\ V'(x)=\begin{cases}0, & x<0\\ V_0, & x>0\end{cases}$$

中运动, 其中α与V_0均为正实数. (1)给出存在束缚态的条件, 并给出能量本征值与相应的本征函数; (2)给出粒子处于$x>0$区中的概率, 它是大于1/2, 还是小于1/2? 为什么?

解　在求解含有$\delta(x)$函数势的方程时, 要去掉势能发散点$x=0$. 在去掉$x=0$点后, 定态方程为

$$\begin{aligned}&-\frac{\hbar^2}{2\mu}\frac{\mathrm{d}^2\psi(x)}{\mathrm{d}x^2}=E\psi(x), && x<0\\ &-\frac{\hbar^2}{2\mu}\frac{\mathrm{d}^2\psi(x)}{\mathrm{d}x^2}+V_0\psi(x)=E\psi(x), && x>0\end{aligned} \tag{1}$$

在此势场中要形成束缚态, 能量$E<0$. 令

$$E=-|E|,\ \beta=\sqrt{\frac{2\mu|E|}{\hbar^2}},\ \gamma=\sqrt{\frac{2\mu(V_0+|E|)}{\hbar^2}} \tag{2}$$

方程(1)变为

$$\frac{\mathrm{d}^2\psi(x)}{\mathrm{d}x^2}=\beta^2\psi(x),\ x<0 \tag{3}$$

$$\frac{\mathrm{d}^2\psi(x)}{\mathrm{d}x^2}=\gamma^2\psi(x),\ x>0 \tag{4}$$

$\psi(x)$ 满足条件

$$\psi(0^+)=\psi(0^-),\ \psi(\pm\infty)=0 \tag{5}$$

$$\psi'(0^+)-\psi'(0^-)=-\frac{2\mu\alpha}{\hbar^2}\psi(0) \tag{6}$$

方程(3)与(4)满足条件(5)的解为

$$\begin{aligned}\psi_1(x)&=A\mathrm{e}^{\beta x},\quad x<0\\ \psi_2(x)&=A\mathrm{e}^{-\gamma x},\ x>0\end{aligned} \tag{7}$$

将式(7)代入式(6), 得

$$\gamma+\beta=\frac{2\mu\alpha}{\hbar^2}$$

或

$$\sqrt{\frac{2\mu(V_0+|E|)}{\hbar^2}}=\frac{2\mu\alpha}{\hbar^2}-\sqrt{\frac{2\mu|E|}{\hbar^2}} \tag{8}$$

式(8)两边平方, 得

$$\sqrt{\frac{2\mu|E|}{\hbar^2}}=\frac{1}{2\alpha}\left(\frac{2\mu\alpha^2}{\hbar^2}-V_0\right) \tag{9}$$

$|E|$ 有解的条件(β,γ 均为正实数)是

$$\frac{2\mu\alpha^2}{\hbar^2}>V_0\quad 或\quad \alpha^2>\frac{\hbar^2V_0}{2\mu} \tag{10}$$

这也是存在束缚态的条件. 由式(9)得

$$|E|=\frac{\hbar^2}{8\mu\alpha^2}\left(\frac{2\mu\alpha^2}{\hbar^2}-V_0\right)^2 \tag{11}$$

$$E=-\frac{\hbar^2}{8\mu\alpha^2}\left(\frac{2\mu\alpha^2}{\hbar^2}-V_0\right)^2 \tag{12}$$

相应的波函数如式(7)所示，其中β与γ是由式(2)与(11)决定的已知量. 由波函数的归一化条件$\int_{-\infty}^{+\infty}|\psi(x)|^2\mathrm{d}x=1$确定常数$A=\sqrt{\dfrac{2\beta\gamma}{\beta+\gamma}}$. 粒子处于$x>0$区中的概率为

$$|A|^2\int_0^{\infty}\mathrm{e}^{-2\gamma x}\mathrm{d}x=\frac{\beta}{\beta+\gamma}<\frac{1}{2} \tag{13}$$

这是因为$\beta>0,\gamma>0,\beta<\gamma$.

1.6　一个质量为μ的粒子在一维势场

$$V(x)=\begin{cases}\infty, & x<0,x>a\\ \alpha\delta\left(x-(a/2)\right), & 0<x<a\end{cases}$$

中运动，其中α与a是正的常数. 求第一激发态能量，并讨论$\alpha\to 0$时的定态能量.

解　在求解含有$\delta\left(x-(a/2)\right)$函数势的方程时，要去掉势能发散点$x=a/2$. 在去掉$x=a/2$点后，$0<x<a$区的定态方程为

$$-\frac{\hbar^2}{2\mu}\frac{\mathrm{d}^2\psi(x)}{\mathrm{d}x^2}=E\psi(x) \tag{1}$$

在$x<0,x>a$区$\psi(x)=0$. 上述方程同一维无限深方势阱中的定态方程是一样的，$\psi(x)$在$x=0$, $a/2$, a的连续条件

$$\psi(0)=0,\ \psi((a/2)^+)=\psi((a/2)^-),\ \psi(a)=0 \tag{2}$$

也是一样的. 不同的是，不含$\delta\left(x-(a/2)\right)$势的$\psi'$在$x=a/2$是连续的，而含$\delta\left(x-(a/2)\right)$势的$\psi'$在$x=a/2$是不连续的：

$$\psi'((a/2)^+)-\psi'((a/2)^-)=\frac{2\mu\alpha}{\hbar^2}\psi(a/2) \tag{3}$$

除非波函数在$x=a/2$的值$\psi(a/2)=0$. 假若一维无限深方势阱中的定态波函数

$$\psi_n(x)=\sqrt{\frac{2}{a}}\sin\frac{n\pi x}{a},\ 0<x<a,\ n=1,2,\cdots$$

满足条件$\psi_n(x=a/2)=0$，则式(3)成立，$\psi_n(x)$也是含有$\delta\left(x-(a/2)\right)$势的解. 我们来检验$\psi_n(x)$是否满足条件$\psi_n(x=a/2)=0$. 显然$n=2,4,\cdots$的$\psi_n(x)$满足这个条件. 它们是本题的一部分解：

$$\psi_n(x)=\begin{cases}\sqrt{\dfrac{2}{a}}\sin\dfrac{n\pi x}{a}, & 0<x<a\\ 0, & x<0,x>0\end{cases},\ E_n=\frac{n^2\pi^2\hbar^2}{2\mu a^2},\ n=2,4,\cdots \tag{4}$$

我们再求另一部分解. 方程(1)满足条件(2)的一般解为

$$\begin{aligned}&\psi_1(x)=A\sin kx, && 0<x<a/2\\ &\psi_2(x)=-A\sin k(x-a), && a/2<x<a\end{aligned} \tag{5}$$

将式(5)代入式(3), 得

$$-k\cot\frac{ka}{2}=\frac{\mu\alpha}{\hbar^2} \tag{6}$$

令
$$\zeta=\frac{ka}{2},\ Q=\frac{\mu\alpha a}{2\hbar^2}\text{(常数)} \tag{7}$$

式(6)变为

$$-\zeta\cot\zeta=Q \tag{8}$$

定态能量 E' 由曲线 $y_1=-\zeta\cot\zeta$ 和直线 $y_2=Q$ 的交点 $\zeta_i(i=1,2,\cdots)$ 确定(见图 1.3):

$$\zeta_i=\frac{k_i a}{2}=\sqrt{\frac{2\mu E_i'}{\hbar^2}}\frac{a}{2},\ E_i'=\frac{2\zeta_i^2\hbar^2}{\mu a^2} \tag{9}$$

最低能量为 $E_1'=2\zeta_1^2\hbar^2/\mu a^2$. 因 $\pi/2<\zeta_1<\pi$, 故

$$\frac{\pi^2\hbar^2}{2\mu a^2}<E_1'<\frac{2\pi^2\hbar^2}{\mu a^2} \tag{10}$$

前一组解中的最低能量为 $E_2=2\pi^2\hbar^2/\mu a^2$. 可见体系的基态能量是 E_1', 第一激发态能量是 E_2. 当 $\alpha\to 0$ 时[此时 $V(x)$ 为宽度为 a 的无限深方势阱], $Q\to 0$. 由图 1.3 看出, 曲线 $y_1=-\zeta\cot\zeta$ 和直线 $y_2=Q$ 的交点在 $\zeta_i=\pi/2,3\pi/2,\cdots$ 处, 相应的能量为

$$E_i'=\frac{n_i^2\pi^2\hbar^2}{2\mu a^2},\ n_i=1,3,5,\cdots \tag{11}$$

这正是无限深方势阱中 $n=1,3,5,\cdots$ 的定态能量 E_n.

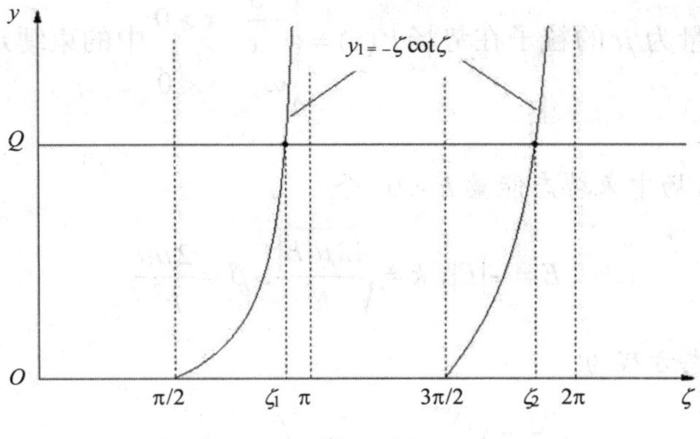

图 1.3

1.7 在谐振子势的中心附加 δ 函数势, $V(x)=\frac{1}{2}\mu\omega^2x^2+V_0\delta(x)$. 原来谐振子定态解中, 哪些仍是解? 哪些不再是解? 要重新求.

解 原来谐振子定态解为

$$\psi_n(x)=N_n\mathrm{e}^{-\alpha^2x^2/2}H_n(x),\ E_n=\left(n+\frac{1}{2}\right)\hbar\omega \tag{1}$$

$$N_n=\sqrt{\frac{\alpha}{\sqrt{\pi}2^n n!}},\ \alpha=\sqrt{\frac{\mu\omega}{\hbar}},\ n=0,1,2,\cdots \tag{2}$$

$\psi_n(x)$ 与 $\psi_n'(x)$ 在 $x=0$ 点是连续的. 附加 δ 函数势后, 定态波函数的导数 $\psi'(x)$ 在 $x=0$ 点不再是连续的, 除非 $\psi(0)=0$:

$$\psi'(0^+)-\psi'(0^-)=\frac{2\mu V_0}{\hbar^2}\psi(0) \tag{3}$$

谐振子定态解中 $n=1,3,\cdots$ 的奇宇称解 $\psi_n(x)$ 与 E_n, 因 $\psi_n(0)=0$, 满足条件(3), 仍是解. 而 $n=0,2,\cdots$ 的偶宇称解 $\psi_n(x)$ 与 E_n, 因 $\psi_n(0)\neq 0$, 不满足条件(3), 不再是解, 要重新求. 彭清智等在文献"中国科学(A),1991,5: 517"中给出偶宇称定态能量

$$E=\left(\rho+\frac{1}{2}\right)\hbar\omega \tag{4}$$

其中 ρ 由如下方程决定:

$$\frac{\Gamma(0.5-0.5\rho)}{\Gamma(-0.5\rho)}=\frac{V_0\alpha}{2\hbar\omega} \tag{5}$$

1.8 求质量为 μ 的粒子在势场 $V(x)=\begin{cases}-\dfrac{a}{x}, & x>0\\ \infty, & x<0\end{cases}$ 中的束缚定态能量与波函数, 其中 $a>0$.

解 在此势场中束缚态能量 $E<0$. 令

$$E=-|E|,\ k=\sqrt{\frac{2\mu|E|}{\hbar^2}},\ \beta=\frac{2\mu a}{\hbar^2} \tag{1}$$

在 $x>0$ 区的定态方程为

$$\frac{\mathrm{d}^2\psi(x)}{\mathrm{d}x^2}-k^2\psi(x)+\frac{\beta}{x}\psi(x)=0 \tag{2}$$

在 $x<0$ 区, $\psi(x)=0$. 令

$$\psi(x)=x\mathrm{e}^{-kx}F(x) \tag{3}$$

代入方程(2), 得 $F(x)$ 满足的方程

$$x\frac{\mathrm{d}^2F(x)}{\mathrm{d}x^2}+(2-2kx)\frac{\mathrm{d}F(x)}{\mathrm{d}x}+(\beta-2k)F(x)=0 \tag{4}$$

作变量代换 $x\to\xi=2kx$, 方程(4)变为

$$\xi\frac{\mathrm{d}^2F(\xi)}{\mathrm{d}\xi^2}+(\gamma-\xi)\frac{\mathrm{d}F(\xi)}{\mathrm{d}\xi}-\alpha F(\xi)=0 \tag{5}$$

其中

$$\gamma=2,\ \alpha=1-\frac{\beta}{2k}=1-\frac{\mu a}{k\hbar^2} \tag{6}$$

这是合流超几何方程. 它的一个解为合流超几何函数

$$F(\alpha,\gamma,\xi)=1+\frac{\alpha}{\gamma}\frac{\xi}{1!}+\frac{\alpha(\alpha+1)}{\gamma(\gamma+1)}\frac{\xi}{2!}+\frac{\alpha(\alpha+1)(\alpha+2)}{\gamma(\gamma+1)(\gamma+2)}\frac{\xi}{3!}+\cdots \tag{7}$$

另一个解在 $\xi=0$ 处发散, 舍去.

$$\psi(\xi)=A\xi\mathrm{e}^{-\xi/2}F(\alpha,\gamma,\xi) \tag{8}$$

其中 A 为任意常数. 已知 $\xi\to\infty, F(\alpha,\gamma,\xi)\to\mathrm{e}^{\xi}$, 故

$$\psi(\xi)\to A\xi\mathrm{e}^{\xi/2}\to\infty,\ \xi\to\infty \tag{9}$$

为使 $\psi(\xi)$ 满足束缚态条件

$$\psi(\xi) \to 0, \ \xi \to \infty \tag{10}$$

可令

$$\alpha = -n_r, \ n_r = 0,1,2,\cdots \tag{11}$$

$F(\alpha=-n_r,\gamma,\xi)$成为$n_r$阶多项式. 于是

$$\psi(\xi) = A\xi e^{-\xi/2} F(\alpha=-n_r,\gamma,\xi) \to 0, \ \xi \to \infty \tag{12}$$

令$n = n_r + 1$, 由式(11), (6)与(1)得

$$k = \frac{\mu a}{\hbar^2 n} = \sqrt{\frac{2\mu|E|}{\hbar^2}} \tag{13}$$

由此式得体系定态能量

$$E = -\frac{\mu a^2}{2\hbar^2 n^2}, \ n = 1,2,\cdots \tag{14}$$

定态波函数为

$$\psi(\xi) = \begin{cases} A\xi e^{-\xi/2} F(1-n,2,\xi), & \xi > 0 \\ 0, & \xi < 0 \end{cases} \tag{15}$$

将$\xi = 2kx = 2\mu ax/\hbar^2 n$代入上式, 得

$$\psi(x) = \begin{cases} Cx e^{-\mu ax/\hbar^2 n} F(1-n,2,2\mu ax/\hbar^2 n), & x > 0 \\ 0, & x < 0 \end{cases} \tag{16}$$

其中C为归一化常数, $n = 1,2,\cdots$.

1.9 求一维氢原子定态能量和波函数, $V(x) = -\dfrac{e^2}{|x|}$.

解 在此势阱中束缚定态能量$E < 0$. 令

$$E = -|E|, \ k = \sqrt{\frac{2\mu|E|}{\hbar^2}}, \beta = \frac{2\mu e^2}{\hbar^2}$$

定态方程为

$$\frac{d^2\psi(x)}{dx^2} - k^2\psi(x) + \frac{\beta}{|x|}\psi(x) = 0$$

$$\frac{d^2\psi(x)}{dx^2} - k^2\psi(x) + \frac{\beta}{x}\psi(x) = 0, \ x > 0$$

$$\frac{d^2\psi(x)}{dx^2}-k^2\psi(x)-\frac{\beta}{x}\psi(x)=0,\ x<0$$

在 $x>0$ 区的定态方程与1.8题 $x>0$ 区的定态方程相同. 因此

$$\psi(x)=Cx\mathrm{e}^{-\mu e^2x/\hbar^2n}F(1-n,2,2\mu e^2x/\hbar^2n),\ x>0$$

其中 $n=1,2,\cdots$. 由于 $V(-x)=V(x)$, 波函数 $\psi(x)$ 有确定的宇称. 我们可以根据宇称来确定 $x<0$ 区的波函数. 体系的偶宇称解为

$$\psi^{(+)}(x)=\begin{cases}Cx\mathrm{e}^{-\mu e^2x/\hbar^2n}F(1-n,2,2\mu e^2x/\hbar^2n), & x>0\\ C|x|\mathrm{e}^{-\mu e^2|x|/\hbar^2n}F(1-n,2,2\mu e^2|x|/\hbar^2n), & x<0\end{cases}$$

或在全 x 空间表示为

$$\psi^{(+)}(x)=C|x|\mathrm{e}^{-\mu e^2|x|/\hbar^2n}F(1-n,2,2\mu e^2|x|/\hbar^2n)$$

体系的奇宇称解为

$$\psi^{(-)}(x)=\begin{cases}Cx\mathrm{e}^{-\mu e^2x/\hbar^2n}F(1-n,2,2\mu e^2x/\hbar^2n), & x>0\\ Cx\mathrm{e}^{-\mu e^2|x|/\hbar^2n}F(1-n,2,2\mu e^2|x|/\hbar^2n), & x<0\end{cases}$$

或在全 x 空间表示为

$$\psi^{(-)}(x)=Cx\mathrm{e}^{-\mu e^2|x|/\hbar^2n}F(1-n,2,2\mu e^2|x|/\hbar^2n)$$

两个波函数对应同一个能量

$$E_n=-\frac{\mu e^4}{2\hbar^2n^2},\ n=1,2,\cdots$$

一维束缚定态一般是非简并的. 这里的简并是因 $V(0)\to\infty$ 产生的.

1.10　粒子在一维势场 $V(x)=V_0\left(\frac{a}{x}-\frac{x}{a}\right)^2$ 中运动, 其中 V_0,a 是正的常数. 求定态能量和波函数.

解　定态方程为

$$\frac{d^2\psi(x)}{dx^2}+\frac{2\mu}{\hbar^2}\left[E-V_0\left(\frac{a}{x}-\frac{x}{a}\right)^2\right]\psi(x)=0 \tag{1}$$

令

$$\alpha=\sqrt{\frac{2\mu V_0}{\hbar^2a^2}},\ \xi=\alpha x^2 \tag{2}$$

作变换 $x\to\xi$，方程(1)变为

$$\frac{\mathrm{d}^2\psi(\xi)}{\mathrm{d}\xi^2}+\frac{1}{2\xi}\frac{\mathrm{d}\psi(\xi)}{\mathrm{d}\xi}-\left[\frac{\alpha^2a^4}{4}\frac{1}{\xi^2}-\frac{\mu\left(E+2V_0\right)}{2\hbar^2\alpha}\frac{1}{\xi}+\frac{1}{4}\right]\psi(\xi)=0 \tag{3}$$

这个方程不能用级数法解. 方程(3)在 $\xi\to\infty$ 的渐近方程为

$$\frac{\mathrm{d}^2\psi(\xi)}{\mathrm{d}\xi^2}-\frac{1}{4}\psi(\xi)=0 \tag{4}$$

方程(4)满足条件 $\psi(\xi\to\infty)=0$ 的解为 $\psi(\xi)=\mathrm{e}^{-\xi/2}$. 方程(3)在 $\xi\to 0$ 的渐近方程为

$$\frac{\mathrm{d}^2\psi(\xi)}{\mathrm{d}\xi^2}+\frac{1}{2\xi}\frac{\mathrm{d}\psi(\xi)}{\mathrm{d}\xi}-\frac{\alpha^2a^4}{4\xi^2}\psi(\xi)=0 \tag{5}$$

设方程(5)的解为 $\psi(\xi)=\xi^l$. 将它代入方程(5)，得

$$l(l-1)+\frac{l}{2}-\frac{\alpha^2a^4}{4}=0 \tag{6}$$

其解为

$$l=\frac{1}{4}\left(1\pm\sqrt{1+4\alpha^2a^4}\right) \tag{7}$$

考虑到 l 的负值使 ξ^l 在 $\xi=0$ 处发散，方程(3)在 $\xi\to 0$ 的渐近解为

$$\psi(\xi)=\xi^l,\ l=\frac{1}{4}\left(1+\sqrt{1+4\alpha^2a^4}\right) \tag{8}$$

令

$$\psi(\xi)=\xi^l\mathrm{e}^{-\xi/2}F(\xi) \tag{9}$$

代入方程(3)，得 $F(\xi)$ 的方程

$$\begin{aligned}&\xi\frac{\mathrm{d}^2F(\xi)}{\mathrm{d}\xi^2}+\left(2l+\frac{1}{2}-\xi\right)\frac{\mathrm{d}F(\xi)}{\mathrm{d}\xi}\\&-\left\{\left[l(l-1)+\frac{l}{2}-\frac{\alpha^2a^4}{4}\right]\frac{1}{\xi}+l+\frac{1}{4}-\frac{\mu(E+2V_0)}{2\hbar^2\alpha}\right\}F(\xi)=0\end{aligned} \tag{10}$$

由式(6)知，式(10)中方括号项为零. 方程(10)变为

$$\xi\frac{\mathrm{d}^2F(\xi)}{\mathrm{d}\xi^2}+\left(2l+\frac{1}{2}-\xi\right)\frac{\mathrm{d}F(\xi)}{\mathrm{d}\xi}-\left[l+\frac{1}{4}-\frac{\mu(E+2V_0)}{2\hbar^2\alpha}\right]F(\xi)=0 \tag{11}$$

令 $$\gamma = 2l + \frac{1}{2},\ \beta = l + \frac{1}{4} - \frac{\mu(E + 2V_0)}{2\hbar^2\alpha} \tag{12}$$

方程(11)变为

$$\xi\frac{\mathrm{d}^2F(\xi)}{\mathrm{d}\xi^2} + (\gamma - \xi)\frac{\mathrm{d}F(\xi)}{\mathrm{d}\xi} - \beta F(\xi) = 0 \tag{13}$$

这是合流超几何方程. 这个方程满足 $F(0)=0$ 的解为合流超几何函数 $F(\beta,\gamma,\xi)$. 这是以 ξ 为变量的无穷级数, 它使 $\psi(\xi)$ 在 $\xi\to\infty$ 处发散, $\psi(\xi)$ 不满足束缚态条件. 当 $\beta=-n(n=0,1,2,\cdots)$ 时, $F(\beta,\gamma,\xi)$ 成为 ξ 的 n 阶多项式, 从而使 $\psi(\xi)$ 满足束缚态条件. 由 β 定义式(12)与束缚态条件 $\beta=-n$:

$$\beta = l + \frac{1}{4} - \frac{\mu(E + 2V_0)}{2\hbar^2\alpha} = -n \tag{14}$$

解得定态能量

$$E_n = \frac{2\hbar}{a}\sqrt{\frac{2V_0}{\mu}}\left(n + l + \frac{1}{4}\right) - 2V_0 \tag{15}$$

将 $$l = \frac{1}{4}\left(1 + \sqrt{1 + 4\alpha^2a^4}\right) = \frac{1}{4}\left(1 + \sqrt{1 + \frac{8\mu V_0a^2}{\hbar^2}}\right) \tag{16}$$

代入式(15), 得

$$\begin{aligned} E_n &= \frac{2\hbar}{a}\sqrt{\frac{2V_0}{\mu}}\left(n + \frac{1}{2} + \frac{1}{4}\sqrt{1 + \frac{8\mu V_0a^2}{\hbar^2}}\right) - 2V_0 \\ &= \frac{2\hbar}{a}\sqrt{\frac{2V_0}{\mu}}\left[n + \frac{1}{2} + \frac{1}{4}\left(\sqrt{1 + \frac{8\mu V_0a^2}{\hbar^2}} - \sqrt{\frac{8\mu V_0a^2}{\hbar^2}}\right)\right] \end{aligned} \tag{17}$$

令 $$\omega = \frac{2}{a}\sqrt{\frac{2V_0}{\mu}} \tag{18}$$

定态能量为

$$E_n = \hbar\omega\left[n + \frac{1}{2} + \frac{1}{4}\left(\sqrt{1 + \frac{8\mu V_0a^2}{\hbar^2}} - \sqrt{\frac{8\mu V_0a^2}{\hbar^2}}\right)\right] \tag{19}$$

其中 $n=0,1,2,\cdots$. 定态波函数为

$$\psi_n(\xi) = \xi^l \mathrm{e}^{-\xi/2}F(-n,\gamma,\xi) \tag{20}$$

$$\psi_n(x) = C_n x^{2l} \mathrm{e}^{-\alpha x^2/2} F(-n, \gamma, \alpha x^2) \tag{21}$$

1.11 设粒子的波函数 $\psi(x) = A\left(\dfrac{x}{a}\right)^n \mathrm{e}^{-x/a}$ 是一维势 $V(x)$ 中的粒子能量本征态，其中 A, a 和 n 为常数. 当 $x \to \infty$ 时，$V(x) \to 0$. 试求势能 $V(x)$ 和粒子能量 E. 粒子质量为 μ.

解 将 $\psi(x)$ 代入定态方程

$$\left[-\frac{\hbar^2}{2\mu}\frac{\mathrm{d}^2}{\mathrm{d}x^2} + V(x)\right]\psi(x) = E\psi(x) \tag{1}$$

得

$$E = V(x) - \frac{\hbar^2}{2\mu}\left[\frac{n(n-1)}{x^2} - \frac{2n}{ax} + \frac{1}{a^2}\right] \tag{2}$$

由 $x \to \infty, V(x) \to 0$ 得体系能量

$$E = -\frac{\hbar^2}{2\mu a^2} \tag{3}$$

将式(3)代入式(2)得

$$V(x) = \frac{\hbar^2}{2\mu}\left[\frac{n(n-1)}{x^2} - \frac{2n}{ax}\right] \tag{4}$$

1.12 已知一维定态波函数为 $\psi(x) = \begin{cases} a^2 - x^2, & |x| < a \\ 0, & |x| > a \end{cases}$，且有 $\langle \psi | V | \psi \rangle = 0$. 试从一维定态方程出发，求出势位函数 $V(x)$ 与定态能量 E.

解 定态方程为

$$\left[-\frac{\hbar^2}{2\mu}\frac{\mathrm{d}^2}{\mathrm{d}x^2} + V(x)\right]\psi(x) = E\psi(x)$$

方程左乘 ψ^*，并作全空间积分 $\int \mathrm{d}x$，得(用到条件 $\langle \psi | V | \psi \rangle = 0$)

$$-\frac{\hbar^2}{2\mu}\int_{-a}^{+a} \psi^* \frac{\mathrm{d}^2\psi}{\mathrm{d}x^2}\mathrm{d}x = E\int_{-a}^{+a} \psi^* \psi \,\mathrm{d}x$$

将 $\psi(x)$ 的表示式代入上式，得 $E = 5\hbar^2 / 4\mu a^2$. 再将 E 与 $\psi(x)$ 的表示式代入定态方程，得

$$V(x) = \begin{cases} \dfrac{5\hbar^2}{4\mu a^2} - \dfrac{\hbar^2}{\mu}\dfrac{1}{a^2 - x^2}, & |x| < a \\ \infty, & |x| > a \end{cases}$$

1.13 质量为 μ 的粒子在势场 $V(x)=\begin{cases}\infty, & x<0\\ 0, & 0\leqslant x\leqslant a\\ V_0, & x>a\end{cases}$ 中运动 $(V_0>0)$. 已知该粒子在此势场中存在一能量为 $E=V_0/2$ 的态. 试确定此势阱的宽度 a.

解 能量 $E=V_0/2$, 满足 $\psi(0)=0$ 与 $\psi(\infty)=0$ 的定态波函数为

$$\begin{aligned}&\psi_1(x)=0, && x<0\\ &\psi_2(x)=A\sin kx, && 0\leqslant x\leqslant a\\ &\psi_3(x)=B\mathrm{e}^{-\alpha x}, && x>a\end{aligned}$$

其中

$$k=\sqrt{\frac{2\mu E}{\hbar}},\quad \alpha=\sqrt{\frac{2\mu(V_0-E)}{\hbar}}$$

$$\psi_2(a)=\psi_3(a)\ \ \rightarrow\ \ A\sin ka=B\mathrm{e}^{-\alpha a}$$

$$\psi_2'(a)=\psi_3'(a)\ \ \rightarrow\ \ Ak\cos ka=-B\alpha\mathrm{e}^{-\alpha a}$$

以上两式相比得

$$\tan(ka)=-\frac{k}{\alpha}\ \text{或}\ \tan\left(\sqrt{\frac{2\mu E}{\hbar^2}}a\right)=-\sqrt{\frac{E}{V_0-E}}$$

将 $E=V_0/2$ 代入上式得

$$\tan\left(\sqrt{\frac{\mu V_0}{\hbar^2}}a\right)=-1,\ \sqrt{\frac{\mu V_0}{\hbar^2}}a=n\pi-\frac{\pi}{4},\ n=1,2,\cdots$$

势阱的宽度为

$$a=\left(n-\frac{1}{4}\right)\frac{\pi\hbar}{\sqrt{\mu V_0}},\ n=1,2,\cdots$$

1.14 质量为 μ 的粒子在势场 $V(x)$ 中作一维束缚运动, 两个能量本征函数为 $\psi_1(x)=A\mathrm{e}^{-\beta x^2/2}, \psi_2(x)=B(x^2+bx+c)\mathrm{e}^{-\beta x^2/2}$, A,B,b,c 均为实常数. 试确定参数 b,c 的取值, 并求这两个态的能量之差 E_2-E_1.

解 $\psi_1(x)$ 与 $\psi_2(x)$ 分别满足定态方程

$$\left[-\frac{\hbar^2}{2\mu}\frac{\mathrm{d}^2}{\mathrm{d}x^2}+V(x)\right]\psi_1(x)=E_1\psi_1(x) \tag{1}$$

$$\left[-\frac{\hbar^2}{2\mu}\frac{\mathrm{d}^2}{\mathrm{d}x^2}+V(x)\right]\psi_2(x)=E_2\psi_2(x) \tag{2}$$

将$\psi_1(x)=A\mathrm{e}^{-\beta x^2/2}$代入方程(1), 得

$$V(x)=E_1+\left(\beta^2x^2-\beta\right)\frac{\hbar^2}{2\mu} \tag{3}$$

显然$V(x)$满足对称条件$V(-x)=V(x)$, 在此势场中的一维束缚定态有确定的宇称. 而$\psi_2(x)=B\left(x^2+bx+c\right)\mathrm{e}^{-\beta x^2/2}$要有确定的宇称, 其中参数$b$必须为零.

$$\psi_2(x)=B\left(x^2+c\right)\mathrm{e}^{-\beta x^2/2} \tag{4}$$

将$\psi_1(x)=A\mathrm{e}^{-\beta x^2/2}$与式(4)代入波函数的正交公式

$$\int_{-\infty}^{+\infty}\psi_1^*(x)\,\psi_2(x)\mathrm{d}x=0 \tag{5}$$

得$c=-1/(2\beta)$,

$$\psi_2(x)=B\left(x^2-\frac{1}{2\beta}\right)\mathrm{e}^{-\beta x^2/2} \tag{6}$$

方程(1)与(2)可表示为

$$\psi_1''-\frac{2\mu V}{\hbar^2}\psi_1=-\frac{2\mu E_1}{\hbar^2}\psi_1 \tag{7}$$

$$\psi_2''-\frac{2\mu V}{\hbar^2}\psi_2=-\frac{2\mu E_2}{\hbar^2}\psi_2 \tag{8}$$

$\psi_2\times(7)-\psi_1\times(8)$, 得

$$\psi_2\psi_1''-\psi_1\psi_2''=\frac{2\mu}{\hbar^2}\left(E_2-E_1\right)\psi_1\psi_2 \tag{9}$$

将$\psi_1(x)=A\mathrm{e}^{-\beta x^2/2}$与$\psi_2(x)$的式(6)代入式(9), 得

$$E_2-E_1=\frac{2\beta\hbar^2}{\mu} \tag{10}$$

1.15　质量为μ的粒子在一圆圈(周长为L)上运动, 并受到δ函数势$V(x)=a\delta\left(x-(L/2)\right)$的作用. 求粒子能级和相应的归一化波函数.

解　令圆半径为R, $x=R\varphi$. 选择φ角为粒子波函数$\psi(\varphi)$的变量, 定态方程为

$$\left[\frac{\hat{L}_z^2}{2I}+V(\varphi)\right]\psi(\varphi)=E\psi(\varphi)$$

其中 $\hat{L}_z=-\mathrm{i}\hbar\dfrac{\mathrm{d}}{\mathrm{d}\varphi},I=\mu R^2$. 令 $x=R\varphi,L=2\pi R$, 得到以 φ 角为变量的势能:

$$V(\varphi)=a\delta\big(R(\varphi-\pi)\big)=\frac{a}{R}\delta(\varphi-\pi)$$

定态方程变为

$$\left[-\frac{\hbar^2}{2I}\frac{\mathrm{d}^2}{\mathrm{d}\varphi^2}+\frac{a}{R}\delta(\varphi-\pi)\right]\psi(\varphi)=E\psi(\varphi)$$

不考虑 $\varphi=\pi$ 这一点时, 方程的解为

$$\psi_1(\varphi)=A\mathrm{e}^{\mathrm{i}m\varphi}+B\mathrm{e}^{-\mathrm{i}m\varphi},\quad 0<\varphi<\pi$$

$$\psi_2(\varphi)=C\mathrm{e}^{\mathrm{i}m\varphi}+D\mathrm{e}^{-\mathrm{i}m\varphi},\quad \pi<\varphi<2\pi$$

其中 $m=0,1,2,\cdots$. 由 $\psi(\varphi)$ 与 $\psi'(\varphi)$ 在 $\varphi=0$ 或 2π 的连续条件, 以及 $\psi'(\varphi)$ 在 $\varphi=\pi$ 的不连续条件:

$$\psi_1(0)=\psi_2(2\pi),\ \psi_1'(0)=\psi_2'(2\pi),\ \psi_2'(\pi)-\psi_1'(\pi)=\frac{2Ia}{\hbar^2R}\psi_1(\pi)$$

得到系数 $ABCD$ 满足的 3 个方程:

$$A+B=C+D$$

$$A-B=C-D$$

$$C-A-D+B=-\frac{\mathrm{i}2Ia}{m\hbar^2R}(A+B)$$

由这 3 个方程解得 $B=-A,C=A,D=-A$.

$$\psi_1(\varphi)=A\left(\mathrm{e}^{\mathrm{i}m\varphi}-\mathrm{e}^{-\mathrm{i}m\varphi}\right),\quad 0<\varphi<\pi$$

$$\psi_2(\varphi)=A\left(\mathrm{e}^{\mathrm{i}m\varphi}-\mathrm{e}^{-\mathrm{i}m\varphi}\right),\quad \pi<\varphi<2\pi$$

$$\psi(\varphi)=A'\sin m\varphi,\qquad 0\leqslant\varphi\leqslant 2\pi$$

粒子的归一化定态波函数与相应定态能量为

$$\psi(\varphi)=\frac{1}{\sqrt{\pi}}\sin m\varphi,\quad 0\leqslant\varphi\leqslant 2\pi$$

$$E=\frac{\hbar^2 m^2}{2I},\ m=1,2,\cdots$$

由于 $m=0,\psi(\varphi)=0$，故不含 $m=0$.

1.16 粒子在势场 $V(x)$ 中作一维运动，$\hat{H}_0=\frac{\hat{p}^2}{2\mu}+V(x)$，定态能量为 $E_n^{(0)},n=1,2,\cdots$. 求哈密顿量 $\hat{H}=\hat{H}_0+\frac{\lambda}{\mu}\hat{p}$ 的本征值，λ 为参数.

解 方法1：

设 $\hat{H}$ 的本征态为 $|n\rangle$，本征值为 E_n. 由 F-H 定理，得

$$\frac{\partial E_n}{\partial\lambda}=\langle n|\frac{\partial\hat{H}}{\partial\lambda}|n\rangle=\frac{1}{\mu}\langle n|\hat{p}|n\rangle \tag{1}$$

在 $\hat{H}$ 的定态 $|n\rangle$ 上，$[x,\hat{H}]$ 的平均值

$$\langle n|[x,\hat{H}]|n\rangle=\langle n|x\hat{H}-\hat{H}x|n\rangle=(E_n-E_n)\langle n|x|n\rangle=0 \tag{2}$$

又

$$[x,\hat{H}]=\left[x,\frac{\hat{p}^2}{2\mu}+V(x)+\frac{\lambda}{\mu}\hat{p}\right]=\frac{\mathrm{i}\hbar}{\mu}\left(\hat{p}+\lambda\right) \tag{3}$$

将式(3)代入式(2)，得

$$\langle n|\hat{p}|n\rangle=-\lambda \tag{4}$$

将式(4)代入式(1)，得

$$\frac{\partial E_n}{\partial\lambda}=-\frac{\lambda}{\mu} \tag{5}$$

上式积分后得

$$E_n=-\frac{\lambda^2}{2\mu}+c \tag{6}$$

积分常数 c 由条件：$\lambda=0,\ \hat{H}=\hat{H}_0,\ E_n=E_n^{(0)}$，确定为 $c=E_n^{(0)}$. 于是

$$E_n=E_n^{(0)}-\frac{\lambda^2}{2\mu} \tag{7}$$

方法2：

在 p 表象 $\hat{H}_0$ 的定态方程为

$$\left[\frac{p^2}{2\mu}+V\left(\hat{x}=\mathrm{i}\hbar\frac{\partial}{\partial p}\right)\right]\varphi_n^{(0)}(p)=E_n^{(0)}\varphi_n^{(0)}(p) \tag{8}$$

$$\begin{aligned}\hat{H}&=\hat{H}_0+\frac{\lambda}{\mu}p=\frac{p^2}{2\mu}+\frac{\lambda}{\mu}p+V\left(\hat{x}=\mathrm{i}\hbar\frac{\partial}{\partial p}\right)\\&=\frac{(p+\lambda)^2}{2\mu}+V\left(\hat{x}=\mathrm{i}\hbar\frac{\partial}{\partial p}\right)-\frac{\lambda^2}{2\mu}\end{aligned} \tag{9}$$

令 $p'=p+\lambda$，作变量变换 $p\to p'$. 在此变换下,

$$\hat{H}=\frac{p'^2}{2\mu}+V\left(\hat{x}'=\mathrm{i}\hbar\frac{\partial}{\partial p'}\right)-\frac{\lambda^2}{2\mu} \tag{10}$$

定态方程为

$$\left[\frac{p'^2}{2\mu}+V\left(\hat{x}'=\mathrm{i}\hbar\frac{\partial}{\partial p'}\right)-\frac{\lambda^2}{2\mu}\right]\varphi(p')=E\varphi(p') \tag{11}$$

$$\left[\frac{p'^2}{2\mu}+V\left(\hat{x}'=\mathrm{i}\hbar\frac{\partial}{\partial p'}\right)\right]\varphi(p')=\left(E+\frac{\lambda^2}{2\mu}\right)\varphi(p') \tag{12}$$

显然,

$$E+\frac{\lambda^2}{2\mu}=E_n^{(0)} \tag{13}$$

由式(13)得

$$E=E_n^{(0)}-\frac{\lambda^2}{2\mu} \tag{14}$$

1.17 电荷为 q 质量为 μ 的点粒子在一维均匀电场 E 中运动，位势为 $V(x)=-qEx$. 在 $t=0$ 时该粒子的坐标与动量平均值分别为 $\langle x\rangle=x_0$ 与 $\langle\hat{p}_x\rangle=0$. (1) 计算 t 时刻的动量平均值 $\langle\hat{p}_x\rangle$；(2)计算 t 时刻的坐标平均值 $\langle x\rangle$；(3) 把计算的结果同经典物理的结果比较.

解 (1)

$$\frac{\mathrm{d}\langle p_x\rangle}{\mathrm{d}t}=\frac{1}{\mathrm{i}\hbar}\overline{\left[\hat{p}_x,\hat{H}\right]}=\frac{1}{\mathrm{i}\hbar}\overline{\left[\hat{p}_x,\frac{\hat{p}_x^2}{2\mu}-qEx\right]}=qE \tag{1}$$

上式积分后得

$$\langle p_x\rangle=qEt+c \tag{2}$$

由 $t=0$ 时 $\langle\hat{p}_x\rangle=0$，得积分常数 $c=0$. t 时刻的动量平均值为

$$\langle p_x \rangle = qEt \tag{3}$$

(2)
$$\frac{\mathrm{d}\langle x \rangle}{\mathrm{d}t} = \frac{1}{\mathrm{i}\hbar}\overline{\left[x, \hat{H}\right]} = \frac{1}{\mathrm{i}\hbar}\overline{\left[x, \frac{\hat{p}_x^2}{2\mu} - qEx\right]} = \frac{1}{\mu}\langle p_x \rangle \tag{4}$$

将式(3)代入式(4), 得

$$\frac{\mathrm{d}\langle x \rangle}{\mathrm{d}t} = \frac{qE}{\mu}t \tag{5}$$

上式积分后得

$$\langle x \rangle = \frac{qE}{2\mu}t^2 + c \tag{6}$$

由 $t=0$ 时 $\langle x \rangle = x_0$, 得积分常数 $c = x_0$. t 时刻的坐标平均值

$$\langle x \rangle = x_0 + \frac{1}{2}\left(\frac{qE}{\mu}\right)t^2 \tag{7}$$

(3) 按经典力学, t 时刻粒子的坐标 x 与动量 p_x 为

$$x = x_0 + \frac{1}{2}at^2 = x_0 + \frac{1}{2}\left(\frac{qE}{\mu}\right)t^2 \tag{8}$$

$$p_x = \mu v_x = \mu at = qEt \tag{9}$$

比较式(3), (7)与(8), (9)看出, 量子力学中坐标与动量的平均值随时间变化的规律, 同经典力学中坐标与动量随时间变化的规律相同. 应该指出, 这只是一个特殊情况. 在一般情况下, 量子力学与经典力学的结果是很不相同的.

1.18 质量为 μ 的粒子被约束在半径为 r 的圆周上运动. (1)设立路障, 进一步限制粒子在 $0<\varphi<\varphi_0$ 的一段圆弧上运动, $V(\varphi)=\begin{cases}0, & 0\leqslant\varphi<\varphi_0 \\ \infty, & \varphi_0\leqslant\varphi<2\pi\end{cases}$, 求解粒子的本征能量和本征函数; (2)设粒子处于情况(1)的基态, 求突然撤去路障后, 粒子仍处于最低能量态的概率.

解 (1) 在路障内, 定态方程为

$$-\frac{\hbar^2}{2I}\frac{\mathrm{d}^2\psi(\varphi)}{\mathrm{d}\varphi^2} = E\psi(\varphi),\ 0<\varphi<\varphi_0$$

其中 $I = \mu r^2$. 在路障外, 波函数 $\psi(\varphi)=0$. 令 $k=\sqrt{2IE/\hbar^2}$, 方程变为

$$\frac{\mathrm{d}^2\psi(\varphi)}{\mathrm{d}\varphi^2} = -k^2\psi(\varphi),\ 0<\varphi<\varphi_0$$

方程的解为

$$\psi(\varphi) = A\mathrm{e}^{\mathrm{i}k\varphi} + B\mathrm{e}^{-\mathrm{i}k\varphi},\ 0\leqslant\varphi<\varphi_0$$

由$\psi(0)=0$得$B=-A$，

$$\psi(\varphi) = A\left(\mathrm{e}^{\mathrm{i}k\varphi} - \mathrm{e}^{-\mathrm{i}k\varphi}\right) = C\sin k\varphi,\ 0\leqslant\varphi<\varphi_0$$

由$\psi(\varphi_0)=0$得

$$k=\frac{n\pi}{\varphi_0},\ E=\frac{n^2\pi^2\hbar^2}{2I\varphi_0^2},\ n=1,2,\cdots$$

常数C由归一化条件$\int_0^{\varphi_0}|\psi(\varphi)|^2\mathrm{d}\varphi=1$，确定为$C=\sqrt{2/\varphi_0}$，

$$\psi(\varphi)=\begin{cases}\sqrt{\dfrac{2}{\varphi_0}}\sin\dfrac{n\pi\varphi}{\varphi_0}, & 0\leqslant\varphi<\varphi_0\\ 0, & \varphi_0\leqslant\varphi<2\pi\end{cases}$$

(2) 假定$t=0$时撤去路障，撤去路障后的定态波函数与能量为

$$\psi_m(\varphi)=\frac{1}{\sqrt{2\pi}}\mathrm{e}^{\mathrm{i}m\varphi},\ E_m=\frac{m^2\hbar^2}{2I},\ m=0,\pm1,\pm2,\cdots$$

任意t时的波函数为

$$\psi(\varphi,t)=\sum_m c_m\mathrm{e}^{-\mathrm{i}E_mt/\hbar}\frac{\mathrm{e}^{im\varphi}}{\sqrt{2\pi}}$$

其中任意常数c_m由初条件确定，

$$\psi(\varphi,0)=\sum_m c_m\frac{\mathrm{e}^{im\varphi}}{\sqrt{2\pi}}=\begin{cases}\sqrt{\dfrac{2}{\varphi_0}}\sin\dfrac{\pi\varphi}{\varphi_0}, & 0\leqslant\varphi<\varphi_0\\ 0, & \varphi_0\leqslant\varphi<2\pi\end{cases}$$

$$c_m=\frac{1}{\sqrt{\pi\varphi_0}}\int_0^{\varphi_0}\mathrm{e}^{-im\varphi}\sin\frac{\pi\varphi}{\varphi_0}\mathrm{d}\varphi$$

$$c_0=\frac{1}{\sqrt{\pi\varphi_0}}\int_0^{\varphi_0}\sin\frac{\pi\varphi}{\varphi_0}\mathrm{d}\varphi=\frac{2\varphi_0}{\pi\sqrt{\pi\varphi_0}}$$

撤去路障后，粒子仍处于基态的概率为$|c_0|^2=4\varphi_0/\pi^3$.

1.19 质量为 μ 的粒子处于一维谐振子势场 $V_1=\frac{1}{2}kx^2$ 的基态，某时刻弹性系数 k 突然变为 $2k$，即势场变为 $V_2=kx^2$. 求此时粒子处于新势场 V_2 的基态的概率，并求此后粒子能量的平均值.

解
$$V_1=\frac{1}{2}kx^2=\frac{1}{2}\mu\omega_1^2x^2,\ \omega_1=\sqrt{\frac{k}{\mu}}$$

$$V_2=kx^2=\frac{1}{2}\mu\omega_2^2x^2,\ \omega_2=\sqrt{\frac{2k}{\mu}}$$

一维谐振子基态波函数为

$$\psi_0(\omega,x)=\sqrt{\frac{\alpha}{\sqrt{\pi}}}\mathrm{e}^{-\alpha^2x^2/2},\ \alpha=\sqrt{\frac{\mu\omega}{\hbar}}$$

粒子处于新势场 V_2 的基态的概率为

$$P=\left|\int_{-\infty}^{+\infty}\psi_0^*(\omega_2,x)\psi_0(\omega_1,x)\mathrm{d}x\right|^2$$

将
$$\psi_0(\omega_1,x)=\sqrt{\frac{\alpha_1}{\sqrt{\pi}}}\mathrm{e}^{-\alpha_1^2x^2/2},\ \alpha_1=\sqrt{\frac{\mu\omega_1}{\hbar}}$$

$$\psi_0(\omega_2,x)=\sqrt{\frac{\alpha_2}{\sqrt{\pi}}}\mathrm{e}^{-\alpha_2^2x^2/2},\ \alpha_2=\sqrt{\frac{\mu\omega_2}{\hbar}}$$

代入上式，

$$P=\left|\sqrt{\frac{\alpha_1\alpha_2}{\pi}}\int_{-\infty}^{+\infty}\mathrm{e}^{-\left(\alpha_1^2+\alpha_2^2\right)x^2/2}\mathrm{d}x\right|^2=\left|\sqrt{\frac{\alpha_1\alpha_2}{\pi}}\sqrt{\frac{2}{\alpha_1^2+\alpha_2^2}}\int_{-\infty}^{+\infty}\mathrm{e}^{-t^2}\mathrm{d}t\right|^2$$

$$=\frac{2\alpha_1\alpha_2}{\alpha_1^2+\alpha_2^2}=\frac{2\alpha_2/\alpha_1}{1+(\alpha_2/\alpha_1)^2}=\frac{2\times 2^{1/4}}{1+\sqrt{2}}=0.985$$

令弹性系数 k 突然变化的时刻为 $t=0$，此时波函数还来不及变化，仍为 $\psi_0(\omega_1,x)$，能量平均值为

$$\overline{E}=\int\psi_0^*(\omega_1,x)\left(\hat{T}+\frac{1}{2}\mu\omega_2^2x^2\right)\psi_0(\omega_1,x)\mathrm{d}x$$

$$=\int\psi_0^*(\omega_1,x)\left[\hat{T}+\left(\frac{\omega_2^2}{\omega_1^2}\right)\frac{1}{2}\mu\omega_1^2x^2\right]\psi_0(\omega_1,x)\mathrm{d}x$$

$$=\overline{(T)_0}+\frac{\omega_2^2}{\omega_1^2}\overline{(V)_0}$$

其中

$$\overline{(T)_0} = \overline{(V)_0} = \frac{\hbar\omega_1}{4}$$

故有

$$\bar{E} = \frac{\hbar\omega_1}{4}\left(1 + \frac{\omega_2^2}{\omega_1^2}\right) = \frac{3}{4}\hbar\omega_1$$

$t>0$ 与 $t=0$ 的能量平均值相同，这是因为在 $t>0$ 时，粒子的哈密顿量 $\hat{H} = \hat{T} + (\mu\omega_2^2 x^2/2)$ 与 t 无关，能量是守恒的.

1.20 同上题. 当 k 变成 $2k$ 后，经过多少时间 T 再将 $2k$ 变为 k，粒子 100%回到原来的基态？

解 设 $t=0$ 时 $k \to 2k$. $t>0$ 时的波函数为

$$\psi(\omega_2, x, t) = \sum_n c_n \mathrm{e}^{-\mathrm{i}E_n t/\hbar} \psi_n(\omega_2, x)$$

$$\psi(\omega_2, x, 0) = \sum_n c_n \psi_n(\omega_2, x) = \psi_0(\omega_1, x)$$

其中

$$E_n = \left(n + \frac{1}{2}\right)\hbar\omega_2,\ n = 0, 1, 2, \cdots$$

$$c_n = \int_{-\infty}^{+\infty} \psi_n^*(\omega_2, x)\ \psi_0(\omega_1, x)\mathrm{d}x$$

一维谐振子定态 ψ_n 有确定的宇称 $(-1)^n$. 对 $n = 0, 2, 4, \cdots$，上式积分中的被积函数为偶函数，积分不为 0；对 $n = 1, 3, 5, \cdots$，上式积分中的被积函数为奇函数，积分为 0.

$$c_n = \begin{cases} f_n \neq 0, & n = 0, 2, 4, \cdots \\ 0, & n = 1, 3, 5, \cdots \end{cases}$$

于是

$$\begin{aligned}\psi(\omega_2, x, t) &= c_0 \mathrm{e}^{-\mathrm{i}E_0 t/\hbar}\psi_0(\omega_2, x) + c_2 \mathrm{e}^{-\mathrm{i}E_2 t/\hbar}\psi_2(\omega_2, x) + c_4 \mathrm{e}^{-\mathrm{i}E_4 t/\hbar}\psi_4(\omega_2, x) + \cdots \\ &= \mathrm{e}^{-\mathrm{i}\omega_2 t/2}\left[c_0\psi_0(\omega_2, x) + c_2 \mathrm{e}^{-\mathrm{i}2\omega_2 t}\psi_2(\omega_2, x) + c_4 \mathrm{e}^{-\mathrm{i}4\omega_2 t}\psi_4(\omega_2, x) + \cdots\right]\end{aligned}$$

已知

$$\psi(\omega_2, x, 0) = c_0\psi_0(\omega_2, x) + c_2\psi_2(\omega_2, x) + c_4\psi_4(\omega_2, x) + \cdots = \psi_0(\omega_1, x)$$

如果 $t = T$ 时，$\omega_2 T = n\pi$，$n = 1, 2, \cdots$，则必定有

$$e^{-2i\omega_2 T}=e^{-4i\omega_2 T}=\cdots=\cos(2\pi n)=1$$

这时($T=n\pi/\omega_2$, $n=1,2,\cdots$)

$$\begin{aligned}\psi(\omega_2,x,T)&=e^{-i\omega_2 T/2}\left[c_0\psi_0(\omega_2,x)+c_2\psi_2(\omega_2,x)+c_4\psi_4(\omega_2,x)+\cdots\right]\\&=e^{-i\omega_2 T/2}\psi_0(\omega_1,x)\end{aligned}$$

此式表示, T 时刻粒子正好处于 $t=0$ 时的态上. 如果这时将弹性系数由 $2k$ 变为 k, 粒子就 100%回到原来的基态.

1.21　质量为 μ 的粒子处于一维刚性盒 $(0\sim a)$ 的基态. 盒子的 $x=a$ 壁突然运动至 $x=2a$ 处, 试计算盒子膨胀后粒子仍处于基态的概率. 如果盒子的两壁对称地向两边移动, 盒子的宽度由 a 变为 $2a$, 结果又如何?

解　盒子膨胀后粒子仍处于基态的概率振幅为

$$A=\sqrt{\frac{2}{a}}\sqrt{\frac{2}{2a}}\int_0^a \sin\frac{\pi x}{a}\sin\frac{\pi x}{2a}dx=\frac{4\sqrt{2}}{3\pi}$$

概率为 $|A|^2=32/9\pi^2=0.36$. 当盒子的两壁对称地向两边移动, 盒子的宽度由 a 变为 $2a$ 时, 将坐标原点取在盒子的中心. 盒子膨胀后粒子仍处于基态的概率振幅为

$$A=\sqrt{\frac{2}{a}}\sqrt{\frac{2}{2a}}\int_{-a/2}^{+a/2}\sin\frac{\pi}{a}\left(x+\frac{a}{2}\right)\sin\frac{\pi}{2a}(x+a)dx=\frac{8}{3\pi}$$

概率为 $|A|^2=64/9\pi^2=0.72$.

1.22　一个粒子处于宽度为 a 的无限深方势阱中的基态. 若(1)阱的两壁同时缓慢地由宽度 a 缩小为 $a/2$; (2)阱的两壁同时突然地由宽度 a 缩小为 $a/2$, 求粒子留在基态的概率.

解　(1) 100%. (2) 无法确定. 阱的两壁由宽度 a 缩小为 $a/2$ 是一个外力作用的过程, 如气体的压缩. 粒子原有的能量为 $E_1=\pi^2\hbar^2/2\mu a^2$. 势阱宽度变小后, 粒子的最低能量为基态能量 $E_1'=2\pi^2\hbar^2/\mu a^2=4E_1$. 当阱的两壁同时缓慢地由宽度 a 缩小为 $a/2$ 时, 每一次无限小的压缩, 外力提供的能量正好使粒子处于新势阱的基态. 当压缩完成后, 粒子就处于宽度为 $a/2$ 的势阱的基态. 当阱的两壁同时突然由宽度 a 缩小为 $a/2$ 时, 由于外力作用情况不明, 无法确定粒子处于基态的概率.

1.23　一个粒子处于宽度为 a 的无限深方势阱的基态, 能量为 $E_1=38\text{eV}$. (1)计算第一激发态能量; (2)计算基态粒子对阱壁的平均作用力.

解　(1) 第一激发态能量 $E_2=2^2E_1=152\text{eV}$; (2)设阱的两壁分别位于 $x=0$ 与 $x=a$ 处, 粒子对阱壁的平均作用力为 F. 假定 $x=a$ 处的壁在此力的作用下沿正 x 方向移动了 Δa 的距离. 粒子对外做功 $F\Delta a$, 它等于基态能量的减少

$-(\mathrm{d}E_1/\mathrm{d}a)\Delta a$：

$$F\Delta a = -\frac{\mathrm{d}E_1}{\mathrm{d}a}\Delta a,\ F = -\frac{\mathrm{d}E_1}{\mathrm{d}a}$$

将 $E_1 = \pi^2\hbar^2/2\mu a^2$ 代入上式，得 $F = \pi^2\hbar^2/\mu a^3$.

1.24　质量为 μ 的粒子处于 $0 \leqslant x \leqslant a$ 的无限深方势阱中. $t=0$ 时，归一化波函数为 $\psi(x,0) = \sqrt{\frac{8}{5a}}\left(1+\cos\frac{\pi x}{a}\right)\sin\frac{\pi x}{a}$. 求(1)在后来某一时刻 t_0 的波函数；(2)在 $t=0$ 与 $t=t_0$ 时体系的能量；(3)在 t_0 时粒子处于 $0 \leqslant x \leqslant a/2$ 内的概率.

解　(1)

$$\begin{aligned}\psi(x,0) &= \sqrt{\frac{8}{5a}}\left(1+\cos\frac{\pi x}{a}\right)\sin\frac{\pi x}{a}\\ &= \sqrt{\frac{8}{5a}}\sin\frac{\pi x}{a} + \sqrt{\frac{8}{5a}}\frac{1}{2}\sin\frac{2\pi x}{a}\\ &= \sqrt{\frac{4}{5}}\psi_1(x) + \sqrt{\frac{1}{5}}\psi_2(x)\end{aligned}$$

$$\psi(x,t_0) = \sqrt{\frac{4}{5}}\mathrm{e}^{-\mathrm{i}E_1t_0/\hbar}\psi_1(x) + \sqrt{\frac{1}{5}}\mathrm{e}^{-\mathrm{i}E_2t_0/\hbar}\psi_2(x)$$

$$\psi_n(x) = \sqrt{\frac{2}{a}}\sin\frac{n\pi x}{a},\ E_n = \frac{n^2\pi^2\hbar^2}{2\mu a^2}$$

(2) 在 $t=0$ 与 $t=t_0$ 时体系的能量为

$$\bar{E} = \frac{4}{5}E_1 + \frac{1}{5}E_2 = \frac{4\pi^2\hbar^2}{5\mu a^2}$$

(3) 在 t_0 时粒子处于 $0 \leqslant x \leqslant a/2$ 内的概率为

$$\int_0^{a/2}\left|\psi(x,t_0)\right|^2\mathrm{d}x = \frac{1}{2} + \frac{16}{15\pi}\cos\frac{3\pi^2\hbar t_0}{2\mu a^2}$$

1.25　质量为 μ 的粒子在无限深方势阱 $V(x) = \begin{cases}\infty, & x<0, x>a\\ 0, & 0<x<a\end{cases}$ 中运动. $t=0$ 时粒子处于状态 $\psi(x,0) = A\sin\frac{\pi x}{2a}\cos^3\frac{\pi x}{2a}$，其中 A 为常数. 求出 t 时刻粒子，(1)处于基态的概率；(2)能量平均值；(3)动量平均值；(4)动量均方差根值(不确定度).

解 $$\psi(x,0)=A\sin\frac{\pi x}{2a}\cos^3\frac{\pi x}{2a}=\frac{A}{2}\sin\frac{\pi x}{a}\cos^2\frac{\pi x}{2a}$$
$$=\frac{A}{4}\sin\frac{\pi x}{a}\left(1+\cos\frac{\pi x}{a}\right)=\frac{A}{4}\left(\sin\frac{\pi x}{a}+\frac{1}{2}\sin\frac{2\pi x}{a}\right)$$
$$=\frac{A}{4}\sqrt{\frac{a}{2}}\left[\psi_1(x)+\frac{1}{2}\psi_2(x)\right]\qquad\left[\psi_n(x)=\sqrt{\frac{2}{a}}\sin\frac{n\pi x}{a}\right]$$

与定态 $\psi_n(x)$ 相应的能量为 $E_n=n^2\pi^2\hbar^2/2\mu a^2, n=1,2,\cdots$. 由 $\psi(x,0)$ 的归一化条件得 $A=8\sqrt{2/5a}$,

$$\psi(x,0)=\sqrt{\frac{4}{5}}\psi_1(x)+\sqrt{\frac{1}{5}}\psi_2(x)$$

t 时刻粒子波函数为

$$\psi(x,t)=\sqrt{\frac{4}{5}}\mathrm{e}^{-\mathrm{i}E_1t/\hbar}\psi_1(x)+\sqrt{\frac{1}{5}}\mathrm{e}^{-\mathrm{i}E_2t/\hbar}\psi_2(x)$$

处于基态的概率为 $\left|\sqrt{\frac{4}{5}}\mathrm{e}^{-\mathrm{i}E_1t/\hbar}\right|^2=\frac{4}{5}$；能量平均值 $\bar{E}=\frac{4\pi^2\hbar^2}{5\mu a^2}$；动量平均值为

$$\bar{p}=-\mathrm{i}\hbar\int_0^a\psi^*(x,t)\frac{\partial}{\partial x}\psi(x,t)\mathrm{d}x=\frac{32\hbar}{15a}\sin\omega t$$

$$\omega=\frac{E_2-E_1}{\hbar}=\frac{3\pi^2\hbar}{2\mu a^2}$$

动量不确定度为

$$\Delta p=\sqrt{\langle\hat{p}^2\rangle-\langle\hat{p}\rangle^2}=\sqrt{2\mu\bar{E}-\bar{p}^2}=\sqrt{2\mu\left(\frac{4\pi^2\hbar^2}{5\mu a^2}\right)-\left(\frac{32\hbar}{15a}\sin\omega t\right)^2}$$
$$=\frac{32\hbar}{15a}\sqrt{\frac{45\pi^2}{128}-\sin^2\omega t}$$

1.26 质量为 m 的粒子位于一维无限深方势阱 $[-a/2,a/2]$ 中, 势阱宽度为 a. $t=0$ 时体系处于无限深方势阱中能量最低的两个态的线性叠加态, 各自的概率为 50%. 计算 $t>0$ 时粒子的概率密度和动量平均值.

解 根据粒子处于 ψ_1 与 ψ_2 态的概率各为 1/2, 可令

$$\psi(x,t)=\frac{1}{\sqrt{2}}\mathrm{e}^{-\mathrm{i}E_1t/\hbar}\psi_1(x)+\frac{1}{\sqrt{2}}\mathrm{e}^{-\mathrm{i}E_2t/\hbar}\psi_2(x)$$

其中

$$E_n=\frac{n^2\pi^2\hbar^2}{2ma^2},\quad \psi_n(x)=\begin{cases}\sqrt{\dfrac{2}{a}}\sin\left[\dfrac{n\pi}{a}\left(x+\dfrac{a}{2}\right)\right], & |x|<\dfrac{a}{2}\\ 0, & |x|>\dfrac{a}{2}\end{cases}$$

$t>0$ 时粒子的概率密度为

$$|\psi(x,t)|^2=\frac{1}{2}\Big[|\psi_1(x)|^2+|\psi_2(x)|^2+\psi_1^*(x)\psi_2(x)\mathrm{e}^{-\mathrm{i}(E_2-E_1)/\hbar}+\psi_1(x)\psi_2^*(x)\mathrm{e}^{\mathrm{i}(E_2-E_1)/\hbar}\Big]$$

$t>0$ 时动量的平均值

$$\overline{p(t)}=-\mathrm{i}\hbar\int_{-a/2}^{+a/2}\psi^*(x,t)\frac{\partial}{\partial x}\psi(x,t)\mathrm{d}x=\frac{8\hbar}{3a}\sin\frac{3\pi^2\hbar t}{2ma^2}$$

1.27 已知 $t=0$ 时一维运动粒子在态 $\psi(x)$ 中坐标 x 和动量 $\hat{p}$ 的平均值分别为 x_0 与 p_0，求 $t=0$ 时在态 $\varphi(x)=\mathrm{e}^{-\mathrm{i}p_0x/\hbar}\psi(x+x_0)$ 中 x 与 $\hat{p}$ 的平均值.

解 已知 $t=0$ 时 x 与 $\hat{p}$ 的平均值

$$\langle x\rangle=\int_{-\infty}^{+\infty}\psi^*(x)x\psi(x)\mathrm{d}x=x_0$$

$$\langle p\rangle=\int_{-\infty}^{+\infty}\psi^*(x)\left(-\mathrm{i}\hbar\frac{\mathrm{d}}{\mathrm{d}x}\right)\psi(x)\mathrm{d}x=p_0$$

当粒子处于 $\varphi(x)$ 态时, x 与 $\hat{p}$ 的平均值

$$\begin{aligned}\langle x\rangle&=\int_{-\infty}^{+\infty}\varphi^*(x)x\varphi(x)\mathrm{d}x=\int_{-\infty}^{+\infty}\psi^*(x+x_0)x\psi(x+x_0)\mathrm{d}x\\&=\int_{-\infty}^{+\infty}\psi^*(x')(x'-x_0)\psi(x')\mathrm{d}x'=x_0-x_0=0\end{aligned}$$

$$\begin{aligned}\langle p\rangle&=\int_{-\infty}^{+\infty}\varphi^*(x)\left(-\mathrm{i}\hbar\frac{\mathrm{d}}{\mathrm{d}x}\right)\varphi(x)\mathrm{d}x\\&=\int_{-\infty}^{+\infty}\mathrm{e}^{\mathrm{i}p_0x/\hbar}\psi^*(x+x_0)\left(-\mathrm{i}\hbar\frac{\mathrm{d}}{\mathrm{d}x}\right)\left[\mathrm{e}^{-\mathrm{i}p_0x/\hbar}\psi(x+x_0)\right]\mathrm{d}x\\&=-p_0+\int_{-\infty}^{+\infty}\psi^*(x+x_0)\left(-\mathrm{i}\hbar\frac{\mathrm{d}}{\mathrm{d}x}\right)\psi(x+x_0)\mathrm{d}x\\&=-p_0+\int_{-\infty}^{+\infty}\psi^*(x')\left(-\mathrm{i}\hbar\frac{\mathrm{d}}{\mathrm{d}x'}\right)\psi(x')\mathrm{d}x'=-p_0+p_0=0\end{aligned}$$

1.28　粒子处于宽度为 a 的一维无限深方势阱 $V(x)=\begin{cases}0, & 0<x<a\\ \infty, & x<0,x>a\end{cases}$ 中的定态 $\psi_n(x)$，求粒子的动量分布概率 $|\varphi(p)|^2$.

解

$$\varphi(p)=\frac{1}{\sqrt{2\pi\hbar}}\int_{-\infty}^{+\infty}\mathrm{e}^{-\mathrm{i}px/\hbar}\psi_n(x)\mathrm{d}x \tag{1}$$

其中

$$\psi_n(x)=\begin{cases}\sqrt{\dfrac{2}{a}}\sin\dfrac{n\pi x}{a}, & 0<x<a\\ 0, & x<0,x>a\end{cases} \tag{2}$$

将式(2)代入式(1)算出

$$\varphi(p)=\sqrt{\pi a\hbar^3n^2}\,\frac{1-(-1)^n\mathrm{e}^{-\mathrm{i}pa/\hbar}}{n^2\pi^2\hbar^2-p^2a^2} \tag{3}$$

$$|\varphi(p)|^2=2\pi a\hbar^3n^2\frac{1-(-1)^n\cos\dfrac{pa}{\hbar}}{(n^2\pi^2\hbar^2-p^2a^2)^2} \tag{4}$$

1.29　粒子处于宽度为 a 的一维无限深方势阱的基态，$t=0$ 时阱的两壁突然崩溃. 求 $t\geqslant 0$ 时粒子处于动量取值在 $p\sim p+\mathrm{d}p$ 内的概率，以及粒子波函数的表示式(不必算出结果).

解　$t\geqslant 0$ 时粒子波函数为

$$\psi(x,t)=\frac{1}{\sqrt{2\pi\hbar}}\int_{-\infty}^{+\infty}\varphi(p)\mathrm{e}^{-\mathrm{i}p^2t/2\mu\hbar}\mathrm{e}^{\mathrm{i}px/\hbar}\mathrm{d}p \tag{1}$$

$$\psi(x,0)=\frac{1}{\sqrt{2\pi\hbar}}\int_{-\infty}^{+\infty}\varphi(p)\mathrm{e}^{\mathrm{i}px/\hbar}\mathrm{d}p=\begin{cases}\sqrt{\dfrac{2}{a}}\sin\dfrac{\pi x}{a}, & 0<x<a\\ 0, & x<0,x>a\end{cases} \tag{2}$$

$$\varphi(p)=\frac{1}{\sqrt{\pi a\hbar}}\int_0^a\mathrm{e}^{-\mathrm{i}px/\hbar}\sin\frac{\pi x}{a}\mathrm{d}x=\sqrt{\pi a\hbar^3}\,\frac{1+\mathrm{e}^{-\mathrm{i}pa/\hbar}}{\pi^2\hbar^2-p^2a^2} \tag{3}$$

$t\geqslant 0$ 时粒子的动量取值在 $p\sim p+\mathrm{d}p$ 内的概率为

$$|\varphi(p)|^2\,\mathrm{d}p=\frac{2\pi a\hbar^3\left(1+\cos\dfrac{pa}{\hbar}\right)}{(\pi^2\hbar^2-p^2a^2)^2}\mathrm{d}p$$

将式(3)代入式(1)，得 $t\geqslant 0$ 时粒子波函数的表示式

$$\psi(x,t)=\hbar\sqrt{\frac{a}{2}}\int_{-\infty}^{+\infty}\frac{e^{-ip^2t/2\mu\hbar}e^{ipx/\hbar}\left(1+e^{-ipa/\hbar}\right)}{\pi^2\hbar^2-p^2a^2}dp$$

1.30 质量为 μ 的粒子在一维势场 $V(x)=\begin{cases}0, & |x|<a\\ \infty, & |x|>a\end{cases}$ 中运动. (1)求粒子定态能量 E_n 与归一化定态波函数 $\psi_n(x)$. (2)求粒子在定态 $\psi_n(x)$ 上的平均值 $\bar{x}$. (3)设 $t=0$ 时粒子波函数为 $\psi(x,0)=\begin{cases}A(a^2-x^2), & |x|<a\\ 0, & |x|>a\end{cases}$, 其中 A 为归一化常数, 求(a)在 $\psi(x,0)$ 态上粒子能量取值 E_n 的概率; (b)粒子的平均能量 $\bar{E}$; (c)任意 $t>0$ 时粒子波函数 $\psi(x,t)$ 表示式.

解 (1) $E_n=\dfrac{n^2\pi^2\hbar^2}{8\mu a^2}$, $\psi_n(x)=\begin{cases}\sqrt{\dfrac{1}{a}}\sin\left[\dfrac{n\pi}{2a}(x+a)\right], & |x|<a\\ 0, & |x|>a\end{cases}$

(2) $\bar{x}=0$.

(3) 由归一化条件 $\int_{-a}^{+a}|\psi(x,0)|^2\,dx=1$, 得 $A=\sqrt{15/16}a^{-5/2}$. 令

$$\psi(x,0)=\sum_{n=1}^{\infty}c_n\psi_n(x)$$

$$\begin{aligned}c_n&=\int_{-\infty}^{+\infty}\psi_n^*(x)\psi(x,0)dx\\&=\frac{A}{\sqrt{a}}\int_{-a}^{+a}\sin\left[\frac{n\pi}{2a}(x+a)\right]\left(a^2-x^2\right)dx\\&=\frac{A}{\sqrt{a}}\int_0^{2a}\sin\left(\frac{n\pi}{2a}y\right)\left(2ay-y^2\right)dy=\frac{16Aa^3}{\sqrt{a}n^3\pi^3}\left[1-(-1)^n\right]\\&=\begin{cases}\dfrac{8\sqrt{15}}{n^3\pi^3}, & n=1,3,5,\cdots\\ 0, & n=2,4,6,\cdots\end{cases}\end{aligned}$$

粒子能量取值 E_n 的概率与能量平均值为

$$|c_n|^2=\begin{cases}\dfrac{960}{n^6\pi^6}, & n=1,3,5,\cdots\\ 0, & n=2,4,6,\cdots\end{cases}$$

$$\bar{E}=\sum_n|c_n|^2E_n=\sum_{n=1,3,\cdots}\frac{960}{n^6\pi^6}\cdot\frac{n^2\pi^2\hbar^2}{8\mu a^2}=\frac{120\hbar^2}{\pi^4\mu a^2}\sum_{n=1,3,\cdots}\frac{1}{n^4}=\frac{5\hbar^2}{4\mu a^2}$$

以上用到公式

$$\sum_{n=1,3,\cdots}\frac{1}{n^4}=\frac{\pi^4}{96}$$

能量平均值也可以用下式计算:

$$\begin{aligned}\bar{E}&=\int\psi^*(x,0)\hat{H}\psi(x,0)\mathrm{d}x\\&=A^2\int_{-a}^{+a}\left(a^2-x^2\right)\left(-\frac{\hbar^2}{2\mu}\frac{\mathrm{d}^2}{\mathrm{d}x^2}\right)\left(a^2-x^2\right)\mathrm{d}x\\&=\frac{A^2\hbar^2}{\mu}\int_{-a}^{+a}\left(a^2-x^2\right)\mathrm{d}x=\frac{5\hbar^2}{4\mu a^2}\end{aligned}$$

任意 $t>0$ 时粒子波函数 $\psi(x,t)$ 的表示式

$$\psi(x,t)=\sum_n c_n\mathrm{e}^{-\mathrm{i}E_nt/\hbar}\psi_n(x)=\frac{8\sqrt{15}}{\pi^3}\sum_{n=1,3,\cdots}\frac{\mathrm{e}^{-\mathrm{i}E_nt/\hbar}}{n^3}\psi_n(x)$$

1.31 设一维运动粒子的坐标和动量分别为 q 和 $\hat{p}$. (1)计算 $\hat{p}$ 和 $\mathrm{e}^{\mathrm{i}cq}$ 的对易关系, 其中 c 为常数; (2)若 p_0 是 $\hat{p}$ 的本征值, 相应的本征函数是 $\psi_0(q)$, 证明 $p_0+\hbar c$ 也是 $\hat{p}$ 的本征值, 给出相应的本征函数.

解

$$\left[\hat{p},\mathrm{e}^{\mathrm{i}cq}\right]=-\mathrm{i}\hbar\frac{\partial}{\partial q}\mathrm{e}^{\mathrm{i}cq}=\hbar c\mathrm{e}^{\mathrm{i}cq}$$

已知 $\psi_0(q)$ 是 $\hat{p}$ 的本征值为 p_0 的本征函数:

$$\hat{p}\psi_0(q)=p_0\psi_0(q)$$

利用以上两式,

$$\left[\hat{p},\mathrm{e}^{\mathrm{i}cq}\right]\psi_0(q)=\hbar c\mathrm{e}^{\mathrm{i}cq}\psi_0(q)$$

$$\hat{p}\mathrm{e}^{\mathrm{i}cq}\psi_0(q)-\mathrm{e}^{\mathrm{i}cq}\hat{p}\psi_0(q)=\hbar c\mathrm{e}^{\mathrm{i}cq}\psi_0(q)$$

$$\hat{p}\mathrm{e}^{\mathrm{i}cq}\psi_0(q)=(p_0+\hbar c)\mathrm{e}^{\mathrm{i}cq}\psi_0(q)$$

可见 $p_0+\hbar c$ 是 $\hat{p}$ 的本征值, 相应的本征函数为 $\mathrm{e}^{\mathrm{i}cq}\psi_0(q)$.

1.32 写出二维谐振子势 $V=\frac{1}{2}\mu\omega_x^2x^2+\frac{1}{2}\mu\omega_y^2y^2$ 中粒子能级: (1)设 $\omega_x=\omega_y$, 求能级简并度; (2)设 $\omega_x/\omega_y=1/2$, 求能级简并度.

解 定态能量

$$E=\left(n_x+\frac{1}{2}\right)\hbar\omega_x+\left(n_y+\frac{1}{2}\right)\hbar\omega_y,\ n_x,n_y=0,1,2,\cdots$$

(1) 令 $\omega_x=\omega_y=\omega$，

$$E=\left(n_x+n_y+1\right)\hbar\omega=\left(N+1\right)\hbar\omega,\ N=n_x+n_y,\ N=0,1,2,\cdots$$

能级简并度为 $N+1$.

(2) $\omega_x/\omega_y=1/2,\omega_y=2\omega_x$

$$E=\left(n_x+\frac{1}{2}\right)\hbar\omega_x+\left(n_y+\frac{1}{2}\right)2\hbar\omega_x=\left(n_x+2n_y+\frac{3}{2}\right)\hbar\omega_x$$
$$=\left(N+\frac{3}{2}\right)\hbar\omega_x,\ N=n_x+2n_y,\ N=0,1,2,\cdots$$

能级简并度为

$$\begin{cases}(N/2)+1, & N=0,2,4,\cdots\\(N+1)/2, & N=1,3,5,\cdots\end{cases}$$

1.33 粒子在二维势场 $V(x,y)=\frac{1}{2}\mu\omega^2(x^2+y^2+2\lambda xy)$ 中运动, 其中 $|\lambda|<1$，μ 为粒子质量. 求能量本征值和本征函数.

解 粒子的哈密顿量为

$$\hat{H}=-\frac{\hbar^2}{2\mu}\left(\frac{\partial^2}{\partial x^2}+\frac{\partial^2}{\partial y^2}\right)+\frac{1}{2}\mu\omega^2(x^2+y^2+2\lambda xy)$$

令

$$\xi=\frac{1}{\sqrt{2}}(x+y),\ \eta=\frac{1}{\sqrt{2}}(x-y)$$
$$x=\frac{1}{\sqrt{2}}(\xi+\eta),\ y=\frac{1}{\sqrt{2}}(\xi-\eta)$$

作变换 $x,y\to\xi,\eta$. 在此变换下

$$xy=\frac{1}{2}(\xi^2-\eta^2),\ x^2+y^2=\xi^2+\eta^2,\ \frac{\partial^2}{\partial x^2}+\frac{\partial^2}{\partial y^2}=\frac{\partial^2}{\partial\xi^2}+\frac{\partial^2}{\partial\eta^2}$$

$$\hat{H}=-\frac{\hbar^2}{2\mu}\left(\frac{\partial^2}{\partial\xi^2}+\frac{\partial^2}{\partial\eta^2}\right)+\frac{1}{2}\mu\omega^2[(1+\lambda)\xi^2+(1-\lambda)\eta^2]$$
$$=-\frac{\hbar^2}{2\mu}\left(\frac{\partial^2}{\partial\xi^2}+\frac{\partial^2}{\partial\eta^2}\right)+\frac{1}{2}\mu\omega_1^2\xi^2+\frac{1}{2}\mu\omega_2^2\eta^2$$

$$\omega_1 = \omega\sqrt{1+\lambda},\ \omega_2 = \omega\sqrt{1-\lambda}$$

粒子的能量与波函数为

$$E = \left(n_1 + \frac{1}{2}\right)\hbar\omega_1 + \left(n_2 + \frac{1}{2}\right)\hbar\omega_2,\quad n_1, n_2 = 0,1,2,\cdots$$

$$\psi(\xi,\eta) = \psi_{n_1}(\xi)\psi_{n_2}(\eta) = N_1 \mathrm{e}^{-\alpha_1^2\xi^2/2} H_{n_1}(\alpha_1\xi) N_2 \mathrm{e}^{-\alpha_2^2\eta^2/2} H_{n_2}(\alpha_2\eta)$$

回到原变量

$$\psi(x,y) = \psi_{n_1}(x,y)\psi_{n_2}(x,y)$$

$$\psi_{n_1}(x,y) = N_{n_1}\mathrm{e}^{-\alpha_1^2(x+y)^2/4} H_{n_1}\left((x+y)\alpha_1/\sqrt{2}\right)$$

$$\psi_{n_2}(x,y) = N_{n_2}\mathrm{e}^{-\alpha_2^2(x-y)^2/4} H_{n_2}\left((x-y)\alpha_2/\sqrt{2}\right)$$

$$\alpha_1 = \sqrt{\mu\omega_1/\hbar},\ \alpha_2 = \sqrt{\mu\omega_2/\hbar}$$

1.34　两个质量都是 μ 的一维耦合谐振子体系的哈密顿量为

$$\hat{H} = \frac{1}{2\mu}(\hat{p}_1^2 + \hat{p}_2^2) + \frac{1}{2}\mu\omega^2[(x_1 - a)^2 + (x_2 + a)^2 + \lambda(x_1 - x_2)^2]$$

其中 λ 与 a 为参数，$\lambda > -1/2, -\infty < x_1, x_2 < \infty$. 求体系能量本征值.

解　体系的哈密顿量为

$$\hat{H} = -\frac{\hbar^2}{2\mu}\left(\frac{\partial^2}{\partial x_1^2} + \frac{\partial^2}{\partial x_2^2}\right) + \frac{1}{2}\mu\omega^2[(1+\lambda)(x_1^2 + x_2^2) - 2a(x_1 - x_2) - 2\lambda x_1 x_2 + 2a^2]$$

令

$$\xi = \frac{1}{\sqrt{2}}(x_1 + x_2),\ \eta = \frac{1}{\sqrt{2}}(x_1 - x_2)$$

$$x_1 = \frac{1}{\sqrt{2}}(\xi + \eta),\ x_2 = \frac{1}{\sqrt{2}}(\xi - \eta)$$

作变换 $x_1, x_2 \to \xi, \eta$. 在此变换下，

$$x_1 x_2 = \frac{1}{2}(\xi^2 - \eta^2),\ x_1 - x_2 = \sqrt{2}\eta,\ x_1^2 + x_2^2 = \xi^2 + \eta^2$$

$$\frac{\partial^2}{\partial x_1^2} + \frac{\partial^2}{\partial x_2^2} = \frac{\partial^2}{\partial \xi^2} + \frac{\partial^2}{\partial \eta^2}$$

$$\hat{H} = -\frac{\hbar^2}{2\mu}\left(\frac{\partial^2}{\partial\xi^2}+\frac{\partial^2}{\partial\eta^2}\right)+\frac{1}{2}\mu\omega^2\left[\xi^2+(1+2\lambda)\eta^2-2\sqrt{2}a\eta+2a^2\right]$$

$$=\hat{H}_1+\hat{H}_2$$

$$\hat{H}_1 = -\frac{\hbar^2}{2\mu}\frac{\partial^2}{\partial\xi^2}+\frac{1}{2}\mu\omega^2\xi^2$$

$$\hat{H}_2 = -\frac{\hbar^2}{2\mu}\frac{\partial^2}{\partial\eta^2}+\frac{1}{2}\mu\omega^2[(1+2\lambda)\eta^2-2\sqrt{2}a\eta+2a^2]$$

$$= -\frac{\hbar^2}{2\mu}\frac{\partial^2}{\partial\eta^2}+\frac{1}{2}\mu\omega^2(1+2\lambda)\left(\eta^2-\frac{2\sqrt{2}a}{1+2\lambda}\eta\right)+\mu\omega^2a^2$$

令
$$\zeta=\eta-\frac{\sqrt{2}a}{1+2\lambda},\ \omega_0=\omega\sqrt{1+2\lambda}$$

$$\hat{H}_2 = -\frac{\hbar^2}{2\mu}\frac{\partial^2}{\partial\zeta^2}+\frac{1}{2}\mu\omega_0^2\zeta^2+\frac{2\lambda\mu\omega^2a^2}{1+2\lambda}$$

体系能量为

$$E=E_1+E_2=\left(n_1+\frac{1}{2}\right)\hbar\omega+\left(n_2+\frac{1}{2}\right)\hbar\omega_0+\frac{2\lambda\mu\omega^2a^2}{1+2\lambda}$$

$$n_1,n_2=0,1,2,\cdots$$

1.35　质量为 μ 的粒子在势场

$$V(x,y,z)=A(x^2+y^2+2\lambda xy)+B(z^2+2cz)$$

中运动, $A,B>0,|\lambda|<1$, c 取任意实数, 求能量本征值. 如考虑另一个新势 V' , 它同原势的关系为 $V'=\begin{cases}V,\ z>-c, xy\text{任意}\\ \infty,\ z<-c, xy\text{任意}\end{cases}$, 求基态能量.

解　体系的哈密顿量为

$$\hat{H} = -\frac{\hbar^2}{2\mu}\left(\frac{\partial^2}{\partial x^2}+\frac{\partial^2}{\partial y^2}+\frac{\partial^2}{\partial z^2}\right)+A(x^2+y^2+2\lambda xy)+B(z^2+2cz)$$

令
$$\xi=\frac{1}{\sqrt{2}}(x+y),\quad \eta=\frac{1}{\sqrt{2}}(x-y),\quad \zeta=z+c$$

作变换 $x,y,z\to\xi,\eta,\zeta$. 在此变换下,

$$\hat{H}=-\frac{\hbar^2}{2\mu}\left(\frac{\partial^2}{\partial\xi^2}+\frac{\partial^2}{\partial\eta^2}+\frac{\partial^2}{\partial\zeta^2}\right)+A(1+\lambda)\xi^2+A(1-\lambda)\eta^2+B\zeta^2-Bc^2$$

$$=-\frac{\hbar^2}{2\mu}\left(\frac{\partial^2}{\partial\xi^2}+\frac{\partial^2}{\partial\eta^2}+\frac{\partial^2}{\partial\zeta^2}\right)+\frac{1}{2}\mu\omega_1^2\xi^2+\frac{1}{2}\mu\omega_2^2\eta^2+\frac{1}{2}\mu\omega_3^2\zeta^2-Bc^2$$

$$\omega_1=\sqrt{\frac{2A(1+\lambda)}{\mu}},\ \omega_2=\sqrt{\frac{2A(1-\lambda)}{\mu}},\ \omega_3=\sqrt{\frac{2B}{\mu}}$$

体系的能量为

$$E=\left(n_1+\frac{1}{2}\right)\hbar\omega_1+\left(n_2+\frac{1}{2}\right)\hbar\omega_2+\left(n_3+\frac{1}{2}\right)\hbar\omega_3-Bc^2$$

$$n_1,n_2,n_3=0,1,2,\cdots$$

对于新势 V'，当 $z<-c$ 即 $\zeta<0$ 时，$V'\to\infty$，这时 $\psi(\xi,\eta,\zeta)=0$，n_3 只能取值 $1,3,5,\cdots$. 基态能量为

$$E=\frac{1}{2}\hbar\omega_1+\frac{1}{2}\hbar\omega_2+\frac{3}{2}\hbar\omega_3-Bc^2$$

1.36 设一维粒子由 $x=-\infty$ 处以平面波 $\psi_{in}=\mathrm{e}^{ikx}$ 入射，在原点处受到势能 $V(x)=V_0\delta(x)$ 的作用. (1)写出波函数的一般表达式；(2)确定粒子波函数在原点处满足的边界条件；(3)求出该粒子的透射系数和反射系数；(4)分别指出 $V_0>0$ 与 $V_0<0$ 时的量子力学效应.

解 (1) 波函数的一般表达式为

$$\psi_1(x)=\mathrm{e}^{\mathrm{i}kx}+B\mathrm{e}^{-\mathrm{i}kx},\ x<0 \tag{1}$$

$$\psi_2(x)=C\mathrm{e}^{\mathrm{i}kx},\qquad x>0 \tag{2}$$

(2) 波函数在原点处满足的边界条件

$$\psi_1(0)=\psi_2(0),\quad \psi_2'(0)-\psi_1'(0)=\frac{2\mu V_0}{\hbar^2}\psi_2(0) \tag{3}$$

(3) 将式(1)与(2)代入式(3), 得

$$1+B=C,\ \mathrm{i}k[C-(1-B)]=\frac{2\mu V_0 C}{\hbar^2} \tag{4}$$

由式(4)解得

$$C=\frac{k}{k+\mathrm{i}(\mu V_0/\hbar^2)},\ B=C-1=\frac{-\mathrm{i}(\mu V_0/\hbar^2)}{k+\mathrm{i}(\mu V_0/\hbar^2)} \tag{5}$$

透射系数T和反射系数R为

$$T=|C|^2=\frac{1}{1+\left(\mu V_0/k\hbar^2\right)^2},\ R=|B|^2=\frac{\left(\mu V_0/k\hbar^2\right)^2}{1+\left(\mu V_0/k\hbar^2\right)^2} \tag{6}$$

(4) $V_0>0$的δ势对应无限高无限薄势垒. 经典力学认为粒子不能穿过该势垒, 而量子力学的隧道效应允许粒子以一定的概率穿过该势垒. $V_0<0$的δ势对应无限高无限薄势阱. 经典力学认为粒子100%穿过该势阱, 而量子力学却认为粒子有一定的概率从势阱边折回.

1.37 在以下两种情况中计算入射粒子在一维阶跃势上的反射率R与透射率T, $V(x)=\begin{cases}0, & x<0\\ V_0, & x>0\end{cases}$: (1) $E>V_0$; (2) $E<V_0$.

解 (1) $E>V_0$

令
$$k=\sqrt{\frac{2\mu E}{\hbar^2}},\ \alpha=\sqrt{\frac{2\mu(E-V_0)}{\hbar^2}}$$

定态方程为

$$\frac{\mathrm{d}^2\psi(x)}{\mathrm{d}x^2}+k^2\psi(x)=0,\ x<0$$

$$\frac{\mathrm{d}^2\psi(x)}{\mathrm{d}x^2}+\alpha^2\psi(x)=0,\ x>0$$

其解为

$$\begin{aligned}\psi_1(x)&=\mathrm{e}^{\mathrm{i}kx}+B\mathrm{e}^{-\mathrm{i}kx},\ x<0\\ \psi_2(x)&=A\mathrm{e}^{\mathrm{i}\alpha x},\qquad\quad x>0\end{aligned}$$

由边界条件$\psi_1(0)=\psi_2(0),\psi_1'(0)=\psi_2'(0)$, 得

$$1+B=A,\ k(1-B)=A\alpha$$

由上式解得

$$A=\frac{2k}{k+\alpha},\ B=\frac{k-\alpha}{k+\alpha}$$

$$R=|B|^2=\frac{(k-\alpha)^2}{(k+\alpha)^2},\ T=1-R=\frac{4k\alpha}{(k+\alpha)^2}$$

应该注意的是, 透射率$T\neq|A|^2=4k^2/(k+\alpha)^2$. 这是因为透射波波数$\alpha$不等于入射

波波数k. 将$\psi = e^{ikx}, Be^{-ikx}, Ae^{i\alpha x}$分别代入概率流密度公式

$$j_x = -\frac{i\hbar}{2\mu}\left(\psi^* \frac{\partial}{\partial x}\psi - \psi\frac{\partial}{\partial x}\psi^*\right)$$

得入射粒子流密度$j_I = \hbar k/\mu$, 反射粒子流密度$j_R = -|B|^2 \hbar k/\mu$, 透射粒子流密度$j_T = |A|^2 \hbar\alpha/\mu$. 由此得

$$R = \left|\frac{j_R}{j_I}\right| = |R|^2 = \frac{(k-\alpha)^2}{(k+\alpha)^2}, \qquad T = \left|\frac{j_T}{j_I}\right| = \frac{\alpha}{k}|A|^2 = \frac{4k\alpha}{(k+\alpha)^2}$$

(2) $E < V_0$

令
$$\beta = \sqrt{\frac{2\mu(V_0 - E)}{\hbar^2}}$$

定态方程为

$$\frac{d^2\psi(x)}{dx^2} + k^2\psi(x) = 0, \ x<0$$

$$\frac{d^2\psi(x)}{dx^2} - \beta^2\psi(x) = 0, \ x>0$$

其解为

$$\psi_1(x) = e^{ikx} + Be^{-ikx}, \ x<0$$
$$\psi_2(x) = Ae^{-\beta x}, \qquad x>0$$

由边界条件$\psi_1(0) = \psi_2(0), \psi_1'(0) = \psi_2'(0)$, 得

$$1 + B = A, \ A\beta = ik(B-1)$$

解之得

$$A = \frac{2}{1+i(\beta/k)}, \ B = \frac{1-i(\beta/k)}{1+i(\beta/k)}$$

$$R = |B|^2 = 1, \ T = 1 - R = 0$$

1.38 电子经 1000V 电压加速后由$x = -\infty$射向阶跃势$V(x) = \begin{cases} 0, & x<0 \\ V_0, & x>0 \end{cases}$, 其中$V_0 = 750\text{eV}$. 现有 1800 个电子入射, 在$x = \infty$处能观测到多少个电子?

解 在上题中给出入射粒子能量大于V_0时的透射率

$$T=\frac{4k\alpha}{(k+\alpha)^2}$$

其中

$$k=\sqrt{\frac{2\mu E}{\hbar^2}},\ \alpha=\sqrt{\frac{2\mu(E-V_0)}{\hbar^2}}$$

$$T=\frac{4\sqrt{E(E-V_0)}}{(\sqrt{E}+\sqrt{E-V_0})^2}=\frac{4\sqrt{(E-V_0)/E}}{\left[1+\sqrt{(E-V_0)/E}\right]^2}$$

将 $(E-V_0)/E=(1000-750)/1000=0.25$ 代入上式，得 $T=0.889$. 在 $x=\infty$ 处能观测到的电子数为 $1800\times 0.889=1600$.

1.39 粒子被一维矩形势垒 $V(x)=\begin{cases}0, & x<0,x>a\\ V_0, & 0<x<a\end{cases}$ 散射. (1)当粒子的能量 $E\geqslant V_0$ 时, 求反射率 R 与透射率 T；(2)当粒子的能量 $E=V_0$ 时, 有一半粒子被反射回去, 求粒子的质量所满足的方程.

解 设入射粒子的能量 $E\geqslant V_0$，粒子沿 x 轴由 $-\infty$ 处向势垒入射.

令
$$k=\sqrt{\frac{2\mu E}{\hbar^2}},\ \alpha=\sqrt{\frac{2\mu(E-V_0)}{\hbar^2}}$$

粒子的波函数为

$$\psi_1(x)=\mathrm{e}^{\mathrm{i}kx}+B\mathrm{e}^{-\mathrm{i}kx},\qquad x<0$$

$$\psi_2(x)=F\mathrm{e}^{\mathrm{i}\alpha x}+G\mathrm{e}^{-\mathrm{i}\alpha x},\ 0<x<a$$

$$\psi_3(x)=C\mathrm{e}^{\mathrm{i}kx},\qquad x>a$$

利用边界条件

$$\psi_1(0)=\psi_2(0),\ \psi_1'(0)=\psi_2'(0)$$
$$\psi_2(a)=\psi_3(a),\ \psi_2'(a)=\psi_3'(a)$$

得到系数 B,F,G,C 的 4 个方程：

$$1+B=F+G,\ k-kB=\alpha F-\alpha G$$

$$F\mathrm{e}^{\mathrm{i}\alpha a}+G\mathrm{e}^{-\mathrm{i}\alpha a}=C\mathrm{e}^{\mathrm{i}ka},\ F\alpha\mathrm{e}^{\mathrm{i}\alpha a}-G\alpha\mathrm{e}^{-\mathrm{i}\alpha a}=Ck\mathrm{e}^{\mathrm{i}ka}$$

并解得

$$B=\frac{(k^2-\alpha^2)\sin(\alpha a)}{(k^2+\alpha^2)\sin(\alpha a)+\mathrm{i}2k\alpha\cos(\alpha a)}$$

$$C=\frac{\mathrm{i}2k\alpha\mathrm{e}^{-\mathrm{i}ka}}{(k^2+\alpha^2)\sin(\alpha a)+\mathrm{i}2k\alpha\cos(\alpha a)}$$

粒子的反射率R与透射率T为

$$R=|B|^2=\frac{(k^2-\alpha^2)^2\sin^2(\alpha a)}{(k^2-\alpha^2)^2\sin^2(\alpha a)+4k^2\alpha^2}$$

$$T=|C|^2=\frac{4k^2\alpha^2}{(k^2-\alpha^2)^2\sin^2(\alpha a)+4k^2\alpha^2}$$

当$E\to V_0$时，$\alpha\to 0$，

$$R\to\frac{k^2a^2}{k^2a^2+4}=\frac{\mu V_0a^2}{\mu V_0a^2+2\hbar^2}$$

根据题意，

$$\frac{\mu V_0a^2}{\mu V_0a^2+2\hbar^2}=\frac{1}{2}\quad\to\quad\mu=\frac{2\hbar^2}{V_0a^2}$$

1.40 把传导电子限制在金属内部的是一种平均势，对于下面的一维势模型：$V(x)=\begin{cases}-V_0, & x<0\\ 0, & x>0\end{cases}$，试就(1) $E>0$；(2) $-V_0<E<0$两种情况计算接近金属表面的传导电子的反射率与透射率.

解 (1) $E>0$

令
$$k=\sqrt{\frac{2\mu E}{\hbar^2}},\ \alpha=\sqrt{\frac{2\mu(E+V_0)}{\hbar^2}}$$

定态方程为

$$\frac{\mathrm{d}^2\psi}{\mathrm{d}x^2}=-\alpha^2\psi,\ x<0$$

$$\frac{\mathrm{d}^2\psi}{\mathrm{d}x^2}=-k^2\psi,\ x>0$$

波函数为

$$\psi_1(x)=\mathrm{e}^{\mathrm{i}\alpha x}+B\mathrm{e}^{-\mathrm{i}\alpha x},\ x<0$$

$$\psi_2(x)=Ce^{ikx}, \qquad x>0$$

由 $x=0$ 处 ψ,ψ' 的连续条件得

$$1+B=C,\ \alpha-B\alpha=Ck$$

由上式解得

$$B=\frac{\alpha-k}{\alpha+k}$$

反射率 R 与透射率 T 为

$$R=|B|^2=\frac{(\alpha-k)^2}{(\alpha+k)^2}=\frac{\left(\sqrt{E+V_0}-\sqrt{E}\right)^2}{\left(\sqrt{E+V_0}+\sqrt{E}\right)^2}$$

$$T=1-R=\frac{4k\alpha}{(\alpha+k)^2}=\frac{4\sqrt{E(E+V_0)}}{\left(\sqrt{E+V_0}+\sqrt{E}\right)^2}$$

(2) $-V_0<E<0$

令 $$E=-|E|,\ \alpha=\sqrt{\frac{2\mu(V_0-|E|)}{\hbar^2}},\ \beta=\sqrt{\frac{2\mu|E|}{\hbar^2}}$$

方程为

$$\frac{d^2\psi}{dx^2}=-\alpha^2\psi,\ x<0$$

$$\frac{d^2\psi}{dx^2}=\beta^2\psi,\quad x>0$$

波函数为

$$\psi_1(x)=e^{i\alpha x}+Be^{-i\alpha x},\ x<0$$

$$\psi_2(x)=Ce^{-\beta x}, \qquad x>0$$

由于 $\psi_2(x)$ 为实函数，故透射率 $T=0$，反射率 $R=1$.

1.41 质量为 m 的电子以动能 $E>V_0$ 由左向右入射到高度为 V_0 的台阶势上，在台阶势的跃起处还存在 δ 势：$\gamma\delta(x)(\gamma>0)$，即考虑电子在势 $V(x)=V_0\theta(x)+\gamma\delta(x),\theta(x)=\begin{cases}0, & x<0\\ 1, & x\geqslant 0\end{cases}$，上的散射，$\theta(x)$ 为单位阶跃函数. (1)列出定态薛定谔方程及波函数导数 ψ' 在 $x=0$ 两侧的跃变条件；(2)求电子在 $x=0$ 处的透

射系数$T=\left|\dfrac{j_{out}}{j_{in}}\right|$和反射系数$R=\left|\dfrac{j_{ref}}{j_{in}}\right|$.

解　(1)定态方程为

$$\left[-\frac{\hbar^2}{2m}\frac{\mathrm{d}^2}{\mathrm{d}x^2}+V_0\theta(x)+\gamma\delta(x)\right]\psi(x)=E\psi(x)$$

ψ 的导数 ψ' 在 $x=0$ 两侧的跃变条件:

$$\psi'(0^+)-\psi'(0^-)=\frac{2m\gamma}{\hbar^2}\psi(0)$$

(2) 令

$$k=\sqrt{\frac{2mE}{\hbar^2}},\ \alpha=\sqrt{\frac{2m(E-V_0)}{\hbar^2}}$$

在 $x\neq 0$ 区, 定态方程为

$$\frac{\mathrm{d}^2\psi(x)}{\mathrm{d}x^2}+k^2\psi(x)=0,\ x<0$$

$$\frac{\mathrm{d}^2\psi(x)}{\mathrm{d}x^2}+\alpha^2\psi(x)=0,\ x>0$$

其解为

$$\psi_1(x)=\mathrm{e}^{\mathrm{i}kx}+A\mathrm{e}^{-\mathrm{i}kx},\ x<0$$

$$\psi_2(x)=B\mathrm{e}^{\mathrm{i}\alpha x},\qquad x>0$$

由 $x=0$ 处 ψ 的连续条件 $\psi_1(0)=\psi_2(0)$ 及 ψ' 的跃变条件得

$$1+A=B,\ 1-A=\frac{\alpha B}{k}+\mathrm{i}\frac{2m\gamma B}{k\hbar^2}$$

将上面两式相加, 消去 A, 得

$$B=\frac{1}{\frac{1}{2}\left(1+\frac{\alpha}{k}\right)+\mathrm{i}\frac{m\gamma}{k\hbar^2}},\ A=\frac{\frac{1}{2}\left(1-\frac{\alpha}{k}\right)-\mathrm{i}\frac{m\gamma}{k\hbar^2}}{\frac{1}{2}\left(1+\frac{\alpha}{k}\right)+\mathrm{i}\frac{m\gamma}{k\hbar^2}}$$

反射系数 R 与透射系数 T 为

$$R=\left|\frac{j_{ref}}{j_{in}}\right|=|A|^2=\left|\frac{\frac{1}{2}\left(1-\frac{\alpha}{k}\right)-\mathrm{i}\frac{m\gamma}{k\hbar^2}}{\frac{1}{2}\left(1+\frac{\alpha}{k}\right)+\mathrm{i}\frac{m\gamma}{k\hbar^2}}\right|^2=\frac{\frac{1}{4}\left(1-\frac{\alpha}{k}\right)^2+\left(\frac{m\gamma}{k\hbar^2}\right)^2}{\frac{1}{4}\left(1+\frac{\alpha}{k}\right)^2+\left(\frac{m\gamma}{k\hbar^2}\right)^2}$$

$$T=\left|\frac{j_{out}}{j_{in}}\right|=1-R=\frac{\dfrac{\alpha}{k}}{\dfrac{1}{4}\left(1+\dfrac{\alpha}{k}\right)^2+\left(\dfrac{m\gamma}{k\hbar^2}\right)^2}$$

1.42　求一维常虚势场 $-\mathrm{i}V(V \ll E)$ 中运动的粒子波函数，计算概率流密度，并证明虚势代表粒子被吸收，求吸收系数 M，用 V 表示.

解　当粒子进入介质时，有一定的概率在界面反射，而进入介质的粒子还有一定的概率被介质吸收. 实数阶跃场 $V(x)=\begin{cases}0, & x<0\\ V_0, & x>0\end{cases}$ 只能描述反射与透射，不能描述吸收. 为了描述吸收，引进如下虚势场：

$$V(x)=\begin{cases}0, & x<0\\ -\mathrm{i}V, & x>0\end{cases},\quad V>0 \tag{1}$$

设能量为 E 的粒子由 $x=-\infty$ 沿 x 方向进入虚势场. $x<0$ 区的波函数为

$$\psi_1(x)=\mathrm{e}^{\mathrm{i}k_0x}+B\mathrm{e}^{-\mathrm{i}k_0x},\ x<0,\ k_0=\sqrt{\frac{2\mu E}{\hbar^2}} \tag{2}$$

其中 $B\mathrm{e}^{-\mathrm{i}k_0x}$ 是虚势场产生的反射波函数 . $x>0$ 区的波函数满足方程

$$-\frac{\hbar^2}{2\mu}\frac{\mathrm{d}^2\psi(x)}{\mathrm{d}x^2}-\mathrm{i}V\psi(x)=E\psi(x),\ x>0 \tag{3}$$

令

$$k=\sqrt{\frac{2\mu(E+\mathrm{i}V)}{\hbar^2}} \tag{4}$$

方程(3)变为

$$\frac{\mathrm{d}^2\psi(x)}{\mathrm{d}x^2}+k^2\psi(x)=0,\ x>0 \tag{5}$$

其解为 $\mathrm{e}^{\pm \mathrm{i}kx}$. 考虑到入射粒子的方向沿 x 轴正向，进入 $x>0$ 区的粒子的方向也应沿 x 正向. $x>0$ 区的波函数为

$$\psi_2(x)=A\mathrm{e}^{\mathrm{i}kx},\ x>0 \tag{6}$$

利用连续条件 $\psi_1(0)=\psi_2(0)$ 与 $\psi_1'(0)=\psi_2'(0)$ ，得

$$1+B=A,\quad k_0-k_0B=Ak \tag{7}$$

由式(7)解得

$$B=\frac{k_0-k}{k_0+k},\quad A=\frac{2k_0}{k_0+k} \tag{8}$$

利用题目给的条件$V \ll E$，将k用k_0表示：

$$k=\sqrt{\frac{2\mu(E+\mathrm{i}V)}{\hbar^2}}=\sqrt{\frac{2\mu E}{\hbar^2}}\sqrt{1+\mathrm{i}\frac{V}{E}}$$
$$\approx\sqrt{\frac{2\mu E}{\hbar^2}}\left(1+\mathrm{i}\frac{V}{2E}\right)=k_0\left(1+\mathrm{i}\frac{V}{2E}\right) \tag{9}$$

将式(9)代入式(8),

$$B=-\frac{\mathrm{i}V/2E}{2+(\mathrm{i}V/2E)},\quad A=\frac{2}{2+(\mathrm{i}V/2E)} \tag{10}$$

在$V \ll E$的条件下，反射率$|B|^2\approx\frac{1}{16}\left(\frac{V}{E}\right)^2\approx 0$，虚势场产生的反射率可以忽略不计. 在忽略反射的情况下，近似取$B=0, A=1$，便有

$$\psi_1(x)=\mathrm{e}^{\mathrm{i}k_0x},\quad \psi_2(x)=\mathrm{e}^{\mathrm{i}kx}=\mathrm{e}^{\mathrm{i}k_0\left(1+\mathrm{i}\frac{V}{2E}\right)x}=\mathrm{e}^{\mathrm{i}k_0x}\mathrm{e}^{-\left(\frac{k_0V}{2E}\right)x} \tag{11}$$

将上式中的$\psi_1(x)$与$\psi_2(x)$分别代入概率流密度公式

$$j=-\frac{\mathrm{i}\hbar}{2\mu}\left(\psi^*\frac{\mathrm{d}}{\mathrm{d}x}\psi-\psi\frac{\mathrm{d}}{\mathrm{d}x}\psi^*\right) \tag{12}$$

得粒子在$x<0$与$x>0$区的概率流密度

$$j_1=\frac{\hbar k_0}{\mu},\qquad x<0 \tag{13}$$

$$j_2=\frac{\hbar k_0}{\mu}\mathrm{e}^{-\left(\frac{k_0V}{E}\right)x},\quad x>0 \tag{14}$$

可见当粒子进入虚势场后，粒子的概率流密度随进入虚势场的路程增加而减小. 这表明粒子被虚势场吸收. 单位路程上流密度减小的相对值为吸收系数：

$$M=\left|-\frac{1}{j}\frac{\mathrm{d}j}{\mathrm{d}x}\right|=\frac{k_0V}{E} \tag{15}$$

用虚势场描述粒子的吸收，只是一个实用的模型，不是量子力学的理论. 因为粒子在虚势场的哈密顿量不是厄米算符，它同量子力学的基本原理不符.

1.43 质量为μ的粒子在势场$V(x)=\begin{cases}\infty, & x<0\\ -V_0a\delta(x-a), & x>0\end{cases}$中运动,其中$V_0$和$a$都是正实数. 求(1)束缚态能量满足的方程；(2)存在束缚态的条件.

解　在此势阱中，束缚态能量 $E<0$. 令

$$E=-|E|,\ \alpha=\sqrt{\frac{2\mu|E|}{\hbar^2}}$$

定态方程为

$$\frac{\mathrm{d}^2\psi(x)}{\mathrm{d}x^2}+\frac{2\mu V_0 a}{\hbar^2}\delta(x-a)\psi(x)=\alpha^2\psi(x)$$

不考虑 $x=a$ 点时，方程满足条件 $\psi(0)=0$ 与 $\psi(\infty)=0$ 的解为

$$\psi_1(x)=A\left(\mathrm{e}^{\alpha x}-\mathrm{e}^{-\alpha x}\right),\ 0<x<a$$

$$\psi_2(x)=B\mathrm{e}^{-\alpha x},\qquad x>a$$

由 ψ 的连续条件 $\psi_1(a)=\psi_2(a)$，得

$$A\left(\mathrm{e}^{\alpha a}-\mathrm{e}^{-\alpha a}\right)=B\mathrm{e}^{-\alpha a}\tag{1}$$

由 ψ' 的不连续条件

$$\psi_2'(a)-\psi_1'(a)=-\frac{2\mu V_0 a}{\hbar^2}\psi_2(a)$$

得

$$A\alpha\left(\mathrm{e}^{\alpha a}+\mathrm{e}^{-\alpha a}\right)=B\left(\frac{2\mu V_0 a}{\hbar^2}-\alpha\right)\mathrm{e}^{-\alpha a}\tag{2}$$

式(2)与(1)相比，得

$$\frac{\mathrm{e}^{\alpha a}+\mathrm{e}^{-\alpha a}}{\mathrm{e}^{\alpha a}-\mathrm{e}^{-\alpha a}}=\frac{2\mu V_0 a}{\alpha\hbar^2}-1\tag{3}$$

经整理，式(3)变为

$$1-\mathrm{e}^{-2\alpha a}=\frac{\hbar^2}{\mu V_0 a}\alpha\tag{4}$$

令 $x=2\alpha a$，式(4)化为

$$1-\mathrm{e}^{-x}=\frac{\hbar^2}{2\mu V_0 a^2}x\tag{5}$$

这是束缚态能量 E 满足的方程. 这个方程有解的条件是

$$V_0 a^2>\frac{\hbar^2}{2\mu}\tag{6}$$

理由详见 4.2 题.

1.44 质量为 μ 的粒子在势场 $V(x)=\begin{cases}0, & 0<x<a \\ \infty, & x<0, x>a\end{cases}$ 中运动. $t=0$ 时粒子的波函数为 $\psi(x,0)=A\left(1+2b\cos\dfrac{\pi x}{a}\right)\sin\dfrac{\pi x}{a}$, 其中 A,b 为常数. 求任意 t 时粒子的波函数 $\psi(x,t)$, 平均能量 $\overline{E(t)}$ 和平均动量 $\overline{p(t)}$.

解
$$\psi(x,0)=A\left(1+2b\cos\frac{\pi x}{a}\right)\sin\frac{\pi x}{a}=A\sqrt{\frac{a}{2}}\left[\psi_1(x)+b\psi_2(x)\right]$$

其中 ψ_n 是定态波函数. ψ_n 与定态能量 E_n 为

$$\psi_n(x)=\sqrt{\frac{2}{a}}\sin\frac{n\pi x}{a}, \quad E_n=\frac{n^2\pi^2\hbar^2}{2\mu a^2}, \quad n=1,2$$

归一化的粒子波函数为

$$\psi(x,0)=\frac{1}{\sqrt{1+|b|^2}}\left[\psi_1(x)+b\psi_2(x)\right]$$

$$\psi(x,t)=\frac{1}{\sqrt{1+|b|^2}}\left[\mathrm{e}^{-\mathrm{i}E_1t/\hbar}\psi_1(x)+b\mathrm{e}^{-\mathrm{i}E_2t/\hbar}\psi_2(x)\right]$$

$$\overline{E(t)}=\frac{1}{1+|b|^2}E_1+\frac{|b|^2}{1+|b|^2}E_2=\frac{\pi^2\hbar^2\left(1+4|b|^2\right)}{2\mu a^2\left(1+|b|^2\right)}$$

$$\begin{aligned}\overline{p(t)}&=\int\psi^*(x,t)\hat{p}\psi(x,t)\mathrm{d}x\\&=\frac{1}{1+|b|^2}\int\left[\mathrm{e}^{\mathrm{i}E_1t/\hbar}\psi_1^*(x)+b^*\mathrm{e}^{\mathrm{i}E_2t/\hbar}\psi_2^*(x)\right]\\&\quad\times\left[\mathrm{e}^{-\mathrm{i}E_1t/\hbar}\hat{p}\psi_1(x)+b\mathrm{e}^{-\mathrm{i}E_2t/\hbar}\hat{p}\psi_2(x)\right]\mathrm{d}x\\&=\frac{1}{1+|b|^2}\left[\int\psi_1^*\hat{p}\psi_1\,\mathrm{d}x+|b|^2\int\psi_2^*\hat{p}\psi_2\mathrm{d}x+b^*\mathrm{e}^{\mathrm{i}(E_2-E_1)t/\hbar}\int\psi_2^*\hat{p}\psi_1\mathrm{d}x\right.\\&\quad\left.+b\mathrm{e}^{-\mathrm{i}(E_2-E_1)t/\hbar}\int\psi_1^*\hat{p}\psi_2\mathrm{d}x\right]\end{aligned}$$

其中 $(E_2-E_1)/\hbar\equiv\omega$,

$$\int\psi_1^*\hat{p}\psi_1\mathrm{d}x=0,\ \int\psi_2^*\hat{p}\psi_2\mathrm{d}x=0,\ \int\psi_2^*\hat{p}\psi_1\mathrm{d}x=-\frac{8\mathrm{i}\hbar}{3a},\ \int\psi_1^*\hat{p}\psi_2\mathrm{d}x=\frac{8\mathrm{i}\hbar}{3a}$$

$$\overline{p(t)} = \frac{16\hbar}{3a(1+|b|^2)}(\mathrm{Re}\, b \sin \omega t - \mathrm{Im}\, b \cos \omega t)$$

如果 b 是实数, 则

$$\overline{p(t)} = \frac{16\hbar b}{3a(1+b^2)} \sin \omega t$$

如果 $b = \mathrm{i}c$ 是虚数, 则

$$\overline{p(t)} = -\frac{16\hbar c}{3a(1+c^2)} \cos \omega t$$

1.45 对于一维谐振子哈密顿量 $\hat{H} = \frac{\hat{p}^2}{2\mu} + \frac{1}{2}\mu\omega^2 x^2$, 求海森伯绘景中的坐标 $\hat{x}(t)$ 与动量 $\hat{p}(t)$.

解 方法 1:

在海森伯绘景中, $\hat{x}(t)$ 与 $\hat{p}(t)$ 的运动方程为

$$\frac{\mathrm{d}\hat{x}(t)}{\mathrm{d}t} = \frac{1}{\mathrm{i}\hbar}[\hat{x}(t), \hat{H}(t)]$$

$$\frac{\mathrm{d}\hat{p}(t)}{\mathrm{d}t} = \frac{1}{\mathrm{i}\hbar}[\hat{p}(t), \hat{H}(t)]$$

在海森伯绘景与薛定谔绘景中, 力学量的对易关系是一样的:

$$[\hat{x}(t), \hat{H}(t)] = \left[\hat{x}(t), \frac{\hat{p}^2(t)}{2\mu} + \frac{1}{2}\mu\omega^2\hat{x}^2(t)\right] = \mathrm{i}\hbar\frac{\hat{p}(t)}{\mu}$$

$$[\hat{p}(t), \hat{H}(t)] = \left[\hat{p}(t), \frac{\hat{p}^2(t)}{2\mu} + \frac{1}{2}\mu\omega^2\hat{x}^2(t)\right] = -\mathrm{i}\hbar\mu\omega^2\hat{x}(t)$$

将以上两式分别代入前两个方程, 得

$$\frac{\mathrm{d}\hat{x}(t)}{\mathrm{d}t} = \frac{1}{\mu}\hat{p}(t) \tag{1}$$

$$\frac{\mathrm{d}\hat{p}(t)}{\mathrm{d}t} = -\mu\omega^2\hat{x}(t) \tag{2}$$

对式(1)再作一次对 t 的微商, 并利用式(2), 得

$$\frac{\mathrm{d}^2\hat{x}(t)}{\mathrm{d}t^2} = -\omega^2\hat{x}(t) \tag{3}$$

这个方程的解为

$$\hat{x}(t)=\hat{A}\cos\omega t+\hat{B}\sin\omega t \tag{4}$$

将式(4)代入式(1), 得

$$\hat{p}(t)=\mu\omega\hat{B}\cos\omega t-\mu\omega\hat{A}\sin\omega t \tag{5}$$

由初条件 $\hat{x}(0)=x,\hat{p}(0)=\hat{p}$, 得 $\hat{A}=x,\hat{B}=\hat{p}/\mu\omega$,

$$\hat{x}(t)=x\cos\omega t+\frac{\hat{p}}{\mu\omega}\sin\omega t \tag{6}$$

$$\hat{p}(t)=\hat{p}\cos\omega t-\mu\omega x\sin\omega t \tag{7}$$

方法 2:

令

$$\hat{A}=\mathrm{i}t\hat{H}/\hbar$$

$$\hat{x}(t)=\mathrm{e}^{\mathrm{i}\hat{H}t/\hbar}x\mathrm{e}^{-\mathrm{i}\hat{H}t/\hbar}=\mathrm{e}^{\hat{A}}x\mathrm{e}^{-\hat{A}} \tag{8}$$

$$\hat{p}(t)=\mathrm{e}^{\mathrm{i}\hat{H}t/\hbar}\hat{p}\mathrm{e}^{-\mathrm{i}\hat{H}t/\hbar}=\mathrm{e}^{\hat{A}}\hat{p}\mathrm{e}^{-\hat{A}} \tag{9}$$

利用公式(见 2.10)

$$\mathrm{e}^{\hat{A}}\hat{B}\mathrm{e}^{-\hat{A}}=\hat{B}+[\hat{A},\hat{B}]+\frac{1}{2!}[\hat{A},[\hat{A},\hat{B}]]+\frac{1}{3!}[\hat{A},[\hat{A},[\hat{A},\hat{B}]]]+\cdots \tag{10}$$

$$\hat{x}(t)=\mathrm{e}^{\hat{A}}x\mathrm{e}^{-\hat{A}}=x+[\hat{A},x]+\frac{1}{2!}[\hat{A},[\hat{A},x]]+\frac{1}{3!}[\hat{A},[\hat{A},[\hat{A},x]]]+\cdots \tag{11}$$

其中

$$[\hat{A},x]=(\omega t)\frac{\hat{p}}{\mu\omega},\ [\hat{A},[\hat{A},x]]=-(\omega t)^2x$$

$$[\hat{A},[\hat{A},[\hat{A},x]]]=-(\omega t)^3\frac{\hat{p}}{\mu\omega},\ [\hat{A},[\hat{A},[\hat{A},[\hat{A},x]]]]=(\omega t)^4x$$

....

将上述对易关系代入式(11), 得

$$\begin{aligned}\hat{x}(t)&=x\left[1-\frac{1}{2!}(\omega t)^2+\frac{1}{4!}(\omega t)^4-\cdots\right]+\frac{\hat{p}}{\mu\omega}\left[\omega t-\frac{1}{3!}(\omega t)^3+\frac{1}{5!}(\omega t)^5-\cdots\right]\\&=x\cos\omega t+\frac{\hat{p}}{\mu\omega}\sin\omega t\end{aligned}$$

类似地, 对式(9),

$$\hat{p}(t)=\mathrm{e}^{\hat{A}}\hat{p}\mathrm{e}^{-\hat{A}}=x+[\hat{A},\hat{p}]+\frac{1}{2!}[\hat{A},[\hat{A},\hat{p}]]+\frac{1}{3!}[\hat{A},[\hat{A},[\hat{A},\hat{p}]]]+\cdots$$

$$[\hat{A},\hat{p}]=-(\omega t)\mu\omega x,\ [\hat{A},[\hat{A},\hat{p}]]=-(\omega t)^2\hat{p}$$

$$[\hat{A},[\hat{A},[\hat{A},\hat{p}]]]=(\omega t)^3\mu\omega x,\ [\hat{A},[\hat{A},[\hat{A},[\hat{A},\hat{p}]]]]=(\omega t)^4\hat{p}$$

$$\cdots\cdots\cdots$$

$$\begin{aligned}\hat{p}(t)&=\hat{p}\left[1-\frac{1}{2!}(\omega t)^2+\frac{1}{4!}(\omega t)^4-\cdots\right]-\mu\omega x\left[\omega t-\frac{1}{3!}(\omega t)^3+\frac{1}{5!}(\omega t)^5-\cdots\right]\\&=\hat{p}\cos\omega t-\mu\omega x\sin\omega t\end{aligned}$$

1.46 若在薛定谔绘景中，体系的哈密顿量 $\hat{H}=\omega\hat{L}_z$，试给出在海森伯绘景中的 $\hat{L}_x(t)$ 与 $\hat{L}_y(t)$.

解 用上题相同的两种方法计算.

(1) 在海森伯绘景中，$\hat{L}_x(t)$ 与 $\hat{L}_y(t)$ 的运动方程为

$$\frac{\mathrm{d}\hat{L}_x(t)}{\mathrm{d}t}=\frac{1}{\mathrm{i}\hbar}[\hat{L}_x(t),\hat{H}(t)]=\frac{\omega}{\mathrm{i}\hbar}[\hat{L}_x(t),\hat{L}_z(t)]=-\omega\hat{L}_y(t)$$

$$\frac{\mathrm{d}\hat{L}_y(t)}{\mathrm{d}t}=\frac{1}{\mathrm{i}\hbar}[\hat{L}_y(t),\hat{H}(t)]=\frac{\omega}{\mathrm{i}\hbar}[\hat{L}_y(t),\hat{L}_z(t)]=\omega\hat{L}_x(t)$$

$$\frac{\mathrm{d}^2\hat{L}_x(t)}{\mathrm{d}t^2}=-\omega^2\hat{L}_x(t),\ \frac{\mathrm{d}^2\hat{L}_y(t)}{\mathrm{d}t^2}=-\omega^2\hat{L}_y(t)$$

由这两个方程及初条件：$\hat{L}_x(0)=\hat{L}_x,\hat{L}_y(0)=\hat{L}_y$，解得

$$\hat{L}_x(t)=\cos(\omega t)\hat{L}_x-\sin(\omega t)\hat{L}_y$$

$$\hat{L}_y(t)=\sin(\omega t)\hat{L}_x+\cos(\omega t)\hat{L}_y$$

(2) 令

$$\hat{A}=\mathrm{i}\omega t\hat{L}_z/\hbar$$

$$\hat{L}_x(t)=\mathrm{e}^{\hat{A}}\hat{L}_x\mathrm{e}^{-\hat{A}},\ \hat{L}_y(t)=\mathrm{e}^{\hat{A}}\hat{L}_y\mathrm{e}^{-\hat{A}}$$

利用公式

$$\mathrm{e}^{\hat{A}}\hat{B}\mathrm{e}^{-\hat{A}}=\hat{B}+[\hat{A},\hat{B}]+\frac{1}{2!}[\hat{A},[\hat{A},\hat{B}]]+\frac{1}{3!}[\hat{A},[\hat{A},[\hat{A},\hat{B}]]]+\cdots$$

算出同样结果.

1.47 设一维体系能量算符 $\hat{H}=\frac{1}{2\mu}\left(\hat{p}^2-\frac{\hbar^2}{x^2}\right)$. (1)利用维里定理证明该体系

不存在束缚态；(2)用海森伯运动方程证明算符 $\hat{Q}(t)=\frac{1}{4}(x\hat{p}+\hat{p}x)-\hat{H}t$ 在任意态上的平均值为常数.

证 (1) 势能 $V(x)=-\frac{\hbar^2}{2\mu x^2}$ 是 x 的 $\nu=-2$ 阶的齐次函数, 由维里定理

$$\overline{(T)_n}=\frac{\nu}{2}\overline{(V)_n} \quad \rightarrow \quad \overline{(T)_n}=-\overline{(V)_n}$$

可见, 在束缚定态 ψ_n 上, 动能与势能的平均值大小相等、符号相反. 于是, 定态能量为零. 然而, 在势阱 $V(x)=-\hbar^2/2\mu x^2$ 中要形成束缚态, 能量一定小于零. 由维里定理知, 这个条件不能满足, 故此势阱不能形成束缚态.

(2) 海森伯绘景中的运动方程为

$$\frac{\mathrm{d}\hat{Q}(t)}{\mathrm{d}t}=\frac{\partial\hat{Q}(t)}{\partial t}+\frac{1}{\mathrm{i}\hbar}[\hat{Q}(t),\hat{H}]$$

其中 $\hat{Q}(t)$ 与 $\hat{H}$ 是海森伯绘景中的力学量 $\hat{Q}_{\mathrm{H}}(t)=\frac{1}{4}(\hat{x}_{\mathrm{H}}\hat{p}_{\mathrm{H}}+\hat{p}_{\mathrm{H}}\hat{x}_{\mathrm{H}})-\hat{H}_{\mathrm{H}}t$ 与 $\hat{H}_{\mathrm{H}}=\frac{1}{2\mu}\left(\hat{p}_{\mathrm{H}}^2-\frac{\hbar^2}{\hat{x}_{\mathrm{H}}^2}\right)$. 在形式上, 它们同薛定谔绘景中的表示式是一样的. 为了简单, 省去海森伯绘景的标志. 将 $\hat{Q}(t)$ 与 $\hat{H}$ 表示式代入运动方程, 得

$$\begin{aligned}\frac{\mathrm{d}\hat{Q}(t)}{\mathrm{d}t}&=-\hat{H}+\frac{1}{\mathrm{i}\hbar}\left[\frac{1}{4}(\hat{x}\hat{p}+\hat{p}\hat{x})-\hat{H}t,\hat{H}\right]\\&=-\hat{H}+\frac{1}{\mathrm{i}\hbar}\left[\frac{1}{4}(2\hat{p}\hat{x}+\mathrm{i}\hbar),\frac{1}{2\mu}\left(\hat{p}^2-\frac{\hbar^2}{\hat{x}^2}\right)\right]\\&=-\hat{H}+\frac{1}{4\mathrm{i}\hbar\mu}\left[\hat{p}\hat{x},\hat{p}^2-\frac{\hbar^2}{\hat{x}^2}\right]\\&=-\hat{H}+\frac{1}{4\mathrm{i}\hbar\mu}\left\{\hat{p}\left[\hat{x},\hat{p}^2\right]-\left[\hat{p},\frac{\hbar^2}{\hat{x}^2}\right]\hat{x}\right\}\\&=-\hat{H}+\frac{1}{2\mu}\left(\hat{p}^2-\frac{\hbar^2}{\hat{x}^2}\right)=0\end{aligned}$$

$\hat{Q}$ 是海森伯绘景中不含 t 的算符. 在海森伯绘景中波函数是不随时间变化的, 不含 t 的 $\hat{Q}$ 的平均值为一常数.

1.48 什么是量子化？如何实现量子化？

解 量子化有两个含义.

量子化的一个含义是,在经典力学中取连续值的力学量,到量子力学中变成取分立值的现象.其原因是在经典力学中的力学量$F(x_i,p_i)$,到量子力学中变成了厄米算符$\hat{F}(\hat{x}_i,\hat{p}_i)$,并且其中坐标$\hat{x}_i$与动量$\hat{p}_i$满足对易关系

$$[\hat{x}_i,\hat{p}_j]=\mathrm{i}\hbar\delta_{ij},\ [\hat{x}_i,\hat{x}_j]=[\hat{p}_i,\hat{p}_j]=0,\ i,j=1,2,3$$

正是这样的对易关系使得一些由$\hat{x}_i$与$\hat{p}_i$组成的力学量算符(如一维谐振子能量算符,轨道角动量算符等)的本征值取分立值.上述对易关系叫做量子化条件,其中起关键作用的是不对易式$[\hat{x}_i,\hat{p}_i]=\mathrm{i}\hbar$.

量子化的另一含义是指由经典力学过渡到量子力学的步骤.这个步骤是,首先将经典力学中的哈密顿正则运动方程

$$\frac{\mathrm{d}x_i(t)}{\mathrm{d}t}=\frac{\partial H}{\partial p_i(t)},\ \frac{\mathrm{d}p_i(t)}{\mathrm{d}t}=-\frac{\partial H}{\partial x_i(t)},\ i=1,2,3 \tag{1}$$

中的正则坐标$x_i(t)$与正则动量$p_i(t)$变成厄米算符$\hat{x}_i(t)$与$\hat{p}_i(t)$,

$$\frac{\mathrm{d}\hat{x}_i(t)}{\mathrm{d}t}=\frac{\partial \hat{H}}{\partial \hat{p}_i(t)},\ \frac{\mathrm{d}\hat{p}_i(t)}{\mathrm{d}t}=-\frac{\partial \hat{H}}{\partial \hat{x}_i(t)},\ i=1,2,3 \tag{2}$$

其中作为$\hat{x}_i(t)$与$\hat{p}_i(t)$的函数的哈密顿量$\hat{H}$,自然也就成为厄米算符.然后让$\hat{x}_i(t)$与$\hat{p}_i(t)$满足如下对易关系:

$$[\hat{x}_i(t),\hat{p}_j(t)]=\mathrm{i}\hbar\delta_{ij},\ [\hat{x}_i(t),\hat{x}_j(t)]=[\hat{p}_i(t),\hat{p}_j(t)]=0,\ i,j=1,2,3 \tag{3}$$

正是这种对易关系,使得这些算符在坐标表象中有如下性质:

$$\hat{x}_i(t)=x_i(t),\ \hat{p}_i(t)=-\mathrm{i}\hbar\frac{\partial}{\partial \hat{x}_i(t)} \tag{4}$$

$$[\hat{x}_i(t),\hat{H}]=\mathrm{i}\hbar\frac{\partial \hat{H}}{\partial \hat{p}_i(t)},\ [\hat{p}_i(t),\hat{H}]=-\mathrm{i}\hbar\frac{\partial \hat{H}}{\partial \hat{x}_i(t)} \tag{5}$$

根据对易关系(5),方程(2)变为

$$\frac{\mathrm{d}\hat{x}_i(t)}{\mathrm{d}t}=\frac{1}{\mathrm{i}\hbar}[\hat{x}_i(t),\hat{H}],\ \frac{\mathrm{d}\hat{p}_i(t)}{\mathrm{d}t}=\frac{1}{\mathrm{i}\hbar}[\hat{p}_i(t),\hat{H}] \tag{6}$$

这两个方程正是量子力学海森伯绘景中的运动方程.以上步骤完成了从经典力学到量子力学的过渡.对易关系(3)叫做正则量子化条件,其中起关键作用的是不对易式$[\hat{x}_i(t),\hat{p}_i(t)]=\mathrm{i}\hbar$.

第二章　力学量算符

学 习 要 点

1. 在经典力学中的任一力学量 $F(\boldsymbol{r},\boldsymbol{p})$ 是坐标 $\boldsymbol{r}$ 和动量 $\boldsymbol{p}$ 的函数，它对应量子力学中的厄米算符 $\hat{F}(\boldsymbol{r},\hat{\boldsymbol{p}}=-\mathrm{i}\hbar\nabla)$．$\hat{F}$ 的本征值为力学量的可测值.如果粒子的波函数是力学量算符 $\hat{F}$ 的本征函数，本征值为 f，则测量该粒子的力学量 F 时，得 $F=f$.如果粒子的波函数不是力学量算符 $\hat{F}$ 的本征函数，则测量该粒子的力学量 F 时，得到的是平均值

$$\overline{F}=\int\psi^*(\boldsymbol{r},t)\hat{F}(\boldsymbol{r},\hat{\boldsymbol{p}}=-\mathrm{i}\hbar\nabla)\psi(\boldsymbol{r},t)\ \mathrm{d}\tau \tag{2-1}$$

其中 $\psi(\boldsymbol{r},t)$ 是归一化的.

2. 算符 $\hat{F}$ 的厄米共轭算符 $\hat{F}^+$ 的定义是

$$\int\psi^*\hat{F}^+\varphi\mathrm{d}\tau=\int(\hat{F}\psi)^*\varphi\mathrm{d}\tau \tag{2-2}$$

其中 ψ 与 φ 是任意波函数.

3. 算符 $\hat{F}$ 是厄米算符的定义是

$$\int\psi^*\hat{F}\varphi\mathrm{d}\tau=\int(\hat{F}\psi)^*\varphi\mathrm{d}\tau \tag{2-3}$$

其中 ψ 与 φ 是任意波函数. 比较式(2-2)与(2-3)看出，$\hat{F}$ 如果满足条件：$\hat{F}^+=\hat{F}$，则是厄米算符. 厄米算符具有如下性质：

(1) 本征值是实数.

(2) 本征函数具有正交性.

设力学量算符 $\hat{F}$ 的本征函数为 $\varphi_n(\boldsymbol{r})$，相应的本征值为 f_n：

$$\hat{F}\varphi_n(\boldsymbol{r})=f_n\varphi_n(\boldsymbol{r}),\ \ n=1,2,3,\cdots \tag{2-4}$$

如果 $f_n\neq f_m$，则 φ_n 与 φ_m 是正交的

$$\int\varphi_m^*(\boldsymbol{r})\varphi_n(\boldsymbol{r})\ \mathrm{d}\tau=0 \tag{2-5}$$

如果 $f_n=f_m$，则 φ_n 与 φ_m 不一定正交. 设本征值相同的 k 个本征函数相互不正交，可将它们线性组合起来，选取合适的组合系数，一定可以得到 k 个新的相互正交并

且归一的本征函数. 因此厄米算符的本征函数一定可以使之满足正交归一条件

$$\int \varphi_m^*(\boldsymbol{r})\varphi_n(\boldsymbol{r})\,\mathrm{d}\tau = \delta_{mn} \tag{2-6}$$

(3) 在一定条件下, 厄米算符的本征函数具有完备性.

我们说厄米算符 $\hat{F}$ 的本征函数具有完备性, 是指任意波函数 $\psi(\boldsymbol{r},t)$ 可以通过 $\hat{F}$ 的所有本征函数全体集合 $\{\varphi_n(\boldsymbol{r}), n=1,2,\cdots\}$ 表示为

$$\psi(\boldsymbol{r},t) = \sum_n c_n(t)\varphi_n(\boldsymbol{r}) \tag{2-7}$$

其中

$$c_n(t) = \int \varphi_n^*(\boldsymbol{r})\ \psi(\boldsymbol{r},t)\,\mathrm{d}\tau \tag{2-8}$$

如果 φ_n 的个数为有限的 N, 则 $\{\varphi_n(\boldsymbol{r}), n=1,2,\cdots,N\}$ 是完备的. 如果 $N\to\infty$, 则在本征值 f_n 无上限的条件下 $(N\to\infty, f_n\to\infty)$, $\{\varphi_n(\boldsymbol{r}), n=1, 2,\cdots\}$ 是完备的.

(4) 厄米算符 $\hat{A}$ 与 $\hat{B}$ 存在共同本征函数完备系的充分必要条件是 $\hat{A}$ 与 $\hat{B}$ 对易.

4. 量子力学中的基本对易关系式有

$$[x,\hat{p}_x] = \mathrm{i}\hbar,\ [y,\hat{p}_y] = \mathrm{i}\hbar,\ [z,\hat{p}_z] = \mathrm{i}\hbar \tag{2-9}$$

$$[\hat{L}_x,\hat{L}_y] = \mathrm{i}\hbar\hat{L}_z,\ [\hat{L}_y,\hat{L}_z] = \mathrm{i}\hbar\hat{L}_x,\ [\hat{L}_z,\hat{L}_x] = \mathrm{i}\hbar\hat{L}_y \tag{2-10}$$

$$[\hat{p}_x, f(x)] = -\mathrm{i}\hbar\frac{\partial f(x)}{\partial x},\ [x, f(\hat{p}_x)] = \mathrm{i}\hbar\frac{\partial f(\hat{p}_x)}{\partial \hat{p}_x} \tag{2-11}$$

5. 算符函数的定义是

$$F(\hat{A}) = \sum_{n=0}^{\infty}\frac{F^{(n)}(0)}{n!}\hat{A}^n \tag{2-12}$$

其中

$$F^{(n)}(0) = \left.\frac{\mathrm{d}^n F(\hat{A})}{\mathrm{d}\hat{A}^n}\right|_{\hat{A}=0}$$

6. 算符 $\hat{A}$ 与 $\hat{B}$ 的不确定关系(或测不准关系)为

$$\Delta A\Delta B \geqslant \frac{1}{2}\left|\overline{[\hat{A},\hat{B}]}\right| \tag{2-13}$$

其中

$$\Delta A \equiv \sqrt{\overline{(\hat{A}-\overline{A})^2}} = \sqrt{\overline{\hat{A}^2} - (\overline{A})^2} \tag{2-14}$$

$$\Delta B \equiv \sqrt{\overline{(\hat{B}-\overline{B})^2}} = \sqrt{\overline{\hat{B}^2} - (\overline{B})^2} \tag{2-15}$$

不确定关系的一个重要例子是

$$\Delta x \Delta p_x \geqslant \frac{\hbar}{2} \tag{2-16}$$

7. 力学量 F 平均值随时间的变化率为

$$\frac{\mathrm{d}\overline{F}(t)}{\mathrm{d}t} = \overline{\frac{\partial \hat{F}}{\partial t}} + \frac{1}{\mathrm{i}\hbar}\overline{[\hat{F},\hat{H}]} \tag{2-17}$$

力学量 F 为守恒量的条件是 $\hat{F}$ 不含 t，且 $\hat{F}$ 与哈密顿量 $\hat{H}$ 对易.

8. 力学量完全集是一组线性无关的相互对易的力学量，它们的共同本征函数全体集合可以用来表示粒子的运动态.在力学量完全集中，力学量的个数为粒子运动的维数.例如对于在三维中心力场中运动的粒子，力学量完全集可以是 (x,y,z) 或 $(\hat{p}_x,\hat{p}_y,\hat{p}_z)$ 或 $(\hat{L}^2,\hat{L}_z,\hat{H})$.如果考虑自旋，还应增加力学量 $\hat{S}_z$.

9. 维里定理：如果势场 $V(\boldsymbol{r})$ 是 $\boldsymbol{r}$ 的 ν 次齐次函数，即 $V(\lambda\boldsymbol{r})=\lambda^{\nu}V(\boldsymbol{r})$，则在此势场中束缚定态 ψ_n 上的平均动能 $\overline{(T)_n}$ 和平均势能 $\overline{(V)_n}$ 之间满足如下关系：

$$\overline{(T)_n} = \frac{\nu}{2}\overline{(V)_n} \tag{2-18}$$

10. F-H 定理：设粒子的束缚定态能量为 E_n，相应的归一化波函数为 ψ_n，λ 为哈密顿算符 $\hat{H}$ 中的任一参数，便有

$$\frac{\partial E_n}{\partial \lambda} = \overline{\left(\frac{\partial \hat{H}}{\partial \lambda}\right)_n} \tag{2-19}$$

11. 一维谐振子降算符 a 与升算符 a^+ 的定义是

$$a = \sqrt{\frac{\mu\omega}{2\hbar}}\left(x + \frac{\mathrm{i}}{\mu\omega}\hat{p}\right),\quad a^+ = \sqrt{\frac{\mu\omega}{2\hbar}}\left(x - \frac{\mathrm{i}}{\mu\omega}\hat{p}\right) \tag{2-20}$$

其中 $\hat{p}$ 是 x 方向的动量算符. a 与 a^+ 满足对易关系

$$[a,a^+]=1 \tag{2-21}$$

由 a 与 a^+ 可以构成厄米算符 $\hat{N}=a^+a$. $\hat{N}$ 的本征值为 $n=0,1,2,\cdots$.令 $\hat{N}$ 的本征态为 $|n\rangle$，

$$a^+|n\rangle = \sqrt{n+1}|n+1\rangle \tag{2-22}$$

$$a|n\rangle=\sqrt{n}|n-1\rangle \tag{2-23}$$

一维谐振子哈密顿量 $\hat{H}=\dfrac{\hat{p}^2}{2\mu}+\dfrac{1}{2}\mu\omega^2x^2$ 可以通过 $\hat{N}$ 表示为

$$\hat{H}=\left(\hat{N}+\frac{1}{2}\right)\hbar\omega \tag{2-24}$$

$\hat{H}$ 的本征值为 $E_n=\left(n+\dfrac{1}{2}\right)\hbar\omega,\ n=0,1,2,\cdots$.

习题与解答

2.1　证明空间反演算符 $\hat{\Pi}$ [$\hat{\Pi}\psi(x)=\psi(-x)$]是厄米算符. 指出在什么条件下, $\hat{p}=-\mathrm{i}\hbar\dfrac{\mathrm{d}}{\mathrm{d}x}$ 是厄米算符.

证　任取波函数 $\psi(x)$ 与 $\varphi(x)$

$$\begin{aligned}\int_{-\infty}^{+\infty}\psi^*(x)\hat{\Pi}\varphi(x)\mathrm{d}x&=\int_{-\infty}^{+\infty}\psi^*(x)\varphi(-x)\mathrm{d}x=-\int_{+\infty}^{-\infty}\psi^*(-t)\varphi(t)\mathrm{d}t\\&=\int_{-\infty}^{+\infty}\psi^*(-x)\varphi(x)\mathrm{d}x=\int_{-\infty}^{+\infty}[\hat{\Pi}\psi(x)]^*\varphi(x)\mathrm{d}x\end{aligned}$$

可见, $\hat{\Pi}$ 是厄米算符. 对于 $\hat{p}=-\mathrm{i}\hbar\mathrm{d}/\mathrm{d}x$, 任取波函数 $\psi(x)$ 与 $\varphi(x)$,

$$\begin{aligned}\int_{-\infty}^{+\infty}\psi^*(x)\hat{p}\varphi(x)\mathrm{d}x&=-\mathrm{i}\hbar\int_{-\infty}^{+\infty}\psi^*(x)\frac{\mathrm{d}\varphi(x)}{\mathrm{d}x}\mathrm{d}x\\&=-\mathrm{i}\hbar\left\{\left[\psi^*(x)\varphi(x)\right]_{x=-\infty}^{x=+\infty}-\int_{-\infty}^{+\infty}\frac{\mathrm{d}\psi^*(x)}{\mathrm{d}x}\varphi(x)\mathrm{d}x\right\}\end{aligned}$$

如果 $\psi(x)$ 与 $\varphi(x)$ 满足束缚态条件: $\psi(\pm\infty)=\varphi(\pm\infty)=0$, 或周期边界条件: $\psi(+\infty)=\psi(-\infty),\varphi(+\infty)=\varphi(-\infty)$, 则

$$\left[\psi^*(x)\varphi(x)\right]_{x=-\infty}^{x=+\infty}=0$$

于是上式变为

$$\begin{aligned}\int_{-\infty}^{+\infty}\psi^*(x)\hat{p}\varphi(x)\mathrm{d}x&=\mathrm{i}\hbar\int_{-\infty}^{+\infty}\frac{\mathrm{d}\psi^*(x)}{\mathrm{d}x}\varphi(x)\mathrm{d}x\\&=\int_{-\infty}^{+\infty}\left[-\mathrm{i}\hbar\frac{\mathrm{d}\psi(x)}{\mathrm{d}x}\right]^*\varphi(x)\mathrm{d}x\\&=\int_{-\infty}^{+\infty}[\hat{p}\psi(x)]^*\varphi(x)\mathrm{d}x\end{aligned}$$

因此只要波函数满足束缚态条件或周期性边界条件, $\hat{p}$ 就是厄米算符.

2.2　动量在径向方向的分量定义为 $\hat{p}_r=\frac{1}{2}\left(\hat{\boldsymbol{p}}\cdot\frac{\boldsymbol{r}}{r}+\frac{\boldsymbol{r}}{r}\cdot\hat{\boldsymbol{p}}\right)$. 求出 $\hat{p}_r$ 在球坐标中的表达式.

解

$$\hat{p}_r=\frac{1}{2}\left(\hat{\boldsymbol{p}}\cdot\frac{\boldsymbol{r}}{r}+\frac{\boldsymbol{r}}{r}\cdot\hat{\boldsymbol{p}}\right)=-\frac{\mathrm{i}\hbar}{2}\left(\nabla\cdot\frac{\boldsymbol{r}}{r}+\frac{\boldsymbol{r}}{r}\cdot\nabla\right)\tag{1}$$

任取一波函数 ψ,

$$\hat{p}_r\psi=-\frac{\mathrm{i}\hbar}{2}\left[\nabla\cdot\left(\frac{\boldsymbol{r}\psi}{r}\right)+\frac{\boldsymbol{r}}{r}\cdot\nabla\psi\right]\tag{2}$$

其中

$$\nabla\cdot\left(\frac{\boldsymbol{r}\psi}{r}\right)=\frac{\partial}{\partial x}\left(\frac{x\psi}{r}\right)+\frac{\partial}{\partial y}\left(\frac{y\psi}{r}\right)+\frac{\partial}{\partial z}\left(\frac{z\psi}{r}\right)=\frac{\boldsymbol{r}}{r}\cdot\nabla\psi+\frac{2}{r}\psi\tag{3}$$

将式(3)代入式(2),

$$\hat{p}_r\psi=-\mathrm{i}\hbar\left(\frac{\boldsymbol{r}}{r}\cdot\nabla+\frac{1}{r}\right)\psi\tag{4}$$

由于 ψ 是任意的, 故有

$$\hat{p}_r=-\mathrm{i}\hbar\left(\frac{\boldsymbol{r}}{r}\cdot\nabla+\frac{1}{r}\right)\tag{5}$$

在球坐标中

$$\nabla=\boldsymbol{e}_r\frac{\partial}{\partial r}+\boldsymbol{e}_\theta\frac{1}{r}\frac{\partial}{\partial\theta}+\boldsymbol{e}_\varphi\frac{1}{r\sin\theta}\frac{\partial}{\partial\varphi},\quad \boldsymbol{r}=r\boldsymbol{e}_r\tag{6}$$

将式(6)代入式(5), 得

$$\hat{p}_r=-\mathrm{i}\hbar\left(\frac{\partial}{\partial r}+\frac{1}{r}\right)\tag{7}$$

2.3　证明 $[\hat{p}_x,f(x)]=-\mathrm{i}\hbar\frac{\partial}{\partial x}f(x)$, $[x,f(\hat{p}_x)]=\mathrm{i}\hbar\frac{\partial}{\partial\hat{p}_x}f(\hat{p}_x)$.

证　任取一波函数 $\psi(x)$,

$$\begin{aligned}[\hat{p}_x,f(x)]\psi(x)&=\left[\hat{p}_xf(x)-f(x)\hat{p}_x\right]\psi(x)\\&=-\mathrm{i}\hbar\left\{\frac{\partial}{\partial x}[f(x)\psi(x)]-f(x)\frac{\partial}{\partial x}\psi(x)\right\}\\&=\left[-\mathrm{i}\hbar\frac{\partial}{\partial x}f(x)\right]\psi(x)\end{aligned}$$

由于ψ是任意的, 故有

$$[\hat{p}_x, f(x)] = -\mathrm{i}\hbar\frac{\partial}{\partial x}f(x)$$

根据算符函数$f(\hat{p}_x)$的定义式(2-12),

$$[x, f(\hat{p}_x)] = \left[x, \sum_{n=0}^{\infty}\frac{f^{(n)}(0)}{n!}(\hat{p}_x)^n\right]$$

$$= \sum_{n=0}^{\infty}\frac{f^{(n)}(0)}{n!}[x, (\hat{p}_x)^n] \tag{1}$$

用归纳法可以证明

$$[x, (\hat{p}_x)^n] = \mathrm{i}\hbar\frac{\partial}{\partial \hat{p}_x}(\hat{p}_x)^n = \mathrm{i}\hbar n(\hat{p}_x)^{n-1} \tag{2}$$

如对$n = m$, 式(2)成立:

$$[x, (\hat{p}_x)^m] = \mathrm{i}\hbar\frac{\partial}{\partial \hat{p}_x}(\hat{p}_x)^m = \mathrm{i}\hbar m(\hat{p}_x)^{m-1} \tag{3}$$

则对$n = m+1$, 式(2)也成立:

$$\begin{aligned}[x, (\hat{p}_x)^{m+1}] &= [x, (\hat{p}_x)^m]\hat{p}_x + (\hat{p}_x)^m[x, \hat{p}_x] \\ &= \mathrm{i}\hbar m(\hat{p}_x)^m + \mathrm{i}\hbar(\hat{p}_x)^m = \mathrm{i}\hbar(m+1)(\hat{p}_x)^m \\ &= \mathrm{i}\hbar\frac{\partial}{\partial \hat{p}_x}(\hat{p}_x)^{m+1}\end{aligned} \tag{4}$$

对$n = 0$或1, 式(2)显然成立, 故式(2)得证. 将式(2)代入式(1)中,

$$\begin{aligned}[x, f(\hat{p}_x)] &= \sum_{n=0}^{\infty}\frac{f^{(n)}(0)}{n!}\mathrm{i}\hbar\frac{\partial}{\partial \hat{p}_x}(\hat{p}_x)^n \\ &= \mathrm{i}\hbar\frac{\partial}{\partial \hat{p}_x}\sum_{n=0}^{\infty}\frac{f^{(n)}(0)}{n!}(\hat{p}_x)^n \\ &= \mathrm{i}\hbar\frac{\partial}{\partial \hat{p}_x}f(\hat{p}_x)\end{aligned} \tag{5}$$

2.4 设算符$\hat{A}$满足条件$\hat{A}^2 = 1$, 证明 $\mathrm{e}^{\mathrm{i}\alpha\hat{A}} = \cos\alpha + \mathrm{i}\sin\alpha\,\hat{A}$, 其中$\alpha$为实常数.

证 根据算符函数$\mathrm{e}^{\mathrm{i}\alpha\hat{A}}$的定义式,

$$\mathrm{e}^{\mathrm{i}\alpha\hat{A}} = \sum_{n=0}^{\infty}\frac{(\mathrm{i}\alpha)^n}{n!}\hat{A}^n = \left(\sum_{n=0,2,\cdots} + \sum_{n=1,3,\cdots}\right)\frac{(\mathrm{i}\alpha)^n}{n!}\hat{A}^n$$

由于 $\hat{A}^2=1$, 当 $n=0,2,\cdots$ 时, $\hat{A}^n=1$; 当 $n=1,3,\cdots$ 时, $\hat{A}^n=\hat{A}$, 上式变为

$$\begin{aligned}
e^{i\alpha\hat{A}} &= \sum_{n=0,2,\cdots}\frac{(i\alpha)^n}{n!}+\hat{A}\sum_{n=1,3,\cdots}\frac{(i\alpha)^n}{n!} \\
&= \sum_{k=0}^{\infty}\frac{(-1)^k\alpha^{2k}}{(2k)!}+i\hat{A}\sum_{k=0}^{\infty}\frac{(-1)^k\alpha^{2k+1}}{(2k+1)!} \\
&= \cos\alpha+i\sin\alpha\hat{A}
\end{aligned}$$

2.5　设算符 $\hat{K}=\hat{L}\hat{M}$, $\hat{L}\hat{M}-\hat{M}\hat{L}=1$, 又设 φ 为 $\hat{K}$ 的本征矢, 相应本征值为 λ. 证明 $u\equiv\hat{L}\varphi$ 和 $v\equiv\hat{M}\varphi$ 也是 $\hat{K}$ 的本征矢, 并求出相应的本征值.

证

$$\begin{aligned}
\hat{K}u &= \hat{L}\hat{M}\hat{L}\varphi=\hat{L}(\hat{L}\hat{M}-1)\varphi \\
&= \hat{L}(\hat{K}-1)\varphi=(\lambda-1)\hat{L}\varphi=(\lambda-1)u
\end{aligned}$$

可见 u 是 $\hat{K}$ 的本征矢, 本征值为 $\lambda-1$.

$$\begin{aligned}
\hat{K}v &= \hat{L}\hat{M}\hat{M}\varphi=(1+\hat{M}\hat{L})\hat{M}\varphi \\
&= (\hat{M}+\hat{M}\hat{K})\varphi=(1+\lambda)\hat{M}\varphi=(\lambda+1)v
\end{aligned}$$

可见 v 也是 $\hat{K}$ 的本征矢, 本征值为 $\lambda+1$.

2.6　粒子作一维运动, $\hat{H}=\dfrac{\hat{p}^2}{2\mu}+V(x)$, 定态波函数为 $|n\rangle$: $\hat{H}|n\rangle=E_n|n\rangle$, $n=1,2,\cdots$. (1) 证明

$$\langle n|\hat{p}|m\rangle=a_{nm}\langle n|x|m\rangle \tag{1}$$

并求系数 a_{nm}. (2) 利用式(1)推导求和公式

$$\sum_n(E_n-E_m)^2\left|\langle n|x|m\rangle\right|^2=\frac{\hbar^2}{\mu^2}\langle m|p^2|m\rangle \tag{2}$$

(3) 证明

$$\sum_n(E_n-E_m)\left|\langle n|x|m\rangle\right|^2=\frac{\hbar^2}{2\mu} \tag{3}$$

解　(1) 利用对易关系式

$$\left[x,\hat{H}\right]=\left[x,\frac{\hat{p}^2}{2\mu}+V(x)\right]=\frac{i\hbar}{\mu}\hat{p} \tag{4}$$

可以将动量 $\hat{p}$ 表示为

$$\hat{p} = \frac{\mu}{\mathrm{i}\hbar}\left[x, \hat{H}\right] \tag{5}$$

$$\begin{aligned}\langle n|\hat{p}|m\rangle &= \frac{\mu}{\mathrm{i}\hbar}\langle n|[x,\hat{H}]|m\rangle = \frac{\mu}{\mathrm{i}\hbar}\langle n|(x\hat{H}-\hat{H}x)|m\rangle \\ &= \frac{\mathrm{i}\mu}{\hbar}(E_n - E_m)\langle n|x|m\rangle \end{aligned} \tag{6}$$

式(1)得证，且

$$a_{nm} = \frac{\mathrm{i}\mu}{\hbar}(E_n - E_m) \tag{7}$$

式(6)可以表示为

$$(E_n - E_m)\langle n|x|m\rangle = -\frac{\mathrm{i}\hbar}{\mu}\langle n|\hat{p}|m\rangle \tag{8}$$

(2) 利用式(8)与$|n\rangle$的完备性公式：$\sum\limits_n |n\rangle\langle n| = 1$，

$$\begin{aligned}\sum_n (E_n - E_m)^2 |\langle n|x|m\rangle|^2 &= -\sum_n (E_m - E_n)\langle m|x|n\rangle(E_n - E_m)\langle n|x|m\rangle \\ &= -\left(-\frac{\mathrm{i}\hbar}{\mu}\right)^2 \sum_n \langle m|\hat{p}|n\rangle\langle n|\hat{p}|m\rangle = \frac{\hbar^2}{\mu^2}\langle m|\hat{p}\sum_n |n\rangle\langle n|\hat{p}|m\rangle \\ &= \frac{\hbar^2}{\mu^2}\langle m|\hat{p}^2|m\rangle \end{aligned}$$

式(2)得证.

(3) 仍然利用式(8)与$|n\rangle$的完备性公式：$\sum\limits_n |n\rangle\langle n| = 1$，证明式(3)：

$$\begin{aligned}\sum_n (E_n - E_m)|\langle n|x|m\rangle|^2 &= \sum_n (E_n - E_m)\langle m|x|n\rangle\langle n|x|m\rangle \\ &= \frac{1}{2}\sum_n \left[(E_n - E_m)\langle m|x|n\rangle\langle n|x|m\rangle - (E_m - E_n)\langle m|x|n\rangle\langle n|x|m\rangle\right] \\ &= \frac{1}{2}\sum_n \left(-\frac{\mathrm{i}\hbar}{\mu}\langle m|x|n\rangle\langle n|\hat{p}|m\rangle + \frac{\mathrm{i}\hbar}{\mu}\langle m|\hat{p}|n\rangle\langle n|x|m\rangle\right) \\ &= -\frac{\mathrm{i}\hbar}{2\mu}\left(\langle m|x\sum_n |n\rangle\langle n|\hat{p}|m\rangle - \langle m|\hat{p}\sum_n |n\rangle\langle n|x|m\rangle\right) \\ &= -\frac{\mathrm{i}\hbar}{2\mu}\langle m|x\hat{p} - \hat{p}x|m\rangle = \frac{\hbar^2}{2\mu} \end{aligned}$$

2.7 设 $\hat{F}$ 为厄米算符，证明在能量表象中下式成立：

$$\sum_n (E_n - E_k)\left|F_{nk}\right|^2 = \frac{1}{2}\langle k|[\hat{F},[\hat{H},\hat{F}]]|k\rangle \tag{1}$$

证 令

$$A = \sum_n (E_n - E_k)\left|F_{nk}\right|^2 \tag{2}$$

在下面的推导中用到完备性公式：$\sum_n |n\rangle\langle n| = 1$.

$$\begin{aligned}
A &= \sum_n (E_n - E_k)\langle k|\hat{F}|n\rangle\langle n|\hat{F}|k\rangle \\
&= \sum_n \left(\langle k|\hat{F}\hat{H}|n\rangle\langle n|\hat{F}|k\rangle - \langle k|\hat{F}|n\rangle\langle n|\hat{F}\hat{H}|k\rangle\right) \\
&= \langle k|\hat{F}\hat{H}\sum_n|n\rangle\langle n|\hat{F}|k\rangle - \langle k|\hat{F}\sum_n|n\rangle\langle n|\hat{F}\hat{H}|k\rangle \\
&= \langle k|\hat{F}\hat{H}\hat{F} - \hat{F}\hat{F}\hat{H}|k\rangle \\
&= \langle k|\hat{F}[\hat{H},\hat{F}]|k\rangle
\end{aligned} \tag{3}$$

A 还可以表示为

$$\begin{aligned}
A &= \sum_n (E_n - E_k)\langle k|\hat{F}|n\rangle\langle n|\hat{F}|k\rangle \\
&= \sum_n \left(\langle k|\hat{F}\hat{H}|n\rangle\langle n|\hat{F}|k\rangle - \langle k|\hat{H}\hat{F}|n\rangle\langle n|\hat{F}|k\rangle\right) \\
&= \langle k|\hat{F}\hat{H}\sum_n|n\rangle\langle n|\hat{F}|k\rangle - \langle k|\hat{H}\hat{F}\sum_n|n\rangle\langle n|\hat{F}|k\rangle \\
&= \langle k|\hat{F}\hat{H}\hat{F} - \hat{H}\hat{F}\hat{F}|k\rangle = \langle k|[\hat{F},\hat{H}]\hat{F}|k\rangle \\
&= -\langle k|[\hat{H},\hat{F}]\hat{F}|k\rangle
\end{aligned} \tag{4}$$

式(3)与(4)相加除 2，式(1)得证：

$$A = \sum_n (E_n - E_k)\left|F_{nk}\right|^2 = \frac{1}{2}\langle k|[\hat{F},[\hat{H},\hat{F}]]|k\rangle$$

2.8 有一量子力学体系，哈密顿量 $\hat{H}$ 的本征值与本征矢量分别为 E_n 与 $|n\rangle$：$\hat{H}|n\rangle = E_n|n\rangle$. 设 $\hat{F}$ 为任一算符 $\hat{F} = \hat{F}(x,\hat{p})$，试证明

$$\langle k|[\hat{F}^+,[\hat{H},\hat{F}]]|k\rangle = \sum_n (E_n - E_k)\left(\left|\langle n|\hat{F}|k\rangle\right|^2 + \left|\langle k|\hat{F}|n\rangle\right|^2\right)$$

证

$$\langle k|[\hat{F}^+,[\hat{H},\hat{F}]]|k\rangle = \langle k|(\hat{F}^+\hat{H}\hat{F} + \hat{F}\hat{H}\hat{F}^+ - \hat{F}^+\hat{F}\hat{H} - \hat{H}\hat{F}\hat{F}^+)|k\rangle \tag{1}$$

利用完备性公式：$\sum_n |n\rangle\langle n| = 1$,

$$\langle k|\hat{F}^+\hat{H}\hat{F}|k\rangle = \sum_n \langle k|\hat{F}^+\hat{H}|n\rangle\langle n|\hat{F}|k\rangle$$

$$= \sum_n E_n \langle k|\hat{F}^+|n\rangle\langle n|\hat{F}|k\rangle = \sum_n E_n \left|\langle n|\hat{F}|k\rangle\right|^2$$

$$\langle k|\hat{F}\hat{H}\hat{F}^+|k\rangle = \sum_n \langle k|\hat{F}\hat{H}|n\rangle\langle n|\hat{F}^+|k\rangle$$

$$= \sum_n E_n \langle k|\hat{F}|n\rangle\langle n|\hat{F}^+|k\rangle = \sum_n E_n \left|\langle k|\hat{F}|n\rangle\right|^2$$

$$\langle k|\hat{F}^+\hat{F}\hat{H}|k\rangle = E_k \langle k|\hat{F}^+\hat{F}|k\rangle$$

$$= E_k \sum_n \langle k|\hat{F}^+|n\rangle\langle n|\hat{F}|k\rangle = E_k \sum_n \left|\langle n|\hat{F}|k\rangle\right|^2$$

$$\langle k|\hat{H}\hat{F}\hat{F}^+|k\rangle = E_k \langle k|\hat{F}\hat{F}^+|k\rangle$$

$$= E_k \sum_n \langle k|\hat{F}|n\rangle\langle n|\hat{F}^+|k\rangle = E_k \sum_n \left|\langle k|\hat{F}|n\rangle\right|^2$$

将以上四式代入式(1), 得

$$\langle k|[\hat{F}^+,[\hat{H},\hat{F}]]|k\rangle = \sum_n (E_n - E_k)\left(\left|\langle n|\hat{F}|k\rangle\right|^2 + \left|\langle k|\hat{F}|n\rangle\right|^2\right) \tag{2}$$

如果 $\hat{F}$ 是厄米算符：$\hat{F}^+ = \hat{F}$, 则 $\left|\langle n|\hat{F}|k\rangle\right|^2 = \left|\langle k|\hat{F}|n\rangle\right|^2$, 式(2)变为

$$\langle k|[\hat{F},[\hat{H},\hat{F}]]|k\rangle = 2\sum_n (E_n - E_k)\left|\langle n|\hat{F}|k\rangle\right|^2$$

这正是 2.7 题证明的公式.

2.9　已知 $Y_{lm}(\theta,\varphi)$ 是 $\hat{L}^2$ 和 $\hat{L}_z$ 的共同本征函数, 本征值分别为 $l(l+1)\hbar^2$ 和 $m\hbar$. 令 $\hat{L}_\pm = \hat{L}_x \pm \mathrm{i}\hat{L}_y$. (1) 证明 $\hat{L}_\pm Y_{lm}(\theta,\varphi)$ 仍是 $\hat{L}^2$ 和 $\hat{L}_z$ 的共同本征函数, 求出它们的本征值；(2) 推导公式 $\hat{L}_\pm Y_{lm}(\theta,\varphi) = \sqrt{l(l+1) - m(m\pm 1)}\hbar Y_{lm\pm 1}(\theta,\varphi)$.

解　(1) 由于 $\hat{L}^2$ 同 $\hat{L}_x$, $\hat{L}_y$ 对易, 故 $\hat{L}^2$ 同 $\hat{L}_\pm$ 对易,

$$\hat{L}^2\hat{L}_\pm Y_{lm}(\theta,\varphi) = \hat{L}_\pm\hat{L}^2 Y_{lm}(\theta,\varphi) = l(l+1)\hbar^2\hat{L}_\pm Y_{lm}(\theta,\varphi) \tag{1}$$

可见, $\hat{L}_\pm Y_{lm}(\theta,\varphi)$ 是 $\hat{L}^2$ 的本征函数, 本征值为 $l(l+1)\hbar^2$. 利用对易关系式

$$[\hat{L}_z,\hat{L}_x]=\mathrm{i}\hbar\hat{L}_y,\ [\hat{L}_z,\hat{L}_y]=-\mathrm{i}\hbar\hat{L}_x \tag{2}$$

可以推导出

$$\begin{aligned}[\hat{L}_z,\hat{L}_\pm]&=[\hat{L}_z,\hat{L}_x\pm \mathrm{i}\hat{L}_y]=[\hat{L}_z,\hat{L}_x]\pm \mathrm{i}[\hat{L}_z,\hat{L}_y]\\&=\mathrm{i}\hbar\hat{L}_y\pm\hbar\hat{L}_x=\pm\hbar(\hat{L}_x\pm \mathrm{i}\hat{L}_y)=\pm\hbar\hat{L}_\pm\end{aligned} \tag{3}$$

由式(3)得 $\hat{L}_z\hat{L}_\pm=\hat{L}_\pm\hat{L}_z\pm\hbar\hat{L}_\pm$，

$$\hat{L}_z\hat{L}_\pm Y_{lm}(\theta,\varphi)=(\hat{L}_\pm\hat{L}_z\pm\hbar\hat{L}_\pm)Y_{lm}(\theta,\varphi)=(m\pm1)\hbar\hat{L}_\pm Y_{lm}(\theta,\varphi) \tag{4}$$

可见，$\hat{L}_\pm Y_{lm}(\theta,\varphi)$ 是 $\hat{L}_z$ 的本征函数，本征值为 $(m\pm1)\hbar$.

(2) $\hat{L}_\pm Y_{lm}(\theta,\varphi)$ 作为 $\hat{L}_z$ 的本征函数，本征值 $(m\pm1)\hbar$ 是非简并的，故有

$$\hat{L}_\pm Y_{lm}(\theta,\varphi)=\lambda Y_{lm\pm1}(\theta,\varphi) \tag{5}$$

其中 λ 为待定常数. 对式(5)取厄米共轭

$$Y^*_{lm}(\theta,\varphi)\hat{L}^+_\pm=\lambda^* Y^*_{lm\pm1}(\theta,\varphi) \tag{6}$$

式(6)与(5)相乘，并作全空间积分 $\int \mathrm{d}\Omega$

$$\int Y^*_{lm}(\theta,\varphi)\hat{L}^+_\pm\hat{L}_\pm Y_{lm}(\theta,\varphi)\mathrm{d}\Omega=|\lambda|^2 \tag{7}$$

其中

$$\begin{aligned}\hat{L}^+_\pm\hat{L}_\pm&=(\hat{L}_x\mp \mathrm{i}\hat{L}_y)(\hat{L}_x\pm \mathrm{i}\hat{L}_y)\\&=\hat{L}_x^2+\hat{L}_y^2\pm \mathrm{i}(\hat{L}_x\hat{L}_y-\hat{L}_y\hat{L}_x)\\&=\hat{L}_x^2+\hat{L}_y^2\mp\hbar\hat{L}_z=\hat{L}^2-\hat{L}_z(\hat{L}_z\pm\hbar)\end{aligned} \tag{8}$$

将式(8)代入式(7)，得

$$|\lambda|^2=[l(l+1)-m(m\pm1)]^2\hbar^2 \tag{9}$$

λ 取正实数 $\sqrt{l(l+1)-m(m\pm1)}\hbar$，代入式(5)，得

$$\hat{L}_\pm Y_{lm}(\theta,\varphi)=\sqrt{l(l+1)-m(m\pm1)}\hbar Y_{lm\pm1}(\theta,\varphi) \tag{10}$$

2.10　证明 $\mathrm{e}^{\hat{A}}\hat{B}\mathrm{e}^{-\hat{A}}=\hat{B}+[\hat{A},\hat{B}]+\dfrac{1}{2!}[\hat{A},[\hat{A},\hat{B}]]+\dfrac{1}{3!}[\hat{A},[\hat{A},[\hat{A},\hat{B}]]]+\cdots$.

证　令

$$\hat{F}(\lambda)=\mathrm{e}^{\lambda\hat{A}}\hat{B}\mathrm{e}^{-\lambda\hat{A}}$$

其中 λ 为参数.

$$\frac{\mathrm{d}\hat{F}(\lambda)}{\mathrm{d}\lambda}=\hat{A}F(\lambda)-\hat{F}(\lambda)\hat{A}=\left[\hat{A},\hat{F}(\lambda)\right]$$

$$\frac{\mathrm{d}^2\hat{F}(\lambda)}{\mathrm{d}\lambda^2}=\left[\hat{A},\frac{\mathrm{d}\hat{F}(\lambda)}{\mathrm{d}\lambda}\right]=\left[\hat{A},\left[\hat{A},\hat{F}(\lambda)\right]\right]$$

$$\frac{\mathrm{d}^3\hat{F}(\lambda)}{\mathrm{d}\lambda^3}=\left[\hat{A},\left[\hat{A},\frac{\mathrm{d}\hat{F}(\lambda)}{\mathrm{d}\lambda}\right]\right]=\left[\hat{A},\left[\hat{A},\left[\hat{A},\hat{F}(\lambda)\right]\right]\right]$$

$$\cdots\cdots\cdots$$

将 $\hat{F}(\lambda)$ 作级数展开：

$$\hat{F}(\lambda)=\hat{F}(0)+\lambda\frac{\mathrm{d}\hat{F}(0)}{\mathrm{d}\lambda}+\frac{\lambda^2}{2!}\frac{\mathrm{d}^2\hat{F}(0)}{\mathrm{d}\lambda^2}+\frac{\lambda^3}{3!}\frac{\mathrm{d}^3\hat{F}(0)}{\mathrm{d}\lambda^3}+\cdots$$

其中

$$\hat{F}(0)=\hat{B},\ \frac{\mathrm{d}\hat{F}(0)}{\mathrm{d}\lambda}=\left[\hat{A},\hat{B}\right],\ \frac{\mathrm{d}^2\hat{F}(0)}{\mathrm{d}\lambda^2}=\left[\hat{A},\left[\hat{A},\hat{B}\right]\right]$$

$$\frac{\mathrm{d}^3\hat{F}(0)}{\mathrm{d}\lambda^3}=\left[\hat{A},\left[\hat{A},\left[\hat{A},\hat{B}\right]\right]\right],\cdots\cdots$$

于是

$$\mathrm{e}^{\lambda\hat{A}}\hat{B}\mathrm{e}^{-\lambda\hat{A}}=\hat{B}+\lambda[\hat{A},\hat{B}]+\frac{\lambda^2}{2!}[\hat{A},[\hat{A},\hat{B}]]+\frac{\lambda^3}{3!}[\hat{A},[\hat{A},[\hat{A},\hat{B}]]]+\cdots$$

在上式中令 $\lambda=1$，

$$\mathrm{e}^{\hat{A}}\hat{B}\mathrm{e}^{-\hat{A}}=\hat{B}+[\hat{A},\hat{B}]+\frac{1}{2!}[\hat{A},[\hat{A},\hat{B}]]+\frac{1}{3!}[\hat{A},[\hat{A},[\hat{A},\hat{B}]]]+\cdots$$

2.11 设算符 $\hat{A}$ 与 $\hat{B}$ 同它们的对易关系式 $[\hat{A},\hat{B}]$ 都对易，证明

$$[\hat{A},\hat{B}^n]=n\hat{B}^{n-1}[\hat{A},\hat{B}] \tag{1}$$

$$\mathrm{e}^{\hat{A}+\hat{B}}=\mathrm{e}^{\hat{A}}\mathrm{e}^{\hat{B}}\mathrm{e}^{-\frac{1}{2}[\hat{A},\hat{B}]} \quad 或 \quad \mathrm{e}^{\hat{A}}\mathrm{e}^{\hat{B}}=\mathrm{e}^{\hat{A}+\hat{B}+\frac{1}{2}[\hat{A},\hat{B}]} \tag{2}$$

证 设对 $n=m$，式(1)成立：

$$[\hat{A},\hat{B}^m]=m\hat{B}^{m-1}[\hat{A},\hat{B}] \tag{3}$$

可以证明对 $n=m+1$，式(1)也成立：

$$[\hat{A},\hat{B}^{m+1}]=[\hat{A},\hat{B}^m]\hat{B}+\hat{B}^m[\hat{A},\hat{B}]$$
$$=m\hat{B}^m[\hat{A},\hat{B}]+\hat{B}^m[\hat{A},\hat{B}]$$
$$=(m+1)\hat{B}^m[\hat{A},\hat{B}] \tag{4}$$

对 $n=0$ 或 1, 式(1)显然成立, 式(1)得证. 为证明式(2), 令

$$\hat{F}(\lambda)=\mathrm{e}^{\lambda\hat{A}}\mathrm{e}^{\lambda\hat{B}} \tag{5}$$

其中 λ 为参数.

$$\frac{\mathrm{d}\hat{F}(\lambda)}{\mathrm{d}\lambda}=\hat{A}\mathrm{e}^{\lambda\hat{A}}\mathrm{e}^{\lambda\hat{B}}+\mathrm{e}^{\lambda\hat{A}}\hat{B}\mathrm{e}^{\lambda\hat{B}}=(\hat{A}+\mathrm{e}^{\lambda\hat{A}}\hat{B}\mathrm{e}^{-\lambda\hat{A}})\hat{F}(\lambda) \tag{6}$$

由 2.10 题知,

$$\mathrm{e}^{\lambda\hat{A}}\hat{B}\mathrm{e}^{-\lambda\hat{A}}=\hat{B}+\lambda[\hat{A},\hat{B}]+\frac{\lambda^2}{2!}[\hat{A},[\hat{A},\hat{B}]]+\frac{\lambda^3}{3!}[\hat{A},[\hat{A},[\hat{A},\hat{B}]]]+\cdots \tag{7}$$

由于 $\hat{A}$ 同 $[\hat{A},\hat{B}]$ 对易, 式(7)中 λ 的 2 次方项及 2 次方以上的项均为 0,

$$\mathrm{e}^{\lambda\hat{A}}\hat{B}\mathrm{e}^{-\lambda\hat{A}}=\hat{B}+\lambda[\hat{A},\hat{B}] \tag{8}$$

将式(8)代入式(6),

$$\frac{\mathrm{d}\hat{F}(\lambda)}{\mathrm{d}\lambda}=\left\{\hat{A}+\hat{B}+\lambda[\hat{A},\hat{B}]\right\}\hat{F}(\lambda) \tag{9}$$

或

$$\frac{\mathrm{d}\hat{F}(\lambda)}{\hat{F}(\lambda)}=\left\{\hat{A}+\hat{B}+\lambda[\hat{A},\hat{B}]\right\}\mathrm{d}\lambda \tag{10}$$

上式积分后得到满足条件 $\hat{F}(0)=1$ 的解为

$$\hat{F}(\lambda)=\mathrm{e}^{\lambda(\hat{A}+\hat{B})+\frac{\lambda^2}{2}[\hat{A},\hat{B}]} \tag{11}$$

在式(11)中令 $\lambda=1$, 式(2)得证:

$$\hat{F}(1)=\mathrm{e}^{\hat{A}}\mathrm{e}^{\hat{B}}=\mathrm{e}^{(\hat{A}+\hat{B})+\frac{1}{2}[\hat{A},\hat{B}]} \tag{12}$$

2.12　设 $\hat{\boldsymbol{L}}$ 为轨道角动量算符. 已知 $\hat{L}^2$ 与 $\hat{L}_z$ 的共同本征函数为 $Y_{lm}(\theta,\varphi)$. 证明 $\mathrm{e}^{\frac{1}{\mathrm{i}\hbar}\hat{L}_y\frac{\pi}{2}}Y_{lm}(\theta,\varphi)$ 为 $\hat{L}^2$ 和 $\hat{L}_x$ 的共同本征函数, 并求出相应的本征值.

解　因 $\hat{L}^2$ 同 $\hat{L}_y$ 对易, 也就同 $\mathrm{e}^{\frac{1}{\mathrm{i}\hbar}\hat{L}_y\frac{\pi}{2}}$ 对易,

$$\hat{L}^2 e^{\frac{1}{i\hbar}\hat{L}_y\frac{\pi}{2}} Y_{lm}(\theta,\varphi) = e^{\frac{1}{i\hbar}\hat{L}_y\frac{\pi}{2}} \hat{L}^2 Y_{lm}(\theta,\varphi) = l(l+1)\hbar^2 e^{\frac{1}{i\hbar}\hat{L}_y\frac{\pi}{2}} Y_{lm}(\theta,\varphi)$$

可见 $e^{\frac{1}{i\hbar}\hat{L}_y\frac{\pi}{2}} Y_{lm}(\theta,\varphi)$ 是 $\hat{L}^2$ 的本征函数，本征值为 $l(l+1)\hbar^2$．用 $e^{-\hat{A}}$ 左乘如下公式：

$$e^{\hat{A}}\hat{B}e^{-\hat{A}} = \hat{B} + [\hat{A},\hat{B}] + \frac{1}{2!}[\hat{A},[\hat{A},\hat{B}]] + \frac{1}{3}[\hat{A},[\hat{A},[\hat{A},\hat{B}]]] + \cdots \tag{1}$$

得到

$$\hat{B}e^{-\hat{A}} = e^{-\hat{A}}\left\{\hat{B} + [\hat{A},\hat{B}] + \frac{1}{2!}[\hat{A},[\hat{A},\hat{B}]] + \frac{1}{3!}[\hat{A},[\hat{A},[\hat{A},\hat{B}]]] + \cdots\right\} \tag{2}$$

令 $\hat{B} = \hat{L}_x$， $\hat{A} = -\frac{1}{i\hbar}\hat{L}_y\frac{\pi}{2} \equiv a\hat{L}_y$， $a \equiv \frac{i\pi}{2\hbar}$， 代入式(2)，

$$\begin{aligned}\hat{L}_x e^{\frac{1}{i\hbar}\hat{L}_y\frac{\pi}{2}} &= \hat{L}_x e^{-a\hat{L}_y}\\ &= e^{-a\hat{L}_y}\left\{\hat{L}_x + [a\hat{L}_y,\hat{L}_x] + \frac{1}{2!}[a\hat{L}_y,[a\hat{L}_y,\hat{L}_x]] + \frac{1}{3!}[a\hat{L}_y,[a\hat{L}_y,[a\hat{L}_y,\hat{L}_x]]] + \cdots\right\}\end{aligned}$$

其中

$$\begin{aligned}&[a\hat{L}_y,\hat{L}_x] = -i\hbar a\hat{L}_z\\ &[a\hat{L}_y,[a\hat{L}_y,\hat{L}_x]] = [a\hat{L}_y,-i\hbar a\hat{L}_z] = -(i\hbar a)^2\hat{L}_x\\ &[a\hat{L}_y,-(i\hbar a)^2\hat{L}_x] = (i\hbar a)^3\hat{L}_z\\ &[a\hat{L}_y,(i\hbar a)^3\hat{L}_z] = (i\hbar a)^4\hat{L}_x\end{aligned}$$

以下的对易关系计算结果依次为：$-(i\hbar a)^5\hat{L}_z$，$-(i\hbar a)^6\hat{L}_x$，$(i\hbar a)^7\hat{L}_z$，$(i\hbar a)^8\hat{L}_x,\cdots$．将上述对易关系的计算值代入上式，并由 a 的定义 $(a \equiv i\pi/2\hbar)$ 知 $i\hbar a = -\pi/2$，便有

$$\begin{aligned}\hat{L}_x e^{\frac{1}{i\hbar}\hat{L}_y\frac{\pi}{2}} &= e^{\frac{1}{i\hbar}\hat{L}_y\frac{\pi}{2}}\left\{\hat{L}_x\left[1 - \frac{1}{2!}\left(\frac{\pi}{2}\right)^2 + \frac{1}{4!}\left(\frac{\pi}{2}\right)^4 - \frac{1}{6!}\left(\frac{\pi}{2}\right)^6 + \cdots\right]\right.\\ &\qquad\left.+\hat{L}_z\left[\frac{\pi}{2} - \frac{1}{3!}\left(\frac{\pi}{2}\right)^3 + \frac{1}{5!}\left(\frac{\pi}{2}\right)^5 - \cdots\right]\right\}\\ &= e^{\frac{1}{i\hbar}\hat{L}_y\frac{\pi}{2}}\left[\hat{L}_x\sum_{n=0}^{\infty}\frac{(-1)^n}{(2n)!}\left(\frac{\pi}{2}\right)^{2n} + \hat{L}_z\sum_{n=0}^{\infty}\frac{(-1)^n}{(2n+1)!}\left(\frac{\pi}{2}\right)^{2n+1}\right]\\ &= e^{\frac{1}{i\hbar}\hat{L}_y\frac{\pi}{2}}\left(\cos\frac{\pi}{2}\hat{L}_x + \sin\frac{\pi}{2}\hat{L}_z\right)\end{aligned} \tag{3}$$

$$=e^{\frac{1}{i\hbar}\hat{L}_y\frac{\pi}{2}}\hat{L}_z \tag{4}$$

将式(4)两端分别作用于$Y_{lm}(\theta,\varphi)$，

$$\hat{L}_x e^{\frac{1}{i\hbar}\hat{L}_y\frac{\pi}{2}}Y_{lm}(\theta,\varphi)=e^{\frac{1}{i\hbar}\hat{L}_y\frac{\pi}{2}}\hat{L}_z Y_{lm}(\theta,\varphi)=m\hbar e^{\frac{1}{i\hbar}\hat{L}_y\frac{\pi}{2}}Y_{lm}(\theta,\varphi)$$

可见$e^{\frac{1}{i\hbar}\hat{L}_y\frac{\pi}{2}}Y_{lm}(\theta,\varphi)$是$\hat{L}_x$的本征函数，本征值为$m\hbar$．将式(3)

$$\hat{L}_x e^{\frac{1}{i\hbar}\hat{L}_y\frac{\pi}{2}}=e^{\frac{1}{i\hbar}\hat{L}_y\frac{\pi}{2}}\left(\cos\frac{\pi}{2}\hat{L}_x+\sin\frac{\pi}{2}\hat{L}_z\right)$$

中的$\pi/2$用α代替，可得如下公式：

$$\hat{L}_x e^{\frac{\alpha}{i\hbar}\hat{L}_y}=e^{\frac{\alpha}{i\hbar}\hat{L}_y}\left(\cos\alpha\hat{L}_x+\sin\alpha\hat{L}_z\right) \tag{5}$$

式(5)也可以表示为

$$e^{\frac{i\alpha}{\hbar}\hat{L}_y}\hat{L}_x e^{-\frac{i\alpha}{\hbar}\hat{L}_y}=\cos\alpha\hat{L}_x+\sin\alpha\hat{L}_z \tag{6}$$

类似地，可以证明以下公式：

$$e^{\frac{i\alpha}{\hbar}\hat{L}_y}\hat{L}_z e^{-\frac{i\alpha}{\hbar}\hat{L}_y}=\cos\alpha\hat{L}_z-\sin\alpha\hat{L}_x \tag{7}$$

$$e^{\frac{i\alpha}{\hbar}\hat{L}_x}\hat{L}_y e^{-\frac{i\alpha}{\hbar}\hat{L}_x}=\cos\alpha\hat{L}_y-\sin\alpha\hat{L}_z \tag{8}$$

$$e^{\frac{i\alpha}{\hbar}\hat{L}_x}\hat{L}_z e^{-\frac{i\alpha}{\hbar}\hat{L}_x}=\cos\alpha\hat{L}_z+\sin\alpha\hat{L}_y \tag{9}$$

$$e^{\frac{i\alpha}{\hbar}\hat{L}_z}\hat{L}_x e^{-\frac{i\alpha}{\hbar}\hat{L}_z}=\cos\alpha\hat{L}_x-\sin\alpha\hat{L}_y \tag{10}$$

$$e^{\frac{i\alpha}{\hbar}\hat{L}_z}\hat{L}_y e^{-\frac{i\alpha}{\hbar}\hat{L}_z}=\cos\alpha\hat{L}_y+\sin\alpha\hat{L}_x \tag{11}$$

2.13　设$\hat{p}$为x方向的动量算符，满足对易关系$[x,\hat{p}]=i\hbar$．求(1) $e^{ia\hat{p}}xe^{-ia\hat{p}}=?$ (2) $e^{-ib\hat{p}x}[x,e^{ib\hat{p}x}]=?$ 其中a,b为常数.

解　利用公式

$$e^{\hat{A}}\hat{B}e^{-\hat{A}}=\hat{B}+[\hat{A},\hat{B}]+\frac{1}{2!}[\hat{A},[\hat{A},\hat{B}]]+\frac{1}{3!}[\hat{A},[\hat{A},[\hat{A},\hat{B}]]]+\cdots$$

$$[x,\hat{p}]=i\hbar$$

可以算出

$$e^{ia\hat{p}}xe^{-ia\hat{p}} = x + [ia\hat{p}, x] + \frac{1}{2!}[ia\hat{p},[ia\hat{p}, x]] + \cdots = x + a\hbar$$

$$\begin{aligned} e^{-ib\hat{p}x}[x, e^{ib\hat{p}x}] &= e^{-ib\hat{p}x}(xe^{ib\hat{p}x} - e^{ib\hat{p}x}x) = e^{-ib\hat{p}x}xe^{ib\hat{p}x} - x \\ &= [-ib\hat{p}x, x] + \frac{1}{2!}[-ib\hat{p}x,[-ib\hat{p}x, x]] \\ &\quad + \frac{1}{3!}[-ib\hat{p}x,[-ib\hat{p}x,[-ib\hat{p}x, x]]] + \cdots \end{aligned}$$

其中对易关系依次为

$$[-ib\hat{p}x, x] = -ib[\hat{p}, x]x = (-b\hbar)x$$

$$[-ib\hat{p}x,[-ib\hat{p}x, x]] = ib^2\hbar[\hat{p}, x]x = (-b\hbar)^2 x$$

$$(-b\hbar)^3 x,\ (-b\hbar)^4 x,\ \cdots$$

将这些对易关系式的值代入上式, 得

$$e^{-ib\hat{p}x}[x, e^{ib\hat{p}x}] = x\left[\sum_{n=0}^{\infty}\frac{(-b\hbar)^n}{n!} - 1\right] = x(e^{-b\hbar} - 1)$$

2.14　设粒子处于状态 $Y_{lm}(\theta,\varphi)$, 求轨道角动量 x 分量及 y 分量平均值 $\overline{L}_x$ 与 $\overline{L}_y$, 以及 $\overline{(\Delta L_x)^2}$ 与 $\overline{(\Delta L_y)^2}$.

解　利用公式

$$\hat{L}_{\pm}Y_{lm}(\theta,\varphi) = \sqrt{l(l+1) - m(m\pm 1)}\hbar Y_{lm\pm 1}(\theta,\varphi),\ \hat{L}_{\pm} = \hat{L}_x \pm i\hat{L}_y$$

$$\overline{L}_x = \frac{1}{2}\int Y_{lm}^*(\theta,\varphi)(\hat{L}_+ + \hat{L}_-)Y_{lm}(\theta,\varphi)d\Omega = 0$$

$$\overline{L}_y = \frac{1}{2i}\int Y_{lm}^*(\theta,\varphi)(\hat{L}_+ - \hat{L}_-)Y_{lm}(\theta,\varphi)d\Omega = 0$$

$$\begin{aligned} \overline{L_x^2} &= \int Y_{lm}^*(\theta,\varphi)\hat{L}_x^2 Y_{lm}(\theta,\varphi)d\Omega = \int[\hat{L}_x Y_{lm}(\theta,\varphi)]^*\hat{L}_x Y_{lm}(\theta,\varphi)d\Omega \\ &= \frac{1}{4}\int[(\hat{L}_+ + \hat{L}_-)Y_{lm}(\theta,\varphi)]^*(\hat{L}_+ + \hat{L}_-)Y_{lm}(\theta,\varphi)d\Omega \\ &= \frac{1}{4}\left\{\int[\hat{L}_+ Y_{lm}(\theta,\varphi)]^*\hat{L}_+ Y_{lm}(\theta,\varphi)d\Omega + \int[\hat{L}_- Y_{lm}(\theta,\varphi)]^*\hat{L}_- Y_{lm}(\theta,\varphi)d\Omega\right\} \\ &= \frac{\hbar^2}{4}\left[l(l+1) - m(m+1) + l(l+1) - m(m-1)\right] \\ &= \frac{\hbar^2}{2}[l(l+1) - m^2] \end{aligned}$$

$$\overline{L_y^2} = \int Y_{lm}^*(\theta,\varphi)\hat{L}_y^2 Y_{lm}(\theta,\varphi)\mathrm{d}\Omega = \int\left[\hat{L}_y Y_{lm}(\theta,\varphi)\right]^* \hat{L}_y Y_{lm}(\theta,\varphi)\mathrm{d}\Omega$$
$$= \frac{1}{4}\int[(\hat{L}_+ - \hat{L}_-)Y_{lm}(\theta,\varphi)]^*(\hat{L}_+ - \hat{L}_-)Y_{lm}(\theta,\varphi)\mathrm{d}\Omega$$
$$= \frac{1}{4}\left\{\int[\hat{L}_+ Y_{lm}(\theta,\varphi)]^* \hat{L}_+ Y_{lm}(\theta,\varphi)\mathrm{d}\Omega + \int[\hat{L}_- Y_{lm}(\theta,\varphi)]^* \hat{L}_- Y_{lm}(\theta,\varphi)\mathrm{d}\Omega\right\}$$
$$= \frac{\hbar^2}{4}[l(l+1) - m(m+1) + l(l+1) - m(m-1)]$$
$$= \frac{\hbar^2}{2}[l(l+1) - m^2]$$

$$\overline{(\Delta L_x)^2} = \overline{L_x^2} - (\overline{L}_x)^2 = \overline{L_x^2} = \frac{\hbar^2}{2}[l(l+1) - m^2]$$

$$\overline{(\Delta L_y)^2} = \overline{L_y^2} - (\overline{L}_y)^2 = \overline{L_y^2} = \frac{\hbar^2}{2}[l(l+1) - m^2]$$

计算 $\overline{L_x^2}$ 与 $\overline{L_y^2}$ 的一个简单方法是，考虑到在状态 $Y_{lm}(\theta,\varphi)$ 上，$\overline{L_x^2} = \overline{L_y^2}$，便有

$$\overline{L_x^2} = \overline{L_y^2} = \frac{1}{2}\left(\overline{L_x^2} + \overline{L_y^2}\right) = \frac{1}{2}\left(\overline{L^2} - \overline{L_z^2}\right)$$
$$= \frac{1}{2}\langle lm|(\hat{L}^2 - \hat{L}_z^2)|lm\rangle = \frac{\hbar^2}{2}[l(l+1) - m^2]$$

2.15　已知角动量算符的三个分量 $\hat{J}_x, \hat{J}_y, \hat{J}_z$ 满足对易关系

$$[\hat{J}_x, \hat{J}_y] = \mathrm{i}\hbar\hat{J}_z,\ [\hat{J}_y, \hat{J}_z] = \mathrm{i}\hbar\hat{J}_x,\ [\hat{J}_z, \hat{J}_x] = \mathrm{i}\hbar\hat{J}_y$$

定义：$\hat{J}^2 = \hat{J}_x^2 + \hat{J}_y^2 + \hat{J}_z^2$，$\hat{J}_\pm = \hat{J}_x \pm \mathrm{i}\hat{J}_y$．(1)求对易关系 $[\hat{J}^2, \hat{J}_\pm]$，$[\hat{J}_z, \hat{J}_\pm]$，$[\hat{J}_+, \hat{J}_-]$；(2)若 $\hat{J}^2$ 和 $\hat{J}_z$ 的共同本征函数为 ψ_{jm}，其中 j 和 m 为相应的量子数，证明 $\hat{J}_\pm\psi_{jm}$ 也是 $\hat{J}^2$ 和 $\hat{J}_z$ 的共同本征函数，并求出相应的本征值．

解　(1)
$$[\hat{J}^2, \hat{J}_\pm] = [\hat{J}^2, \hat{J}_x \pm \mathrm{i}\hat{J}_y] = 0$$

$$[\hat{J}_z, \hat{J}_\pm] = [\hat{J}_z, \hat{J}_x] \pm \mathrm{i}[\hat{J}_z, \hat{J}_y] = \pm\hbar\hat{J}_\pm$$

$$[\hat{J}_+, \hat{J}_-] = [\hat{J}_x + \mathrm{i}\hat{J}_y, \hat{J}_x - \mathrm{i}\hat{J}_y] = [\hat{J}_x, -\mathrm{i}\hat{J}_y] + [\mathrm{i}\hat{J}_y, \hat{J}_x] = 2\hbar\hat{J}_z$$

(2)
$$\hat{J}^2\hat{J}_\pm\psi_{jm} = \hat{J}_\pm\hat{J}^2\psi_{jm} = j(j+1)\hbar^2\hat{J}_\pm\psi_{jm}$$

$$\hat{J}_z\hat{J}_\pm\psi_{jm} = (\hat{J}_\pm\hat{J}_z \pm \hbar\hat{J}_\pm)\psi_{jm} = (m\pm 1)\hbar\hat{J}_\pm\psi_{jm}$$

可见 $\hat{J}_{\pm}\psi_{jm}$ 是 $\hat{J}^2$ 和 $\hat{J}_z$ 的共同本征函数，本征值分别为 $j(j+1)\hbar^2$ 和 $(m\pm 1)\hbar$.

2.16 设 $\hat{J}_x,\hat{J}_y,\hat{J}_z$ 为角动量算符，$\hat{J}_{\pm}=\hat{J}_x\pm \mathrm{i}\hat{J}_y$. 算符 $\hat{V}_+$ 与 $\hat{J}_z,\hat{J}_+$ 满足对易关系：$[\hat{J}_+,\hat{V}_+]=0$，$[\hat{J}_z,\hat{V}_+]=\hbar\hat{V}_+$. 证明 $\hat{V}_+|jj\rangle=c|j+1,j+1\rangle$，其中 c 为常数，$|jm\rangle$ 为 $\hat{J}^2$ 与 $\hat{J}_z$ 的共同本征函数.

证 根据题意，要证明的是

$$\hat{J}_z\hat{V}_+|jj\rangle=(j+1)\hbar\hat{V}_+|jj\rangle \tag{1}$$

$$\hat{J}^2\hat{V}_+|jj\rangle=(j+1)(j+2)\hbar^2\hat{V}_+|jj\rangle \tag{2}$$

先证明(1)，

$$\hat{J}_z\hat{V}_+|jj\rangle=(\hat{V}_+\hat{J}_z+\hbar\hat{V}_+)|jj\rangle=(j+1)\hbar\hat{V}_+|jj\rangle$$

再证明(2). 因

$$\begin{aligned}\hat{J}_-\hat{J}_+&=(\hat{J}_x-\mathrm{i}\hat{J}_y)(\hat{J}_x+\mathrm{i}\hat{J}_y)=\hat{J}_x^2+\hat{J}_y^2+\mathrm{i}(\hat{J}_x\hat{J}_y-\hat{J}_y\hat{J}_x)\\&=\hat{J}_x^2+\hat{J}_y^2-\hbar\hat{J}_z=\hat{J}^2-\hat{J}_z^2-\hbar\hat{J}_z\end{aligned}$$

便有

$$\hat{J}^2=\hat{J}_-\hat{J}_++\hat{J}_z^2+\hbar\hat{J}_z \tag{3}$$

利用式(3)，

$$\hat{J}^2\hat{V}_+|jj\rangle=(\hat{J}_-\hat{J}_++\hat{J}_z^2+\hbar\hat{J}_z)\hat{V}_+|jj\rangle \tag{4}$$

因 $\hat{J}_+$ 与 $\hat{V}_+$ 对易，式(4)右面第一项 $\hat{J}_-\hat{J}_+\hat{V}_+|jj\rangle=\hat{J}_-\hat{V}_+\hat{J}_+|jj\rangle=0$. 这是因为 $\hat{J}_+|jj\rangle=\sqrt{j(j+1)-j(j+1)}\hbar|j,j+1\rangle=0$.

$$\begin{aligned}\hat{J}^2\hat{V}_+|jj\rangle&=(\hat{J}_z^2+\hbar\hat{J}_z)\hat{V}_+|jj\rangle=[(j+1)^2\hbar^2+(j+1)\hbar^2]\hat{V}_+|jj\rangle\\&=(j+1)(j+2)\hbar^2\hat{V}_+|jj\rangle\end{aligned}$$

在上述证明中，利用了式(1)，即 $\hat{V}_+|jj\rangle$ 是 $\hat{J}_z$ 的本征态，本征值为 $(j+1)\hbar$.

2.17 令 $\hat{p}_+=\hat{p}_x+\mathrm{i}\hat{p}_y$，$\hat{L}_+=\hat{L}_x+\mathrm{i}\hat{L}_y$. (1) 计算 $[\hat{L}_x,\hat{p}_+],[\hat{L}_y,\hat{p}_+],[\hat{L}_z,\hat{p}_+]$. 证明

$$[\hat{L}^2,\hat{p}_+]=2\hbar(\hat{p}_+\hat{L}_z-\hat{p}_z\hat{L}_+)+2\hbar^2\hat{p}_+$$

(2) 已知 $\hat{L}_z\Phi_m=m\hbar\Phi_m$. 证明 $\hat{p}_+\Phi_m$ 仍是 $\hat{L}_z$ 的本征态，并求出它的本征值. (3) 对于自由粒子体系，已知其哈密顿算符 $\hat{H}$ 同 $\hat{L}^2$ 与 $\hat{L}_z$ 有共同的本征函数完备系 $\psi_{klm}=R_{kl}(r)Y_{lm}(\theta,\varphi)$，相应的本征值分别是 $E_k=\hbar^2k^2/2\mu$，$l(l+1)\hbar$，$m\hbar$. 试证明

$\hat{p}_+\psi_{kll}$ 仍是 $\hat{H}$, $\hat{L}^2$ 与 $\hat{L}_z$ 的共同本征函数, 并求出相应的本征值.

证 (1)
$$[\hat{L}_x,\hat{p}_+]=[\hat{L}_x,\hat{p}_x]+\mathrm{i}[\hat{L}_x,\hat{p}_y]=-\hbar\hat{p}_z \tag{1}$$

$$[\hat{L}_y,\hat{p}_+]=[\hat{L}_y,\hat{p}_x]+\mathrm{i}[\hat{L}_y,\hat{p}_y]=-\mathrm{i}\hbar\hat{p}_z \tag{2}$$

$$[\hat{L}_z,\hat{p}_+]=[\hat{L}_z,\hat{p}_x]+\mathrm{i}[\hat{L}_z,\hat{p}_y]=\mathrm{i}\hbar\hat{p}_y+\hbar\hat{p}_x=\hbar\hat{p}_+ \tag{3}$$

利用式(1), (2)与(3)可以计算下式:

$$\begin{aligned}[\hat{L}^2,\hat{p}_+]&=[\hat{L}_x^2,\hat{p}_+]+[\hat{L}_y^2,\hat{p}_+]+[\hat{L}_z^2,\hat{p}_+]\\&=\hat{L}_x[\hat{L}_x,\hat{p}_+]+[\hat{L}_x,\hat{p}_+]\hat{L}_x+\hat{L}_y[\hat{L}_y,\hat{p}_+]+[\hat{L}_y,\hat{p}_+]\hat{L}_y+\hat{L}_z[\hat{L}_z,\hat{p}_+]+[\hat{L}_z,\hat{p}_+]\hat{L}_z\\&=-\hbar(\hat{L}_x\hat{p}_z+\hat{p}_z\hat{L}_x)-\mathrm{i}\hbar(\hat{L}_y\hat{p}_z+\hat{p}_z\hat{L}_y)+\hbar(\hat{L}_z\hat{p}_++\hat{p}_+\hat{L}_z)\\&=-\hbar[(\hat{L}_x+\mathrm{i}\hat{L}_y)\hat{p}_z+\hat{p}_z(\hat{L}_x+i\hat{L}_y)]+\hbar(\hat{L}_z\hat{p}_++\hat{p}_+\hat{L}_z)\\&=-\hbar(\hat{L}_+\hat{p}_z+\hat{p}_z\hat{L}_+)+\hbar(\hat{L}_z\hat{p}_++\hat{p}_+\hat{L}_z)\end{aligned} \tag{4}$$

由式(3)得

$$\hat{L}_z\hat{p}_+=\hat{p}_+\hat{L}_z+\hbar\hat{p}_+ \tag{5}$$

$$[\hat{L}_+,\hat{p}_z]=[\hat{L}_x,\hat{p}_z]+\mathrm{i}[\hat{L}_y,\hat{p}_z]=-\hbar(\hat{p}_x+\mathrm{i}\hat{p}_y)=-\hbar\hat{p}_+ \tag{6}$$

由式(6)得

$$\hat{L}_+\hat{p}_z=\hat{p}_z\hat{L}_+-\hbar\hat{p}_+ \tag{7}$$

将式(5)与(7)代入式(4),

$$[\hat{L}^2,\hat{p}_+]=2\hbar(\hat{p}_+\hat{L}_z-\hat{p}_z\hat{L}_+)+2\hbar^2\hat{p}_+ \tag{8}$$

(2) 已知

$$\hat{L}_z\Phi_m=m\hbar\Phi_m \tag{9}$$

将上式两边左乘 $\hat{p}_+$,

$$\hat{p}_+\hat{L}_z\Phi_m=m\hbar\hat{p}_+\Phi_m \tag{10}$$

由式(3)或(5), 得

$$\hat{p}_+\hat{L}_z=\hat{L}_z\hat{p}_+-\hbar\hat{p}_+ \tag{11}$$

将式(11)代入式(10), 得

$$\hat{L}_z\hat{p}_+\Phi_m=(m+1)\hbar\,\hat{p}_+\Phi_m \tag{12}$$

可见 $\hat{p}_+\Phi_m$ 是 $\hat{L}_z$ 的本征函数，本征值为 $(m+1)\hbar$.

(3) 已知

$$\hat{H}\psi_{kll} = \frac{\hbar^2 k^2}{2\mu}\psi_{kll}, \quad \hat{H} = \frac{\hat{p}^2}{2\mu} \tag{13}$$

$$\hat{L}^2\psi_{kll} = l(l+1)\hbar^2\psi_{kll} \tag{14}$$

$$\hat{L}_z\psi_{kll} = l\hbar\psi_{kll} \tag{15}$$

式(13)左乘 $\hat{p}_+$，因 $\hat{p}_+ = \hat{p}_x + \mathrm{i}\hat{p}_y$ 同 $\hat{H} = \dfrac{\hat{p}^2}{2\mu}$ 对易，故有

$$\hat{H}\hat{p}_+\psi_{kll} = \frac{\hbar^2 k^2}{2\mu}\hat{p}_+\psi_{kll} \tag{16}$$

可见 $\hat{p}_+\psi_{kll}$ 是 $\hat{H}$ 的本征函数，本征值为 $\hbar^2 k^2/2\mu$. 式(14)左乘 $\hat{p}_+$，

$$\hat{p}_+\hat{L}^2\psi_{kll} = l(l+1)\hbar^2\hat{p}_+\psi_{kll} \tag{17}$$

利用已知证明了的式(8)，得

$$\hat{p}_+\hat{L}^2 = \hat{L}^2\hat{p}_+ - 2\hbar(\hat{p}_+\hat{L}_z - \hat{p}_z\hat{L}_+) - 2\hbar^2\hat{p}_+ \tag{18}$$

将式(18)代入式(17)，

$$[\hat{L}^2\hat{p}_+ - 2\hbar(\hat{p}_+\hat{L}_z - \hat{p}_z\hat{L}_+) - 2\hbar^2\hat{p}_+]\psi_{kll} = l(l+1)\hbar^2\hat{p}_+\psi_{kll} \tag{19}$$

其中

$$2\hbar\hat{p}_+\hat{L}_z\psi_{kll} = 2l\hbar^2\hat{p}_+\psi_{kll} \tag{20}$$

$$2\hbar\hat{p}_z\hat{L}_+\psi_{kll} = 0 \tag{21}$$

将式(20)与(21)代入式(19)，

$$\begin{aligned}\hat{L}^2\hat{p}_+\psi_{kll} &= [l(l+1) + 2(l+1)]\hbar^2\hat{p}_+\psi_{kll} \\ &= (l+1)(l+2)\hbar^2\hat{p}_+\psi_{kll}\end{aligned} \tag{22}$$

可见 $\hat{p}_+\psi_{kll}$ 是 $\hat{L}^2$ 的本征函数，本征值为 $(l+1)(l+2)\hbar^2$. 式(15)左乘 $\hat{p}_+$，

$$\hat{p}_+\hat{L}_z\psi_{kll} = l\hbar\hat{p}_+\psi_{kll} \tag{23}$$

将式(11)代入式(23)得

$$\hat{L}_z\hat{p}_+\psi_{kll} = (l+1)\hbar\hat{p}_+\psi_{kll} \tag{24}$$

可见 $\hat{p}_+\psi_{kll}$ 是 $\hat{L}_z$ 的本征函数，本征值为 $(l+1)\hbar$.

2.18　设算符 $\hat{H}$ 具有连续本征值，其本征函数 $u(x,\omega)$ 构成正交完备系. 求方程

$$(\hat{H}-\omega_0)V(x)=F(x) \tag{1}$$

的解，其中 $F(x)$ 为已知函数，ω_0 为某个特定的本征值.

解　$\hat{H}$ 的本征方程为

$$\hat{H}u(x,\omega)=\omega u(x,\omega),\quad \omega=-\infty\sim+\infty \tag{2}$$

令

$$V(x)=\int_{-\infty}^{+\infty}C(\omega)u(x,\omega)\mathrm{d}\omega \tag{3}$$

将式(3)代入方程(1)，

$$\int_{-\infty}^{+\infty}C(\omega)(\omega-\omega_0)u(x,\omega)\mathrm{d}\omega=F(x) \tag{4}$$

式(4)左乘 $u^*(x,\omega')$，并作全空间积分 $\int_{-\infty}^{+\infty}\mathrm{d}x$，

$$\int_{-\infty}^{+\infty}C(\omega)(\omega-\omega_0)\left[\int_{-\infty}^{+\infty}u^*(x,\omega')u(x,\omega)\mathrm{d}x\right]\mathrm{d}\omega=\int_{-\infty}^{+\infty}u^*(x,\omega')F(x)\mathrm{d}x \tag{5}$$

其中

$$\int_{-\infty}^{+\infty}u^*(x,\omega')u(x,\omega)\mathrm{d}x=\delta(\omega-\omega') \tag{6}$$

将式(6)代入式(5)中，得

$$C(\omega')(\omega'-\omega_0)=\int_{-\infty}^{+\infty}u^*(x,\omega')F(x)\mathrm{d}x$$

或

$$C(\omega)=\frac{1}{\omega-\omega_0}\int_{-\infty}^{+\infty}u^*(x,\omega)F(x)\mathrm{d}x \tag{7}$$

其中不包括 $C(\omega_0)$. 无论 $C(\omega_0)$ 取何值，它对 $F(x)$ 均没有贡献. 这是因为

$$(\hat{H}-\omega_0)u(x,\omega_0)=(\omega_0-\omega_0)u(x,\omega_0)=0$$

故可令 $C(\omega_0)=0$. 将式(7)代入式(3)得 $V(x)$.

2.19　定义平移算符 $U_x(a)$，它对波函数 $\psi(x)$ 的作用是

$$U_x(a)\psi(x)=\psi(x-a)$$

其中 a 为实数. (1)证明 $U_x(a)=\mathrm{e}^{-\mathrm{i}a\hat{p}_x/\hbar}$；(2)证明 $U_x(a)$ 为幺正算符.

证
$$U_x(a)\psi(x)=\psi(x-a)=\sum_{n=0}^{\infty}\frac{(-a)^n}{n!}\frac{\mathrm{d}^n}{\mathrm{d}x^n}\psi(x)$$
$$=\sum_{n=0}^{\infty}\frac{1}{n!}\left(\frac{-\mathrm{i}a\hat{p}_x}{\hbar}\right)^n\psi(x)=\mathrm{e}^{-\mathrm{i}a\hat{p}_x/\hbar}\psi(x)$$

因 $\psi(x)$ 是任意的波函数，故 $U_x(a)=\mathrm{e}^{-\mathrm{i}a\hat{p}_x/\hbar}$.

$$U_x^+(a)=\left(\mathrm{e}^{-\mathrm{i}a\hat{p}_x/\hbar}\right)^+=\left[\sum_{n=0}^{\infty}\frac{1}{n!}\left(\frac{-\mathrm{i}a\hat{p}_x}{\hbar}\right)^n\right]^+=\sum_{n=0}^{\infty}\frac{1}{n!}\left(\frac{\mathrm{i}a\hat{p}_x}{\hbar}\right)^n=\mathrm{e}^{\mathrm{i}a\hat{p}_x/\hbar}$$

因 $U_x^+(a)U_x(a)=U_x(a)U_x^+(a)=1$，故 $U_x(a)$ 为幺正算符.

2.20　一维谐振子处于定态 ψ_n，计算 $\Delta x\Delta p$，检验测不准关系.

解　利用公式

$$x\psi_n=\frac{1}{\alpha}\left(\sqrt{\frac{n}{2}}\psi_{n-1}+\sqrt{\frac{n+1}{2}}\psi_{n+1}\right),\ \frac{\mathrm{d}\psi_n}{\mathrm{d}x}=\alpha\left(\sqrt{\frac{n}{2}}\psi_{n-1}-\sqrt{\frac{n+1}{2}}\psi_{n+1}\right)$$

算出

$$\overline{x}=\int\psi_n^* x\psi_n\mathrm{d}x=0,\ \overline{p}=-\mathrm{i}\hbar\int\psi_n^*\frac{\mathrm{d}\psi_n}{\mathrm{d}x}\mathrm{d}x=0$$

$$\begin{aligned}\overline{x^2}&=\int\psi_n^* x^2\psi_n\mathrm{d}x=\int(x\psi_n)^* x\psi_n\mathrm{d}x\\&=\frac{1}{\alpha^2}\int\left(\sqrt{\frac{n}{2}}\psi_{n-1}+\sqrt{\frac{n+1}{2}}\psi_{n+1}\right)^*\left(\sqrt{\frac{n}{2}}\psi_{n-1}+\sqrt{\frac{n+1}{2}}\psi_{n+1}\right)\mathrm{d}x\\&=\frac{1}{\alpha^2}\left(n+\frac{1}{2}\right)\end{aligned}$$

$$\begin{aligned}\overline{p^2}&=\int\psi_n^*\hat{p}^2\psi_n\mathrm{d}x=\int(\hat{p}\psi_n)^*\hat{p}\psi_n\mathrm{d}x=\hbar^2\int\left(\frac{\mathrm{d}\psi_n}{\mathrm{d}x}\right)^*\left(\frac{\mathrm{d}\psi_n}{\mathrm{d}x}\right)\mathrm{d}x\\&=\hbar^2\alpha^2\int\left(\sqrt{\frac{n}{2}}\psi_{n-1}-\sqrt{\frac{n+1}{2}}\psi_{n+1}\right)^*\left(\sqrt{\frac{n}{2}}\psi_{n-1}-\sqrt{\frac{n+1}{2}}\psi_{n+1}\right)\mathrm{d}x\\&=\hbar^2\alpha^2\left(n+\frac{1}{2}\right)\end{aligned}$$

$$\Delta x=\sqrt{\overline{x^2}-(\overline{x})^2}=\frac{1}{\alpha}\sqrt{n+\frac{1}{2}},\qquad\Delta p=\sqrt{\overline{p^2}-(\overline{p})^2}=\hbar\alpha\sqrt{n+\frac{1}{2}}$$

$$\Delta x\Delta p=\left(n+\frac{1}{2}\right)\hbar$$

上式符合测不准关系 $\Delta x\Delta p\geqslant\hbar/2$.

计算 $\overline{x^2}$ 与 $\overline{p^2}$ 还可以利用维里定理或 F-H 定理.

(1) 维里定理

$V=\mu\omega^2x^2/2$ 是 x 的二次齐次函数, 根据维里定理,

$$\overline{(T)_n}=\overline{(V)_n}\quad 或\quad \frac{1}{2\mu}\overline{p^2}=\frac{1}{2}\mu\omega^2\overline{x^2}$$

已知定态能量

$$E_n=\frac{1}{2\mu}\overline{p^2}+\frac{1}{2}\mu\omega^2\overline{x^2}=\left(n+\frac{1}{2}\right)\hbar\omega$$

由以上两式解得

$$\overline{x^2}=\frac{1}{\alpha^2}\left(n+\frac{1}{2}\right),\ \overline{p^2}=\hbar^2\alpha^2\left(n+\frac{1}{2}\right)$$

(2) F-H 定理

选取谐振子哈密顿量 $\hat{H}=-\frac{\hbar^2}{2\mu}\frac{\mathrm{d}^2}{\mathrm{d}x^2}+\frac{1}{2}\mu\omega^2x^2$ 中的 ω 作为参数, 将

$$\frac{\partial E_n}{\partial\omega}=\left(n+\frac{1}{2}\right)\hbar,\ \frac{\partial\hat{H}}{\partial\omega}=\mu\omega x^2$$

代入 F-H 定理

$$\frac{\partial E_n}{\partial\omega}=\overline{\left(\frac{\partial\hat{H}}{\partial\omega}\right)_n}\quad\rightarrow\quad\overline{x^2}=\frac{1}{\alpha^2}\left(n+\frac{1}{2}\right)$$

再由 $\frac{1}{2\mu}\overline{p^2}+\frac{1}{2}\mu\omega^2\overline{x^2}=\left(n+\frac{1}{2}\right)\hbar\omega$, 算出 $\overline{p^2}=\hbar^2\alpha^2\left(n+\frac{1}{2}\right)$. 也可以选取 $\hat{H}$ 中的 $\hbar$ 作为参数, 由 $\frac{\partial E_n}{\partial\hbar}=\overline{\left(\frac{\partial\hat{H}}{\partial\hbar}\right)_n}$ 来计算 $\overline{x^2}$ 与 $\overline{p^2}$.

2.21　$t=0$ 时一维自由运动粒子的归一化波函数为

$$\psi(x,0)=(2\pi a^2)^{-1/4}\exp\left[\mathrm{i}k_0(x-x_0)-\frac{(x-x_0)^2}{(2a)^2}\right]\tag{1}$$

其中 a, k_0 与 x_0 均为正实数. (1) 求 $t=0$ 时粒子的坐标概率分布函数与坐标分布

宽度 $\Delta x=\sqrt{\overline{x^2}-(\overline{x})^2}$；(2) 求 $t=0$ 时粒子的动量概率分布函数与动量分布宽度 $\Delta p=\sqrt{\overline{p^2}-(\overline{p})^2}$，并检验坐标与动量的测不准关系；(3) 求 $t>0$ 时粒子的波函数 $\psi(x,t)$，坐标 x 的平均值 $\overline{x(t)}$ 及坐标的概率分布函数；(4) 求 $t>0$ 时粒子动量的平均值 $\overline{p(t)}$ 及动量的概率分布函数.

解　(1) $t=0$ 时粒子的坐标概率分布函数

$$|\psi(x,0)|^2=\frac{1}{(2\pi a^2)^{1/2}}\mathrm{e}^{-(x-x_0)^2/(\sqrt{2}a)^2} \tag{2}$$

$$\overline{x}=\int_{-\infty}^{+\infty}|\psi(x,0)|^2 x\mathrm{d}x=\frac{1}{(2\pi a^2)^{1/2}}\int_{-\infty}^{+\infty}x\mathrm{e}^{-(x-x_0)^2/(\sqrt{2}a)^2}\mathrm{d}x=x_0 \tag{3}$$

$$\overline{x^2}=\int_{-\infty}^{+\infty}|\psi(x,0)|^2 x^2\mathrm{d}x=\frac{1}{(2\pi a^2)^{1/2}}\int_{-\infty}^{+\infty}x^2\mathrm{e}^{-(x-x_0)^2/(\sqrt{2}a)^2}\mathrm{d}x=a^2+x_0^2 \tag{4}$$

$$\Delta x=\sqrt{\overline{x^2}-(\overline{x})^2}=a \tag{5}$$

(2) 波函数的傅里叶变换公式为

$$\psi(x,0)=\frac{1}{(2\pi\hbar)^{1/2}}\int_{-\infty}^{+\infty}\varphi(p)\mathrm{e}^{\mathrm{i}px/\hbar}\mathrm{d}p \tag{6}$$

$$\varphi(p)=\frac{1}{(2\pi\hbar)^{1/2}}\int_{-\infty}^{+\infty}\psi(x,0)\mathrm{e}^{-\mathrm{i}px/\hbar}\mathrm{d}x \tag{7}$$

令 $k_0=p_0/\hbar$，将式(1)代入式(7)，

$$\begin{aligned}\varphi(p)&=\frac{1}{(2\pi\hbar)^{1/2}}\frac{1}{(2\pi a^2)^{1/4}}\int_{-\infty}^{+\infty}\mathrm{e}^{\left[\frac{\mathrm{i}p_0(x-x_0)}{\hbar}-\left(\frac{x-x_0}{2a}\right)^2\right]}\mathrm{e}^{-\mathrm{i}px/\hbar}\mathrm{d}x\\&=\frac{\mathrm{e}^{-\mathrm{i}px_0/\hbar}}{(a\hbar)^{1/2}(2\pi)^{3/4}}\int_{-\infty}^{+\infty}\mathrm{e}^{\left[-\left(\frac{x-x_0}{2a}\right)^2-\frac{\mathrm{i}(p-p_0)(x-x_0)}{\hbar}\right]}\mathrm{d}x\end{aligned} \tag{8}$$

令 $y=x-x_0$，上式中的积分

$$\begin{aligned}\int_{-\infty}^{+\infty}\mathrm{e}^{\left[-\left(\frac{x-x_0}{2a}\right)^2-\frac{\mathrm{i}(p-p_0)(x-x_0)}{\hbar}\right]}\mathrm{d}x&=\int_{-\infty}^{+\infty}\mathrm{e}^{-\frac{1}{(2a)^2}\left[y^2+\frac{4a^2\mathrm{i}(p-p_0)}{\hbar}y\right]}\mathrm{d}y\\&=\mathrm{e}^{-a^2(p-p_0)^2/\hbar^2}\int_{-\infty}^{+\infty}\mathrm{e}^{-\frac{1}{(2a)^2}\left[y+\frac{2a^2(p-p_0)\mathrm{i}}{\hbar}\right]^2}\mathrm{d}y\\&=2a\sqrt{\pi}\mathrm{e}^{-a^2(p-p_0)^2/\hbar^2}\end{aligned} \tag{9}$$

将式(9)代入式(8),

$$\varphi(p)=\left(\frac{2a^2}{\pi\hbar^2}\right)^{1/4}\mathrm{e}^{\left[-\frac{\mathrm{i}px_0}{\hbar}-\frac{a^2(p-p_0)^2}{\hbar^2}\right]} \tag{10}$$

$t=0$ 时粒子的动量概率分布函数

$$|\varphi(p)|^2=\frac{a}{\hbar}\sqrt{\frac{2}{\pi}}\mathrm{e}^{-2a^2(p-p_0)^2/\hbar^2} \tag{11}$$

$$\overline{p}=\int_{-\infty}^{+\infty}|\varphi(p)|^2\,p\mathrm{d}p=\frac{a}{\hbar}\sqrt{\frac{2}{\pi}}\int_{-\infty}^{+\infty}\mathrm{e}^{-2a^2(p-p_0)^2/\hbar^2}\,p\mathrm{d}p=p_0 \tag{12}$$

$$\overline{p^2}=\int_{-\infty}^{+\infty}|\varphi(p)|^2\,p^2\mathrm{d}p=\frac{a}{\hbar}\sqrt{\frac{2}{\pi}}\int_{-\infty}^{+\infty}\mathrm{e}^{-2a^2(p-p_0)^2/\hbar^2}\,p^2\mathrm{d}p=\frac{\hbar^2}{4a^2}+p_0^2 \tag{13}$$

$$\Delta p=\sqrt{\overline{p^2}-(\overline{p})^2}=\frac{\hbar}{2a} \tag{14}$$

$$\Delta x\Delta p=\frac{\hbar}{2} \tag{15}$$

式(15)符合测不准关系式 $\Delta x\Delta p\geqslant\hbar/2$.

(3) 由式(6)可得任意 t 时波函数的表达式

$$\psi(x,t)=\frac{1}{(2\pi\hbar)^{1/2}}\int_{-\infty}^{+\infty}\varphi(p)\mathrm{e}^{\mathrm{i}px/\hbar}\mathrm{e}^{-\mathrm{i}p^2t/2\mu\hbar}\mathrm{d}p \tag{16}$$

将式(10)代入式(16),

$$\begin{aligned}
\psi(x,t)&=\frac{1}{(2\pi\hbar)^{1/2}}\left(\frac{2a^2}{\pi\hbar^2}\right)^{1/4}\int_{-\infty}^{+\infty}\exp\left[-\frac{a^2(p-p_0)^2}{\hbar^2}+\mathrm{i}\frac{p(x-x_0)}{\hbar}-\mathrm{i}\frac{p^2t}{2\mu\hbar}\right]\mathrm{d}p\\
&=\left(\frac{a}{\pi\hbar^2}\right)^{1/2}\left(\frac{1}{2\pi}\right)^{1/4}\exp\left[\frac{\mathrm{i}p_0}{\hbar}\left(x-x_0-\frac{p_0t}{2\mu}\right)\right]\\
&\quad\times\int_{-\infty}^{+\infty}\exp\left[-\left(\frac{a^2}{\hbar^2}+\frac{\mathrm{i}t}{2\mu\hbar}\right)(p-p_0)^2+\frac{\mathrm{i}}{\hbar}\left(x-x_0-\frac{p_0t}{\mu}\right)(p-p_0)\right]\mathrm{d}p\\
&=\left(\frac{a}{\pi\hbar^2}\right)^{1/2}\left(\frac{1}{2\pi}\right)^{1/4}\exp\left[\frac{\mathrm{i}p_0}{\hbar}\left(x-x_0-\frac{p_0t}{2\mu}\right)\right]\\
&\quad\times\int_{-\infty}^{+\infty}\exp\left[-\alpha(p-p_0-\beta)^2-\gamma\right]\mathrm{d}p
\end{aligned} \tag{17}$$

其中 α,β与γ 不含积分变量 p：

$$\alpha = \frac{a^2}{\hbar^2} + \mathrm{i}\frac{t}{2\mu\hbar}, \quad \beta = \frac{x - x_0 - \dfrac{p_0 t}{\mu}}{\dfrac{t}{\mu} - \mathrm{i}\dfrac{2a^2}{\hbar}} \tag{18}$$

$$\gamma = \frac{\left(x - x_0 - \dfrac{p_0 t}{\mu}\right)^2}{4\left(a^2 + \dfrac{\mathrm{i}t\hbar}{2\mu}\right)} = \frac{\left(x - x_0 - \dfrac{p_0 t}{\mu}\right)^2\left(1 - \dfrac{\mathrm{i}t\hbar}{2\mu a^2}\right)}{4\left[a^2 + \left(\dfrac{t\hbar}{2\mu a}\right)^2\right]} \tag{19}$$

式(17)中的积分

$$\int_{-\infty}^{+\infty} \exp\left[-\alpha(p - p_0 - \beta)^2 - \gamma\right]\mathrm{d}p = \sqrt{\frac{\pi}{\alpha}}\mathrm{e}^{-\gamma}$$

$$= \sqrt{\frac{\pi}{\dfrac{a^2}{\hbar^2} + \mathrm{i}\dfrac{t}{2\mu\hbar}}}\exp\left\{-\frac{\left(x - x_0 - \dfrac{p_0 t}{\mu}\right)^2\left(1 - \dfrac{\mathrm{i}t\hbar}{2\mu a^2}\right)}{4\left[a^2 + \left(\dfrac{t\hbar}{2\mu a}\right)^2\right]}\right\} \tag{20}$$

将式(20)代入式(17),

$$\psi(x,t) = \left(a + \mathrm{i}\frac{t\hbar}{2\mu a}\right)^{-1/2}\left(\frac{1}{2\pi}\right)^{1/4}\exp\left[\frac{\mathrm{i}p_0}{\hbar}\left(x - x_0 - \frac{p_0 t}{2\mu}\right)\right]$$
$$\times\exp\left\{-\frac{\left(x - x_0 - \dfrac{p_0 t}{\mu}\right)^2\left(1 - \dfrac{\mathrm{i}t\hbar}{2\mu a^2}\right)}{4\left[a^2 + \left(\dfrac{t\hbar}{2\mu a}\right)^2\right]}\right\} \tag{21}$$

$t > 0$ 时粒子的坐标概率分布函数为

$$|\psi(x,t)|^2 = \frac{1}{\sqrt{2\pi[a^2 + (t\hbar/2\mu a)^2]}}\exp\left\{-\frac{(x - x_0 - v_0 t)^2}{2\left[a^2 + (t\hbar/2\mu a)^2\right]}\right\} \tag{22}$$

其中 $v_0 = p_0/\mu$. 由式(22)可以算出 $t > 0$ 时粒子坐标的平均值

$$\overline{x(t)} = \int_{-\infty}^{+\infty}|\psi(x,t)|^2 x\mathrm{d}x = x_0 + v_0 t \tag{23}$$

(4) 由于动量守恒, 粒子在 $t>0$ 时的动量平均值以及动量概率分布函数同 $t=0$ 时的值[见式(12)与(11)]相同：

$$\overline{p(t)}=p_0,\ |\varphi(p,t)|^2=\frac{a}{\hbar}\sqrt{\frac{2}{\pi}}\mathrm{e}^{-2a^2(p-p_0)^2/\hbar^2}$$

2.22　已知束缚态波函数为 $\psi(x)$, 求动量 p 与动能 $T=p^2/2\mu$ 的概率分布函数的表达式. 对一维谐振子基态, 波函数为 $\psi(x)=\sqrt{\frac{\alpha}{\sqrt{\pi}}}\mathrm{e}^{-\alpha^2x^2/2}$, $\alpha=\sqrt{\mu\omega/\hbar}$. 算出动量 p 与动能 T 的概率分布函数, 并算出动能平均值.

解　动量的概率分布函数为

$$|\varphi(p)|^2=\left|\frac{1}{\sqrt{2\pi\hbar}}\int_{-\infty}^{+\infty}\mathrm{e}^{-\mathrm{i}px/\hbar}\psi(x)\mathrm{d}x\right|^2 \tag{1}$$

设动能 T 的概率分布函数为 $F(T)$,

$$F(T)\mathrm{d}T=2|\varphi(p)|^2\,\mathrm{d}p \tag{2}$$

因 $p=\pm p_0$ 的 T 相同, 且 $|\varphi(-p)|^2=|\varphi(p)|^2$, 故在式(2)中出现 2 的因子.

$$T=\frac{p^2}{2\mu},\ \mathrm{d}T=\frac{p}{\mu}\mathrm{d}p=\frac{\sqrt{2\mu T}}{\mu}\mathrm{d}p \tag{3}$$

将式(3)代入式(2), 得动能 T 的概率分布函数的表达式：

$$F(T)=\sqrt{\frac{2\mu}{T}}\left|\varphi(p=\sqrt{2\mu T})\right|^2 \tag{4}$$

其中 $|\varphi(p)|^2$ 由式(1)确定. 对一维谐振子基态,

$$\begin{aligned}\varphi(p)&=\frac{1}{\sqrt{2\pi\hbar}}\int_{-\infty}^{+\infty}\mathrm{e}^{-\mathrm{i}px/\hbar}\psi(x)\mathrm{d}x=\frac{1}{\sqrt{2\pi\hbar}}\sqrt{\frac{\alpha}{\sqrt{\pi}}}\int_{-\infty}^{+\infty}\mathrm{e}^{-\mathrm{i}px/\hbar}\mathrm{e}^{-\alpha^2x^2/2}\mathrm{d}x\\&=\sqrt{\frac{\alpha}{2\pi\sqrt{\pi}\hbar}}\mathrm{e}^{-p^2/2\alpha^2\hbar^2}\int_{-\infty}^{+\infty}\mathrm{e}^{-\frac{\alpha^2}{2}\left(x+\frac{\mathrm{i}p}{\alpha^2\hbar}\right)^2}\mathrm{d}x\\&=\sqrt{\frac{\alpha}{2\pi\sqrt{\pi}\hbar}}\mathrm{e}^{-p^2/2\alpha^2\hbar^2}\int_{-\infty}^{+\infty}\mathrm{e}^{-\alpha^2t^2/2}\mathrm{d}t\\&=\sqrt{\frac{1}{\sqrt{\pi}\hbar\alpha}}\mathrm{e}^{-p^2/2\alpha^2\hbar^2}\end{aligned} \tag{5}$$

动量 p 的概率分布函数

$$|\varphi(p)|^2 = \frac{1}{\sqrt{\pi}\hbar\alpha} e^{-p^2/\alpha^2\hbar^2} \tag{6}$$

将式(6)代入式(4), 得动能 T 的概率分布函数

$$F(T) = \sqrt{\frac{2\mu}{\pi\hbar^2\alpha^2}} \frac{e^{-2\mu T/\hbar^2\alpha^2}}{\sqrt{T}} \tag{7}$$

$$\overline{T} = \int_0^\infty F(T)T\mathrm{d}T = \sqrt{\frac{2\mu}{\pi\hbar^2\alpha^2}} \int_0^\infty e^{-2\mu T/\hbar^2\alpha^2} \sqrt{T}\mathrm{d}T$$

$$= 2\sqrt{\frac{2\mu}{\pi\hbar^2\alpha^2}} \int_0^\infty e^{-2\mu t^2/\hbar^2\alpha^2} t^2 \mathrm{d}t = \frac{\hbar^2\alpha^2}{4\mu} = \frac{\hbar\omega}{4} \tag{8}$$

2.23　一维谐振子能量的本征值与本征函数为

$$E_n = \left(n + \frac{1}{2}\right)\hbar\omega, \ \psi_n(x) = N_n e^{-\alpha^2x^2/2} H_n(\alpha x) \tag{1}$$

$$N_n = \sqrt{\frac{\alpha}{\sqrt{\pi}2^n n!}}, \ \alpha = \sqrt{\frac{\mu\omega}{\hbar}}, \ n = 0,1,2,\cdots \tag{2}$$

(1) 由厄米多项式 $H_n(z)$ 的递推关系

$$zH_n(z) = \frac{1}{2}H_{n+1}(z) + nH_{n-1}(z) \tag{3}$$

$$H_n'(z) = 2nH_{n-1}(z) \tag{4}$$

导出 $x\psi_n(x)$ 和 $\mathrm{d}\psi_n(x)/\mathrm{d}x$ 满足的递推关系. (2) 求出 $\psi_n(x)$ 态上坐标和动量的平均值 $\overline{x}$ 和 $\overline{p}$. (3) 证明谐振子零点能 $E_0 = \frac{\hbar\omega}{2}$ 是测不准关系 $\Delta x \Delta p \geqslant \frac{\hbar}{2}$ 的直接结果. (4) 求出 $\psi_n(x)$ 态上动能与势能的平均值 $\overline{T}$ 和 $\overline{V}$, 并找出它们之间的关系.

解　(1) 令 $z = \alpha x$, 式(3)变为

$$\alpha x H_n(\alpha x) = \frac{1}{2}H_{n+1}(\alpha x) + nH_{n-1}(\alpha x) \tag{5}$$

利用式(1)与(5), 计算下式:

$$x\psi_n(x) = \frac{N_n}{\alpha} e^{-\alpha^2x^2/2} \alpha x H_n(\alpha x)$$

$$= \frac{N_n}{\alpha} e^{-\alpha^2x^2/2} \left[\frac{1}{2}H_{n+1}(\alpha x) + nH_{n-1}(\alpha x)\right] \tag{6}$$

由 N_n 的表达式(2), 可得 N_n, N_{n+1} 与 N_{n-1} 之间的关系式

$$N_n = \sqrt{2(n+1)}N_{n+1} = \frac{N_{n-1}}{\sqrt{2n}} \tag{7}$$

将式(7)代入式(6)得

$$x\psi_n(x) = \frac{1}{\alpha}\left[\sqrt{\frac{n+1}{2}}\psi_{n+1}(x) + \sqrt{\frac{n}{2}}\psi_{n-1}(x)\right] \tag{8}$$

根据式(1),

$$\frac{\mathrm{d}\psi_n(x)}{\mathrm{d}x} = N_n \mathrm{e}^{-\alpha^2x^2/2}\alpha H_n'(\alpha x) - N_n \mathrm{e}^{-\alpha^2x^2/2}\alpha^2 x H_n(\alpha x) \tag{9}$$

利用式(4), (5)与(7), 式(9)变为

$$\begin{aligned}\frac{\mathrm{d}\psi_n(x)}{\mathrm{d}x} &= \alpha\left[N_n \mathrm{e}^{-\alpha^2x^2/2} nH_{n-1}(\alpha x) - \frac{N_n}{2}\mathrm{e}^{-\alpha^2x^2/2}H_{n+1}(\alpha x)\right] \\ &= \alpha\left[\sqrt{\frac{n}{2}}\psi_{n-1}(x) - \sqrt{\frac{n+1}{2}}\psi_{n+1}(x)\right]\end{aligned} \tag{10}$$

(2) 利用式(8)与(10), 可以算出

$$\overline{x} = \int \psi_n^*(x) x \psi_n(x) \mathrm{d}x = 0 \tag{11}$$

$$\overline{p} = -\mathrm{i}\hbar \int \psi_n^*(x) \frac{\mathrm{d}\psi_n(x)}{\mathrm{d}x}\mathrm{d}x = 0 \tag{12}$$

(3) 由于 $\overline{x} = \overline{p} = 0$,

$$(\Delta x)^2 = \overline{x^2} - (\overline{x})^2 = \overline{x^2} \tag{13}$$

$$(\Delta p)^2 = \overline{p^2} - (\overline{p})^2 = \overline{p^2} \tag{14}$$

利用式(13)与(14),

$$E = \overline{H} = \frac{1}{2\mu}\overline{p^2} + \frac{1}{2}\mu\omega^2\overline{x^2} = \frac{(\Delta p)^2}{2\mu} + \frac{1}{2}\mu\omega^2(\Delta x)^2 \tag{15}$$

令

$$A = \sqrt{\frac{(\Delta p)^2}{2\mu}},\ B = \sqrt{\frac{1}{2}\mu\omega^2(\Delta x)^2} \tag{16}$$

由式(15)得

$$E = A^2 + B^2 \geqslant 2AB = \omega \Delta x \Delta p \tag{17}$$

将测不准关系式 $\Delta x \Delta p \geqslant \dfrac{\hbar}{2}$ 代入, 得

$$E \geqslant \frac{1}{2}\hbar\omega \tag{18}$$

可见谐振子的零点能 $E_0 = \hbar\omega/2$ 是测不准关系的直接结果.

(4) 动能平均值

$$\begin{aligned}\overline{T} &= \frac{1}{2\mu}\int \psi_n^* \hat{p}^2 \psi_n \mathrm{d}x = \frac{1}{2\mu}\int (\hat{p}\psi_n)^* \hat{p}\psi_n \mathrm{d}x \\ &= \frac{\hbar^2}{2\mu}\int \left(\frac{\mathrm{d}\psi_n}{\mathrm{d}x}\right)^* \frac{\mathrm{d}\psi_n}{\mathrm{d}x}\mathrm{d}x\end{aligned} \tag{19}$$

将式(10)代入式(19), 得

$$\overline{T} = \frac{1}{2}\left(n + \frac{1}{2}\right)\hbar\omega \tag{20}$$

类似地, 利用式(8)可以算出

$$\begin{aligned}\overline{V} &= \frac{1}{2}\mu\omega^2 \int \psi_n^* x^2 \psi_n \mathrm{d}x = \frac{1}{2}\mu\omega^2 \int (x\psi_n)^* x\psi_n \mathrm{d}x \\ &= \frac{1}{2}\left(n + \frac{1}{2}\right)\hbar\omega\end{aligned} \tag{21}$$

由式(20)与(21)看出, $\overline{T} = \overline{V}$.

2.24　质量为 μ 的粒子在外场作用下作一维运动 $(-\infty < x < +\infty)$. 已知当其处于束缚态 $\psi_1(x)$ 时, 动能平均值等于 E_1, 并已知 $\psi_1(x)$ 是实函数. 试求当粒子处于态 $\psi_2(x) = \psi_1(x)\mathrm{e}^{\mathrm{i}kx}$ (k 为实数)时动量平均值 $\overline{p}$ 与动能平均值 $\overline{T}$.

解　设 $\psi_1(x)$ 是归一化的, 显然 $\psi_2(x)$ 也是归一化的.

$$\overline{p} = \int \psi_2^* \hat{p} \psi_2 \mathrm{d}x \tag{1}$$

其中

$$\begin{aligned}\hat{p}\psi_2 &= -\mathrm{i}\hbar \frac{\mathrm{d}}{\mathrm{d}x}\left[\psi_1(x)\mathrm{e}^{\mathrm{i}kx}\right] = -\mathrm{i}\hbar\left[\frac{\mathrm{d}\psi_1(x)}{\mathrm{d}x}\mathrm{e}^{\mathrm{i}kx} + \mathrm{i}k\psi_1(x)\mathrm{e}^{\mathrm{i}kx}\right] \\ &= \left[\hat{p}\psi_1(x)\right]\mathrm{e}^{\mathrm{i}kx} + \hbar k\psi_1(x)\mathrm{e}^{\mathrm{i}kx}\end{aligned} \tag{2}$$

将式(2)代入式(1), 并考虑到束缚态 ψ_1 上动量平均值 $\overline{p} = 0$,

$$\overline{p} = \int \psi_1^* \hat{p}\psi_1 \mathrm{d}x + \hbar k \int \psi_1^* \psi_1 \mathrm{d}x = \hbar k \tag{3}$$

$$\overline{T} = \frac{1}{2\mu}\int \psi_2^* \hat{p}^2 \psi_2 \mathrm{d}x = \frac{1}{2\mu}\int (\hat{p}\psi_2)^* \hat{p}\psi_2 \mathrm{d}x \tag{4}$$

将式(2)代入式(4),

$$\overline{T}=\frac{1}{2\mu}\left[\int(\hat{p}\psi_1)^*\hat{p}\psi_1\mathrm{d}x+(\hbar k)^2+\hbar k\int(\hat{p}\psi_1)^*\psi_1\mathrm{d}x+\hbar k\int\psi_1^*\hat{p}\psi_1\mathrm{d}x\right] \tag{5}$$

其中

$$\int(\hat{p}\psi_1)^*\hat{p}\psi_1\mathrm{d}x=\int\psi_1^*\hat{p}^2\psi_1\mathrm{d}x \tag{6}$$

$$\int(\hat{p}\psi_1)^*\psi_1\mathrm{d}x=\int\psi_1^*\hat{p}\psi_1\mathrm{d}x=0 \tag{7}$$

将式(6)与(7)代入式(5), 得

$$\overline{T}=\int\psi_1^*\frac{\hat{p}^2}{2\mu}\psi_1\mathrm{d}x+\frac{\hbar^2k^2}{2\mu}=E_1+\frac{\hbar^2k^2}{2\mu} \tag{8}$$

2.25　一维谐振子哈密顿算符(取 $\hbar=\mu=\omega=1$)为

$$\hat{H}=\frac{1}{2}(x^2+\hat{p}^2) \tag{1}$$

其本征值与本征函数为 E_n 与 $\psi_n(x)$. 已知 $\psi_n(x)$ 为实函数, 宇称为 $(-1)^n$. 请写出 E_n 的具体形式. 已知 t=0 时谐振子的波函数为

$$\psi(0)=\frac{1}{2}\left(\sqrt{2}\psi_0+\psi_1+\psi_2\right) \tag{2}$$

求任意 t 时刻 x 与 $\hat{p}$ 的平均值 $\overline{x(t)}$ 与 $\overline{p(t)}$.

解

$$E_n=\left(n+\frac{1}{2}\right) \tag{3}$$

$$\psi(t)=\frac{1}{2}\left(\sqrt{2}\mathrm{e}^{-\mathrm{i}t/2}\psi_0+\mathrm{e}^{-\mathrm{i}3t/2}\psi_1+\mathrm{e}^{-\mathrm{i}5t/2}\psi_2\right) \tag{4}$$

$$\overline{x(t)}=\int\psi^*(t)x\psi(t)\mathrm{d}x \tag{5}$$

将式(4)代入式(5), 去掉被积函数为奇宇称的积分,

$$\overline{x(t)}=\frac{1}{4}\left(\sqrt{2}\mathrm{e}^{-\mathrm{i}t}\int\psi_0^*x\psi_1\mathrm{d}x+\sqrt{2}\mathrm{e}^{\mathrm{i}t}\int\psi_1^*x\psi_0\mathrm{d}x+\mathrm{e}^{-\mathrm{i}t}\int\psi_1^*x\psi_2\mathrm{d}x+\mathrm{e}^{\mathrm{i}t}\int\psi_2^*x\psi_1\mathrm{d}x\right) \tag{6}$$

利用公式

$$x\psi_n(x)=\sqrt{\frac{n+1}{2}}\psi_{n+1}+\sqrt{\frac{n}{2}}\psi_{n-1},\quad \alpha=\sqrt{\frac{\mu\omega}{\hbar}}=1 \tag{7}$$

算出

$$\int \psi_0^* x \psi_1 \mathrm{d}x = \frac{1}{\sqrt{2}}, \ \int \psi_1^* x \psi_0 \mathrm{d}x = \frac{1}{\sqrt{2}}, \ \int \psi_1^* x \psi_2 \mathrm{d}x = 1, \ \int \psi_2^* x \psi_1 \mathrm{d}x = 1$$

将上式代入式(6), 得

$$\overline{x(t)} = \frac{1}{2}(\mathrm{e}^{\mathrm{i}t} + \mathrm{e}^{-\mathrm{i}t}) = \cos t \tag{8}$$

类似地,

$$\overline{p(t)} = -\mathrm{i}\int \psi^*(t) \frac{\mathrm{d}}{\mathrm{d}x} \psi(t) \mathrm{d}x \tag{9}$$

将式(4)代入式(9), 去掉被积函数为奇宇称的积分,

$$\begin{aligned} \overline{p(t)} = -\frac{\mathrm{i}}{4}\Bigg(& \sqrt{2}\mathrm{e}^{-\mathrm{i}t} \int \psi_0^* \frac{\mathrm{d}\psi_1}{\mathrm{d}x} \mathrm{d}x + \sqrt{2}\mathrm{e}^{\mathrm{i}t} \int \psi_1^* \frac{\mathrm{d}\psi_0}{\mathrm{d}x} \mathrm{d}x \\ & + \mathrm{e}^{-\mathrm{i}t} \int \psi_1^* \frac{\mathrm{d}\psi_2}{\mathrm{d}x} \mathrm{d}x + \mathrm{e}^{\mathrm{i}t} \int \psi_2^* \frac{\mathrm{d}\psi_1}{\mathrm{d}x} \mathrm{d}x \Bigg) \end{aligned} \tag{10}$$

利用公式

$$\frac{\mathrm{d}\psi_n}{\mathrm{d}x} = \sqrt{\frac{n}{2}}\psi_{n-1} - \sqrt{\frac{n+1}{2}}\psi_{n+1} \tag{11}$$

可以算出

$$\int \psi_0^* \frac{\mathrm{d}\psi_1}{\mathrm{d}x} \mathrm{d}x = \frac{1}{\sqrt{2}}, \ \int \psi_1^* \frac{\mathrm{d}\psi_0}{\mathrm{d}x} \mathrm{d}x = -\frac{1}{\sqrt{2}}, \ \int \psi_1^* \frac{\mathrm{d}\psi_2}{\mathrm{d}x} \mathrm{d}x = 1, \ \int \psi_2^* \frac{\mathrm{d}\psi_1}{\mathrm{d}x} \mathrm{d}x = -1$$

将上式代入式(10), 得

$$\overline{p(t)} = \frac{\mathrm{i}}{2}(\mathrm{e}^{\mathrm{i}t} - \mathrm{e}^{-\mathrm{i}t}) = -\sin t$$

回到原单位制,

$$\overline{x(t)} = \sqrt{\frac{\hbar}{\mu\omega}} \cos\omega t, \ \overline{p(t)} = -\sqrt{\mu\omega\hbar} \sin\omega t$$

2.26 证明在宽度为 a 的一维无限深方势阱中的定态能量 $E > \hbar^2 / 2\mu a^2$.

证 取势阱中心为坐标原点,

$$V(x) = \begin{cases} 0, & |x| < a/2 \\ \infty, & |x| > a/2 \end{cases}$$

因 $V(-x) = V(x)$, 束缚定态有确定的宇称, $|\psi(x)|^2 x$ 为奇函数,

$$\overline{x}=\int_{-a/2}^{+a/2}|\psi(x)|^2\,x\mathrm{d}x=0$$

$$\overline{p}=-\mathrm{i}\hbar\int_{-a/2}^{+a/2}\psi^*(x)\frac{\mathrm{d}\psi(x)}{\mathrm{d}x}\mathrm{d}x=0$$

$$(\Delta x)^2=\overline{x^2}-(\overline{x})^2=\overline{x^2}<(a/2)^2$$

$$(\Delta p)^2=\overline{p^2}-(\overline{p})^2=\overline{p^2}$$

由上式得

$$E=\overline{H}=\frac{1}{2\mu}\overline{p^2}=\frac{1}{2\mu}(\Delta p)^2$$

根据测不准关系 $\Delta x\Delta p\geqslant\hbar/2$，或 $\Delta p\geqslant\hbar/(2\Delta x)$，便有

$$E=\frac{1}{2\mu}(\Delta p)^2\geqslant\frac{\hbar^2}{8\mu(\Delta x)^2}>\frac{\hbar^2}{2\mu a^2}$$

2.27　(1)如厄米算符 $\hat{A}$ 对任何态矢量 $|u\rangle$，有 $\langle u|\hat{A}|u\rangle\geqslant0$，则称 $\hat{A}$ 是正定算符. 求证算符 $\hat{A}=|a\rangle\langle a|$ 是厄米正定算符. (2) 如 $\hat{A}$ 是任一线性算符, 证明 $\hat{A}^+\hat{A}$ 是厄米正定算符, 它的迹等于 $\hat{A}$ 在任意表象中的矩阵元的模平方之和, 试推导, 当且仅当 $\hat{A}=0$ 时, $\mathrm{tr}(\hat{A}^+\hat{A})=0$ 才成立.

解 (1)

$$\hat{A}^+=(|a\rangle\langle a|)^+=\langle a|^+\,|a\rangle^+=|a\rangle\langle a|=\hat{A}\ (\text{厄米})$$

$$\langle u|\hat{A}|u\rangle=\langle u|a\rangle\langle a|u\rangle=|\langle a|u\rangle|^2\geqslant0\ (\text{正定})$$

(2)

$$(\hat{A}^+\hat{A})^+=\hat{A}^+(\hat{A}^+)^+=\hat{A}^+\hat{A}\ (\text{厄米})$$

$$\langle u|\hat{A}^+\hat{A}|u\rangle=\langle\phi|\phi\rangle\geqslant0\ (\text{正定，其中}\ |\phi\rangle=\hat{A}|u\rangle)$$

$$\mathrm{tr}(\hat{A}^+\hat{A})=\sum_n\langle n|\hat{A}^+\hat{A}|n\rangle=\sum_n\langle n|\hat{A}^+\sum_m|m\rangle\langle m|\hat{A}|n\rangle$$

$$=\sum_{nm}\langle n|\hat{A}^+|m\rangle\langle m|\hat{A}|n\rangle=\sum_{nm}|\langle m|\hat{A}|n\rangle|^2\geqslant0$$

显然, 只有当所有矩阵元 $\langle m|\hat{A}|n\rangle=0$ 时, 上式等号才成立, 这只能是 $\hat{A}=0$.

2.28　设归一化波函数 $|\psi\rangle$ 满足薛定谔方程 $\mathrm{i}\hbar\frac{\partial}{\partial t}|\psi\rangle=\hat{H}|\psi\rangle$. 定义密度算符(矩阵)为 $\rho=|\psi\rangle\langle\psi|$. (1)证明任意力学量 $\hat{F}$ 在 $|\psi\rangle$ 态中的平均值可表示为 $\mathrm{tr}(\hat{F}\rho)$；(2)求出 ρ 的本征值；(3)导出 ρ 随时间变化的方程.

解 (1) 取正交归一完备基$\{|n\rangle\}$，利用完备性公式$\sum\limits_n |n\rangle\langle n|=1$，

$$\bar{F}=\langle\psi|\hat{F}|\psi\rangle=\langle\psi|\sum_n|n\rangle\langle n|\hat{F}|\psi\rangle=\sum_n\langle n|\hat{F}|\psi\rangle\langle\psi|n\rangle$$

$$=\sum_n\langle n|\hat{F}\rho|n\rangle=\mathrm{tr}(\hat{F}\rho)$$

(2) 设ρ的本征值为λ，

$$\rho|\phi\rangle=\lambda|\phi\rangle,\ \rho^2=|\psi\rangle\langle\psi|\psi\rangle\langle\psi|=|\psi\rangle\langle\psi|=\rho$$
$$\rho^2|\phi\rangle=\lambda^2|\phi\rangle=\lambda|\phi\rangle,\ \lambda^2=\lambda,\ \lambda=0,1$$

(3) 由方程$\mathrm{i}\hbar\frac{\partial}{\partial t}|\psi\rangle=\hat{H}|\psi\rangle$，及其厄米共轭方程$-\mathrm{i}\hbar\frac{\partial}{\partial t}\langle\psi|=\langle\psi|\hat{H}$，可以求得$\rho$的方程：

$$\mathrm{i}\hbar\frac{\partial}{\partial t}\rho=\mathrm{i}\hbar\frac{\partial}{\partial t}\left(|\psi\rangle\langle\psi|\right)=\left(\mathrm{i}\hbar\frac{\partial}{\partial t}|\psi\rangle\right)\langle\psi|+|\psi\rangle\mathrm{i}\hbar\frac{\partial}{\partial t}\langle\psi|$$
$$=\hat{H}|\psi\rangle\langle\psi|-|\psi\rangle\langle\psi|\hat{H}=\left[\hat{H},\rho\right]$$

2.29 已知一量子体系，除了能量之外还包括另外三个可观察量$\hat{P},\hat{Q}$与$\hat{R}$. 设该体系只有两个能量本征态$|1\rangle$与$|2\rangle$，它们不一定是$\hat{P},\hat{Q}$与$\hat{R}$的本征态. 基于以下各组“实验数据”，尽可能多地定出$\hat{P},\hat{Q}$与$\hat{R}$的本征值(有一组数据是非物理的)：(1) $\langle 1|\hat{P}|1\rangle=1/2,\ \langle 1|\hat{P}^2|1\rangle=1/4$；(2) $\langle 1|\hat{Q}|1\rangle=1/2,\ \langle 1|\hat{Q}^2|1\rangle=1/6$；(3) $\langle 1|\hat{R}|1\rangle=1,$ $\langle 1|\hat{R}^2|1\rangle=5/4,\ \langle 1|\hat{R}^3|1\rangle=7/4$.

解 方法1：

(1) 从数据$\langle 1|\hat{P}|1\rangle=1/2,\langle 1|\hat{P}^2|1\rangle=1/4$看出，$|1\rangle$是$\hat{P}$的本征态，本征值$f_1=1/2$. $\hat{P}$的另一本征态应该是$|2\rangle$，但本征值f_2无法确定.

(2) 在任何态$|\psi\rangle$上，任一力学量$\hat{F}$的差方均值

$$\langle\psi|(\hat{F}-\bar{F})^2|\psi\rangle=\langle\psi|\hat{F}^2|\psi\rangle-\langle\psi|\hat{F}|\psi\rangle^2\geqslant 0$$

第二组数据不满足这个条件：

$$\langle 1|\hat{Q}^2|1\rangle-\langle 1|\hat{Q}|1\rangle^2=1/6-(1/2)^2<0$$

因此是非物理的，不能由这组数据得到有关$\hat{Q}$的任何信息.

(3) 设$\hat{R}$的本征值为λ_1与λ_2，在$|1\rangle$态上测量$\hat{R}$得值为λ_1与λ_2的概率分别为f_1与f_2. 由第三组数据得到以下公式：

$$\lambda_1 f_1 + \lambda_2 f_2 = 1,\ \lambda_1^2 f_1 + \lambda_2^2 f_2 = 5/4$$
$$\lambda_1^3 f_1 + \lambda_2^3 f_2 = 7/4,\ f_1 + f_2 = 1$$

由这 4 个方程解得

$$\lambda_1 = 1/2,\ \lambda_2 = 3/2,\ f_1 = f_2 = 1/2$$

方法 2:

(1) 因为 $\langle 1|\hat{P}|1\rangle = 1/2$，令 α 与 β 为待定常数,

$$\hat{P}|1\rangle = \frac{1}{2}|1\rangle + \alpha|2\rangle,\ \langle 2|\hat{P}|1\rangle = \alpha,\ \langle 1|\hat{P}|2\rangle = \alpha^*$$

$$\hat{P}|2\rangle = \alpha^*|1\rangle + \beta|2\rangle$$

$$\hat{P}^2|1\rangle = \hat{P}\left(\frac{1}{2}|1\rangle + \alpha|2\rangle\right) = \left(\frac{1}{4} + \alpha^*\alpha\right)|1\rangle + \alpha\left(\frac{1}{2} + \beta\right)|2\rangle$$

$$\langle 1|\hat{P}^2|1\rangle = \frac{1}{4} + \alpha^*\alpha = \frac{1}{4} \ \rightarrow\ \alpha = 0,\ \hat{P}|1\rangle = \frac{1}{2}|1\rangle,\ \hat{P}|2\rangle = \beta|2\rangle$$

$|1\rangle$ 是 $\hat{P}$ 的本征态, 本征值为 $1/2$； $|2\rangle$ 也是 $\hat{P}$ 的本征态, 但本征值 β 无法确定.

(2) 令 γ 与 δ 为待定参数,

$$\hat{Q}|1\rangle = \frac{1}{2}|1\rangle + \gamma|2\rangle,\ \langle 2|\hat{Q}|1\rangle = \gamma,\ \langle 1|\hat{Q}|2\rangle = \gamma^*$$

$$\hat{Q}|2\rangle = \gamma^*|1\rangle + \delta|2\rangle$$

$$\hat{Q}^2|1\rangle = \frac{1}{2}\hat{Q}|1\rangle + \gamma\hat{Q}|2\rangle = \left(\frac{1}{4} + \gamma^*\gamma\right)|1\rangle + \gamma\left(\frac{1}{2} + \delta\right)|2\rangle$$

$$\langle 1|\hat{Q}^2|1\rangle = \frac{1}{4} + |\gamma|^2 = \frac{1}{6} \rightarrow |\gamma|^2 < 0$$

$|\gamma|^2 < 0$ 不合理.这组数据是非物理的.

(3) 令 α 与 β 为待定常数,

$$\hat{R}|1\rangle = |1\rangle + \alpha|2\rangle,\ \langle 2|\hat{R}|1\rangle = \alpha,\ \langle 1|\hat{R}|2\rangle = \alpha^*$$

$$\hat{R}|2\rangle = \alpha^*|1\rangle + \beta|2\rangle,\ \hat{R}^2|1\rangle = (1 + \alpha^*\alpha)|1\rangle + \alpha(1 + \beta)|2\rangle$$

$$\langle 1|\hat{R}^2|1\rangle = 1 + \alpha^*\alpha = \frac{5}{4} \quad \rightarrow \quad \alpha = \frac{1}{2}e^{i\delta}\ (\delta \text{ 为任意实数})$$

$$\hat{R}|1\rangle = |1\rangle + \frac{e^{i\delta}}{2}|2\rangle,\ \hat{R}^2|1\rangle = \frac{5}{4}|1\rangle + \frac{e^{i\delta}(1+\beta)}{2}|2\rangle,\ \hat{R}|2\rangle = \frac{e^{-i\delta}}{2}|1\rangle + \beta|2\rangle$$

$$\hat{R}^3|1\rangle = \frac{6+\beta}{4}|1\rangle + \frac{[5+4\beta(1+\beta)]e^{i\delta}}{8}|2\rangle$$

$$\langle 1|\hat{R}^3|1\rangle = \frac{6+\beta}{4} = \frac{7}{4} \quad \rightarrow \quad \beta = 1,\ \langle 2|\hat{R}|2\rangle = \beta = 1$$

$\hat{R}$ 在能量表象的 4 个矩阵元已求出：

$$R_{11} = \langle 1|\hat{R}|1\rangle = 1,\ R_{12} = \langle 1|\hat{R}|2\rangle = \alpha^* = e^{-i\delta}/2$$
$$R_{21} = R_{12}^* = \alpha = e^{i\delta}/2,\ R_{22} = \langle 2|\hat{R}|2\rangle = 1$$

由 $\hat{R}$ 的本征方程

$$\begin{pmatrix} 1 & e^{-i\delta}/2 \\ e^{i\delta}/2 & 1 \end{pmatrix}\begin{pmatrix} c_1 \\ c_2 \end{pmatrix} = \lambda\begin{pmatrix} c_1 \\ c_2 \end{pmatrix}$$

解得 $\hat{R}$ 的本征值 $\lambda_1 = 1/2, \lambda_2 = 3/2$.

2.30 已知一体系哈密顿量 $\hat{H}$ 不含 t，$\hat{H}$ 具有非简并本征值 E_λ，$\lambda = 1,\ 2, \cdots$，相应本征态矢为 $|\psi_\lambda\rangle$： $\hat{H}|\psi_\lambda\rangle = E_\lambda|\psi_\lambda\rangle$. 又已知另一可观察量 $\hat{A}$ 的非简并本征值与本征态矢为 a_n 与 $|\phi_n\rangle$： $\hat{A}|\phi_n\rangle = a_n|\phi_n\rangle$，$n = 1, 2, \cdots$. 设体系初态为 $|\psi_\lambda\rangle$，问(1)在初态 $|\psi_\lambda\rangle$ 下对 $\hat{A}$ 测量时，测得 $\hat{A}$ 的平均值是什么？这一测量给出 $\hat{A}$ 的值为 a_m 的概率有多大？(2)如果上次对 $\hat{A}$ 测量得 a_m，经过时间间隔 t 以后再次测量 $\hat{A}$ 仍得 a_m 的概率有多大？

解 (1)
$$\overline{A} = \sum_n a_n |\langle \phi_n|\psi_\lambda\rangle|^2$$

$\hat{A}$ 取值 a_m 的概率为 $P_m = |\langle \phi_m|\psi_\lambda\rangle|^2$.

(2) 设 $t=0$ 时测量 $\hat{A}$ 得 a_m，这表示 $t=0$ 时体系处于 $\hat{A}$ 的本征值为 a_m 的本征态 $|\phi_m\rangle$ 上. 测量改变了体系的态，体系由测量前 $\hat{H}$ 的本征态 $|\psi_\lambda\rangle$ 变为测量后 $\hat{A}$ 的本征态 $|\phi_m\rangle$. 这个 $|\phi_m\rangle$ 态只是体系由于受到测量仪器的作用而产生的一个暂时的态，是体系的一个新的初态，体系要按它原有的规律随时间演化.

$$|\psi(t)\rangle = \sum_\lambda c_\lambda e^{-iE_\lambda t/\hbar}|\psi_\lambda\rangle$$

$$|\psi(0)\rangle = \sum_\lambda c_\lambda|\psi_\lambda\rangle = |\phi_m\rangle,\ c_\lambda = \langle \psi_\lambda|\phi_m\rangle$$

$$|\psi(t)\rangle = \sum_\lambda \langle \psi_\lambda|\phi_m\rangle e^{-iE_\lambda t/\hbar}|\psi_\lambda\rangle$$

t 时刻再次测量 $\hat{A}$ 仍得 a_m 的概率为

$$P_m = \left|\langle\phi_m|\psi(t)\rangle\right|^2 = \left|\sum_\lambda \left|\langle\phi_m|\psi_\lambda\rangle\right|^2 \mathrm{e}^{-\mathrm{i}E_\lambda t/\hbar}\right|^2$$

2.31　计算 $\hat{\boldsymbol{p}}\times\hat{\boldsymbol{L}}+\hat{\boldsymbol{L}}\times\hat{\boldsymbol{p}}=?$

解　考虑 x 分量:

$$\left(\hat{\boldsymbol{p}}\times\hat{\boldsymbol{L}}\right)_x+\left(\hat{\boldsymbol{L}}\times\hat{\boldsymbol{p}}\right)_x=(\hat{p}_y\hat{L}_z-\hat{p}_z\hat{L}_y)+(\hat{L}_y\hat{p}_z-\hat{L}_z\hat{p}_y) \tag{1}$$

利用公式

$$[\hat{L}_y,\hat{p}_z]=\mathrm{i}\hbar\hat{p}_x,\ [\hat{L}_z,\hat{p}_y]=-\mathrm{i}\hbar\hat{p}_x$$

得

$$\hat{L}_y\hat{p}_z=\hat{p}_z\hat{L}_y+\mathrm{i}\hbar\hat{p}_x,\ \hat{L}_z\hat{p}_y=\hat{p}_y\hat{L}_z-\mathrm{i}\hbar\hat{p}_x \tag{2}$$

将式(2)代入式(1),

$$\left(\hat{\boldsymbol{p}}\times\hat{\boldsymbol{L}}\right)_x+\left(\hat{\boldsymbol{L}}\times\hat{\boldsymbol{p}}\right)_x=2\mathrm{i}\hbar\hat{p}_x$$

类似地, 对 y,z 分量, 得

$$\left(\hat{\boldsymbol{p}}\times\hat{\boldsymbol{L}}\right)_y+\left(\hat{\boldsymbol{L}}\times\hat{\boldsymbol{p}}\right)_y=2\mathrm{i}\hbar\hat{p}_y$$

$$\left(\hat{\boldsymbol{p}}\times\hat{\boldsymbol{L}}\right)_z+\left(\hat{\boldsymbol{L}}\times\hat{\boldsymbol{p}}\right)_z=2\mathrm{i}\hbar\hat{p}_z$$

由以上三式, 得

$$\hat{\boldsymbol{p}}\times\hat{\boldsymbol{L}}+\hat{\boldsymbol{L}}\times\hat{\boldsymbol{p}}=2\mathrm{i}\hbar\hat{\boldsymbol{p}}$$

2. 32　定义角动量升降算符 $\hat{J}_\pm=\hat{J}_x\pm\mathrm{i}\hat{J}_y$, (1)证明算符 $\hat{J}_+\hat{J}_-$ 与 $\hat{J}_-\hat{J}_+$ 的厄米性, 并求出它们的本征态与本征值; (2)若力学量算符 $\hat{F}$ 满足对易关系 $[\hat{F},\hat{J}_\mu]=0, \mu=x,y,z$, 试证明 $\hat{F}$ 在 $\hat{J}^2,\hat{J}_z$ 共同本征态上的平均值与磁量子数无关.

证　(1)

$$\hat{J}_+^+=\hat{J}_-,\ \hat{J}_-^+=\hat{J}_+$$

$$(\hat{J}_+\hat{J}_-)^+=\hat{J}_-^+\hat{J}_+^+=\hat{J}_+\hat{J}_-,\ (\hat{J}_-\hat{J}_+)^+=\hat{J}_+^+\hat{J}_-^+=\hat{J}_-\hat{J}_+$$

可见 $\hat{J}_+\hat{J}_-$ 与 $\hat{J}_-\hat{J}_+$ 是厄米算符.

$$\begin{aligned}\hat{J}_+\hat{J}_-&=(\hat{J}_x+\mathrm{i}\hat{J}_y)(\hat{J}_x-\mathrm{i}\hat{J}_y)=\hat{J}_x^2+\hat{J}_y^2-\mathrm{i}[\hat{J}_x,\hat{J}_y]\\&=\hat{J}^2-\hat{J}_z^2+\hbar\hat{J}_z=\hat{J}^2-\hat{J}_z(\hat{J}_z-\hbar)\end{aligned}$$

$$\hat{J}_-\hat{J}_+ = (\hat{J}_x - \mathrm{i}\hat{J}_y)(\hat{J}_x + \mathrm{i}\hat{J}_y) = \hat{J}_x^2 + \hat{J}_y^2 + \mathrm{i}[\hat{J}_x, \hat{J}_y]$$
$$= \hat{J}^2 - \hat{J}_z^2 - \hbar\hat{J}_z = \hat{J}^2 - \hat{J}_z(\hat{J}_z + \hbar)$$

由以上两式看出，$\hat{J}^2, \hat{J}_z$ 的共同本征态 $|jm\rangle$ 也是 $\hat{J}_+\hat{J}_-$ 与 $\hat{J}_-\hat{J}_+$ 的共同本征态，本征值分别为 $[j(j+1)-m(m-1)]\hbar^2$，$[j(j+1)-m(m+1)]\hbar^2$.

(2) 由 $[\hat{F}, \hat{J}_\mu]=0$ 得 $[\hat{F}, \hat{J}_\pm]=0$，便有

$$\hat{F}\hat{J}_-\hat{J}_+ = \hat{J}_-\hat{F}\hat{J}_+$$

$$\langle jm|\hat{F}\hat{J}_-\hat{J}_+|jm\rangle = [j(j+1)-m(m+1)]\hbar^2 \langle jm|\hat{F}|jm\rangle$$
$$\langle jm|\hat{J}_-\hat{F}\hat{J}_+|jm\rangle = [j(j+1)-m(m+1)]\hbar^2 \langle j,m+1|\hat{F}|j,m+1\rangle$$

在以上计算中用到公式：

$$\hat{J}_+|jm\rangle = \sqrt{j(j+1)-m(m+1)}\hbar|j,m+1\rangle$$
$$\langle jm|\hat{J}_- = \sqrt{j(j+1)-m(m+1)}\hbar\langle j,m+1|$$

由以上各式，得

$$\langle jm|\hat{F}|jm\rangle = \langle j,m+1|\hat{F}|j,m+1\rangle$$

2.33 证明力学量 $\hat{A}$（不显含 t）的平均值对时间的二次微商为

$$\frac{\mathrm{d}^2\overline{A}}{\mathrm{d}t^2} = -\frac{1}{\hbar^2}\overline{\left[\left[\hat{A},\hat{H}\right],\hat{H}\right]}$$

其中 $\hat{H}$ 为该体系的哈密顿量.

证
$$\overline{A} = \int \psi^*\hat{A}\psi\,\mathrm{d}\tau$$

$$\frac{\mathrm{d}\overline{A}}{\mathrm{d}t} = \int \psi^*\hat{A}\frac{\partial\psi}{\partial t}\mathrm{d}\tau + \int \frac{\partial\psi^*}{\partial t}\hat{A}\psi\,\mathrm{d}\tau$$

其中

$$\frac{\partial\psi}{\partial t} = \frac{1}{\mathrm{i}\hbar}\hat{H}\psi,\ \frac{\partial\psi^*}{\partial t} = -\frac{1}{\mathrm{i}\hbar}(\hat{H}\psi)^*$$

$$\frac{\mathrm{d}\overline{A}}{\mathrm{d}t} = \frac{1}{\mathrm{i}\hbar}\int \psi^*\hat{A}\hat{H}\psi\,\mathrm{d}\tau - \frac{1}{\mathrm{i}\hbar}\int (\hat{H}\psi)^*\hat{A}\psi\,\mathrm{d}\tau$$
$$= \frac{1}{\mathrm{i}\hbar}\int \psi^*(\hat{A}\hat{H}-\hat{H}\hat{A})\psi\,\mathrm{d}\tau = \frac{1}{\mathrm{i}\hbar}\int \psi^*\left[\hat{A},\hat{H}\right]\psi\,\mathrm{d}\tau$$

$$\frac{\mathrm{d}^2\overline{A}}{\mathrm{d}t^2}=\frac{1}{\mathrm{i}\hbar}\left\{\int\psi^*\left[\hat{A},\hat{H}\right]\frac{\partial\psi}{\partial t}\mathrm{d}\tau+\int\frac{\partial\psi^*}{\partial t}\left[\hat{A},\hat{H}\right]\psi\mathrm{d}\tau\right\}$$

$$=\frac{1}{\mathrm{i}\hbar}\left\{\frac{1}{\mathrm{i}\hbar}\int\psi^*\left[\hat{A},\hat{H}\right]\hat{H}\psi\mathrm{d}\tau-\frac{1}{\mathrm{i}\hbar}\int\psi^*\hat{H}\left[\hat{A},\hat{H}\right]\psi\mathrm{d}\tau\right\}$$

$$=-\frac{1}{\hbar^2}\int\psi^*\left[\left[\hat{A},\hat{H}\right],\hat{H}\right]\psi\mathrm{d}\tau=-\frac{1}{\hbar^2}\overline{\left[\left[\hat{A},\hat{H}\right],\hat{H}\right]}$$

2.34 证明在一维束缚态问题中,位能在基态的平均值满足如下关系:

$$\langle V\rangle_0=E_0-\frac{m}{2\hbar^2}\sum_n(E_n-E_0)^2\left|\langle n|x|0\rangle\right|^2$$

再证明$\langle V\rangle_0\leqslant(5E_0-E_1)/4$, $E_0\leqslant E_1\leqslant E_2\leqslant\cdots$.

证 2.6 题给出

$$\sum_n(E_n-E_k)^2\left|\langle n|x|k\rangle\right|^2=\frac{\hbar^2}{m^2}\langle k|\hat{p}^2|k\rangle=\frac{2\hbar^2}{m}\langle k|\frac{\hat{p}^2}{2m}|k\rangle=\frac{2\hbar^2}{m}\langle k|\hat{T}|k\rangle$$

$$\langle T\rangle_k=\langle k|\hat{T}|k\rangle=\frac{m}{2\hbar^2}\sum_n(E_n-E_k)^2\left|\langle n|x|k\rangle\right|^2$$

$$E_k=\langle k|\hat{T}+V|k\rangle=\langle T\rangle_k+\langle V\rangle_k$$

$$\langle V\rangle_k=E_k-\langle T\rangle_k=E_k-\frac{m}{2\hbar^2}\sum_n(E_n-E_k)^2\left|\langle n|x|k\rangle\right|^2$$

令$k=0$,第一式得证:

$$\langle V\rangle_0=E_0-\frac{m}{2\hbar^2}\sum_n(E_n-E_0)^2\left|\langle n|x|0\rangle\right|^2$$

利用此式

$$\langle V\rangle_0=E_0-\frac{m}{2\hbar^2}\sum_n(E_n-E_0)^2\left|\langle n|x|0\rangle\right|^2$$

$$\leqslant E_0-\frac{m(E_1-E_0)}{2\hbar^2}\sum_n(E_n-E_0)\left|\langle n|x|0\rangle\right|^2$$

再利用 2.6 题中的公式(3):

$$\sum_n(E_n-E_0)\left|\langle n|x|0\rangle\right|^2=\frac{\hbar^2}{2m}$$

$$\langle V\rangle_0\leqslant E_0-\frac{1}{4}(E_1-E_0)=\frac{1}{4}(5E_0-E_1)$$

2.35 能量为 E 的一束粒子穿过小孔，投射到距离小孔距离为 L 的屏上. 用不确定原理，证明通过不断减小孔径来达到减小屏上斑点直径是不可行的. 估算使屏上斑点直径最小时小孔的直径.

解 设粒子运动方向为 z 轴方向. 在 x 方向取小孔的半径为 Δx. 由不确定关系 $\Delta x\Delta p_x \approx \hbar$，得

$$\Delta p_x = \frac{\hbar}{\Delta x} = \mu\Delta v_x,\ \Delta v_x = \frac{\hbar}{\mu\Delta x}$$

屏上斑点在 x 方向半径增大了 $\Delta L = L\Delta v_x / v_0$，其中 v_0 是粒子的速度. 由能量 $E = p^2/2\mu$ 与 $p = \sqrt{2\mu E} = \mu v_0$，得 $v_0 = \sqrt{2\mu E}/\mu$. 将 v_0 及 $\Delta v_x = \hbar/\mu\Delta x$ 代入 $\Delta L = L\Delta v_x / v_0$ 中，得

$$\Delta L = \frac{L\hbar}{\sqrt{2\mu E}\Delta x},\ \Delta L\Delta x = \frac{L\hbar}{\sqrt{2\mu E}} \equiv c$$

屏上斑点的半径为 $r = \Delta x + \Delta L = \Delta x + (c/\Delta x)$. 对 r 求极小值，

$$\frac{\partial r}{\partial \Delta x} = 1 - \frac{c}{(\Delta x)^2} = 0 \rightarrow \Delta x = \sqrt{c} = \sqrt{\frac{L\hbar}{\sqrt{2\mu E}}}$$

使屏上斑点直径最小时的小孔直径为 $2\sqrt{L\hbar/\sqrt{2\mu E}}$.

2.36 设体系的能量本征方程为 $\hat{H}|n\rangle = E_n|n\rangle, \langle m|n\rangle = \delta_{mn}$，$E_0 \leqslant E_1 \leqslant E_2 \cdots$. (1) 取 $|\psi_0\rangle$ 为归一化基态试探态矢. 令 $E = \langle\psi_0|\hat{H}|\psi_0\rangle$，$\varepsilon = 1 - |\langle 0|\psi_0\rangle|^2$，证明 $E - E_0 \geqslant (E_1 - E_0)\varepsilon$. (2)若只知 $\hat{H}$ 最低的两个本征态矢 $|0\rangle$ 与 $|1\rangle$，试从任意归一化态矢出发，构造第二激发态的试探态矢，并求出该激发态能量上限.

解 (1)令
$$|\psi_0\rangle = \sum_n c_n|n\rangle,\ \langle\psi_0| = \sum_m c_m^*\langle m|$$

$$E = \langle\psi_0|\hat{H}|\psi_0\rangle = \sum_{mn} c_m^* c_n \langle m|\hat{H}|n\rangle = \sum_{mn} c_m^* c_n E_n \delta_{mn} = \sum_n |c_n|^2 E_n$$

$$\begin{aligned}
E - E_0 &= \sum_n |c_n|^2 E_n - E_0 = E_0\left(|c_0|^2 - 1\right) + \sum_{n=1} |c_n|^2 E_n \\
&\geqslant E_0\left(|c_0|^2 - 1\right) + E_1\sum_{n=1}|c_n|^2 = E_0\left(|c_0|^2 - 1\right) + E_1\left(1 - |c_0|^2\right) \\
&= (E_1 - E_0)\left(1 - |c_0|^2\right) = (E_1 - E_0)\varepsilon
\end{aligned}$$

$$E - E_0 \geqslant (E_1 - E_0)\varepsilon$$

(2) 设$|\psi\rangle$是任一归一化的态矢，构造第二激发态的试探态矢*

$$|\psi_2\rangle = |\psi\rangle - \langle 0|\psi\rangle|0\rangle - \langle 1|\psi\rangle|1\rangle$$

第二激发态能量上限为

$$E_2 = \langle\psi_2|\hat{H}|\psi_2\rangle = \langle\psi|\hat{H}|\psi\rangle - |\langle 0|\psi\rangle|^2 E_0 - |\langle 1|\psi\rangle|^2 E_1$$

2.37　已知轨道角动量$\hat{\boldsymbol{L}}$在$\boldsymbol{n}$方向上的分量为

$$\hat{L}_n = \hat{\boldsymbol{L}}\cdot\boldsymbol{n} = \hat{L}_x\sin\alpha\cos\beta + \hat{L}_y\sin\alpha\sin\beta + \hat{L}_z\cos\alpha$$

其中α,β为已知的方位角. 求在算符$\hat{L}^2$与$\hat{L}_z$的共同本征态$|lm\rangle$上算符$\hat{L}_n$和$\hat{L}_n^2$的平均值.

解　$$\langle L_n\rangle = \langle lm|\hat{L}_n|lm\rangle = \langle lm|\hat{L}_x\sin\alpha\cos\beta + \hat{L}_y\sin\alpha\sin\beta + \hat{L}_z\cos\alpha|lm\rangle$$

$$= \sin\alpha\cos\beta\langle lm|\frac{\hat{L}_+ + \hat{L}_-}{2}|lm\rangle + \sin\alpha\sin\beta\langle lm|\frac{\hat{L}_+ - \hat{L}_-}{2\mathrm{i}}|lm\rangle$$

$$+\cos\alpha\langle lm|\hat{L}_z|lm\rangle = m\hbar\cos\alpha$$

$$\langle L_n^2\rangle = \langle lm|\hat{L}_n^2|lm\rangle = \int Y_{lm}^*\hat{L}_n^2 Y_{lm}\mathrm{d}\Omega = \int(\hat{L}_n Y_{lm})^*\hat{L}_n Y_{lm}\mathrm{d}\Omega$$

$$= \int[(\sin\alpha\cos\beta\hat{L}_x + \sin\alpha\sin\beta\hat{L}_y + \cos\alpha\hat{L}_z)Y_{lm}]^*$$

$$\times(\sin\alpha\cos\beta\hat{L}_x + \sin\alpha\sin\beta\hat{L}_z + \cos\alpha\hat{L}_z)Y_{lm}\mathrm{d}\Omega$$

$$= \int\left[\left(\sin\alpha\cos\beta\frac{\hat{L}_+ + \hat{L}_-}{2} + \sin\alpha\sin\beta\frac{\hat{L}_+ - \hat{L}_-}{2\mathrm{i}} + \cos\alpha\hat{L}_z\right)Y_{lm}\right]^*$$

$$\times\left(\sin\alpha\cos\beta\frac{\hat{L}_+ + \hat{L}_-}{2} + \sin\alpha\sin\beta\frac{\hat{L}_+ - \hat{L}_-}{2\mathrm{i}} + \cos\alpha\hat{L}_z\right)Y_{lm}\mathrm{d}\Omega$$

$$= \int\left[\frac{\sin\alpha\mathrm{e}^{\mathrm{i}\beta}}{2}(\hat{L}_+Y_{lm})^* + \frac{\sin\alpha\mathrm{e}^{-\mathrm{i}\beta}}{2}(\hat{L}_-Y_{lm})^* + \cos\alpha(\hat{L}_zY_{lm})^*\right]$$

$$\times\left(\frac{\sin\alpha\mathrm{e}^{-\mathrm{i}\beta}}{2}\hat{L}_+Y_{lm} + \frac{\sin\alpha\mathrm{e}^{\mathrm{i}\beta}}{2}\hat{L}_-Y_{lm} + \cos\alpha\hat{L}_zY_{lm}\right)\mathrm{d}\Omega$$

$$= \frac{\hbar^2\sin^2\alpha}{4}[l(l+1) - m(m+1)] + \frac{\hbar^2\sin^2\alpha}{4}[l(l+1) - m(m-1)]$$

$$+ m^2\hbar^2\cos^2\alpha$$

$$= \frac{1}{2}\hbar^2\sin^2\alpha[l(l+1) - m^2] + m^2\hbar^2\cos^2\alpha$$

2.38　证明在$\hat{H} = \dfrac{\hat{p}^2}{2\mu} + V(x)$的束缚定态$\psi_n(x)$上，动量$\hat{p}$与作用力$\hat{F}$的平均

---

* 本解答波函数未进行归一化处理，有两种处理方式，即对波函数进行归一化或用本题最后的结果除以$\langle\psi_2|\psi_2\rangle$.

值为 0.

证 $$[x,\hat{H}]=\left[x,\frac{\hat{p}^2}{2\mu}+V(x)\right]=\frac{1}{2\mu}[x,\hat{p}^2]=\frac{\mathrm{i}\hbar}{\mu}\hat{p}\to\hat{p}=-\frac{\mathrm{i}\mu}{\hbar}[x,\hat{H}]$$

$$[\hat{p},\hat{H}]=\left[\hat{p},\frac{\hat{p}^2}{2\mu}+V(x)\right]=[\hat{p},V(x)]=-\mathrm{i}\hbar\frac{\partial V(x)}{\partial x}\to\frac{\partial V(x)}{\partial x}=\frac{\mathrm{i}}{\hbar}[\hat{p},\hat{H}]$$

$$\hat{F}=-\frac{\partial V(x)}{\partial x}=-\frac{\mathrm{i}}{\hbar}[\hat{p},\hat{H}]$$

对于束缚定态，它的波函数$\psi_n(x)$是可以归一化的，在$\psi_n(x)$是归一化的条件下，动量$\hat{p}$与作用力$\hat{F}$的平均值

$$\langle p\rangle=\int\psi_n^*\hat{p}\psi_n\mathrm{d}x=-\frac{\mathrm{i}\mu}{\hbar}\int\psi_n^*[x,\hat{H}]\psi_n\mathrm{d}x=-\frac{\mathrm{i}\mu}{\hbar}\int\psi_n^*(x\hat{H}-\hat{H}x)\psi_n\mathrm{d}x=0$$

$$\langle F\rangle=\int\psi_n^*\hat{F}\psi_n\mathrm{d}x=-\frac{\mathrm{i}}{\hbar}\int\psi_n^*[\hat{p},\hat{H}]\psi_n\mathrm{d}x=-\frac{\mathrm{i}}{\hbar}\int\psi_n^*(\hat{p}\hat{H}-\hat{H}\hat{p})\psi_n\mathrm{d}x=0$$

对于三维束缚定态，利用公式

$$\hat{\boldsymbol{p}}=-\frac{\mathrm{i}\mu}{\hbar}[\boldsymbol{r},\hat{H}],\ \hat{\boldsymbol{F}}=-\nabla V(\boldsymbol{r})=-\frac{\mathrm{i}}{\hbar}[\hat{\boldsymbol{p}},\hat{H}]$$

同样可以证明$\langle\boldsymbol{p}\rangle=0,\langle\boldsymbol{F}\rangle=0$

2.39 设体系的哈密顿量$\hat{H}$同力学量$\hat{A}$满足反对易关系 $\hat{H}\hat{A}+\hat{A}\hat{H}=0$. 设$\psi$是$\hat{H}$的本征值为$E(\neq 0)$的本征态，(1)证明$\hat{A}\psi$是$\hat{H}$的本征值为$-E$的本征态；(2)求$\hat{A}$在$\psi$态上的平均值.

解 $$\hat{H}\hat{A}=-\hat{A}\hat{H},\ \hat{H}\hat{A}\psi=-\hat{A}\hat{H}\psi=-E\hat{A}\psi$$

可见$\hat{A}\psi$是$\hat{H}$的本征值为$-E$的本征态

$$\begin{aligned}0&=\int\psi^*(\hat{H}\hat{A}+\hat{A}\hat{H})\psi\mathrm{d}\tau=\int\psi^*\hat{H}\hat{A}\psi\mathrm{d}\tau+\int\psi^*\hat{A}\hat{H}\psi\mathrm{d}\tau\\&=\int(\hat{H}\psi)^*\hat{A}\psi\mathrm{d}\tau+\int\psi^*\hat{A}\hat{H}\psi\mathrm{d}\tau=2E\int\psi^*\hat{A}\psi\mathrm{d}\tau\end{aligned}$$

$$\langle A\rangle=\int\psi^*\hat{A}\psi\mathrm{d}\tau=0$$

2.40 已知力学量$\hat{A}$与$\hat{B}$的本征值分别为a_n与b_n. 在$|\psi\rangle$态上先测量$\hat{A}$得a_n，后测量$\hat{B}$得b_n的概率为$P(a_n,b_n)$；先测量$\hat{B}$得b_n，后测量$\hat{A}$得a_n的概率为$P(b_n,a_n)$. 问$P(a_n,b_n)=P(b_n,a_n)$的条件是什么?

解　令 $\hat{A}$ 的本征值为 a_n 的本征态为 $|a_n\rangle$，$\hat{B}$ 的本征值为 b_n 的本征态为 $|b_n\rangle$，

$$P(a_n,b_n)=|\langle a_n|\psi\rangle|^2|\langle b_n|a_n\rangle|^2,\ P(b_n,a_n)=|\langle b_n|\psi\rangle|^2|\langle a_n|b_n\rangle|^2$$

由 $P(a_n,b_n)=P(b_n,a_n)$ 得

$$|\langle a_n|\psi\rangle|^2|\langle b_n|a_n\rangle|^2=|\langle b_n|\psi\rangle|^2|\langle a_n|b_n\rangle|^2$$

因 $|\langle b_n|a_n\rangle|^2=|\langle a_n|b_n\rangle|^2$，便有 $|\langle a_n|\psi\rangle|^2=|\langle b_n|\psi\rangle|^2$. 由于 $|\psi\rangle$ 是任意的，故有 $|a_n\rangle=|b_n\rangle$. 这表示，$\hat{A}$ 的本征值为 a_n 的本征态 $|a_n\rangle$，也是 $\hat{B}$ 的本征值为 b_n 的本征态 $|b_n\rangle$，它是 $\hat{A}$ 与 $\hat{B}$ 的共同本征态 $|a_n,b_n\rangle$. 这就是 $P(a_n,b_n)=P(b_n,a_n)$ 的条件.

2.41　已知可观察量 A 的算符 $\hat{A}$ 有两个本征函数 ϕ_1,ϕ_2，本征值分别为 a_1,a_2；观察量 B 的算符 $\hat{B}$ 有两个本征函数 χ_1,χ_2，本征值分别为 b_1,b_2. 两种本征态有如下关系：

$$\phi_1=\frac{2\chi_1+3\chi_2}{\sqrt{13}},\ \phi_2=\frac{3\chi_1-2\chi_2}{\sqrt{3}}$$

当测量 $\hat{A}$ 后得到 a_1，若再测量 $\hat{B}$，然后再测量 $\hat{A}$，问第二次测量 $\hat{A}$ 得到 a_1 的概率是多少?

解　设 χ_1,χ_2 是正交归一的，题中的 ϕ_2 不归一.正交归一的 ϕ_1,ϕ_2 为

$$\phi_1=\frac{2}{\sqrt{13}}\chi_1+\frac{3}{\sqrt{13}}\chi_2,\ \phi_2=\frac{3}{\sqrt{13}}\chi_1-\frac{2}{\sqrt{13}}\chi_2$$

由这两个公式得到

$$\chi_1=\frac{2}{\sqrt{13}}\phi_1+\frac{3}{\sqrt{13}}\phi_2,\ \chi_2=\frac{3}{\sqrt{13}}\phi_1-\frac{2}{\sqrt{13}}\phi_2$$

测量 $\hat{A}$ 得到 a_1 表明体系处于 ϕ_1 态. 此时测量 $\hat{B}$ 得 b_1 与 b_2 的概率分别是 4/13 与 9/13，即体系处于 χ_1 与 χ_2 态的概率分别是 4/13 与 9/13. 而在 χ_1 与 χ_2 态上测量 $\hat{A}$ 得到 a_1 的概率分别也是 4/13 与 9/13. 因此测量 $\hat{B}$ 后再次测量 $\hat{A}$ 得到 a_1 的概率是 $(4/13)^2+(9/13)^2=97/169$.

2.42　设能量 E 是三度简并的，对应的 3 个波函数为 ϕ_1,ϕ_2,ϕ_3，它们不归一，相互之间也不正交. 试通过它们，构造出 3 个相互正交、且归一的波函数.

解　我们逐步构造出 3 个相互正交、且归一的波函数 ψ_1,ψ_2,ψ_3.

方法 1：

(1) 令 $\psi_1=a\phi_1$，由 ψ_1 的归一化条件 $\int|\psi_1|^2\mathrm{d}\tau=1$，得 $|a|^2=1/\int|\phi_1|^2\mathrm{d}\tau$. 取正实

数，$a=1/\sqrt{\int|\phi_1|^2\mathrm{d}\tau}$．于是

$$\psi_1=\frac{1}{\sqrt{\int|\phi_1|^2\mathrm{d}\tau}}\phi_1$$

(2) 令

$$\psi_2=b_1\psi_1+b_2\phi_2$$

由ψ_1与ψ_2的正交条件$\int\psi_1^*\psi_2\mathrm{d}\tau=0$，得

$$b_1+b_2\int\psi_1^*\phi_2\mathrm{d}\tau=0$$

$$b_1=-b_2\int\psi_1^*\phi_2\mathrm{d}\tau=-b_2g_{12},\ g_{12}=\int\psi_1^*\phi_2\mathrm{d}\tau$$

$$\psi_2=b_2(\phi_2-g_{12}\psi_1)$$

由ψ_2的归一化条件$\int|\psi_2|^2\mathrm{d}\tau=1$，得

$$|b_2|^2\int|\phi_2-g_{12}\psi_1|^2\mathrm{d}\tau=1,\ b_2=\frac{1}{\sqrt{\int|\phi_2-g_{12}\psi_1|^2\mathrm{d}\tau}}$$

于是

$$\psi_2=\frac{1}{\sqrt{\int|\phi_2-g_{12}\psi_1|^2\mathrm{d}\tau}}(\phi_2-g_{12}\psi_1)$$

其中$g_{12}=\int\psi_1^*\phi_2\mathrm{d}\tau$，$\psi_2$是归一的，并且$\psi_2$同$\psi_1$正交．

(3) 令

$$\psi_3=c_1\psi_1+c_2\psi_2+c_3\phi_3$$

由ψ_1同ψ_3的正交条件$\int\psi_1^*\psi_3\mathrm{d}\tau=0$，得

$$c_1+c_3\int\psi_1^*\phi_3\mathrm{d}\tau=0$$

$$c_1=-\int\psi_1^*\phi_3\mathrm{d}\tau\,c_3=-g_{13}c_3,\ g_{13}=\int\psi_1^*\phi_3\mathrm{d}\tau$$

由ψ_2同ψ_3的正交条件$\int\psi_2^*\psi_3\mathrm{d}\tau=0$，得

$$c_2+c_3\int\psi_2^*\phi_3\mathrm{d}\tau=0$$

$$c_2=-\int\psi_2^*\phi_3\mathrm{d}\tau\,c_3=-g_{23}c_3,\ g_{23}=\int\psi_2^*\phi_3\mathrm{d}\tau$$

$$\psi_3=c_3(\phi_3-g_{13}\psi_1-g_{23}\psi_2)$$

由ψ_3的归一化条件$\int|\psi_3|^2\mathrm{d}\tau=1$，得

$$c_3 = \frac{1}{\sqrt{\int |\phi_3 - g_{13}\psi_1 - g_{23}\psi_2|^2 \mathrm{d}\tau}}$$

于是

$$\psi_3 = \frac{1}{\sqrt{\int |\phi_3 - g_{13}\psi_1 - g_{23}\psi_2|^2 \mathrm{d}\tau}}(\phi_3 - g_{13}\psi_1 - g_{23}\psi_2)$$

其中 $g_{13} = \int \psi_1^* \phi_3 \mathrm{d}\tau$，$g_{23} = \int \psi_2^* \phi_3 \mathrm{d}\tau$. 现在得到的 3 个波函数 ψ_1, ψ_2, ψ_3 相互正交, 并且是归一的.

方法 2:

令 $\psi_1 = A\phi_1$, 由归一化条件 $\int |\psi_1|^2 \mathrm{d}\tau = 1$ 得 $A = 1/\sqrt{\int |\phi_1|^2 \mathrm{d}\tau}$,

$$\psi_1 = \frac{1}{\sqrt{\int |\phi_1|^2 \mathrm{d}\tau}}\phi_1$$

已知 ϕ_1 与 ϕ_2 不正交, 故 $\psi_1 = A\phi_1$ 同 ϕ_2 不正交, $\int \psi_1^* \phi_2 \mathrm{d}\tau \neq 0$. 这表示 ϕ_2 中含有 ψ_1, $\int \psi_1^* \phi_2 \mathrm{d}\tau$ 正是 ϕ_2 中含有 ψ_1 的概率振幅. ϕ_2 减去它所含有的这个成分后就同 ψ_1 正交了. 令

$$\psi_2' = \phi_2 - \int \psi_1^* \phi_2 \mathrm{d}\tau\, \psi_1$$

为使 ψ_2' 归一, 令 $\psi_2 = B\psi_2'$, 由归一化条件 $\int |\psi_2|^2 \mathrm{d}\tau = 1$ 得 $B = 1/\sqrt{\int |\psi_2'|^2 \mathrm{d}\tau}$.

$$\psi_2 = \frac{1}{\sqrt{\int |\psi_2'|^2 \mathrm{d}\tau}}\psi_2', \quad \psi_2' = \phi_2 - \int \psi_1^* \phi_2 \mathrm{d}\tau\, \psi_1$$

同理, ϕ_3 减去它所含有的 ψ_1 与 ψ_2 ($\int \psi_1^* \phi_3 \mathrm{d}\tau\, \psi_1$ 与 $\int \psi_2^* \phi_3 \mathrm{d}\tau\, \psi_2$)后就一定同 ψ_1 与 ψ_2 正交了,

$$\psi_3' = \phi_3 - \int \psi_1^* \phi_3 \mathrm{d}\tau\, \psi_1 - \int \psi_2^* \phi_3 \mathrm{d}\tau\, \psi_2$$

为使 ψ_3' 归一化, 令 $\psi_3 = c\psi_3'$, 由归一化条件 $\int |\psi_3|^2 \mathrm{d}\tau = 1$ 得 $c = 1/\sqrt{\int |\psi_3'|^2 \mathrm{d}\tau}$. 于是

$$\psi_3 = \frac{1}{\sqrt{\int |\psi_3'|^2 \mathrm{d}\tau}}\psi_3'$$

$$\psi_3' = \phi_3 - \int \psi_1^* \phi_3 \mathrm{d}\tau\, \psi_1 - \int \psi_2^* \phi_3 \mathrm{d}\tau\, \psi_2$$

以上得到的 ψ_1, ψ_2, ψ_3 同方法 1 的结果相同.

2.43　一体系由两个不同类型的中微子组成，其哈密顿量 $\hat{H}$ 的本征态矢为 $|1\rangle$ 与 $|2\rangle$，相应的本征能量为 E_1 与 E_2，$E_1 < E_2$. 已知电子中微子与 μ 子中微子的态矢分别为

$$|e\rangle = \cos\theta|1\rangle + \sin\theta|2\rangle,\ |\mu\rangle = -\sin\theta|1\rangle + \cos\theta|2\rangle$$

其中 θ 是混合角. 设体系在 $t=0$ 时处于电子中微子态 $|e\rangle$，求(1)任意 t 时刻体系的态矢 $|\psi(t)\rangle$；(2)任意 t 时刻体系处于基态 $|1\rangle$ 的概率；(3)任意 t 时刻体系处于 μ 子中微子态 $|\mu\rangle$ 的概率；(4)何时体系又回到电子中微子态 $|e\rangle$，周期是什么？

解　(1)

$$|\psi(t)\rangle = c_1 e^{-iE_1t/\hbar}|1\rangle + c_2 e^{-iE_2t/\hbar}|2\rangle$$

$$|\psi(0)\rangle = c_1|1\rangle + c_2|2\rangle = |e\rangle$$

$$c_1\begin{pmatrix}1\\0\end{pmatrix} + c_2\begin{pmatrix}0\\1\end{pmatrix} = \begin{pmatrix}c_1\\c_2\end{pmatrix} = \begin{pmatrix}\cos\theta\\\sin\theta\end{pmatrix},\quad \begin{cases}c_1 = \cos\theta\\c_2 = \sin\theta\end{cases}$$

$$|\psi(t)\rangle = \cos\theta e^{-iE_1t/\hbar}|1\rangle + \sin\theta e^{-iE_2t/\hbar}|2\rangle = \begin{pmatrix}\cos\theta e^{-iE_1t/\hbar}\\\sin\theta e^{-iE_2t/\hbar}\end{pmatrix}$$

(2) 任意 t 时体系处于基态 $|1\rangle$ 的概率为 $\left|\cos\theta e^{-iE_1t/\hbar}\right|^2 = \cos^2\theta$.

(3) 任意 t 时体系处于 μ 子中微子态 $|\mu\rangle$ 的概率为

$$\left|(-\sin\theta, \cos\theta)\begin{pmatrix}\cos\theta e^{-iE_1t/\hbar}\\\sin\theta e^{-iE_2t/\hbar}\end{pmatrix}\right|^2 = \left|\sin\theta\cos\theta\left(e^{-iE_2t/\hbar} - e^{-iE_1t/\hbar}\right)\right|^2$$

$$= \frac{\sin^2(2\theta)}{2}\left[1 - \cos\frac{(E_2 - E_1)t}{\hbar}\right]$$

$$= \sin^2(2\theta)\sin^2\left[\frac{(E_2 - E_1)t}{2\hbar}\right]$$

处于电子中微子态 $|e\rangle$ 的概率为

$$\left|(\cos\theta, \sin\theta)\begin{pmatrix}\cos\theta e^{-iE_1t/\hbar}\\\sin\theta e^{-iE_2t/\hbar}\end{pmatrix}\right|^2 = \left|\cos^2\theta e^{-iE_1t/\hbar} + \sin^2\theta e^{-iE_2t/\hbar}\right|^2$$

$$= 1 - \sin^2(2\theta)\sin^2\left[\frac{(E_2 - E_1)t}{2\hbar}\right]$$

(4) 体系回到电子中微子态 $|e\rangle$ 的时间 t 由下式确定：

$$\frac{(E_2-E_1)t}{2\hbar}=n\pi,\ t=\frac{2\pi\hbar n}{E_2-E_1},\quad n=1,2,\cdots$$

周期为$T=2\pi\hbar/(E_2-E_1)$.

2.44 一维谐振子降算符a与升算符a^+的定义为

$$a=\sqrt{\frac{\mu\omega}{2\hbar}}\left(x+\frac{\mathrm{i}}{\mu\omega}\hat{p}\right),\ a^+=\sqrt{\frac{\mu\omega}{2\hbar}}\left(x-\frac{\mathrm{i}}{\mu\omega}\hat{p}\right) \tag{1}$$

由a与a^+可以构成厄米算符$\hat{N}=a^+a$. 令$\hat{N}$的本征值为n, 本征态为$|n\rangle$. (1) 计算对易关系：$[a,a^+]$, $[a,\hat{N}]$, $[a^+,\hat{N}]$；(2) 证明

$$a|n\rangle=\sqrt{n}|n-1\rangle \tag{2}$$

$$a^+|n\rangle=\sqrt{n+1}|n+1\rangle \tag{3}$$

(3)将谐振子的哈密顿算符$\hat{H}=\dfrac{\hat{p}^2}{2\mu}+\dfrac{1}{2}\mu\omega^2x^2$用$\hat{N}=a^+a$表示；(4)利用式(2)求出$\hat{N}$的本征值$n$, 从而求出$\hat{H}$的本征值$E$；(5)由式(3)不难得到

$$|n\rangle=\frac{1}{\sqrt{n!}}(a^+)^n|0\rangle \tag{4}$$

写出它在x表象中的表达式$\psi_n(x)=\langle x|n\rangle$. 利用公式(2), 给出$\psi_0(x)=\langle x|0\rangle$满足的方程, 并求出$\psi_0(x)$.

解 (1) 将a与a^+的定义式(1)代入$[a,a^+]$中, 利用$[x,\hat{p}]=\mathrm{i}\hbar$, 可以算出

$$[a,a^+]=1 \tag{5}$$

利用式(5)可以算出

$$[a,\hat{N}]=[a,a^+a]=[a,a^+]a=a \tag{6}$$

$$[a^+,\hat{N}]=[a^+,a^+a]=a^+[a^+,a]=-a^+ \tag{7}$$

(2) 利用式(6),

$$a|n\rangle=[a,\hat{N}]|n\rangle=(a\hat{N}-\hat{N}a)|n\rangle=na|n\rangle-\hat{N}a|n\rangle$$

上式移项得

$$\hat{N}a|n\rangle=(n-1)a|n\rangle \tag{8}$$

可见, $a|n\rangle$是$\hat{N}$的本征值为$n-1$的本征态. 因$\hat{N}$的本征值是非简并的, 故有

$$a|n\rangle = \lambda|n-1\rangle \tag{9}$$

其中λ为待定参数. 对式(9)取厄米共轭

$$\langle n|a^+ = \lambda^*\langle n-1| \tag{10}$$

以上两式作内积,

$$|\lambda|^2 = \langle n|a^+a|n\rangle = n \tag{11}$$

λ取正实数$\sqrt{n}$, 代入式(9), 式(2)得证. 利用式(7)

$$a^+|n\rangle = -[a^+,\hat{N}]|n\rangle = (\hat{N}a^+ - a^+\hat{N})|n\rangle = \hat{N}a^+|n\rangle - na^+|n\rangle$$

上式移项得

$$\hat{N}a^+|n\rangle = (n+1)a^+|n\rangle \tag{12}$$

可见, $a^+|n\rangle$是$\hat{N}$的本征值为$n+1$的本征态.

$$a^+|n\rangle = \lambda|n+1\rangle \tag{13}$$

$$\langle n|a = \lambda^*\langle n+1| \tag{14}$$

$$|\lambda|^2 = \langle n|aa^+|n\rangle = \langle n|a^+a+1|n\rangle = n+1 \tag{15}$$

λ取正实数$\sqrt{n+1}$, 代入式(13), 式(3)得证.

(3) 由式(1)解得

$$x = \sqrt{\frac{\hbar}{2\mu\omega}}\left(a^+ + a\right),\ \hat{p} = \mathrm{i}\sqrt{\frac{\mu\hbar\omega}{2}}\left(a^+ - a\right) \tag{16}$$

将式(16)代入$\hat{H} = \dfrac{\hat{p}^2}{2\mu} + \dfrac{1}{2}\mu\omega^2x^2$中, 并利用对易式

$$aa^+ = a^+a + 1 = \hat{N} + 1 \tag{17}$$

得到

$$\hat{H} = \left(\hat{N} + \frac{1}{2}\right)\hbar\omega \tag{18}$$

(4) $\hat{N}$的本征值n是正定的:

$$n = \langle n|\hat{N}|n\rangle = \langle n|a^+a|n\rangle = \langle\varphi|\varphi\rangle \geqslant 0 \tag{19}$$

设k为大于n的正整数. 由式(2)看出, 如果$n \neq 0,1,2,\cdots$, 则$a^k|n\rangle$将变成$\hat{N}$的本征值

为 $n-k<0$ 的本征态，这显然同式(19)矛盾. 如果 $n=0,1,2,\cdots$, 则 $a^k|n\rangle=0$, 不会出现 $\hat{N}$ 的本征值为负的本征态，故 $n=0,1,2,\cdots$. 于是 $\hat{H}=\left(\hat{N}+\frac{1}{2}\right)\hbar\omega$ 的本征值为 $E=\left(n+\frac{1}{2}\right)\hbar\omega$, $n=0,1,2,\cdots$.

(5) 将 a^+ 的定义式(1)代入(4)中，得 $|n\rangle$ 在 x 表象的表示式

$$\begin{aligned}\psi_n(x)=\langle x|n\rangle&=\frac{1}{\sqrt{n!}}\left[\sqrt{\frac{\mu\omega}{2\hbar}}\left(x-\frac{\mathrm{i}}{\mu\omega}\hat{p}\right)\right]^n\psi_0(x)\\&=\frac{1}{\sqrt{n!}}\left[\sqrt{\frac{\mu\omega}{2\hbar}}\left(x-\frac{\hbar}{\mu\omega}\frac{\mathrm{d}}{\mathrm{d}x}\right)\right]^n\psi_0(x)\end{aligned} \tag{20}$$

由公式(2)得 $a|0\rangle=0$. 此式在 x 表象中的表示为

$$\langle x|a|0\rangle=0 \quad 或 \quad \sqrt{\frac{\mu\omega}{2\hbar}}\left(x+\frac{\mathrm{i}}{\mu\omega}\hat{p}\right)\psi_0(x)=0 \tag{21}$$

由式(21)得

$$\left(x+\frac{\hbar}{\mu\omega}\frac{\mathrm{d}}{\mathrm{d}x}\right)\psi_0(x)=0 \tag{22}$$

方程(22)的满足波函数归一化条件的解为

$$\psi_0(x)=\sqrt{\frac{\alpha}{\sqrt{\pi}}}\mathrm{e}^{-\alpha^2x^2/2},\ \alpha=\sqrt{\frac{\mu\omega}{\hbar}} \tag{23}$$

2.45 一维谐振子降算符 a 的本征值为 α 的本征态 $|\alpha\rangle$ 称为谐振子的相干态. 设谐振子能量本征态为 $|n\rangle$, 由公式

$$a|n\rangle=\sqrt{n}|n-1\rangle \tag{1}$$

看出，谐振子的基态 $|0\rangle$ 是 a 的本征值 $\alpha=0$ 的本征态. a 的本征值 $\alpha\neq0$ 的本征态可以表示成 $|n\rangle$ 的线性叠加:

$$|\alpha\rangle=\sum_{n=0}^{\infty}c_n|n\rangle \tag{2}$$

求出 c_n, 从而得到谐振子的相干态 $|\alpha\rangle$.

解 将式(2)代入 a 的本征方程

$$a|\alpha\rangle=\alpha|\alpha\rangle \tag{3}$$

并利用式(1), 得到

$$\sum_{n=0}^{\infty} c_n \sqrt{n} \left| n-1 \right\rangle = \alpha \sum_{n=0}^{\infty} c_n \left| n \right\rangle \tag{4}$$

用 $\langle m|$ 左乘式(4), 并利用正交归一条件

$$\langle m | n \rangle = \delta_{mn} \tag{5}$$

得

$$c_{m+1} = \frac{\alpha}{\sqrt{m+1}} c_m \tag{6}$$

由式(6)可得 $c_1 = c_0\alpha, c_2 = c_0\alpha^2/\sqrt{2!}, \cdots$, 故有

$$c_n = \frac{\alpha^n}{\sqrt{n!}} c_0 \tag{7}$$

将式(7)代入式(2),

$$|\alpha\rangle = c_0 \sum_{n=0}^{\infty} \frac{\alpha^n}{\sqrt{n!}} |n\rangle \tag{8}$$

利用归一化条件

$$\langle \alpha | \alpha \rangle = 1 \quad 或 \quad \sum_{n=0}^{\infty} |c_n|^2 = 1 \tag{9}$$

可以计算 c_0,

$$\sum_{n=0}^{\infty} |c_n|^2 = |c_0|^2 \sum_{n=0}^{\infty} \frac{|\alpha^n|^2}{n!} = |c_0|^2 \sum_{n=0}^{\infty} \frac{(|\alpha|^2)^n}{n!} = |c_0|^2 \mathrm{e}^{|\alpha|^2} = 1 \tag{10}$$

由上式得 $|c_0|^2 = \mathrm{e}^{-|\alpha|^2}$. c_0 取正实数, $c_0 = \mathrm{e}^{-|\alpha|^2/2}$, 代入式(8)得

$$|\alpha\rangle = \mathrm{e}^{-|\alpha|^2/2} \sum_{n=0}^{\infty} \frac{\alpha^n}{\sqrt{n!}} |n\rangle \tag{11}$$

由于 a 不是厄米算符, 故 a 的本征值 α 可取任意复数.

2.46　设 $|n\rangle$ 为一维谐振子的能量本征态, 谐振子降算符 a 对 $|n\rangle$ 的作用为

$$a|n\rangle = \sqrt{n}|n-1\rangle \tag{1}$$

证明(1) 一维谐振子相干态

$$\left|\alpha\right\rangle = \mathrm{e}^{-|\alpha|^2/2}\sum_{n=0}^{\infty}\frac{\alpha^n}{\sqrt{n!}}\left|n\right\rangle \tag{2}$$

是谐振子降算符 a 的本征态，本征值为 α . (2) a 的不同本征值 β 与 α 的本征态不正交

$$\left\langle\beta|\alpha\right\rangle \neq 0 \tag{3}$$

(3) 谐振子相干态(2)可以表示为

$$\left|\alpha\right\rangle = \mathrm{e}^{\alpha a^+ - \alpha^* a}\left|0\right\rangle \tag{4}$$

其中 a^+ 为谐振子升算符.

证　(1) 利用公式(1),

$$\begin{aligned}
a\left|\alpha\right\rangle &= \mathrm{e}^{-|\alpha|^2/2}a\left(\left|0\right\rangle + \sum_{n=1}^{\infty}\frac{\alpha^n}{\sqrt{n!}}\left|n\right\rangle\right)\\
&= \mathrm{e}^{-|\alpha|^2/2}\sum_{n=1}^{\infty}\frac{\alpha^n}{\sqrt{(n-1)!}}\left|n-1\right\rangle\\
&= \alpha\,\mathrm{e}^{-|\alpha|^2/2}\sum_{m=0}^{\infty}\frac{\alpha^m}{\sqrt{m!}}\left|m\right\rangle = \alpha\left|\alpha\right\rangle
\end{aligned} \tag{5}$$

(2)

$$\left|\beta\right\rangle = \mathrm{e}^{-|\beta|^2/2}\sum_{m=0}^{\infty}\frac{\beta^m}{\sqrt{m!}}\left|m\right\rangle \tag{6}$$

$$\begin{aligned}
\left\langle\beta|\alpha\right\rangle &= \mathrm{e}^{-(|\alpha|^2+|\beta|^2)/2}\sum_{m,n=0}^{\infty}\frac{(\beta^*)^m\alpha^n}{\sqrt{m!n!}}\left\langle m|n\right\rangle\\
&= \mathrm{e}^{-(|\alpha|^2+|\beta|^2)/2}\sum_{m,n=0}^{\infty}\frac{(\beta^*)^m\alpha^n}{\sqrt{m!n!}}\delta_{mn}\\
&= \mathrm{e}^{-(|\alpha|^2+|\beta|^2)/2}\sum_{n=0}^{\infty}\frac{(\beta^*\alpha)^n}{n!} = \mathrm{e}^{-(|\alpha|^2+|\beta|^2)/2}\mathrm{e}^{\alpha\beta^*}\\
&= \mathrm{e}^{-(|\alpha|^2+|\beta|^2-2\alpha\beta^*)/2} \neq 0
\end{aligned} \tag{7}$$

(3) 由 2.11 题知，如果算符 $\hat{A},\hat{B}$ 同它们的对易关系式 $[\hat{A},\hat{B}]$ 都对易，则

$$\mathrm{e}^{\hat{A}+\hat{B}} = \mathrm{e}^{\hat{A}}\mathrm{e}^{\hat{B}}\mathrm{e}^{-[\hat{A},\hat{B}]/2} \tag{8}$$

现令 $\hat{A} = \alpha a^+, \hat{B} = -\alpha^* a$,

$$[\hat{A},\hat{B}] = -\alpha\alpha^*[a^+,a] = |\alpha|^2 \tag{9}$$

显然 $\hat{A}=\alpha a^+,\hat{B}=-\alpha^* a$, 符合公式(8)成立的条件.

$$e^{\alpha a^+ - \alpha^* a} = e^{\alpha a^+} e^{-\alpha^* a} e^{-|\alpha|^2/2} \tag{10}$$

$$e^{\alpha a^+ - \alpha^* a}|0\rangle = e^{-|\alpha|^2/2} e^{\alpha a^+} e^{-\alpha^* a}|0\rangle \tag{11}$$

其中

$$e^{-\alpha^* a}|0\rangle = \sum_{n=0}^{\infty}\frac{(-\alpha^*)^n}{n!}a^n|0\rangle = |0\rangle + \sum_{n=1}^{\infty}\frac{(-\alpha^*)^n}{n!}a^n|0\rangle = |0\rangle \tag{12}$$

将式(12)代入式(11), 式(4)得证:

$$\begin{aligned} e^{\alpha a^+ - \alpha^* a}|0\rangle &= e^{-|\alpha|^2/2} e^{\alpha a^+}|0\rangle = e^{-|\alpha|^2/2}\sum_{n=0}^{\infty}\frac{\alpha^n}{n!}(a^+)^n|0\rangle \\ &= e^{-|\alpha|^2/2}\sum_{n=0}^{\infty}\frac{\alpha^n}{\sqrt{n!}}|n\rangle = |\alpha\rangle \end{aligned} \tag{13}$$

以上利用了公式

$$|n\rangle = \frac{1}{\sqrt{n!}}(a^+)^n|0\rangle \tag{14}$$

2.47 一维谐振子处于相干态 $|\alpha\rangle = e^{-|\alpha|^2/2}\sum_{n=0}^{\infty}\frac{\alpha^n}{\sqrt{n!}}|n\rangle$, 其中 $|n\rangle$ 是谐振子哈密顿量 $\hat{H}=\frac{\hat{p}^2}{2\mu}+\frac{1}{2}\mu\omega^2x^2$ 的本征态. 谐振子相干态 $|\alpha\rangle$ 是谐振子算符 $a=\sqrt{\frac{\mu\omega}{2\hbar}}\left(x+\frac{i}{\mu\omega}\hat{p}\right)$ 的本征值为 α 的本征态, 满足归一化条件 $\langle\alpha|\alpha\rangle=1$. (1)求能量平均值 $\bar{H}$; (2)求 Δx 与 Δp, 表明在相干态上乘积 $\Delta x\Delta p$ 取测不准关系式 $\Delta x\Delta p \geqslant \hbar/2$ 中的最小值.

解 (1) 由 2.44 题知, 一维谐振子哈密顿量 $\hat{H}$ 可以用 $\hat{N}=a^+a$ 表示为

$$\hat{H}=\left(\hat{N}+\frac{1}{2}\right)\hbar\omega$$

已知 $|\alpha\rangle$ 为 a 的本征值为 α 的本征态,

$$a|\alpha\rangle=\alpha|\alpha\rangle,\ \langle\alpha|a^+=\alpha^*\langle\alpha|$$

$$\overline{N}=\langle\alpha|a^+a|\alpha\rangle=\alpha^*\alpha\langle\alpha|\alpha\rangle=|\alpha|^2$$

$$\overline{H} = \left(\overline{N} + \frac{1}{2}\right)\hbar\omega = \left(|\alpha|^2 + \frac{1}{2}\right)\hbar\omega$$

(2) 根据a的定义式,

$$a = \sqrt{\frac{\mu\omega}{2\hbar}}\left(x + \frac{\mathrm{i}}{\mu\omega}\hat{p}\right),\ a^+ = \sqrt{\frac{\mu\omega}{2\hbar}}\left(x - \frac{\mathrm{i}}{\mu\omega}\hat{p}\right)$$

由这两式反解得

$$x = \sqrt{\frac{\hbar}{2\mu\omega}}(a^+ + a),\quad \hat{p} = \mathrm{i}\sqrt{\frac{\mu\omega\hbar}{2}}(a^+ - a)$$

$$x^2 = \frac{\hbar}{2\mu\omega}[(a^+)^2 + a^2 + 2a^+a + 1]$$

$$\hat{p}^2 = \frac{1}{2}\mu\omega\hbar[2a^+a + 1 - (a^+)^2 - a^2]$$

在以上计算中用到对易式$[a,a^+]=1$或$aa^+ = a^+a + 1$. 利用以上四式, 可以算出以下结果:

$$\overline{x} = \sqrt{\frac{\hbar}{2\mu\omega}}\langle\alpha|(a^+ + a)|\alpha\rangle = \sqrt{\frac{\hbar}{2\mu\omega}}(\alpha^* + \alpha)$$

$$\overline{x^2} = \frac{\hbar}{2\mu\omega}\langle\alpha|(a^+)^2 + a^2 + 2a^+a + 1|\alpha\rangle$$

$$= \frac{\hbar}{2\mu\omega}\left[(\alpha^*)^2 + \alpha^2 + 2\alpha^*\alpha + 1\right]$$

$$\overline{p} = \mathrm{i}\sqrt{\frac{\mu\omega\hbar}{2}}(\alpha^* - \alpha)$$

$$\overline{p^2} = \frac{1}{2}\mu\omega\hbar\left[2\alpha^*\alpha + 1 - (\alpha^*)^2 - \alpha^2\right]$$

$$\Delta x = \sqrt{\overline{x^2} - (\overline{x})^2} = \sqrt{\frac{\hbar}{2\mu\omega}},\ \Delta p = \sqrt{\overline{p^2} - (\overline{p})^2} = \sqrt{\frac{\mu\omega\hbar}{2}}$$

$$\Delta x\Delta p = \frac{\hbar}{2}$$

2.48　设厄米电荷算符$\hat{Q}$的本征态为$|\psi_q\rangle$, 本征值为$q:\hat{Q}|\psi_q\rangle = q|\psi_q\rangle$. 电荷共轭算符$\hat{C}$对$|\psi_q\rangle$的作用是使之成为$\hat{Q}$的本征值为$-q$的本征态$|\psi_{-q}\rangle$:

$\hat{C}|\psi_q\rangle = |\psi_{-q}\rangle$. 证明算符 $\hat{C}$ 与 $\hat{Q}$ 反对易：$\hat{C}\hat{Q}+\hat{Q}\hat{C}=0$.

证　粒子的电荷 $q=\pm ne, n=0,1,2,\cdots$, e 是电子电荷的绝对值. 与所有电荷 q 值相应的 $|\psi_q\rangle$ 构成完备系. 粒子的任意电荷态 $|\psi\rangle$ 可以表示为

$$|\psi\rangle = \sum_q c_q |\psi_q\rangle$$

$$(\hat{C}\hat{Q}+\hat{Q}\hat{C})|\psi\rangle = \sum_q c_q (\hat{C}\hat{Q}+\hat{Q}\hat{C})|\psi_q\rangle = \sum_q c_q \left(q\hat{C}|\psi_q\rangle + \hat{Q}|\psi_{-q}\rangle\right)$$

$$= \sum_q c_q \left(q|\psi_{-q}\rangle - q|\psi_{-q}\rangle\right) = 0$$

由于 $|\psi\rangle$ 是任意的态矢，$\hat{C}\hat{Q}+\hat{Q}\hat{C}=0$.

第三章 表 象

学习要点

1. 动量表象波函数 $\varphi(\boldsymbol{p},t)$ 的绝对值平方 $|\varphi(\boldsymbol{p},t)|^2$ 为动量空间的概率密度，$|\varphi(p_x,p_y,p_z,t)|^2\,\mathrm{d}p_x\mathrm{d}p_y\mathrm{d}p_z$ 表示 t 时刻粒子的三个动量分量分别在 $p_x\sim p_x+\mathrm{d}p_x$，$p_y\sim p_y+\mathrm{d}p_y$ 与 $p_z\sim p_z+\mathrm{d}p_z$ 的概率.

2. 动量表象波函数 $\varphi(\boldsymbol{p},t)$ 与坐标表象波函数 $\psi(\boldsymbol{r},t)$ 之间的关系是

$$\psi(\boldsymbol{r},t)=\frac{1}{(2\pi\hbar)^{3/2}}\int_{-\infty}^{+\infty}\varphi(\boldsymbol{p},t)\ \mathrm{e}^{\mathrm{i}\boldsymbol{p}\cdot\boldsymbol{r}/\hbar}\ \mathrm{d}^3\boldsymbol{p} \tag{3-1}$$

$$\varphi(\boldsymbol{p},t)=\frac{1}{(2\pi\hbar)^{3/2}}\int_{-\infty}^{+\infty}\psi(\boldsymbol{r},t)\ \mathrm{e}^{-\mathrm{i}\boldsymbol{p}\cdot\boldsymbol{r}/\hbar}\ \mathrm{d}^3\boldsymbol{r} \tag{3-2}$$

对一维运动, 式(3-1)与(3-2)变为

$$\psi(x,t)=\frac{1}{(2\pi\hbar)^{1/2}}\int_{-\infty}^{+\infty}\varphi(p,t)\mathrm{e}^{\mathrm{i}px/\hbar}\mathrm{d}p \tag{3-3}$$

$$\varphi(p,t)=\frac{1}{(2\pi\hbar)^{1/2}}\int_{-\infty}^{+\infty}\psi(x,t)\mathrm{e}^{-\mathrm{i}px/\hbar}\mathrm{d}x \tag{3-4}$$

3. $\varphi(\boldsymbol{p},t)$ 满足方程

$$\mathrm{i}\hbar\frac{\partial}{\partial t}\varphi(\boldsymbol{p},t)=\frac{p^2}{2\mu}\varphi(\boldsymbol{p},t)+\int_{-\infty}^{+\infty}V_{\boldsymbol{p}\boldsymbol{p}'}\varphi(\boldsymbol{p}',t)\ \mathrm{d}^3\boldsymbol{p}' \tag{3-5}$$

$$V_{\boldsymbol{p}\boldsymbol{p}'}=\frac{1}{(2\pi\hbar)^3}\int_{-\infty}^{+\infty}\mathrm{e}^{-\mathrm{i}(\boldsymbol{p}-\boldsymbol{p}')\cdot\boldsymbol{r}/\hbar}V(\boldsymbol{r},t)\mathrm{d}\tau \tag{3-6}$$

对一维运动态, 式(3-5)与(3-6)变为

$$\mathrm{i}\hbar\frac{\partial}{\partial t}\varphi(p,t)=\frac{p^2}{2\mu}\varphi(p,t)+\int_{-\infty}^{+\infty}V_{pp'}\varphi(p',t)\ \mathrm{d}p' \tag{3-7}$$

$$V_{pp'}=\frac{1}{2\pi\hbar}\int_{-\infty}^{+\infty}\mathrm{e}^{-\mathrm{i}(p-p')x/\hbar}V(x,t)\mathrm{d}x \tag{3-8}$$

如果势能$V(\boldsymbol{r})$不含t，则

$$\varphi(\boldsymbol{p},t)=\mathrm{e}^{-\mathrm{i}Et/\hbar}\varphi(\boldsymbol{p}) \tag{3-9}$$

其中E为定态能量，$\varphi(\boldsymbol{p})$满足定态方程

$$\frac{p^2}{2\mu}\varphi(\boldsymbol{p})+\int_{-\infty}^{+\infty}V_{\boldsymbol{pp}'}\varphi(\boldsymbol{p}')\mathrm{d}^3\boldsymbol{p}'=E\varphi(\boldsymbol{p}) \tag{3-10}$$

如果势能$V(\boldsymbol{r})$可以表示成$\boldsymbol{r}(x,y,z)$的正幂次级数，

$$V(\boldsymbol{r})=\sum_{n,l,m=0}^{\infty}a_{nlm}x^n y^l z^m \tag{3-11}$$

则定态方程变为

$$\left[\frac{p^2}{2\mu}+V(\boldsymbol{r}=\mathrm{i}\hbar\nabla_{\boldsymbol{p}})\right]\varphi(\boldsymbol{p})=E\varphi(\boldsymbol{p}) \tag{3-12}$$

4. 在本征值为分立的力学量$\hat{Q}$表象中，波函数ψ表示为一列矩阵

$$\psi=\begin{pmatrix}c_1\\c_2\\c_3\\\vdots\end{pmatrix} \tag{3-13}$$

$$c_n=\int u_n^*(\boldsymbol{r})\psi(\boldsymbol{r})\mathrm{d}\tau \tag{3-14}$$

$u_n(\boldsymbol{r})$是$\hat{Q}$的第n个本征函数

$$\hat{Q}u_n(\boldsymbol{r})=q_n u_n(\boldsymbol{r}),\ n=1,2,\cdots \tag{3-15}$$

在$\hat{Q}$表象中，力学量$\hat{F}$表示为方矩阵

$$\hat{F}=\begin{pmatrix}F_{11}&F_{12}&F_{13}&\cdots\\F_{21}&F_{22}&F_{23}&\cdots\\F_{31}&F_{32}&F_{33}&\cdots\\\vdots&\vdots&\vdots&\ddots\end{pmatrix} \tag{3-16}$$

$$F_{mn}=\int u_m^*\hat{F}u_n\mathrm{d}\tau \tag{3-17}$$

波函数ψ与算符$\hat{F}$由$\hat{Q}$表象到$\hat{Q}'$表象变换的公式为

$$\psi' = S^{+}\psi \tag{3-18}$$

$$\hat{F}' = S^{+}\hat{F}S \tag{3-19}$$

其中 S 矩阵可以在 $\hat{Q}$ 表象中求出 $\hat{Q}'$ 的所有本征态矢

$$\begin{pmatrix} S_{11} \\ S_{21} \\ S_{31} \\ \vdots \end{pmatrix}\begin{pmatrix} S_{12} \\ S_{22} \\ S_{32} \\ \vdots \end{pmatrix}\begin{pmatrix} S_{13} \\ S_{23} \\ S_{33} \\ \vdots \end{pmatrix} \tag{3-20}$$

将它们依次排列起来得到

$$S = \begin{pmatrix} S_{11} & S_{12} & S_{13} & \cdots \\ S_{21} & S_{22} & S_{23} & \cdots \\ S_{31} & S_{32} & S_{33} & \cdots \\ \vdots & \vdots & \vdots & \ddots \end{pmatrix} \tag{3-21}$$

习题与解答

3.1 在 p 表象求解 δ 势阱 $V(x) = -\gamma\delta(x)$ 中的定态能量和波函数 $(\gamma > 0)$.

解 在 p 表象的定态方程为

$$\frac{p^2}{2\mu}\varphi(p) + \int_{-\infty}^{+\infty} V_{pp'}\varphi(p')\mathrm{d}p' = E\varphi(p) \tag{1}$$

其中 $E = -|E|$,

$$\begin{aligned} V_{pp'} &= \frac{1}{2\pi\hbar}\int_{-\infty}^{+\infty} \mathrm{e}^{-\mathrm{i}(p-p')x/\hbar} V(x)\mathrm{d}x \\ &= -\frac{\gamma}{2\pi\hbar}\int_{-\infty}^{+\infty} \mathrm{e}^{-\mathrm{i}(p-p')x/\hbar} \delta(x)\mathrm{d}x \\ &= -\frac{\gamma}{2\pi\hbar} \end{aligned}$$

将 $E = -|E|$ 与上式代入式(1),

$$(p^2 + 2\mu|E|)\varphi(p) = \frac{\gamma\mu}{\pi\hbar}\int_{-\infty}^{+\infty} \varphi(p')\mathrm{d}p' \tag{2}$$

上式对 p 微商, 得

$$(p^2 + 2\mu|E|)\frac{\mathrm{d}\varphi(p)}{\mathrm{d}p} + 2p\varphi(p) = 0$$

其解为

$$\varphi(p)=\frac{A}{p^2+2\mu|E|} \tag{3}$$

其中 A 为归一化常数. 将式(3)代入式(2), 得

$$1=\frac{\gamma\mu}{\pi\hbar}\int_{-\infty}^{+\infty}\frac{\mathrm{d}p'}{p'^2+2\mu|E|}=\frac{\gamma\mu}{\hbar\sqrt{2\mu|E|}}$$

由此得

$$|E|=\frac{\mu\gamma^2}{2\hbar^2},\ E=-\frac{\mu\gamma^2}{2\hbar^2} \tag{4}$$

其中 E 为定态能量. 将式(4)代入式(3),

$$\varphi(p)=\frac{A}{p^2+\dfrac{\mu^2\gamma^2}{\hbar^2}} \tag{5}$$

由归一化条件 $\int_{-\infty}^{+\infty}|\varphi(p)|^2\mathrm{d}p=1$, 算出归一化常数 $A=\sqrt{\frac{2}{\pi}\left(\frac{\mu\gamma}{\hbar}\right)^{3/2}}$, 定态波函数为

$$\varphi(p)=\sqrt{\frac{2}{\pi}\left(\frac{\mu\gamma}{\hbar}\right)^{3/2}}\frac{1}{p^2+(\mu\gamma/\hbar)^2}$$

3.2　已知在 δ 势阱 $V(x)=-\gamma\delta(x)$ 中的定态归一化波函数(p 表象)为 $\varphi(p)=\frac{A}{p^2+\hbar^2k^2}, A=\sqrt{\frac{2\hbar^3k^3}{\pi}}, k=\frac{\mu\gamma}{\hbar^2}$, 试计算 $\Delta x\Delta p$, 验证测不准关系.

解

$$\bar{p}=A^2\int_{-\infty}^{+\infty}\frac{p\mathrm{d}p}{(p^2+\hbar^2k^2)^2}=0$$

$$\overline{p^2}=A^2\int_{-\infty}^{+\infty}\frac{p^2\mathrm{d}p}{(p^2+\hbar^2k^2)^2}=\frac{A^2\pi}{2\hbar k}=\hbar^2k^2$$

$$\bar{x}=A^2\int_{-\infty}^{+\infty}\frac{1}{p^2+\hbar^2k^2}\left(\mathrm{i}\hbar\frac{\partial}{\partial p}\right)\frac{1}{p^2+\hbar^2k^2}\mathrm{d}p=0$$

$$\begin{aligned}\overline{x^2}&=A^2\int_{-\infty}^{+\infty}\frac{1}{p^2+\hbar^2k^2}\left(\mathrm{i}\hbar\frac{\partial}{\partial p}\right)^2\frac{1}{p^2+\hbar^2k^2}\mathrm{d}p\\&=A^2\int_{-\infty}^{+\infty}\left(\mathrm{i}\hbar\frac{\partial}{\partial p}\frac{1}{p^2+\hbar^2k^2}\right)^*\left(\mathrm{i}\hbar\frac{\partial}{\partial p}\right)\frac{1}{p^2+\hbar^2k^2}\mathrm{d}p\\&=4A^2\hbar^2\int_{-\infty}^{+\infty}\frac{p^2\mathrm{d}p}{(p^2+\hbar^2k^2)^4}=\frac{A^2\pi}{4\hbar^3k^5}=\frac{1}{2k^2}\end{aligned}$$

$$\Delta p=\sqrt{\overline{p^2}-(\overline{p})^2}=\hbar k,\ \Delta x=\sqrt{\overline{x^2}-(\overline{x})^2}=\frac{1}{\sqrt{2}k}$$

$$\Delta x\Delta p=\frac{\hbar}{\sqrt{2}}$$

显然，此式符合测不准关系式：$\Delta x\Delta p\geqslant\hbar/2$

3.3 在 p 表象计算一维谐振子定态能量和波函数.

解 一维谐振子的势能为

$$\hat{V}=\frac{1}{2}\mu\omega^2\hat{x}^2=-\frac{1}{2}\mu\omega^2\hbar^2\frac{\mathrm{d}^2}{\mathrm{d}p^2}$$

定态方程为

$$\left(\frac{p^2}{2\mu}-\frac{1}{2}\mu\omega^2\hbar^2\frac{\mathrm{d}^2}{\mathrm{d}p^2}\right)\varphi(p)=E\varphi(p)$$

上式除以 $\mu^2\omega^2$，并令

$$\omega_0=\frac{1}{\mu^2\omega},\ \lambda=\frac{E}{\mu^2\omega^2}$$

方程变为

$$\left(-\frac{\hbar^2}{2\mu}\frac{\mathrm{d}^2}{\mathrm{d}p^2}+\frac{1}{2}\mu\omega_0^2p^2\right)\varphi(p)=\lambda\varphi(p)$$

显然，这个方程的解为

$$\varphi(p)=N\mathrm{e}^{-\alpha_0^2p^2/2}H_n(\alpha_0p)$$

$$\alpha_0=\sqrt{\frac{\mu\omega_0}{\hbar}}=\sqrt{\frac{1}{\hbar\mu\omega}},\ N=\sqrt{\frac{\alpha_0}{\sqrt{\pi}2^nn!}}$$

$$\lambda=\left(n+\frac{1}{2}\right)\hbar\omega_0=\left(n+\frac{1}{2}\right)\frac{\hbar}{\mu^2\omega}=\frac{E}{\mu^2\omega^2}$$

$$E=\left(n+\frac{1}{2}\right)\hbar\omega,\ n=0,1,2,\cdots$$

3.4 质量为 μ 的粒子在均匀力场 $f(x)=-F(F>0)$ 中运动，运动的范围限制在 $x\geqslant0$. 给出动量表象中的定态方程，并求出定态波函数 $\varphi(p)$.

解 由 $f(x)=-F=-\nabla V$ 得 $V=Fx$. 在动量表象中定态方程为

$$\left(\frac{p^2}{2\mu}+F\hat{x}\right)\varphi(p)=E\varphi(p)$$

$$\left(\frac{p^2}{2\mu}+\mathrm{i}\hbar F\frac{\mathrm{d}}{\mathrm{d}p}\right)\varphi(p)=E\varphi(p)$$

方程的解为

$$\varphi(p)=A\exp\left[\frac{\mathrm{i}}{\hbar F}\left(\frac{p^3}{6\mu}-Ep\right)\right]$$

3.5　质量为 μ 的粒子在均匀力场 $f(x)=-F(F>0)$ 中运动，$\rho(p,t)$ 为其在动量空间的概率密度，求 $\partial\rho/\partial t$ 与 $\partial\rho/\partial p$ 的关系.

解　在动量表象中，粒子的势能 $\hat{V}=F\hat{x}=\mathrm{i}\hbar F\partial/\partial p$，波函数 $\varphi(p,t)$ 满足方程

$$\mathrm{i}\hbar\frac{\partial}{\partial t}\varphi(p,t)=\left(\frac{p^2}{2\mu}+\mathrm{i}\hbar F\frac{\partial}{\partial p}\right)\varphi(p,t) \tag{1}$$

方程(1)的复共轭为

$$-\mathrm{i}\hbar\frac{\partial}{\partial t}\varphi^*(p,t)=\left(\frac{p^2}{2\mu}-\mathrm{i}\hbar F\frac{\partial}{\partial p}\right)\varphi^*(p,t) \tag{2}$$

$\varphi^*(p,t)\times(1)-\varphi(p,t)\times(2)$ 得

$$\frac{\partial}{\partial t}\left|\varphi(p,t)\right|^2=F\frac{\partial}{\partial p}\left|\varphi(p,t)\right|^2$$

其中 $\rho(p,t)=\left|\varphi(p,t)\right|^2$ 是粒子在动量空间的概率密度. 由上式得

$$\frac{\partial\rho(p,t)}{\partial t}=F\frac{\partial\rho(p,t)}{\partial p}$$

3.6　已知 $t=0$ 时一维自由粒子波函数在坐标表象和动量表象分别是

$$\psi(x)=Nx\exp\left(-ax^2+\mathrm{i}\frac{p_0x}{\hbar}\right)$$

$$\varphi(p)=C(p-p_0)\exp\left[-b(p-p_0)^2\right]$$

其中 a,b 和 p_0 都是已知实数，N 与 C 是归一化常数. 试求 $t=0$ 时和 $t>0$ 时粒子坐标和动量的平均值 $\overline{x}$ 和 $\overline{p}$.

解　由归一化条件

$$\int_{-\infty}^{+\infty}|\psi(x)|^2\,\mathrm{d}x=1,\ \int_{-\infty}^{+\infty}|\varphi(p)|^2\,\mathrm{d}p=1$$

求得归一化常数

$$N=\left(\frac{32a^3}{\pi}\right)^{1/4},\quad C=\left(\frac{32b^3}{\pi}\right)^{1/4}$$

$t=0$ 时粒子坐标和动量的平均值

$$\overline{x}(0)=\int_{-\infty}^{+\infty}|\psi(x)|^2\,x\mathrm{d}x=N^2\int_{-\infty}^{+\infty}\mathrm{e}^{-2ax^2}x^3\mathrm{d}x=0$$

$$\overline{p}(0)=\int_{-\infty}^{+\infty}|\varphi(p)|^2\,p\mathrm{d}p=C^2\int_{-\infty}^{+\infty}\mathrm{e}^{-2b(p-p_0)^2}(p-p_0)^2\,p\mathrm{d}p=p_0$$

$t>0$ 时粒子的动量和坐标的平均值

$$\overline{p}(t)=p_0,\ \overline{x}(t)=\overline{x}(0)+\frac{p_0}{\mu}t=\frac{p_0}{\mu}t$$

这是因为自由粒子的动量守恒,动量的平均值不随时间变化,平均位移等于平均速度 p_0/μ 乘时间 t.

3.7 中子 n 和反中子 $\overline{n}$ 的质量都是 m,它们的态 $|n\rangle$ 和 $|\overline{n}\rangle$ 可以看成是一自由哈密顿量 $\hat{H}_0$ 的简并态:$\hat{H}_0|n\rangle=mc^2|n\rangle,\hat{H}_0|\overline{n}\rangle=mc^2|\overline{n}\rangle$. 设有某种相互作用 $\hat{H}'$ 能使中子与反中子相互转变:$\hat{H}'|n\rangle=\alpha|\overline{n}\rangle$, $\hat{H}'|\overline{n}\rangle=\alpha^*|n\rangle$,其中 $\alpha=\alpha^*$. 试求 $t=0$ 时刻的一个中子在 t 时刻变成反中子的概率.

解 取 $\hat{H}_0$ 表象,基矢为 $\hat{H}_0$ 的本征态 $|n\rangle$ 与 $|\overline{n}\rangle$. 令 $|1\rangle=|n\rangle,|2\rangle=|\overline{n}\rangle$,它们满足正交归一条件

$$\langle i|j\rangle=\delta_{ij},\ i,j=1,2$$

在 $\hat{H}_0$ 表象中,定态方程为

$$\hat{H}|\psi\rangle=E|\psi\rangle\quad 或\quad \begin{pmatrix}H_{11}&H_{12}\\H_{21}&H_{22}\end{pmatrix}\begin{pmatrix}c_1\\c_2\end{pmatrix}=E\begin{pmatrix}c_1\\c_2\end{pmatrix}$$

其中 H_{ij} 是 $\hat{H}=\hat{H}_0+\hat{H}'$ 在 $\hat{H}_0$ 表象中的矩阵元:

$$H_{11}=\langle 1|\hat{H}_0+\hat{H}'|1\rangle=\langle n|\hat{H}_0+\hat{H}'|n\rangle=mc^2$$

$$H_{12}=\langle 1|\hat{H}_0+\hat{H}'|2\rangle=\langle n|\hat{H}_0+\hat{H}'|\overline{n}\rangle=\alpha$$

$$H_{21}=H_{12}^*=\alpha$$

$$H_{22}=\langle 2|\hat{H}_0+\hat{H}'|2\rangle=\langle\overline{n}|\hat{H}_0+\hat{H}'|\overline{n}\rangle=mc^2$$

将它们代入定态方程, 得

$$\begin{pmatrix} mc^2 & \alpha \\ \alpha & mc^2 \end{pmatrix}\begin{pmatrix} c_1 \\ c_2 \end{pmatrix}=E\begin{pmatrix} c_1 \\ c_2 \end{pmatrix}$$

这个方程的解为

$$E_1=mc^2+\alpha,\ |\psi_1\rangle=\frac{1}{\sqrt{2}}\begin{pmatrix} 1 \\ 1 \end{pmatrix}=\frac{1}{\sqrt{2}}(|n\rangle+|\overline{n}\rangle)$$

$$E_2=mc^2-\alpha,\ |\psi_2\rangle=\frac{1}{\sqrt{2}}\begin{pmatrix} 1 \\ -1 \end{pmatrix}=\frac{1}{\sqrt{2}}(|n\rangle-|\overline{n}\rangle)$$

含时薛定谔方程的一般解为

$$|\psi(t)\rangle=A\mathrm{e}^{-\mathrm{i}E_1t/\hbar}|\psi_1\rangle+B\mathrm{e}^{-\mathrm{i}E_2t/\hbar}|\psi_2\rangle$$

其中常数 A,B 由初条件决定,

$$|\psi(0)\rangle=A|\psi_1\rangle+B|\psi_2\rangle=\begin{pmatrix} 1 \\ 0 \end{pmatrix}$$

$$A=\langle\psi_1|\psi(0)\rangle=\frac{1}{\sqrt{2}}(1,1)\begin{pmatrix} 1 \\ 0 \end{pmatrix}=\frac{1}{\sqrt{2}}$$

$$B=\langle\psi_2|\psi(0)\rangle=\frac{1}{\sqrt{2}}(1,-1)\begin{pmatrix} 1 \\ 0 \end{pmatrix}=\frac{1}{\sqrt{2}}$$

$$\begin{aligned}|\psi(t)\rangle&=\frac{1}{\sqrt{2}}\mathrm{e}^{-\mathrm{i}E_1t/\hbar}|\psi_1\rangle+\frac{1}{\sqrt{2}}\mathrm{e}^{-\mathrm{i}E_2t/\hbar}|\psi_2\rangle\\&=\frac{1}{2}\mathrm{e}^{-\mathrm{i}mc^2t/\hbar}\left[\mathrm{e}^{-\mathrm{i}\alpha t/\hbar}\begin{pmatrix} 1 \\ 1 \end{pmatrix}+\mathrm{e}^{\mathrm{i}\alpha t/\hbar}\begin{pmatrix} 1 \\ -1 \end{pmatrix}\right]\\&=\mathrm{e}^{-\mathrm{i}mc^2t/\hbar}\begin{pmatrix} \cos\dfrac{\alpha t}{\hbar} \\ -\mathrm{i}\sin\dfrac{\alpha t}{\hbar} \end{pmatrix}=\mathrm{e}^{-\mathrm{i}mc^2t/\hbar}\left[\cos\frac{\alpha t}{\hbar}\begin{pmatrix} 1 \\ 0 \end{pmatrix}-\mathrm{i}\sin\frac{\alpha t}{\hbar}\begin{pmatrix} 0 \\ 1 \end{pmatrix}\right]\\&=\mathrm{e}^{-\mathrm{i}mc^2t/\hbar}\left(\cos\frac{\alpha t}{\hbar}|n\rangle-\mathrm{i}\sin\frac{\alpha t}{\hbar}|\overline{n}\rangle\right)\end{aligned}$$

t 时刻 $n\to\overline{n}$ 的概率为 $\left|-\mathrm{i}\mathrm{e}^{-\mathrm{i}mc^2t/\hbar}\sin\dfrac{\alpha t}{\hbar}\right|^2=\sin^2\dfrac{\alpha t}{\hbar}$.

3.8 有一量子体系，其态矢空间三维. 选择基矢 $\{|1\rangle,|2\rangle,|3\rangle\}$. 体系的哈密顿量 $\hat{H}$ 及另外两个力学量 $\hat{A}$ 与 $\hat{B}$ 为

$$\hat{H}=\hbar\omega_0\begin{pmatrix}1&0&0\\0&2&0\\0&0&2\end{pmatrix},\ A=a\begin{pmatrix}1&0&0\\0&0&1\\0&1&0\end{pmatrix},\ B=b\begin{pmatrix}0&1&0\\1&0&0\\0&0&1\end{pmatrix}$$

设 $t=0$ 时体系的态矢为 $|\psi(0)\rangle=\frac{1}{\sqrt{2}}|1\rangle+\frac{1}{2}|2\rangle+\frac{1}{2}|3\rangle$，(1)在 $t=0$ 时测量体系能量 H 可得哪些结果？相应概率多大？计算 H 平均值 $\bar{H}$ 及 $\Delta H=\sqrt{\overline{H^2}-(\bar{H})^2}$. (2)如 $t=0$ 时测量 A，可能值与相应概率有多大？写出测量后体系的态矢量. (3)计算任意 t 时刻 A 与 B 的平均值 $\overline{A(t)}$ 与 $\overline{B(t)}$.

解 (1) 能量可能值为 $E_1=\hbar\omega_0, E_2=2\hbar\omega_0$，相应概率均为 $1/2$.

$$\bar{H}=\frac{3}{2}\hbar\omega_0,\ \overline{H^2}=\frac{5}{2}\hbar^2\omega_0^2,\ \Delta H=\sqrt{\overline{H^2}-\left(\bar{H}\right)^2}=\frac{1}{2}\hbar\omega_0$$

(2) 由 $\hat{A}$ 的本征方程

$$\hat{A}|\varphi\rangle=A|\varphi\rangle \quad 或 \quad a\begin{pmatrix}1&0&0\\0&0&1\\0&1&0\end{pmatrix}\begin{pmatrix}c_1\\c_2\\c_3\end{pmatrix}=A\begin{pmatrix}c_1\\c_2\\c_3\end{pmatrix}$$

解得

$$A_1=-a, |\varphi_1\rangle=\frac{1}{\sqrt{2}}\begin{pmatrix}0\\1\\-1\end{pmatrix};\ A_2=a, |\varphi_2\rangle=\begin{pmatrix}1\\0\\0\end{pmatrix};\ A_3=a, |\varphi_3\rangle=\frac{1}{\sqrt{2}}\begin{pmatrix}0\\1\\1\end{pmatrix}$$

由于 $\hat{A}$ 的本征值 $A=a$ 是简并的，与这个本征值相应的本征态有无限多组. 这里给出的 $|\varphi_2\rangle$ 与 $|\varphi_3\rangle$ 是最简单的一组正交归一的本征态. 根据 $t=0$ 时体系的态矢

$$|\psi(0)\rangle=\frac{1}{2}\begin{pmatrix}\sqrt{2}\\1\\1\end{pmatrix}$$

可以算出 $t=0$ 时测量 A 取值 $-a$ 的概率为

$$|\langle\varphi_1|\psi(0)\rangle|^2=\left|\frac{1}{\sqrt{2}}(0,1,-1)\frac{1}{2}\begin{pmatrix}\sqrt{2}\\1\\1\end{pmatrix}\right|^2=0$$

由于 $\hat{A}$ 只有两个本征值，故 $t=0$ 时测量 A 得唯一的 a 值. 测量 A 后，体系的态矢为

$|\varphi_2\rangle$ 或 $|\varphi_3\rangle$ 或它们的任意线性组合.

(3) 任意 t 时体系的态为

$$|\psi(t)\rangle = \frac{1}{\sqrt{2}}\mathrm{e}^{-\mathrm{i}E_1 t/\hbar}|1\rangle + \frac{1}{2}\mathrm{e}^{-\mathrm{i}E_2 t/\hbar}|2\rangle + \frac{1}{2}\mathrm{e}^{-\mathrm{i}E_3 t/\hbar}|3\rangle = \frac{1}{2}\begin{pmatrix}\sqrt{2}\mathrm{e}^{-\mathrm{i}\omega_0 t}\\ \mathrm{e}^{-\mathrm{i}2\omega_0 t}\\ \mathrm{e}^{-\mathrm{i}2\omega_0 t}\end{pmatrix}$$

t 时刻 A 与 B 的平均值:

$$\overline{A(t)} = \left\langle\psi(t)\middle|\hat{A}\middle|\psi(t)\right\rangle = \frac{a}{4}\left(\sqrt{2}\mathrm{e}^{\mathrm{i}\omega_0 t}, \mathrm{e}^{\mathrm{i}2\omega_0 t}, \mathrm{e}^{\mathrm{i}2\omega_0 t}\right)\begin{pmatrix}1 & 0 & 0\\ 0 & 0 & 1\\ 0 & 1 & 0\end{pmatrix}\begin{pmatrix}\sqrt{2}\mathrm{e}^{-\mathrm{i}\omega_0 t}\\ \mathrm{e}^{-\mathrm{i}2\omega_0 t}\\ \mathrm{e}^{-\mathrm{i}2\omega_0 t}\end{pmatrix} = a$$

$$\overline{B(t)} = \left\langle\psi(t)\middle|\hat{B}\middle|\psi(t)\right\rangle = \frac{b}{4}\left(\sqrt{2}\mathrm{e}^{\mathrm{i}\omega_0 t}, \mathrm{e}^{\mathrm{i}2\omega_0 t}, \mathrm{e}^{\mathrm{i}2\omega_0 t}\right)\begin{pmatrix}0 & 1 & 0\\ 1 & 0 & 0\\ 0 & 0 & 1\end{pmatrix}\begin{pmatrix}\sqrt{2}\mathrm{e}^{-\mathrm{i}\omega_0 t}\\ \mathrm{e}^{-\mathrm{i}2\omega_0 t}\\ \mathrm{e}^{-\mathrm{i}2\omega_0 t}\end{pmatrix}$$

$$= \frac{b}{4}\left(2\sqrt{2}\cos\omega_0 t + 1\right)$$

平均值 $\overline{A(t)}$ 不随 t 变化是因为力学量 $\hat{A}$ 同哈密顿量 $\hat{H}$ 对易, $\hat{A}$ 为守恒量.

3.9　厄米算符 $\hat{A}$ 与 $\hat{B}$ 满足 $\hat{A}^2 = \hat{B}^2 = 1$, 且 $\hat{A}\hat{B} + \hat{B}\hat{A} = 0$. 求(1)在 $\hat{A}$ 表象中算符 $\hat{A}$ 与 $\hat{B}$ 的矩阵表示; (2)在 $\hat{A}$ 表象中算符 $\hat{B}$ 的本征值与本征态矢; (3)由 $\hat{A}$ 表象到 $\hat{B}$ 表象的幺正变换 S 矩阵, 并把 $\hat{B}$ 矩阵对角化.

解　(1) 令 $\hat{A}$ 的本征值为 α, 本征态为 ψ,

$$\hat{A}\psi = \alpha\psi,\ \hat{A}^2\psi = \alpha^2\psi = \psi,\ \alpha^2 = 1,\ \alpha = \pm 1$$

类似地, $\hat{B}$ 的本征值 $\beta = \pm 1$. 在 $\hat{A}$ 表象

$$\hat{A} = \begin{pmatrix}1 & 0\\ 0 & -1\end{pmatrix},\ \hat{B} = \begin{pmatrix}a & b\\ c & d\end{pmatrix}$$

其中 a,b,c,d 为待定参数. 由 $\hat{A}\hat{B} + \hat{B}\hat{A} = 0$, 得 $a = 0, d = 0$,

$$\hat{B} = \begin{pmatrix}0 & b\\ c & 0\end{pmatrix}$$

由 $\hat{B}^{+} = \hat{B}$ 得 $c = b^{*}$.

$$\hat{B}=\begin{pmatrix}0 & b\\ b^* & 0\end{pmatrix}$$

由 $\hat{B}^2=1$ 得 $|b|^2=1$，$b=\mathrm{e}^{\mathrm{i}\varphi}$，其中 φ 为任意实数. 取 $\varphi=0$，便有 $b=1$.

$$\hat{B}=\begin{pmatrix}0 & 1\\ 1 & 0\end{pmatrix}$$

(2) 由 $\hat{B}$ 的本征方程

$$\hat{B}\varphi=\beta\varphi \quad 或 \quad \begin{pmatrix}0 & 1\\ 1 & 0\end{pmatrix}\begin{pmatrix}c_1\\ c_2\end{pmatrix}=\beta\begin{pmatrix}c_1\\ c_2\end{pmatrix}$$

解得

$$\beta=1,\varphi=\frac{1}{\sqrt{2}}\begin{pmatrix}1\\ 1\end{pmatrix};\ \beta=-1,\varphi=\frac{1}{\sqrt{2}}\begin{pmatrix}1\\ -1\end{pmatrix}$$

(3) 由上式的两个矩阵，得到 $\hat{A}$ 表象到 $\hat{B}$ 表象的幺正变换 S 矩阵

$$S=\frac{1}{\sqrt{2}}\begin{pmatrix}1 & 1\\ 1 & -1\end{pmatrix}$$

$$\hat{B}'=S^+\hat{B}S=\frac{1}{2}\begin{pmatrix}1 & 1\\ 1 & -1\end{pmatrix}\begin{pmatrix}0 & 1\\ 1 & 0\end{pmatrix}\begin{pmatrix}1 & 1\\ 1 & -1\end{pmatrix}=\begin{pmatrix}1 & 0\\ 0 & -1\end{pmatrix}$$

3.10　在 $l=1$ 的 $(\hat{L}^2,\hat{L}_z)$ 表象中，基矢为

$$\varphi_1=Y_{11}(\theta,\varphi),\ \varphi_2=Y_{10}(\theta,\varphi),\ \varphi_3=Y_{1-1}(\theta,\varphi)$$

求 $\hat{L}_x,\hat{L}_y$ 与 $\hat{L}_z$ 的矩阵表示.

解　$\hat{L}_x$ 与 $\hat{L}_y$ 的矩阵元

$$(L_x)_{mn}=\int\varphi_m^*\hat{L}_x\varphi_n\mathrm{d}\Omega=\frac{1}{2}\int\varphi_m^*\left(\hat{L}_++\hat{L}_-\right)\varphi_n\mathrm{d}\Omega$$

$$\left(L_y\right)_{mn}=\int\varphi_m^*\hat{L}_y\varphi_n\mathrm{d}\Omega=\frac{1}{2\mathrm{i}}\int\varphi_m^*\left(\hat{L}_+-\hat{L}_-\right)\varphi_n\mathrm{d}\Omega$$

其中 $\hat{L}_\pm=\hat{L}_x\pm\mathrm{i}\hat{L}_y$，$m,n=1,2,3$. 利用公式

$$\hat{L}_\pm Y_{lm}=\sqrt{l(l+1)-m(m\pm1)}\hbar Y_{lm\pm1}$$

算出

$$\left(L_x\right)_{11}=\frac{1}{2}\int Y_{11}^*\left(\hat{L}_+ + \hat{L}_-\right)Y_{11}\mathrm{d}\Omega=0$$

$$\left(L_x\right)_{12}=\frac{1}{2}\int Y_{11}^*\left(\hat{L}_+ + \hat{L}_-\right)Y_{10}\mathrm{d}\Omega=\frac{\hbar}{\sqrt{2}}$$

$$\left(L_x\right)_{13}=\frac{1}{2}\int Y_{11}^*\left(\hat{L}_+ + \hat{L}_-\right)Y_{1-1}\mathrm{d}\Omega=0$$

$$\left(L_x\right)_{21}=\left(L_x\right)_{12}^*=\frac{\hbar}{\sqrt{2}},\ \left(L_x\right)_{22}=0,\ \left(L_x\right)_{23}=\frac{\hbar}{\sqrt{2}}$$

$$\left(L_x\right)_{31}=0,\ \left(L_x\right)_{32}=\left(L_x\right)_{23}^*=\frac{\hbar}{\sqrt{2}},\ \left(L_x\right)_{33}=0$$

类似地，算出 $\hat{L}_y$ 的所有矩阵元. $\hat{L}_z$ 为对角矩阵，可直接写出. 最后结果是

$$\hat{L}_x=\frac{\hbar}{\sqrt{2}}\begin{pmatrix}0&1&0\\1&0&1\\0&1&0\end{pmatrix},\ \hat{L}_y=\frac{\hbar}{\sqrt{2}}\begin{pmatrix}0&-\mathrm{i}&0\\\mathrm{i}&0&-\mathrm{i}\\0&\mathrm{i}&0\end{pmatrix},\ \hat{L}_z=\hbar\begin{pmatrix}1&0&0\\0&0&0\\0&0&-1\end{pmatrix}$$

3.11　已知在 $l=1$ 的 $\left(\hat{L}^2,\hat{L}_z\right)$ 表象中，

$$\hat{L}_x=\frac{\hbar}{\sqrt{2}}\begin{pmatrix}0&1&0\\1&0&1\\0&1&0\end{pmatrix},\ \hat{L}_y=\frac{\hbar}{\sqrt{2}}\begin{pmatrix}0&-\mathrm{i}&0\\\mathrm{i}&0&-\mathrm{i}\\0&\mathrm{i}&0\end{pmatrix},\ \hat{L}_z=\hbar\begin{pmatrix}1&0&0\\0&0&0\\0&0&-1\end{pmatrix}$$

(1) 给出它们的本征值与本征态矢；(2)给出 $(\hat{L}^2,\hat{L}_z)$ 表象到 $(\hat{L}^2,\hat{L}_x)$ 表象变换的 S 矩阵，并通过 S 矩阵，求出在 $(\hat{L}^2,\hat{L}_x)$ 表象中 $\hat{L}_x,\hat{L}_y$ 与 $\hat{L}_z$ 的矩阵表示，本征值与本征态矢.

解　(1)由 $\hat{L}_x,\hat{L}_y$ 与 $\hat{L}_z$ 的本征方程

$$\hat{L}_x\Psi=l_x\Psi,\ \hat{L}_y\Psi=l_y\Psi,\ \hat{L}_z\Psi=l_z\Psi$$

解得

$$l_x=\hbar,\Psi_+=\frac{1}{2}\begin{pmatrix}1\\\sqrt{2}\\1\end{pmatrix};\ l_x=0,\Psi_0=\frac{1}{\sqrt{2}}\begin{pmatrix}1\\0\\-1\end{pmatrix};\ l_x=-\hbar,\Psi_-=\frac{1}{2}\begin{pmatrix}1\\-\sqrt{2}\\1\end{pmatrix}$$

$$l_y=\hbar,\Psi_+=\frac{1}{2}\begin{pmatrix}1\\\sqrt{2}\mathrm{i}\\-1\end{pmatrix};\ l_y=0,\Psi_0=\frac{1}{\sqrt{2}}\begin{pmatrix}1\\0\\1\end{pmatrix};\ l_y=-\hbar,\Psi_-=\frac{1}{2}\begin{pmatrix}1\\-\sqrt{2}\mathrm{i}\\-1\end{pmatrix}$$

$$l_z=\hbar,\Psi_+=\begin{pmatrix}1\\0\\0\end{pmatrix};\ l_z=0,\Psi_0=\begin{pmatrix}0\\1\\0\end{pmatrix};\ l_z=-\hbar,\Psi_-=\begin{pmatrix}0\\0\\1\end{pmatrix}$$

(2) 将$\hat{L}_x$的三个本征矢并列，得$(\hat{L}^2,\hat{L}_z)$表象到$(\hat{L}^2,\hat{L}_x)$表象变换的S矩阵

$$S=\frac{1}{2}\begin{pmatrix}1&\sqrt{2}&1\\\sqrt{2}&0&-\sqrt{2}\\1&-\sqrt{2}&1\end{pmatrix}$$

利用变换公式$\hat{F}_x'=S^+\hat{F}_xS$，$\Psi'=S^+\Psi$，得到$(\hat{L}^2,\hat{L}_x)$表象中三种算符的矩阵表示，以及它们的本征值与本征态矢

$$\hat{L}_x'=\hbar\begin{pmatrix}1&0&0\\0&0&0\\0&0&-1\end{pmatrix};\ \hat{L}_y'=\frac{\hbar}{\sqrt{2}}\begin{pmatrix}0&\mathrm{i}&0\\-\mathrm{i}&0&\mathrm{i}\\0&-\mathrm{i}&0\end{pmatrix};\ \hat{L}_z'=\frac{\hbar}{\sqrt{2}}\begin{pmatrix}0&1&0\\1&0&1\\0&1&0\end{pmatrix}$$

$$l_x=\hbar,\Psi_+'=\begin{pmatrix}1\\0\\0\end{pmatrix};\ l_x=0,\Psi_0'=\begin{pmatrix}0\\1\\0\end{pmatrix};\ l_x=-\hbar,\Psi_-'=\begin{pmatrix}0\\0\\1\end{pmatrix}$$

$$l_y=\hbar,\Psi_+'=\frac{1}{2}\begin{pmatrix}\mathrm{i}\\\sqrt{2}\\-\mathrm{i}\end{pmatrix};\ l_y=0,\Psi_0'=\frac{1}{\sqrt{2}}\begin{pmatrix}1\\0\\1\end{pmatrix};\ l_y=-\hbar,\Psi_-'=\frac{1}{2}\begin{pmatrix}-\mathrm{i}\\\sqrt{2}\\\mathrm{i}\end{pmatrix}$$

$$l_z=\hbar,\Psi_+'=\frac{1}{2}\begin{pmatrix}1\\\sqrt{2}\\1\end{pmatrix};\ l_z=0,\Psi_0'=\frac{1}{\sqrt{2}}\begin{pmatrix}1\\0\\-1\end{pmatrix};\ l_z=-\hbar,\Psi_-'=\frac{1}{2}\begin{pmatrix}1\\-\sqrt{2}\\1\end{pmatrix}$$

3.12 有一量子体系处于角动量$\hat{L}^2$与$\hat{L}_z$的共同本征态上，总角动量平方值为$2\hbar^2$. 已知测量$\hat{L}_y$得值为 0 的概率是$1/2$，求测量$\hat{L}_y$得值为$\hbar$的概率.

解 显然，体系波函数是Y_{11},Y_{10}与Y_{1-1}中的某一个. 在以Y_{11},Y_{10}与Y_{1-1}为基的表象中，$\hat{L}_y$的本征值与本征态矢为

$$l_y=\hbar,\varphi_+=\frac{1}{2}\begin{pmatrix}1\\\sqrt{2}\mathrm{i}\\-1\end{pmatrix};\ l_y=0,\varphi_0=\frac{1}{\sqrt{2}}\begin{pmatrix}1\\0\\1\end{pmatrix};\ l_y=-\hbar,\varphi_-=\frac{1}{2}\begin{pmatrix}1\\-\sqrt{2}\mathrm{i}\\-1\end{pmatrix}$$

假定体系波函数分别为Y_{11},Y_{10}与Y_{1-1}，则$l_y=0$的概率分别为

$$\left|\varphi_0^+ Y_{11}\right|^2 = \left|\frac{1}{\sqrt{2}}(1,0,1)\begin{pmatrix}1\\0\\0\end{pmatrix}\right|^2 = \frac{1}{2},\ \left|\varphi_0^+ Y_{10}\right|^2 = \left|\frac{1}{\sqrt{2}}(1,0,1)\begin{pmatrix}0\\1\\0\end{pmatrix}\right|^2 = 0$$

$$\left|\varphi_0^+ Y_{1-1}\right|^2 = \left|\frac{1}{\sqrt{2}}(1,0,1)\begin{pmatrix}0\\0\\1\end{pmatrix}\right|^2 = \frac{1}{2}$$

可见，体系波函数为 Y_{11} 或 Y_{1-1}. 如果 $\psi = Y_{11}$，则 $l_y = \hbar$ 的概率为

$$\left|\varphi_+^+ Y_{11}\right|^2 = \left|\frac{1}{\sqrt{2}}\left(1,-\sqrt{2}\mathrm{i},-1\right)\begin{pmatrix}1\\0\\0\end{pmatrix}\right|^2 = \frac{1}{4}$$

如果 $\psi = Y_{1-1}$，则 $l_y = \hbar$ 的概率为

$$\left|\varphi_+^+ Y_{1-1}\right|^2 = \left|\frac{1}{\sqrt{2}}\left(1,-\sqrt{2}\mathrm{i},-1\right)\begin{pmatrix}0\\0\\1\end{pmatrix}\right|^2 = \frac{1}{4}$$

无论波函数是 Y_{11} 还是 Y_{1-1}，测量 $\hat{L}_y$ 得值 $\hbar$ 的概率都是 $1/4$.

3.13 粒子处于态 $\psi = C\mathrm{e}^{-\alpha r}(x+y+2z)$，其中 α 为正数，C 为归一化常数. 求 L^2 的取值，L_z 的平均值，$L_z = \hbar$ 的概率，L_x 的可能值及相应概率.

解 将体系波函数用球坐标表示，

$$\begin{aligned}\psi &= C\mathrm{e}^{-\alpha r} r\left(\sin\theta\cos\varphi + \sin\theta\sin\varphi + 2\cos\theta\right)\\ &= C\mathrm{e}^{-\alpha r} r\left(\frac{1-\mathrm{i}}{2}\sin\theta\mathrm{e}^{\mathrm{i}\varphi} + \frac{1+\mathrm{i}}{2}\sin\theta\mathrm{e}^{-\mathrm{i}\varphi} + 2\cos\theta\right)\end{aligned}$$

利用球函数的表示式

$$Y_{11} = -\sqrt{\frac{3}{8\pi}}\sin\theta\mathrm{e}^{\mathrm{i}\varphi},\ Y_{10} = \sqrt{\frac{3}{4\pi}}\cos\theta,\ Y_{1-1} = \sqrt{\frac{3}{8\pi}}\sin\theta\mathrm{e}^{-\mathrm{i}\varphi}$$

ψ 可表示为

$$\psi = B\mathrm{e}^{-\alpha r} r\left(\frac{\mathrm{i}-1}{\sqrt{12}}Y_{11} + \frac{2}{\sqrt{6}}Y_{10} + \frac{\mathrm{i}+1}{\sqrt{12}}Y_{1-1}\right)$$

其中括号内三个球函数的系数绝对值平方和为 1，B 为归一化常数.

$$L^2=2\hbar^2,\ \overline{L_z}=\left|\frac{\mathrm{i}-1}{\sqrt{12}}\right|^2\hbar-\left|\frac{\mathrm{i}+1}{\sqrt{12}}\right|^2\hbar=0$$

$L_z=\hbar$ 的概率为 $\left|(\mathrm{i}-1)/\sqrt{12}\right|^2=1/6$. 在以 $\{Y_{11},Y_{10},Y_{1-1}\}$ 为基的表象中, $\hat{L}_x$ 的本征值与本征态矢为

$$L_x=\hbar,\varphi_+=\frac{1}{2}\begin{pmatrix}1\\ \sqrt{2}\\ 1\end{pmatrix};\ L_x=0,\varphi_0=\frac{1}{\sqrt{2}}\begin{pmatrix}1\\ 0\\ -1\end{pmatrix};\ L_x=-\hbar,\varphi_-=\frac{1}{2}\begin{pmatrix}1\\ -\sqrt{2}\\ 1\end{pmatrix}$$

不考虑径向波函数, 体系的态矢为

$$\psi=\frac{1}{\sqrt{12}}\begin{pmatrix}\mathrm{i}-1\\ 2\sqrt{2}\\ \mathrm{i}+1\end{pmatrix}$$

$l_x=\hbar$ 的概率为

$$\left|\varphi_+^+\psi\right|^2=\left|\frac{1}{2\sqrt{12}}(1,\sqrt{2},1)\begin{pmatrix}\mathrm{i}-1\\ 2\sqrt{2}\\ \mathrm{i}+1\end{pmatrix}\right|^2=\frac{5}{12}$$

$l_x=0$ 的概率为

$$\left|\varphi_0^+\psi\right|^2=\left|\frac{1}{\sqrt{24}}(1,0,-1)\begin{pmatrix}\mathrm{i}-1\\ 2\sqrt{2}\\ \mathrm{i}+1\end{pmatrix}\right|^2=\frac{1}{6}$$

$l_x=-\hbar$ 的概率为

$$\left|\varphi_-^+\psi\right|^2=\left|\frac{1}{2\sqrt{12}}(1,-\sqrt{2},1)\begin{pmatrix}\mathrm{i}-1\\ 2\sqrt{2}\\ \mathrm{i}+1\end{pmatrix}\right|^2=\frac{5}{12}$$

3.14 体系处于态 $\psi=c_1Y_{11}+c_2Y_{10}$ $(|c_1|^2+|c_2|^2=1)$, 求(1) L_z 的可能值及相应概率; (2) L^2 的可能值及相应概率; (3) L_x 的可能值及相应概率.

解 (1) $L_z=\hbar$ 的概率为 $|c_1|^2$, $L_z=0$ 的概率为 $|c_2|^2$. (2) $L^2=2\hbar^2$ 的概率为 1. (3) 在 $l=1$ 的 $(\hat{L}^2\hat{L}_z)$ 表象中, L_x 的本征值与本征态矢为

$$L_x=\hbar,\varphi_+=\frac{1}{2}\begin{pmatrix}1\\ \sqrt{2}\\ 1\end{pmatrix};\ L_x=0,\varphi_0=\frac{1}{\sqrt{2}}\begin{pmatrix}1\\ 0\\ -1\end{pmatrix};\ L_x=-\hbar,\varphi_-=\frac{1}{2}\begin{pmatrix}1\\ -\sqrt{2}\\ 1\end{pmatrix}$$

体系的态矢为$\psi=\begin{pmatrix}c_1\\ c_2\\ 0\end{pmatrix}$, $L_x=\hbar,0,-\hbar$的概率分别为

$$\left|\varphi_+^+\psi\right|^2=\left|\frac{1}{2}\left(1,\sqrt{2},1\right)\begin{pmatrix}c_1\\ c_2\\ 0\end{pmatrix}\right|^2=\frac{1}{4}\left|c_1+\sqrt{2}c_2\right|^2$$

$$\left|\varphi_0^+\psi\right|^2=\left|\frac{1}{\sqrt{2}}(1,0,-1)\begin{pmatrix}c_1\\ c_2\\ 0\end{pmatrix}\right|^2=\frac{1}{2}\left|c_1\right|^2$$

$$\left|\varphi_-^+\psi\right|^2=\left|\frac{1}{2}\left(1,-\sqrt{2},1\right)\begin{pmatrix}c_1\\ c_2\\ 0\end{pmatrix}\right|^2=\frac{1}{4}\left|c_1-\sqrt{2}c_2\right|^2$$

3.15 体系处于态$\psi=c_1Y_{11}+c_2Y_{20}$ $(|c_1|^2+|c_2|^2=1)$, 求(1) L_z的可能值及相应概率; (2) L^2的可能值及相应概率; (3) L_x的可能值及相应概率.

解 (1) $L_z=\hbar$的概率为$|c_1|^2$, $L_z=0$的概率为$|c_2|^2$.

(2) $L^2=2\hbar^2$的概率为$|c_1|^2$, $L^2=6\hbar^2$的概率为$|c_2|^2$.

(3) 在$l=1$的$(\hat{L}^2\hat{L}_z)$表象中, $\hat{L}_x$的本征值与本征态矢为

$$L_x=\hbar,|\varphi_+\rangle=\frac{1}{2}\begin{pmatrix}1\\ \sqrt{2}\\ 1\end{pmatrix};\ L_x=0,|\varphi_0\rangle=\frac{1}{\sqrt{2}}\begin{pmatrix}1\\ 0\\ -1\end{pmatrix};\ L_x=-\hbar,|\varphi_-\rangle=\frac{1}{2}\begin{pmatrix}1\\ -\sqrt{2}\\ 1\end{pmatrix}$$

假定体系只处于态Y_{11}, 即$|\psi\rangle=\begin{pmatrix}1\\ 0\\ 0\end{pmatrix}$, 则$L_x$取不同值的概率为

$$L_x=\hbar:\ \left|\langle\varphi_+|\psi\rangle\right|^2=1/4;\ L_x=0:\ \left|\langle\varphi_0|\psi\rangle\right|^2=1/2;\ L_x=-\hbar:\ \left|\langle\varphi_-|\psi\rangle\right|^2=1/4$$

计算L_x取不同值的概率的一个简便方法是, 考虑到在$\hat{L}^2$与$\hat{L}_z$的共同本征态

$|lm\rangle$ 上, L_x 取值 $\pm m\hbar$ 的概率相等, 令 $|11\rangle$ 态上 L_x 取值 $\pm\hbar$ 的概率为 p_1, 取值 0 的概率为 p_0. 在 $|11\rangle$ 态上 $\hat{L}_x^2$ 与 $\hat{L}_y^2$ 的平均值相等, 平均值为

$$\langle 11|\hat{L}_x^2|11\rangle = \langle 11|\hat{L}_y^2|11\rangle = \frac{1}{2}\langle 11|\hat{L}_x^2 + \hat{L}_y^2|11\rangle = \frac{1}{2}\langle 11|\hat{L}^2 - \hat{L}_z^2|11\rangle = \frac{\hbar^2}{2}$$

于是, $2\hbar^2 p_1 = \hbar^2/2, p_1 = 1/4$. 再由 $2p_1 + p_0 = 1$ 得, $p_0 = 1 - 2p_1 = 1/2$.

实际上, 体系处于 Y_{11} 与 Y_{20} 的线性叠加态上, 还要计算 L_x 在 Y_{20} 态取不同值的概率. 我们先用上述简单方法计算. 令在 $|20\rangle$ 态上 L_x 取值 $\pm 2\hbar$ 的概率为 p_2, 取值 $\pm\hbar$ 的概率为 p_1, 取值 0 的概率为 p_0.

$$2p_2 + 2p_1 + p_0 = 1 \tag{1}$$

由
$$\langle 20|\hat{L}_x^2|20\rangle = \frac{1}{2}\langle 20|\hat{L}^2 - \hat{L}_z^2|20\rangle = 3\hbar^2$$

得
$$2(2\hbar)^2 p_2 + 2\hbar^2 p_1 = 3\hbar^2$$

即
$$8p_2 + 2p_1 = 3 \tag{2}$$

$$\begin{aligned}
\langle 20|\hat{L}_x^4|20\rangle &= \int Y_{20}^* \hat{L}_x^4 Y_{20} \mathrm{d}\Omega = \int (\hat{L}_x^2 Y_{20})^* \hat{L}_x^2 Y_{20} \mathrm{d}\Omega \\
&= \frac{1}{16}\int \left[(\hat{L}_+ + \hat{L}_-)^2 Y_{20}\right]^* (\hat{L}_+ + \hat{L}_-)^2 Y_{20} \mathrm{d}\Omega \\
&= \frac{1}{16}\int \left[(\hat{L}_+^2 + \hat{L}_-^2 + \hat{L}_+\hat{L}_- + \hat{L}_-\hat{L}_+)Y_{20}\right]^* \left[(\hat{L}_+^2 + \hat{L}_-^2 + \hat{L}_+\hat{L}_- + \hat{L}_-\hat{L}_+)Y_{20}\right] \mathrm{d}\Omega \\
&= \frac{\hbar^4}{16}\int \left(\sqrt{24}Y_{22} + \sqrt{24}Y_{2-2} + 12Y_{20}\right)^* \left(\sqrt{24}Y_{22} + \sqrt{24}Y_{2-2} + 12Y_{20}\right) \mathrm{d}\Omega \\
&= 12\hbar^4
\end{aligned}$$

由上式得 $2(2\hbar)^4 p_2 + 2\hbar^4 p_1 = 12\hbar^4$, 即

$$16p_2 + p_1 = 6 \tag{3}$$

由式(1), (2)和(3)解得在 $|20\rangle$ 上 L_x 取值 $0, \pm\hbar, \pm 2\hbar$ 的概率分别为

$$p_0 = 1/4, \ p_1 = 0, \ p_2 = 3/8 \tag{4}$$

在已知 $\hat{L}_x$ 分别在 $|11\rangle$ 态与 $|20\rangle$ 态上取不同值的概率之后, 就可以计算 $\hat{L}_x$ 在 $|\psi\rangle = c_1|11\rangle + c_2|20\rangle$ 态上取不同值的概率了:

$$L_x = 2\hbar:\ \frac{3}{8}|c_2|^2;\ L_x = -2\hbar:\ \frac{3}{8}|c_2|^2;\ L_x = \hbar:\ \frac{1}{4}|c_1|^2$$

$$L_x = -\hbar:\ \frac{1}{4}|c_1|^2;\ L_x = 0:\ \frac{1}{2}|c_1|^2 + \frac{1}{4}|c_2|^2$$

我们再用常规方法计算在$|20\rangle$态上L_x取不同值的概率. 在$l=2$的$(\hat{L}^2\hat{L}_z)$表象中, 基矢为$\hat{L}^2$与$\hat{L}_z$的共同本征态$|2m\rangle$ $(m=0,\pm1,\pm2)$. 现将基矢按如下次序排列:

$$|1\rangle = |22\rangle,\ |2\rangle = |21\rangle,\ |3\rangle = |20\rangle,\ |4\rangle = |2-1\rangle,\ |5\rangle = |2-2\rangle$$

利用公式

$$\hat{L}_\pm |lm\rangle = \sqrt{l(l+1) - m(m\pm1)}\hbar |lm\pm1\rangle,\ \hat{L}_\pm = \hat{L}_x \pm \mathrm{i}\hat{L}_y$$

算出$\hat{L}_x$的矩阵元

$$(L_x)_{mn} = \langle m|\hat{L}_x|n\rangle = \frac{1}{2}\langle m|\hat{L}_+ + \hat{L}_-|n\rangle,\ m,n = 1,2,3,4,5$$

得到

$$\hat{L}_x = \hbar\begin{pmatrix} 0 & 1 & 0 & 0 & 0 \\ 1 & 0 & \sqrt{\frac{3}{2}} & 0 & 0 \\ 0 & \sqrt{\frac{3}{2}} & 0 & \sqrt{\frac{3}{2}} & 0 \\ 0 & 0 & \sqrt{\frac{3}{2}} & 0 & 1 \\ 0 & 0 & 0 & 1 & 0 \end{pmatrix}$$

由$\hat{L}_x$的本征方程: $\hat{L}_x|\varphi\rangle = L_x|\varphi\rangle$求得$\hat{L}_x$的本征值与本征态矢(同时给出与$Y_{20}$相应的态矢$|\psi\rangle$, 即基矢$|3\rangle = |20\rangle$):

$$L_x = 2\hbar, |\varphi_2\rangle = \frac{1}{4}\begin{pmatrix} 1 \\ 2 \\ \sqrt{6} \\ 2 \\ 1 \end{pmatrix};\ L_x = \hbar, |\varphi_1\rangle = \frac{1}{2}\begin{pmatrix} 1 \\ 1 \\ 0 \\ -1 \\ -1 \end{pmatrix};\ L_x = 0, |\varphi_0\rangle = \sqrt{\frac{3}{8}}\begin{pmatrix} 1 \\ 0 \\ -\sqrt{\frac{2}{3}} \\ 0 \\ 1 \end{pmatrix}$$

$$L_x=-\hbar,|\varphi_{-1}\rangle=\frac{1}{2}\begin{pmatrix}1\\-1\\0\\1\\-1\end{pmatrix};\ L_x=-2\hbar,|\varphi_{-2}\rangle=\frac{1}{4}\begin{pmatrix}1\\-2\\\sqrt{6}\\-2\\1\end{pmatrix}.\ |\psi\rangle=\begin{pmatrix}0\\0\\1\\0\\0\end{pmatrix}$$

当粒子处于态矢$|\psi\rangle=|20\rangle$时，$\hat{L}_x$取不同值的概率为

$$L_x=2\hbar：\ |\langle\varphi_2|\psi\rangle|^2=3/8;\ L_x=\hbar：\ |\langle\varphi_1|\psi\rangle|^2=0$$

$$L_x=0：\ |\langle\varphi_0|\psi\rangle|^2=1/4;\ L_x=-\hbar：\ |\langle\varphi_{-1}|\psi\rangle|^2=0$$

$$L_x=-2\hbar：\ |\langle\varphi_{-2}|\psi\rangle|^2=3/8$$

这与前面给出的结果相同.

3.16 在角动量$\hat{J}^2$与$\hat{J}_z$为对角矩阵的表象，对$j=3/2$，求$\hat{J}^2,\hat{J}_x,\hat{J}_y$和$\hat{J}_z$的矩阵表示.

解 在此表象中，基矢为$\hat{J}^2$与$\hat{J}_z$的共同本征态$|3/2,m\rangle$，其中量子数$m=\pm3/2,\pm1/2$. 基矢按如下次序排列：

$$|1\rangle=\left|\frac{3}{2}\frac{3}{2}\right\rangle,\ |2\rangle=\left|\frac{3}{2}\frac{1}{2}\right\rangle,\ |3\rangle=\left|\frac{3}{2},-\frac{1}{2}\right\rangle,\ |4\rangle=\left|\frac{3}{2},-\frac{3}{2}\right\rangle$$

$\hat{J}^2$与$\hat{J}_z$的矩阵可以直接写出

$$\hat{J}^2=\frac{15\hbar^2}{4}\begin{pmatrix}1&0&0&0\\0&1&0&0\\0&0&1&0\\0&0&0&1\end{pmatrix},\ \hat{J}_z=\frac{\hbar}{2}\begin{pmatrix}3&0&0&0\\0&1&0&0\\0&0&-1&0\\0&0&0&-3\end{pmatrix}$$

$\hat{J}_x$与$\hat{J}_y$的矩阵元

$$(J_x)_{kn}=\langle k|\hat{J}_x|n\rangle=\frac{1}{2}\langle k|\hat{J}_++\hat{J}_-|n\rangle$$

$$(J_y)_{kn}=\langle k|\hat{J}_y|n\rangle=\frac{1}{2\mathrm{i}}\langle k|\hat{J}_+-\hat{J}_-|n\rangle$$

$$\hat{J}_\pm=\hat{J}_x\pm\mathrm{i}\hat{J}_y,\ k,n=1,2,3,4$$

利用公式

$$\hat{J}_{\pm}\left|jm\right\rangle=\sqrt{j(j+1)-m(m\pm1)}\hbar\left|jm\pm1\right\rangle$$

算出 $\hat{J}_x$ 与 $\hat{J}_y$ 的所有矩阵元，从而得到

$$\hat{J}_x=\frac{\hbar}{2}\begin{pmatrix}0&\sqrt{3}&0&0\\\sqrt{3}&0&2&0\\0&2&0&\sqrt{3}\\0&0&\sqrt{3}&0\end{pmatrix},\quad \hat{J}_y=\frac{\hbar}{2}\begin{pmatrix}0&-\sqrt{3}\mathrm{i}&0&0\\\sqrt{3}\mathrm{i}&0&-2\mathrm{i}&0\\0&2\mathrm{i}&0&-\sqrt{3}\mathrm{i}\\0&0&\sqrt{3}\mathrm{i}&0\end{pmatrix}$$

3.17　在 $j=3/2$ 的 $(\hat{J}^2\hat{J}_z)$ 表象中，$\hat{J}_x$ 的矩阵为

$$\hat{J}_x=\frac{\hbar}{2}\begin{pmatrix}0&\sqrt{3}&0&0\\\sqrt{3}&0&2&0\\0&2&0&\sqrt{3}\\0&0&\sqrt{3}&0\end{pmatrix}$$

其中行和列都是按 $\hat{J}_z$ 的量子数 m 由大到小排列的. (1)求出 $\hat{J}_y$ 的矩阵；(2)求出与 $\hat{J}_y$ 最大本征值相应的本征态，并说明其中各矩阵元的物理意义.

解　将 $\hat{J}_x$ 的矩阵及 $\hat{J}_z$ 的对角矩阵

$$\hat{J}_z=\frac{\hbar}{2}\begin{pmatrix}3&0&0&0\\0&1&0&0\\0&0&-1&0\\0&0&0&-3\end{pmatrix}$$

代入公式 $\hat{J}_y=\frac{1}{\mathrm{i}\hbar}\left(\hat{J}_z\hat{J}_x-\hat{J}_x\hat{J}_z\right)$，得

$$\hat{J}_y=\frac{\hbar}{2}\begin{pmatrix}0&-\sqrt{3}\mathrm{i}&0&0\\\sqrt{3}\mathrm{i}&0&-2\mathrm{i}&0\\0&2\mathrm{i}&0&-\sqrt{3}\mathrm{i}\\0&0&\sqrt{3}\mathrm{i}&0\end{pmatrix}$$

由 $\hat{J}_y$ 的本征方程 $\hat{J}_y\psi=\frac{3\hbar}{2}\psi$，解得

$$\psi = \frac{1}{\sqrt{8}}\begin{pmatrix} 1 \\ \sqrt{3}\mathrm{i} \\ -\sqrt{3} \\ -\mathrm{i} \end{pmatrix}$$

其中矩阵元的绝对值平方1/8,3/8,3/8,1/8分别代表，在 $\hat{J}_y$ 的本征值为 $3\hbar/2$ 的本征态中，$\hat{J}^2$ 与 $\hat{J}_z$ 的共同本征态，即基矢 $|1\rangle,|2\rangle,|3\rangle,|4\rangle$ 出现的概率.

3.18　在由正交基矢 $\{|1\rangle,|2\rangle,|3\rangle\}$ 构成的三维态矢空间中，哈密顿算符 $\hat{H}$ 与力学量 $\hat{A}$ 的矩阵为

$$\hat{H} = E_0\begin{pmatrix} 1 & 0 & 0 \\ 0 & -1 & 0 \\ 0 & 0 & -1 \end{pmatrix},\ \hat{A} = a\begin{pmatrix} 1 & 0 & 0 \\ 0 & 0 & 1 \\ 0 & 1 & 0 \end{pmatrix}$$

(1)证明 $\hat{A}$ 为守恒量；(2)求出 $\hat{H}$ 与 $\hat{A}$ 的共同本征态矢组.

解　(1)由于 $\hat{H}\hat{A} = \hat{A}\hat{H}$，$\hat{A}$ 同 $\hat{H}$ 对易，故 $\hat{A}$ 为守恒量.

(2) $\hat{H}$ 的本征态矢为正交基矢：

$$|1\rangle = \begin{pmatrix} 1 \\ 0 \\ 0 \end{pmatrix},\ |2\rangle = \begin{pmatrix} 0 \\ 1 \\ 0 \end{pmatrix},\ |3\rangle = \begin{pmatrix} 0 \\ 0 \\ 1 \end{pmatrix}$$

相应的能量本征值为 $E_1 = E_0, E_2 = E_3 = -E_0$. 由于 $\hat{A}$ 同 $\hat{H}$ 对易，存在它们的共同本征态矢量组. $\hat{H}$ 的本征值为 E_0 的本征态 $|1\rangle$ 是非简并的，$|1\rangle$ 必定也是 $\hat{A}$ 的本征态. $\hat{H}$ 的本征值为 $-E_0$ 的本征态是二度简并的，相应的本征态 $|2\rangle$ 与 $|3\rangle$ 不一定是 $\hat{A}$ 的本征态. 经检验 $|2\rangle$ 与 $|3\rangle$ 不是 $\hat{A}$ 的本征态. 考虑到这两个态的任意线性组合仍是 $\hat{H}$ 的本征值为 $-E_0$ 的本征态，可以选择合适的组合系数，使之也成为 $\hat{A}$ 的本征态. 令

$$|\psi\rangle = c_2|2\rangle + c_3|3\rangle = \begin{pmatrix} 0 \\ c_2 \\ c_3 \end{pmatrix}$$

由 $\hat{A}$ 的本征方程

$$\hat{A}|\psi\rangle = A|\psi\rangle \quad 或 \quad a\begin{pmatrix} 1 & 0 & 0 \\ 0 & 0 & 1 \\ 0 & 1 & 0 \end{pmatrix}\begin{pmatrix} 0 \\ c_2 \\ c_3 \end{pmatrix} = A\begin{pmatrix} 0 \\ c_2 \\ c_3 \end{pmatrix}$$

解得

$$A=a,\ \begin{pmatrix}0\\c_2\\c_3\end{pmatrix}=\frac{1}{\sqrt{2}}\begin{pmatrix}0\\1\\1\end{pmatrix};\ A=-a,\ \begin{pmatrix}0\\c_2\\c_3\end{pmatrix}=\frac{1}{\sqrt{2}}\begin{pmatrix}0\\1\\-1\end{pmatrix}$$

因此, $\hat{H}$ 与 $\hat{A}$ 的共同本征态矢组为

$$|1\rangle,\ \frac{1}{\sqrt{2}}(|2\rangle+|3\rangle),\ \frac{1}{\sqrt{2}}(|2\rangle-|3\rangle)$$

与这三个本征态相应的能量本征值及 $\hat{A}$ 的本征值分别为

$$E_1=E_0,\ E_2=E_3=-E_0;\ A_1=A_2=a,\ A_3=-a$$

3.19　一个空间转子, 其哈密顿量为 $\hat{H}=\dfrac{\hat{L}_x^2}{2I_x}+\dfrac{\hat{L}_y^2}{2I_y}+\dfrac{\hat{L}_z^2}{2I_z}$. 转子的轨道角动量量子数 $l=1$, I_x, I_y 与 I_z 均为正实数. (1)在角动量表象中求出 $\hat{L}_x,\hat{L}_y$ 与 $\hat{L}_z$ 的矩阵表示; (2)求出 $\hat{H}$ 的本征值.

解　在 $l=1$ 的 $(\hat{L}^2\hat{L}_z)$ 表象求得 $\hat{L}_x,\hat{L}_y$ 与 $\hat{L}_z$ 的矩阵为(详见 3.10 题)

$$\hat{L}_x=\frac{\hbar}{\sqrt{2}}\begin{pmatrix}0&1&0\\1&0&1\\0&1&0\end{pmatrix},\ \hat{L}_y=\frac{\hbar}{\sqrt{2}}\begin{pmatrix}0&-\mathrm{i}&0\\\mathrm{i}&0&-\mathrm{i}\\0&\mathrm{i}&0\end{pmatrix},\ \hat{L}_z=\hbar\begin{pmatrix}1&0&0\\0&0&0\\0&0&-1\end{pmatrix}$$

将它们代入 $\hat{H}$ 的表示式中, 得

$$\hat{H}=\frac{\hbar^2}{4}\begin{pmatrix}A&0&B\\0&C&0\\B&0&A\end{pmatrix}$$

$$A=\frac{1}{I_x}+\frac{1}{I_y}+\frac{2}{I_z},\ B=\frac{1}{I_x}-\frac{1}{I_y},\ C=\frac{2}{I_x}+\frac{2}{I_y}$$

由 $\hat{H}$ 的本征方程

$$\hat{H}\psi=E\psi\quad 或\quad \frac{\hbar^2}{4}\begin{pmatrix}A&0&B\\0&C&0\\B&0&A\end{pmatrix}\begin{pmatrix}a\\b\\c\end{pmatrix}=E\begin{pmatrix}a\\b\\c\end{pmatrix}$$

解得 $\hat{H}$ 本征值为

$$E_1=\frac{\hbar^2}{4}C=\frac{\hbar^2}{2}\left(\frac{1}{I_x}+\frac{1}{I_y}\right)$$

$$E_2=\frac{\hbar^2}{4}(A+B)=\frac{\hbar^2}{2}\left(\frac{1}{I_x}+\frac{1}{I_z}\right)$$

$$E_3=\frac{\hbar^2}{4}(A-B)=\frac{\hbar^2}{2}\left(\frac{1}{I_y}+\frac{1}{I_z}\right)$$

3.20　质量为 μ 的粒子受到力 $\boldsymbol{F}(\boldsymbol{r})=-\nabla V(\boldsymbol{r})$ 的作用, 粒子的波函数满足动量空间薛定谔方程

$$\mathrm{i}\hbar\frac{\partial}{\partial t}\phi(\boldsymbol{p},t)=\left(\frac{p^2}{2\mu}-\alpha\nabla_{\boldsymbol{p}}^2\right)\phi(\boldsymbol{p},t)$$

其中 α 是实常数. 求 $\boldsymbol{F}(\boldsymbol{r})$.

解　薛定谔方程中圆括号内的量是粒子的哈密顿量在动量表象的表示式:

$$\hat{H}=\frac{p^2}{2\mu}+V(\hat{\boldsymbol{r}}=\mathrm{i}\hbar\nabla_{\boldsymbol{p}})=\frac{p^2}{2\mu}-\alpha\nabla_{\boldsymbol{p}}^2$$

$$V(\hat{\boldsymbol{r}}=\mathrm{i}\hbar\nabla_{\boldsymbol{p}})=-\alpha\nabla_{\boldsymbol{p}}^2=-\alpha\left(\frac{\partial^2}{\partial p_x^2}+\frac{\partial^2}{\partial p_y^2}+\frac{\partial^2}{\partial p_z^2}\right)$$

这表示在坐标表象中的势能为

$$V(\boldsymbol{r})=\frac{\alpha}{\hbar^2}\left(x^2+y^2+z^2\right)$$

$$F(\boldsymbol{r})=-\nabla V(\boldsymbol{r})=-\frac{2\alpha}{\hbar^2}\left(x\boldsymbol{i}+y\boldsymbol{j}+z\boldsymbol{k}\right)=-\frac{2\alpha}{\hbar^2}\boldsymbol{r}$$

第四章　三维定态问题

学习要点

1. 在中心力场$V(r)$中,定态波函数$\psi(\boldsymbol{r})$可以表示为

$$\psi(\boldsymbol{r}) = R(r)Y_{lm}(\theta,\varphi) = \frac{u(r)}{r}Y_{lm}(\theta,\varphi) \tag{4-1}$$

其中$R(r)$满足方程

$$\frac{\mathrm{d}^2R(r)}{\mathrm{d}r^2} + \frac{2}{r}\frac{\mathrm{d}R(r)}{\mathrm{d}r} + \left\{\frac{2\mu}{\hbar^2}\left[E - V(r)\right] - \frac{l(l+1)}{r^2}\right\}R(r) = 0 \tag{4-2}$$

$u(r)$满足方程与边界条件

$$\frac{\mathrm{d}^2u(r)}{\mathrm{d}r^2} + \left\{\frac{2\mu}{\hbar^2}\left[E - V(r)\right] - \frac{l(l+1)}{r^2}\right\}u(r) = 0 \tag{4-3}$$

$$u(0) = 0 \tag{4-4}$$

2. 带有电荷q的粒子在电磁场中的哈密顿算符为

$$\hat{H} = \frac{1}{2\mu}\left[\hat{\boldsymbol{p}} - \frac{q}{c}\boldsymbol{A}(\boldsymbol{r},t)\right]^2 + q\Phi(\boldsymbol{r},t) \tag{4-5}$$

其中$\hat{\boldsymbol{p}} = -\mathrm{i}\hbar\nabla$,$\boldsymbol{A}(\boldsymbol{r},t)$与$\Phi(\boldsymbol{r},t)$分别是电磁场的矢势和标势. 波函数为$\psi$的粒子在电磁场中的概率流密度为

$$\boldsymbol{J} = \frac{1}{2\mu}\left[\psi^*\left(\hat{\boldsymbol{p}} - \frac{q}{c}\boldsymbol{A}\right)\psi + \psi\left(\hat{\boldsymbol{p}} - \frac{q}{c}\boldsymbol{A}\right)^*\psi^*\right] \tag{4-6}$$

或

$$\boldsymbol{J} = \frac{1}{2}\left[\psi^*\hat{\boldsymbol{v}}\psi + \psi\hat{\boldsymbol{v}}^*\psi^*\right] \tag{4-7}$$

$$\hat{\boldsymbol{v}} = \frac{1}{\mu}\left(\hat{\boldsymbol{p}} - \frac{q}{c}\boldsymbol{A}\right) \tag{4-8}$$

这里$\hat{\boldsymbol{v}}$是粒子的速度算符.

3. 在三维无限深方势阱

$$V(x,y,z)=\begin{cases}0, & 0<x<a, 0<y<b, 0<z<c \\ \infty, & \text{其他}\end{cases} \tag{4-9}$$

中, 定态能量和定态波函数为

$$E_{n_1n_2n_3}=\frac{\pi^2\hbar^2}{2\mu}\left(\frac{n_1^2}{a^2}+\frac{n_2^2}{b^2}+\frac{n_3^2}{c^2}\right) \tag{4-10}$$

$$\psi_{n_1n_2n_3}(x,y,z)=\begin{cases}\sqrt{\dfrac{8}{abc}}\sin\dfrac{n_1\pi x}{a}\sin\dfrac{n_2\pi y}{b}\sin\dfrac{n_3\pi z}{c}, & \text{阱内} \\ 0, & \text{阱外}\end{cases} \tag{4-11}$$

$$n_1, n_2, n_3=1,2,3,\cdots$$

4. 在三维各向异性谐振子势场

$$V(x,y,z)=\frac{1}{2}\mu\left(\omega_1^2x^2+\omega_2^2y^2+\omega_3^2z^2\right) \tag{4-12}$$

中, 定态能量和定态波函数为

$$E_{n_1n_2n_3}=\left(n_1+\frac{1}{2}\right)\hbar\omega_1+\left(n_2+\frac{1}{2}\right)\hbar\omega_2+\left(n_3+\frac{1}{2}\right)\hbar\omega_3 \tag{4-13}$$

$$\psi_{n_1n_2n_3}(x,y,z)=N_{n_1}N_{n_2}N_{n_3}\exp\left[-\frac{1}{2}\left(\alpha_1^2x^2+\alpha_2^2y^2+\alpha_3^2z^2\right)\right]$$

$$\times H_{n_1}(\alpha_1x)H_{n_2}(\alpha_2y)H_{n_3}(\alpha_3z) \tag{4-14}$$

$$\alpha_i=\sqrt{\frac{\mu\omega_i}{\hbar}},\quad N_{n_i}=\sqrt{\frac{\alpha_i}{\sqrt{\pi}2^{n_i}n_i!}} \tag{4-15}$$

$$n_i=0,1,2,\cdots,\quad i=1,2,3$$

5. 在类氢离子势场 $V(r)=-\dfrac{Ze^2}{r}$ 中, 定态能量和定态波函数为

$$E_n=-\frac{Z^2e^2}{2an^2} \tag{4-16}$$

$$\psi_{nlm}(r)=R_{nl}(r)Y_{lm}(\theta,\varphi) \tag{4-17}$$

$$R_{nl}(r)=N_{nl}\mathrm{e}^{-\frac{Zr}{na}}\left(\frac{2Zr}{na}\right)^l F\left(l+1-n, 2l+2, \frac{2Zr}{na}\right) \tag{4-18}$$

$$N_{nl}=\frac{2Z^{3/2}}{a^{3/2}n^2(2l+1)!}\sqrt{\frac{(n+l)!}{(n-l-1)!}} \tag{4-19}$$

$$n = 1, 2, 3, \cdots$$

其中 a 是玻尔半径, $F\left(l+1-n, 2l+2, \frac{2Zr}{na}\right)$ 是合流超几何函数.

习题与解答

4.1 质量为 μ 的粒子在三维球方势阱

$$V(r)=\begin{cases}0, & r>a \\ -V_0, & r<a\end{cases} \quad (V_0>0) \tag{1}$$

中运动. 求存在 s 波束缚态的条件.

解 如果只存在一个束缚态, 则必定是 $l=0$ 的基态. 令 s 波波函数

$$\psi(r)=\frac{u(r)}{r} \tag{2}$$

$u(r)$ 满足方程

$$\frac{\mathrm{d}^2u(r)}{\mathrm{d}r^2}+\frac{2\mu}{\hbar^2}\left[E-V(r)\right]u(r)=0 \tag{3}$$

及条件

$$u(0)=0,\ u(\infty)=0 \tag{4}$$

在此势场中, 束缚定态能量 E 在 0 与 $-V_0$ 之间. 令

$$E=-|E|,\ \alpha=\sqrt{\frac{2\mu(V_0-|E|)}{\hbar^2}},\ \beta=\sqrt{\frac{2\mu|E|}{\hbar^2}} \tag{5}$$

方程(3)在代入式(1)与(5)后变为

$$\begin{cases}\dfrac{\mathrm{d}^2u(r)}{\mathrm{d}r^2}+\alpha^2u(r)=0, & r<a \\ \dfrac{\mathrm{d}^2u(r)}{\mathrm{d}r^2}-\beta^2u(r)=0, & r>a\end{cases} \tag{6}$$

方程(6)满足条件(4)的解为

$$\begin{cases}u_1(r)=A\sin\alpha r, & r<a \\ u_2(r)=B\mathrm{e}^{-\beta r}, & r>a\end{cases} \tag{7}$$

由波函数的连续条件 $u_1(a)=u_2(a), u_1'(a)=u_2'(a)$ 得

$$A\sin\alpha a = B\mathrm{e}^{-\beta a} \tag{8}$$

$$A\alpha\cos\alpha a = -B\beta\mathrm{e}^{-\beta a} \tag{9}$$

以上两式相比得

$$\eta = -\zeta\cot\zeta \tag{10}$$

其中

$$\eta = \beta a,\ \zeta = \alpha a \tag{11}$$

并且

$$\eta^2 + \zeta^2 = \frac{2\mu V_0 a^2}{\hbar^2} \equiv Q^2 \tag{12}$$

定态能量 E，由曲线(10)与(12)在直角坐标系 $(\eta\zeta)$ 的第一象限 $(\eta > 0, \zeta > 0)$ 的交点决定. 由图 4.1 看出，存在束缚态的条件是

$$Q^2 = \frac{2\mu V_0 a^2}{\hbar^2} \geqslant \left(\frac{\pi}{2}\right)^2 \quad 或 \quad V_0 a^2 \geqslant \frac{\pi^2\hbar^2}{8\mu}$$

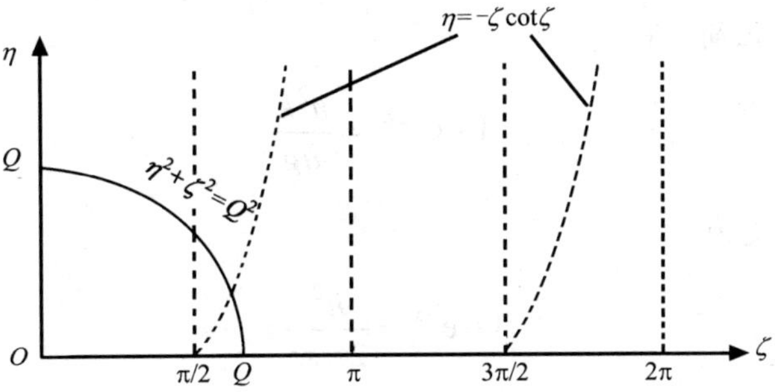

图 4.1

4.2 粒子处于三维球壳势阱 $V(r) = -g\delta(r-a)$ 中，求存在束缚态的条件.

解 如果只存在一个束缚态，则必定是 $l=0$ 的基态. 令 s 态波函数

$$\psi(r) = \frac{u(r)}{r}$$

$u(r)$ 满足方程

$$\frac{\mathrm{d}^2 u(r)}{\mathrm{d}r^2} + \frac{2\mu}{\hbar^2}[E + g\delta(r-a)]u(r) = 0$$

在此势阱中，束缚态能量 $E < 0$. 令

$$E = -|E|,\ k = \sqrt{\frac{2\mu|E|}{\hbar^2}}$$

方程变为

$$\frac{\mathrm{d}^2u(r)}{\mathrm{d}r^2}-k^2u(r)+\frac{2\mu g}{\hbar^2}\delta(r-a)u(r)=0$$

不考虑 $r=a$ 点时，方程满足条件 $u(0)=0$ 及 $u(\infty)=0$ 的解为

$$\begin{cases}u_1(r)=A(\mathrm{e}^{kr}-\mathrm{e}^{-kr}), & r<a\\ u_2(r)=B\mathrm{e}^{-kr}, & r>a\end{cases}$$

由边界条件

$$u_1(a)=u_2(a),\ u_2'(a)-u_1'(a)=-\frac{2\mu g}{\hbar^2}u_2(a)$$

得

$$A(\mathrm{e}^{ka}-\mathrm{e}^{-ka})=B\mathrm{e}^{-ka}$$

$$Ak(\mathrm{e}^{ka}+\mathrm{e}^{-ka})=B\mathrm{e}^{-ka}\left(\frac{2\mu g}{\hbar^2}-k\right)$$

以上两式相比并化简，得

$$1-\mathrm{e}^{-2ka}=\frac{\hbar^2k}{\mu g}$$

令 $x=2ka$，上式变为

$$1-\mathrm{e}^{-x}=\frac{\hbar^2}{2\mu ga}x$$

这是能量 E 满足的超越方程，用作图法求解. 由曲线

$$y_1=1-\mathrm{e}^{-x},\ y_2=\frac{\hbar^2}{2\mu ga}x$$

的交点 x_0 (见图 4.2)，得束缚定态能量

$$E=-\frac{x_0^2\hbar^2}{8\mu a^2}$$

由图 4.2 看出，曲线 y_1 在 $x=0$ 点的斜率为 1，只有在直线 y_2 的斜率 $\frac{\hbar^2}{2\mu ga}<1$ 时，y_1 与 y_2 才有交点，并且仅此一个交点. 因此存在束缚态的条件是

$$g>\frac{\hbar^2}{2\mu a}$$

在此势阱中，只存在一个 $l=0$ 的束缚态.

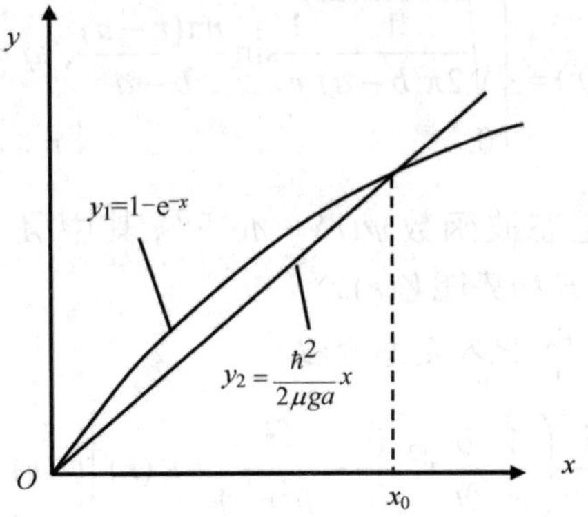

图 4.2

4.3　质量为 μ 的粒子在势场 $V(r)=\begin{cases}0, & a<r<b\\ \infty, & r\leqslant a, r\geqslant b\end{cases}$ 中运动，求 $l=0$ 的定态能量和定态波函数.

解　令 $l=0$ 的 s 态波函数

$$\psi(r)=\frac{u(r)}{r}$$

显然，在 $r\leqslant a$ 与 $r\geqslant b$ 区，$u(r)=0$. 在 $a<r<b$ 区，$u(r)$ 满足方程

$$\frac{\mathrm{d}^2u(r)}{\mathrm{d}r^2}+k^2u(r)=0$$

其中 $k=\sqrt{2\mu E/\hbar^2}$. 方程满足连续条件 $u(a)=0$ 的解为

$$u(r)=A\sin k(r-a),\ \ a<r<b$$

由连续条件 $u(b)=0$，得

$$k(b-a)=n\pi,\ \ k=\frac{n\pi}{b-a},\ \ n=1,2,3,\cdots$$

由上式及 $k=\sqrt{2\mu E/\hbar^2}$ 得定态能量

$$E=\frac{n^2\pi^2\hbar^2}{2\mu(b-a)^2}$$

将 k 值代入 $u(r)=A\sin k(r-a)$ 中，并利用归一化条件

$$\int_0^{\infty}|\psi(r)|^2\,4\pi r^2\mathrm{d}r=4\pi\int_a^b|u(r)|^2\,\mathrm{d}r=1$$

求得归一化系数 $A=[2\pi(b-a)]^{-1/2}$. 定态波函数为

$$\psi(r)=\begin{cases}\sqrt{\dfrac{1}{2\pi(b-a)}}\dfrac{1}{r}\sin\dfrac{n\pi(r-a)}{b-a}, & a<r<b\\ 0, & r\leqslant a, r\geqslant b\end{cases}$$

4.4 设粒子的定态波函数 $\psi(r)=Ae^{-r/a}$, 其中 A 与 a 是常数. 已知 $r\to\infty$, $V(r)=0$. 求定态能量 E 和势能 $V(r)$.

解 将 $\psi(r)=Ae^{-r/a}$ 代入定态方程

$$\left[-\frac{\hbar^2}{2\mu}\left(\frac{1}{r^2}\frac{\partial}{\partial r}r^2\frac{\partial}{\partial r}-\frac{\hat{L}^2}{\hbar^2 r^2}\right)+V(r)\right]\psi(r)=E\psi(r)$$

算出

$$V(r)-E=\frac{\hbar^2}{2\mu a^2}\left(1-\frac{2a}{r}\right)$$

由 $r\to\infty, V(r)=0$, 得 $E=-\hbar^2/2\mu a^2$. 将此式代入上式, 得

$$V(r)=-\frac{\hbar^2}{\mu a r}$$

4.5 一个质量为 μ 带有电荷 q 的粒子被限制在 xy 平面内的半径为 a 的圆周上运动. 在 z 轴方向加上强度为 B 的均匀磁场, 求粒子的基态能量和基态波函数的表达式, 证明基态能量是 B 的周期函数, 并给出周期来. 已知在柱坐标系中

$$\nabla^2=\frac{1}{\rho}\frac{\partial}{\partial\rho}\rho\frac{\partial}{\partial\rho}+\frac{1}{\rho^2}\frac{\partial^2}{\partial\varphi^2}+\frac{\partial^2}{\partial z^2} \tag{1}$$

解 取电磁场的矢势

$$A_x=-By/2,\ A_y=Bx/2,\ A_z=0 \tag{2}$$

$$\begin{aligned}\hat{H}&=\frac{1}{2\mu}\left(\hat{\boldsymbol{p}}-\frac{q}{c}\boldsymbol{A}\right)^2=\frac{1}{2\mu}\left[\left(\hat{p}_x+\frac{qB}{2c}y\right)^2+\left(\hat{p}_y-\frac{qB}{2c}x\right)^2+\hat{p}_z^2\right]\\&=\frac{\hat{p}^2}{2\mu}-\frac{qB}{2\mu c}\hat{L}_z+\frac{q^2B^2}{8\mu c^2}\left(x^2+y^2\right)\\&=-\frac{\hbar^2}{2\mu}\nabla^2-\frac{qB}{2\mu c}\hat{L}_z+\frac{q^2B^2}{8\mu c^2}\left(x^2+y^2\right)\end{aligned} \tag{3}$$

由于 $\rho=a, z=0$ 均为常数, 由式(1)得

$$\nabla^2 = \frac{1}{a^2}\frac{\partial^2}{\partial\varphi^2} = -\frac{1}{\hbar^2 a^2}\hat{L}_z^2,\ x^2 + y^2 = \rho^2 = a^2 \tag{4}$$

将式(4)代入式(3),

$$\hat{H} = \frac{1}{2\mu a^2}\hat{L}_z^2 - \frac{qB}{2\mu c}\hat{L}_z + \frac{q^2B^2a^2}{8\mu c^2} \tag{5}$$

$\hat{H}$ 的本征函数和本征能量为

$$\psi_m(\varphi) = \frac{1}{\sqrt{2\pi}}\mathrm{e}^{\mathrm{i}m\varphi} \tag{6}$$

$$\begin{aligned} E_m &= \frac{m^2\hbar^2}{2\mu a^2} - \frac{qBm\hbar}{2\mu c} + \frac{q^2B^2a^2}{8\mu c^2} \\ &= \frac{1}{2\mu}\left(\frac{m\hbar}{a} - \frac{qBa}{2c}\right)^2 \\ & m = 0, \pm 1, \pm 2, \cdots \end{aligned} \tag{7}$$

当 B 取确定值时, 设使 $\left(\frac{m\hbar}{a} - \frac{qBa}{2c}\right)^2$ 取最小值的 m 为 m', 基态能量为

$$E_{m'} = \frac{1}{2\mu}\left(\frac{m'\hbar}{a} - \frac{qBa}{2c}\right)^2 \tag{8}$$

当 $B=0$ 时, $m'=0, E_{m'}=0$. 当 B 由 0 增大时, m' 仍为 0, 但 $E_{m'}$ 开始由 0 增大. 当 B 增大到 $c\hbar/qa^2$ 时 $m'=0$ 或 1. 这时 $E_{m'}$ 取最大值 $\hbar^2/8\mu a^2$. B 再增大时, $m'=1$, $E_{m'}$ 随 B 增大而减小. 当 $B=2c\hbar/qa^2$ 时, $E_{m'}=0$. B 再增大时, 重复以上过程, 即 $E_{m'}$ 由最小值 0 增大到最大值 $\hbar^2/8\mu a^2$ 后再减小到 0, 如图 4.3 所示. B 的周期为

$$T = \frac{2c\hbar}{qa^2} \tag{9}$$

基态波函数为

$$\psi_{m'}(\varphi) = \frac{1}{\sqrt{2\pi}}\mathrm{e}^{\mathrm{i}m'\varphi} \tag{10}$$

当 $B=(2n+1)c\hbar/qa^2\ (n=0,1,2,\cdots)$ 时, 基态能量取最大值 $\hbar^2/8\mu a^2$, 它是二度简并的, 对应 $m'=n, n+1$.

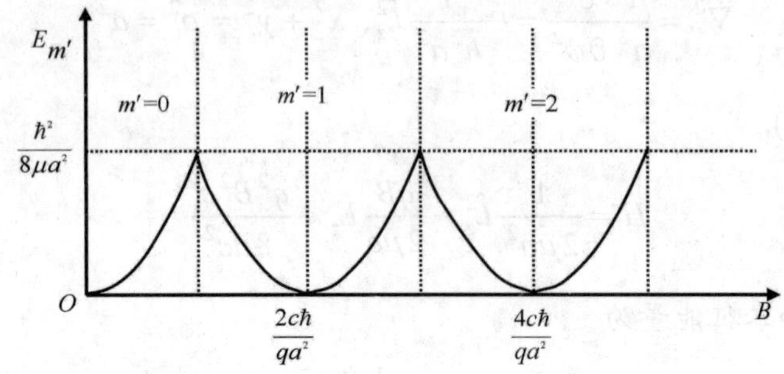

图 4.3

4.6　质量为 μ 电荷为 q 的粒子在均匀磁场 $\boldsymbol{B}=B\boldsymbol{k}$ 中运动，求定态能量与波函数.

解　取电磁场的矢势 $\boldsymbol{A}=(-By,0,0)$，

$$\hat{H}=\frac{1}{2\mu}\left(\hat{\boldsymbol{p}}-\frac{q}{c}\boldsymbol{A}\right)^2=\frac{1}{2\mu}\left[\left(\hat{p}_x+\frac{qB}{c}y\right)^2+\hat{p}_y^2+\hat{p}_z^2\right]$$

因 $\hat{p}_x,\hat{p}_z$ 同 $\hat{H}$ 对易，存在 $\hat{H},\hat{p}_x$ 与 $\hat{p}_z$ 的共同本征态. 令

$$\psi(x,y,z)=\mathrm{e}^{\mathrm{i}(p_x x+p_z z)/\hbar}\varphi(y)$$

代入 $\hat{H}$ 的本征方程

$$\frac{1}{2\mu}\left[\left(\hat{p}_x+\frac{qB}{c}y\right)^2+\hat{p}_y^2+\hat{p}_z^2\right]\psi(x,y,z)=E\psi(x,y,z)$$

得 $\varphi(y)$ 的方程

$$\frac{1}{2\mu}\left[\left(p_x+\frac{qB}{c}y\right)^2+\hat{p}_y^2+p_z^2\right]\varphi(y)=E\varphi(y)$$

$$\left[-\frac{\hbar^2}{2\mu}\frac{\mathrm{d}^2}{\mathrm{d}y^2}+\frac{1}{2}\mu\left(\frac{qB}{\mu c}\right)^2\left(y+\frac{cp_x}{qB}\right)^2\right]\varphi(y)=\left(E-\frac{p_z^2}{2\mu}\right)\varphi(y)$$

令

$$\xi=y+\frac{cp_x}{qB},\ \omega=\frac{|q|B}{\mu c},\ E'=E-\frac{p_z^2}{2\mu}$$

方程变为

$$\left(-\frac{\hbar^2}{2\mu}\frac{\mathrm{d}^2}{\mathrm{d}\xi^2}+\frac{1}{2}\mu\omega^2\xi^2\right)\varphi(\xi)=E'\varphi(\xi)$$

显然

$$\varphi(\xi)=N_n \mathrm{e}^{-\alpha^2\xi^2/2}H_n(\alpha\xi),\ \alpha=\sqrt{\frac{\mu\omega}{\hbar}}=\sqrt{\frac{|q|B}{\hbar c}}$$

$$E'=\left(n+\frac{1}{2}\right)\hbar\omega=\left(n+\frac{1}{2}\right)\frac{|q|B\hbar}{\mu c},\ n=0,1,2,\cdots$$

粒子的定态波函数与能量为

$$\psi(x,y,z)=A_n \mathrm{e}^{\mathrm{i}(p_x x+p_z z)/\hbar}H_n\left(\alpha\left(y+\frac{cp_x}{qB}\right)\right)\mathrm{e}^{-\frac{\alpha^2}{2}\left(y+\frac{cp_x}{qB}\right)^2}$$

$$E=\left(n+\frac{1}{2}\right)\frac{|q|B\hbar}{\mu c}+\frac{p_z^2}{2\mu}$$

$$n=0,1,2,\cdots,\quad p_x,p_z=-\infty\sim+\infty$$

4.7 质量为 μ 电荷为 q 的粒子在方向互相垂直的均匀电场 $\boldsymbol{E}$ 和均匀磁场 $\boldsymbol{B}$ 中运动,求定态能量与波函数.

解 设电场方向沿 y 轴,强度为 ε,磁场方向沿 z 轴,强度为 B.取电磁场的矢势和标势为 $\boldsymbol{A}=(-By,0,0),\Phi=-\varepsilon y$,相应的电场与磁场为

$$\boldsymbol{E}=-\nabla\Phi=\varepsilon\boldsymbol{j},\ \boldsymbol{B}=\nabla\times\boldsymbol{A}=B\boldsymbol{k}$$

$$\hat{H}=\frac{1}{2\mu}\left(\hat{\boldsymbol{p}}-\frac{q}{c}\boldsymbol{A}\right)^2-q\varepsilon y=\frac{1}{2\mu}\left[\left(\hat{p}_x+\frac{qB}{c}y\right)^2+\hat{p}_y^2+\hat{p}_z^2\right]-q\varepsilon y$$

因 $\hat{p}_x,\hat{p}_z$ 同 $\hat{H}$ 对易,存在 $\hat{H},\hat{p}_x$ 与 $\hat{p}_z$ 的共同本征态.令

$$\psi(x,y,z)=\mathrm{e}^{\mathrm{i}(p_x x+p_z z)/\hbar}\varphi(y)$$

代入 $\hat{H}$ 的本征方程

$$\left\{\frac{1}{2\mu}\left[\left(\hat{p}_x+\frac{qB}{c}y\right)^2+\hat{p}_y^2+\hat{p}_z^2\right]-q\varepsilon y\right\}\psi(x,y,z)=E\psi(x,y,z)$$

得 $\varphi(y)$ 的方程

$$\left[\frac{1}{2\mu}\left(p_x+\frac{qB}{c}y\right)^2+\frac{1}{2\mu}\hat{p}_y^2-q\varepsilon y+\frac{p_z{}^2}{2\mu}\right]\varphi(y)=E\varphi(y)$$

或

$$\left[-\frac{\hbar^2}{2\mu}\frac{\mathrm{d}^2}{\mathrm{d}y^2}+\frac{1}{2}\mu\left(\frac{qB}{\mu c}\right)^2\left(y+\frac{cp_x}{qB}-\frac{\varepsilon\mu c^2}{qB^2}\right)^2\right]\varphi(y)$$

$$=\left(E-\frac{\varepsilon c p_x}{B}+\frac{\varepsilon^2\mu c^2}{2B^2}-\frac{p_z^2}{2\mu}\right)\varphi(y)$$

令 $$\omega=\frac{|q|B}{\mu c},\ y_0=\frac{\varepsilon\mu c^2}{qB^2}-\frac{cp_x}{qB},\ E'=E-\frac{\varepsilon c p_x}{B}+\frac{\varepsilon^2\mu c^2}{2B^2}-\frac{p_z^2}{2\mu}$$

方程变为

$$\left[-\frac{\hbar^2}{2\mu}\frac{\mathrm{d}^2}{\mathrm{d}y^2}+\frac{1}{2}\mu\omega^2(y-y_0)^2\right]\varphi(y)=E'\varphi(y)$$

再令 $\xi=y-y_0$，方程变为

$$\left(-\frac{\hbar^2}{2\mu}\frac{\mathrm{d}^2}{\mathrm{d}\xi^2}+\frac{1}{2}\mu\omega^2\xi^2\right)\varphi(\xi)=E'\varphi(\xi)$$

这个方程的解为

$$E'=\left(n+\frac{1}{2}\right)\hbar\omega,\ n=0,1,2,\cdots$$

$$\varphi(\xi)=N_n\mathrm{e}^{-\alpha^2\xi^2/2}H_n(\alpha\xi),\ \alpha=\sqrt{\frac{\mu\omega}{\hbar}}=\sqrt{\frac{|q|B}{\hbar c}}$$

由此得粒子的定态能量和波函数

$$E=\left(n+\frac{1}{2}\right)\frac{|q|B\hbar}{\mu c}+\frac{\varepsilon c p_x}{B}-\frac{\varepsilon^2\mu c^2}{2B^2}+\frac{p_z^2}{2\mu}$$

$$\psi(x,y,z)=A_n\mathrm{e}^{\mathrm{i}(p_x x+p_z z)/\hbar}\mathrm{e}^{-\alpha^2(y-y_0)^2/2}H_n(\alpha(y-y_0))$$

$$n=0,1,2,\cdots,\quad p_x,p_z=-\infty\sim+\infty$$

4.8 (1)已知带有电荷 q 的粒子在磁场 $\boldsymbol{B}$ 与势场 $V(r)$ 中运动，求带电粒子速度分量算符的对易关系 $[\hat{v}_x,\hat{v}_y]$，$[\hat{v}_y,\hat{v}_z]$，$[\hat{v}_z,\hat{v}_x]$ 的表达式. (2)质量为 μ 带有电荷 q 的粒子在磁场中的哈密顿量为 $\hat{H}=\frac{1}{2\mu}\left(\hat{\boldsymbol{p}}-\frac{q}{c}\boldsymbol{A}\right)^2$. 请问在什么条件下，它可以写成如下形式：$\hat{H}'=\frac{1}{2\mu}\hat{p}^2-\frac{q}{\mu c}\boldsymbol{A}\cdot\hat{\boldsymbol{p}}+\frac{q^2}{2\mu c^2}A^2$. (3)设 $\boldsymbol{A}=\boldsymbol{A}_0\cos\omega t$（$\boldsymbol{A}_0$ 为常数矢量），略去 $\hat{H}'$ 中的 A^2 项，求出与 $\hat{H}'$ 相应的薛定谔方程的解.

解 (1)根据带电粒子速度算符 $\hat{v}$ 的定义式 $\hat{v}=\frac{1}{\mu}\left(\hat{\boldsymbol{p}}-\frac{q}{c}\boldsymbol{A}\right)$，

$$[\hat{v}_x,\hat{v}_y]=\frac{1}{\mu^2}\left[\hat{p}_x-\frac{q}{c}A_x,\hat{p}_y-\frac{q}{c}A_y\right]$$
$$=\frac{1}{\mu^2}\left\{\left[\hat{p}_x,-\frac{q}{c}A_y\right]+\left[-\frac{q}{c}A_x,\hat{p}_y\right]\right\}$$
$$=\frac{1}{\mu^2}\left[-\mathrm{i}\hbar\frac{\partial}{\partial x}\left(-\frac{q}{c}A_y\right)+\mathrm{i}\hbar\frac{\partial}{\partial y}\left(-\frac{q}{c}A_x\right)\right]$$
$$=\frac{\mathrm{i}\hbar q}{\mu^2 c}\left(\frac{\partial A_y}{\partial x}-\frac{\partial A_x}{\partial y}\right)=\frac{\mathrm{i}\hbar q}{\mu^2 c}B_z$$

类似地，可得

$$[\hat{v}_y,\hat{v}_z]=\frac{\mathrm{i}\hbar q}{\mu^2 c}B_x,\ [\hat{v}_z,\hat{v}_x]=\frac{\mathrm{i}\hbar q}{\mu^2 c}B_y$$

(2) 条件是$\nabla\cdot\boldsymbol{A}=0$.

(3) 设$\boldsymbol{A}_0$方向为z轴方向, 薛定谔方程为

$$\mathrm{i}\hbar\frac{\partial}{\partial t}\psi(\boldsymbol{r},t)=\left(-\frac{\hbar^2}{2\mu}\nabla^2+\frac{\mathrm{i}\hbar qA_0\cos\omega t}{\mu c}\frac{\partial}{\partial z}\right)\psi(\boldsymbol{r},t)$$

这个方程无法分离变量$\boldsymbol{r}$与t. 转到动量表象, 方程为

$$\mathrm{i}\hbar\frac{\partial}{\partial t}\varphi(\boldsymbol{p},t)=\left(\frac{p^2}{2\mu}-\frac{qA_0p_z}{\mu c}\cos\omega t\right)\varphi(\boldsymbol{p},t)$$

这个方程可表示为

$$\frac{\mathrm{d}\varphi}{\varphi}=\frac{\mathrm{i}}{\hbar}\left(\frac{qA_0p_z}{\mu c}\cos\omega t-\frac{p^2}{2\mu}\right)\mathrm{d}t$$

上式积分后得

$$\varphi(\boldsymbol{p},t)=C\exp\left[\frac{\mathrm{i}}{\hbar}\left(\frac{qA_0p_z\sin\omega t}{\omega\mu c}-\frac{p^2t}{2\mu}\right)\right]$$

4.9　处于基态的类氢原子经β衰变, 核电荷数突然由Z变为$Z+1$, 求原子处于2s态的概率. 已知类氢原子定态波函数为

$$\psi_{100}(Z,\boldsymbol{r})=\frac{1}{\sqrt{\pi}}\left(\frac{Z}{a}\right)^{3/2}\mathrm{e}^{-Zr/a},\ \psi_{200}(Z,\boldsymbol{r})=\frac{1}{\sqrt{\pi}}\left(\frac{Z}{2a}\right)^{3/2}\left(1-\frac{Zr}{2a}\right)\mathrm{e}^{-Zr/2a}$$

解　设$t=0$时发生β衰变, $t>0$时波函数为

$$\psi(\boldsymbol{r},t)=\sum_{nlm}^{\infty}C_{nlm}\ \mathrm{e}^{-\mathrm{i}E_nt/\hbar}\ \psi_{nlm}(Z+1,\boldsymbol{r})$$

$$\psi(\boldsymbol{r},0)=\sum_{nlm}^{\infty}C_{nlm}\psi_{nlm}(Z+1,\boldsymbol{r})=\psi_{100}(Z,\boldsymbol{r})$$

其中

$$C_{nlm}=\int\psi_{nlm}^{*}(Z+1,\boldsymbol{r})\psi_{100}(Z,\boldsymbol{r})\,\mathrm{d}\tau$$

β 衰变后,原子处于 2s 态的概率为

$$|C_{200}|^2=\left|\int\psi_{200}^{*}(Z+1,\boldsymbol{r})\psi_{100}(Z,\boldsymbol{r})\mathrm{d}\tau\right|^2$$

将ψ_{100}与ψ_{200}的表示式代入上式,得

$$|C_{200}|^2=\frac{1}{\pi^2}\left[\frac{Z(Z+1)}{2a^2}\right]^3\left|4\pi\int_0^{\infty}\left(1-\frac{Z+1}{2a}r\right)\mathrm{e}^{-\frac{3Z+1}{2a}r}r^2\mathrm{d}r\right|^2=\frac{2^{11}Z^3(Z+1)^3}{(3Z+1)^8}$$

β 衰变后,原子仍处于基态(1s 态)的概率为

$$|C_{100}|^2=\left|\int\psi_{100}^{*}(Z+1,\boldsymbol{r})\psi_{100}(Z,\boldsymbol{r})\mathrm{d}\tau\right|^2=\frac{2^6Z^3(Z+1)^3}{(2Z+1)^6}$$

4.10 氢原子处于基态. 假定库仑作用在 $t=0$ 时突然消失,电子离开原子像自由电子那样运动. 试求 $t>0$ 时测量电子动量大小在 $p\sim p+\mathrm{d}p$ 内的概率.

解 氢原子基态波函数 $\psi(r)=\frac{1}{\sqrt{\pi a^3}}\mathrm{e}^{-r/a}$ 与 $\theta\varphi$ 角无关. 取 $\boldsymbol{p}$ 方向为 z 轴方向,

$$\varphi(p)=\frac{1}{(2\pi\hbar)^{3/2}}\iiint\mathrm{e}^{-\mathrm{i}pr\cos\theta/\hbar}\psi(r)r^2\sin\theta\mathrm{d}\theta\mathrm{d}\varphi\mathrm{d}r$$

$$=\frac{1}{(2\pi\hbar)^{3/2}}\int_0^{\infty}\mathrm{d}r\psi(r)r^2\int_0^{\pi}\mathrm{e}^{-\mathrm{i}pr\cos\theta/\hbar}\sin\theta\mathrm{d}\theta\int_0^{2\pi}\mathrm{d}\varphi$$

对 $\theta\varphi$ 角积分后,得

$$\varphi(p)=\frac{1}{(2\pi\hbar)^{1/2}\mathrm{i}p}\int_0^{\infty}\psi(r)(\mathrm{e}^{\mathrm{i}pr/\hbar}-\mathrm{e}^{-\mathrm{i}pr/\hbar})r\mathrm{d}r$$

将 $\psi(r)$ 的表示式代入,

$$\varphi(p)=\frac{1}{\sqrt{2\hbar\pi^2a^3}\,\mathrm{i}p}\int_0^{\infty}\left[r\mathrm{e}^{-\left(\frac{1}{a}-\frac{\mathrm{i}p}{\hbar}\right)r}-r\mathrm{e}^{-\left(\frac{1}{a}+\frac{\mathrm{i}p}{\hbar}\right)r}\right]\mathrm{d}r$$

$$=\frac{1}{\sqrt{2\hbar\pi^2a^3}\,\mathrm{i}p}\left[\frac{1}{\left(\frac{1}{a}-\frac{\mathrm{i}p}{\hbar}\right)^2}-\frac{1}{\left(\frac{1}{a}+\frac{\mathrm{i}p}{\hbar}\right)^2}\right]$$

$$=\sqrt{\frac{8\hbar^5a^3}{\pi^2}}\frac{1}{(p^2a^2+\hbar^2)^2}$$

$t \geqslant 0$ 时, 电子动量大小在 $p \sim p + \mathrm{d}p$ 内的概率为

$$|\varphi(p)|^2 4\pi p^2 \mathrm{d}p = \frac{32a^3\hbar^5 p^2}{\pi(p^2a^2 + \hbar^2)^4}\mathrm{d}p$$

4.11　在半径为 R 的硬刚球内, 有一质量为 μ 的粒子. (1)求粒子的基态能量和波函数; (2)如 $t<0$ 时粒子处于基态, $t=0$ 时将这硬刚球的半径扩展到原来的 2 倍, 求扩展后粒子仍处于基态的概率.

解　(1) 刚球势为

$$V(r) = \begin{cases} 0, & r < R \\ \infty, & r \geqslant R \end{cases}$$

基态为 $l=0$ 的最低能量态. 令 $\psi(r) = u(r)/r$, $u(r)$ 满足方程

$$\frac{\mathrm{d}^2u(r)}{\mathrm{d}r^2} + k^2u(r) = 0,\ r < R$$

及条件 $u(0)=0$, 其中 $k = \sqrt{2\mu E/\hbar^2}$. 对于 $r \geqslant R$, $u(r)=0$. 上述方程满足条件 $u(0)=0$ 的解为

$$u(r) = A\sin kr$$

由连续条件 $u(R)=0$ 得

$$k = \frac{n\pi}{R} = \sqrt{\frac{2\mu E}{\hbar^2}},\ n = 1,2,3,\cdots$$

由上式得定态能量

$$E_n = \frac{n^2\pi^2\hbar^2}{2\mu R^2}$$

定态波函数为

$$\psi_n(r) = \frac{A}{r}\sin\frac{n\pi r}{R},\ r < R$$

由归一化条件 $\int_0^\infty |\psi_n(r)|^2 4\pi r^2 \mathrm{d}r = 1$, 得 $A = 1/\sqrt{2\pi R}$.

$$\psi_n(r) = \begin{cases} \dfrac{1}{\sqrt{2\pi R}}\dfrac{1}{r}\sin\dfrac{n\pi r}{R}, & r < R \\ 0, & r \geqslant R \end{cases},\ n = 1,2,\cdots$$

(2) $t<0$ 时的基态波函数为

$$\psi_1(r)=\begin{cases}\dfrac{1}{\sqrt{2\pi R}}\dfrac{1}{r}\sin\dfrac{\pi r}{R}, & r<R\\ 0, & r\geqslant R\end{cases}$$

$t\geqslant 0$ 时的基态波函数为

$$\psi_1'(r)=\begin{cases}\dfrac{1}{\sqrt{4\pi R}}\dfrac{1}{r}\sin\dfrac{\pi r}{2R}, & r<2R\\ 0, & r\geqslant 2R\end{cases}$$

$t\geqslant 0$ 时粒子处于基态的概率为

$$|\langle\psi_1'|\psi_1\rangle|^2=\left|\int_0^R\frac{2}{\sqrt{2}R}\sin\frac{\pi r}{R}\sin\frac{\pi r}{2R}\mathrm{d}r\right|^2=\frac{32}{9\pi^2}$$

4.12　一粒子被束缚在半径为 R 的刚球盒内. 求处于基态的粒子对盒壁的压力与压强.

解　设粒子对盒壁的平均作用力为 $\overline{F}$. 假定盒壁的半径在此力的作用下增大了 ΔR，则粒子对外做功 $\overline{F}\Delta R$，它等于粒子能量的减小 $-(\mathrm{d}E/\mathrm{d}R)\Delta R$，故有 $\overline{F}=-\dfrac{\mathrm{d}E}{\mathrm{d}R}$. 将基态能量 $E=\dfrac{\pi^2\hbar^2}{2\mu R^2}$ 代入上式, 得平均作用力 $\overline{F}$ 及平均压强 $\overline{P}$

$$\overline{F}=-\frac{\mathrm{d}E}{\mathrm{d}R}=\frac{\pi^2\hbar^2}{\mu R^3},\ \overline{P}=\frac{\overline{F}}{4\pi R^2}=\frac{\pi\hbar^2}{4\mu R^5}$$

4.13　在势场 $V(\boldsymbol{r})$ 中粒子处于定态, 证明粒子动能 $\hat{T}=\hat{p}^2/2\mu$ 的平均值为 $\overline{T}=\dfrac{1}{2}\overline{(\boldsymbol{r}\cdot\nabla V)}$. 如果 $V(\boldsymbol{r})$ 是 $\boldsymbol{r}$ 的 ν 次齐次函数, 证明 $\overline{T}=\dfrac{\nu}{2}\overline{V}$, 并利用此式, 计算氢原子基态的 $\overline{T}$.

解　对势场 $V(\boldsymbol{r})$ 中的定态, 算符 $\boldsymbol{r}\cdot\hat{\boldsymbol{p}}$ 的平均值随时间变化率:

$$\begin{aligned}0=\frac{\mathrm{d}}{\mathrm{d}t}\overline{(\boldsymbol{r}\cdot\hat{\boldsymbol{p}})}&=\frac{1}{\mathrm{i}\hbar}\overline{\left[\boldsymbol{r}\cdot\hat{\boldsymbol{p}},\frac{\hat{p}^2}{2\mu}+V(\boldsymbol{r})\right]}\\&=\frac{1}{\mathrm{i}\hbar}\left\{\frac{1}{2\mu}\overline{[\boldsymbol{r}\cdot\hat{\boldsymbol{p}},\hat{p}^2]}+\overline{[\boldsymbol{r}\cdot\hat{\boldsymbol{p}},V(\boldsymbol{r})]}\right\}\\&=\frac{\overline{\hat{p}^2}}{\mu}-\overline{(\boldsymbol{r}\cdot\nabla V)}=2\overline{T}-\overline{(\boldsymbol{r}\cdot\nabla V)}\end{aligned}$$

由此式得

$$\overline{T}=\frac{1}{2}\overline{(\boldsymbol{r}\cdot\nabla V)}$$

如果$V(\boldsymbol{r})$是$\boldsymbol{r}$的ν次齐次函数：$V(\lambda\boldsymbol{r})=\lambda^{\nu}V(\boldsymbol{r})$，则

$$\boldsymbol{r}\cdot\nabla V=\nu V(\boldsymbol{r})$$

将它代入上式，得

$$\overline{T}=\frac{\nu}{2}\overline{V}$$

证毕. 氢原子势能$V=-e^2/r$是$\boldsymbol{r}$的$\nu=-1$次齐次函数，在上式中代入$\nu=-1$，得

$$\overline{T}=-\frac{1}{2}\overline{V}\quad 或\quad \overline{V}=-2\overline{T}$$

利用上式，定态能量

$$E_n=\overline{T}+\overline{V}=-\overline{T}=-\frac{e^2}{2an^2}$$

在上式中代入$n=1$，得氢原子基态平均动能

$$\overline{T}=\frac{e^2}{2a}$$

4.14 势能$V=-\dfrac{Ze^2}{r}$的类氢原子处于ψ_{nlm}态. 试计算$\dfrac{1}{r}$的平均值$\left\langle nlm\left|\dfrac{1}{r}\right|nlm\right\rangle$.

解 方法1：

势能V是$\boldsymbol{r}$的-1次齐次函数，相应的维里定理为

$$\langle nlm|\hat{T}|nlm\rangle=-\frac{1}{2}\langle nlm|\hat{V}|nlm\rangle \tag{1}$$

原子处于ψ_{nlm}态的能量为

$$E_n=-\frac{Z^2e^2}{2an^2}=\langle nlm|\hat{T}|nlm\rangle+\langle nlm|\hat{V}|nlm\rangle \tag{2}$$

将式(1)代入式(2)，得

$$\langle nlm|\hat{V}|nlm\rangle=-\frac{Z^2e^2}{an^2} \tag{3}$$

再将$V=-Ze^2/r$代入式(3)得

$$\left\langle nlm\left|\frac{1}{r}\right|nlm\right\rangle=\frac{Z}{an^2} \tag{4}$$

方法 2:

选择 e^2 为参数, 相应的 F-H 定理为

$$\frac{\partial E_n}{\partial e^2} = \langle nlm|\frac{\partial \hat{H}}{\partial e^2}|nlm\rangle \tag{5}$$

其中

$$E_n = -\frac{Z^2 e^2}{2an^2} = -\frac{Z^2\mu(e^2)^2}{2\hbar^2 n^2} \tag{6}$$

$$\hat{H} = -\frac{\hbar^2}{2\mu}\nabla^2 - \frac{Ze^2}{r} \tag{7}$$

将式(6)与(7)代入式(5), 得

$$\langle nlm|\frac{1}{r}|nlm\rangle = \frac{Z}{an^2}$$

4.15 势能 $V = -\dfrac{Ze^2}{r}$ 的类氢原子处于 ψ_{nlm} 态. 试计算 $\dfrac{1}{r^2}$ 的平均值 $\langle nlm|\dfrac{1}{r^2}|nlm\rangle$.

解 令

$$\psi_{nlm}(r) = \frac{u_{nl}(r)}{r}Y_{lm}(\theta,\varphi) \tag{1}$$

$u_{nl}(r)$ 满足方程

$$\left[-\frac{\hbar^2}{2\mu}\frac{\mathrm{d}^2}{\mathrm{d}r^2} - \frac{Ze^2}{r} + \frac{l(l+1)\hbar^2}{2\mu r^2}\right]u_{nl}(r) = E_n u_{nl}(r) \tag{2}$$

方程(2)可以写成如下形式:

$$\hat{H}_{eff}u_{nl}(r) = E_n u_{nl}(r) \tag{3}$$

其中

$$\hat{H}_{eff} = -\frac{\hbar^2}{2\mu}\frac{\mathrm{d}^2}{\mathrm{d}r^2} - \frac{Ze^2}{r} + \frac{l(l+1)\hbar^2}{2\mu r^2} \tag{4}$$

是等效的一维哈密顿量. 取 l 为参数, 相应的 F-H 定理为,

$$\frac{\partial E_n}{\partial l} = \left\langle \frac{\partial \hat{H}_{eff}}{\partial l} \right\rangle_{nlm} \tag{5}$$

其中

$$E_n = -\frac{Z^2 e^2}{2an^2} = -\frac{Z^2 e^2}{2a(n_r + l + 1)^2} \tag{6}$$

将式(4)与(6)代入式(5), 得

$$\left\langle \frac{1}{r^2} \right\rangle_{nlm} = \langle nlm | \frac{1}{r^2} | nlm \rangle = \frac{2Z^2}{(2l+1)a^2 n^3} \tag{7}$$

4.16 设一粒子在中心力场$V(r)$中运动, 定义径向动量

$$\hat{p}_r = \frac{1}{2}\left(\frac{\boldsymbol{r}}{r} \cdot \hat{\boldsymbol{p}} + \hat{\boldsymbol{p}} \cdot \frac{\boldsymbol{r}}{r} \right) \tag{1}$$

(1) 证明

$$\hat{p}_r = -\mathrm{i}\hbar \left(\frac{\partial}{\partial r} + \frac{1}{r} \right) \tag{2}$$

$$\hat{H} = \frac{\hat{p}_r^2}{2\mu} + \frac{\hat{L}^2}{2\mu r^2} + V(r) \tag{3}$$

(2) 计算对易关系式$\left[\frac{\partial}{\partial r}, \hat{H} \right]$; (3) 当粒子处于某一束缚定态$\psi_{nlm}(\boldsymbol{r}) = R_{nl}(r) Y_{lm}(\theta, \varphi)$时, 证明

$$\left\langle \frac{\partial V}{\partial r} \right\rangle_{nlm} - \frac{l(l+1)\hbar^2}{\mu} \left\langle \frac{1}{r^3} \right\rangle_{nlm} = \frac{\hbar^2}{2\mu} |R_{nl}(0)|^2 \tag{4}$$

(4) 设$V = -\frac{Ze^2}{r}$, 证明在束缚定态$\psi_{nlm}(\boldsymbol{r})$上,

$$\left\langle \frac{1}{r^3} \right\rangle_{nlm} = \frac{Z}{l(l+1)a} \left\langle \frac{1}{r^2} \right\rangle_{nlm} \tag{5}$$

解 (1) 式(2)的证明见2.2题.

$$\begin{aligned} \hat{H} &= -\frac{\hbar^2}{2\mu} \nabla^2 + V(r) \\ &= -\frac{\hbar^2}{2\mu} \frac{1}{r^2} \frac{\partial}{\partial r} r^2 \frac{\partial}{\partial r} + \frac{\hat{L}^2}{2\mu r^2} + V(r) \\ &= -\frac{\hbar^2}{2\mu} \left(\frac{\partial^2}{\partial r^2} + \frac{2}{r} \frac{\partial}{\partial r} \right) + \frac{\hat{L}^2}{2\mu r^2} + V(r) \end{aligned} \tag{6}$$

可以证明

$$\hat{p}_r^2 = -\hbar^2 \left(\frac{\partial^2}{\partial r^2} + \frac{2}{r} \frac{\partial}{\partial r} \right) \tag{7}$$

任取一波函数ψ，利用式(2)

$$\hat{p}_r^2\psi=-\hbar^2\left(\frac{\partial}{\partial r}+\frac{1}{r}\right)^2\psi=-\hbar^2\left(\frac{\partial}{\partial r}+\frac{1}{r}\right)\left(\frac{\partial\psi}{\partial r}+\frac{\psi}{r}\right)$$

$$=-\hbar^2\left(\frac{\partial^2}{\partial r^2}+\frac{2}{r}\frac{\partial}{\partial r}\right)\psi$$

由于ψ是任意的，故式(7)得证. 将式(7)代入式(6)，式(3)得证.

(2) 利用式(6)

$$\left[\frac{\partial}{\partial r},\hat{H}\right]=\frac{\partial}{\partial r}\hat{H}=\frac{\partial}{\partial r}\left[-\frac{\hbar^2}{2\mu}\left(\frac{\partial^2}{\partial r^2}+\frac{2}{r}\frac{\partial}{\partial r}\right)+\frac{\hat{L}^2}{2\mu r^2}+V(r)\right]$$

$$=\frac{\hbar^2}{\mu r^2}\frac{\partial}{\partial r}-\frac{\hat{L}^2}{\mu r^3}+\frac{\partial V(r)}{\partial r} \tag{8}$$

(3) 在ψ_{nlm}态上，$\left[\frac{\partial}{\partial r},\hat{H}\right]$的平均值

$$\overline{\left[\frac{\partial}{\partial r},\hat{H}\right]}_{nlm}=\int\psi_{nlm}^*\left(\frac{\partial}{\partial r}\hat{H}-\hat{H}\frac{\partial}{\partial r}\right)\psi_{nlm}\mathrm{d}\tau=0 \tag{9}$$

将式(8)代入式(9)，得

$$\int\psi_{nlm}^*\frac{\partial V(r)}{\partial r}\psi_{nlm}\mathrm{d}\tau-\int\psi_{nlm}^*\frac{\hat{L}^2}{\mu r^3}\psi_{nlm}\mathrm{d}\tau=-\int\psi_{nlm}^*\frac{\hbar^2}{\mu r^2}\frac{\partial}{\partial r}\psi_{nlm}\mathrm{d}\tau \tag{10}$$

上式左边的积分表示力学量$\frac{\partial V(r)}{\partial r}$与$\frac{\hat{L}^2}{\mu r^3}$的平均值，是实数. 因此上式右边的积分也是实数. 这个积分可以表示为

$$\int\psi_{nlm}^*\frac{\hbar^2}{\mu r^2}\frac{\partial}{\partial r}\psi_{nlm}\mathrm{d}\tau=\frac{\hbar^2}{\mu}\int_{4\pi}\mathrm{d}\Omega\int_0^\infty\psi_{nlm}^*\frac{\partial\psi_{nlm}}{\partial r}\mathrm{d}r \tag{11}$$

其中对r的积分应为实数，便有

$$\int_0^\infty\psi_{nlm}^*\frac{\partial\psi_{nlm}}{\partial r}\mathrm{d}r=\left(\int_0^\infty\psi_{nlm}^*\frac{\partial\psi_{nlm}}{\partial r}\mathrm{d}r\right)^*=\int_0^\infty\psi_{nlm}\frac{\partial\psi_{nlm}^*}{\partial r}\mathrm{d}r$$

$$=\frac{1}{2}\int_0^\infty\frac{\partial}{\partial r}(\psi_{nlm}^*\psi_{nlm})\mathrm{d}r=-\frac{1}{2}\left|\psi_{nlm}(r=0)\right|^2$$

$$=-\frac{1}{2}\left|R_{nl}(0)\right|^2\left|Y_{lm}(\theta,\varphi)\right|^2 \tag{12}$$

将式(12)代入式(11),

$$\int \psi_{nlm}^* \frac{\hbar^2}{\mu r^2} \frac{\partial}{\partial r} \psi_{nlm} \mathrm{d}\tau = -\frac{\hbar^2}{2\mu} |R_{nl}(0)|^2 \int_{4\pi} |Y_{lm}(\theta,\varphi)|^2 \mathrm{d}\Omega$$
$$= -\frac{\hbar^2}{2\mu} |R_{nl}(0)|^2 \tag{13}$$

再将式(13)代入式(10), 并注意到 ψ_{nlm} 是 $\hat{L}^2$ 的本征函数, 本征值为 $l(l+1)\hbar^2$,

$$\left\langle \frac{\partial V}{\partial r} \right\rangle_{nlm} - \frac{l(l+1)\hbar^2}{\mu} \left\langle \frac{1}{r^3} \right\rangle_{nlm} = \frac{\hbar^2}{2\mu} |R_{nl}(0)|^2$$

这正是要证明的式(4).

(4) 将 $V = -\dfrac{Ze^2}{r}$ 代入上式, 得

$$Ze^2 \left\langle \frac{1}{r^2} \right\rangle_{nlm} - \frac{l(l+1)\hbar^2}{\mu} \left\langle \frac{1}{r^3} \right\rangle_{nlm} = \frac{\hbar^2}{2\mu} |R_{nl}(0)|^2 \tag{14}$$

由于 $R_{nl}(r) \sim r^l$, 对 $l \neq 0$, $R_{nl}(0) = 0$, 便有

$$\left\langle \frac{1}{r^3} \right\rangle_{nlm} = \frac{Ze^2 \mu}{l(l+1)\hbar^2} \left\langle \frac{1}{r^2} \right\rangle_{nlm} \tag{15}$$

$l = 0$ 时, $\left\langle \dfrac{1}{r^3} \right\rangle_{nlm} \to \infty$, 式(15)仍然成立. 考虑到玻尔半径 $a = \dfrac{\hbar^2}{\mu e^2}$, 式(15)变为

$$\left\langle \frac{1}{r^3} \right\rangle_{nlm} = \frac{Z}{l(l+1)a} \left\langle \frac{1}{r^2} \right\rangle_{nlm} \tag{16}$$

利用 4.15 题中的结果:

$$\left\langle \frac{1}{r^2} \right\rangle_{nlm} = \frac{2Z^2}{(2l+1)a^2 n^3} \tag{17}$$

$$\left\langle \frac{1}{r^3} \right\rangle_{nlm} = \frac{2Z^3}{l(l+1)(2l+1)a^3 n^3} \tag{18}$$

4.17 氢原子处于基态 $\psi(r) = \dfrac{1}{\sqrt{\pi a^3}} \mathrm{e}^{-r/a}$, 求 r 的平均值及动量的概率分布函数 $W(p)$.

解

$$\bar{r} = \frac{1}{\pi a^3} \int_0^\infty \mathrm{e}^{-2r/a} r^3 4\pi \mathrm{d}r = 1.5a$$

$$\varphi(p)=\frac{1}{(2\pi\hbar)^{3/2}}\int\psi(r)\mathrm{e}^{-\mathrm{i}\boldsymbol{p}\cdot\boldsymbol{r}/\hbar}\mathrm{d}\tau$$
$$=\frac{1}{(2\pi\hbar)^{3/2}}\int_0^{\pi}\int_0^{2\pi}\int_0^{\infty}\psi(r)\mathrm{e}^{-\mathrm{i}pr\cos\theta/\hbar}r^2\sin\theta\mathrm{d}\theta\mathrm{d}\varphi\mathrm{d}r$$

在上式积分中，已将 $\boldsymbol{p}$ 的方向取为 z 轴方向. 将 $\psi(r)=\frac{1}{\sqrt{\pi a^3}}\mathrm{e}^{-r/a}$ 代入上式，对角度 $\theta\varphi$ 积分后，得

$$\varphi(p)=\frac{1}{\sqrt{2\pi^2\hbar a^3}\,\mathrm{i}p}\int_0^{\infty}\left[\mathrm{e}^{-\left(\frac{1}{a}-\frac{\mathrm{i}p}{\hbar}\right)r}-\mathrm{e}^{-\left(\frac{1}{a}+\frac{\mathrm{i}p}{\hbar}\right)r}\right]r\mathrm{d}r$$
$$=\sqrt{\frac{8\hbar^5a^3}{\pi^2}}\frac{1}{(a^2p^2+\hbar^2)^2}$$

动量的概率分布函数

$$W(p)=|\varphi(p)|^2\,4\pi p^2=\frac{32a^3\hbar^5p^2}{\pi(a^2p^2+\hbar^2)^4}$$

4.18　氢原子处于基态 $\psi(r)=\frac{1}{\sqrt{\pi a^3}}\mathrm{e}^{-r/a}$，计算 $\Delta x\Delta p_x$，检验测不准关系.

解

$$\overline{x}=\int\psi^*x\psi\mathrm{d}\tau=0$$

$$\overline{p}_x=\int\psi^*\left(-\mathrm{i}\hbar\frac{\partial}{\partial x}\right)\psi\mathrm{d}\tau=0$$

$$\overline{x^2}=\frac{1}{\pi a^3}\iiint\mathrm{e}^{-2r/a}x^2r^2\sin\theta\mathrm{d}\theta\mathrm{d}\varphi\mathrm{d}r$$
$$=\frac{1}{\pi a^3}\int_0^{\infty}\mathrm{e}^{-2r/a}r^4\mathrm{d}r\int_0^{\pi}\sin^3\theta\mathrm{d}\theta\int_0^{2\pi}\cos^2\varphi\mathrm{d}\varphi=a^2$$

$$\overline{p_x^2}=-\frac{\hbar^2}{\pi a^3}\iiint\mathrm{e}^{-r/a}\left(\frac{\partial^2}{\partial x^2}\mathrm{e}^{-r/a}\right)r^2\sin\theta\mathrm{d}\theta\mathrm{d}\varphi\mathrm{d}r$$

其中

$$\frac{\partial^2}{\partial x^2}\mathrm{e}^{-r/a}=-\frac{\mathrm{e}^{-r/a}}{a}\left[\frac{1}{r}-\left(\frac{1}{r}+\frac{1}{a}\right)\left(\frac{x}{r}\right)^2\right]$$
$$=-\frac{\mathrm{e}^{-r/a}}{a}\left[\frac{1}{r}-\left(\frac{1}{r}+\frac{1}{a}\right)\sin^2\theta\cos^2\varphi\right]$$

将它代入上式，

$$\overline{p_x^2}=\frac{\hbar^2}{\pi a^4}\left[4\pi\int_0^\infty \mathrm{e}^{-2r/a}r\mathrm{d}r-\int_0^\infty \mathrm{e}^{-2r/a}\left(r+\frac{r^2}{a}\right)\mathrm{d}r\int_0^\pi \sin^3\theta\mathrm{d}\theta\int_0^{2\pi}\cos^2\varphi\mathrm{d}\varphi\right]$$

$$=\frac{\hbar^2}{3a^2}$$

$$\Delta x=\sqrt{\overline{x^2}-(\overline{x})^2}=a$$

$$\Delta p_x=\sqrt{\overline{p_x^2}-(\overline{p}_x)^2}=\frac{\hbar}{\sqrt{3}a}$$

$$\Delta x\Delta p_x=\frac{\hbar}{\sqrt{3}}$$

此式符合测不准关系 $\Delta x\Delta p_x \geqslant \hbar/2$.

下面介绍计算 $\overline{x^2}$ 与 $\overline{p_x^2}$ 的另一种方法. 因基态波函数 $\psi(r)$ 是球对称的,

$$\overline{x^2}=\overline{y^2}=\overline{z^2}=\frac{1}{3}\overline{r^2}=\frac{1}{3}\int|\psi(r)|^2 r^2\mathrm{d}\tau=\frac{4}{3a^3}\int_0^\infty \mathrm{e}^{-2r/a}r^4\mathrm{d}r=a^2$$

$$\overline{p_x^2}=\overline{p_y^2}=\overline{p_z^2}=\frac{1}{3}\overline{p^2}=\frac{2\mu}{3}\overline{T}$$

对氢原子势 $V(r)=-e^2/r$, 维里定理为

$$\overline{T}=-\overline{V}/2 \quad 或 \quad \overline{V}=-2\overline{T}$$

将 $\overline{V}=-2\overline{T}$ 代入氢原子基态能量：

$$E=-\frac{e^2}{2a}=\overline{T}+\overline{V}=-\overline{T}$$

得 $\overline{T}=e^2/2a$. 将它代入 $\overline{p_x^2}=2\mu\overline{T}/3$, 得

$$\overline{p_x^2}=\frac{\mu e^2}{3a}=\frac{\hbar^2}{3a^2},\ a=\frac{\hbar^2}{\mu e^2}$$

4.19　固有长度为 r_0 的平面转子处于状态 $\psi_m(\varphi)=\sqrt{\frac{1}{2\pi}}\mathrm{e}^{\mathrm{i}m\varphi}\ (m=0,\pm1,\ \pm2,\cdots)$, 其中平面极角 φ 与坐标 x 和 y 的关系是 $x=r_0\cos\varphi,\ y=r_0\sin\varphi$. 求坐标 x 和动量 p_x 的不确定关系 $\Delta x\Delta p_x=?$

解
$$\overline{x}=\int_0^{2\pi}\psi_m^*(\varphi)x\psi_m(\varphi)\mathrm{d}\varphi=\frac{r_0}{2\pi}\int_0^{2\pi}\cos\varphi\mathrm{d}\varphi=0$$

$$\overline{x^2} = \int_0^{2\pi} \psi_m^*(\varphi) x^2 \psi_m(\varphi) \mathrm{d}\varphi = \frac{r_0^2}{2\pi} \int_0^{2\pi} \cos^2 \varphi \mathrm{d}\varphi = \frac{r_0^2}{2}$$

$$\overline{p}_x = \int_0^{2\pi} \psi_m^*(\varphi) \hat{p}_x \psi_m(\varphi) \mathrm{d}\varphi \tag{1}$$

其中

$$\hat{p}_x \psi_m(\varphi) = -\frac{\mathrm{i}\hbar}{\sqrt{2\pi}} \frac{\partial}{\partial x} \mathrm{e}^{\mathrm{i}m\varphi} = \frac{m\hbar}{\sqrt{2\pi}} \mathrm{e}^{\mathrm{i}m\varphi} \frac{\partial \varphi}{\partial x} \tag{2}$$

在公式

$$\sin \varphi = \frac{y}{r_0} = \frac{y}{(x^2 + y^2)^{1/2}}$$

两边对 x 微商

$$\cos \varphi \frac{\partial \varphi}{\partial x} = -\frac{xy}{(x^2 + y^2)^{3/2}} = -\frac{\cos \varphi \sin \varphi}{r_0}$$

由上式得

$$\frac{\partial \varphi}{\partial x} = -\frac{\sin \varphi}{r_0} \tag{3}$$

将式(3)代入式(2), 得

$$\hat{p}_x \psi_m(\varphi) = -\frac{m\hbar}{\sqrt{2\pi} r_0} \mathrm{e}^{\mathrm{i}m\varphi} \sin \varphi \tag{4}$$

再将式(4)代入式(1), 得

$$\overline{p}_x = -\frac{m\hbar}{2\pi r_0} \int_0^{2\pi} \sin \varphi \mathrm{d}\varphi = 0 \tag{5}$$

$$\overline{p_x^2} = \int_0^{2\pi} \psi_m^*(\varphi) \hat{p}_x^2 \psi_m(\varphi) \mathrm{d}\varphi = \int_0^{2\pi} [\hat{p}_x \psi_m(\varphi)]^* \hat{p}_x \psi_m(\varphi) \mathrm{d}\varphi$$
$$= \frac{m^2 \hbar^2}{2\pi r_0^2} \int_0^{2\pi} \sin^2 \varphi \mathrm{d}\varphi = \frac{m^2 \hbar^2}{2 r_0^2}$$

$$\Delta x = \sqrt{\overline{x^2} - (\overline{x})^2} = \frac{r_0}{\sqrt{2}}$$

$$\Delta p_x = \sqrt{\overline{p_x^2} - (\overline{p}_x)^2} = \frac{|m| \hbar}{\sqrt{2} r_0}$$

$$\Delta x \Delta p_x = \frac{|m|\hbar}{2}$$

当 $m=0$ 时，$\Delta x\Delta p_x = 0$．这同测不准关系式 $\Delta x\Delta p_x \geqslant \hbar/2$ 不符．$m=0$ 的 $\psi_0(\varphi)=1/\sqrt{2\pi}$ 是 $\hat{p}_x$ 的本征值为 0 的本征函数，$\Delta p_x = 0$．因 $|x|=|r_0\cos\varphi|\leqslant r_0$，$\Delta x$ 取有限值．这就导致 $\Delta x\Delta p_x = 0$．空间转子 $\hat{H}=\hat{L}^2/2I$ (I 为转动惯量) 的本征函数为 $Y_{lm}(\theta,\varphi)$．本征能量为 $l(l+1)\hbar^2/2I$．$l=m=0$ 的 $Y_{00}(\theta,\varphi)=1/\sqrt{4\pi}$ 是 $\hat{p}_x$ 的本征值为 0 的本征函数，$\Delta p_x=0$．因 $|x|=|r_0\sin\theta\cos\varphi|\leqslant r_0$，$\Delta x$ 取有限值．也有 $\Delta x\Delta p_x=0$．平面转子与空间转子分别表示粒子在圆周上与球面上的自由运动．$\psi_0(\varphi)$ 与 $Y_{00}(\theta,\varphi)$ 分别描述平面转子与空间转子的静止态．为了不违反测不准原理，必须排除这两种态．这就像粒子被限制在两壁之间或球壳内自由运动不存在静止态一样．对于实际的转动体系，如双原子分子转动，由于同时还存在两个原子之间的振动，原子并非在半径固定的球面上运动．用两个原子相对坐标 $\boldsymbol{r}_1-\boldsymbol{r}_2=\boldsymbol{r}$ 表示的体系波函数 $\psi(\boldsymbol{r})=R(r)Y_{lm}(\theta,\varphi)$ 不会出现 $\psi=$ 常数，因而不会出现 $\Delta x\Delta p_x=0$．$\Delta x\Delta p_x\geqslant\hbar/2$ 总是成立的，静止的 $Y_{00}(\theta,\varphi)$ 态不会受到限制，是存在的．

4.20 利用测不准关系估算氢原子基态能量．

解 为了估算基态 ($l=0$) 能量，氢原子的哈密顿算符 $\hat{H}$ [见 4.16 题式(3)]可作如下近似：

$$\hat{H}=\frac{\hat{p}_r^2}{2\mu}+\frac{\hat{L}^2}{2\mu r^2}-\frac{e^2}{r}\approx\frac{\hat{p}_r^2}{2\mu}-\frac{e^2}{r}$$

$$\hat{p}_r=-\mathrm{i}\hbar\left(\frac{\partial}{\partial r}+\frac{1}{r}\right)\approx-\mathrm{i}\hbar\frac{\partial}{\partial r}$$

$$E=\bar{H}\approx\frac{1}{2\mu}\overline{p_r^2}-e^2\overline{\left(\frac{1}{r}\right)}\approx\frac{1}{2\mu}\overline{p_r^2}-\frac{e^2}{\bar{r}} \tag{1}$$

$$(\Delta r)^2=\overline{r^2}-(\bar{r})^2\approx(\bar{r})^2 \tag{2}$$

$$(\Delta p_r)^2=\overline{p_r{}^2}-(\bar{p}_r)^2=\overline{p_r{}^2} \tag{3}$$

将式(2)与(3)代入测不准关系式 $(\Delta r)^2(\Delta p_r)^2\approx\hbar^2$，得

$$\overline{p_r{}^2}\approx\frac{\hbar^2}{(\bar{r})^2} \tag{4}$$

将式(4)代入式(1), 得

$$E \approx \frac{\hbar^2}{2\mu(\bar{r})^2} - \frac{e^2}{\bar{r}} \tag{5}$$

由 $\partial E / \partial \bar{r} = 0$ 求出使 E 取极小值的 $\bar{r} = \hbar^2 / \mu e^2 = a$, 再将它代入式(5)得基态能量

$$E \approx -\frac{e^2}{2a} \tag{6}$$

4.21 利用测不准关系, 估算质量为 μ 的粒子在如下势场中的基态能量: (1) $V(r) = kr(k > 0)$; (2) $V(r) = -\frac{\lambda}{r^{3/2}}(\lambda > 0)$.

解 以下利用了 4.20 题中所作的近似.

(1)

$$\hat{H} \approx \frac{\hat{p}_r^2}{2\mu} + kr,\ \hat{p}_r \approx -\mathrm{i}\hbar\frac{\partial}{\partial r} \tag{1}$$

$$E = \bar{H} \approx \frac{1}{2\mu}\overline{p_r^2} + k\bar{r} \tag{2}$$

$$(\Delta r)^2 = \overline{r^2} - (\bar{r})^2 \approx (\bar{r})^2 \tag{3}$$

$$(\Delta p_r)^2 = \overline{p_r{}^2} - (\bar{p}_r)^2 = \overline{p_r{}^2} \tag{4}$$

将式(3)与(4)代入测不准关系式 $(\Delta r)^2(\Delta p_r)^2 \approx \hbar^2$, 得

$$\overline{p_r^2} \approx \frac{\hbar^2}{(\bar{r})^2} \tag{5}$$

将式(5)代入式(2), 得

$$E \approx \frac{\hbar^2}{2\mu(\bar{r})^2} + k\bar{r} \tag{6}$$

由 $\partial E / \partial \bar{r} = 0$ 求出 E 取极小值的 $\bar{r} = \left(\hbar^2 / \mu k\right)^{1/3}$, 将它代入式(6)得基态能量

$$E \approx \frac{3}{2}\left(\frac{\hbar^2 k^2}{\mu}\right)^{1/3} \tag{7}$$

(2)

$$\hat{H} \approx \frac{\hat{p}_r^2}{2\mu} - \frac{\lambda}{(\bar{r})^{3/2}},\ \hat{p}_r \approx -\mathrm{i}\hbar\frac{\partial}{\partial r} \tag{8}$$

$$E=\overline{H}\approx\frac{1}{2\mu}\overline{p_r^2}-\frac{\lambda}{(\overline{r})^{3/2}} \tag{9}$$

将由测不准关系得到的式(5),代入式(9),得

$$E\approx\frac{\hbar^2}{2\mu(\overline{r})^2}-\frac{\lambda}{(\overline{r})^{3/2}} \tag{10}$$

由$\partial E/\partial\overline{r}=0$求出使$E$取极小值的$\overline{r}=4\hbar^4/9\mu^2\lambda^2$,将它代入式(10)得基态能量

$$E\approx-\frac{27\mu^3\lambda^4}{32\hbar^6} \tag{11}$$

4.22 原子核的线度为10^{-13} cm. 试用不确定原理估算核内质子的动能(以电子伏特为单位).

解 根据不确定原理

$$\Delta r\Delta p_r\approx\hbar \quad 或 \quad \Delta p_r\approx\frac{\hbar}{\Delta r}$$

$$(\Delta p_r)^2=\overline{p_r^{\ 2}}-(\overline{p}_r)^2=\overline{p_r^{\ 2}}=2\mu\overline{T}$$

由以上两式,得

$$\overline{T}=\frac{(\Delta p_r)^2}{2\mu}=\frac{\hbar^2}{2\mu(\Delta r)^2}$$

将$\Delta r=10^{-13}\,\mathrm{cm}$,$\hbar=1.05\times10^{-27}\,\mathrm{erg\cdot s}$,$\mu=1.67\times10^{-24}\,\mathrm{g}$代入上式,得$\overline{T}=3.3\times10^{-5}\,\mathrm{erg}=2.06\times10^{7}\,\mathrm{eV}$.

4.23 一个质量为μ的粒子在对数势场$V(r)=c\ln\dfrac{r}{r_0}$中运动,其中c与r_0是同质量μ无关的常数.(1)证明在所有定态上均方速度相同,求出这个均方速度;(2)证明任何两个定态能量之差同粒子的质量无关.

解 (1)设归一化的定态波函数为ψ_n. 利用在4.13题中证明的公式

$$\overline{(T)_n}=\frac{1}{2}\overline{(\boldsymbol{r}\cdot\nabla V)_n}$$

或

$$\frac{1}{\mu}\int\psi_n^*\hat{p}^2\psi_n\mathrm{d}\tau=\int\psi_n^*(\boldsymbol{r}\cdot\nabla V)\psi_n\,\mathrm{d}\tau$$

可得均方速度

$$\overline{(v^2)_n}=\frac{1}{\mu^2}\int\psi_n^*\hat{p}^2\psi_n\,\mathrm{d}\tau=\frac{1}{\mu}\int\psi_n^*(\boldsymbol{r}\cdot\nabla V)\psi_n\,\mathrm{d}\tau$$

将
$$\boldsymbol{r}\cdot\nabla V = r\frac{\mathrm{d}V}{\mathrm{d}r} = r\frac{\mathrm{d}}{\mathrm{d}r}\left(c\ln\frac{r}{r_0}\right) = c$$

代入上式，得
$$\overline{(v^2)_n} = \frac{c}{\mu} \tag{1}$$

可见均方速度$\overline{(v^2)_n}$同态ψ_n无关.

(2) 选择粒子的质量μ为参数，相应的F-H定理为
$$\frac{\partial E_n}{\partial \mu} = \int \psi_n^* \frac{\partial \hat{H}}{\partial \mu}\psi_n \mathrm{d}\tau \tag{2}$$

将
$$\frac{\partial \hat{H}}{\partial \mu} = \frac{\partial}{\partial \mu}\left(\frac{\hat{p}^2}{2\mu} + c\ln\frac{r}{r_0}\right) = -\frac{\hat{p}^2}{2\mu^2}$$

代入式(2)，并利用式(1)，得
$$\frac{\partial E_n}{\partial \mu} = -\frac{1}{2\mu^2}\int \psi_n^* \hat{p}^2 \psi_n \mathrm{d}\tau = -\frac{1}{2}\overline{(v^2)_n} = -\frac{c}{2\mu}$$

上式对μ积分得定态能量
$$E_n = -\frac{c}{2}\ln\mu + B_n$$

其中B_n是同积分变量μ无关的常数. 可见任何两个定态能量之差$E_{n'} - E_n = B_{n'} - B_n$同粒子的质量无关.

4.24　两个质量均为m的粒子，通过三维球对称势$V(r) = c\ln(r/r_0)$ $(c>0, r_0>0)$而束缚在一起，r为两粒子之间的距离. 已知它的第一激发态与基态的能量之差为ΔE. 今有一个质量为m的粒子与另一个质量为$1840m$的粒子通过同一位势形成束缚态，求这一系统第一激发态与基态的能量之差. 请说明理由，并给以证明.

解　在两粒子的质心系，对于体系为折合质量$\mu = m/2$的粒子在势场$V(r) = c\ln(r/r_0)$中形成的束缚态，在4.23题中已证明，任意两个定态能量之差同粒子的质量无关，故当折合质量改变后，第一激发态与基态的能量之差不变，仍为ΔE. 详细证明见4.23题.

4.25　设一微观粒子在中心力场$V(r)$中运动，且处于能量和轨道角动量的某一共同本征态. (1)在球坐标系中写出能量本征函数的基本形式，写出势能$V(r)$在此态上的平均值$\langle V\rangle$的表达式，并最后表示成径向积分的形式；(2)设$V(r)$是r的单

调上升函数(对任意 r, $\mathrm{d}V/\mathrm{d}r>0$), 证明对任意给定的 r_0, 均有 $\int_0^{r_0}[V(r)-\langle V\rangle]R^2(r)r^2\mathrm{d}r<0$, 其中 $R(r)$ 是径向波函数.

解 (1)

$$\psi_{nlm}(\boldsymbol{r})=R_{nl}(r)Y_{lm}(\theta,\varphi)$$

$$\langle V\rangle=\int\psi_{nlm}^*V(r)\psi_{nlm}\mathrm{d}\tau=\int_0^{\infty}V(r)R_{nl}^2(r)r^2\mathrm{d}r$$

(2) 由于 $V(r)$ 是 r 的单调上升函数, 总可以找到某个 $r=a$ 值, 使得 $V(a)=\langle V\rangle$. 对于 $r_0<a$, 显然有

$$\int_0^{r_0}[V(r)-\langle V\rangle]R_{nl}^2(r)r^2\mathrm{d}r<0$$

对于 $r_0>a$, 我们注意到

$$\lim_{r_0\to\infty}\int_0^{r_0}[V(r)-\langle V\rangle]R_{nl}^2(r)r^2\mathrm{d}r=\langle V\rangle-\langle V\rangle=0$$

因此, 在 $V(r)$ 是 r 的单调上升函数的条件下, 无论 r_0 取任何有限值, 必定有

$$\int_0^{r_0}[V(r)-\langle V\rangle]R_{nl}^2(r)r^2\mathrm{d}r<0$$

4.26 在 $t=0$ 时, 氢原子的波函数为

$$\psi(\boldsymbol{r},0)=\frac{1}{\sqrt{10}}(2\psi_{100}+\psi_{210}+\sqrt{2}\psi_{211}+\sqrt{3}\psi_{21-1})$$

其中下标分别是量子数 n,l,m 的值, 不考虑自旋. (1)求体系的平均能量; (2)在任意 t 时刻体系处于 $l=1,m=1$ 的态的概率是多少? (3)在任意 t 时刻体系处于 $m=0$ 的态的概率是多少? (4)写出任意 t 时刻体系的波函数 $\psi(r,t)$.

解 氢原子定态能量 $E_n=-\dfrac{e^2}{2an^2},n=1,2,\cdots$.

(1) $\bar{E}=\dfrac{4}{10}E_1+\dfrac{6}{10}E_2=-\dfrac{11e^2}{40a}$.

(2) 任意 t 时刻体系处于 $l=1,m=1$ 的态的概率是 $1/5$.

(3) 任意 t 时刻体系处于 $m=0$ 的态的概率是 $1/2$.

(4) 任意 t 时刻的波函数为

$$\psi(\boldsymbol{r},t)=\frac{1}{\sqrt{10}}\left[2\mathrm{e}^{-\mathrm{i}E_1t/\hbar}\psi_{100}+\mathrm{e}^{-\mathrm{i}E_2t/\hbar}\left(\psi_{210}+\sqrt{2}\psi_{211}+\sqrt{3}\psi_{21-1}\right)\right]$$

4.27 质量为 μ 电荷为 q 的粒子在均匀恒定磁场中运动, 取不对称规范: $A_x=-By,A_y=A_z=0$, B 为磁场大小, 则可知 $y_0=-c\hat{p}_x/qB$ 是守恒量. 证明下面的

量：$x_0 = x + (c\hat{p}_y / qB)$ 也是守恒量，它与 y_0 是否可以同时被观测？

证 粒子的哈密顿量为

$$\hat{H} = \frac{1}{2\mu}\left(\hat{\boldsymbol{p}} - \frac{q}{c}\boldsymbol{A}\right)^2 = \frac{1}{2\mu}\left[\left(\hat{p}_x + \frac{qB}{c}y\right)^2 + \hat{p}_y^2 + \hat{p}_z^2\right]$$

$$= \frac{1}{2\mu}\left(\hat{p}_x^2 + \frac{2qBy}{c}\hat{p}_x + \frac{q^2B^2y^2}{c^2} + \hat{p}_y^2 + \hat{p}_z^2\right)$$

$$\left[x_0, \hat{H}\right] = \frac{1}{2\mu}\left[x + \frac{c\hat{p}_y}{qB}, \hat{p}_x^2 + \frac{2qBy}{c}\hat{p}_x + \frac{q^2B^2y^2}{c^2} + \hat{p}_y^2 + \hat{p}_z^2\right]$$

$$= \frac{1}{2\mu}\left\{\left[x, \hat{p}_x^2\right] + \frac{2qBy}{c}\left[x, \hat{p}_x\right] + 2\hat{p}_x\left[\hat{p}_y, y\right] + \frac{qB}{c}\left[\hat{p}_y, y^2\right]\right\}$$

$$= \frac{1}{2\mu}\left(2\mathrm{i}\hbar\hat{p}_x + \frac{2\mathrm{i}\hbar qBy}{c} - 2\mathrm{i}\hbar\hat{p}_x - \frac{2\mathrm{i}\hbar qBy}{c}\right) = 0$$

可见 x_0 是守恒量.

$$[x_0, y_0] = \left[\frac{c\hat{p}_x}{qB} + x, -\frac{c\hat{p}_x}{qB}\right] = -\frac{\mathrm{i}\hbar c}{qB}$$

x_0 与 y_0 不对易，它们不能同时被观测.

4.28 质量为 μ 的粒子在中心力场 $V(r) = -\dfrac{\alpha}{r^s}(\alpha > 0)$ 中运动. 证明存在束缚态的条件是 $0 < s < 2$.

证 根据维里定理

$$\langle T\rangle = \frac{1}{2}\langle \boldsymbol{r}\cdot\nabla V\rangle = \frac{1}{2}\left\langle r\frac{\partial V}{\partial r}\right\rangle = \frac{s\alpha}{2}\left\langle\frac{1}{r^s}\right\rangle > 0$$

可见 $s > 0$. 由于 $V(r) \leqslant 0, V(\infty) \to 0$，故束缚定态能量 $E < 0$.

$$E = \langle T\rangle + \langle V\rangle = \frac{s\alpha}{2}\left\langle\frac{1}{r^s}\right\rangle - \alpha\left\langle\frac{1}{r^s}\right\rangle = \left(\frac{s}{2} - 1\right)\alpha\left\langle\frac{1}{r^s}\right\rangle < 0$$

由上式知，$s < 2$. 可见，存在束缚态的条件是 $0 < s < 2$.

4.29 氘核是由质子和中子组成的唯一的束缚态. 实验测定氘核的结合能为 2.23MeV. 设质子和中子的作用力势可近似表示为 $V(r) = \begin{cases} -V_0, & r < a \\ 0, & r > a \end{cases}$，求作用力程 a 和作用强度 V_0 之间的关系式.

解 对于仅有的一个束缚态，必定是 $l = 0$ 的态. 令 $\psi(r) = u(r)/r$，$u(r)$ 满足的

方程与条件是

$$\frac{\mathrm{d}^2u(r)}{\mathrm{d}r^2}+\frac{2\mu}{\hbar^2}[E-V(r)]u(r)=0$$

$$u(0)=0,\ u(\infty)=0$$

在此势阱中，束缚态能量E在0与$-V_0$之间. 令

$$E=-|E|,\ \alpha=\sqrt{\frac{2\mu(V_0-|E|)}{\hbar^2}},\ \beta=\sqrt{\frac{2\mu|E|}{\hbar^2}} \tag{1}$$

$u(r)$的方程为

$$\frac{\mathrm{d}^2u(r)}{\mathrm{d}r^2}+\alpha^2u(r)=0,\ r<a \tag{2}$$

$$\frac{\mathrm{d}^2u(r)}{\mathrm{d}r^2}-\beta^2u(r)=0,\ r>a \tag{3}$$

方程(2)与(3)满足条件$u(0)=0$与$u(\infty)=0$的解为

$$u_1(r)=A\sin\alpha r,\ r<a \tag{4}$$

$$u_2(r)=B\mathrm{e}^{-\beta r},\ r>a \tag{5}$$

由连续条件$u_1(a)=u_2(a)$与$u_1'(a)=u_2'(a)$，得

$$A\sin\alpha a=B\mathrm{e}^{-\beta a} \tag{6}$$

$$A\alpha\cos\alpha a=-B\beta\mathrm{e}^{-\beta a} \tag{7}$$

式(7)与(6)相比，得

$$\cot\alpha a=-\frac{\beta}{\alpha} \tag{8}$$

$$\sin^2\alpha a=\frac{1}{1+\cot^2\alpha a}=\frac{1}{1+\dfrac{\beta^2}{\alpha^2}}=\frac{\alpha^2}{\alpha^2+\beta^2} \tag{9}$$

将α与β的定义式(1)代入式(9)，得

$$\sin^2\left[\sqrt{\frac{2\mu(V_0-|E|)}{\hbar^2}}a\right]=1-\frac{|E|}{V_0} \tag{10}$$

其中$|E|=2.23\mathrm{MeV}$. 这就是作用力程a和作用强度V_0之间的关系式.

4.30 双原子分子中两原子之间的作用力势可表示为

$$V(r)=V_0\left[1-\mathrm{e}^{-(r-R)/a}\right]^2-V_0$$

其中 r 为两原子之间的距离, R 与 a 为正的常数, $R>a$, 且 $\mathrm{e}^{R/a}\gg 1$. 当 $r\to 0$ 时, $V(r)\to\infty$; 随 r 增大, $V(r)$ 迅速变小; 当 $r=R$ 时, $V(r)$ 取最小值 $-V_0$; 当 $r\to\infty$ 时, $V(r)\to 0$. 求轨道角动量 $l=0$ 的束缚定态能量.

解 令 $\psi(r)=u(r)/r$, $u(r)$ 满足的方程和条件为

$$\frac{\mathrm{d}^2u(r)}{\mathrm{d}r^2}+\frac{2\mu}{\hbar^2}\left\{E+V_0-V_0\left[1-\mathrm{e}^{-(r-R)/a}\right]^2\right\}u(r)=0$$

$$u(0)=0$$

在此势阱中, 束缚态能量在 0 与 $-V_0$ 之间. 令

$$E=-|E|,\ \xi=\mathrm{e}^{-(r-R)/a}$$

作变量变换 $r\to\xi$, 方程变为

$$\frac{\mathrm{d}^2u(\xi)}{\mathrm{d}\xi^2}+\frac{1}{\xi}\frac{\mathrm{d}u(\xi)}{\mathrm{d}\xi}+\left(\frac{2k^2}{\xi}-\frac{j^2}{\xi^2}-k^2\right)u(\xi)=0$$

其中

$$k=\sqrt{\frac{2\mu a^2V_0}{\hbar^2}},\ j=\sqrt{\frac{2\mu a^2|E|}{\hbar^2}}$$

这个方程不能用级数法解. 不难看出, 方程在 $\xi\to 0$ 的渐近解为 ξ^j; 在 $\xi\to\infty$ (即 $r\to 0,\xi\to\mathrm{e}^{R/A}\gg 1$)的渐近解为 $\mathrm{e}^{-k\xi}$. $u(\xi)$ 中应该含有 $\xi^j\mathrm{e}^{-k\xi}$. 令

$$u(\xi)=\xi^j\mathrm{e}^{-k\xi}F(\xi)$$

代入方程, 得 $F(\xi)$ 的方程

$$\xi\frac{\mathrm{d}^2F(\xi)}{\mathrm{d}\xi^2}+(2j+1-2k\xi)\frac{\mathrm{d}F(\xi)}{\mathrm{d}\xi}-\left(k+2kj-2k^2\right)F(\xi)=0$$

令

$$\gamma=2j+1,\ \alpha=j-k+\frac{1}{2},\ \zeta=2k\xi$$

作变量变换 $\xi\to\zeta$, 方程变为

$$\zeta\frac{\mathrm{d}^2F(\zeta)}{\mathrm{d}\zeta^2}+(\gamma-\zeta)\frac{\mathrm{d}F(\zeta)}{\mathrm{d}\zeta}-\alpha F(\zeta)=0$$

这是合流超几何方程. 方程满足条件 $F(0)=0$ (即 $r\to\infty, F=0$)的解为合流超几何函数 $F(\alpha,\gamma,\zeta)$. 它是变量 ζ 的无穷级数. 这就使 $\psi(\zeta)$ 在 $\zeta\to\infty(r\to 0)$ 处发散, 波函数不满足有限的条件. 当 $\alpha=-n$ $(n=0,1,2,\cdots)$ 时, $F(\alpha,\gamma,\zeta)$ 自动中断为 ζ 的多项式. 这就使 $\psi(\zeta)$ 在 $\zeta\to\infty(r\to 0)$ 处不再发散, 波函数满足有限的条件. 由条件 $\alpha=-n=j-k+(1/2)$, 得

$$j=k-\left(n+\frac{1}{2}\right)=\sqrt{\frac{2\mu a^2|E|}{\hbar^2}}$$

由此式求得 $l=0$ 的束缚定态能量

$$E=-\frac{\hbar^2}{2\mu a^2}\left[k-\left(n+\frac{1}{2}\right)\right]^2=-\frac{\hbar^2}{2\mu a^2}\left[k^2-2k\left(n+\frac{1}{2}\right)+\left(n+\frac{1}{2}\right)^2\right]$$

$$=\hbar\omega\left(n+\frac{1}{2}\right)-\frac{\hbar^2}{2\mu a^2}\left(n+\frac{1}{2}\right)^2-V_0$$

其中

$$\omega=\frac{1}{a}\sqrt{\frac{2V_0}{\mu}},\quad n=0,1,2,\cdots$$

E 中第一项代表双原子分子的振动能量.

4.31 粒子在中心力场 $V(r)=\dfrac{A}{r^2}-\dfrac{B}{r}$ 中运动, 其中 A 与 B 为正实数. 求定态能量和波函数. (提示：将定态方程化为氢原子定态方程)

解 令
$$\psi(r)=R(r)Y_{lm}(\theta,\varphi)=\frac{u(r)}{r}Y_{lm}(\theta,\varphi)$$

$u(r)$ 满足方程

$$\frac{\mathrm{d}^2u(r)}{\mathrm{d}r^2}+\left[\frac{2\mu}{\hbar^2}\left(E+\frac{B}{r}-\frac{A}{r^2}\right)-\frac{l(l+1)}{r^2}\right]u(r)=0$$

或
$$\frac{\mathrm{d}^2u(r)}{\mathrm{d}r^2}+\left[\frac{2\mu}{\hbar^2}\left(E+\frac{B}{r}\right)-\frac{\left(2\mu A/\hbar^2\right)+l(l+1)}{r^2}\right]u(r)=0$$

令
$$(2\mu A/\hbar^2)+l(l+1)=l'(l'+1)$$

方程变为

$$\frac{\mathrm{d}^2u(r)}{\mathrm{d}r^2}+\left[\frac{2\mu}{\hbar^2}\left(E+\frac{B}{r}\right)-\frac{l'(l'+1)}{r^2}\right]u(r)=0$$

已知氢原子的径向方程为

$$\frac{\mathrm{d}^2u(r)}{\mathrm{d}r^2}+\left[\frac{2\mu}{\hbar^2}\left(E+\frac{e^2}{r}\right)-\frac{l(l+1)}{r^2}\right]u(r)=0$$

比较以上两个方程看出，只要作如下变换：

$$\begin{cases}l\to l',\ e^2\to B\\ a=\dfrac{\hbar^2}{\mu e^2}\to a'=\dfrac{\hbar^2}{\mu B}\\ n=n_r+l+1\to n'=n_r+l'+1\end{cases}$$

就可以由氢原子定态能量和波函数

$$E_n=-\frac{e^2}{2an^2},\ \psi_{nlm}(\boldsymbol{r})=R_{nl}(r)Y_{lm}(\theta,\varphi)$$

得到本题的定态能量和波函数

$$E=-\frac{B}{2a'n'^2}=-\frac{\mu B^2}{2\hbar^2\left(n_r+l'+1\right)^2}$$

$$\psi(\boldsymbol{r})=R_{n'l'}(r)Y_{lm}(\theta,\varphi)$$

其中 l' 由方程 $(2\mu A/\hbar^2)+l(l+1)=l'(l'+1)$ 解得

$$l'=-\frac{1}{2}+\left(l+\frac{1}{2}\right)\sqrt{1+\frac{2\mu A}{\hbar^2\left(l+\frac{1}{2}\right)^2}}$$

$$l,n_r=0,1,2,\cdots$$

4.32　粒子在势场 $V(r)=-V_0\mathrm{e}^{-r/a}$ 中运动，其中 V_0 与 a 为正实数. 求存在束缚态的条件.

解　在此势阱中，束缚态能量 $E<0$. 如果只存在一个束缚态，则必定是 $l=0$ 的基态. 令

$$\psi(r)=\frac{u(r)}{r},\ E=-|E|$$

$u(r)$ 满足的方程与条件是

$$\frac{\mathrm{d}^2u(r)}{\mathrm{d}r^2}+\frac{2\mu}{\hbar^2}\left(V_0\mathrm{e}^{-r/a}-|E|\right)u(r)=0$$

$$u(0)=0$$

令

$$x=\alpha\mathrm{e}^{-\beta r}\in(0,\alpha)$$

其中α与β是待定参数(取正实数). 作变量变换$r\to x$, 方程变为

$$\frac{\mathrm{d}^2u(x)}{\mathrm{d}x^2}+\frac{1}{x}\frac{\mathrm{d}u(x)}{\mathrm{d}x}+\left[\frac{2\mu V_0}{\hbar^2\beta^2}\left(\frac{x}{\alpha}\right)^{1/\beta a}\frac{1}{x^2}-\frac{2\mu|E|}{\hbar^2\beta^2}\frac{1}{x^2}\right]u(x)=0$$

选择参数

$$\alpha=\sqrt{\frac{8\mu V_0a^2}{\hbar^2}},\ \beta=\frac{1}{2a}$$

并令

$$m=\sqrt{\frac{8\mu|E|a^2}{\hbar^2}}$$

方程变为m阶贝塞尔方程

$$\frac{\mathrm{d}^2u(x)}{\mathrm{d}x^2}+\frac{1}{x}\frac{\mathrm{d}u(x)}{\mathrm{d}x}+\left(1-\frac{m^2}{x^2}\right)u(x)=0$$

其解为m阶贝塞尔函数$u(x)=\mathrm{J}_m(x)$. 由束缚态条件: $u(r\to\infty)\to0$, 得$\mathrm{J}_m(0)=0$. 又由条件: $u(r=0)=0$, 得$\mathrm{J}_m(\alpha)=0$. 贝塞尔函数$\mathrm{J}_m(x)$的性质表明, 只有$m>0$的$\mathrm{J}_m(x)$才满足条件: $\mathrm{J}_m(0)=0$. $\mathrm{J}_m(\alpha)=0$中的α是m阶贝塞尔函数$\mathrm{J}_m(x)$的零点. 设$x_n^{(m)}$是$\mathrm{J}_m(x)$的第n个零点. $x_1^{(0)}$是所有零点中数值最小的. 如果$\alpha<x_1^{(0)}$, 则找不到满足条件$\mathrm{J}_m(0)=0$与$\mathrm{J}_m(\alpha)=0$的解. 因此, 存在束缚态的条件是

$$\alpha=\sqrt{\frac{8\mu V_0a^2}{\hbar^2}}>x_1^{(0)}$$

将$x_1^{(0)}=2.4048$代入上式, 得到存在束缚态的条件是

$$\frac{\mu V_0a^2}{\hbar^2}>0.7228$$

4.33　设氢原子处于$\psi(\boldsymbol{r})=R_{21}(r)Y_{1-1}(\theta,\varphi)$态, 其中

$$R_{21}(r)=\frac{1}{2\sqrt{6}a^{3/2}}\frac{r}{a}\mathrm{e}^{-r/2a},\ Y_{1-1}(\theta,\varphi)=\sqrt{\frac{3}{8\pi}}\sin\theta\mathrm{e}^{-\mathrm{i}\varphi}$$

(1) 求势能 $V=-e^2/r$ 的平均值 $\langle V\rangle$；(2)求轨道角动量 $\hat{L}_z\hat{L}_x^2$ 的平均值 $\left\langle \hat{L}_z\hat{L}_x^2\right\rangle$.

解　(1)利用维里定理：$\langle T\rangle=-\langle V\rangle/2$，

$$E_2=\langle T\rangle+\langle V\rangle=\frac{1}{2}\langle V\rangle=-\frac{e^2}{8a},\ \langle V\rangle=-\frac{e^2}{4a}$$

(2) 利用 $\hat{L}_x^2$ 与 $\hat{L}_y^2$ 在 $Y_{lm}(\theta,\varphi)$ 态上的平均值相等

$$\overline{L_x^2}=\overline{L_y^2}=\frac{1}{2}\overline{(L^2-L_z^2)}$$

$$\begin{aligned}\left\langle \hat{L}_z\hat{L}_x^2\right\rangle&=\int Y_{1-1}^*(\theta,\varphi)\hat{L}_z\hat{L}_x^2Y_{1-1}(\theta,\varphi)\mathrm{d}\Omega\\&=\int\left[\hat{L}_zY_{1-1}(\theta,\varphi)\right]^*\hat{L}_x^2Y_{1-1}(\theta,\varphi)\mathrm{d}\Omega\\&=-\hbar\int Y_{1-1}^*(\theta,\varphi)\hat{L}_x^2Y_{1-1}(\theta,\varphi)\mathrm{d}\Omega\\&=-\frac{\hbar}{2}\int Y_{1-1}^*(\theta,\varphi)(\hat{L}^2-\hat{L}_z^2)Y_{1-1}(\theta,\varphi)\mathrm{d}\Omega\\&=-\frac{\hbar}{2}[1(1+1)\hbar^2-\hbar^2]=-\frac{\hbar^3}{2}\end{aligned}$$

4.34　质量为 μ 电荷为 q 的粒子在三维各向同性谐振子场 $V(r)=\frac{1}{2}\mu\omega^2r^2$ 中运动，同时受到一个沿 x 方向的均匀电场 $\boldsymbol{E}=E_0\boldsymbol{i}$ 的作用. 求粒子的能量本征值和第一激发态的简并度. 此时轨道角动量是否守恒？如回答是，写出此时守恒量的表达式.

解　$$\begin{aligned}\hat{H}&=-\frac{\hbar^2}{2\mu}\left(\frac{\partial^2}{\partial x^2}+\frac{\partial^2}{\partial y^2}+\frac{\partial^2}{\partial z^2}\right)+\frac{1}{2}\mu\omega^2\left(x^2+y^2+z^2\right)-qE_0x\\&=-\frac{\hbar^2}{2\mu}\left(\frac{\partial^2}{\partial x^2}+\frac{\partial^2}{\partial y^2}+\frac{\partial^2}{\partial z^2}\right)+\frac{1}{2}\mu\omega^2\left[\left(x-\frac{qE_0}{\mu\omega^2}\right)^2+y^2+z^2\right]-\frac{q^2E_0^2}{2\mu\omega^2}\end{aligned}$$

作变换

$$x\to x'=x-\frac{qE_0}{\mu\omega^2},\ y\to y'=y,\ z\to z'=z$$

哈密顿量变为

$$\hat{H}=-\frac{\hbar^2}{2\mu}\left(\frac{\partial^2}{\partial x'^2}+\frac{\partial^2}{\partial y'^2}+\frac{\partial^2}{\partial z'^2}\right)+\frac{1}{2}\mu\omega^2\left(x'^2+y'^2+z'^2\right)-\frac{q^2E_0^2}{2\mu\omega^2}$$

粒子的定态能量为

$$E_{n_1n_2n_3}=\left(n_1+n_2+n_3+\frac{3}{2}\right)\hbar\omega-\frac{q^2E_0^2}{2\mu\omega^2}$$

$$n_1,n_2,n_3=0,1,2,\cdots$$

第一激发态的 $(n_1n_2n_3)=(100)(010)(001)$，简并度为 3. 显然，在原坐标系中，$\hat{L}_x=y\hat{p}_z-z\hat{p}_y$ 同 $\hat{H}$ 对易，$\hat{L}_x$ 是守恒量. 它的表达式为

$$\hat{L}_x=-\mathrm{i}\hbar\left(y\frac{\partial}{\partial z}-z\frac{\partial}{\partial y}\right)$$

而 $\hat{L}_y$ 与 $\hat{L}_z$ 不是守恒量. 但在平移后的坐标系 $x'y'z'$ 中，$\hat{L}'_{x'},\hat{L}'_{y'},\hat{L}'_{z'}$ 都是守恒量. 它们的表达式为

$$\hat{L}'_{x'}=-\mathrm{i}\hbar\left(y'\frac{\partial}{\partial z'}-z'\frac{\partial}{\partial y'}\right)=\hat{L}_x$$

$$\hat{L}'_{y'}=-\mathrm{i}\hbar\left(z'\frac{\partial}{\partial x'}-x'\frac{\partial}{\partial z'}\right)=\hat{L}_y+\frac{qE_0}{\mu\omega^2}\hat{p}_z$$

$$\hat{L}'_{z'}=-\mathrm{i}\hbar\left(x'\frac{\partial}{\partial y'}-y'\frac{\partial}{\partial x'}\right)=\hat{L}_z-\frac{qE_0}{\mu\omega^2}\hat{p}_y$$

4.35 二维平面有一个以原点为圆心，半径为 R 的光滑刚性圆环，上面套着两颗质量为 m，电荷为 q 的“量子珍珠”. “量子珍珠”可以无摩擦地绕环滑动，相互之间存在库仑位势 $V=q^2/r$，r 为两颗珍珠之间的距离，两颗珍珠各自的方位角(或极角)为 α,β. (1) 利用 α,β 写出这一珍珠体系的定态薛定谔方程；(2) 令 $\lambda=(\alpha+\beta)/2,\theta=\alpha-\beta$，证明定态方程可以利用 λ,θ 分离变量，从而这一体系可以分解为关于 λ 的“质心”运动和关于 θ 的相对运动；(3) 求解关于 λ 的“质心”运动；(4) 当 q^2 非常大时，求解或估算关于 θ 的相对运动的基态与最低激发态的本征能量.

解 (1)体系的哈密顿量为

$$\hat{H}=\frac{\hat{L}_{1z}^2}{2I}+\frac{\hat{L}_{2z}^2}{2I}+\frac{q^2}{2R\sin[(\alpha-\beta)/2]}$$

其中

$$I=mR^2,\ \hat{L}_{1z}=-\mathrm{i}\hbar\frac{\partial}{\partial\alpha},\ \hat{L}_{2z}=-\mathrm{i}\hbar\frac{\partial}{\partial\beta}$$

体系的定态方程为

$$\left\{-\frac{\hbar^2}{2I}\left(\frac{\partial^2}{\partial\alpha^2}+\frac{\partial^2}{\partial\beta^2}\right)+\frac{q^2}{2R\sin[(\alpha-\beta)/2]}\right\}\psi(\alpha,\beta)=E_t\psi(\alpha,\beta)$$

(2) 令

$$\lambda=(\alpha+\beta)/2,\ \theta=\alpha-\beta$$

作变换$\alpha,\beta\to\lambda,\theta$. 在此变换下,

$$\hat{H}=-\frac{\hbar^2}{2M}\frac{\partial^2}{\partial\lambda^2}-\frac{\hbar^2}{2\mu}\frac{\partial^2}{\partial\theta^2}+\frac{q^2}{2R\sin(\theta/2)}$$

其中$M=2I,\mu=I/2$. 定态方程为

$$\left[-\frac{\hbar^2}{2M}\frac{\partial^2}{\partial\lambda^2}-\frac{\hbar^2}{2\mu}\frac{\partial^2}{\partial\theta^2}+\frac{q^2}{2R\sin(\theta/2)}\right]\psi(\lambda,\theta)=E_t\psi(\lambda,\theta)$$

令

$$\psi(\lambda,\theta)=\Psi(\lambda)\psi(\theta)$$

$$E_t=E_c+E$$

代入方程, 得

$$-\frac{\hbar^2}{2M}\frac{\mathrm{d}^2\Psi(\lambda)}{\mathrm{d}\lambda^2}=E_c\Psi(\lambda)$$

$$\left[-\frac{\hbar^2}{2\mu}\frac{\mathrm{d}^2}{\mathrm{d}\theta^2}+\frac{q^2}{2R\sin(\theta/2)}\right]\psi(\theta)=E\psi(\theta)$$

$\Psi(\lambda)$描述关于λ的“质心”运动; $\psi(\theta)$描述关于θ的相对运动.

(3) 由“质心”运动方程解得“质心”运动的波函数与能量

$$\Psi(\lambda)=\sqrt{\frac{1}{2\pi}}\mathrm{e}^{\mathrm{i}\gamma\lambda},\ E_c=\frac{\gamma^2\hbar^2}{2M},\ \gamma=0,\pm1,\pm2,\cdots$$

(4) 当q^2非常大时, 由于同性电荷相斥, 两个电荷处于相距最远的位置, $\theta\to\pi$. 相对运动方程变为

$$\left(-\frac{\hbar^2}{2\mu}\frac{\mathrm{d}^2}{\mathrm{d}\theta^2}+\frac{q^2}{2R}\right)\psi(\theta)=E\psi(\theta)$$

这个方程的解为

$$\psi_k(\theta)=\frac{1}{\sqrt{2\pi}}\mathrm{e}^{\mathrm{i}k\theta},\ E_k=\frac{k^2\hbar^2}{2\mu}+\frac{q^2}{2R},\ k=0,\pm1,\pm2,\cdots$$

基态能量 E_0 与第一激发态能量 E_1 分别为

$$E_0 = \frac{q^2}{2R},\ E_1 = \frac{\hbar^2}{2\mu} + \frac{q^2}{2R}$$

4.36　粒子被限制在无限长圆筒内运动，圆筒半径为 a，求粒子的能量.

解　在圆柱坐标下，

$$\nabla^2 = \frac{1}{\rho}\frac{\partial}{\partial\rho}\left(\rho\frac{\partial}{\partial\rho}\right) + \frac{1}{\rho^2}\frac{\partial^2}{\partial\varphi^2} + \frac{\partial^2}{\partial z^2} = \frac{\partial^2}{\partial\rho^2} + \frac{1}{\rho}\frac{\partial}{\partial\rho} - \frac{\hat{L}_z^2}{\hbar^2\rho^2} - \frac{\hat{p}_z^2}{\hbar^2}$$

体系的哈密顿量为

$$\hat{H} = -\frac{\hbar^2}{2\mu}\nabla^2 = -\frac{\hbar^2}{2\mu}\left(\frac{\partial^2}{\partial\rho^2} + \frac{1}{\rho}\frac{\partial}{\partial\rho} - \frac{\hat{L}_z^2}{\hbar^2\rho^2} - \frac{\hat{p}_z^2}{\hbar^2}\right)$$

在圆筒外，波函数 $\psi = 0$. 在圆筒内，定态方程为

$$-\frac{\hbar^2}{2\mu}\left(\frac{\partial^2}{\partial\rho^2} + \frac{1}{\rho}\frac{\partial}{\partial\rho} - \frac{\hat{L}_z^2}{\hbar^2\rho^2} - \frac{\hat{p}_z^2}{\hbar^2}\right)\psi = E\psi$$

$\hat{L}_z$ 与 $\hat{p}_z$ 同 $\hat{H}$ 对易，它们是守恒量. 令

$$\psi = \mathrm{e}^{\mathrm{i}m\varphi}\mathrm{e}^{\mathrm{i}kz}R(\rho)$$

代入方程，得 $R(\rho)$ 的方程

$$-\frac{\hbar^2}{2\mu}\left(\frac{\mathrm{d}^2}{\mathrm{d}\rho^2} + \frac{1}{\rho}\frac{\mathrm{d}}{\mathrm{d}\rho} - \frac{m^2}{\rho^2} - k^2\right)R(\rho) = ER(\rho)$$

$$\frac{\mathrm{d}^2R(\rho)}{\mathrm{d}\rho^2} + \frac{1}{\rho}\frac{\mathrm{d}R(\rho)}{\mathrm{d}\rho} + \left(\frac{2\mu E}{\hbar^2} - k^2 - \frac{m^2}{\rho^2}\right)R(\rho) = 0$$

其中

$$m = 0, \pm1, \pm2, \cdots,\ k = -\infty \sim +\infty$$

令

$$\alpha = \sqrt{\frac{2\mu E}{\hbar^2} - k^2}$$

$R(\rho)$ 的方程变为

$$\frac{\mathrm{d}^2R(\rho)}{\mathrm{d}\rho^2} + \frac{1}{\rho}\frac{\mathrm{d}R(\rho)}{\mathrm{d}\rho} + \left(\alpha^2 - \frac{m^2}{\rho^2}\right)R(\rho) = 0$$

这是柱贝塞尔方程. 方程满足 $R(\rho)$ 取有限值的解为 m 阶贝塞尔函数

$R(\rho)=\mathrm{J}_m(\alpha\rho)$. 由边界条件 $\mathrm{J}_m(\alpha a)=0$, 可以确定能量 E. 设 m 阶贝塞尔函数的零点为 $x_{1m},x_{2m},\cdots,x_{nm},\cdots$, 由

$$\alpha a=\sqrt{\frac{2\mu E}{\hbar^2}-k^2}\;a=x_{nm}$$

算出粒子的能量

$$E=\frac{\hbar^2k^2}{2\mu}+\frac{\hbar^2x_{nm}^2}{2\mu a^2}$$

x_{nm} 是 m 阶贝塞尔函数的第 n 个零点.

第五章 近 似 方 法

学 习 要 点

1. 定态非简并微扰论

体系的哈密顿量 $\hat{H}=\hat{H}_0+\hat{H}'$，其中 $\hat{H}'$ 为微扰. 已知 $\hat{H}_0$ 的本征能量与本征函数为 $E_n^{(0)}$ 与 $\psi_m^{(0)}$，$m=1,2,3,\cdots$. 设 $m=n$ 的某一定态能量 $E_n^{(0)}$ 是非简并的，该定态的二级近似能量与一级近似波函数为

$$E_n=E_n^{(0)}+E_n^{(1)}+E_n^{(2)}=E_n^0+H'_{nn}+\sum_{m\neq n}\frac{\left|H'_{mn}\right|^2}{E_n^{(0)}-E_m^{(0)}} \tag{5-1}$$

$$\psi_n=\psi_n^{(0)}+\psi_n^{(1)}=\psi_n^{(0)}+\sum_{m\neq n}\frac{H'_{mn}}{E_n^{(0)}-E_m^{(0)}}\psi_m^{(0)} \tag{5-2}$$

$$H'_{mn}=\int\psi_m^{*(0)}\hat{H}'\psi_n^{(0)}\mathrm{d}\tau \tag{5-3}$$

式(5-1)中 H'_{nn} 为一级修正能量 $E_n^{(1)}$，求和项为二级修正能量 $E_n^{(2)}$. 三级修正能量的表达式为

$$E_n^{(3)}=\sum_{m,m'\neq n}\frac{H'_{nm}H'_{mm'}H'_{m'n}}{(E_n^{(0)}-E_m^{(0)})(E_n^{(0)}-E_{m'}^{(0)})}-\sum_{m\neq n}\frac{H'_{nn}\left|H'_{mn}\right|^2}{(E_n^{(0)}-E_m^{(0)})^2} \tag{5-4}$$

2. 定态简并微扰论

体系的哈密顿量 $\hat{H}=\hat{H}_0+\hat{H}'$，其中 $\hat{H}'$ 为微扰.已知 $\hat{H}_0$ 的本征能量与本征函数为 $E_n^{(0)}$ 与 $\psi_m^{(0)}$，$m=1,2,3,\cdots$. 设 $m=n$ 的某一定态能量 $E_n^{(0)}$ 是 k 度简并的，与它相应的 k 个波函数记为 φ_i，$i=1,2,\cdots,k$. 该定态的零级近似波函数为

$$\psi_n^{(0)}=\sum_{i=1}^{k}c_i\varphi_i \tag{5-5}$$

其中系数 $\{c_i\}$ 满足方程

$$\begin{pmatrix} H'_{11}-E_n^{(1)} & H'_{12} & \cdots & H'_{1k} \\ H'_{21} & H'_{22}-E_n^{(1)} & \cdots & H'_{2k} \\ \vdots & \vdots & \ddots & \vdots \\ H'_{k1} & H'_{k2} & \cdots & H'_{kk}-E_n^{(1)} \end{pmatrix}\begin{pmatrix} c_1 \\ c_2 \\ \vdots \\ c_k \end{pmatrix}=0 \tag{5-6}$$

其中

$$H'_{ij} = \int \varphi_i^* \hat{H}' \varphi_j \mathrm{d}\tau \tag{5-7}$$

由久期方程

$$\begin{vmatrix} H'_{11} - E_n^{(1)} & H'_{12} & \cdots & H'_{1k} \\ H'_{21} & H'_{22} - E_n^{(1)} & \cdots & H'_{2k} \\ \vdots & \vdots & \ddots & \vdots \\ H'_{k1} & H'_{k2} & \cdots & H'_{kk} - E_n^{(1)} \end{vmatrix} = 0 \tag{5-8}$$

解得一级修正能量 $E_n^{(1)} = E_{n1}^{(1)}, E_{n2}^{(1)}, \cdots, E_{nk}^{(1)}$. 将 $E_n^{(1)} = E_{n\alpha}^{(1)} (\alpha = 1,\ 2, \cdots, k)$ 代入方程(5-6), 求出系数 $\{c_i(\alpha)\}$, 得到零级近似波函数

$$\psi_n^{(0)} = \sum_{i=1}^{k} c_i(\alpha) \varphi_i,\ \alpha = 1, 2, \cdots, k \tag{5-9}$$

相应的一级近似能量为

$$E_{n\alpha} = E_n^{(0)} + E_{n\alpha}^{(1)} \tag{5-10}$$

如果 $E_n^{(1)}$ 有重根, 即 $E_{n\alpha}$ 中某个能态仍是简并的, 则与该态相应的零级近似波函数不能确定. 如果微扰矩阵 H' 是对角矩阵, 则对角元素就是一级修正能量

$$E_i^{(1)} = H'_{ii} = \int \varphi_i^* \hat{H}' \varphi_i \mathrm{d}\tau \tag{5-11}$$

如果对角矩阵的对角元素 H'_{ii} 取单一值(取值不同于其他对角元素), 则相应的 φ_i 就是零级近似波函数. 如果所有对角元素互不相等, 则 $\varphi_1, \varphi_2, \cdots, \varphi_k$ 都是零级近似波函数. 这时简并态微扰问题可用非简并微扰论处理.

3. 已知粒子的哈密顿算符 $\hat{H}$ 及归一化试探波函数 $\psi(\boldsymbol{r},\alpha)$, 其中 α 为待定参数, 计算

$$E(\alpha) = \int \psi^*(\boldsymbol{r},\alpha) \hat{H} \psi(\boldsymbol{r},\alpha)\ \mathrm{d}\tau \tag{5-12}$$

由 $\partial E(\alpha)/\partial \alpha = 0$, 求出 α, 代入 $E(\alpha)$ 得到基态的近似能量, 再将 α 代入试探波函数 $\psi(\boldsymbol{r},\alpha)$, 得到基态的近似波函数.

4. 设 $t < 0$ 时粒子处于 $\hat{H}_0$ 的定态 φ_k (能量为 E_k), $t \geqslant 0$ 时粒子受到微扰 $\hat{H}'(t)$ 的作用, $t > 0$ 时粒子跃迁到 $\hat{H}_0$ 的另一定态 φ_m (能量为 E_m)概率为

$$W_{k \to m}(t) = \frac{1}{\hbar^2} \left| \int_0^t H'_{mk}(t) \mathrm{e}^{\mathrm{i}\omega_{mk} t} \mathrm{d}t \right|^2 \tag{5-13}$$

$$H'_{mk}(t)=\int\varphi_m^*(\boldsymbol{r})\hat{H}'(t)\varphi_k(\boldsymbol{r})\mathrm{d}\tau,\ \omega_{mk}=\frac{E_m-E_k}{\hbar} \tag{5-14}$$

5. 黄金规则公式：

$$w=\frac{2\pi}{\hbar}\left|H'_{mk}(E)\right|^2\rho(E) \tag{5-15}$$

这是在常微扰 $\hat{H}'$ (不显含 t)作用下体系由能量连续的 ψ_k 态到 ψ_m 态的跃迁速率，其中

$$H'_{mk}(E)=\int\psi_m^*\hat{H}'\psi_k\mathrm{d}\tau \tag{5-16}$$

$\rho(E)$ 是能态密度——单位能量间隔内的状态数.

6. 强度为 $I(\omega)$ 的连续光照射原子发生由 ψ_k 态到 ψ_m 态的跃迁速率(电偶极近似)

$$w_{k\to m}=\frac{4\pi^2e^2}{3\hbar^2}I(|\omega_{mk}|)|\boldsymbol{r}_{mk}|^2 \tag{5-17}$$

其中 ω_{mk} 由式(5-14)确定，

$$|\boldsymbol{r}_{mk}|^2\equiv|x_{mk}|^2+|y_{mk}|^2+|z_{mk}|^2 \tag{5-18}$$

$$x_{mk}=\int\psi_m^*x\psi_k\mathrm{d}\tau,\ y_{mk}=\int\psi_m^*y\psi_k\mathrm{d}\tau,\ z_{mk}=\int\psi_m^*z\psi_k\mathrm{d}\tau \tag{5-19}$$

电偶极跃迁选择定则：

$$\Delta l=\pm1,\ \Delta m=0,\ \pm1 \tag{5-20}$$

7. 原子的自发跃迁速率为

$$A_{k\to m}=\frac{4e^2\omega_{km}^3}{3\hbar c^3}|\boldsymbol{r}_{mk}|^2 \tag{5-21}$$

习题与解答

5.1 带有电荷 q 的一维谐振子，其哈密顿量为 $\hat{H}=-\frac{\hbar^2}{2\mu}\frac{\mathrm{d}^2}{\mathrm{d}x^2}+\frac{1}{2}\mu\omega^2x^2$.振子受到恒定弱电场 $\boldsymbol{E}=\varepsilon\boldsymbol{i}$ 的作用. 电场的作用可视为微扰. 计算二级近似能量和一级近似波函数. 如果振子是各向同性介质中的离子(带有电荷 q)，计算由电场 ε 引起的极化率.

解 电荷 q 在空间 $\boldsymbol{r}$ 处的电偶极矩为 $\boldsymbol{D}=q\boldsymbol{r}$ ，它在电场 $\boldsymbol{E}=\varepsilon\boldsymbol{n}$ （ $\boldsymbol{n}$ 是电场方向的单位矢量）中的势能为 $\hat{H}'=-\boldsymbol{D}\cdot\boldsymbol{E}=-q\varepsilon\boldsymbol{r}\cdot\boldsymbol{n}$. 现在 $\boldsymbol{E}=\varepsilon\boldsymbol{i}$ ，

$$\hat{H}' = -q\varepsilon x$$

$$\hat{H}_0 = -\frac{\hbar^2}{2\mu}\frac{\mathrm{d}^2}{\mathrm{d}x^2} + \frac{1}{2}\mu\omega^2 x^2$$

零级近似能量与零级近似波函数为

$$E_n^{(0)} = \left(n+\frac{1}{2}\right)\hbar\omega,\ \psi_n^{(0)}(x) = N_n \mathrm{e}^{-\alpha^2 x^2/2} H_n(\alpha x),\ n = 0,1,\cdots$$

微扰矩阵元

$$H'_{mn} = -q\varepsilon\int_{-\infty}^{+\infty}\psi_m^{*(0)}(x)x\psi_n^{(0)}(x)\mathrm{d}x$$

利用公式

$$x\psi_n^{(0)}(x) = \frac{1}{\alpha}\left(\sqrt{\frac{n}{2}}\psi_{n-1}^{(0)}(x) + \sqrt{\frac{n+1}{2}}\psi_{n+1}^{(0)}(x)\right)$$

算出

$$H'_{mn} = -\frac{q\varepsilon}{\alpha}\left(\sqrt{\frac{n}{2}}\delta_{m,n-1} + \sqrt{\frac{n+1}{2}}\delta_{m,n+1}\right)$$

$$E_n^{(1)} = H'_{nn} = 0$$

$$\begin{aligned}
E_n^{(2)} &= \sum_{m\neq n}\frac{\left|H'_{mn}\right|^2}{E_n^{(0)} - E_m^{(0)}} \\
&= \frac{q^2\varepsilon^2}{\alpha^2}\left(\frac{n}{2}\frac{1}{E_n^{(0)} - E_{n-1}^{(0)}} + \frac{n+1}{2}\frac{1}{E_n^{(0)} - E_{n+1}^{(0)}}\right) \\
&= -\frac{q^2\varepsilon^2}{2\hbar\omega\alpha^2} = -\frac{q^2\varepsilon^2}{2\mu\omega^2} \qquad \left(\alpha = \sqrt{\frac{\mu\omega}{\hbar}}\right)
\end{aligned}$$

$$\begin{aligned}
\psi_n^{(1)}(x) &= \sum_{m\neq n}\frac{H'_{mn}}{E_n^{(0)} - E_m^{(0)}}\psi_m^{(0)}(x) \\
&= \frac{q\varepsilon}{\hbar\omega\alpha}\left[\sqrt{\frac{n+1}{2}}\psi_{n+1}^{(0)}(x) - \sqrt{\frac{n}{2}}\psi_{n-1}^{(0)}(x)\right]
\end{aligned}$$

二级近似能量和一级近似波函数为

$$E_n = \left(n+\frac{1}{2}\right)\hbar\omega - \frac{q^2\varepsilon^2}{2\mu\omega^2}$$

$$\psi_n(x)=\psi_n^{(0)}(x)+\frac{q\varepsilon}{\hbar\omega\alpha}\left[\sqrt{\frac{n+1}{2}}\psi_{n+1}^{(0)}(x)-\sqrt{\frac{n}{2}}\psi_{n-1}^{(0)}(x)\right]$$

无电场时，离子在平衡位置附近作三维简谐振动．取平衡位置为坐标原点，显然坐标 x,y,z 的平均值为零：

$$\overline{x}=\int_{-\infty}^{+\infty}\psi_n^{*(0)}(x)x\psi_n^{(0)}(x)\mathrm{d}x=0,\ \overline{y}=\int_{-\infty}^{+\infty}\psi_n^{*(0)}(y)y\psi_n^{(0)}(y)\mathrm{d}y=0,\ \overline{z}=0$$

在 x 方向加电场 ε 后，$\psi_n^{(0)}(x)$ 变为 $\psi_n(x)$，$\psi_n^{(0)}(y)$ 与 $\psi_n^{(0)}(z)$ 不变，

$$\overline{x}=\int_{-\infty}^{+\infty}\psi_n^{*(0)}(x)x\psi_n^{(0)}(x)\mathrm{d}x=\frac{q\varepsilon}{\hbar\omega\alpha^2}=\frac{q\varepsilon}{\mu\omega^2},\ \overline{y}=\overline{z}=0$$

可见，在电场 $\boldsymbol{E}=\varepsilon\boldsymbol{i}$ 作用下，平衡位置沿 x 方向移动 $q\varepsilon/\mu\omega^2$，正离子沿 x 正方向移动距离 $|q|\varepsilon/\mu\omega^2$，负离子沿 x 负方向移动距离 $|q|\varepsilon/\mu\omega^2$．外电场产生的电偶极矩为

$$D=\frac{2|q|\varepsilon}{\mu\omega^2}|q|=\frac{2q^2\varepsilon}{\mu\omega^2}$$

极化率

$$K=\frac{D}{\varepsilon}=\frac{2q^2}{\mu\omega^2}$$

5.2 已知体系的哈密顿量在某力学量表象中表示为

$$\hat{H}=E_0\begin{pmatrix}0&1&0\\1&0&1\\0&1&0\end{pmatrix}+\varepsilon\begin{pmatrix}0&0&0\\0&0&1\\0&1&0\end{pmatrix}$$

其中 E_0，$\varepsilon>0$，$\varepsilon \ll E_0$．试用微扰方法求二级近似能量和一级近似态矢.

解 体系的哈密顿量可表示为

$$\hat{H}=\hat{H}_0+\hat{H}'$$

$$\hat{H}_0=E_0\begin{pmatrix}0&1&0\\1&0&1\\0&1&0\end{pmatrix},\ \hat{H}'=\varepsilon\begin{pmatrix}0&0&0\\0&0&1\\0&1&0\end{pmatrix}$$

由 $\hat{H}_0$ 的本征方程解得零级近似能量和相应态矢

$$E_1^{(0)}=\sqrt{2}E_0,\psi_1^{(0)}=\frac{1}{2}\begin{pmatrix}1\\\sqrt{2}\\1\end{pmatrix};\ E_2^{(0)}=0,\psi_2^{(0)}=\frac{1}{\sqrt{2}}\begin{pmatrix}1\\0\\-1\end{pmatrix}$$

$$E_3^{(0)} = -\sqrt{2}E_0,\ \psi_3^{(0)} = \frac{1}{2}\begin{pmatrix} 1 \\ -\sqrt{2} \\ 1 \end{pmatrix}$$

二级近似能量和一级近似态矢为

$$E_1 = E_1^{(0)} + H'_{11} + \frac{|H'_{21}|^2}{E_1^{(0)} - E_2^{(0)}} + \frac{|H'_{31}|^2}{E_1^{(0)} - E_3^{(0)}}$$

$$\psi_1 = \psi_1^{(0)} + \frac{H'_{21}}{E_1^{(0)} - E_2^{(0)}}\psi_2^{(0)} + \frac{H'_{31}}{E_1^{(0)} - E_3^{(0)}}\psi_3^{(0)}$$

其中

$$H'_{11} = \psi_1^{+(0)}\hat{H}'\psi_1^{(0)} = \frac{\varepsilon}{4}(1,\sqrt{2},1)\begin{pmatrix} 0 & 0 & 0 \\ 0 & 0 & 1 \\ 0 & 1 & 0 \end{pmatrix}\begin{pmatrix} 1 \\ \sqrt{2} \\ 1 \end{pmatrix} = \frac{\sqrt{2}\varepsilon}{2}$$

$$H'_{21} = \psi_2^{+(0)}\hat{H}'\psi_1^{(0)} = \frac{\varepsilon}{2\sqrt{2}}(1,0,-1)\begin{pmatrix} 0 & 0 & 0 \\ 0 & 0 & 1 \\ 0 & 1 & 0 \end{pmatrix}\begin{pmatrix} 1 \\ \sqrt{2} \\ 1 \end{pmatrix} = -\frac{\varepsilon}{2}$$

$$H'_{31} = \psi_3^{+(0)}\hat{H}'\psi_1^{(0)} = \frac{\varepsilon}{4}(1,-\sqrt{2},1)\begin{pmatrix} 0 & 0 & 0 \\ 0 & 0 & 1 \\ 0 & 1 & 0 \end{pmatrix}\begin{pmatrix} 1 \\ \sqrt{2} \\ 1 \end{pmatrix} = 0$$

将上述值代入 E_1 与 ψ_1 的表示式，得

$$E_1 = \sqrt{2}E_0 + \frac{\sqrt{2}\varepsilon}{2} + \frac{\sqrt{2}\varepsilon^2}{8E_0}$$

$$\psi_1 = \psi_1^{(0)} - \frac{\varepsilon}{2\sqrt{2}E_0}\psi_2^{(0)} = \frac{1}{2}\begin{pmatrix} 1-\varepsilon/(2E_0) \\ \sqrt{2} \\ 1+\varepsilon/(2E_0) \end{pmatrix}$$

类似的计算，得

$$E_2 = E_2^{(0)} + H'_{22} + \frac{|H'_{12}|^2}{E_2^{(0)} - E_1^{(0)}} + \frac{|H'_{32}|^2}{E_2^{(0)} - E_3^{(0)}} = 0$$

$$\psi_2=\psi_2^{(0)}+\frac{\varepsilon}{2\sqrt{2}E_0}\psi_1^{(0)}+\frac{\varepsilon}{2\sqrt{2}E_0}\psi_3^{(0)}=\frac{1}{\sqrt{2}}\begin{pmatrix}1+\varepsilon/(2E_0)\\0\\-1+\varepsilon/(2E_0)\end{pmatrix}$$

$$E_3=-\sqrt{2}E_0-\frac{\sqrt{2}\varepsilon}{2}-\frac{\sqrt{2}\varepsilon^2}{8E_0}$$

$$\psi_3=\psi_3^{(0)}-\frac{\varepsilon}{2\sqrt{2}E_0}\psi_2^{(0)}=\frac{1}{2}\begin{pmatrix}1-\varepsilon/(2E_0)\\-\sqrt{2}\\1+\varepsilon/(2E_0)\end{pmatrix}$$

5.3 在 $\hat{H}_0$ 表象中 $\hat{H}$ 的矩阵为

$$\hat{H}=\begin{pmatrix}E_1^{(0)} & 0 & a\\0 & E_2^{(0)} & b\\a^* & b^* & E_3^{(0)}\end{pmatrix}$$

其中 $E_i^{(0)}(i=1,2,3)$ 为实数，且 $|a|,|b|$ 比 $\left|E_i^{(0)}\right|$ 小得多. 试用微扰论求能量至二级近似.

解

$$\hat{H}_0=\begin{pmatrix}E_1^{(0)} & 0 & 0\\0 & E_2^{(0)} & 0\\0 & 0 & E_3^{(0)}\end{pmatrix},\ \hat{H}'=\begin{pmatrix}0 & 0 & a\\0 & 0 & b\\a^* & b^* & 0\end{pmatrix}$$

$$E_n=E_n^{(0)}+H'_{nn}+\sum_{m\neq n}\frac{\left|H'_{mn}\right|^2}{E_n^{(0)}-E_m^{(0)}},\ m,n=1,2,3$$

由于 $\hat{H}'$ 的矩阵是在 $\hat{H}_0$ 表象中给出的，上式中的 H'_{mn} 就是 $\hat{H}'$ 的矩阵元,

$$E_1=E_1^{(0)}+H'_{11}+\frac{\left|H'_{21}\right|^2}{E_1^{(0)}-E_2^{(0)}}+\frac{\left|H'_{31}\right|^2}{E_1^{(0)}-E_3^{(0)}}$$

$$=E_1^{(0)}+\frac{|a|^2}{E_1^{(0)}-E_3^{(0)}}$$

$$E_2=E_2^{(0)}+H'_{22}+\frac{\left|H'_{12}\right|^2}{E_2^{(0)}-E_1^{(0)}}+\frac{\left|H'_{32}\right|^2}{E_2^{(0)}-E_3^{(0)}}$$

$$=E_2^{(0)}+\frac{|b|^2}{E_2^{(0)}-E_3^{(0)}}$$

$$E_3 = E_3^{(0)} + H'_{33} + \frac{|H'_{13}|^2}{E_3^{(0)} - E_1^{(0)}} + \frac{|H'_{23}|^2}{E_3^{(0)} - E_2^{(0)}}$$

$$= E_3^{(0)} + \frac{|a|^2}{E_3^{(0)} - E_1^{(0)}} + \frac{|b|^2}{E_3^{(0)} - E_2^{(0)}}$$

5.4 考虑到类氢原子核不是点电荷，而是半径为 R 的均匀带电 Ze 的球体，用微扰方法计算这种效应对类氢原子基态能量的一级修正. 已知电子在球形核电场的势能为

$$V(r) = \begin{cases} -\dfrac{Ze^2}{r}, & r > R \\ \dfrac{Ze^2}{2R}\left(\dfrac{r^2}{R^2} - 3\right), & r < R \end{cases}$$

如果类氢原子核是半径为 R 的均匀带电球面，结果又如何？

解 基态波函数为 $\psi = \sqrt{Z^3/\pi a^3}\,\mathrm{e}^{-Zr/a}$，微扰 $\hat{H}'$ 及基态的一级修正能量 $E^{(1)}$ 为

$$\hat{H}' = V(r) - \left(-\frac{Ze^2}{r}\right) == \begin{cases} 0, & r > R \\ \dfrac{Ze^2}{2R}\left(\dfrac{r^2}{R^2} - 3\right) + \dfrac{Ze^2}{r}, & r < R \end{cases}$$

$$E^{(1)} = \int \psi^* \hat{H}' \psi \,\mathrm{d}\tau = 4\pi \int_0^\infty \psi^* \hat{H}' \psi r^2 \mathrm{d}r$$

$$= \frac{4Z^4 e^2}{a^3} \int_0^R \mathrm{e}^{-2Zr/a} \left[\frac{1}{2R}\left(\frac{r^2}{R^2} - 3\right) + \frac{1}{r}\right] r^2 \mathrm{d}r$$

因 $r \leqslant R \ll a, \mathrm{e}^{-2Zr/a} \approx 1$，

$$E^{(1)} \approx \frac{4Z^4 e^2}{a^3} \int_0^R \left(r + \frac{r^4}{2R^3} - \frac{3r^2}{2R}\right) \mathrm{d}r = \frac{2Z^4 e^2 R^2}{5a^3}$$

如果原子核是半径为 R 的均匀带电球面，则

$$V(r) = \begin{cases} -\dfrac{Ze^2}{r}, & r > R \\ -\dfrac{Ze^2}{R}, & r < R \end{cases}, \quad \hat{H}' = \begin{cases} 0, & r > R \\ \dfrac{Ze^2}{r} - \dfrac{Ze^2}{R}, & r < R \end{cases}$$

$$E^{(1)} = 4\pi\int_0^{\infty}\psi^*\hat{H}'\psi r^2\mathrm{d}r = \frac{4Z^4e^2}{a^3}\int_0^R \mathrm{e}^{-2Zr/a}\left(r-\frac{r^2}{R}\right)\mathrm{d}r$$

$$\approx \frac{4Z^4e^2}{a^3}\int_0^R\left(r-\frac{r^2}{R}\right)\mathrm{d}r = \frac{2Z^4e^2R^2}{3a^3}$$

5.5 一维无限深方势阱 $(0<x<a)$ 中的粒子受到微扰 $\hat{H}'=A\cos(\pi x/a)$ $(0<x<a)$ 的作用，其中 A 为实常数，求基态能量的二级近似与波函数的一级近似.

解 基态能量二级近似与波函数一级近似的计算公式为

$$E_1 = E_1^{(0)} + H'_{11} + \sum_{m\neq 1}\frac{|H'_{m1}|^2}{E_1^{(0)}-E_m^{(0)}}$$

$$\psi_1 = \psi_1^{(0)} + \sum_{m\neq 1}\frac{H'_{m1}}{E_1^{(0)}-E_m^{(0)}}\psi_m^{(0)}$$

其中

$$E_m^{(0)} = \frac{m^2\pi^2\hbar^2}{2\mu a^2},\quad \psi_m^{(0)} = \begin{cases}\sqrt{\dfrac{2}{a}}\sin\dfrac{m\pi x}{a}, & 0<x<a\\ 0, & x<0, x>a\end{cases}$$

$$\hat{H}'_{m1} = \int\psi_m^{*(0)}\hat{H}'\psi_1^{(0)}\mathrm{d}x = \frac{2A}{a}\int_0^a \sin\frac{m\pi x}{a}\cos\frac{\pi x}{a}\sin\frac{\pi x}{a}\mathrm{d}x$$

$$= \frac{A}{a}\int_0^a\sin\frac{m\pi x}{a}\sin\frac{2\pi x}{a}\mathrm{d}x = \frac{A}{2}\int_0^a\psi_m^{*(0)}\psi_2^{(0)}\mathrm{d}x = \frac{A}{2}\delta_{m2}$$

将 $\hat{H}'_{m1}$ 的值代入 E_1 与 ψ_1 的表示式中，得

$$E_1 = \frac{\pi^2\hbar^2}{2\mu a^2} - \frac{A^2\mu a^2}{6\pi^2\hbar^2}$$

$$\psi_1 = \begin{cases}\sqrt{\dfrac{2}{a}}\left(\sin\dfrac{\pi x}{a} - \dfrac{A\mu a^2}{3\pi^2\hbar^2}\sin\dfrac{2\pi x}{a}\right), & 0<x<a\\ 0, & x<0, x>a\end{cases}$$

5.6 一维谐振子 $\left(V=\frac{1}{2}\mu\omega^2x^2\right)$ 受到微扰 $\hat{H}'=\frac{1}{2}\lambda\mu\omega^2x^2$ 的作用 $(|\lambda|\ll 1)$，计算能量的三级近似值，并与严格值比较.

解
$$\hat{H}_0 = -\frac{\hbar^2}{2\mu}\frac{\mathrm{d}^2}{\mathrm{d}x^2} + \frac{1}{2}\mu\omega^2x^2,\quad \hat{H}' = \frac{1}{2}\lambda\mu\omega^2x^2$$

$$H'_{mn}=\frac{1}{2}\lambda\mu\omega^2\int\psi_m^*x^2\psi_n\mathrm{d}x=\frac{1}{2}\lambda\mu\omega^2\int(x\psi_m)^*x\psi_n\mathrm{d}x$$

利用公式

$$x\psi_n=\frac{1}{\alpha}\left(\sqrt{\frac{n}{2}}\psi_{n-1}+\sqrt{\frac{n+1}{2}}\psi_{n+1}\right)$$

算出

$$\begin{aligned}H'_{mn}&=\frac{\lambda\mu\omega^2}{2\alpha^2}\int\left(\sqrt{\frac{m}{2}}\psi_{m-1}^*+\sqrt{\frac{m+1}{2}}\psi_{m+1}^*\right)\left(\sqrt{\frac{n}{2}}\psi_{n-1}+\sqrt{\frac{n+1}{2}}\psi_{n+1}\right)\mathrm{d}x\\&=\frac{\lambda\mu\omega^2}{4\alpha^2}\Big[\sqrt{mn}\delta_{m-1,n-1}+\sqrt{m(n+1)}\delta_{m-1,n+1}\\&\quad+\sqrt{(m+1)n}\delta_{m+1,n-1}+\sqrt{(m+1)(n+1)}\delta_{m+1,n+1}\Big]\\&=\frac{\lambda\hbar\omega}{4}\Big[\sqrt{(n+1)(n+2)}\delta_{m,n+2}+(2n+1)\delta_{m,n}+\sqrt{n(n-1)}\delta_{m,n-2}\Big]\end{aligned}$$

$$E_n^{(0)}=\left(n+\frac{1}{2}\right)\hbar\omega$$

$$E_n^{(1)}=H'_{nn}=\frac{\lambda}{2}\left(n+\frac{1}{2}\right)\hbar\omega$$

$$\begin{aligned}E_n^{(2)}&=\sum_{m\neq n}\frac{|H'_{mn}|^2}{E_n^{(0)}-E_m^{(0)}}=\frac{|H'_{n-2,n}|^2}{E_n^{(0)}-E_{n-2}^{(0)}}+\frac{|H'_{n+2,n}|^2}{E_n^{(0)}-E_{n+2}^{(0)}}\\&=\frac{\lambda^2\hbar\omega}{32}[n(n-1)-(n+1)(n+2)]=-\frac{\lambda^2}{8}\left(n+\frac{1}{2}\right)\hbar\omega\end{aligned}$$

$$\begin{aligned}E_n^{(3)}&=\sum_{m,m'\neq n}\frac{H'_{nm}H'_{mm'}H'_{m'n}}{(E_n^{(0)}-E_m^{(0)})(E_n^{(0)}-E_{m'}^{(0)})}-\sum_{m\neq n}\frac{H'_{nn}|H'_{mn}|^2}{(E_n^{(0)}-E_m^{(0)})^2}\\&=\sum_{m\neq n}\left[\frac{H'_{nm}H'_{m,n-2}H'_{n-2,n}}{(E_n^{(0)}-E_m^{(0)})(E_n^{(0)}-E_{n-2}^{(0)})}+\frac{H'_{nm}H'_{m,n+2}H'_{n+2,n}}{(E_n^{(0)}-E_m^{(0)})(E_n^{(0)}-E_{n+2}^{(0)})}\right]-\sum_{m\neq n}\frac{H'_{nn}|H'_{mn}|^2}{(E_n^{(0)}-E_m^{(0)})^2}\\&=\frac{H'_{n,n-2}H'_{n-2,n-2}H'_{n-2,n}}{(E_n^{(0)}-E_{n-2}^{(0)})^2}+\frac{H'_{n,n+2}H'_{n+2,n+2}H'_{n+2,n}}{(E_n^{(0)}-E_{n+2}^{(0)})^2}-\frac{H'_{n,n}|H'_{n-2,n}|^2}{(E_n^{(0)}-E_{n-2}^{(0)})^2}-\frac{H'_{n,n}|H'_{n+2,n}|^2}{(E_n^{(0)}-E_{n+2}^{(0)})^2}\\&=\frac{\lambda^3\hbar\omega}{128}\left[n(n-1)\left(n-\frac{3}{2}\right)+(n+1)(n+2)\left(n+\frac{5}{2}\right)-2(n^2+n+1)\left(n+\frac{1}{2}\right)\right]\\&=\frac{\lambda^3}{16}\left(n+\frac{1}{2}\right)\hbar\omega\end{aligned}$$

三级近似能量

$$E_n=\left(n+\frac{1}{2}\right)\hbar\omega\left(1+\frac{\lambda}{2}-\frac{\lambda^2}{8}+\frac{\lambda^3}{16}\right),\ n=0,1,2,\cdots$$

下面求精确能量

$$\begin{aligned}\hat{H}&=-\frac{\hbar^2}{2\mu}\frac{\mathrm{d}^2}{\mathrm{d}x^2}+\frac{1}{2}\mu\omega^2x^2+\frac{1}{2}\lambda\mu\omega^2x^2\\&=-\frac{\hbar^2}{2\mu}\frac{\mathrm{d}^2}{\mathrm{d}x^2}+\frac{1}{2}\mu(1+\lambda)\omega^2x^2\\&=-\frac{\hbar^2}{2\mu}\frac{\mathrm{d}^2}{\mathrm{d}x^2}+\frac{1}{2}\mu{\omega_0}^2x^2\end{aligned}$$

$$\omega_0=\sqrt{1+\lambda}\omega$$

$\hat{H}$ 的能量本征值为

$$\begin{aligned}E_n&=\left(n+\frac{1}{2}\right)\hbar\omega_0=\left(n+\frac{1}{2}\right)\hbar\omega\sqrt{1+\lambda}\\&=\left(n+\frac{1}{2}\right)\hbar\omega\left(1+\frac{\lambda}{2}-\frac{\lambda^2}{8}+\frac{\lambda^3}{16}-\cdots\right)\end{aligned}$$

5.7 试求哈密顿量为 $\hat{H}=-\frac{\hbar^2}{2\mu}\frac{\mathrm{d}^2}{\mathrm{d}x^2}+\frac{1}{2}\mu\omega^2x^2+ax^3+bx^4$ 的体系的一级近似能量,其中 a 与 b 是小的常数.

解

$$\hat{H}_0=-\frac{\hbar^2}{2\mu}\frac{\mathrm{d}^2}{\mathrm{d}x^2}+\frac{1}{2}\mu\omega^2x^2,\ \hat{H}'=ax^3+bx^4$$

$$E_n^{(0)}=\left(n+\frac{1}{2}\right)\hbar\omega$$

$$\begin{aligned}E_n^{(1)}&=\int_{-\infty}^{+\infty}\psi_n^*(x)(ax^3+bx^4)\psi_n(x)\mathrm{d}x=b\int_{-\infty}^{+\infty}\psi_n^*(x)x^4\psi_n(x)\mathrm{d}x\\&=b\int_{-\infty}^{+\infty}\left[x^2\psi_n(x)\right]^*x^2\psi_n(x)\mathrm{d}x\end{aligned}$$

利用公式

$$x^2\psi_n=\frac{1}{\alpha^2}\left[\frac{\sqrt{n(n-1)}}{2}\psi_{n-2}+\left(n+\frac{1}{2}\right)\psi_n+\frac{\sqrt{(n+1)(n+2)}}{2}\psi_{n+2}\right]$$

算出

$$E_n^{(1)} = \frac{3b}{4\alpha^4}(2n^2 + 2n + 1)$$

一级近似能量

$$E_n = \left(n + \frac{1}{2}\right)\hbar\omega + \frac{3b}{4\alpha^4}\left(2n^2 + 2n + 1\right)$$

5.8　粒子的哈密顿量 $\hat{H} = \hat{H}_0 + \hat{H}'$. $\hat{H}_0$ 与 $\hat{H}'$ 在 Q 表象中的矩阵为

$$\hat{H}_0 = E_0\begin{pmatrix} 2 & 0 & 1 \\ 0 & 2 & 0 \\ 1 & 0 & 2 \end{pmatrix}, \hat{H}' = \varepsilon\begin{pmatrix} 0 & 0 & 0 \\ 0 & 2 & 0 \\ 0 & 0 & 2 \end{pmatrix}$$

其中 E_0 为正实数, $|\varepsilon| \ll E_0$, $\hat{H}'$ 为微扰. (1)忽略微扰, 求出 $\hat{H}_0$ 的本征值与本征态矢; (2)考虑微扰, 求出基态的二级近似能量和一级近似态矢.

解　由 $\hat{H}_0$ 的本征方程解得

$$E_1^{(0)} = E_0, \psi_1^{(0)} = \frac{1}{\sqrt{2}}\begin{pmatrix} 1 \\ 0 \\ -1 \end{pmatrix};\ E_2^{(0)} = 2E_0, \psi_2^{(0)} = \begin{pmatrix} 0 \\ 1 \\ 0 \end{pmatrix};\ E_3^{(0)} = 3E_0, \psi_3^{(0)} = \frac{1}{\sqrt{2}}\begin{pmatrix} 1 \\ 0 \\ 1 \end{pmatrix}$$

这三个态都是非简并的. 对于基态 $E_1^{(0)} = E_0$,

$$E_1^{(1)} = H'_{11},\ E_1^{(2)} = \frac{|H'_{21}|^2}{E_1^{(0)} - E_2^{(0)}} + \frac{|H'_{31}|^2}{E_1^{(0)} - E_3^{(0)}}$$

$$\psi_1^{(1)} = \frac{H'_{21}}{E_1^{(0)} - E_2^{(0)}}\psi_2^{(0)} + \frac{H'_{31}}{E_1^{(0)} - E_3^{(0)}}\psi_3^{(0)}$$

其中

$$H'_{11} = \psi_1^+ \hat{H}' \psi_1 = \frac{\varepsilon}{2}(1,0,-1)\begin{pmatrix} 0 & 0 & 0 \\ 0 & 2 & 0 \\ 0 & 0 & 2 \end{pmatrix}\begin{pmatrix} 1 \\ 0 \\ -1 \end{pmatrix} = \varepsilon$$

$$H'_{21} = \psi_2^+ \hat{H}' \psi_1 = \frac{\varepsilon}{\sqrt{2}}(0,1,0)\begin{pmatrix} 0 & 0 & 0 \\ 0 & 2 & 0 \\ 0 & 0 & 2 \end{pmatrix}\begin{pmatrix} 1 \\ 0 \\ -1 \end{pmatrix} = 0$$

$$H'_{31} = \psi_3^+ \hat{H}' \psi_1 = \frac{\varepsilon}{2}(1,0,1)\begin{pmatrix} 0 & 0 & 0 \\ 0 & 2 & 0 \\ 0 & 0 & 2 \end{pmatrix}\begin{pmatrix} 1 \\ 0 \\ -1 \end{pmatrix} = -\varepsilon$$

将以上值代入 $E_1^{(1)}$，$E_1^{(2)}$ 与 $\psi_1^{(1)}$ 的公式，得到基态的二级近似能量和一级近似态矢

$$E_1 = E_0 + \varepsilon - \frac{\varepsilon^2}{2E_0}$$

$$\psi_1 = \frac{1}{\sqrt{2}}\begin{pmatrix}1\\0\\-1\end{pmatrix} + \frac{\varepsilon}{2\sqrt{2}E_0}\begin{pmatrix}1\\0\\1\end{pmatrix} = \frac{1}{\sqrt{2}}\begin{pmatrix}1+\varepsilon/(2E_0)\\0\\-1+\varepsilon/(2E_0)\end{pmatrix}$$

5.9 一个质量为 μ 的粒子在一维势场中运动，势函数为

$$V(x) = \begin{cases} \infty, & |x| > 3a \\ 0, & a < x < 3a \\ V_0, & |x| < a \\ 0, & -3a < x < -a \end{cases}$$

将 V_0 部分视为在宽度为 $6a$ 的无限深方势阱($V=0, |x|<3a; V=\infty, |x|>3a$)中的微扰，用微扰方法求基态一级近似能量.

解 不考虑微扰时，基态能量与波函数为

$$E_1^{(0)} = \frac{\pi^2\hbar^2}{72\mu a^2}$$

$$\psi_1^{(0)} = \begin{cases} \sqrt{\dfrac{1}{3a}}\sin\left(\dfrac{\pi x}{6a}+\dfrac{\pi}{2}\right) = -\sqrt{\dfrac{1}{3a}}\cos\dfrac{\pi x}{6a}, & |x| < 3a \\ 0, & |x| > 3a \end{cases}$$

$$\hat{H}' = \begin{cases} V_0, & |x| < a \\ 0, & |x| > a \end{cases}$$

$$E_1^{(1)} = \int_{-\infty}^{+\infty} \psi_1^{*(0)}(x)\hat{H}'\psi_1^{(0)}(x)\mathrm{d}x = \frac{V_0}{3a}\int_{-a}^{+a}\cos^2\frac{\pi x}{6a}\mathrm{d}x$$
$$= \frac{V_0}{3}\left(1+\frac{3\sqrt{3}}{2\pi}\right)$$

基态的一级近似能量为

$$E_1 = \frac{\pi^2\hbar^2}{72\mu a^2} + \frac{V_0}{3}\left(1+\frac{3\sqrt{3}}{2\pi}\right)$$

5.10 体系的哈密顿量 $\hat{H} = \hat{H}_0 + \hat{H}'$，其中 $\hat{H}' = \mathrm{i}\lambda[\hat{A}, \hat{H}_0]$ 是微扰，$\hat{A}$ 是厄米算

符, λ 是实数. 令 $\hat{B}$ 是另一个厄米算符, $\hat{C}=\mathrm{i}[\hat{B},\hat{A}]$. (1)已知在 $\hat{H}_0$ 的非简并的基态上, 算符 $\hat{A},\hat{B}$ 与 $\hat{C}$ 的平均值为 $\langle A\rangle_0,\langle B\rangle_0,\langle C\rangle_0$. 考虑微扰后, 计算 $\hat{B}$ 在基态上的平均值 $\langle B\rangle$ 到 λ 的一级近似. (2)在以下问题中检验你的结果,

$$\hat{H}_0=\sum_{k=1}^{3}\left(\frac{\hat{p}_k^2}{2\mu}+\frac{1}{2}\mu\omega^2x_k^2\right),\ \hat{H}'=\lambda x_3$$

计算 $\langle x_k\rangle$ (基态)到 λ 的一级近似, 用 $\langle x_k\rangle$ 的严格值同你的结果比较.

解 (1) 令 $\hat{H}_0$ 的本征态为 $|m\rangle$, 本征值为 $E_m^{(0)}$, $\hat{H}_0\,|m\rangle=E_m^{(0)}\,|m\rangle$, $m=0,1,2\cdots$. $|0\rangle$ 为基态(非简并)态矢, $\langle A\rangle_0=\langle 0|\hat{A}|0\rangle$, $\langle B\rangle_0=\langle 0|\hat{B}|0\rangle$, $\langle C\rangle_0=\langle 0|\hat{C}|0\rangle$. 考虑微扰后, 基态的一级近似态矢

$$|\psi\rangle=|0\rangle+\sum_{m\neq 0}^{\infty}\frac{H'_{m0}}{E_0^{(0)}-E_m^{(0)}}|m\rangle$$

将 $H'_{m0}=\langle m|\hat{H}'|0\rangle=\mathrm{i}\lambda\langle m|\hat{A}\hat{H}_0-\hat{H}_0\hat{A}|0\rangle=\mathrm{i}\lambda(E_0^{(0)}-E_m^{(0)})\langle m|\hat{A}|0\rangle$

代入上式, 得

$$|\psi\rangle=|0\rangle+\mathrm{i}\lambda\sum_{m\neq 0}^{\infty}\langle m|\hat{A}|0\rangle|m\rangle$$

在 $|\psi\rangle$ 态上 $\hat{B}$ 的平均值

$$\begin{aligned}\langle B\rangle&=\langle\psi|\hat{B}|\psi\rangle\\&=\left(\langle 0|-\mathrm{i}\lambda\sum_{m\neq 0}^{\infty}\langle 0|\hat{A}|m\rangle\langle m|\right)\hat{B}\left(|0\rangle+\mathrm{i}\lambda\sum_{m\neq 0}^{\infty}\langle m|\hat{A}|0\rangle|m\rangle\right)\\&=\langle 0|\hat{B}|0\rangle+\mathrm{i}\lambda\langle 0|\hat{B}\sum_{m\neq 0}^{\infty}|m\rangle\langle m|\hat{A}|0\rangle-\mathrm{i}\lambda\langle 0|\hat{A}\sum_{m\neq 0}^{\infty}|m\rangle\langle m|\hat{B}|0\rangle\end{aligned}$$

在以上计算中略去了 λ^2 项. 将完备性公式

$$\sum_{m\neq 0}^{\infty}|m\rangle\langle m|=1-|0\rangle\langle 0|$$

代入上式, 得

$$\begin{aligned}\langle B\rangle&=\langle 0|\hat{B}|0\rangle+\mathrm{i}\lambda\langle 0|\hat{B}(1-|0\rangle\langle 0|)\hat{A}|0\rangle-\mathrm{i}\lambda\langle 0|\hat{A}(1-|0\rangle\langle 0|)\hat{B}|0\rangle\\&=\langle 0|\hat{B}|0\rangle+\lambda\langle 0|\mathrm{i}\left[\hat{B},\hat{A}\right]|0\rangle=\langle 0|\hat{B}|0\rangle+\lambda\langle 0|\hat{C}|0\rangle\\&=\langle B\rangle_0+\lambda\langle C\rangle_0\end{aligned}\tag{1}$$

(2) 在给定的问题中，$\hat{H}_0=\sum_{k=1}^{3}\left(\frac{\hat{p}_k^2}{2\mu}+\frac{1}{2}\mu\omega^2x_k^2\right)$，$\hat{H}'=\lambda x_3$.

由

$$\hat{H}'=\lambda x_3=\mathrm{i}\lambda\left[\hat{A},\hat{H}_0\right]$$

求出 $\hat{A}=\frac{1}{\hbar\mu\omega^2}\hat{p}_3$. 令 $\hat{B}=x_k$，$k=1,2,3$，

$$\hat{C}=\mathrm{i}\left[x_k,\hat{A}\right]=\mathrm{i}\left[x_k,\frac{1}{\hbar\mu\omega^2}\hat{p}_3\right]=-\frac{1}{\mu\omega^2}\delta_{k3} \tag{2}$$

将 $\hat{B}=x_k$ 与 $\hat{C}=-\delta_{k3}/\mu\omega^2$ 代入式(1), 得 $\hat{B}=x_k$ 在基态上的平均值

$$\langle x_k\rangle=\langle 0|x_k|0\rangle+\lambda\langle 0|(-\frac{1}{\mu\omega^2}\delta_{k3})|0\rangle=-\frac{\lambda}{\mu\omega^2}\delta_{k3}$$

即

$$\langle x_1\rangle=0,\ \langle x_2\rangle=0,\ \langle x_3\rangle=-\frac{\lambda}{\mu\omega^2} \tag{3}$$

体系的哈密顿量

$$\hat{H}=\sum_{k=1}^{3}\left(\frac{\hat{p}_k^2}{2\mu}+\frac{1}{2}\mu\omega^2x_k^2\right)+\lambda x_3 \tag{4}$$

在如下变量变换下：

$$x_1\to x_1'=x_1,\ x_2\to x_2'=x_2,\ x_3\to x_3'=x_3+\frac{\lambda}{\mu\omega^2} \tag{5}$$

变为

$$\hat{H}=\sum_{k=1}^{3}\left(\frac{\hat{p}_k'^2}{2\mu}+\frac{1}{2}\mu\omega^2x_k'^2\right)-\frac{\lambda^2}{2\mu\omega^2} \tag{6}$$

$\hat{H}$ 的本征函数为

$$\psi_{n_1n_2n_3}(x_1',x_2',x_3')=\psi_{n_1}(x_1')\psi_{n_2}(x_2')\psi_{n_3}(x_3') \tag{7}$$

$$\psi_{n_k}(x_k')=N_{n_k}\mathrm{e}^{-\alpha^2x_k'^2/2}H_{n_k}(\alpha x_k'),\ n_k=0,1,2,\cdots \tag{8}$$

显然有

$$\langle x_k'\rangle=0,\ k=1,2,3 \tag{9}$$

即

$$\langle x_1\rangle=0,\ \langle x_2\rangle=0,\ \langle x_3\rangle=-\frac{\lambda}{\mu\omega^2} \tag{10}$$

$\langle x_k \rangle$ 的严格值同近似值(3)一致.

5.11　一维谐振子哈密顿量 $\hat{H} = -\frac{\hbar^2}{2\mu}\frac{\mathrm{d}^2}{\mathrm{d}x^2} + \frac{1}{2}\mu\omega^2 x^2$. 微扰 $\hat{H}' = \frac{\lambda}{2}\mu\omega^2 x^{2n}$ (n 为正整数, λ 为微小量). (1)求出基态能量的一级和二级修正值; (2)将 $n=1$ 的结果同 $\hat{H} = \hat{H}_0 + \hat{H}'$ 的精确结果比较.

解　(1) 设一维谐振子定态波函数为 $\psi_n(x)$. 微扰矩阵元

$$\hat{H}'_{m0} = \frac{\lambda}{2}\mu\omega^2 \int \psi_m^*(x) x^{2n} \psi_0(x) \mathrm{d}x \tag{1}$$

利用公式

$$x^2\psi_n = \frac{1}{2\alpha^2}\left[\sqrt{n(n-1)}\psi_{n-2} + (2n+1)\psi_n + \sqrt{(n+1)(n+2)}\psi_{n+2}\right] \tag{2}$$

算出

$$x^2\psi_0 = \frac{1}{2\alpha^2}\left(\psi_0 + \sqrt{2!}\psi_2\right)$$

$$x^4\psi_0 = \frac{1}{(2\alpha^2)^2}\left(3\psi_0 + 6\sqrt{2!}\psi_2 + \sqrt{4!}\psi_4\right)$$

$$x^6\psi_0 = \frac{1}{(2\alpha^2)^3}\left(15\psi_0 + 45\sqrt{2!}\psi_2 + 15\sqrt{4!}\psi_4 + \sqrt{6!}\psi_6\right)$$

$$x^8\psi_0 = \frac{1}{(2\alpha^2)^4}\left(105\psi_0 + 420\sqrt{2!}\psi_2 + 210\sqrt{4!}\psi_4 + 28\sqrt{6!}\psi_6 + \sqrt{8!}\psi_8\right)$$

$$\cdots\cdots\cdots$$

$$\begin{aligned} x^{2n}\psi_0 = \frac{1}{(2\alpha^2)^n}\Big[&(2n-1)!!\psi_0 + (2n-1)!!n\sqrt{2!}\psi_2 + \cdots \\ &\cdots + n(2n-1)\sqrt{(2n-2)!}\psi_{2n-2} + \sqrt{(2n)!}\psi_{2n}\Big] \end{aligned} \tag{3}$$

将式(3)代入式(1), 得

$$\begin{aligned} H'_{m0} = \frac{\lambda\mu\omega^2}{2(2\alpha^2)^n}\Big[&(2n-1)!!\delta_{m0} + (2n-1)!!n\sqrt{2!}\delta_{m2} + \cdots \\ &\cdots + n(2n-1)\sqrt{(2n-2)!}\delta_{m,2n-2} + \sqrt{(2n)!}\delta_{m,2n}\Big] \end{aligned} \tag{4}$$

基态能量的一级与二级修正值为

$$E_0^{(1)} = H'_{00} = \frac{\lambda\mu\omega^2}{2(2\alpha^2)^n}(2n-1)!! \tag{5}$$

$$E_0^{(2)} = \frac{\left|H'_{2n,0}\right|^2}{E_0^{(0)} - E_{2n}^{(0)}} + \frac{\left|H'_{2n-2,0}\right|^2}{E_0^{(0)} - E_{2n-2}^{(0)}} + \cdots + \frac{\left|H'_{2,0}\right|^2}{E_0^{(0)} - E_2^{(0)}} \tag{6}$$

将式(4)与 $E_m^{(0)} = \left(m + \frac{1}{2}\right)\hbar\omega$ 代入式(6), 得

$$E_0^{(2)} = -\frac{\lambda^2 \mu^2 \omega^3}{4\hbar(2\alpha^2)^{2n}} \left\{(2n-1)! + n^2(2n-1)^2(2n-3)! + \cdots + n^2\left[(2n-1)!!\right]^2\right\}$$

(2) 对 $n=1$

$$E_0^{(1)} = \frac{\lambda\mu\omega^2}{4\alpha^2} = \frac{\lambda}{4}\hbar\omega$$

$$E_0^{(2)} = -\frac{\lambda^2\mu^2\omega^3}{4\hbar(2\alpha^2)^2} = -\frac{\lambda^2}{16}\hbar\omega$$

$n=1$ 的精确解见 5.6 题的答案:

$$E_0 = \frac{1}{2}\hbar\omega\sqrt{1+\lambda} = \frac{1}{2}\hbar\omega\left(1 + \frac{\lambda}{2} - \frac{\lambda^2}{8} + \frac{\lambda^3}{16} - \cdots\right)$$

$E_0^{(1)}$ 与 $E_0^{(2)}$ 同精确解展开式中的第二与第三项相符.

5.12 可以证明若点电荷在静电场中的势能为 $V(\boldsymbol{r})$, 则均匀带电小球在静电场中的势能为 $V(\boldsymbol{r}) + \frac{1}{6}r_0^2\nabla^2 V(\boldsymbol{r})$, 其中 r_0 是小球的半径, $\boldsymbol{r}$ 是球心的位置. 试利用这一结果, 计算氢原子 1s 态能级由于不是点电荷而带来的修正. 已知 $\psi_{1s}(\boldsymbol{r}) = \left(\pi a^3\right)^{-1/2} e^{-r/a}$, 玻尔半径 $a = 0.529$ Å. 取 $r_0 = e^2/m_e c^2$ (电子的经典半径), 其中 $e^2 = 1.44\text{MeV}\cdot\text{fm}$, $m_e = 0.511\ \text{MeV}/c^2$.

解 点电荷 e 的势 $V(\boldsymbol{r})$ 满足方程

$$\nabla^2 V(\boldsymbol{r}) = 4\pi e^2 \delta(\boldsymbol{r})$$

$$\hat{H}' = \frac{1}{6}r_0^2\nabla^2 V(\boldsymbol{r}) = \frac{2}{3}\pi e^2 r_0^2 \delta(\boldsymbol{r})$$

$$\Delta E = \int \psi_{1s}^*(\boldsymbol{r})\hat{H}'\psi_{1s}(\boldsymbol{r})\mathrm{d}\tau = \frac{2}{3}\pi e^2 r_0^2 \int \left|\psi_{1s}(\boldsymbol{r})\right|^2 \delta(\boldsymbol{r})\mathrm{d}\tau$$

$$= \frac{2}{3}\pi e^2 r_0^2 \left|\psi_{1s}(0)\right|^2 = \frac{2e^2 r_0^2}{3a^3} \tag{1}$$

其中

$$e^2 = 1.44\ \text{MeV}\cdot\text{fm},\quad a = 0.529\,\text{Å} = 0.529\times 10^5\ \text{fm}$$

$$r_0=\frac{e^2}{m_e c^2}=\frac{1.44\text{MeV}\cdot\text{fm}}{0.511\text{MeV}}=2.82\text{fm}$$

将上述值代入式(1), 得

$$\Delta E=5.16\times10^{-14}\,\text{MeV}=5.16\times10^{-8}\,\text{eV}$$

5.13　质量为 μ 的粒子在一维谐振子势场 $V(x)=\frac{1}{2}\mu\omega^2x^2$ 中运动. 在动能 $T=\frac{p^2}{2\mu}$ 的非相对论近似下, 定态能量为 $E_n=\left(n+\frac{1}{2}\right)\hbar\omega$, 定态波函数为 $\psi_n(x)=N_n\mathrm{e}^{-\alpha^2x^2/2}H_n(\alpha x)$, 其中 $\alpha=\sqrt{\mu\omega/\hbar}$, N_n 为归一化常数. 考虑 T 与 p 的相对论修正, 计算能级 E_n 的移动 ΔE 至 $1/c^2$ 阶. {提示:

$$\frac{\mathrm{d}^2\psi_n}{\mathrm{d}x^2}=\frac{\alpha^2}{2}\left[\sqrt{n(n-1)}\,\psi_{n-2}-(2n+1)\psi_n+\sqrt{(n+1)(n+2)}\psi_{n+2}\right]\}$$

解　由相对论公式

$$E=\left(p^2c^2+\mu^2c^4\right)^{1/2}=\mu c^2\left(1+\frac{p^2}{\mu^2c^2}\right)^{1/2}$$

$$=\mu c^2\left(1+\frac{p^2}{2\mu^2c^2}-\frac{p^4}{8\mu^4c^4}+\cdots\right)$$

得动能

$$T=E-\mu c^2=\frac{p^2}{2\mu}-\frac{p^4}{8\mu^3c^2}+\cdots$$

考虑相对论修正至 $1/c^2$ 阶, 体系的哈密顿量

$$\hat{H}=\hat{H}_0+\hat{H}'$$

$$\hat{H}_0=\frac{\hat{p}^2}{2\mu}+\frac{1}{2}\mu\omega^2x^2,\quad \hat{H}'=-\frac{\hat{p}^4}{8\mu^3c^2}$$

$$\Delta E=E_n^{(1)}=\int\psi_n^*\hat{H}'\psi_n\mathrm{d}x=-\frac{1}{8\mu^3c^2}\int\psi_n^*\hat{p}^4\psi_n\mathrm{d}x$$

$$=-\frac{1}{8\mu^3c^2}\int(\hat{p}^2\psi_n)^*\,\hat{p}^2\psi_n\mathrm{d}x$$

$$=-\frac{\hbar^4}{8\mu^3c^2}\int\left(\frac{\mathrm{d}^2\psi_n}{\mathrm{d}x^2}\right)^*\left(\frac{\mathrm{d}^2\psi_n}{\mathrm{d}x^2}\right)\mathrm{d}x$$

利用提示公式，算出

$$\Delta E=-\frac{3\hbar^4\alpha^4}{16\mu^3c^2}\left(n^2+n+\frac{1}{2}\right)=-\frac{3\hbar^2\omega^2}{16\mu c^2}\left(n^2+n+\frac{1}{2}\right)$$

5.14　电子在类氢离子势场 $V(r)=-\dfrac{Ze^2}{r}$ 的定态能量为 $E_n=-\dfrac{Z^2e^2}{2an^2}$，定态波函数为 $\psi_{nlm}(\boldsymbol{r})$. 这是在动能 $T=p^2/2\mu$ 的非相对论近似下得到的结果. 现考虑 T 与 p 的相对论修正，计算能级 E_n 的移动 ΔE 至 $1/c^2$ 阶.

$$\left[\text{提示:}\qquad \left\langle\frac{1}{r}\right\rangle_{nlm}=\frac{Z}{an^2},\ \left\langle\frac{1}{r^2}\right\rangle_{nlm}=\frac{2Z^2}{(2l+1)a^2n^3}\right]$$

解　由上题知，考虑相对论修正至 $1/c^2$ 阶，体系的哈密顿量为

$$\hat{H}=\hat{H}_0+\hat{H}'$$

$$\hat{H}_0=\frac{\hat{p}^2}{2\mu}-\frac{Ze^2}{r},\ \hat{H}'=-\frac{\hat{p}^4}{8\mu^3c^2}$$

利用 $\hat{H}_0$ 的表示式，微扰 $\hat{H}'$ 可以表示为

$$\begin{aligned}\hat{H}'&=-\frac{1}{2\mu c^2}\left(\frac{\hat{p}^2}{2\mu}\right)^2=-\frac{1}{2\mu c^2}\left(\hat{H}_0+\frac{Ze^2}{r}\right)^2\\&=-\frac{1}{2\mu c^2}\left[\hat{H}_0^2+Ze^2\left(\hat{H}_0\frac{1}{r}+\frac{1}{r}\hat{H}_0\right)+\frac{Z^2e^4}{r^2}\right]\end{aligned}$$

$\hat{H}_0$ 的本征能量 E_n 是 n^2 度简并的，相应的本征函数为 $\psi_{nlm}(\boldsymbol{r})$. 由下式看出，$n^2\times n^2$ 的微扰矩阵的所有非对角元素均为零：

$$H'_{(lm)(l'm')}=\langle nlm|\hat{H}'|nl'm'\rangle\sim\delta_{ll'}\delta_{mm'}$$

一级修正能量

$$\begin{aligned}\Delta E=E_n^{(1)}&=\langle nlm|\hat{H}'|nlm\rangle\\&=-\frac{1}{2\mu c^2}\langle nlm|\hat{H}_0^2+Ze^2\left(\hat{H}_0\frac{1}{r}+\frac{1}{r}\hat{H}_0\right)+\frac{Z^2e^4}{r^2}|nlm\rangle\\&=-\frac{1}{2\mu c^2}\left(E_n^2+2Ze^2E_n\left\langle\frac{1}{r}\right\rangle_{nlm}+Z^2e^4\left\langle\frac{1}{r^2}\right\rangle_{nlm}\right)\end{aligned}$$

将 $E_n=-Z^2e^2/2an^2$ 及提示的两个公式代入上式，得

$$\Delta E=-\frac{1}{2\mu c^2}\left[\frac{Z^4e^4}{4a^2n^4}-\frac{Z^4e^4}{a^2n^4}+\frac{2Z^4e^4}{(2l+1)a^2n^3}\right]$$
$$=-\frac{Z^4e^4}{2\mu c^2a^2n^4}\left(\frac{2n}{2l+1}-\frac{3}{4}\right)$$
$$=-\mu c^2\left(\frac{e^2}{\hbar c}\right)^4\frac{Z^4}{2n^4}\left(\frac{2n}{2l+1}-\frac{3}{4}\right)$$

以上用到玻尔半径表示式 $a=\hbar^2/\mu e^2$，其中 $e^2/\hbar c=1/137$.

5.15 一原子在 z 向磁场 B 中除了能级的塞曼分裂外，还受到微扰 $\Delta\hat{H}_d=\dfrac{\mu_B^2B^2}{2e^2a}r^2\sin^2\theta$ 的作用，其中 μ_B 为玻尔磁子，a 为玻尔半径，e 为电子电荷. (1)已知氢原子基态波函数 $\psi_{100}=(\pi a^3)^{-1/2}e^{-r/a}$，求一级微扰能 ΔE_d；(2)估计这项修正的量级(设 $B=10^4$ 高斯)，同塞曼分裂(μ_BB 量级)比较；(3)分析这项修正的物理意义.

解 (1) $\Delta E_d=\int\psi_{100}^*\Delta\hat{H}_d\psi_{100}\mathrm{d}\tau$

$$=\frac{\mu_B^2B^2}{2\pi e^2a^4}\int_0^\infty e^{-2r/a}r^4\mathrm{d}r\int_0^\pi\sin^3\theta\mathrm{d}\theta\int_0^{2\pi}\mathrm{d}\varphi$$
$$=\frac{\mu_B^2B^2a}{e^2}$$

(2) ΔE_d 同塞曼分裂强度之比

$$\lambda=\left|\frac{\Delta E_d}{\mu_BB}\right|=\frac{\mu_BBa}{e^2}=\frac{\mu_BB\hbar^2}{m_ee^4}=\frac{\mu_BB}{m_ec^2}\cdot\frac{1}{\left(e^2/\hbar c\right)^2}$$

将 $e^2/\hbar c=1/137$， $m_ec^2=0.511\times10^6\text{eV}=8.18\times10^{-7}\text{erg}$， $B=10^4\text{G}$，$\mu_B=9.27\times10^{-21}\text{erg/G}$，代入上式，得 $\lambda=2.12\times10^{-6}$.

(3) $\Delta\hat{H}_d$ 是原子磁四极矩同磁场的作用能.

5.16 转动惯量为 I 电偶极矩为 $\boldsymbol{D}$ 的平面转子绕 z 轴转动，体系的哈密顿量 $\hat{H}_0=\dfrac{\hat{L}_z^2}{2I}$，定态能量 $E_m^{(0)}=\dfrac{m^2\hbar^2}{2I}$，定态波函数 $\psi_m^{(0)}=\dfrac{1}{\sqrt{2\pi}}e^{im\varphi}$，$m=0,\pm1,\cdots$. 如果在 x 方向存在均匀弱电场 $\boldsymbol{\varepsilon}=\varepsilon\boldsymbol{i}$，电偶极矩同电场的作用 $\hat{H}'=-\boldsymbol{D}\cdot\boldsymbol{\varepsilon}=-D\varepsilon\cos\varphi$ 可视为微扰，计算二级近似能量和一级近似波函数.

解 除基态能量 $E_0^{(0)}=0$ 是非简并之外，其余激发态能量 $E_m^{(0)}$ 都是二度简并的. 微扰矩阵元

$$H'_{km}=-D\varepsilon\int_0^{2\pi}\psi_k^{*(0)}(\varphi)\cos\varphi\psi_m^{(0)}(\varphi)\mathrm{d}\varphi=-\frac{D\varepsilon}{2}(\delta_{k,m+1}+\delta_{k,m-1}) \tag{1}$$

(1) 基态 $(m=0)$

$$E_0^{(0)}=0,\ E_0^{(1)}=H'_{00}=0$$

$$E_0^{(2)}=\sum_{k\neq 0}\frac{\left|H'_{k0}\right|^2}{E_0^{(0)}-E_k^{(0)}}=\frac{\left|H'_{10}\right|^2}{E_0^{(0)}-E_1^{(0)}}+\frac{\left|H'_{-10}\right|^2}{E_0^{(0)}-E_1^{(0)}}=-\frac{D^2\varepsilon^2 I}{\hbar^2}$$

$$\psi_0^{(0)}(\varphi)=\frac{1}{\sqrt{2\pi}}$$

$$\begin{aligned}\psi_0^{(1)}(\varphi)&=\frac{H'_{10}}{E_0^{(0)}-E_1^{(0)}}\psi_1^{(0)}(\varphi)+\frac{H'_{-10}}{E_0^{(0)}-E_1^{(0)}}\psi_{-1}^{(0)}(\varphi)\\&=\frac{D\varepsilon I}{\hbar^2}\left[\psi_1^{(0)}(\varphi)+\psi_{-1}^{(0)}(\varphi)\right]\\&=\frac{2D\varepsilon I}{\sqrt{2\pi}\hbar^2}\cos\varphi\end{aligned}$$

基态的二级近似能量和一级近似波函数为

$$E_0=E_0^{(0)}+E_0^{(1)}+E_0^{(2)}=-\frac{D^2\varepsilon^2 I}{\hbar^2}$$

$$\psi_0(\varphi)=\psi_0^{(0)}(\varphi)+\psi_0^{(1)}(\varphi)=\frac{1}{\sqrt{2\pi}}\left(1+\frac{2D\varepsilon I}{\hbar^2}\cos\varphi\right)$$

(2) 激发态 $(m=\pm 1,\pm 2,\cdots)$

现将与 $E_m^{(0)}=m^2\hbar^2/2I$ 对应的两个波函数记为

$$\psi_\alpha(\varphi)=\psi_m^{(0)}(\varphi)=\frac{1}{\sqrt{2\pi}}\mathrm{e}^{im\varphi},\ \psi_\beta(\varphi)=\psi_{-m}^{(0)}(\varphi)=\frac{1}{\sqrt{2\pi}}\mathrm{e}^{-\mathrm{i}m\varphi} \tag{2}$$

令零级近似波函数为

$$\psi^{(0)}=c_\alpha\psi_\alpha+c_\beta\psi_\beta \tag{3}$$

其中叠加系数 c_α 与 c_β 满足方程

$$\begin{pmatrix}H'_{\alpha\alpha}-E_m^{(1)} & H'_{\alpha\beta}\\ H'_{\beta\alpha} & H'_{\beta\beta}-E_m^{(1)}\end{pmatrix}\begin{pmatrix}c_\alpha\\ c_\beta\end{pmatrix}=0 \tag{4}$$

计算表明, 两个非对角矩阵元为零:

$$H'_{\alpha\beta}=\int_0^{2\pi}\psi_\alpha^*(\varphi)\hat{H}'\psi_\beta(\varphi)\mathrm{d}\varphi=-\frac{D\varepsilon}{2\pi}\int_0^{2\pi}\mathrm{e}^{-2\mathrm{i}m\varphi}\cos\varphi\mathrm{d}\varphi=0$$

$$H'_{\beta\alpha}=H'^*_{\alpha\beta}=0$$

方程(4)变为

$$\begin{pmatrix}H'_{\alpha\alpha}-E_m^{(1)} & 0\\ 0 & H'_{\beta\beta}-E_m^{(1)}\end{pmatrix}\begin{pmatrix}c_\alpha\\ c_\beta\end{pmatrix}=0$$

由此方程解得

$$E_{m\alpha}^{(1)}=H'_{\alpha\alpha},\ E_{m\beta}^{(1)}=H'_{\beta\beta} \tag{5}$$

由于

$$H'_{\alpha\alpha}=H'_{\beta\beta}=\int_0^{2\pi}\psi_\alpha^*(\varphi)\hat{H}'\psi_\alpha(\varphi)\mathrm{d}\varphi=-\frac{D\varepsilon}{2\pi}\int_0^{2\pi}\cos\varphi\mathrm{d}\varphi=0$$

$E_{m\alpha}^{(1)}=E_{m\beta}^{(1)}=0$，$c_\alpha$ 与 c_β 不能确定. 在一级近似下，能量

$$E_m=E_m^{(0)}+E_m^{(1)}=\frac{\hbar^2m^2}{2I} \tag{6}$$

仍是二度简并的，零级近似波函数不能确定. 为了确定零级近似波函数，要把零级近似波函数的表示式(3)代入二级近似方程

$$(\hat{H}_0-E_m^{(0)})\psi^{(2)}=-(\hat{H}'-E_m^{(1)})\psi^{(1)}+E_m^{(2)}(c_\alpha\psi_\alpha+c_\beta\psi_\beta) \tag{7}$$

分别用 ψ_α^* 与 ψ_β^* 左乘上式，并作全空间的积分 $\int\mathrm{d}\varphi$（注意 $\psi^{(1)}$ 中不含 ψ_α 与 ψ_β），得

$$E_m^{(2)}c_\alpha=\int\psi_\alpha^*\hat{H}'\psi^{(1)}\mathrm{d}\varphi \tag{8}$$

$$E_m^{(2)}c_\beta=\int\psi_\beta^*\hat{H}'\psi^{(1)}\mathrm{d}\varphi \tag{9}$$

根据微扰论，在已知零级近似波函数 $\psi^{(0)}$ 的条件下，一级修正波函数

$$\psi^{(1)}=\sum_{k\neq\pm m}\frac{\int\psi_k^{(0)*}\hat{H}'\psi^{(0)}\mathrm{d}\varphi}{E_m^{(0)}-E_k^{(0)}}\psi_k^{(0)} \tag{10}$$

将式(3)代入式(10)，

$$\psi^{(1)}=c_\alpha\sum_{k\neq\pm m}\frac{H'_{k\alpha}\psi_k^{(0)}}{E_m^{(0)}-E_k^{(0)}}+c_\beta\sum_{k\neq\pm m}\frac{H'_{k\beta}\psi_k^{(0)}}{E_m^{(0)}-E_k^{(0)}} \tag{11}$$

其中

$$\begin{aligned} H'_{k\alpha} &\equiv \int \psi_k^{(0)*} \hat{H}' \psi_\alpha \mathrm{d}\varphi = \int \psi_k^{(0)*} \hat{H}' \psi_m^{(0)} \mathrm{d}\varphi = H'_{k\,m} \\ H'_{k\beta} &\equiv \int \psi_k^{(0)*} \hat{H}' \psi_\beta \mathrm{d}\varphi = \int \psi_k^{(0)*} \hat{H}' \psi_{-m}^{(0)} \mathrm{d}\varphi = H'_{k,-m} \end{aligned} \tag{12}$$

将式(11)代入式(8)与(9), 得到 c_α 与 c_β 满足的方程

$$\begin{pmatrix} G_{11} - E_m^{(2)} & G_{12} \\ G_{21} & G_{22} - E_m^{(2)} \end{pmatrix} \begin{pmatrix} c_\alpha \\ c_\beta \end{pmatrix} = 0 \tag{13}$$

其中

$$G_{11} = \sum_{k \neq \pm m} \frac{\left|H'_{k\alpha}\right|^2}{E_m^{(0)} - E_k^{(0)}}, \quad G_{22} = \sum_{k \neq \pm m} \frac{\left|H'_{k\beta}\right|^2}{E_m^{(0)} - E_k^{(0)}} \tag{14}$$

$$G_{12} = \sum_{k \neq \pm m} \frac{H'_{\alpha k} H'_{k\beta}}{E_m^{(0)} - E_k^{(0)}}, \quad G_{21} = \sum_{k \neq \pm m} \frac{H'_{\beta k} H'_{k\alpha}}{E_m^{(0)} - E_k^{(0)}} \tag{15}$$

先讨论 $m \neq \pm 1$ 的激发态. 由于 $m = \pm 2, \pm 3, \cdots$. 从式(1)看出, 无论 k 取何值, 均有 $H'_{\alpha k} H'_{k\beta} = H'_{mk} H'_{k,-m} = 0$ (除非 $m = \pm 1$, 才有 $H'_{10} H'_{0,-1} \neq 0$), 故有 $G_{12} = G_{21} = 0$. 于是方程(13)变为

$$\begin{pmatrix} G_{11} - E_m^{(2)} & 0 \\ 0 & G_{22} - E_m^{(2)} \end{pmatrix} \begin{pmatrix} c_\alpha \\ c_\beta \end{pmatrix} = 0 \tag{16}$$

显然有

$$E_{ma}^{(2)} = G_{11} = \sum_{k \neq \pm m} \frac{\left|H'_{k\alpha}\right|^2}{E_m^{(0)} - E_k^{(0)}}, \quad E_{mb}^{(2)} = G_{22} = \sum_{k \neq \pm m} \frac{\left|H'_{k\beta}\right|^2}{E_m^{(0)} - E_k^{(0)}} \tag{17}$$

现在来计算 G_{11} 与 G_{22} 的值:

$$\begin{aligned} G_{11} &= \sum_{k \neq \pm m} \frac{\left|H'_{k\alpha}\right|^2}{E_m^{(0)} - E_k^{(0)}} = \frac{\left|H'_{m+1,m}\right|^2}{E_m^{(0)} - E_{m+1}^{(0)}} + \frac{\left|H'_{m-1,m}\right|^2}{E_m^{(0)} - E_{m-1}^{(0)}} \\ &= \frac{ID^2 \varepsilon^2}{2\hbar^2} \left[\frac{1}{m^2 - (m+1)^2} + \frac{1}{m^2 - (m-1)^2} \right] \\ &= \frac{ID^2 \varepsilon^2}{\hbar^2 (4m^2 - 1)} \end{aligned} \tag{18}$$

$$G_{22} = \sum_{k \neq \pm m} \frac{\left|H'_{k\beta}\right|^2}{E_m^{(0)} - E_k^{(0)}} = \frac{ID^2 \varepsilon^2}{\hbar^2 (4m^2 - 1)} = G_{11} \tag{19}$$

于是二级修正能量

$$E_{ma}^{(2)}=E_{mb}^{(2)}=\frac{ID^2\varepsilon^2}{\hbar^2(4m^2-1)} \tag{20}$$

c_α 与 c_β 仍不能确定. 二级近似能量

$$E_m=E_m^{(0)}+E_m^{(1)}+E_m^{(2)}=\frac{m^2\hbar^2}{2I}+\frac{ID^2\varepsilon^2}{\hbar^2(4m^2-1)} \tag{21}$$

在二级近似下, 能量仍是二度简并的, 零级近似波函数仍不能确定. 但是, 如果假定零级近似波函数为 ψ_α 与 ψ_β, 再用非简并态微扰方法来计算 $E_m^{(1)}$ 与 $E_m^{(2)}$, 我们发现, 计算公式同这里的式(5)与(20)完全相同. 因此, 在能量的二级近似下, 可以认为零级近似波函数就是 ψ_α 与 ψ_β. 一级近似波函数按非简并态微扰方法计算:

$$\begin{aligned}\psi_a&=\psi_\alpha+\sum_{k\neq\pm m}\frac{H'_{k\alpha}}{E_m^{(0)}-E_k^{(0)}}\psi_k^{(0)}=\psi_m^{(0)}+\sum_{k\neq\pm m}\frac{H'_{km}}{E_m^{(0)}-E_k^{(0)}}\psi_k^{(0)}\\&=\frac{1}{\sqrt{2\pi}}\mathrm{e}^{\mathrm{i}m\varphi}\left[1+\frac{ID\varepsilon}{\hbar^2}\left(\frac{\mathrm{e}^{\mathrm{i}\varphi}}{2m+1}-\frac{\mathrm{e}^{-\mathrm{i}\varphi}}{2m-1}\right)\right]\end{aligned} \tag{22}$$

$$\begin{aligned}\psi_b&=\psi_\beta+\sum_{k\neq\pm m}\frac{H'_{k\beta}}{E_m^{(0)}-E_k^{(0)}}\psi_k^{(0)}=\psi_{-m}^{(0)}+\sum_{k\neq\pm m}\frac{H'_{k,-m}}{E_m^{(0)}-E_k^{(0)}}\psi_k^{(0)}\\&=\frac{1}{\sqrt{2\pi}}\mathrm{e}^{-\mathrm{i}m\varphi}\left[1+\frac{ID\varepsilon}{\hbar^2}\left(\frac{\mathrm{e}^{-\mathrm{i}\varphi}}{2m+1}-\frac{\mathrm{e}^{\mathrm{i}\varphi}}{2m-1}\right)\right]\end{aligned} \tag{23}$$

这两个波函数对应式(21)表示的二级近似能量 E_m. 以上结果不适用于 $m=\pm1$ 的激发态. 这是因为 $m=\pm1$ 时, $G_{12},G_{21}\neq0$, 方程(13)不能化为式(16).

现在讨论 $m=\pm1$ 的激发态. 我们回到方程(13), 其中

$$G_{11}=G_{22}=\frac{ID^2\varepsilon^2}{3\hbar^2}\equiv A$$

$$G_{12}=G_{21}=\sum_{k\neq\pm m}\frac{H'_{\alpha k}H'_{k\beta}}{E_m^{(0)}-E_k^{(0)}}=\frac{H'_{10}H'_{0,-1}}{E_1^{(0)}-E_0^{(0)}}=\frac{ID^2\varepsilon^2}{2\hbar^2}\equiv B$$

于是方程(13)变为

$$\begin{pmatrix}A-E_1^{(2)} & B\\ B & A-E_1^{(2)}\end{pmatrix}\begin{pmatrix}c_\alpha\\ c_\beta\end{pmatrix}=0$$

这个方程的解为

$$E_{1a}^{(2)}=A+B=\frac{5ID^2\varepsilon^2}{6\hbar^2},\ c_\alpha=\frac{1}{\sqrt{2}},\ c_\beta=\frac{1}{\sqrt{2}}$$

$$E_{1b}^{(2)}=A-B=-\frac{ID^2\varepsilon^2}{6\hbar^2},\ c_\alpha=\frac{1}{\sqrt{2}},\ c_\beta=-\frac{1}{\sqrt{2}}$$

零级近似波函数为

$$\psi_a^{(0)}=\frac{1}{\sqrt{2}}\psi_\alpha+\frac{1}{\sqrt{2}}\psi_\beta=\frac{1}{2\sqrt{\pi}}(\mathrm{e}^{\mathrm{i}\varphi}+\mathrm{e}^{-\mathrm{i}\varphi})=\frac{1}{\sqrt{\pi}}\cos\varphi$$

$$\psi_b^{(0)}=\frac{1}{\sqrt{2}}\psi_\alpha-\frac{1}{\sqrt{2}}\psi_\beta=\frac{1}{2\sqrt{\pi}}(\mathrm{e}^{\mathrm{i}\varphi}-\mathrm{e}^{-\mathrm{i}\varphi})=\frac{\mathrm{i}}{\sqrt{\pi}}\sin\varphi$$

由式(11)可以计算一级修正波函数：

$$\begin{aligned}\psi_a^{(1)}&=\frac{1}{\sqrt{2}}\sum_{k\neq\pm1}\frac{H'_{k1}\psi_k^{(0)}}{E_1^{(0)}-E_k^{(0)}}+\frac{1}{\sqrt{2}}\sum_{k\neq\pm1}\frac{H'_{k,-1}\psi_k^{(0)}}{E_1^{(0)}-E_k^{(0)}}\\&=\frac{1}{\sqrt{2}}\left(\frac{H'_{01}\psi_0^{(0)}}{E_1^{(0)}-E_0^{(0)}}+\frac{H'_{21}\psi_2^{(0)}}{E_1^{(0)}-E_2^{(0)}}\right)+\frac{1}{\sqrt{2}}\left(\frac{H'_{0,-1}\psi_0^{(0)}}{E_1^{(0)}-E_0^{(0)}}+\frac{H'_{-2,-1}\psi_{-2}^{(0)}}{E_1^{(0)}-E_2^{(0)}}\right)\\&=\frac{ID\varepsilon}{\hbar^2}\left[\frac{\sqrt{2}}{6}\left(\psi_2^{(0)}+\psi_{-2}^{(0)}\right)-\sqrt{2}\psi_0^{(0)}\right]\\&=-\frac{ID\varepsilon}{\sqrt{\pi}\hbar^2}\left(1-\frac{1}{3}\cos2\varphi\right)\end{aligned}$$

$$\begin{aligned}\psi_b^{(1)}&=\frac{1}{\sqrt{2}}\sum_{k\neq\pm1}\frac{H'_{k1}\psi_k^{(0)}}{E_1^{(0)}-E_k^{(0)}}-\frac{1}{\sqrt{2}}\sum_{k\neq\pm1}\frac{H'_{k,-1}\psi_k^{(0)}}{E_1^{(0)}-E_k^{(0)}}\\&=\frac{\sqrt{2}ID\varepsilon}{6\hbar^2}(\psi_2^{(0)}-\psi_{-2}^{(0)})=\frac{\mathrm{i}ID\varepsilon}{3\sqrt{\pi}\hbar^2}\sin2\varphi\end{aligned}$$

一级近似波函数为

$$\psi_a=\psi_a^{(0)}+\psi_a^{(1)}=\frac{1}{\sqrt{\pi}}\left[\cos\varphi-\frac{ID\varepsilon}{\hbar^2}\left(1-\frac{1}{3}\cos2\varphi\right)\right]$$

$$\psi_b=\psi_b^{(0)}+\psi_b^{(1)}=\frac{\mathrm{i}}{\sqrt{\pi}}\left(\sin\varphi+\frac{ID\varepsilon}{3\hbar^2}\sin2\varphi\right)$$

与这两个波函数对应的二级近似能量为

$$E_{1a}=E_1^{(0)}+E_1^{(1)}+E_{1a}^{(2)}=\frac{\hbar^2}{2I}+\frac{5ID^2\varepsilon^2}{6\hbar^2}$$

$$E_{1b}=E_1^{(0)}+E_1^{(1)}+E_{1b}^{(2)}=\frac{\hbar^2}{2I}-\frac{ID^2\varepsilon^2}{6\hbar^2}$$

5.17 一根质量均匀分布长度为 d 的杆, 以它的中心为固定点, 被约束在一平面上转动. 此杆具有质量 M 和固定于两端点的电荷 Q 与 $-Q$. (1)给出此体系的哈密顿量及其本征函数与本征值; (2)如有一个处于该转动平面的恒定弱电场 ε 作用于这个体系, 用微扰方法求基态新的本征函数(一级近似)与本征能量(二级近似); (3)如果外电场很强, 求基态近似波函数与能量.

解 (1) 设此杆绕 z 轴转动, 转动平面为 xy 平面,

$$\hat{H}_0=\frac{\hat{L}_z^2}{2I}=-\frac{\hbar^2}{2I}\frac{\mathrm{d}^2}{\mathrm{d}\varphi^2},\ I=\frac{Md^2}{12}$$

其中 I 为转动惯量. $\hat{H}_0$ 的本征函数与本征值为

$$\psi_m^{(0)}=\frac{1}{\sqrt{2\pi}}\mathrm{e}^{\mathrm{i}m\varphi},\ E_m^{(0)}=\frac{\hbar^2m^2}{2I},\ m=0,\pm1,\pm2,\cdots$$

(2) 设电场方向沿 x 轴, $\boldsymbol{\varepsilon}=\varepsilon\boldsymbol{i}$, 微扰为

$$\hat{H}'=-\sum_i q_i\boldsymbol{r}_i\cdot\boldsymbol{\varepsilon}=-\varepsilon D\cos\varphi$$

其中 $D=Qd$ 为电偶极矩. 基态零级近似能量 $E_0^{(0)}=0$ 是非简并的, 零级近似波函数为 $\psi_0^{(0)}=1/\sqrt{2\pi}$. 微扰矩阵元

$$H'_{m0}=-\varepsilon D\int_0^{2\pi}\psi_m^{*(0)}\cos\varphi\psi_0^{(0)}\mathrm{d}\varphi$$

将 $\psi_m^{(0)}$ 与 $\psi_0^{(0)}$ 的上述表达式代入, 得

$$H'_{m0}=-\frac{\varepsilon D}{2}(\delta_{m1}+\delta_{m,-1})$$

$$E_0^{(1)}=\hat{H}'_{00}=0,\ E_0^{(2)}=\frac{\left|H'_{10}\right|^2}{E_0^{(0)}-E_1^{(0)}}+\frac{\left|H'_{-10}\right|^2}{E_0^{(0)}-E_1^{(0)}}=-\frac{D^2\varepsilon^2I}{\hbar^2}$$

$$\begin{aligned}\psi_0^{(1)}(\varphi)&=\frac{H'_{10}}{E_0^{(0)}-E_1^{(0)}}\psi_1^{(0)}(\varphi)+\frac{H'_{-10}}{E_0^{(0)}-E_1^{(0)}}\psi_{-1}^{(0)}(\varphi)\\&=\frac{D\varepsilon I}{\hbar^2}\left[\psi_1^{(0)}(\varphi)+\psi_{-1}^{(0)}(\varphi)\right]=\frac{2D\varepsilon I}{\sqrt{2\pi}\hbar^2}\cos\varphi\end{aligned}$$

基态的二级近似能量和一级近似波函数为

$$E_0 = E_0^{(0)} + E_0^{(1)} + E_0^{(2)} = -\frac{D^2\varepsilon^2 I}{\hbar^2}$$

$$\psi_0(\varphi) = \psi_0^{(0)}(\varphi) + \psi_0^{(1)}(\varphi) = \frac{1}{\sqrt{2\pi}}\left(1 + \frac{2D\varepsilon I}{\hbar^2}\cos\varphi\right)$$

(3) 加强电场后，由于受到沿 x 方向的强作用力，转子无法再绕 z 轴转动，只能被迫相对 x 轴作微小角度 φ 的振动.

$$\hat{H} = -\frac{\hbar^2}{2I}\frac{\mathrm{d}^2}{\mathrm{d}\varphi^2} - D\varepsilon\cos\varphi$$

将 $\cos\varphi \approx 1 - \left(\varphi^2/2\right)$ 代入上式，

$$\hat{H} = -\frac{\hbar^2}{2I}\frac{\mathrm{d}^2}{\mathrm{d}\varphi^2} + \frac{1}{2}D\varepsilon\varphi^2 - D\varepsilon = -\frac{\hbar^2}{2I}\frac{\mathrm{d}^2}{\mathrm{d}\varphi^2} + \frac{1}{2}I\omega^2\varphi^2 - D\varepsilon$$

其中 $\omega = \sqrt{D\varepsilon / I}$. $\hat{H}$ 的本征能量与本征函数为

$$E_n = \left(n + \frac{1}{2}\right)\hbar\omega - D\varepsilon\,,\quad \psi_n(\varphi) = N_n \mathrm{e}^{-\alpha^2\varphi^2/2} H_n(\alpha\varphi)$$

$$\alpha = \sqrt{\frac{I\omega}{\hbar}},\ n = 0,1,2,\cdots$$

基态能量与波函数为

$$E_0 = \frac{1}{2}\hbar\omega - D\varepsilon,\ \psi_0(\varphi) = \sqrt{\frac{\alpha}{\sqrt{\pi}}}\mathrm{e}^{-\alpha^2\varphi^2/2}$$

5.18 转动惯量为 I 电偶极矩为 $\boldsymbol{D}$ 的空间转子绕固定点 O 转动，体系的哈密顿量为 $\hat{H}_0 = \dfrac{\hat{L}^2}{2I}$，定态能量为 $E_l^{(0)} = \dfrac{l(l+1)\hbar^2}{2I}$，定态波函数为 $Y_{lm}(\theta,\varphi)$. 如果在 z 方向存在均匀弱电场 $\boldsymbol{\varepsilon} = \varepsilon\boldsymbol{k}$，电偶极矩同电场的作用 $\hat{H}' = -\boldsymbol{D}\cdot\boldsymbol{\varepsilon} = -D\varepsilon\cos\theta$ 可视为微扰，计算能量的二级近似值.

解 定态能量 $E_l^{(0)}$ 是 $2l+1$ 度简并的，对应 $m = 0,\pm1,\pm2,\cdots,\pm l$ 的 $2l+1$ 个定态波函数 $Y_{lm}(\theta,\varphi)$. 令零级近似波函数

$$\psi^{(0)} = \sum_{i=1}^{2l+1} c_i Y_{lm_i},\ m_i = l, l-1,\cdots,-l \tag{1}$$

$\{c_i\}$ 满足方程

$$\begin{pmatrix} H'_{11}-E^{(1)} & H'_{12} & \cdots & H'_{1,2l+1} \\ H'_{21} & H'_{22}-E^{(1)} & \cdots & H'_{2,2l+1} \\ \vdots & \vdots & \ddots & \vdots \\ H'_{2l+1,1} & H'_{2l+1,2} & \cdots & H'_{2l+1,2l+1}-E^{(1)} \end{pmatrix}\begin{pmatrix} c_1 \\ c_2 \\ \vdots \\ c_{2l+1} \end{pmatrix}=0 \tag{2}$$

其中

$$H'_{ij}=-D\varepsilon\int Y^*_{lm_i}\cos\theta Y_{lm_j}\,\mathrm{d}\Omega \tag{3}$$

由公式

$$\cos\theta Y_{lm}=\sqrt{\frac{(l+1)^2-m^2}{(2l+1)(2l+3)}}Y_{l+1,m}+\sqrt{\frac{l^2-m^2}{(2l-1)(2l+1)}}Y_{l-1,m} \tag{4}$$

看出，所有微扰矩阵元均为 0. 由于微扰矩阵是对角矩阵，对角元素(也是 0)是一级修正能量 $E^{(1)}$，故 $E^{(1)}=0$. 在一级近似下，能量仍是 $2l+1$ 度简并的，零级近似波函数 $\psi^{(0)}$ 不能确定. 为了确定 $\psi^{(0)}$，将 $\psi^{(0)}$ 的式(1)代入二级近似方程，得到 $\{c_i\}$ 满足的方程

$$\begin{pmatrix} G_{11}-E^{(2)} & G_{12} & \cdots & G_{1,2l+1} \\ G_{21} & G_{22}-E^{(2)} & \cdots & G_{2,2l+1} \\ \vdots & \vdots & \ddots & \vdots \\ G_{2l+1,1} & G_{2l+1,2} & \cdots & G_{2l+1,2l+1}-E^{(2)} \end{pmatrix}\begin{pmatrix} c_1 \\ c_2 \\ \vdots \\ c_{2l+1} \end{pmatrix}=0 \tag{5}$$

其中

$$G_{ij}=\sum_{l'm'\neq lm_i}\frac{H'_{(lm_i)(l'm')}H'_{(l'm')(lm_j)}}{E_l^{(0)}-E_{l'}^{(0)}} \tag{6}$$

式(5)的推导，见 5.16 题. 该题中的式(13)就是这里的式(5). 利用式(4)得，$i\neq j$ 的 $G_{ij}=0$，G 是对角矩阵. 由矩阵方程(5)看出，在 G 是对角矩阵时，G 的对角元素就是二级修正能量

$$E^{(2)}=\sum_{l'm'\neq lm}\frac{\left|H'_{(l'm')(lm)}\right|^2}{E_l^{(0)}-E_{l'}^{(0)}} \tag{7}$$

其中已将 m_i 改用 m 表示. 利用式(3)和(4)，算出

$$\hat{H}'_{(l'm')(lm)}=-D\varepsilon\left[\sqrt{\frac{(l+1)^2-m^2}{(2l+1)(2l+3)}}\delta_{l',l+1}\delta_{m'm}+\sqrt{\frac{l^2-m^2}{(2l-1)(2l+1)}}\delta_{l',l-1}\delta_{m'm}\right] \tag{8}$$

$$
\begin{aligned}
E_l^{(2)} &= \frac{\left|H'_{(l+1,m)(lm)}\right|^2}{E_l^{(0)} - E_{l+1}^{(0)}} + \frac{\left|H'_{(l-1,m)(lm)}\right|^2}{E_l^{(0)} - E_{l-1}^{(0)}} \\
&= \frac{ID^2\varepsilon^2}{\hbar^2}\left[\frac{l^2 - m^2}{(2l+1)(2l-1)l} - \frac{(l+1)^2 - m^2}{(2l+1)(2l+3)(l+1)}\right]
\end{aligned} \tag{9}
$$

二级近似能量为

$$
\begin{aligned}
E_{lm} &= E_l^{(0)} + E_l^{(1)} + E_l^{(2)} \\
&= \frac{l(l+1)\hbar^2}{2I} + \frac{ID^2\varepsilon^2}{\hbar^2}\left[\frac{l^2 - m^2}{(2l+1)(2l-1)l} - \frac{(l+1)^2 - m^2}{(2l+1)(2l+3)(l+1)}\right]
\end{aligned} \tag{10}
$$

如果一开始令 Y_{lm} 为零级近似波函数, 用定态非简并微扰方法计算二级近似能量, 结果同式(10)相同. 不过, 这样做的理由难以说清楚. 其实, 当简并度很高, 很难用定态简并微扰方法处理时, 虽然不清楚简并波函数是否真的是零级近似波函数, 作为一种近似, 把它当成零级近似波函数来处理, 也是可以的. 当简并波函数并非真的是零级近似波函数时, 这样做的结果, 近似程度会差一些.

5.19 空间转子作受碍转动, 哈密顿量为 $\hat{H} = A\hat{L}^2 + B\hbar^2\cos 2\varphi$, 其中 A 与 B 为正实数, 且 $A \gg B$. 试计算 p 能级 $(l=1)$ 的分裂, 及零级近似波函数.

解

$$
\hat{H}_0 = A\hat{L}^2,\ \hat{H}' = B\hbar^2\cos 2\varphi \tag{1}
$$

$\hat{H}_0$ 的本征值为 $E_l^{(0)} = l(l+1)A\hbar^2$, 相应的本征函数为 $Y_{lm}(\theta,\varphi)$, $l = 0,1,2,\cdots$, $m = 0,\pm1,\pm2,\cdots,\pm l$. p 能级 $E_1^{(0)} = 2A\hbar^2$ 是三度简并的, 对应的 3 个波函数记为

$$
\begin{gathered}
\varphi_1 = Y_{11}(\theta,\varphi) = -\sqrt{\frac{3}{8\pi}}\sin\theta e^{i\varphi},\ \varphi_2 = Y_{10}(\theta,\varphi) = \sqrt{\frac{3}{4\pi}}\cos\theta \\
\varphi_3 = Y_{1,-1}(\theta,\varphi) = \sqrt{\frac{3}{8\pi}}\sin\theta e^{-i\varphi}
\end{gathered} \tag{2}
$$

令零级近似波函数为

$$
\psi^{(0)} = c_1\varphi_1 + c_2\varphi_2 + c_3\varphi_3 \tag{3}
$$

系数 c_1, c_2, c_3 满足方程

$$
\begin{pmatrix} H'_{11} - E^{(1)} & H'_{12} & H'_{13} \\ H'_{21} & H'_{22} - E^{(1)} & H'_{23} \\ H'_{31} & H'_{32} & H'_{33} - E^{(1)} \end{pmatrix}\begin{pmatrix} c_1 \\ c_2 \\ c_3 \end{pmatrix} = 0 \tag{4}
$$

其中

$$H'_{ij}=\int\varphi_i^*\hat{H}'\varphi_j\mathrm{d}\Omega=B\hbar^2\int\varphi_i^*\cos2\varphi\varphi_j\mathrm{d}\Omega,\quad i,j=1,2,3 \tag{5}$$

将式(2)代入式(5)计算 H'_{ij}，结果是，除 $H'_{13}=H'_{31}=-B\hbar^2/2$ 之外，其余 $H'_{ij}=0$．方程(4)变为

$$\begin{pmatrix}-E^{(1)} & 0 & -B\hbar^2/2\\ 0 & -E^{(1)} & 0\\ -B\hbar^2/2 & 0 & -E^{(1)}\end{pmatrix}\begin{pmatrix}c_1\\c_2\\c_3\end{pmatrix}=0 \tag{6}$$

由久期方程

$$\begin{vmatrix}-E^{(1)} & 0 & -B\hbar^2/2\\ 0 & -E^{(1)} & 0\\ -B\hbar^2/2 & 0 & -E^{(1)}\end{vmatrix}=0 \tag{7}$$

解得

$$E_1^{(1)}=-\frac{B\hbar^2}{2},\ E_2^{(1)}=0,\ E_3^{(1)}=\frac{B\hbar^2}{2} \tag{8}$$

将 $E_i^{(1)}(i=1,2,3)$ 代入方程(6)，并利用归一化条件

$$|c_1|^2+|c_2|^2+|c_3|^2=1 \tag{9}$$

求出同 $E_1^{(1)}$, $E_2^{(1)}$, $E_3^{(1)}$ 相应的

$$\begin{pmatrix}c_1\\c_2\\c_3\end{pmatrix}=\frac{1}{\sqrt{2}}\begin{pmatrix}1\\0\\1\end{pmatrix},\ \begin{pmatrix}0\\1\\0\end{pmatrix},\ \frac{1}{\sqrt{2}}\begin{pmatrix}1\\0\\-1\end{pmatrix} \tag{10}$$

于是，一级近似能量和零级近似波函数为

$$\begin{aligned}&E_1=2A\hbar^2-\frac{B\hbar^2}{2},\ \psi_1^{(0)}=\frac{1}{\sqrt{2}}\left[Y_{11}(\theta,\varphi)+Y_{1,-1}(\theta,\varphi)\right]\\&E_2=2A\hbar^2,\qquad \psi_2^{(0)}=Y_{10}(\theta,\varphi)\\&E_3=2A\hbar^2+\frac{B\hbar^2}{2},\ \psi_3^{(0)}=\frac{1}{\sqrt{2}}\left[Y_{11}(\theta,\varphi)-Y_{1,-1}(\theta,\varphi)\right]\end{aligned} \tag{11}$$

5.20 设在 $\hat{H}_0$ 表象中，$\hat{H}_0$ 与微扰 $\hat{H}'$ 的矩阵为

$$\hat{H}_0=E_0\begin{pmatrix}1&0&0\\0&1&0\\0&0&2\end{pmatrix},\ \hat{H}'=\varepsilon\begin{pmatrix}2&1&3\\1&2&3\\3&3&1\end{pmatrix}$$

其中 E_0 与 $2E_0$ 是基态与激发态的零级近似能量，ε 是微小量. (1)求基态的一级近似能量与零级近似态矢；(2)求激发态的二级近似能量与一级近似态矢.

解 (1) 基态能量 E_0 是二度简并的，相应的态矢为

$$\varphi_1 = \begin{pmatrix} 1 \\ 0 \\ 0 \end{pmatrix},\ \varphi_2 = \begin{pmatrix} 0 \\ 1 \\ 0 \end{pmatrix}$$

令零级近似波函数为 $\psi^{(0)} = c_1\varphi_1 + c_2\varphi_2$. 系数 $c_1 c_2$ 满足方程

$$\begin{pmatrix} H'_{11} - E^{(1)} & H'_{12} \\ H'_{21} & H'_{22} - E^{(1)} \end{pmatrix} \begin{pmatrix} c_1 \\ c_2 \end{pmatrix} = 0$$

其中 H'_{ij} 直接由微扰矩阵 $\hat{H}'$ 得到.

$$\begin{pmatrix} 2\varepsilon - E^{(1)} & \varepsilon \\ \varepsilon & 2\varepsilon - E^{(1)} \end{pmatrix} \begin{pmatrix} c_1 \\ c_2 \end{pmatrix} = 0$$

其解为

$$E_1^{(1)} = \varepsilon,\ \begin{pmatrix} c_1 \\ c_2 \end{pmatrix} = \frac{1}{\sqrt{2}} \begin{pmatrix} 1 \\ -1 \end{pmatrix};\ E_2^{(1)} = 3\varepsilon,\ \begin{pmatrix} c_1 \\ c_2 \end{pmatrix} = \frac{1}{\sqrt{2}} \begin{pmatrix} 1 \\ 1 \end{pmatrix}$$

基态的一级近似能量与零级近似态矢为

$$E_1 = E_0 + \varepsilon,\ \psi_1^{(0)} = \frac{1}{\sqrt{2}}(\varphi_1 - \varphi_2) = \frac{1}{\sqrt{2}} \begin{pmatrix} 1 \\ -1 \\ 0 \end{pmatrix}$$

$$E_2 = E_0 + 3\varepsilon,\ \psi_2^{(0)} = \frac{1}{\sqrt{2}}(\varphi_1 + \varphi_2) = \frac{1}{\sqrt{2}} \begin{pmatrix} 1 \\ 1 \\ 0 \end{pmatrix}$$

(2) 激发态能量 $2E_0$ 是非简并的，二级近似能量与一级近似态矢为

$$E_3 = 2E_0 + H'_{33} + \frac{|H'_{13}|^2}{E_3^{(0)} - E_1^{(0)}} + \frac{|H'_{23}|^2}{E_3^{(0)} - E_2^{(0)}} = 2E_0 + \varepsilon + \frac{18\varepsilon^2}{E_0}$$

$$\psi_3 = \begin{pmatrix} 0 \\ 0 \\ 1 \end{pmatrix} + \frac{3\varepsilon}{E_0} \begin{pmatrix} 1 \\ 0 \\ 0 \end{pmatrix} + \frac{3\varepsilon}{E_0} \begin{pmatrix} 0 \\ 1 \\ 0 \end{pmatrix} = \begin{pmatrix} 3\varepsilon/E_0 \\ 3\varepsilon/E_0 \\ 1 \end{pmatrix}$$

5.21 质量为 μ 的粒子在 xy 面上运动，其哈密顿量为

$$\hat{H}=\frac{1}{2\mu}(\hat{p}_x^2+\hat{p}_y^2)+\frac{1}{2}\mu\omega^2(x^2+y^2)+\lambda xy$$

其中 λ 是小的实数, λxy 可视为微扰. 试计算能量为 $2\hbar\omega$ 的能级的分裂.

解　$$\hat{H}_0=\frac{1}{2\mu}(\hat{p}_x^2+\hat{p}_y^2)+\frac{1}{2}\mu\omega^2(x^2+y^2),\ \hat{H}'=\lambda xy$$

$\hat{H}_0$ 的本征值与本征函数为

$$E^{(0)}=(n_1+n_2+1)\hbar\omega$$

$$\varphi^{(0)}(x,y)=\psi_{n_1}(x)\psi_{n_2}(y),\ \psi_n(x)=N_n\mathrm{e}^{-\alpha^2x^2/2}H_n(\alpha x)$$

$$n_1,n_2=0,1,2,\cdots$$

能级 $2\hbar\omega$ 是二度简并的, 对应的两个波函数为

$$\varphi_1=\psi_0(x)\psi_1(y),\ \varphi_2=\psi_1(x)\psi_0(y)$$

令零级近似波函数为 $\psi^{(0)}=c_1\varphi_1+c_2\varphi_2$, 系数 c_1,c_2 满足方程

$$\begin{pmatrix}H'_{11}-E^{(1)} & H'_{12}\\ H'_{21} & H'_{22}-E^{(1)}\end{pmatrix}\begin{pmatrix}c_1\\ c_2\end{pmatrix}=0$$

其中

$$H'_{11}=\lambda\int\psi_0^*(x)x\psi_0(x)\mathrm{d}x\int\psi_1^*(y)y\psi_1(y)\mathrm{d}y=0$$

$$H'_{12}=\lambda\int\psi_0^*(x)x\psi_1(x)\mathrm{d}x\int\psi_1^*(y)y\psi_0(y)\mathrm{d}y=\frac{\lambda}{2\alpha^2}$$

$$H'_{21}=H_{12}'^{*}=\frac{\lambda}{2\alpha^2},\ H'_{22}=0$$

在以上计算中, 用到公式

$$x\psi_n(x)=\frac{1}{\alpha}\left[\sqrt{\frac{n}{2}}\psi_{n-1}(x)+\sqrt{\frac{n+1}{2}}\psi_{n+1}(x)\right]$$

将计算的 H'_{ij} 代入 c_1c_2 的矩阵方程, 得

$$\begin{pmatrix}-E^{(1)} & \lambda/(2\alpha^2)\\ \lambda/(2\alpha^2) & -E^{(1)}\end{pmatrix}\begin{pmatrix}c_1\\ c_2\end{pmatrix}=0$$

由久期方程

$$\begin{vmatrix}-E^{(1)} & \lambda/(2\alpha^2)\\ \lambda/(2\alpha^2) & -E^{(1)}\end{vmatrix}=0$$

解得 $E^{(1)}=\pm\lambda/2\alpha^2$. 能级 $2\hbar\omega$ 分裂为

$$E_1=2\hbar\omega-\frac{\lambda}{2\alpha^2},\ E_2=2\hbar\omega+\frac{\lambda}{2\alpha^2}$$

5.22 处于三维各向同性谐振子第一激发态的粒子, 受到微扰 $\hat{H}'=\lambda xy$ 的作用, 其中 λ 为常数, 求能量的一级修正.

解 $$\hat{H}_0=-\frac{\hbar^2}{2\mu}\left(\frac{\partial^2}{\partial x^2}+\frac{\partial^2}{\partial y^2}+\frac{\partial^2}{\partial z^2}\right)+\frac{1}{2}\mu\omega^2\left(x^2+y^2+z^2\right)$$

$$\hat{H}'=\lambda xy$$

$\hat{H}_0$ 的本征值与本征函数为

$$E_{n_1n_2n_3}=\left(n_1+n_2+n_3+\frac{3}{2}\right)\hbar\omega$$

$$\psi_{n_1n_2n_3}(x,y,z)=\psi_{n_1}(x)\psi_{n_2}(y)\psi_{n_3}(z)$$

$$\psi_{n_1}(x)=N_{n_1}\mathrm{e}^{-\alpha^2x^2/2}H_{n_1}(\alpha x),\ \psi_{n_2}(y)=N_{n_2}\mathrm{e}^{-\alpha^2y^2/2}H_{n_2}(\alpha y),\cdots$$

$$\alpha=\sqrt{\frac{\mu\omega}{\hbar}},\ n_1,n_2,n_3=0,1,2,\cdots$$

第一激发态能量 $E=5\hbar\omega/2$ 是三度简并的, 相应的波函数为

$$\varphi_1=\psi_{100}(x,y,z),\ \varphi_2=\psi_{010}(x,y,z),\ \varphi_3=\psi_{001}(x,y,z)$$

令零级近似波函数为 $\psi^{(0)}=c_2\varphi_1+c_2\varphi_2+c_3\varphi_3$, 系数 c_1,c_2,c_3 满足方程

$$\begin{pmatrix}H'_{11}-E^{(1)} & H'_{12} & H'_{13}\\ H'_{21} & H'_{22}-E^{(1)} & H'_{23}\\ H'_{31} & H'_{32} & H'_{33}-E^{(1)}\end{pmatrix}\begin{pmatrix}c_1\\ c_2\\ c_3\end{pmatrix}=0$$

其中

$$H'_{ij}=\lambda\int\varphi_i^*xy\varphi_j\mathrm{d}\tau,\ i,j=1,2,3$$

利用公式

$$x\psi_n(x)=\frac{1}{\alpha}\left[\sqrt{\frac{n}{2}}\psi_{n-1}(x)+\sqrt{\frac{n+1}{2}}\psi_{n+1}(x)\right],\ \cdots$$

$$\int\psi_m^*(x)\psi_n(x)\mathrm{d}x=\delta_{mn},\ \cdots$$

算出 $H'_{12} = H'_{21} = \lambda/(2\alpha^2)$，其余 $H'_{ij} = 0$，将它们代入矩阵方程，得

$$\begin{pmatrix} -E^{(1)} & \lambda/(2\alpha^2) & 0 \\ \lambda/(2\alpha^2) & -E^{(1)} & 0 \\ 0 & 0 & -E^{(1)} \end{pmatrix}\begin{pmatrix} c_1 \\ c_2 \\ c_3 \end{pmatrix} = 0$$

解之得

$$E_1^{(1)} = 0,\ E_2^{(1)} = \frac{\lambda}{2\alpha^2},\ E_3^{(1)} = -\frac{\lambda}{2\alpha^2}$$

5.23　设硼原子(原子序数为 5)受到 $\hat{H}' = f(r)xy$ 的微扰作用，在一级近似下，(1)问价电子 2p 能级分裂成几个能级？(2)如已知其中一个能级的移动值 $A > 0$，求其余各能级的移动值；(3)求出各能级对应的波函数，用原来的 2p 态波函数 ψ_{211}, ψ_{210} 与 ψ_{21-1} 表示.

解　未受微扰时，2p 电子能级对应如下 3 个波函数：

$$\varphi_1 = \psi_{211} = R_{21}(r)Y_{11}(\theta,\varphi) \sim \mathrm{e}^{\mathrm{i}\varphi},\ \varphi_2 = \psi_{210} = R_{21}(r)Y_{10}(\theta,\varphi)\ \text{不含}\ \varphi$$

$$\varphi_3 = \psi_{21-1} = R_{21}(r)Y_{1-1}(\theta,\varphi) \sim \mathrm{e}^{-\mathrm{i}\varphi}$$

令零级近似波函数为 $\psi^{(0)} = c_1\varphi_1 + c_2\varphi_2 + c_3\varphi_3$，系数 $c_1c_2c_3$ 满足方程

$$\begin{pmatrix} H'_{11} - E^{(1)} & H'_{12} & H'_{13} \\ H'_{21} & H'_{22} - E^{(1)} & H'_{23} \\ H'_{31} & H'_{32} & H'_{33} - E^{(1)} \end{pmatrix}\begin{pmatrix} c_1 \\ c_2 \\ c_3 \end{pmatrix} = 0$$

$$H'_{ij} = \int \varphi_i^* f(r)xy\varphi_j \mathrm{d}\tau,\ i,j = 1,2,3$$

将 $xy = r^2\sin^2\theta\cos\varphi\sin\varphi = \dfrac{r^2}{2}\sin^2\theta\sin 2\varphi = \dfrac{r^2}{4\mathrm{i}}\sin^2\theta(\mathrm{e}^{\mathrm{i}2\varphi} - \mathrm{e}^{-\mathrm{i}2\varphi})$ 代入上式，得

$$H'_{11} = \int \varphi_1^* f(r)xy\varphi_1 \mathrm{d}\tau \sim \int_0^{2\pi}(\mathrm{e}^{\mathrm{i}2\varphi} - \mathrm{e}^{-\mathrm{i}2\varphi})\mathrm{d}\varphi = 0$$

$$H'_{12} = \int \varphi_1^* f(r)xy\varphi_2 \mathrm{d}\tau \sim \int_0^{2\pi}(\mathrm{e}^{\mathrm{i}2\varphi} - \mathrm{e}^{-\mathrm{i}2\varphi})\mathrm{e}^{-\mathrm{i}\varphi}\mathrm{d}\varphi = 0$$

$$H'_{13} = \int \varphi_1^* f(r)xy\varphi_3 \mathrm{d}\tau \sim \int_0^{2\pi}(\mathrm{e}^{\mathrm{i}2\varphi} - \mathrm{e}^{-\mathrm{i}2\varphi})\mathrm{e}^{-\mathrm{i}2\varphi}\mathrm{d}\varphi \neq 0$$

$$H'_{31} = H'^*_{13} \neq 0,\ H'_{21} = H'_{22} = H'_{23} = H'_{32} = H'_{33} = 0$$

令 $H'_{13} = B$，$H'_{31} = B^*$，方程变为

$$\begin{pmatrix} -E^{(1)} & 0 & B \\ 0 & -E^{(1)} & 0 \\ B^* & 0 & -E^{(1)} \end{pmatrix} \begin{pmatrix} c_1 \\ c_2 \\ c_3 \end{pmatrix} = 0$$

解之得

$$E_1^{(1)} = |B|, \quad \psi_1^{(0)} = \frac{1}{\sqrt{2}} \begin{pmatrix} 1 \\ 0 \\ 1 \end{pmatrix} = \frac{1}{\sqrt{2}}(\varphi_1 + \varphi_3)$$

$$E_2^{(1)} = 0, \quad \psi_2^{(0)} = \begin{pmatrix} 0 \\ 1 \\ 0 \end{pmatrix} = \varphi_2$$

$$E_3^{(1)} = -|B|, \ \psi_3^{(0)} = \frac{1}{\sqrt{2}} \begin{pmatrix} 1 \\ 0 \\ -1 \end{pmatrix} = \frac{1}{\sqrt{2}}(\varphi_1 - \varphi_3)$$

$|B|$为能级移动值, 由题意知, $|B| = A$. 可见, 能级一分为三. 这三个能级的能量和相应的波函数为

$$E_1 = -\frac{25e^2}{8a} + A, \ \psi_1^{(0)} = \frac{1}{\sqrt{2}}(\psi_{211} + \psi_{21-1})$$

$$E_2 = -\frac{25e^2}{8a}, \quad \psi_2^{(0)} = \psi_{210}$$

$$E_3 = -\frac{25e^2}{8a} - A, \ \psi_3^{(0)} = \frac{1}{\sqrt{2}}(\psi_{211} - \psi_{21-1})$$

5.24 边长为a的刚性立方势中电子具有能量$3\pi^2\hbar^2/\mu a^2$. 如微扰哈密顿量$\hat{H}' = bxy$, 试求它对能量的一级修正, b为常数.

解 不考虑微扰时, 电子的能量和波函数为

$$E_{n_1n_2n_3} = \frac{\pi^2\hbar^2}{2\mu a^2}(n_1^2 + n_2^2 + n_3^2) \tag{1}$$

$$\psi_{n_1n_2n_3} = \psi_{n_1}(x)\psi_{n_2}(y)\psi_{n_3}(z) = \begin{cases} \sqrt{\dfrac{8}{a^3}} \sin\dfrac{n_1\pi x}{a} \sin\dfrac{n_2\pi y}{a} \sin\dfrac{n_3\pi z}{a}, & \text{箱内} \\ 0, & \text{箱外} \end{cases} \tag{2}$$

$E = 3\pi^2\hbar^2/\mu a^2$ 为第一激发态能量, 是三度简并的, 对应波函数

$$\begin{aligned}\varphi_1 &= \psi_{211} = \psi_2(x)\psi_1(y)\psi_1(z)\\ \varphi_2 &= \psi_{121} = \psi_1(x)\psi_2(y)\psi_1(z)\\ \varphi_3 &= \psi_{112} = \psi_1(x)\psi_1(y)\psi_2(z)\end{aligned} \tag{3}$$

令零级近似波函数为

$$\psi^{(0)} = c_1\varphi_1 + c_2\varphi_2 + c_3\varphi_3 \tag{4}$$

系数$c_1c_2c_3$满足方程

$$\begin{pmatrix} H'_{11}-E^{(1)} & H'_{12} & H'_{13}\\ H'_{21} & H'_{22}-E^{(1)} & H'_{23}\\ H'_{31} & H'_{32} & H'_{33}-E^{(1)} \end{pmatrix}\begin{pmatrix} c_1\\ c_2\\ c_3\end{pmatrix} = 0 \tag{5}$$

$$H'_{ij} = b\int \varphi_i^* xy\varphi_j \mathrm{d}\tau, \quad i,j = 1,2,3 \tag{6}$$

将式(3)代入式(6), 并利用公式

$$\int x\sin^2\alpha x\mathrm{d}x = \frac{x^2}{4} - \frac{x}{4\alpha}\sin 2\alpha x - \frac{1}{8\alpha^2}\cos 2\alpha x$$

$$\int_0^a x\sin\frac{2\pi x}{a}\sin\frac{\pi x}{a}\mathrm{d}x = -\frac{8a^2}{9\pi^2}$$

算出

$$H'_{11} = b\int \varphi_1^* xy\varphi_1 \mathrm{d}\tau = \frac{4b}{a^2}\int_0^a x\sin^2\frac{2\pi x}{a}\mathrm{d}x\int_0^a y\sin^2\frac{\pi y}{a}\mathrm{d}y = \frac{ba^2}{4} \equiv A$$

$$\begin{aligned} H'_{12} &= b\int \varphi_1^* xy\varphi_2 \mathrm{d}\tau\\ &= \frac{4b}{a^2}\int_0^a x\sin\frac{2\pi x}{a}\sin\frac{\pi x}{a}\mathrm{d}x\int_0^a y\sin\frac{2\pi y}{a}\sin\frac{\pi y}{a}\mathrm{d}y = \frac{2^8 ba^2}{3^4\pi^4} \equiv B\end{aligned}$$

$$H'_{21} = B,\ H'_{22} = H'_{33} = A, \text{其余 } H'_{ij} = 0$$

将上述H'_{ij}值代入方程(5), 得

$$\begin{pmatrix} A-E^{(1)} & B & 0\\ B & A-E^{(1)} & 0\\ 0 & 0 & A-E^{(1)} \end{pmatrix}\begin{pmatrix} c_1\\ c_2\\ c_3\end{pmatrix} = 0$$

由上式的久期方程解得

$$E_1^{(1)} = A = \frac{ba^2}{4}$$

$$E_2^{(1)} = A + B = \frac{ba^2}{4} + \frac{2^8 ba^2}{3^4 \pi^4}$$

$$E_3^{(1)} = A - B = \frac{ba^2}{4} - \frac{2^8 ba^2}{3^4 \pi^4}$$

5.25 一粒子在二维无限深方势阱中运动，$V(x,y) = \begin{cases} 0, & 0 < x, y < a \\ \infty, & 其他区 \end{cases}$. 设加上微扰 $\hat{H}' = \lambda xy (0 < x, y < a)$，求基态和第一激发态的一阶能量修正.

解 不考虑微扰时，粒子的能量和波函数为

$$E^{(0)} = \frac{\pi^2 \hbar^2}{2\mu a^2}\left(n_1^2 + n_2^2\right)$$

$$\psi^{(0)} = \begin{cases} \dfrac{2}{a}\sin\dfrac{n_1 \pi x}{a}\sin\dfrac{n_2 \pi y}{a}, & 0 < x, y < a \\ 0, & 其他区 \end{cases}$$

$$n_1, n_2 = 1, 2, \cdots$$

基态$\left(n_1 = n_2 = 1\right)$

$$E^{(0)} = \frac{\pi^2 \hbar^2}{\mu a^2},\ \psi^{(0)} = \begin{cases} \dfrac{2}{a}\sin\dfrac{\pi x}{a}\sin\dfrac{\pi y}{a}, & 0 < x, y < a \\ 0, & 其他区 \end{cases}$$

基态能量是非简并的，一阶修正能量为

$$E^{(1)} = \iint \psi^{*(0)} \hat{H}' \psi^{(0)} \mathrm{d}x\mathrm{d}y = \lambda \left(\frac{2}{a}\right)^2 \int_0^a x \sin^2\frac{\pi x}{a}\mathrm{d}x \int_0^a y \sin^2\frac{\pi y}{a}\mathrm{d}y = \frac{\lambda a^2}{4}$$

第一激发态$\left[(n_1, n_2) = (12), (21)\right]$能量$E^{(0)} = 5\pi^2\hbar^2 / 2\mu a^2$是二度简并的，对应波函数

$$\varphi_1 = \begin{cases} \dfrac{2}{a}\sin\dfrac{\pi x}{a}\sin\dfrac{2\pi y}{a}, & 0 < x, y < a \\ 0, & 其他区 \end{cases}$$

$$\varphi_2 = \begin{cases} \dfrac{2}{a}\sin\dfrac{2\pi x}{a}\sin\dfrac{\pi y}{a}, & 0 < x, y < a \\ 0, & 其他区 \end{cases}$$

令零级近似波函数为$\psi^{(0)} = c_1\varphi_1 + c_2\varphi_2$，$c_1, c_2$满足方程

$$\begin{pmatrix} H'_{11} - E^{(1)} & H'_{12} \\ H'_{21} & H'_{22} - E^{(1)} \end{pmatrix}\begin{pmatrix} c_1 \\ c_2 \end{pmatrix} = 0$$

其中

$$H'_{11} = \iint \varphi_1^* \hat{H}' \varphi_1 \mathrm{d}x\mathrm{d}y$$
$$= \frac{4\lambda}{a^2}\int_0^a x\sin^2\frac{\pi x}{a}\mathrm{d}x\int_0^a y\sin^2\frac{2\pi y}{a}\mathrm{d}y = \frac{\lambda a^2}{4} \equiv A$$
$$H'_{12} = \iint \varphi_1^* \hat{H}' \varphi_2 \mathrm{d}x\mathrm{d}y$$
$$= \frac{4\lambda}{a^2}\int_0^a x\sin\frac{2\pi x}{a}\sin\frac{\pi x}{a}\mathrm{d}x\int_0^a y\sin\frac{2\pi y}{a}\sin\frac{\pi y}{a}\mathrm{d}y$$
$$= \frac{4\lambda}{a^2}\left(-\frac{8a^2}{9\pi^2}\right)\left(-\frac{8a^2}{9\pi^2}\right) = \frac{2^8\lambda a^2}{3^4\pi^4} \equiv B$$
$$H'_{21} = B,\ H'_{22} = A$$

将 H'_{ij} 的以上值代入方程,

$$\begin{pmatrix} A - E^{(1)} & B \\ B & A - E^{(1)} \end{pmatrix}\begin{pmatrix} c_1 \\ c_2 \end{pmatrix} = 0$$

由此方程解得

$$E_1^{(1)} = A - B = \left(\frac{1}{4} - \frac{2^8}{3^4\pi^4}\right)\lambda a^2$$

$$E_2^{(1)} = A + B = \left(\frac{1}{4} + \frac{2^8}{3^4\pi^4}\right)\lambda a^2$$

5.26 (1)设氢原子处于沿 z 方向的均匀静磁场 $\boldsymbol{B} = B\boldsymbol{k}$ 中. 不考虑自旋, 在弱磁场下, 求 $n = 2$ 能级的分裂情况. (2)如果沿 z 方向不仅有静磁场 $\boldsymbol{B} = B\boldsymbol{k}$, 还有均匀静电场 $\boldsymbol{E} = \varepsilon\boldsymbol{k}$, 用微扰方法求能级的分裂情况(一级近似). (3)如果电场方向沿 z 轴, $\boldsymbol{E} = \varepsilon\boldsymbol{k}$, 磁场方向沿 x 轴, $\boldsymbol{B} = B\boldsymbol{i}$, 再求能级的分裂情况(一级近似). 假若将电场与磁场方向对换, 结果又如何? (提示: $\langle 200|z|210\rangle = -3a$)

解 (1)
$$\hat{H} = -\frac{\hbar^2}{2\mu}\nabla^2 - \frac{e^2}{r} + \frac{eB}{2\mu c}\hat{L}_z \tag{1}$$

$\hat{H}$ 的本征值与本征函数为

$$E = -\frac{e^2}{2an^2} + \frac{eB\hbar m}{2\mu c},\ \psi_{nlm}(\boldsymbol{r}) = R_{nl}(r)Y_{lm}(\theta,\varphi) \tag{2}$$

$$n = 1,2,\cdots,\ l = 0,1,\cdots,n-1,\ m = 0,\pm1,\cdots,\pm l$$

对 $n = 2$ 能级,

$$E=-\frac{e^2}{8a}+\frac{eB\hbar m}{2\mu c},\ m=0,\pm1 \tag{3}$$

在磁场作用下, $n=2$ 能级分裂成 3 个:

$$E_1=-\frac{e^2}{8a}+\frac{eB\hbar}{2\mu c}\text{(非简并), 波函数}\,\psi_{211}$$

$$E_2=-\frac{e^2}{8a}-\frac{eB\hbar}{2\mu c}\text{(非简并), 波函数}\,\psi_{21-1} \tag{4}$$

$$E_3=-\frac{e^2}{8a}\text{(二度简并), 波函数}\,\psi_{200},\psi_{210}$$

(2)

$$\hat{H}=\hat{H}_0+\hat{H}'$$

$$\hat{H}_0=-\frac{\hbar^2}{2\mu}\nabla^2-\frac{e^2}{r}+\frac{eB}{2\mu c}\hat{L}_z,\ \hat{H}'=e\varepsilon z$$

$\hat{H}_0$ 的本征值与本征函数如式(2)所示. $n=2$ 的能级如式(4)所示. 对于非简并的 E_1 与 E_2 能级, 一级修正能量为

$$E_1^{(1)}=e\varepsilon\langle 211|z|211\rangle=0,\ E_2^{(1)}=e\varepsilon\langle 21-1|z|21-1\rangle=0$$

对于二度简并的 E_3 能级, 令零级近似波函数为

$$\psi^{(0)}=c_1\psi_{200}+c_2\psi_{210}$$

c_1,c_2 满足方程

$$\begin{pmatrix} H'_{11}-E^{(1)} & H'_{12} \\ H'_{21} & H'_{22}-E^{(1)} \end{pmatrix}\begin{pmatrix} c_1 \\ c_2 \end{pmatrix}=0$$

其中

$$H'_{11}=e\varepsilon\langle 200|z|200\rangle=0,\ H'_{22}=e\varepsilon\langle 210|z|210\rangle=0$$

$$H'_{12}=e\varepsilon\langle 200|z|210\rangle=-3ae\varepsilon,\ H'_{21}=H'^{*}_{12}=-3ae\varepsilon$$

将上述 H'_{ij} 值代入方程, 得

$$\begin{pmatrix} -E^{(1)} & -3ae\varepsilon \\ -3ae\varepsilon & -E^{(1)} \end{pmatrix}\begin{pmatrix} c_1 \\ c_2 \end{pmatrix}=0$$

解之得

$$E_1^{(1)}=3ae\varepsilon,\ \psi_1^{(0)}=\frac{1}{\sqrt{2}}(\psi_{200}-\psi_{210})$$

$$E_2^{(1)}=-3ae\varepsilon,\ \psi_2^{(0)}=\frac{1}{\sqrt{2}}(\psi_{200}+\psi_{210})$$

加入电场后，$n=2$ 能级分裂为 4 个：

$$E_1=-\frac{e^2}{8a}+\frac{eB\hbar}{2\mu c},\ \psi_1=\psi_{211}$$

$$E_2=-\frac{e^2}{8a}-\frac{eB\hbar}{2\mu c},\ \psi_2=\psi_{21-1}$$

$$E_3=-\frac{e^2}{8a}+3ae\varepsilon,\ \psi_3=\frac{1}{\sqrt{2}}(\psi_{200}-\psi_{210})$$

$$E_4=-\frac{e^2}{8a}-3ae\varepsilon,\ \psi_4=\frac{1}{\sqrt{2}}(\psi_{200}+\psi_{210})$$

(3)
$$\hat{H}=\hat{H}_0+\hat{H}'$$

$$\hat{H}_0=-\frac{\hbar^2}{2\mu}\nabla^2-\frac{e^2}{r},\ \hat{H}'=e\varepsilon z+\frac{eB}{2\mu c}\hat{L}_x$$

$n=2$ 的能级是四度简并的，相应的波函数为

$$\phi_1=\psi_{200},\ \phi_2=\psi_{210},\ \phi_3=\psi_{211},\ \phi_4=\psi_{21-1}$$

令零级近似波函数 $\psi^{(0)}=c_1\phi_1+c_2\phi_2+c_3\phi_3+c_4\phi_4$，$\{c_i\}$ 满足方程

$$\begin{pmatrix} H'_{11}-E^{(1)} & H'_{12} & H'_{13} & H'_{14} \\ H'_{21} & H'_{22}-E^{(1)} & H'_{23} & H'_{24} \\ H'_{31} & H'_{32} & H'_{33}-E^{(1)} & H'_{34} \\ H'_{41} & H'_{42} & H'_{43} & H'_{44}-E^{(1)} \end{pmatrix}\begin{pmatrix} c_1 \\ c_2 \\ c_3 \\ c_4 \end{pmatrix}=0$$

$$H'_{ij}=\int\phi_i^*\left(e\varepsilon z+\frac{eB}{2\mu c}\hat{L}_x\right)\phi_j\mathrm{d}\tau,\ i,j=1,2,3,4$$

利用公式

$$\hat{L}_x=\frac{1}{2}\left(\hat{L}_++\hat{L}_-\right),\ \hat{L}_\pm Y_{lm}=\sqrt{l(l+1)-m(m\pm1)}\hbar Y_{lm\pm1}$$

算出

$$H'_{23}=H'_{32}=H'_{24}=H'_{42}=\frac{\sqrt{2}eB}{4\mu c}\equiv G$$

$$H'_{12}=H'_{21}=-3e\varepsilon a\equiv -A\ (A\equiv 3e\varepsilon a),\text{其他}\ H'_{ij}=0$$

将 H'_{ij} 的值代入方程,

$$\begin{pmatrix} -E^{(1)} & -A & 0 & 0 \\ -A & -E^{(1)} & G & G \\ 0 & G & -E^{(1)} & 0 \\ 0 & G & 0 & -E^{(1)} \end{pmatrix}\begin{pmatrix} c_1 \\ c_2 \\ c_3 \\ c_4 \end{pmatrix}=0$$

由久期方程解得

$$E^{(1)}=0\,(\text{二重根}),\ \pm\sqrt{2G^2+A^2}$$

$n=2$ 的能级一分为三:

$$E_1=-\frac{e^2}{8a},E_2=-\frac{e^2}{8a}+\sqrt{2G^2+A^2},E_3=-\frac{e^2}{8a}-\sqrt{2G^2+A^2}$$

将电场与磁场方向对换, $\boldsymbol{E}=\varepsilon\boldsymbol{i},\boldsymbol{B}=B\boldsymbol{k}$.

$$\hat{H}_0=-\frac{\hbar^2}{2\mu}\nabla^2-\frac{e^2}{r},\ \hat{H}'=e\varepsilon x+\frac{eB}{2\mu c}\hat{L}_z$$

用同样方法算出, $n=2$ 的能级仍一分为三, 只是能级间隔变了:

$$E_1=-\frac{e^2}{8a},E_2=-\frac{e^2}{8a}+\sqrt{K^2+2D^2},E_3=-\frac{e^2}{8a}-\sqrt{K^2+2D^2}$$

$$K=\frac{eB\hbar}{2\mu c},\quad D=\frac{3e\varepsilon a}{\sqrt{2}}$$

5.27 考虑一个二维谐振子, 哈密顿量为 $\hat{H}=\frac{1}{2}(\hat{p}_x^2+\hat{p}_y^2)+\frac{1}{2}(x^2+y^2)$. 已知其最低 3 个能量的本征态为

$$\psi_{00}=\sqrt{\frac{1}{\pi}}\mathrm{e}^{-(x^2+y^2)/2},\ \psi_{10}=\sqrt{\frac{2}{\pi}}x\mathrm{e}^{-(x^2+y^2)/2},\ \psi_{01}=\sqrt{\frac{2}{\pi}}y\mathrm{e}^{-(x^2+y^2)/2}$$

设有一微扰 $V(x,y)=\frac{1}{2}\varepsilon xy(x^2+y^2)(\varepsilon\ll 1)$, 试对上述态计算由 V 引起的一级微扰修正.

解 从哈密顿量与波函数的表达式看, 粒子的质量 μ, 角频率 ω 与 $\hbar$ 均取作单位 1.体系的能量

$$E=(n_1+n_2+1),\ n_1,n_2=0,1,2,\cdots$$

基态能量 $E^{(0)}=1$, 非简并, 波函数 ψ_{00}. 基态的一级修正能量

$$E^{(1)} = \iint \psi_{00}^* V(x,y)\psi_{00} \mathrm{d}x\mathrm{d}y = \frac{\varepsilon}{2\pi}\iint_{-\infty}^{+\infty} \mathrm{e}^{-(x^2+y^2)} xy(x^2+y^2)\mathrm{d}x\mathrm{d}y = 0$$

第一激发态能量 $E^{(0)}=2$，二度简并，相应波函数 ψ_{10} 与 ψ_{01}. 令零级近似波函数为 $\psi^{(0)} = c_1\psi_{10} + c_2\psi_{01}$，$c_1$ 与 c_2 满足方程

$$\begin{pmatrix} H'_{11} - E^{(1)} & H'_{12} \\ H'_{21} & H'_{22} - E^{(1)} \end{pmatrix}\begin{pmatrix} c_1 \\ c_2 \end{pmatrix} = 0$$

其中

$$H'_{11} = \iint \psi_{10}^* V(x,y)\psi_{10}\mathrm{d}x\mathrm{d}y = 0,\ H'_{22} = 0$$

$$\begin{aligned} H'_{12} &= \iint \psi_{10}^* V(x,y)\psi_{01}\mathrm{d}x\mathrm{d}y \\ &= \frac{\varepsilon}{\pi}\iint \mathrm{e}^{-(x^2+y^2)}(x^4y^2 + x^2y^4)\mathrm{d}x\mathrm{d}y \\ &= \frac{2\varepsilon}{\pi}\int_{-\infty}^{+\infty} \mathrm{e}^{-x^2}x^4\mathrm{d}x\int_{-\infty}^{+\infty}\mathrm{e}^{-y^2}y^2\mathrm{d}y \\ &= \frac{8\varepsilon}{\pi}\int_0^{+\infty}\mathrm{e}^{-x^2}x^4\mathrm{d}x\int_0^{+\infty}\mathrm{e}^{-y^2}y^2\mathrm{d}y = \frac{3\varepsilon}{4} \end{aligned}$$

$$H'_{21} = H'^*_{12} = \frac{3\varepsilon}{4}$$

以上利用了公式

$$\int_0^{+\infty}\mathrm{e}^{-ax^2}x^{2n}\mathrm{d}x = \frac{(2n-1)!!}{2^{n+1}a^n}\sqrt{\frac{\pi}{a}}$$

将上述 H'_{ij} 值代入 c_1 与 c_2 的方程，得

$$\begin{pmatrix} -E^{(1)} & 3\varepsilon/4 \\ 3\varepsilon/4 & -E^{(1)} \end{pmatrix}\begin{pmatrix} c_1 \\ c_2 \end{pmatrix} = 0$$

由此方程解得

$$E_1^{(1)} = \frac{3\varepsilon}{4},\ \psi_1^{(0)} = \frac{1}{\sqrt{2}}(\psi_{10} + \psi_{01})$$

$$E_2^{(1)} = -\frac{3\varepsilon}{4},\ \psi_2^{(0)} = \frac{1}{\sqrt{2}}(\psi_{10} - \psi_{01})$$

5.28　二维谐振子体系哈密顿量 $\hat{H}_0 = \frac{1}{2\mu}\left(\hat{p}_x^2 + \hat{p}_y^2\right) + \frac{1}{2}\mu\omega^2\left(x^2+y^2\right)$. 体系还受到微扰 $\hat{H}' = \varepsilon\mu\omega^2 xy$ 的作用，其中 ε 是正的实数，$\varepsilon \ll 1$. 求体系基态能量(二级近似)

和波函数(一级近似). 再求精确能量和波函数, 比较近似能量和精确能量.

解 $\hat{H}_0$ 的本征函数和本征能量为

$$\psi_{n_1n_2}^{(0)}(x,y)=\psi_{n_1}(x)\psi_{n_2}(y)=N_{n_1}\mathrm{e}^{-\alpha^2x^2/2}H_{n_1}(\alpha x)N_{n_2}\mathrm{e}^{-\alpha^2y^2/2}H_{n_2}(\alpha y)$$

$$E_{n_1n_2}^{(0)}=(n_1+n_2+1)\hbar\omega,\ \alpha=\sqrt{\frac{\mu\omega}{\hbar}},\ \ n_1,n_2=0,1,2,\cdots$$

基态波函数与能量为

$$\psi_{00}^{(0)}(x,y)=\psi_0(x)\psi_0(y),\ E_{00}^{(0)}=\hbar\omega$$

$E_{00}^{(0)}=\hbar\omega$ 是非简并的, 二级近似能量和一级近似波函数为

$$E=\hbar\omega+H'_{(00)(00)}+\sum_{(n_1n_2)\neq(00)}\frac{\left|H'_{(n_1n_2)(00)}\right|^2}{E_{00}^{(0)}-E_{n_1n_2}^{(0)}}$$

$$\psi(x,y)=\psi_0(x)\psi_0(y)+\sum_{(n_1n_2)\neq(00)}\frac{H'_{(n_1n_2)(00)}}{E_{00}^{(0)}-E_{n_1n_2}^{(0)}}\psi_{n_1n_2}^{(0)}(x,y)$$

$$\begin{aligned}H'_{(n_1n_2)(00)}&=\varepsilon\mu\omega^2\int\psi_{n_1n_2}^{*(0)}xy\psi_{00}^{(0)}\mathrm{d}x\mathrm{d}y\\&=\varepsilon\mu\omega^2\int_{-\infty}^{+\infty}\psi_{n_1}^*(x)x\psi_0(x)\mathrm{d}x\int_{-\infty}^{+\infty}\psi_{n_2}^*(y)y\psi_0(y)\mathrm{d}y\end{aligned}$$

将

$$x\psi_0(x)=\frac{1}{\sqrt{2}\alpha}\psi_1(x),\ y\psi_0(y)=\frac{1}{\sqrt{2}\alpha}\psi_1(y)$$

代入上式, 得

$$H'_{(n_1n_2)(00)}=\frac{\varepsilon\mu\omega^2}{2\alpha^2}\delta_{n_1 1}\delta_{n_2 1}$$

$$E_{00}^{(1)}=H'_{(00)(00)}=0,\ E_{00}^{(2)}=\frac{\left|H'_{(11)(00)}\right|^2}{E_{00}^{(0)}-E_{11}^{(0)}}=-\frac{\varepsilon^2}{8}\hbar\omega$$

$$E=\hbar\omega\left(1-\frac{\varepsilon^2}{8}\right)$$

$$\psi(x,y)=\psi_0(x)\psi_0(y)-\frac{\varepsilon}{4}\psi_1(x)\psi_1(y)$$

求精确解

$$\begin{aligned}\hat{H}&=\frac{1}{2\mu}\left(\hat{p}_x^2+\hat{p}_y^2\right)+\frac{1}{2}\mu\omega^2\left(x^2+2\varepsilon xy+y^2\right)\\&=-\frac{\hbar^2}{2\mu}\left(\frac{\partial^2}{\partial x^2}+\frac{\partial^2}{\partial y^2}\right)+\frac{1}{4}\mu\omega^2\left[(1+\varepsilon)(x+y)^2+(1-\varepsilon)(x-y)^2\right]\end{aligned}$$

令
$$x_1=\frac{1}{\sqrt{2}}(x+y),\ x_2=\frac{1}{\sqrt{2}}(x-y)$$

$$\omega_1=\omega\sqrt{1+\varepsilon},\ \omega_2=\omega\sqrt{1-\varepsilon}$$

作变换 $x,y\to x_1,x_2$，$\hat{H}$ 变为

$$\hat{H}=-\frac{\hbar^2}{2\mu}\left(\frac{\partial^2}{\partial x_1^2}+\frac{\partial^2}{\partial x_2^2}\right)+\frac{1}{2}\mu\left(\omega_1^2x_1^2+\omega_2^2x_2^2\right)$$

$\hat{H}$ 的本征值与本征函数

$$E_{n_1n_2}=\left(n_1+\frac{1}{2}\right)\hbar\omega_1+\left(n_2+\frac{1}{2}\right)\hbar\omega_2$$

$$\psi_{n_1n_2}(x_1,x_2)=\psi_{n_1}(x_1)\psi_{n_2}(x_2)=N_{n_1}\mathrm{e}^{-\alpha_1^2x_1^2/2}H_{n_1}(\alpha_1x_1)N_{n_2}\mathrm{e}^{-\alpha_2^2x_1^2/2}H_{n_2}(\alpha_2x_2)$$

$$\alpha_1=\sqrt{\frac{\mu\omega_1}{\hbar}},\ \alpha_2=\sqrt{\frac{\mu\omega_2}{\hbar}},\ n_1,n_2=0,1,2,\cdots$$

回到原变量

$$\psi_{n_1n_2}(x,y)=N'_{n_1}\mathrm{e}^{-\alpha_1^2(x+y)^2/4}H_{n_1}\left(\alpha_1(x+y)/\sqrt{2}\right)$$
$$\times N'_{n_2}\mathrm{e}^{-\alpha_1^2(x-y)^2/4}H_{n_2}\left(\alpha_2(x-y)/\sqrt{2}\right)$$

基态能量与波函数

$$E_{00}=\frac{\hbar}{2}(\omega_1+\omega_2)=\frac{\hbar\omega}{2}\left(\sqrt{1+\varepsilon}+\sqrt{1-\varepsilon}\right)=\hbar\omega\left(1-\frac{\varepsilon^2}{8}+\cdots\right)$$

$$\psi_{00}(x,y)=N_1\mathrm{e}^{-\alpha_1^2(x+y)^2/4}N_2\mathrm{e}^{-\alpha_1^2(x-y)^2/4}$$

基态二级近似能量是精确能量展开式的前两项.

5.29 在谐振子的哈密顿量 $\hat{H}_0=\frac{1}{2\mu}\hat{p}^2+\frac{1}{2}\mu\omega^2x^2$ 上，加上微扰项 $\hat{H}'=\lambda x^3$，求能量的二级修正.

解 设 $\psi_n(x)$ 为 $\hat{H}_0$ 的本征值为 $E_n=\left(n+\frac{1}{2}\right)\hbar\omega$ 的本征函数，能量的一、二级修正为

$$E_n^{(1)}=H'_{nn},\ E_n^{(2)}=\sum_{m\neq n}\frac{\left|H'_{mn}\right|^2}{E_n^{(0)}-E_m^{(0)}}$$

利用公式

$$x\psi_n(x)=\frac{1}{\alpha}\left[\sqrt{\frac{n}{2}}\psi_{n-1}(x)+\sqrt{\frac{n+1}{2}}\psi_{n+1}(x)\right]$$

$$x^2\psi_n(x)=\frac{1}{2\alpha^2}\left[\sqrt{n(n-1)}\psi_{n-2}(x)+(2n+1)\psi_n(x)+\sqrt{(n+1)(n+2)}\psi_{n+2}(x)\right]$$

算出

$$\begin{aligned}H'_{mn}&=\lambda\int\psi_m^*(x)x^3\psi_n(x)\mathrm{d}x=\lambda\int\left[x\psi_m(x)\right]^*x^2\psi_n(x)\mathrm{d}x\\&=\frac{\lambda}{2\alpha^3}\left[\sqrt{\frac{n(n-1)(n-2)}{2}}\delta_{m,n-3}+3n\sqrt{\frac{n}{2}}\delta_{m,n-1}+3(n+1)\sqrt{\frac{n+1}{2}}\delta_{m,n+1}\right.\\&\left.\quad+\sqrt{\frac{(n+1)(n+2)(n+3)}{2}}\delta_{m,n+3}\right]\end{aligned}$$

$$E_n^{(1)}=H'_{nn}=0$$

$$\begin{aligned}E_n^{(2)}&=\frac{\left|H'_{n-3,n}\right|^2}{E_n^{(0)}-E_{n-3}^{(0)}}+\frac{\left|H'_{n-1,n}\right|^2}{E_n^{(0)}-E_{n-1}^{(0)}}+\frac{\left|H'_{n+1,n}\right|^2}{E_n^{(0)}-E_{n+1}^{(0)}}+\frac{\left|H'_{n+3,n}\right|^2}{E_n^{(0)}-E_{n+3}^{(0)}}\\&=\frac{\lambda^2}{4\alpha^6}\left[\frac{n(n-1)(n-2)}{6\hbar\omega}+\frac{9n^3}{2\hbar\omega}-\frac{9(n+1)^3}{2\hbar\omega}-\frac{(n+1)(n+2)(n+3)}{6\hbar\omega}\right]\\&=-\frac{15\lambda^2\hbar^2}{4\mu^3\omega^4}\left(n^2+n+\frac{11}{30}\right)\end{aligned}$$

5.30 一根长为 l 无质量的绳子一端固定, 另一端系质量为 m 的质点. 在重力作用下, 质点在竖直平面内摆动. (1)写出质点运动的哈密顿量; (2)在小角度下求系统的能级; (3)求由于小角度近似的误差而产生的基态能量最低阶修正.

解 (1)令摆动角为 φ, 以质点平衡位置($\varphi=0$)的势能作为势能的零点, 势能

$$V(\varphi)=mgl(1-\cos\varphi)$$

质点运动的哈密顿量为

$$\hat{H}=-\frac{\hbar^2}{2I}\frac{\mathrm{d}^2}{\mathrm{d}\varphi^2}+mgl(1-\cos\varphi)$$

其中 $I=ml^2$.

(2) 将 $\cos\varphi$ 作级数展开

$$\cos\varphi=1-\frac{1}{2!}\varphi^2+\frac{1}{4!}\varphi^4-\cdots$$

在小角度下，取$\cos\varphi$展开式的前两项，

$$\hat{H} = -\frac{\hbar^2}{2I}\frac{\mathrm{d}^2}{\mathrm{d}\varphi^2} + \frac{1}{2}mgl\varphi^2 = -\frac{\hbar^2}{2m}\frac{\mathrm{d}^2}{\mathrm{d}x^2} + \frac{mg}{2l}x^2$$

$$= -\frac{\hbar^2}{2m}\frac{\mathrm{d}^2}{\mathrm{d}x^2} + \frac{1}{2}m\omega^2 x^2$$

其中$x = l\varphi, \omega = \sqrt{g/l}$.显然，体系的能量为

$$E = \left(n + \frac{1}{2}\right)\hbar\omega,\ n = 0,1,2,\cdots$$

(3) 取$\hat{H}$中$\cos\varphi$展开式的第三项作为微扰：

$$\hat{H}' = -\frac{mgl}{24}\varphi^4 = -\frac{mg}{24l^3}x^4$$

基态能量的一级修正值为

$$E_0^{(1)} = -\frac{mg}{24l^3}\int\psi_0^* x^4 \psi_0 \mathrm{d}x = -\frac{mg}{24l^3}\int(x^2\psi_0)^* x^2\psi_0 \mathrm{d}x$$

其中ψ_0是一维谐振子基态波函数. 利用公式

$$x^2\psi_0 = \frac{1}{2\alpha^2}\left(\psi_0 + \sqrt{2}\psi_2\right),\ \alpha = \sqrt{\frac{m\omega}{\hbar}}$$

算出

$$E_0^{(1)} = -\frac{mg}{24l^3}\cdot\frac{3}{4\alpha^4} = -\frac{g\hbar^2}{32ml^3\omega^2} = -\frac{\hbar^2}{32ml^2}$$

5.31　一个对称陀螺，转动惯量$I_x = I_y, I_z \neq I_x$. (1)只考虑转动，利用角动量算符写出体系的哈密顿量算符，求出本征态、本征能量和简并度；(2)考虑不对称陀螺，$I_x \neq I_y \neq I_z$，$I_x = I + (a/2)$，$I_y = I - (a/2)$，其中$|a| \ll I$. 对于$l = 1$的本征态，计算由$a \neq 0$引起的对能量的修正，要求精确到a的一阶.

解　(1) 体系的哈密顿量算符为

$$\hat{H} = \frac{\hat{L}_x^2 + \hat{L}_y^2}{2I_x} + \frac{\hat{L}_z^2}{2I_z} = \frac{\hat{L}^2}{2I_x} + \frac{1}{2}\left(\frac{1}{I_z} - \frac{1}{I_x}\right)\hat{L}_z^2$$

显然，$\hat{H}$的本征态是$\hat{L}^2$与$\hat{L}_z$的共同本征态$|lm\rangle$，$\hat{H}$的本征值为

$$E_{lm} = \frac{l(l+1)\hbar^2}{2I_x} + \frac{m^2\hbar^2}{2}\left(\frac{1}{I_z} - \frac{1}{I_x}\right)$$

$$l=0,1,2,\cdots,\ m=0,\pm1,\pm2,\cdots,\pm l$$

$m=0$ 的 E_{lm} 是非简并的，$m\neq0$ 的 E_{lm} 是二度简并的.

(2) 对于不对称陀螺，哈密顿量算符为

$$\hat{H}=\frac{\hat{L}_x^2}{2[I+(a/2)]}+\frac{\hat{L}_y^2}{2[I-(a/2)]}+\frac{\hat{L}_z^2}{2I_z}=\frac{\hat{L}_x^2}{2I+a}+\frac{\hat{L}_y^2}{2I-a}+\frac{\hat{L}_z^2}{2I_z}$$

将 $a=0$ 的 $\hat{H}$ 记为

$$\hat{H}_0=\frac{\hat{L}_x^2}{2I}+\frac{\hat{L}_y^2}{2I}+\frac{\hat{L}_z^2}{2I_z}=\frac{\hat{L}^2}{2I}+\frac{1}{2}\left(\frac{1}{I_z}-\frac{1}{I}\right)\hat{L}_z^2$$

微扰为

$$\begin{aligned}\hat{H}'=\hat{H}-\hat{H}_0&=\frac{\hat{L}_x^2}{2I+a}+\frac{\hat{L}_y^2}{2I-a}-\frac{\hat{L}_x^2}{2I}-\frac{\hat{L}_y^2}{2I}\\&\approx\frac{\hat{L}_x^2}{2I}\left(1-\frac{a}{2I}\right)+\frac{\hat{L}_y^2}{2I}\left(1+\frac{a}{2I}\right)-\frac{\hat{L}_x^2}{2I}-\frac{\hat{L}_y^2}{2I}\\&=\frac{a}{4I^2}\left(\hat{L}_y^2-\hat{L}_x^2\right)\end{aligned}$$

对 $l=1$，$\hat{H}_0$ 的本征态与本征值为

$$\left|\psi_{1m}^{(0)}\right\rangle=|1m\rangle,\ E_{1m}^{(0)}=\frac{\hbar^2}{I}+\frac{m^2\hbar^2}{2}\left(\frac{1}{I_z}-\frac{1}{I}\right),\ m=0,\pm1$$

$l=1,m=0$ 的能量 $E_{10}^{(0)}=\hbar^2/I$ 是非简并的，一级修正能量

$$E_{10}^{(1)}=\langle10|\hat{H}'|10\rangle=\frac{a}{4I^2}\langle10|(\hat{L}_y^2-\hat{L}_x^2)|10\rangle=0$$

一级近似能量

$$E_{10}=\frac{\hbar^2}{I}$$

能量

$$E_{11}^{(0)}=E_{1-1}^{(0)}=\frac{\hbar^2}{I}+\frac{\hbar^2}{2}\left(\frac{1}{I_z}-\frac{1}{I}\right)=\frac{\hbar^2}{2I}+\frac{\hbar^2}{2I_z}$$

是二度简并的，相应的波函数为 $|1\rangle=|11\rangle$ 与 $|2\rangle=|1-1\rangle$. 令零级近似波函数为

$$\left|\psi^{(0)}\right\rangle = c_1\left|1\right\rangle + c_2\left|2\right\rangle$$

c_1, c_2 满足方程

$$\begin{pmatrix} H'_{11} - E^{(1)} & H'_{12} \\ H'_{21} & H'_{22} - E^{(1)} \end{pmatrix}\begin{pmatrix} c_1 \\ c_2 \end{pmatrix} = 0$$

$$H'_{11} = \langle 11|\hat{H}'|11\rangle = \frac{a}{4I^2}\langle 11|(\hat{L}_y^2 - \hat{L}_x^2)|11\rangle = 0$$

$$H'_{22} = \langle 1-1|\hat{H}'|1-1\rangle = \frac{a}{4I^2}\langle 1-1|(\hat{L}_y^2 - \hat{L}_x^2)|1-1\rangle = 0$$

$$H'_{12} = \langle 11|\hat{H}'|1-1\rangle = \frac{a}{4I^2}\langle 11|(\hat{L}_y^2 - \hat{L}_x^2)|1-1\rangle = -\frac{a\hbar^2}{4I^2} \equiv -B$$

$$H'_{21} = H'^{*}_{12} = -\frac{a\hbar^2}{4I^2} = -B,\ B = \frac{a\hbar^2}{4I^2}$$

计算中用到公式

$$\hat{L}_x = \frac{1}{2}\left(\hat{L}_+ + \hat{L}_-\right),\ \hat{L}_y = \frac{1}{2\mathrm{i}}\left(\hat{L}_+ - \hat{L}_-\right)$$
$$\hat{L}_\pm|lm\rangle = \sqrt{l(l+1) - m(m\pm 1)}\hbar|lm\pm 1\rangle$$

将 H'_{ij} 的值代入方程, 得

$$\begin{pmatrix} -E^{(1)} & -B \\ -B & -E^{(1)} \end{pmatrix}\begin{pmatrix} c_1 \\ c_2 \end{pmatrix} = 0$$

由方程解得 $E^{(1)} = \pm B = \pm a\hbar^2/(4I^2)$. 于是该能级简并消除, 一级近似能量

$$E_1 = \frac{\hbar^2}{2I} + \frac{\hbar^2}{2I_z} + \frac{a\hbar^2}{4I^2}$$

$$E_2 = \frac{\hbar^2}{2I} + \frac{\hbar^2}{2I_z} - \frac{a\hbar^2}{4I^2}$$

5.32　一维线性谐振子能量算符 $\hat{H}_0 = -\frac{\hbar^2}{2m}\frac{\mathrm{d}^2}{\mathrm{d}x^2} + \frac{1}{2}m\omega^2x^2$，本征方程 $\hat{H}_0\phi_n = E_n^{(0)}\phi_n$. 现加一微扰 $\hat{H}' = \lambda\omega(x\hat{p} + \hat{p}x)/2$，其中 $\lambda \ll 1$. 求体系能量 E_k 至二级近似, 基态与第一激发态波函数至一级近似.

解　二级近似能量与一级近似波函数的计算公式为

$$E_k = E_k^{(0)} + H'_{kk} + \sum_{m\neq k}\frac{|H'_{mk}|^2}{E_k^{(0)} - E_m^{(0)}}$$

$$\psi_k = \phi_k + \sum_{m\neq k}\frac{H'_{mk}}{E_k^{(0)} - E_m^{(0)}}\phi_m$$

利用对易关系$[x,\hat{p}]=\mathrm{i}\hbar$，可将微扰$\hat{H}'$表示为

$$\hat{H}' = \frac{1}{2}\lambda\omega(x\hat{p}+\hat{p}x) = \frac{1}{2}\lambda\omega\left(-\mathrm{i}\hbar + 2x\hat{p}\right)$$

$$\begin{aligned}H'_{mk} &= \int\phi_m^*\hat{H}'\phi_k\mathrm{d}x = \frac{1}{2}\lambda\omega\int\phi_m^*(-\mathrm{i}\hbar+2x\hat{p})\phi_k\mathrm{d}x\\ &= \frac{1}{2}\lambda\omega\left(-\mathrm{i}\hbar\delta_{mk} + 2\int\phi_m^* x\hat{p}\phi_k\mathrm{d}x\right)\end{aligned}$$

其中

$$\begin{aligned}\int\phi_m^* x\hat{p}\phi_k\mathrm{d}x &= -\mathrm{i}\hbar\int(x\phi_m)^*\frac{\mathrm{d}\phi_k}{\mathrm{d}x}\mathrm{d}x\\ &= -\mathrm{i}\hbar\int\left(\sqrt{\frac{m}{2}}\phi_{m-1}^* + \sqrt{\frac{m+1}{2}}\phi_{m+1}^*\right)\left(\sqrt{\frac{k}{2}}\phi_{k-1} - \sqrt{\frac{k+1}{2}}\phi_{k+1}\right)\mathrm{d}x\\ &= -\frac{\mathrm{i}\hbar}{2}\Big[\sqrt{mk}\delta_{m-1,k-1} - \sqrt{m(k+1)}\delta_{m-1,k+1} + \sqrt{(m+1)k}\delta_{m+1,k-1}\\ &\quad - \sqrt{(m+1)(k+1)}\delta_{m+1,k+1}\Big]\\ &= \frac{\mathrm{i}\hbar}{2}\Big\{\Big[\sqrt{(m+1)(k+1)} - \sqrt{mk}\Big]\delta_{m,k} + \sqrt{m(k+1)}\delta_{m,k+2}\\ &\quad - \sqrt{(m+1)k}\delta_{m,k-2}\Big\}\end{aligned}$$

$$\begin{aligned}H'_{mk} &= \frac{\mathrm{i}\lambda\hbar\omega}{2}\Big\{\Big[\sqrt{(m+1)(k+1)} - \sqrt{mk} - 1\Big]\delta_{mk}\\ &\quad + \sqrt{m(k+1)}\delta_{m,k+2} - \sqrt{(m+1)k}\delta_{m,k-2}\Big\}\\ &= \frac{\mathrm{i}\lambda\hbar\omega}{2}\Big[\sqrt{(k+1)(k+2)}\delta_{m,k+2} - \sqrt{k(k-1)}\delta_{m,k-2}\Big]\end{aligned}$$

$$E^{(1)} = H'_{kk} = 0$$

$$E^{(2)} = \frac{|H'_{k-2,k}|^2}{E_k^{(0)} - E_{k-2}^{(0)}} + \frac{|H'_{k+2,k}|^2}{E_k^{(0)} - E_{k+2}^{(0)}} = -\frac{\lambda^2}{2}\left(k+\frac{1}{2}\right)\hbar\omega$$

体系二级近似能量与一级近似波函数为

$$E_k = \left(k+\frac{1}{2}\right)\hbar\omega\left(1-\frac{\lambda^2}{2}\right)$$

$$\begin{aligned}\psi_k &= \phi_k + \frac{H'_{k-2,k}}{E_k^{(0)}-E_{k-2}^{(0)}}\phi_{k-2} + \frac{H'_{k+2,k}}{E_k^{(0)}-E_{k+2}^{(0)}}\phi_{k+2} \\ &= \phi_k - \frac{\mathrm{i}\lambda\sqrt{k(k-1)}}{4}\phi_{k-2} - \frac{\mathrm{i}\lambda\sqrt{(k+1)(k+2)}}{4}\phi_{k+2}\end{aligned}$$

基态与第一激发态一级近似波函数为

$$\psi_0 = \phi_0 - \frac{\mathrm{i}\lambda\sqrt{2}}{4}\phi_2,\ \psi_1 = \phi_1 - \frac{\mathrm{i}\lambda\sqrt{6}}{4}\phi_3$$

5.33 粒子在中心力场$V(r)$中运动，本征方程为$\hat{H}_0|nlm\rangle = E_{nl}^{(0)}|nlm\rangle$.若在$\hat{H}_0$上依次加上$\hat{H}_1 = \alpha(\hat{L}_x^2+\hat{L}_y^2)$与$\hat{H}_2 = \beta\hat{L}_y^2$（$\alpha,\beta$均为正实数，且$\beta \ll \alpha$）. (1)求$\hat{H} = \hat{H}_0+\hat{H}_1$的本征值与本征函数，能量简并度；(2)对$n=3, l=1$，求$\hat{H} = \hat{H}_0+\hat{H}_1+\hat{H}_2$的本征值至一级近似，并求零级近似波函数.

解 (1) 粒子的哈密顿量

$$\hat{H} = \hat{H}_0 + \alpha(\hat{L}_x^2+\hat{L}_y^2) = \hat{H}_0 + \alpha(\hat{L}^2 - \hat{L}_z^2)$$

$\hat{H}$的本征函数与本征能量为

$$|\psi_{nlm}\rangle = |nlm\rangle,\ E_{nlm} = E_{nl}^{(0)} + \alpha\hbar^2[l(l+1)-m^2]$$

$m=0$的E_{nl0}是非简并的，$m\neq 0$的E_{nlm}是二度简并的.

(2) 不考虑$\hat{H}_2$时，$\hat{H} = \hat{H}_0+\hat{H}_1$的能量$E_{310} = E_{31}^{(0)} + 2\alpha\hbar^2$是非简并的，相应的零级近似波函数为$|310\rangle$. 考虑$\hat{H}_2$后，一级修正能量为

$$\begin{aligned}E^{(1)} &= \langle 310|\beta\hat{L}_y^2|310\rangle = \beta\langle 310|\left(\frac{\hat{L}_+-\hat{L}_-}{2\mathrm{i}}\right)^2|310\rangle \\ &= -\frac{\beta}{4}\langle 310|\hat{L}_+^2+\hat{L}_-^2-\hat{L}_+\hat{L}_- - \hat{L}_-\hat{L}_+|310\rangle\end{aligned}$$

利用公式

$$\hat{L}_\pm|nlm\rangle = \sqrt{l(l+1)-m(m\pm 1)}\hbar|nlm\pm 1\rangle$$

算出$E^{(1)} = \beta\hbar^2$. 考虑$\hat{H}_2$后，一级近似能量为

$$E = E_{31}^{(0)} + 2\alpha\hbar^2 + \beta\hbar^2$$

能量 $E_{31m}=E_{31}^{(0)}+\alpha\hbar^2(m=\pm1)$ 是二度简并的，相应的态矢为 $|1\rangle=|311\rangle$，$|2\rangle=|31-1\rangle$. 令零级近似态矢 $\left|\psi^{(0)}\right\rangle=c_1|1\rangle+c_2|2\rangle$，$c_1,c_2$ 满足方程

$$\begin{pmatrix} H'_{11}-E^{(1)} & H'_{12} \\ H'_{21} & H'_{22}-E^{(1)} \end{pmatrix}\begin{pmatrix} c_1 \\ c_2 \end{pmatrix}=0$$

其中微扰矩阵元

$$H'_{11}=\beta\langle 311|\hat{L}_y^2|311\rangle=\beta\hbar^2/2,\quad H'_{22}=\beta\langle 31-1|\hat{L}_y^2|31-1\rangle=\beta\hbar^2/2$$

$$H'_{12}=\beta\langle 311|\hat{L}_y^2|31-1\rangle=-\beta\hbar^2/2,\quad H'_{21}=H'^{*}_{12}=-\beta\hbar^2/2$$

将它们代入方程,

$$\begin{pmatrix} (\beta\hbar^2/2)-E^{(1)} & -\beta\hbar^2/2 \\ -\beta\hbar^2/2 & (\beta\hbar^2/2)-E^{(1)} \end{pmatrix}\begin{pmatrix} c_1 \\ c_2 \end{pmatrix}=0$$

解之得

$$E_1^{(1)}=0,\ \begin{pmatrix} c_1 \\ c_2 \end{pmatrix}=\frac{1}{\sqrt{2}}\begin{pmatrix} 1 \\ 1 \end{pmatrix};\ E_2^{(1)}=\beta\hbar^2,\ \begin{pmatrix} c_1 \\ c_2 \end{pmatrix}=\frac{1}{\sqrt{2}}\begin{pmatrix} 1 \\ -1 \end{pmatrix}$$

一级近似能量与相应的零级近似波函数为

$$E_1=E_{31}^{(0)}+\alpha\hbar^2,\qquad \left|\psi_1^{(0)}\right\rangle=\frac{1}{\sqrt{2}}|311\rangle+\frac{1}{\sqrt{2}}|31-1\rangle$$

$$E_2=E_{31}^{(0)}+(\alpha+\beta)\hbar^2,\ \left|\psi_2^{(0)}\right\rangle=\frac{1}{\sqrt{2}}|311\rangle-\frac{1}{\sqrt{2}}|31-1\rangle$$

5.34 粒子的哈密顿量 $\hat{H}=\hat{H}_0+\hat{H}'$，$\hat{H}_0=a\left(\hat{L}^2+\hbar\hat{L}_z\right)$，$\hat{H}'=b\hbar\hat{L}_x$，其中 $a,b>0,b\ll a$. (1)不考虑微扰 $\hat{H}'$，给出 $\hat{H}_0$ 的本征能量和本征函数；(2)考虑微扰 $\hat{H}'$，计算能量的二级近似和波函数的一级近似.

解 (1) $\hat{H}_0$ 的本征能量和本征函数为

$$E_{lm}^{(0)}=a\hbar^2\left[l(l+1)+m\right],\ \psi_{lm}^{(0)}=Y_{lm}(\theta,\varphi)$$

(2) 能量的一级与二级修正

$$E^{(1)}=H'_{(lm)(lm)},\ E^{(2)}=\sum_{(l'm')\neq(lm)}\frac{\left|H'_{(l'm')(lm)}\right|^2}{E_{lm}^{(0)}-E_{l'm'}^{(0)}}$$

$$H'_{(l'm')(lm)} = b\hbar\int Y^*_{l'm'}(\theta,\varphi)\hat{L}_x Y_{lm}(\theta,\varphi)\mathrm{d}\Omega$$

$$= \frac{b\hbar}{2}\int Y^*_{l'm'}(\theta,\varphi)\left(\hat{L}_+ + \hat{L}_-\right)Y_{lm}(\theta,\varphi)\mathrm{d}\Omega$$

$$= \frac{b\hbar}{2}\int Y^*_{l'm'}(\theta,\varphi)\left[\sqrt{l(l+1)-m(m+1)}\hbar Y_{lm+1} + \sqrt{l(l+1)-m(m-1)}\hbar Y_{lm-1}\right]\mathrm{d}\Omega$$

$$= \frac{b\hbar^2}{2}\left[\sqrt{l(l+1)-m(m+1)}\delta_{l'l}\,\delta_{m',m+1} + \sqrt{l(l+1)-m(m-1)}\delta_{l'l}\delta_{m',m-1}\right]$$

$$E^{(1)} = 0$$

$$E^{(2)} = \frac{\left|H'_{(l,m+1)(lm)}\right|^2}{E^{(0)}_{lm} - E^{(0)}_{l,m+1}} + \frac{\left|H'_{(l,m-1)(lm)}\right|^2}{E^{(0)}_{lm} - E^{(0)}_{l,m-1}}$$

$$= -\frac{\left|\frac{b\hbar^2}{2}\sqrt{l(l+1)-m(m+1)}\right|^2}{a\hbar^2} + \frac{\left|\frac{b\hbar^2}{2}\sqrt{l(l+1)-m(m-1)}\right|^2}{a\hbar^2}$$

$$= \frac{b^2\hbar^2}{4a}\left\{\left[l(l+1)-m(m-1)\right] - \left[l(l+1)-m(m+1)\right]\right\} = \frac{b^2\hbar^2 m}{2a}$$

二级近似能量

$$E = a\hbar^2\left[l(l+1)+m\right] + \frac{b^2\hbar^2 m}{2a}$$

一级近似波函数

$$\psi = Y_{lm}(\theta,\varphi) + \frac{H'_{(l,m+1)(lm)}}{E^{(0)}_{lm} - E^{(0)}_{l,m+1}}Y_{l,m+1}(\theta,\varphi) + \frac{H'_{(l,m-1)(lm)}}{E^{(0)}_{lm} - E^{(0)}_{l,m-1}}Y_{l,m-1}(\theta,\varphi)$$

$$= Y_{lm}(\theta,\varphi) - \frac{b\sqrt{l(l+1)-m(m+1)}}{2a}Y_{l,m+1}(\theta,\varphi)$$

$$+ \frac{b\sqrt{l(l+1)-m(m-1)}}{2a}Y_{l,m-1}(\theta,\varphi)$$

5.35　某体系能量算符为 $\hat{H}_0$，有两个能级，$E_1^{(0)}$ 二重简并，$E_2^{(0)}$ 无简并，受微扰 $\hat{H}'$ 作用后，能量算符（$\hat{H}_0$ 表象）变成

$$\hat{H} = \hat{H}_0 + \hat{H}' = \begin{pmatrix} E_1^{(0)} & 0 & a \\ 0 & E_1^{(0)} & b \\ a & b & E_2^{(0)} \end{pmatrix} \quad (a,b\text{ 为实数})$$

(1) 用微扰论公式求能级(二级近似)；(2) 求能级的精确值, 并和微扰论结果比较.

解 (1)在 $\hat{H}_0$ 表象, $\hat{H}_0$ 与微扰 $\hat{H}'$ 表示为

$$\hat{H}_0=\begin{pmatrix} E_1^{(0)} & 0 & 0 \\ 0 & E_1^{(0)} & 0 \\ 0 & 0 & E_2^{(0)} \end{pmatrix},\ \hat{H}'=\begin{pmatrix} 0 & 0 & a \\ 0 & 0 & b \\ a & b & 0 \end{pmatrix}$$

能量 $E_1^{(0)}$ 是二度简并的, 对应波函数

$$\phi_1=\begin{pmatrix} 1 \\ 0 \\ 0 \end{pmatrix},\ \phi_2=\begin{pmatrix} 0 \\ 1 \\ 0 \end{pmatrix}$$

令零级近似波函数 $\psi^{(0)}=c_1\phi_1+c_2\phi_2$, c_1,c_2 满足方程

$$\begin{pmatrix} H'_{11}-E^{(1)} & H'_{12} \\ H'_{21} & H'_{22}-E^{(1)} \end{pmatrix}\begin{pmatrix} c_1 \\ c_2 \end{pmatrix}=0$$

其中 $H'_{11}=H'_{12}=H'_{21}=H'_{22}=0$, $E^{(1)}=0$ (二重根). 在一级近似下能量仍是二度简并的, c_1,c_2 不能确定. 为了确定 c_1,c_2 , 要用二级近似方程推导出的公式

$$\begin{pmatrix} G_{11}-E^{(2)} & G_{12} \\ G_{21} & G_{22}-E^{(2)} \end{pmatrix}\begin{pmatrix} c_1 \\ c_2 \end{pmatrix}=0$$

$$G_{11}=\sum_{m\neq 1,2}\frac{\left|H'_{1m}\right|^2}{E^{(0)}-E_m^{(0)}}=\frac{\left|H'_{13}\right|^2}{E_1^{(0)}-E_2^{(0)}}=\frac{a^2}{E_1^{(0)}-E_2^{(0)}}$$

$$G_{22}=\sum_{m\neq 1,2}\frac{\left|H'_{2m}\right|^2}{E^{(0)}-E_m^{(0)}}=\frac{\left|H'_{23}\right|^2}{E_1^{(0)}-E_2^{(0)}}=\frac{b^2}{E_1^{(0)}-E_2^{(0)}}$$

$$G_{12}=\sum_{m\neq 1,2}\frac{H'_{1m}H'_{m2}}{E^{(0)}-E_m^{(0)}}=\frac{H'_{13}H'_{32}}{E_1^{(0)}-E_2^{(0)}}=\frac{ab}{E_1^{(0)}-E_2^{(0)}}$$

$$G_{21}=\sum_{m\neq 1,2}\frac{H'_{2m}H'_{m1}}{E^{(0)}-E_m^{(0)}}=\frac{H'_{23}H'_{31}}{E_1^{(0)}-E_2^{(0)}}=\frac{ba}{E_1^{(0)}-E_2^{(0)}}$$

$$G_{11}G_{22}=\frac{a^2b^2}{\left(E_1^{(0)}-E_2^{(0)}\right)^2}={G_{12}}^2$$

由 c_1,c_2 方程的久期方程算出

$$E^{(2)}=\frac{1}{2}\left[\left(G_{11}+G_{22}\right)\pm\sqrt{\left(G_{11}+G_{22}\right)^2-4\left(G_{11}G_{22}-G_{12}{}^2\right)}\right]$$

$$=\frac{1}{2}\left[\left(G_{11}+G_{22}\right)\pm\sqrt{\left(G_{11}+G_{22}\right)^2}\right]=\begin{cases}0\\ G_{11}+G_{22}=\dfrac{a^2+b^2}{E_1^{(0)}-E_2^{(0)}}\end{cases}$$

考虑微扰后能级 $E_1^{(0)}$ 分裂为(二级近似)

$$E_1=E_1^{(0)},\ E_2=E_1^{(0)}+\frac{a^2+b^2}{E_1^{(0)}-E_2^{(0)}}$$

能级 $E_2^{(0)}$ 是非简并的,考虑微扰后二近似能量为

$$E_3=E_2^{(0)}+H'_{33}+\frac{\left|H'_{13}\right|^2}{E_2^{(0)}-E_1^{(0)}}+\frac{\left|H'_{23}\right|^2}{E_2^{(0)}-E_1^{(0)}}=E_2^{(0)}+\frac{a^2+b^2}{E_2^{(0)}-E_1^{(0)}}$$

(2) 精确能量由定态方程

$$\begin{pmatrix}E_1^{(0)} & 0 & a\\ 0 & E_1^{(0)} & b\\ a & b & E_2^{(0)}\end{pmatrix}\begin{pmatrix}c_1\\ c_2\\ c_3\end{pmatrix}=E\begin{pmatrix}c_1\\ c_2\\ c_3\end{pmatrix}$$

解得

$$E_1=E_1^{(0)}$$

$$E_{2,3}=\frac{1}{2}\left[\left(E_1^{(0)}+E_2^{(0)}\right)\pm\sqrt{\left(E_1^{(0)}-E_2^{(0)}\right)^2+4\left(a^2+b^2\right)}\right]$$

$$=\frac{1}{2}\left[\left(E_1^{(0)}+E_2^{(0)}\right)\pm\left(E_1^{(0)}-E_2^{(0)}\right)\sqrt{1+\frac{4\left(a^2+b^2\right)}{\left(E_1^{(0)}-E_2^{(0)}\right)^2}}\right]$$

$$=\frac{1}{2}\left\{\left(E_1^{(0)}+E_2^{(0)}\right)\pm\left(E_1^{(0)}-E_2^{(0)}\right)\left[1+\frac{2\left(a^2+b^2\right)}{\left(E_1^{(0)}-E_2^{(0)}\right)^2}+\cdots\right]\right\}$$

$$=\begin{cases}E_1^{(0)}+\dfrac{a^2+b^2}{E_1^{(0)}-E_2^{(0)}}+\cdots\\ E_2^{(0)}+\dfrac{a^2+b^2}{E_2^{(0)}-E_1^{(0)}}+\cdots\end{cases}$$

对比能量的近似值与精确值看出，E_1 相同，E_2, E_3 的近似值是精确值展开式的前两项.

5.36 距离表面 x 处的一个电子受到势场 $V(x)=\begin{cases}-\dfrac{a}{x}, & x>0\\ \infty, & x<0\end{cases}$ 的作用，其中 a 是正的常数. 略去自旋影响，(1)求基态能量和波函数；(2)现加入一个电场强度为 ε 的弱电场，用微扰论求基态能量的一级修正.

解 在此势场中束缚态能量 $E<0$，令

$$E=-|E|,\ k=\sqrt{\frac{2m|E|}{\hbar^2}},\ \beta=\frac{2ma}{\hbar^2}$$

在 $x<0$ 区，$\psi(x)=0$；在 $x>0$ 区，定态方程为

$$\frac{\mathrm{d}^2\psi(x)}{\mathrm{d}x^2}-k^2\psi(x)+\frac{\beta}{x}\psi(x)=0$$

令

$$\psi(x)=x\mathrm{e}^{-kx}F(x)$$

代入方程，得 $F(x)$ 的方程

$$x\frac{\mathrm{d}^2F(x)}{\mathrm{d}x^2}+(2-2kx)\frac{\mathrm{d}F(x)}{\mathrm{d}x}+(\beta-2k)F(x)=0$$

作变量变换：$x\to\xi=2kx$，方程变为

$$\xi\frac{\mathrm{d}^2F(\xi)}{\mathrm{d}\xi^2}+(\gamma-\xi)\frac{\mathrm{d}F(\xi)}{\mathrm{d}\xi}-\alpha F(\xi)=0$$

$$\gamma=2,\ \alpha=1-\frac{\beta}{2k}=1-\frac{ma}{k\hbar^2}$$

这是合流超几何方程，其解为合流超几何函数 $F(\alpha,\gamma,\xi)$. $F(\alpha,\gamma,\xi)$ 是无穷级数. 当 $\alpha=-n_r(n_r=0,1,2,\cdots)$ 时，$F(\alpha=-n_r,\gamma,\xi)$ 变成 n_r 阶多项式. 电子的束缚定态波函数为

$$\psi(\xi)=A\xi\mathrm{e}^{-\xi/2}F(\alpha=-n_r,\gamma=2,\xi)$$

令

$$n=n_r+1,\ n=1,2,\cdots,\ \alpha=-n_r=1-n=1-\frac{ma}{k\hbar^2}$$

$$n=\frac{ma}{k\hbar^2},\ k=\frac{ma}{n\hbar^2}=\sqrt{\frac{2m|E|}{\hbar^2}}$$

由上式得电子的能量

$$E_n = -\frac{ma^2}{2\hbar^2 n^2},\quad n = 1, 2, \cdots$$

相应的电子波函数为

$$\psi_n(x) = \begin{cases} Bx\mathrm{e}^{-kx}F(1-n, 2, 2kx), & x > 0 \\ 0, & x < 0 \end{cases}$$

其中 $k = ma/\hbar^2 n$. 电子的基态 $(n=1)$ 能量和波函数为

$$E_1 = -\frac{ma^2}{2\hbar^2},\quad \psi_1(x) = \begin{cases} 2\sqrt{k^3}x\mathrm{e}^{-kx}, & x > 0 \\ 0, & x < 0 \end{cases}$$

考虑微扰 $\hat{H}' = e\varepsilon x$ 后, 基态能量的一级近似值

$$E_1^{(1)} = \int \psi_1^*(x)\hat{H}'\psi_1(x)\mathrm{d}x = 4k^3 e\varepsilon \int_0^\infty x^3 \mathrm{e}^{-2kx}\mathrm{d}x = \frac{3e\varepsilon}{2k}$$

5.37 设 $\hat{H} = \hat{H}_0 + \hat{H}'$, $\hat{H}_0 = \begin{pmatrix} E_1^{(0)} & 0 \\ 0 & E_2^{(0)} \end{pmatrix}$, $\hat{H}' = \begin{pmatrix} a & b \\ b & a \end{pmatrix}$, a, b 为实数. (1)用微扰方法求近似能量(准至三级近似); (2)求严格解, 并同近似解比较.

解 利用公式

$$E_n^{(1)} = H'_{nn},\quad E_n^{(2)} = \sum_{m \neq n} \frac{|H'_{mn}|^2}{E_n^{(0)} - E_m^{(0)}}$$

$$E_n^{(3)} = \sum_{m, m' \neq n} \frac{H'_{nm}H'_{mm'}H'_{m'n}}{(E_n^{(0)} - E_m^{(0)})(E_n^{(0)} - E_{m'}^{(0)})} - \sum_{m \neq n} \frac{H'_{nn}|H'_{mn}|^2}{(E_n^{(0)} - E_m^{(0)})^2}$$

算出

$$E_1^{(1)} = H'_{11} = a,\quad E_1^{(2)} = \frac{|H'_{21}|^2}{E_1^{(0)} - E_2^{(0)}} = \frac{b^2}{E_1^{(0)} - E_2^{(0)}}$$

$$E_1^{(3)} = \frac{H'_{12}H'_{22}H'_{21}}{(E_1^{(0)} - E_2^{(0)})^2} - \frac{H'_{11}|H'_{21}|^2}{(E_1^{(0)} - E_2^{(0)})^2} = \frac{ab^2}{(E_1^{(0)} - E_2^{(0)})^2} - \frac{ab^2}{(E_1^{(0)} - E_2^{(0)})^2} = 0$$

三级近似能量

$$E_1 = E_1^{(0)} + E_1^{(1)} + E_1^{(2)} + E_1^{(3)} = E_1^{(0)} + a + \frac{b^2}{E_1^{(0)} - E_2^{(0)}}$$

$$E_2 = E_2^{(0)} + E_2^{(1)} + E_2^{(2)} + E_2^{(3)} = E_2^{(0)} + a - \frac{b^2}{E_1^{(0)} - E_2^{(0)}}$$

为求严格解,要解定态方程 $(\hat{H}_0 + \hat{H}')\psi = E\psi$,即

$$\begin{pmatrix} E_1^{(0)} + a - E & b \\ b & E_2^{(0)} + a - E \end{pmatrix} \begin{pmatrix} c_1 \\ c_2 \end{pmatrix} = 0$$

解之得

$$\begin{aligned} E &= \frac{1}{2}\left[E_1^{(0)} + E_2^{(0)} + 2a \pm \sqrt{(E_1^{(0)} - E_2^{(0)})^2 + 4b^2} \right] \\ &= \frac{1}{2}\left\{ E_1^{(0)} + E_2^{(0)} + 2a \pm (E_1^{(0)} - E_2^{(0)}) \left[1 + \frac{4b^2}{(E_1^{(0)} - E_2^{(0)})^2} \right]^{1/2} \right\} \\ &= \frac{1}{2}\left\{ E_1^{(0)} + E_2^{(0)} + 2a \pm (E_1^{(0)} - E_2^{(0)}) \left[1 + \frac{2b^2}{(E_1^{(0)} - E_2^{(0)})^2} \right.\right. \\ &\qquad \left.\left. - \frac{2b^4}{(E_1^{(0)} - E_2^{(0)})^4} + \frac{4b^6}{(E_1^{(0)} - E_2^{(0)})^6} - \cdots \right] \right\} \\ &= \begin{cases} E_1^{(0)} + a + \dfrac{b^2}{E_1^{(0)} - E_2^{(0)}} - \dfrac{b^4}{(E_1^{(0)} - E_2^{(0)})^3} + \dfrac{2b^6}{(E_1^{(0)} - E_2^{(0)})^5} - \cdots \\ E_2^{(0)} + a - \dfrac{b^2}{E_1^{(0)} - E_2^{(0)}} + \dfrac{b^4}{(E_1^{(0)} - E_2^{(0)})^3} - \dfrac{2b^6}{(E_1^{(0)} - E_2^{(0)})^5} + \cdots \end{cases} \end{aligned}$$

比较严格解与近似解看出,严格解展开式的前三项同三级近似解相同.近似解中的三级修正项为 0,这同严格解展开式中不存在 b^3 项一致.

5.38 在 $\hat{H}_0$ 表象中, $\hat{H} = \hat{H}_0 + \hat{H}'$ 的矩阵表示为

$$\begin{pmatrix} E_1^{(0)} + \varepsilon_1 & a & b \\ a & E_2^{(0)} + \varepsilon_2 & c \\ b & c & E_3^{(0)} + \varepsilon_3 \end{pmatrix}, \quad E_1^{(0)} < E_2^{(0)} < E_3^{(0)}$$

a,b,c 为实数.试用微扰论求体系的能量至三级修正.

解

$$\hat{H}_0 = \begin{pmatrix} E_1^{(0)} & 0 & 0 \\ 0 & E_2^{(0)} & 0 \\ 0 & 0 & E_3^{(0)} \end{pmatrix}, \quad \hat{H}' = \begin{pmatrix} \varepsilon_1 & a & b \\ a & \varepsilon_2 & c \\ b & c & \varepsilon_3 \end{pmatrix}$$

考虑基态能量 $E_1^{(0)}$，它的一、二、三级修正分别为

$$E_1^{(1)} = H'_{11} = \varepsilon_1$$

$$E_1^{(2)} = \sum_{m\neq 1}\frac{\left|H'_{m1}\right|^2}{E_1^{(0)} - E_m^{(0)}} = \frac{a^2}{E_1^{(0)} - E_2^{(0)}} + \frac{b^2}{E_1^{(0)} - E_3^{(0)}}$$

$$\begin{aligned}
E_1^{(3)} &= \sum_{m,m'\neq 1}\frac{H'_{1m}H'_{mm'}H'_{m'1}}{(E_1^{(0)} - E_m^{(0)})(E_1^{(0)} - E_{m'}^{(0)})} - \sum_{m\neq 1}\frac{H'_{11}\left|H'_{m1}\right|^2}{(E_1^{(0)} - E_m^{(0)})^2} \\
&= \sum_{m\neq 1}\left[\frac{H'_{1m}H'_{m2}H'_{21}}{(E_1^{(0)} - E_m^{(0)})(E_1^{(0)} - E_2^{(0)})} + \frac{H'_{1m}H'_{m3}H'_{31}}{(E_1^{(0)} - E_m^{(0)})(E_1^{(0)} - E_3^{(0)})} - \frac{H'_{11}\left|H'_{m1}\right|^2}{(E_1^{(0)} - E_m^{(0)})^2}\right] \\
&= \frac{H'_{12}H'_{22}H'_{21}}{(E_1^{(0)} - E_2^{(0)})^2} + \frac{H'_{13}H'_{32}H'_{21}}{(E_1^{(0)} - E_2^{(0)})(E_1^{(0)} - E_3^{(0)})} + \frac{H'_{12}H'_{23}H'_{31}}{(E_1^{(0)} - E_2^{(0)})(E_1^{(0)} - E_3^{(0)})} \\
&\quad + \frac{H'_{13}H'_{33}H'_{31}}{(E_1^{(0)} - E_3^{(0)})^2} - \frac{H'_{11}\left|H'_{21}\right|^2}{(E_1^{(0)} - E_2^{(0)})^2} - \frac{H'_{11}\left|H'_{31}\right|^2}{(E_1^{(0)} - E_3^{(0)})^2} \\
&= \frac{a^2\varepsilon_2}{(E_1^{(0)} - E_2^{(0)})^2} + \frac{b^2\varepsilon_3}{(E_1^{(0)} - E_3^{(0)})^2} + \frac{2abc}{(E_1^{(0)} - E_2^{(0)})(E_1^{(0)} - E_3^{(0)})} \\
&\quad - \frac{a^2\varepsilon_1}{(E_1^{(0)} - E_2^{(0)})^2} - \frac{b^2\varepsilon_1}{(E_1^{(0)} - E_3^{(0)})^2} \\
&= \frac{a^2(\varepsilon_2 - \varepsilon_1)}{(E_1^{(0)} - E_2^{(0)})^2} + \frac{b^2(\varepsilon_3 - \varepsilon_1)}{(E_1^{(0)} - E_3^{(0)})^2} + \frac{2abc}{(E_1^{(0)} - E_2^{(0)})(E_1^{(0)} - E_3^{(0)})}
\end{aligned}$$

基态的三级近似能量

$$\begin{aligned}
E_1 = E_1^{(0)} + \varepsilon_1 &+ \frac{a^2}{E_1^{(0)} - E_2^{(0)}} + \frac{b^2}{E_1^{(0)} - E_3^{(0)}} + \frac{a^2(\varepsilon_2 - \varepsilon_1)}{(E_1^{(0)} - E_2^{(0)})^2} \\
&+ \frac{b^2(\varepsilon_3 - \varepsilon_1)}{(E_1^{(0)} - E_3^{(0)})^2} + \frac{2abc}{(E_1^{(0)} - E_2^{(0)})(E_1^{(0)} - E_3^{(0)})}
\end{aligned}$$

类似地可以求出第一、二激发态三级近似能量

$$\begin{aligned}
E_2 = E_2^{(0)} + \varepsilon_2 &+ \frac{a^2}{E_2^{(0)} - E_1^{(0)}} + \frac{c^2}{E_2^{(0)} - E_3^{(0)}} + \frac{a^2(\varepsilon_1 - \varepsilon_2)}{(E_2^{(0)} - E_1^{(0)})^2} \\
&+ \frac{c^2(\varepsilon_3 - \varepsilon_2)}{(E_2^{(0)} - E_3^{(0)})^2} + \frac{2abc}{(E_2^{(0)} - E_1^{(0)})(E_2^{(0)} - E_3^{(0)})}
\end{aligned}$$

$$E_3 = E_3^{(0)} + \varepsilon_3 + \frac{b^2}{E_3^{(0)} - E_1^{(0)}} + \frac{c^2}{E_3^{(0)} - E_2^{(0)}} + \frac{b^2(\varepsilon_1 - \varepsilon_3)}{(E_3^{(0)} - E_1^{(0)})^2}$$
$$+ \frac{c^2(\varepsilon_2 - \varepsilon_3)}{(E_3^{(0)} - E_2^{(0)})^2} + \frac{2abc}{(E_3^{(0)} - E_1^{(0)})(E_3^{(0)} - E_2^{(0)})}$$

5.39 用变分法计算一维谐振子的基态能量与波函数，谐振子的哈密顿量为 $\hat{H} = -\frac{\hbar^2}{2\mu}\frac{d^2}{dx^2} + \frac{1}{2}\mu\omega^2 x^2$. 试探波函数取 $\psi(\lambda, x) = N e^{-\lambda x^2}$ ，其中 λ 为待定参数，N 为归一化常数.

解 由波函数归一化条件算出 $N = (2\lambda/\pi)^{1/4}$.

$$E(\lambda) = \int_{-\infty}^{+\infty} \psi^*(\lambda, x)\left(-\frac{\hbar^2}{2\mu}\frac{d^2}{dx^2} + \frac{1}{2}\mu\omega^2 x^2\right)\psi(\lambda, x)dx$$
$$= -\frac{\hbar^2 N^2 \lambda}{\mu}\int_{-\infty}^{+\infty} e^{-2\lambda x^2}\left(2\lambda x^2 - 1\right)dx + \frac{\mu\omega^2 N^2}{2}\int_{-\infty}^{+\infty} e^{-2\lambda x^2} x^2 dx$$
$$= \frac{\hbar^2 N^2 \lambda}{2\mu}\sqrt{\frac{\pi}{2\lambda}} + \frac{\mu\omega^2 N^2}{8\lambda}\sqrt{\frac{\pi}{2\lambda}} = \frac{\hbar^2\lambda}{2\mu} + \frac{\mu\omega^2}{8\lambda}$$

以上用到积分公式

$$\int_{-\infty}^{+\infty} e^{-ax^2}dx = \sqrt{\frac{\pi}{a}},\ \int_{-\infty}^{+\infty} e^{-ax^2} x^2 dx = \frac{1}{2a}\sqrt{\frac{\pi}{a}}$$

$$\frac{\partial E(\lambda)}{\partial \lambda} = 0 \quad \rightarrow \quad \lambda = \frac{\mu\omega}{2\hbar}$$

将 λ 值代入 $E(\lambda)$ 及试探波函数 $\psi(\lambda, x)$ 中，得基态能量和波函数

$$E = \frac{1}{2}\hbar\omega,\ \psi = \sqrt{\frac{\alpha}{\sqrt{\pi}}} e^{-\alpha^2 x^2/2},\ \alpha = \sqrt{\frac{\mu\omega}{\hbar}}$$

5.40 质量为 μ 的粒子在一维势场 $V(z) = \begin{cases} \infty, & z < 0 \\ Gz, & z > 0 \end{cases}$ 中运动，式中 $G > 0$.

(1) 用变分法计算基态能量，在 $z > 0$ 区域内的试探波函数应取下列波函数中的哪一个？为什么？

$$(a)\ z + \lambda z^2,\ (b)\ e^{-\lambda z^2},\ (c)\ z e^{-\lambda z},\ (d)\ \sin\lambda z$$

(2)算出基态能量.

解 (1) 波函数 (a) 在 $z \to \infty$ 处发散，不满足束缚态条件：$\psi(z \to \infty) = 0$；(b) 在 $z = 0$ 处不为零，不满足波函数的连续条件；(d) 也不满足束缚态条件：

$\psi(z\to\infty)=0$；(*c*) 符合要求, 故取它.

(2) 取试探波函数 $\psi=Aze^{-\lambda z}$，其中 λ 为待定参数，A 为归一化常数. 由归一化条件 $\int_0^\infty|\psi|^2\,dz=1$ 确定 $A=2\lambda^{3/2}$.

$$E(\lambda)=\int_0^\infty\psi^*\left(-\frac{\hbar^2}{2\mu}\frac{d^2}{dz^2}+Gz\right)\psi dz=-\frac{\hbar^2}{2\mu}\int_0^\infty\psi^*\frac{d^2\psi}{dz^2}dz+G\int_0^\infty\psi^*z\psi dz$$

$$=-\frac{\hbar^2A^2}{2\mu}\left(-2\lambda\int_0^\infty ze^{-2\lambda z}dz+\lambda^2\int_0^\infty z^2e^{-2\lambda z}dz\right)+GA^2\int_0^\infty z^3e^{-2\lambda z}dz$$

利用公式 $\int_0^\infty z^ne^{-\alpha z}dz=\dfrac{n!}{\alpha^{n+1}}$，算出

$$E(\lambda)=\frac{\hbar^2A^2}{8\mu\lambda}+\frac{3GA^2}{8\lambda^4}=\frac{\hbar^2\lambda^2}{2\mu}+\frac{3G}{2\lambda}$$

$$\frac{\partial E(\lambda)}{\partial\lambda}=0\quad\to\quad\lambda=\left(\frac{3G\mu}{2\hbar^2}\right)^{1/3}$$

将 λ 值代入 $E(\lambda)$，得基态能量

$$E=\frac{\hbar^2}{2\mu}\left(\frac{3G\mu}{2\hbar^2}\right)^{2/3}+\frac{3G}{2}\left(\frac{2\hbar^2}{3G\mu}\right)^{1/3}=\frac{3}{2}\left(\frac{9G^2\hbar^2}{4\mu}\right)^{1/3}$$

5.41 一体系的哈密顿量 $\hat{H}=\hat{T}+V(x)$，$V(x)=\begin{cases}\infty, & x<0\\ Ax, & x>0\end{cases}$，$A>0$. (1)用变分法取试探波函数 $\psi_1(x)=\sqrt{\dfrac{2}{b\sqrt{\pi}}}e^{-x^2/2b^2}$，求基态能量上限 E_1. (2)已知如果取试探波函数 $\psi_2(x)=\sqrt{\dfrac{1}{b\sqrt{\pi}}}\dfrac{2x}{b}e^{-x^2/2b^2}$，则基态能量上限为 $E_2=\left(\dfrac{81}{4\pi}\right)^{1/3}\left(\dfrac{A^2\hbar^2}{\mu}\right)^{1/3}$. 对这两个上限, 你能接受哪一个？为什么？

解 (1) 试探波函数 ψ_1 满足归一化条件,

$$E(b)=\frac{2}{b\sqrt{\pi}}\int_0^\infty e^{-x^2/2b^2}\left(-\frac{\hbar^2}{2\mu}\frac{d^2}{dx^2}+Ax\right)e^{-x^2/2b^2}dx$$

$$=\frac{2}{b\sqrt{\pi}}\int_0^\infty e^{-x^2/b^2}\left[\frac{\hbar^2}{2\mu b^2}\left(1-\frac{x^2}{b^2}\right)+Ax\right]dx$$

利用积分公式

$$\int_0^\infty e^{-\alpha x^2}dx=\frac{1}{2}\sqrt{\frac{\pi}{\alpha}},\ \int_0^\infty e^{-\alpha x^2}x dx=\frac{1}{2\alpha},\ \int_0^\infty e^{-\alpha x^2}x^2 dx=\frac{1}{4\alpha}\sqrt{\frac{\pi}{\alpha}}$$

算出

$$E(b)=\frac{\hbar^2}{4\mu b^2}+\frac{Ab}{\sqrt{\pi}}$$

$$\frac{\partial E(b)}{\partial b}=0\quad\rightarrow\quad b=\left(\frac{\sqrt{\pi}\hbar^2}{2\mu A}\right)^{1/3}$$

将b值代入$E(b)$,得基态能量

$$E_1=\frac{\hbar^2}{4\mu}\left(\frac{4\mu^2A^2}{\pi\hbar^4}\right)^{1/3}+\frac{A}{\sqrt{\pi}}\left(\frac{\sqrt{\pi}\hbar^2}{2\mu A}\right)^{1/3}=\left(\frac{27}{16\pi}\right)^{1/3}\left(\frac{\hbar^2A^2}{\mu}\right)^{1/3}$$

E_1是基态能量的上限.

(2) $E_1<E_2$. 单从能量上看,似乎应该接受E_1. 但是,考虑到波函数$\psi(x)$必须满足边界条件$\psi(0)=0$,试探波函数ψ_1不满足此条件,而ψ_2满足,故应接受E_2.

5.42 质量为μ的粒子在势场$V(x)=\begin{cases}\infty, & x<0\\ Cx^2, & x>0\end{cases}$,$C>0$中运动. (1)用变分法估算粒子基态能量,试探波函数取$\psi(x)=Axe^{-\lambda x}$,λ为变分参量. (2)它是精确解的上限,还是下限?将它同精确解比较.

解 由$\psi(x)$的归一化条件确定$A=2\lambda^{3/2}$,

$$\begin{aligned}E(\lambda)&=\int_0^\infty\psi^*(x)\left(-\frac{\hbar^2}{2\mu}\frac{d^2}{dx^2}+Cx^2\right)\psi(x)dx\\&=A^2\int_0^\infty xe^{-\lambda x}\left(-\frac{\hbar^2}{2\mu}\frac{d^2}{dx^2}+Cx^2\right)xe^{-\lambda x}dx\\&=A^2\left(-\frac{\hbar^2\lambda^2}{2\mu}\int_0^\infty e^{-2\lambda x}x^2dx+\frac{\hbar^2\lambda}{\mu}\int_0^\infty e^{-2\lambda x}xdx+C\int_0^\infty e^{-2\lambda x}x^4dx\right)\end{aligned}$$

利用积分公式$\int_0^\infty e^{-\alpha x}x^n dx=\frac{n!}{\alpha^{n+1}}$,算出

$$E(\lambda)=A^2\left(\frac{\hbar^2}{8\mu\lambda}+\frac{3C}{4\lambda^5}\right)=\frac{\hbar^2\lambda^2}{2\mu}+\frac{3C}{\lambda^2}$$

$$\frac{\partial E(\lambda)}{\partial\lambda}=0\quad\rightarrow\quad\lambda=\left(\frac{6C\mu}{\hbar^2}\right)^{1/4}$$

将 λ 的值代入 $E(\lambda)$，得基态能量

$$E=\frac{\hbar^2}{2\mu}\left(\frac{6C\mu}{\hbar^2}\right)^{1/2}+3C\left(\frac{\hbar^2}{6C\mu}\right)^{1/2}=\hbar\sqrt{\frac{6C}{\mu}}$$

它是精确能量的上限. 为求精确能量，将势阱 $V(x)$ 表示成如下形式：

$$V(x)=\begin{cases}\infty, & x<0\\ \dfrac{1}{2}\mu\omega^2x^2, & x>0\end{cases}$$

其中 $\omega=\sqrt{2C/\mu}$. 在此势场中的定态能量为

$$E_n=\left(n+\frac{1}{2}\right)\hbar\omega=\left(n+\frac{1}{2}\right)\hbar\sqrt{\frac{2C}{\mu}},\ n=1,3,5,\cdots$$

基态能量为

$$E_1=\frac{3\hbar}{2}\sqrt{\frac{2C}{\mu}}=\hbar\sqrt{\frac{4.5C}{\mu}}<\hbar\sqrt{\frac{6C}{\mu}}$$

5.43 对非简谐振子 $\hat{H}=-\dfrac{\hbar^2}{2m}\dfrac{\mathrm{d}^2}{\mathrm{d}x^2}+\lambda x^4$，取试探波函数 $\mathrm{e}^{-\alpha^2x^2}$，试用变分法求基态能量.

解 归一化的试探波函数为

$$\psi(x,\alpha)=\left(\frac{2\alpha^2}{\pi}\right)^{1/4}\mathrm{e}^{-\alpha^2x^2}$$

$$\begin{aligned}E(\alpha)&=\int_{-\infty}^{+\infty}\psi^*(x,\alpha)\hat{H}\psi(x,\alpha)\mathrm{d}x\\&=\left(\frac{2\alpha^2}{\pi}\right)^{1/2}\int_{-\infty}^{+\infty}\mathrm{e}^{-\alpha^2x^2}\left(-\frac{\hbar^2}{2m}\frac{\mathrm{d}^2}{\mathrm{d}x^2}+\lambda x^4\right)\mathrm{e}^{-\alpha^2x^2}\mathrm{d}x\\&=\frac{\hbar^2\alpha^2}{2m}+\frac{3\lambda}{16\alpha^4}\end{aligned}$$

$$\frac{\partial E(\alpha)}{\partial\alpha}=0\quad\rightarrow\quad\alpha=\left(\frac{3\lambda m}{4\hbar^2}\right)^{1/6}$$

将 α 值代入 $E(\alpha)$ 得基态近似能量

$$E=\frac{3}{4}3^{1/3}\lambda^{1/3}\left(\frac{\hbar^2}{2m}\right)^{2/3}=1.082\lambda^{1/3}\left(\frac{\hbar^2}{2m}\right)^{2/3}$$

基态精确能量是

$$E = 1.060\lambda^{1/3}\left(\frac{\hbar^2}{2m}\right)^{2/3}$$

5.44 质量为 μ 的粒子在势场 $V(x) = -\alpha\delta(x)\ (\alpha > 0)$ 中运动, 以谐振子基态型波函数为试探波函数, 求基态近似能量.

解 归一化的试探波函数为

$$\psi(x,\lambda) = \left(\frac{2\lambda}{\pi}\right)^{1/4} e^{-\lambda x^2}$$

其中 λ 为变分参数.

$$\begin{aligned}
E(\lambda) &= \int_{-\infty}^{+\infty}\psi^*(x,\lambda)\left[-\frac{\hbar^2}{2\mu}\frac{d^2}{dx^2} - \alpha\delta(x)\right]\psi(x,\lambda)dx \\
&= \sqrt{\frac{2\lambda}{\pi}}\left[-\frac{\hbar^2}{2\mu}\int_{-\infty}^{+\infty} e^{-\lambda x^2}\frac{d^2}{dx^2}e^{-\lambda x^2}dx - \alpha\int_{-\infty}^{+\infty} e^{-2\lambda x^2}\delta(x)dx\right] \\
&= \sqrt{\frac{2\lambda}{\pi}}\left(-\frac{2\hbar^2\lambda^2}{\mu}\int_{-\infty}^{+\infty} x^2 e^{-2\lambda x^2}dx + \frac{\hbar^2\lambda}{\mu}\int_{-\infty}^{+\infty} e^{-2\lambda x^2}dx - \alpha\right)
\end{aligned}$$

利用积分公式

$$\int_{-\infty}^{+\infty} e^{-ax^2}dx = \sqrt{\frac{\pi}{a}},\quad \int_{-\infty}^{+\infty} x^2 e^{-ax^2}dx = \frac{1}{2a}\sqrt{\frac{\pi}{a}}$$

算出

$$E(\lambda) = \frac{\hbar^2\lambda}{2\mu} - \alpha\sqrt{\frac{2\lambda}{\pi}}$$

$$\frac{dE(\lambda)}{d\lambda} = 0 \rightarrow \lambda = \frac{2\mu^2\alpha^2}{\pi\hbar^4}$$

将 λ 值代入 $E(\lambda)$ 中, 得基态近似能量

$$E = -\frac{\mu\alpha^2}{\pi\hbar^2}$$

能量的精确值为 $E = -\mu\alpha^2/2\hbar^2$. 近似值比精确值稍大.

5.45 设在氘核中, 质子和中子之间的相互作用势为 $V(r) = -V_0 e^{-r/a}$ (r, a 为正实数). 取试探波函数 $\psi = e^{-\lambda r/2a}$, 其中 λ 为待定参数. (1)用变分法求基态能量近似值; (2)若 $V_0 = 32.7\text{MeV}$, $a = 2.16\ \text{fm}$. 试确定 λ 的值.

解 令$\psi = Ae^{-\lambda r/2a}$，由$\psi$的归一化条件得$A=\sqrt{\lambda^3/8\pi a^3}$.

$$
\begin{aligned}
E(\lambda) &= \int_0^\infty \psi^* \hat{H}\psi \mathrm{d}\tau \\
&= 4\pi A^2 \int_0^\infty \mathrm{e}^{-\lambda r/2a}\left(-\frac{\hbar^2}{2\mu}\nabla^2 - V_0 \mathrm{e}^{-r/a}\right)\mathrm{e}^{-\lambda r/2a} r^2 \mathrm{d}r \\
&= 4\pi A^2 \left[\frac{\lambda\hbar^2}{4\mu a}\left(2\int_0^\infty r\mathrm{e}^{-\lambda r/a}\mathrm{d}r - \frac{\lambda}{2a}\int_0^\infty r^2 \mathrm{e}^{-\lambda r/a}\mathrm{d}r\right) - V_0\int_0^\infty \mathrm{e}^{-(1+\lambda)r/a} r^2 \mathrm{d}r\right] \\
&= 4\pi A^2 \left[\frac{\hbar^2 a}{4\mu\lambda} - \frac{2V_0 a^3}{(1+\lambda)^3}\right]
\end{aligned}
$$

将$A^2 = \lambda^3/8\pi a^3$代入上式，得基态近似能量

$$
E(\lambda) = \frac{\hbar^2\lambda^2}{8\mu a^2} - \frac{V_0\lambda^3}{(1+\lambda)^3} \tag{1}
$$

由$\partial E(\lambda)/\partial\lambda = 0$，得

$$
\frac{\hbar^2}{4\mu a^2} - \frac{3V_0\lambda}{(1+\lambda)^3} + \frac{3V_0\lambda^2}{(1+\lambda)^4} = 0 \quad 或 \quad \frac{\lambda}{(1+\lambda)^4} = \frac{\hbar^2}{12\mu a^2 V_0} \tag{2}
$$

将
$$
\begin{aligned}
&\hbar = 1.0546\times10^{-34}\,\mathrm{J\cdot s},\ \mu = 0.5\times1.6728\times10^{-27}\,\mathrm{kg} \\
&V_0 = 32.7\mathrm{MeV} = 32.7\times10^6\times1.602\times10^{-19}\,\mathrm{J} \\
&a = 2.16\ \mathrm{fm} = 2.16\times10^{-15}\,\mathrm{m}
\end{aligned}
$$
代入式(2)，得

$$
\frac{\lambda}{(1+\lambda)^4} = 0.04534 \tag{3}
$$

用数值计算法算出方程(3)的两个解：$\lambda_1 = 0.0565, \lambda_2 = 1.325$. 将$\lambda$的这两个值分别代入式(1)得：$E_1 = 9.841\times10^{-16}\,\mathrm{J},\ E_2 = -3.443\times10^{-13}\,\mathrm{J}$. $E_1 > 0$，是非束缚态，不合理，舍去. 其实，由λ_1确定的E_1不是$E(\lambda)$的极小值，而是极大值. $E_2 < 0$，是束缚态. 基态近似能量为

$$
E = -3.443\times10^{-13}\,\mathrm{J} = -2.149\mathrm{MeV}
$$

实验表明，氘核仅有一个束缚态，能量为$E = -2.23$ MeV. 计算结果同实验基本相符.

5.46 设$t<0$时，一维量子体系处于$\hat{H}_0$的某一本征态ψ_k上，$t\geqslant 0$时受到一微弱的外界作用$\hat{H}'(x,t)$. (1)求$t>0$时该体系由ψ_k态跃迁到$\hat{H}_0$的另一本征态

$\psi_l (l \neq k)$ 的跃迁概率 $W_{k\to l}$ 的一级近似表示式；(2)若 ψ_k 为该体系的基态 ψ_0，而 $\hat{H}'(x,t)=F(x)\mathrm{e}^{-t/\tau}$，求在 $t \gg \tau$ 时，体系处于某一激发态 ψ_n 的概率 $W_{0\to n}$.

解 (1)

$$W_{k\to l}(t)=\frac{1}{\hbar^2}\left|\int_0^t H'_{lk}(t)\mathrm{e}^{\mathrm{i}\omega_{lk}t}\mathrm{d}t\right|^2$$

其中

$$H'_{lk}(t)=\int \psi_l^*(x)\hat{H}'(x,t)\psi_k(x)\mathrm{d}x,\ \ \omega_{lk}=\frac{E_l-E_k}{\hbar}$$

(2)

$$W_{0\to n}(t)=\frac{1}{\hbar^2}\left|\int_0^t H'_{n0}(t)\mathrm{e}^{\mathrm{i}\omega_{n0}t}\mathrm{d}t\right|^2$$

$$\omega_{n0}=\frac{E_n-E_0}{\hbar}$$

$$H'_{n0}(t)=\int \psi_n^*(x)F(x)\mathrm{e}^{-t/\tau}\psi_0(x)\mathrm{d}x=F_{n0}\mathrm{e}^{-t/\tau}$$

$$F_{n0}=\int \psi_n^*(x)F(x)\psi_0(x)\mathrm{d}x$$

将 $H'_{n0}(t)=F_{n0}\mathrm{e}^{-t/\tau}$ 代入 $W_{0\to n}(t)$ 中，算出

$$W_{0\to n}(t)=\frac{|F_{n0}|^2}{\hbar^2}\left|\frac{1-\mathrm{e}^{-t/\tau}\mathrm{e}^{\mathrm{i}\omega_{n0}t}}{(1/\tau)-\mathrm{i}\omega_{n0}}\right|^2$$

$$\xrightarrow{t\gg\tau}\frac{|F_{n0}|^2}{\hbar^2}\left|\frac{1}{(1/\tau)-\mathrm{i}\omega_{n0}}\right|^2=\frac{|F_{n0}|^2}{\hbar^2\left[(1/\tau)^2+\omega_{n0}{}^2\right]}$$

5.47 求在方向一致空间均匀，但随时间衰减的电场 $\varepsilon(t)=\begin{cases}0, & t<0\\ \varepsilon_0\mathrm{e}^{-t/\tau}, & t>0\end{cases}$ (ε_0 与 τ 为常数，$\tau>0$)中，原处于基态的氢原子后处于 2p 态的概率. 已知

$$\psi_{100}=\sqrt{\frac{1}{\pi a^3}}\mathrm{e}^{-r/a},\ \psi_{210}=\frac{1}{4a^2}\sqrt{\frac{1}{2\pi a}}r\mathrm{e}^{-r/2a}\cos\theta$$

$$\psi_{21\pm1}=\mp\frac{1}{8a^2}\sqrt{\frac{1}{\pi a}}r\mathrm{e}^{-r/2a}\sin\theta\mathrm{e}^{\pm\mathrm{i}\varphi}$$

解 取电场方向为 z 轴方向，$t>0$ 时出现的微扰

$$\hat{H}'=-q\boldsymbol{r}\cdot\boldsymbol{E}=e\varepsilon_0\,\mathrm{e}^{-t/\tau}z=e\varepsilon_0\mathrm{e}^{-t/\tau}r\cos\theta$$

$t(>0)$ 时刻原子由 ψ_{100} 态到 $\psi_{21M}(M=0,\pm1)$ 态的跃迁概率为

$$W_{(100)\to(21M)}(t)=\frac{1}{\hbar^2}\left|\int_0^t H'_{mk}(t)\mathrm{e}^{\mathrm{i}\omega_{mk}t}\mathrm{d}t\right|^2$$

其中

$$\omega_{mk}=\frac{E_m-E_k}{\hbar}=\frac{E_2-E_1}{\hbar}=\frac{3e^2}{8a\hbar}$$

$$H'_{mk}(t)=\int\psi^*_{21M}\hat{H}'\psi_{100}\mathrm{d}\tau=e\varepsilon_0\mathrm{e}^{-t/\tau}\int\psi^*_{21M}r\cos\theta\psi_{100}\mathrm{d}\tau$$

对 $M=\pm1$, $H'_{mk}(t)=0$. 这是因为

$$H'_{mk}(t)=e\varepsilon_0\mathrm{e}^{-t/\tau}\int\psi^*_{21\pm1}r\cos\theta\psi_{100}\mathrm{d}\tau\sim\int_0^{2\pi}\mathrm{e}^{\pm\mathrm{i}\varphi}\mathrm{d}\varphi=0$$

只要计算 $\psi_{100}\to\psi_{210}$ 的跃迁概率. 这时

$$\begin{aligned}H'_{mk}(t)&=e\varepsilon_0\mathrm{e}^{-t/\tau}\int\psi^*_{210}r\cos\theta\psi_{100}\mathrm{d}\tau\\&=\frac{e\varepsilon_0\mathrm{e}^{-t/\tau}}{4\pi\sqrt{2}a^4}\int_0^\infty\mathrm{e}^{-3r/2a}r^4\mathrm{d}r\int_0^\pi\cos^2\theta\sin\theta\mathrm{d}\theta\int_0^{2\pi}\mathrm{d}\varphi\\&=\frac{2^7\sqrt{2}e\varepsilon_0\mathrm{e}^{-t/\tau}a}{3^5}\end{aligned}$$

以上计算用到公式 $\int_0^\infty\mathrm{e}^{-\alpha r}r^4\mathrm{d}r=\frac{4!}{\alpha^5}$. 于是

$$\begin{aligned}W_{(100)\to(210)}(t)&=\frac{2^{15}e^2\varepsilon_0^2a^2}{3^{10}\hbar^2}\left|\int_0^t\mathrm{e}^{-t/\tau}\mathrm{e}^{\mathrm{i}\omega_{mk}t}\mathrm{d}t\right|^2\\&=\frac{2^{15}e^2\varepsilon_0^2a^2}{3^{10}\hbar^2}\left|\frac{\mathrm{e}^{\left(\mathrm{i}\omega_{mk}-\frac{1}{\tau}\right)t}-1}{\mathrm{i}\omega_{mk}-\frac{1}{\tau}}\right|^2\\&=\frac{2^{15}e^2\varepsilon_0^2a^2\left(1-2\cos\omega_{mk}t\mathrm{e}^{-t/\tau}+\mathrm{e}^{-2t/\tau}\right)}{3^{10}\hbar^2\left[\omega_{mk}^2+(1/\tau)^2\right]}\\&\xrightarrow{t\to\infty}\frac{2^{15}e^2\varepsilon_0^2a^2}{3^{10}\hbar^2\left[\omega_{mk}^2+(1/\tau)^2\right]}=\frac{2^{15}e^2\varepsilon_0^2a^2\tau^2}{3^{10}\hbar^2\left[1+\left(3e^2\tau/8a\hbar\right)^2\right]}\end{aligned}$$

这也是由 ψ_{100} 态到 2p 态的跃迁概率.

5.48 带有电荷 q 的一维谐振子在光照下发生跃迁. (1)给出电偶极跃迁的选择定则; (2)设照射光的强度为 $I(\omega)$, 计算振子由基态到第一激发态的跃迁速率.

解 (1) 一维谐振子由ψ_n态到ψ_m态的电偶极跃迁速率为

$$w_{n\to m}=\frac{4\pi^2q^2}{3\hbar^2}|x_{mn}|^2 I(|\omega_{mn}|)$$

$$x_{mn}=\int\psi_m^*(x)x\psi_n(x)\mathrm{d}x$$

其中ψ_n与ψ_m是初态与末态波函数. 利用公式

$$x\psi_n(x)=\frac{1}{\alpha}\left[\sqrt{\frac{n}{2}}\psi_{n-1}(x)+\sqrt{\frac{n+1}{2}}\psi_{n+1}(x)\right]$$

算出

$$x_{mn}=\frac{1}{\alpha}\left(\sqrt{\frac{n}{2}}\delta_{m,n-1}+\sqrt{\frac{n+1}{2}}\delta_{m,n+1}\right)$$

可见, 电偶极跃迁的选择定则是

$$\Delta n=m-n=\pm1$$

(2) 对基态ψ_0到第一激发态ψ_1的跃迁,

$$x_{10}=\frac{1}{\sqrt{2}\alpha}=\sqrt{\frac{\hbar}{2\mu\omega}},\ \omega_{10}=\frac{E_1-E_0}{\hbar}=\omega$$

跃迁速率为

$$w_{0\to1}=\frac{4\pi^2q^2}{3\hbar^2}|x_{10}|^2 I(\omega)=\frac{2\pi^2q^2I(\omega)}{3\hbar\mu\omega}$$

其中ω是一维谐振子的角频率.

5.49 计算氢原子在强度为$I(\omega)$的光照下, 由基态到2p态跃迁的速率. 已知氢原子波函数$\psi_{nlm}=R_{nl}(r)Y_{lm}(\theta,\varphi)$, 其中

$$R_{10}=\frac{2}{a^{3/2}}\mathrm{e}^{-r/a},\ R_{21}=\frac{1}{2\sqrt{6}a^{3/2}}\left(\frac{r}{a}\right)\mathrm{e}^{-r/2a}$$

$$Y_{00}=\sqrt{\frac{1}{4\pi}},\ Y_{10}=\sqrt{\frac{3}{4\pi}}\cos\theta,\ Y_{1,\pm1}=\mp\sqrt{\frac{3}{8\pi}}\sin\theta\mathrm{e}^{\pm\mathrm{i}\varphi}$$

解 在强度为$I(\omega)$的光照下, 氢原子由ψ_k态到ψ_m态的跃迁速率为

$$w_{n\to m}=\frac{4\pi^2e^2}{3\hbar^2}|\boldsymbol{r}_{mk}|^2 I(|\omega_{mk}|)$$

$$|\boldsymbol{r}_{mk}|^2=|x_{mk}|^2+|y_{mk}|^2+|z_{mk}|^2$$

$$x_{mk}=\int\psi_m^* x\psi_k \mathrm{d}\tau,\ y_{mk}=\int\psi_m^* y\psi_k \mathrm{d}\tau,\ z_{mk}=\int\psi_m^* z\psi_k \mathrm{d}\tau$$

由基态ψ_{100}到2p $(\psi_{211},\psi_{210},\psi_{21-1})$态的跃迁速率是由基态到这三个末态的跃迁速率之和. 我们分别计算这三个跃迁速率.

(1) $\psi_{100}\to\psi_{210}$

$$x_{mk}=\int\psi_{210}^* r\sin\theta\cos\varphi\psi_{100}\mathrm{d}\tau\sim\int_0^{2\pi}\cos\varphi\mathrm{d}\varphi=0$$

$$y_{mk}=\int\psi_{210}^* r\sin\theta\sin\varphi\psi_{100}\mathrm{d}\tau\sim\int_0^{2\pi}\sin\varphi\mathrm{d}\varphi=0$$

$$\begin{aligned}z_{mk}&=\int\psi_{210}^* r\cos\theta\psi_{100}\mathrm{d}\tau\\&=\int_0^\infty R_{21}(r)R_{10}(r)r^3\mathrm{d}r\int_{4\pi}Y_{10}^*(\theta,\varphi)\cos\theta Y_{00}(\theta,\varphi)\mathrm{d}\Omega\end{aligned}$$

其中

$$\int_0^\infty R_{21}(r)R_{10}(r)r^3\mathrm{d}r=\frac{1}{\sqrt{6}a^4}\int_0^\infty \mathrm{e}^{-3r/2a}r^4\mathrm{d}r=\frac{2^8 a}{3^4\sqrt{6}}$$

$$\int_{4\pi}Y_{10}^*(\theta,\varphi)\cos\theta Y_{00}(\theta,\varphi)\mathrm{d}\Omega=\frac{\sqrt{3}}{2}\int_0^\pi\cos^2\theta\sin\theta\mathrm{d}\theta=\frac{1}{\sqrt{3}}$$

将这两个积分值代入上式, 得

$$z_{mk}=\frac{2^8 a}{3^5\sqrt{2}}$$

$$|\boldsymbol{r}_{mk}|^2=|z_{mk}|^2=\frac{2^{15}a^2}{3^{10}}$$

$$w_{(100)\to(210)}=\frac{2^{17}\pi^2 e^2 a^2}{3^{11}\hbar^2}I(|\omega_{mk}|)$$

(2) $\psi_{100}\to\psi_{211}$

$$z_{mk}=\int\psi_{211}^* r\cos\theta\psi_{100}\mathrm{d}\tau\sim\int_0^{2\pi}\mathrm{e}^{-\mathrm{i}\varphi}\mathrm{d}\varphi=0$$

$$x_{mk}=\int\psi_{211}^* r\sin\theta\cos\varphi\psi_{100}\mathrm{d}\tau=-\frac{2^7 a}{3^5}$$

$$y_{mk}=\int\psi_{211}^* r\sin\theta\sin\varphi\psi_{100}\mathrm{d}\tau=\frac{2^7 a\mathrm{i}}{3^5}$$

$$|\boldsymbol{r}_{mk}|^2=|x_{mk}|^2+|y_{mk}|^2=\frac{2^{15}a^2}{3^{10}}$$

$$w_{(100)\to(211)}=\frac{2^{17}\pi^2e^2a^2}{3^{11}\hbar^2}I(|\omega_{mk}|)$$

(3) $\psi_{100}\to\psi_{21-1}$

$$x_{mk}=\frac{2^7a}{3^5},\ y_{mk}=\frac{2^7a\mathrm{i}}{3^5},\ z_{mk}=0$$

$$|\boldsymbol{r}_{mk}|^2=|x_{mk}|^2+|y_{mk}|^2=\frac{2^{15}a^2}{3^{10}}$$

$$w_{(100)\to(21-1)}=\frac{2^{17}\pi^2e^2a^2}{3^{11}\hbar^2}I(|\omega_{mk}|)$$

由基态(1s)到2p态的跃迁速率是上述3个跃迁速率之和：

$$w_{1\mathrm{s}\to2\mathrm{p}}=\frac{2^{17}\pi^2e^2a^2}{3^{10}\hbar^2}I(|\omega_{mk}|),\ \omega_{mk}=\frac{E_2-E_1}{\hbar}=\frac{3e^2}{8a\hbar}$$

5.50 计算氢原子由2p态到1s态的自发跃迁速率.

解 氢原子由2p态到1s态的自发跃迁速率是分别由ψ_{210}，ψ_{211}与ψ_{21-1}态到ψ_{100}态自发跃迁速率的加权平均值. 原子由ψ_k态到ψ_m态的自发跃迁速率为

$$A_{k\to m}=\frac{4e^2\omega_{km}^3}{3\hbar c^3}|\boldsymbol{r}_{mk}|^2$$

$$\omega_{km}=\frac{E_k-E_m}{\hbar},\ |\boldsymbol{r}_{mk}|^2=|x_{mk}|^2+|y_{mk}|^2+|z_{mk}|^2$$

$$x_{mk}=\int\psi_m^*x\psi_k\mathrm{d}\tau,\ y_{mk}=\int\psi_m^*y\psi_k\mathrm{d}\tau,\ z_{mk}=\int\psi_m^*z\psi_k\mathrm{d}\tau$$

由于由ψ_k态到ψ_m态跃迁的$|\boldsymbol{r}_{mk}|^2$同由ψ_m态到ψ_k态的$|\boldsymbol{r}_{km}|^2$相等，故本题中三种自发跃迁的$|\boldsymbol{r}_{mk}|^2$同5.49题中相应跃迁的$|\boldsymbol{r}_{km}|^2$相等(两题中的初末态正好相反). 已知5.49题中三种跃迁的$|\boldsymbol{r}_{km}|^2$是一样的，故本题中三种跃迁的$|\boldsymbol{r}_{mk}|^2$均为$|\boldsymbol{r}_{mk}|^2=2^{15}a^2/3^{10}$. 三种自发跃迁的速率均为

$$A_{k\to m}=\frac{2^{17}e^2a^2\omega_{km}^3}{3^{11}\hbar c^3},\ \omega_{km}=\frac{3e^2}{8a\hbar}$$

不论氢原子处于2p态中三个态的概率如何，由这三个态到1s态的加权平均值都由上式决定，它就是氢原子由2p态到1s态的自发跃迁速率.

5.51 原子两个态之间的电偶极跃迁概率同两个态之间的电偶极跃迁矩阵元绝对值平方成正比. 已知氢原子的波函数$\psi_{nlm}(\boldsymbol{r})=R_{nl}(r)Y_{lm}(\theta,\varphi)$. 取玻尔半径

$a=\hbar^2/\mu e^2$ 为长度单位，则

$$R_{10}=2\mathrm{e}^{-r},\ R_{20}=\left(\frac{1}{2}\right)^{3/2}(2-r)\mathrm{e}^{-r/2},\ R_{21}=\left(\frac{1}{2}\right)^{3/2}\frac{r}{\sqrt{3}}\mathrm{e}^{-r/2}$$

$$Y_{00}=\sqrt{\frac{1}{4\pi}},\ Y_{10}(\theta,\varphi)=\sqrt{\frac{3}{4\pi}}\cos\theta,\ Y_{1,\pm1}(\theta,\varphi)=\mp\sqrt{\frac{3}{8\pi}}\sin\theta\mathrm{e}^{\pm\mathrm{i}\varphi}$$

(1)算出 $n=2$ 的所有矩阵元 $\langle\psi_{nlm}|z|\psi_{100}\rangle$；(2)结合你的计算结果，讨论这种矩阵元所涉及的有关 Δm 与 Δl 的选择定则(不考虑自旋).

解 (1) 取球坐标，$z=r\cos\theta$，

$$\langle\psi_{200}|z|\psi_{100}\rangle\sim\int_0^{\pi}\cos\theta\sin\theta\mathrm{d}\theta=0 \tag{1}$$

$$\langle\psi_{21\pm1}|z|\psi_{100}\rangle\sim\int_0^{2\pi}\mathrm{e}^{\mp\mathrm{i}\varphi}\mathrm{d}\varphi=0 \tag{2}$$

$$\begin{aligned}\langle\psi_{210}|z|\psi_{100}\rangle&=\int\psi_{210}^{*}r\cos\theta\psi_{100}\mathrm{d}\tau\\&=\left(\frac{1}{2}\right)^{3/2}\int_0^{\infty}\mathrm{e}^{-3r/2}r^4\mathrm{d}r\int_0^{\pi}\cos^2\theta\sin\theta\mathrm{d}\theta=\frac{2^8}{3^5\sqrt{2}}\end{aligned} \tag{3}$$

(2) 电偶极跃迁的选择定则是

$$\Delta l=\pm1,\ \Delta m=0,\pm1 \tag{4}$$

凡是不满足选择定则(4)的跃迁矩阵元一定为零，如式(1). 但是满足选择定则(4)的跃迁矩阵元也有可能是零，如式(2). 这是因为电偶极跃迁的选择定则是充分条件，不是充分必要条件.

5.52 一维谐振子的能量本征态为 $|n\rangle$，$\hat{H}_0|n\rangle=\left(n+\frac{1}{2}\right)\hbar\omega|n\rangle$，$n=0,1,2,\cdots$. 设有一微扰 $\hat{H}'$，满足 $\langle m|\hat{H}'|n\rangle=\begin{cases}\lambda, & n^2+m^2=1\\0, & \text{其他情况}\end{cases}$. 体系的哈密顿量为 $\hat{H}=\hat{H}_0+\hat{H}'$. 如果 $t=0$ 时体系处于基态，求 $t>0$ 时体系处于各个态 $|n\rangle$ 上的概率.

解 $t=0$ 时振子处于基态 $|0\rangle$，$t\geqslant0$ 时在微扰 $\hat{H}'$ 的作用下，振子处于 $|n\rangle$ 态的概率为

$$W_{0\to n}(t)=\frac{1}{\hbar^2}\left|\int_0^t H'_{n0}\mathrm{e}^{\mathrm{i}\omega_{n0}t}\mathrm{d}t\right|^2$$

$$H'_{n0}=\langle n|\hat{H}'|0\rangle=\lambda\delta_{n1},\ \omega_{n0}=\frac{E_n-E_0}{\hbar}=n\omega$$

将上式代入前式，得

$$W_{0\to n}(t)=\frac{\lambda^2\delta_{n1}}{\hbar^2}\left|\int_0^t \mathrm{e}^{\mathrm{i}\omega_{n0}t}\mathrm{d}t\right|^2=\frac{\lambda^2\delta_{n1}}{\hbar^2}\left|\frac{\mathrm{e}^{\mathrm{i}\omega_{n0}t}-1}{\mathrm{i}\omega_{n0}}\right|^2=\frac{4\lambda^2\delta_{n1}}{\hbar^2\omega_{n0}^2}\sin^2\frac{\omega_{n0}t}{2}$$

由基态$|0\rangle$到第一激发态$|1\rangle$的跃迁概率为

$$W_{0\to 1}(t)=\frac{4\lambda^2}{\hbar^2\omega^2}\sin^2\frac{\omega t}{2}$$

到其他激发态的跃迁概率为零.

5.53 当$t<0$时，质量为μ，角频率为ω，沿x方向振动的一维谐振子处于基态.从$t>0$时起，该振子受到沿x方向的力(不是势) $F(t)=F_0\mathrm{e}^{-t/\tau}$的作用，其中$F_0$和$\tau$是正的实数. 假若$F_0$很小，利用含时微扰论，准至一阶，求出振子在充分长时间后，处于各激发态的概率.

解 振子受到的微扰为$\hat{H}'=-F_0x\mathrm{e}^{-t/\tau}$，在$t\leqslant 0$时，振子处于基态$\psi_0$，$t>0$时处于任一态$\psi_n$的概率为

$$W_{0\to n}(t)=\frac{1}{\hbar^2}\left|\int_0^t H'_{n0}(t)\mathrm{e}^{\mathrm{i}\omega_{n0}t}\mathrm{d}t\right|^2$$

其中

$$\begin{aligned}H'_{n0}(t)&=\int\psi_n^*(x)\hat{H}'(t)\psi_0(x)\mathrm{d}x=-F_0\mathrm{e}^{-t/\tau}\int\psi_n^*(x)x\psi_0(x)\mathrm{d}x\\&=-\frac{F_0\mathrm{e}^{-t/\tau}\delta_{n1}}{\sqrt{2}\alpha}\end{aligned}$$

计算中用到公式$x\psi_0(x)=\dfrac{1}{\sqrt{2}\alpha}\psi_1(x)$.

$$\begin{aligned}W_{0\to n}(t)&=\frac{F_0^2\delta_{n1}}{2\alpha^2\hbar^2}\left|\int_0^t \mathrm{e}^{-\left(\frac{1}{\tau}-\mathrm{i}\omega_{n0}\right)t}\mathrm{d}t\right|^2=\frac{F_0^2\delta_{n1}}{2\alpha^2\hbar^2}\left|\frac{\mathrm{e}^{-\left(\frac{1}{\tau}-\mathrm{i}\omega_{n0}\right)t}-1}{\frac{1}{\tau}-\mathrm{i}\omega_{n0}}\right|^2\\&\xrightarrow{t\to\infty}\frac{F_0^2\delta_{n1}}{2\alpha^2\hbar^2}\left(\omega_{n0}^2+\frac{1}{\tau^2}\right)^{-1}\end{aligned}$$

其中$\omega_{n0}=n\omega$. $t\to\infty$时振子跃迁到ψ_1态的概率为

$$W_{0\to 1}(t)=\frac{F_0^2}{2\alpha^2\hbar^2}\left(\omega^2+\frac{1}{\tau^2}\right)^{-1}$$

跃迁到其他态的概率为 0.

5.54　利用能量时间不确定关系，估算正负电子对能发生湮没相距的最大距离.

解　正负电子对是通过电磁作用发生湮没的. 电磁作用又是通过光子来传递的. 正负电子对发生湮没过程经历的时间 Δt，同能量的不确定范围 $\Delta E = 2mc^2$，满足不确定关系

$$\Delta t = \frac{\hbar}{\Delta E} = \frac{\hbar}{2mc^2}$$

光子的速度为 c，在 Δt 时间内，光子走过的距离为

$$L = c\Delta t = \frac{\hbar}{2mc}$$

这就是正负电子对能发生湮没相距的最大距离.

第六章 自 旋

学 习 要 点

1. 电子具有自旋角动量 $\hat{\boldsymbol{S}}$, $\hat{\boldsymbol{S}}$ 在任一方向上的分量取值为 $\pm\hbar/2$,

$$\hat{S}^2 = \hat{S}_x^2 + \hat{S}_y^2 + \hat{S}_z^2 = \frac{3}{4}\hbar^2 \tag{6-1}$$

电子还具有自旋磁矩

$$\hat{\boldsymbol{M}}_s = -\frac{e}{\mu c}\hat{\boldsymbol{S}} \tag{6-2}$$

自旋分量满足对易关系

$$[\hat{S}_x,\hat{S}_y] = \mathrm{i}\hbar\hat{S}_z,\ [\hat{S}_y,\hat{S}_z] = \mathrm{i}\hbar\hat{S}_x,\ [\hat{S}_z,\hat{S}_x] = \mathrm{i}\hbar\hat{S}_y \tag{6-3}$$

2. 在 $\hat{S}_z$ 表象,

$$\hat{S}_x = \frac{\hbar}{2}\begin{pmatrix} 0 & 1 \\ 1 & 0 \end{pmatrix},\ \hat{S}_y = \frac{\hbar}{2}\begin{pmatrix} 0 & -\mathrm{i} \\ \mathrm{i} & 0 \end{pmatrix},\ \hat{S}_z = \frac{\hbar}{2}\begin{pmatrix} 1 & 0 \\ 0 & -1 \end{pmatrix} \tag{6-4}$$

$$\sigma_x = \begin{pmatrix} 0 & 1 \\ 1 & 0 \end{pmatrix},\ \sigma_y = \begin{pmatrix} 0 & -\mathrm{i} \\ \mathrm{i} & 0 \end{pmatrix},\ \sigma_z = \begin{pmatrix} 1 & 0 \\ 0 & -1 \end{pmatrix} \tag{6-5}$$

式(6-5)为泡利矩阵 $\boldsymbol{\sigma}$ 的 3 个分量. 它们有以下性质:

$$\sigma_x^+ = \sigma_x,\ \sigma_y^+ = \sigma_y,\ \sigma_z^+ = \sigma_z \tag{6-6}$$

$$\sigma_x^2 = \sigma_y^2 = \sigma_z^2 = 1 \tag{6-7}$$

$$[\sigma_x,\sigma_y] = 2\mathrm{i}\sigma_z,\ [\sigma_y,\sigma_z] = 2\mathrm{i}\sigma_x,\ [\sigma_z,\sigma_x] = 2\mathrm{i}\sigma_y \tag{6-8}$$

$$\begin{gathered} \sigma_x\sigma_y = -\sigma_y\sigma_x = \mathrm{i}\sigma_z,\ \sigma_y\sigma_z = -\sigma_z\sigma_y = \mathrm{i}\sigma_x \\ \sigma_z\sigma_x = -\sigma_x\sigma_z = \mathrm{i}\sigma_y \end{gathered} \tag{6-9}$$

3. 在 $\hat{S}_z$ 表象 $\hat{S}_z$, $\hat{S}_x$ 与 $\hat{S}_y$ 的本征值与本征态矢为

$$s_z = \frac{\hbar}{2}, \varphi_+ = \begin{pmatrix} 1 \\ 0 \end{pmatrix} \equiv \alpha;\ s_z = -\frac{\hbar}{2}, \varphi_- = \begin{pmatrix} 0 \\ 1 \end{pmatrix} \equiv \beta \tag{6-10}$$

$$s_x = \frac{\hbar}{2}, \varphi_+ = \frac{1}{\sqrt{2}}\begin{pmatrix}1\\1\end{pmatrix};\ s_x = -\frac{\hbar}{2}, \varphi_- = \frac{1}{\sqrt{2}}\begin{pmatrix}1\\-1\end{pmatrix} \tag{6-11}$$

$$s_y = \frac{\hbar}{2}, \phi_+ = \frac{1}{\sqrt{2}}\begin{pmatrix}1\\\mathrm{i}\end{pmatrix};\ s_y = -\frac{\hbar}{2}, \phi_- = \frac{1}{\sqrt{2}}\begin{pmatrix}1\\-\mathrm{i}\end{pmatrix} \tag{6-12}$$

自旋 $\hat{\boldsymbol{S}}$ 在 $\boldsymbol{n}(\theta,\varphi)$ 方向上的分量 $\hat{S}_n$ 及其本征值与本征态矢为

$$\begin{aligned}\hat{S}_n = \hat{\boldsymbol{S}}\cdot\boldsymbol{n} &= \sin\theta\cos\varphi\hat{S}_x + \sin\theta\sin\varphi\hat{S}_y + \cos\theta\hat{S}_z \\ &= \frac{\hbar}{2}\begin{pmatrix}\cos\theta & \sin\theta\mathrm{e}^{-\mathrm{i}\varphi}\\ \sin\theta\mathrm{e}^{\mathrm{i}\varphi} & -\cos\theta\end{pmatrix}\end{aligned} \tag{6-13}$$

$$s_n = \frac{\hbar}{2}, \psi_+ = \begin{pmatrix}\cos\frac{\theta}{2}\mathrm{e}^{-\mathrm{i}\varphi/2}\\ \sin\frac{\theta}{2}\mathrm{e}^{\mathrm{i}\varphi/2}\end{pmatrix};\ s_n = -\frac{\hbar}{2}, \psi_- = \begin{pmatrix}-\sin\frac{\theta}{2}\mathrm{e}^{-\mathrm{i}\varphi/2}\\ \cos\frac{\theta}{2}\mathrm{e}^{\mathrm{i}\varphi/2}\end{pmatrix} \tag{6-14}$$

4. 引入自旋后，电子波函数 $\psi(\boldsymbol{r},s_z,t)$ 表现为一列矩阵

$$\psi(\boldsymbol{r},s_z,t) = \begin{pmatrix}\psi_1(\boldsymbol{r},t)\\ \psi_2(\boldsymbol{r},t)\end{pmatrix} = \begin{pmatrix}\psi(\boldsymbol{r},s_z=\hbar/2,t)\\ \psi(\boldsymbol{r},s_z=-\hbar/2,t)\end{pmatrix} \tag{6-15}$$

其中上分量表示自旋向上 $(s_z=\hbar/2)$ 的态，下分量表示自旋向下 $(s_z=-\hbar/2)$ 的态. 波函数的归一化条件是

$$\int \psi^+(\boldsymbol{r},s_z,t)\psi(\boldsymbol{r},s_z,t)\,\mathrm{d}\tau = 1 \tag{6-16}$$

5. $\psi(\boldsymbol{r},s_z,t)$ 满足薛定谔方程

$$\mathrm{i}\hbar\frac{\partial}{\partial t}\psi(\boldsymbol{r},s_z,t) = \hat{H}(\boldsymbol{r},\hat{\boldsymbol{S}},t)\psi(\boldsymbol{r},s_z,t) \tag{6-17}$$

或

$$\mathrm{i}\hbar\frac{\partial}{\partial t}\begin{pmatrix}\psi_1(\boldsymbol{r},t)\\ \psi_2(\boldsymbol{r},t)\end{pmatrix} = \begin{pmatrix}\hat{H}_{11} & \hat{H}_{12}\\ \hat{H}_{21} & \hat{H}_{22}\end{pmatrix}\begin{pmatrix}\psi_1(\boldsymbol{r},t)\\ \psi_2(\boldsymbol{r},t)\end{pmatrix} \tag{6-18}$$

$$\hat{H}_{ij} = \langle i|\hat{H}(\boldsymbol{r},\hat{\boldsymbol{S}},t)|j\rangle,\quad i,j=1,2,\quad |1\rangle=\alpha,\ |2\rangle=\beta \tag{6-19}$$

如果 $\hat{H}=\hat{H}(\boldsymbol{r},\hat{\boldsymbol{S}})$ 不含 t，则

$$\psi(\boldsymbol{r},s_z,t) = \mathrm{e}^{-\mathrm{i}Et/\hbar}\psi(\boldsymbol{r},s_z) \tag{6-20}$$

其中 $\psi(\boldsymbol{r},s_z)$ 满足定态方程

$$\hat{H}\psi(\boldsymbol{r},s_z) = E\psi(\boldsymbol{r},s_z) \tag{6-21}$$

或
$$\begin{pmatrix}\hat{H}_{11} & \hat{H}_{12}\\ \hat{H}_{21} & \hat{H}_{22}\end{pmatrix}\begin{pmatrix}\psi_1(\boldsymbol{r})\\ \psi_2(\boldsymbol{r})\end{pmatrix} = E\begin{pmatrix}\psi_1(\boldsymbol{r})\\ \psi_2(\boldsymbol{r})\end{pmatrix} \tag{6-22}$$

如果
$$\hat{H}(\boldsymbol{r},\hat{\boldsymbol{S}}) = \hat{H}_r(\boldsymbol{r}) + \hat{H}_s(\hat{\boldsymbol{S}}) \tag{6-23}$$

则
$$\psi(\boldsymbol{r},s_z) = \psi(\boldsymbol{r})\varphi(s_z),\ E = E_r + E_s \tag{6-24}$$

$\psi(\boldsymbol{r})$ 与 $\varphi(s_z)$ 分别满足方程
$$\hat{H}_r(\boldsymbol{r})\psi(\boldsymbol{r}) = E_r\psi(\boldsymbol{r}) \tag{6-25}$$
$$\hat{H}_s(\hat{\boldsymbol{S}})\varphi(s_z) = E_s\varphi(s_z) \tag{6-26}$$

方程(6-26)具有如下形式:
$$\begin{pmatrix}H_{11} & H_{12}\\ H_{21} & H_{22}\end{pmatrix}\begin{pmatrix}c_1\\ c_2\end{pmatrix} = E_s\begin{pmatrix}c_1\\ c_2\end{pmatrix} \tag{6-27}$$

其中 $H_{ij} = \langle i|\hat{H}_s(\hat{\boldsymbol{S}})|j\rangle (i,j=1,2)$ 是复数.

6. 电子的总角动量 $\hat{\boldsymbol{J}} = \hat{\boldsymbol{L}} + \hat{\boldsymbol{S}}$
$$\hat{J}^2 = \hat{L}^2 + \frac{3}{4}\hbar^2 + 2\hat{\boldsymbol{L}}\cdot\hat{\boldsymbol{S}} \tag{6-28}$$
$$\hat{\boldsymbol{L}}\cdot\hat{\boldsymbol{S}} = \frac{1}{2}(\hat{J}^2 - \hat{L}^2 - \frac{3}{4}\hbar^2) \tag{6-29}$$

$\hat{S}^2, \hat{L}^2, \hat{J}^2$ 与 $\hat{J}_z^2$ 相互对易, 它们的共同本征函数为
$$\varphi_{l,j=l+\frac{1}{2},m_j}(\theta,\varphi,s_z) = \sqrt{\frac{l+m_j+\frac{1}{2}}{2l+1}}Y_{l,m_j-\frac{1}{2}}\chi_{\frac{1}{2}}(s_z) + \sqrt{\frac{l-m_j+\frac{1}{2}}{2l+1}}Y_{l,m_j+\frac{1}{2}}\chi_{-\frac{1}{2}}(s_z) \tag{6-30}$$

$$\varphi_{l,j=l-\frac{1}{2},m_j}(\theta,\varphi,s_z) = -\sqrt{\frac{l-m_j+\frac{1}{2}}{2l+1}}Y_{l,m_j-\frac{1}{2}}\chi_{\frac{1}{2}}(s_z) + \sqrt{\frac{l+m_j+\frac{1}{2}}{2l+1}}Y_{l,m_j+\frac{1}{2}}\chi_{-\frac{1}{2}}(s_z) \tag{6-31}$$

7. 原子中电子的哈密顿量

$$\begin{aligned}\hat{H} &= -\frac{\hbar^2}{2\mu}\nabla^2 + V(r) + \xi(r)\hat{\boldsymbol{L}}\cdot\hat{\boldsymbol{S}} \\ &= -\frac{\hbar^2}{2\mu}\nabla^2 + V(r) + \frac{\xi(r)}{2}\left(\hat{J}^2 - \hat{L}^2 - \frac{3}{4}\hbar^2\right)\end{aligned} \tag{6-32}$$

$$\xi(r) = \frac{1}{2\mu^2c^2r}\frac{\mathrm{d}V(r)}{\mathrm{d}x},\ V(r) = -\frac{Ze^2}{r} \tag{6-33}$$

电子的自旋轨道耦合 $\xi(r)\hat{\boldsymbol{L}}\cdot\hat{\boldsymbol{S}}$ 是产生原子光谱精细结构的原因.

8. 原子中电子的磁矩在均匀恒定磁场 $\boldsymbol{B}$ 中的势能为

$$\hat{H}' = -\hat{\boldsymbol{M}}_L\cdot\boldsymbol{B} - \hat{\boldsymbol{M}}_S\cdot\boldsymbol{B} \tag{6-34}$$

$$\hat{\boldsymbol{M}}_L = -\frac{e}{2\mu c}\hat{\boldsymbol{L}},\ \hat{\boldsymbol{M}}_S = -\frac{e}{\mu c}\hat{\boldsymbol{S}} \tag{6-35}$$

$\hat{H}'$ 是产生原子光谱塞曼效应的原因.

9. $s=1$的自旋分量 $\hat{S}_x$，$\hat{S}_y$与$\hat{S}_z$在$\hat{S}_z$ 表象中的矩阵为

$$\hat{S}_x = \frac{\hbar}{\sqrt{2}}\begin{pmatrix}0 & 1 & 0\\ 1 & 0 & 1\\ 0 & 1 & 0\end{pmatrix},\ \hat{S}_y = \frac{\hbar}{\sqrt{2}}\begin{pmatrix}0 & -\mathrm{i} & 0\\ \mathrm{i} & 0 & -\mathrm{i}\\ 0 & \mathrm{i} & 0\end{pmatrix},\ \hat{S}_z = \hbar\begin{pmatrix}1 & 0 & 0\\ 0 & 0 & 0\\ 0 & 0 & -1\end{pmatrix} \tag{6-36}$$

10. 两个 $s=1/2$ 的自旋 $\hat{\boldsymbol{S}}_1$ 与 $\hat{\boldsymbol{S}}_2$ 耦合为 $s=1$ 与 0 的总自旋 $\hat{\boldsymbol{S}}=\hat{\boldsymbol{S}}_1+\hat{\boldsymbol{S}}_2$，$\hat{S}^2$ 与 $\hat{S}_z$ 的共同本征态为

$$\begin{aligned}&|11\rangle = \alpha(1)\alpha(2),\ |10\rangle = \frac{1}{\sqrt{2}}[\alpha(1)\beta(2)+\alpha(2)\beta(1)]\\ &|1-1\rangle = \beta(1)\beta(2),\ |00\rangle = \frac{1}{\sqrt{2}}[\alpha(1)\beta(2)-\alpha(2)\beta(1)]\end{aligned} \tag{6-37}$$

习题与解答

6.1 电子偶素(e^+e^- 束缚态)类似于氢原子，只是用一个正电子代替质子作为核. 在非相对论近似下，其能量和波函数同氢原子相似. 今设在电子偶素的基态(s态)里，存在一种接触型自旋交换作用 $\hat{H}' = -\frac{8\pi}{3}\hat{\boldsymbol{M}}_\mathrm{p}\cdot\hat{\boldsymbol{M}}_\mathrm{e}\delta^3(\boldsymbol{r})$，其中 $\hat{\boldsymbol{M}}_\mathrm{p} = \frac{e}{mc}\hat{\boldsymbol{S}}_\mathrm{p}$ 与 $\hat{\boldsymbol{M}}_\mathrm{e} = -\frac{e}{mc}\hat{\boldsymbol{S}}_\mathrm{e}$ 分别是正负电子的自旋磁矩. 利用一级微扰论计算此基态中自旋单态与三重态之间的能量差，决定哪一能量更低. 已知氢原子基态波函数

$$\psi_{100}(\boldsymbol{r})=\sqrt{\frac{1}{\pi a^3}}\ \mathrm{e}^{-r/a},\ a=\frac{\hbar^2}{\mu e^2},\ \frac{e^2}{\hbar c}=\frac{1}{137}$$

解
$$\hat{H}'=-\frac{8\pi}{3}\hat{\boldsymbol{M}}_{\mathrm{p}}\cdot\hat{\boldsymbol{M}}_{\mathrm{e}}\delta^3(\boldsymbol{r})=\frac{8\pi e^2}{3m^2c^2}\hat{\boldsymbol{S}}_{\mathrm{p}}\cdot\hat{\boldsymbol{S}}_{\mathrm{e}}\delta^3(\boldsymbol{r})$$
$$=\frac{4\pi e^2}{3m^2c^2}\left(\hat{S}^2-\frac{3}{2}\hbar^2\right)\delta^3(\boldsymbol{r})$$

其中 $\hat{\boldsymbol{S}}=\hat{\boldsymbol{S}}_{\mathrm{p}}+\hat{\boldsymbol{S}}_{\mathrm{e}}$ 是电子偶素的总自旋. 不考虑 $\hat{H}'$ 时, 基态能量 $E^{(0)}=-\dfrac{e^2}{2a}$, $a=\dfrac{\hbar^2}{\mu e^2}=\dfrac{2\hbar^2}{me^2}$, m 为电子质量. $E^{(0)}$ 是四度简并的, 相应的 4 个波函数为

$$\varphi_1=\psi_{100}|11\rangle,\ \varphi_2=\psi_{100}|10\rangle,\ \varphi_3=\psi_{100}|1-1\rangle,\ \varphi_4=\psi_{100}|00\rangle$$

微扰矩阵元

$$H'_{ij}=\int\varphi_i^+\hat{H}'\varphi_j\mathrm{d}\tau=0,\ i\neq j$$

这是因为 4 个总自旋本征态 $|sm_s\rangle$ 相互正交, 它们都是 $\hat{H}'$ 中 $\hat{S}^2-(3\hbar^2/2)$ 的本征态. 由于微扰矩阵是对角矩阵, 对角元素就是一级修正能量. 对自旋三重态, 一级修正能量都相同, 均为

$$E_{\mathrm{III}}^{(1)}=\int\varphi_1^+\hat{H}'\varphi_1\mathrm{d}\tau$$
$$=\frac{4\pi e^2}{3m^2c^2}\int|\psi_{100}(\boldsymbol{r})|^2\delta^3(\boldsymbol{r})\mathrm{d}\tau\langle 11|\hat{S}^2-\frac{3}{2}\hbar^2|11\rangle$$
$$=\frac{2\pi e^2\hbar^2}{3m^2c^2}|\psi_{100}(0)|^2=\frac{2e^2\hbar^2}{3m^2c^2a^3}$$

对自旋单态,

$$E_{\mathrm{I}}^{(1)}=\int\varphi_4^+\hat{H}'\varphi_4\mathrm{d}\tau$$
$$=\frac{4\pi e^2}{3m^2c^2}\int|\psi_{100}(\boldsymbol{r})|^2\delta^3(\boldsymbol{r})\mathrm{d}\tau\langle 00|\hat{S}^2-\frac{3}{2}\hbar^2|00\rangle$$
$$=-\frac{2\pi e^2\hbar^2}{m^2c^2}|\psi_{100}(0)|^2=-\frac{2e^2\hbar^2}{m^2c^2a^3}$$

自旋三重态与自旋单态能量之差

$$\Delta E=E_{\mathrm{III}}^{(1)}-E_{\mathrm{I}}^{(1)}=\frac{8e^2\hbar^2}{3m^2c^2a^3}$$

将 $a=2\hbar^2/me^2$ 代入上式, 得

$$\Delta E=\frac{me^8}{3c^2\hbar^4}=\frac{mc^2}{3}\left(\frac{e^2}{\hbar c}\right)^4=\frac{mc^2}{3}\left(\frac{1}{137}\right)^4$$
$$=9.46\times10^{-10}mc^2=4.83\times10^{-10}\,\text{MeV}$$

自旋三重态能量高于自旋单态能量.

6.2 电子偶素是由正负电子构成的类氢原子体系. 考虑处于基态的电子偶素 $(l=0)$, 系统的哈密顿量可写成 $\hat{H}=\hat{H}_0+\hat{H}_s$, 其中 $\hat{H}_0$ 是通常的与自旋无关的库仑力部分, $\hat{H}_s=A\hat{\boldsymbol{S}}_\text{p}\cdot\hat{\boldsymbol{S}}_\text{e}$ 是正电子与负电子的自旋作用部分. 请问在无外磁场作用时, 选择怎样的自旋和角动量本征态最方便? 对这些态, 计算由于 $\hat{H}_s$ 引起的能量的改变.

解 $\hat{H}_s$ 可表示为 $\hat{H}_s=\dfrac{A}{2}\left(\hat{S}^2-\dfrac{3}{2}\hbar^2\right)$. 取总自旋 $\hat{S}^2$ 及其分量 $\hat{S}_z$ 的共同本征态 $|sm_s\rangle(s=0,1;m_s=0,\pm1)$, 与 $\hat{L}^2$ 与 $\hat{L}_z$ 的共同本征态 $|lm\rangle$ 最方便. 由于 $\hat{H}_s$ 引起的能量改变为

$$\Delta E=\begin{cases}\dfrac{A\hbar^2}{4}, & \text{自旋三重态 } |11\rangle|10\rangle|1-1\rangle\\[2ex] -\dfrac{3A\hbar^2}{4}, & \text{自旋单态 } |00\rangle\end{cases}$$

6.3 均匀磁场中电子偶素(电子-正电子束缚态)的哈密顿量(不考虑空间运动)为 $\hat{H}=J\boldsymbol{\sigma}_1\cdot\boldsymbol{\sigma}_2+FB(\boldsymbol{\sigma}_{1z}-\boldsymbol{\sigma}_{2z})$, 其中 J 与 F 是常实数, B 是磁场强度, 下标 1 与 2 分别代表电子与正电子, $\boldsymbol{\sigma}$ 是泡利矩阵. (1) 当 $B=0$ 时, $\hat{H}$ 的本征函数与本征值是什么? (2) 当 $B\neq0$ 时, $\hat{H}$ 的本征函数与本征值是什么?

解 (1) $B=0$

$$\hat{H}=J\boldsymbol{\sigma}_1\cdot\boldsymbol{\sigma}_2=\frac{4J}{\hbar^2}\hat{\boldsymbol{S}}_1\cdot\hat{\boldsymbol{S}}_2=\frac{2J}{\hbar^2}\left(\hat{S}^2-\frac{3}{2}\hbar^2\right)$$

它的本征态是

$$|11\rangle=\alpha(1)\alpha(2),\ |10\rangle=\frac{1}{\sqrt{2}}\left[\alpha(1)\beta(2)+\alpha(2)\beta(1)\right]$$
$$|1-1\rangle=\beta(1)\beta(2),\ |00\rangle=\frac{1}{\sqrt{2}}\left[\alpha(1)\beta(2)-\alpha(2)\beta(1)\right]$$

相应的本征值是 $J,J,J,-3J$.

(2) $B \neq 0$

$$\hat{H} = \frac{2J}{\hbar^2}\left(\hat{S}^2 - \frac{3}{2}\hbar^2\right) + \frac{2FB}{\hbar}\left(\hat{S}_{1z} - \hat{S}_{2z}\right)$$

选择耦合角动量表象, 基矢为

$$|1\rangle = |10\rangle,\ |2\rangle = |00\rangle,\ |3\rangle = |11\rangle,\ |4\rangle = |1-1\rangle$$

显然, 基矢 $|3\rangle$ 与 $|4\rangle$ 是 $\hat{H}$ 的本征态, 本征值均为 J:

$$|\psi_1\rangle = |11\rangle, E_1 = J;\ |\psi_2\rangle = |1-1\rangle, E_2 = J$$

$\hat{H}$ 的另外两个本征态由于同上述两个本征态正交, 故只能由基矢 $|1\rangle$ 与 $|2\rangle$ 的线性叠加组成:

$$|\psi\rangle = c_1|10\rangle + c_2|00\rangle$$

定态方程 $\hat{H}|\psi\rangle = E|\psi\rangle$ 具有如下形式:

$$\begin{pmatrix} H_{11} & H_{12} \\ H_{21} & H_{22} \end{pmatrix}\begin{pmatrix} c_1 \\ c_2 \end{pmatrix} = E\begin{pmatrix} c_1 \\ c_2 \end{pmatrix}$$

$$\begin{aligned} H_{11} &= \langle 1|\hat{H}|1\rangle \\ &= \frac{2J}{\hbar^2}\langle 10|\hat{S}^2 - \frac{3}{2}\hbar^2|10\rangle + \frac{2FB}{\hbar}\langle 10|\hat{S}_{1z}|10\rangle - \frac{2FB}{\hbar}\langle 10|\hat{S}_{2z}|10\rangle = J \end{aligned}$$

$$\begin{aligned} H_{12} &= \langle 1|\hat{H}|2\rangle \\ &= \frac{2J}{\hbar^2}\langle 10|\hat{S}^2 - \frac{3}{2}\hbar^2|00\rangle + \frac{2FB}{\hbar}\langle 10|\hat{S}_{1z}|00\rangle - \frac{2FB}{\hbar}\langle 10|\hat{S}_{2z}|00\rangle = 2FB \\ H_{21} &= H_{12}^* = 2FB,\ H_{22} = -3J \end{aligned}$$

在以上计算中用到以下公式:

$$\hat{S}_{1z}|10\rangle = \frac{\hbar}{2}|00\rangle,\ \hat{S}_{1z}|00\rangle = \frac{\hbar}{2}|10\rangle,\ \hat{S}_{2z}|10\rangle = -\frac{\hbar}{2}|00\rangle,\ \hat{S}_{2z}|00\rangle = -\frac{\hbar}{2}|10\rangle$$

$$\langle sm_s|s'm_s'\rangle = \delta_{ss'}\delta_{m_s m_s'}$$

将 H_{ij} 值代入定态方程, 得

$$\begin{pmatrix} J-E & 2FB \\ 2FB & -3J-E \end{pmatrix}\begin{pmatrix} c_1 \\ c_2 \end{pmatrix} = 0$$

由此方程解得 $\hat{H}$ 的另两组本征值与本征态矢:

$$E_3 = -J + 2C,\ C = \sqrt{J^2 + F^2B^2}$$

$$|\psi_3\rangle = \frac{1}{\sqrt{F^2B^2 + (C-J)^2}}\left[FB|10\rangle + (C-J)|00\rangle\right]$$

$$E_4 = -J - 2C$$

$$|\psi_4\rangle = \frac{1}{\sqrt{F^2B^2 + (C+J)^2}}\left[FB|10\rangle - (C+J)|00\rangle\right]$$

6.4　一束极化的 s 波 $(l=0)$ 中子通过一个不均匀的磁场后分裂成强度不同的两束, 其中自旋反平行于磁场的一束与自旋平行于磁场的一束的强度之比为 3:1. 求入射中子自旋方向与磁场方向夹角的大小.

解　令入射中子自旋极化方向为 z 轴方向, 磁场方向 $\boldsymbol{n}$ 同 z 轴之间的夹角为 θ, 不失一般性, 取 $\varphi=0$, $\boldsymbol{n}$ 的方位角为 $(\theta,0)$. 已知 $\hat{S}_n$ 的本征值为 $\pm\hbar/2$ 的态为

$$|+\rangle = \begin{pmatrix} \cos\dfrac{\theta}{2} \\ \sin\dfrac{\theta}{2} \end{pmatrix},\ |-\rangle = \begin{pmatrix} -\sin\dfrac{\theta}{2} \\ \cos\dfrac{\theta}{2} \end{pmatrix}$$

入射中子自旋态 $|1/2\rangle$ 可表示为

$$|1/2\rangle = c_1|+\rangle + c_2|-\rangle = \begin{pmatrix} 1 \\ 0 \end{pmatrix}$$

$$c_1 = \langle +|1/2\rangle = \left(\cos\frac{\theta}{2}\ ,\ \sin\frac{\theta}{2}\right)\begin{pmatrix} 1 \\ 0 \end{pmatrix} = \cos\frac{\theta}{2}$$

$$c_2 = \langle -|1/2\rangle = \left(-\sin\frac{\theta}{2}\ ,\ \cos\frac{\theta}{2}\right)\begin{pmatrix} 1 \\ 0 \end{pmatrix} = -\sin\frac{\theta}{2}$$

由题意知,

$$\left|\frac{c_2}{c_1}\right|^2 = 3,\ \tan^2\frac{\theta}{2} = 3$$

由上式得 $\theta = 120^\circ$.

6.5　$\boldsymbol{\sigma}_1, \boldsymbol{\sigma}_2$ 为泡利矩阵, 证明 $\mathrm{e}^{\mathrm{i}\alpha\boldsymbol{\sigma}_j} = \cos\alpha + \mathrm{i}\boldsymbol{\sigma}_j\sin\alpha$, $j=1,2$, α 为实数并推广到矩阵 $\boldsymbol{\sigma} = \lambda\boldsymbol{\sigma}_1 + \mu\boldsymbol{\sigma}_2$ $(\lambda^2+\mu^2=1)$ 的情形.

解　利用性质 $\boldsymbol{\sigma}_j^2 = 1$,

$$
\begin{aligned}
e^{i\alpha\sigma_j} &= \sum_{n=0,1,2,\cdots}\frac{(i\alpha\sigma_j)^n}{n!} = \sum_{n=0,2,4,\cdots}\frac{(i\alpha)^n}{n!} + \sigma_j\sum_{n=1,3,5,\cdots}\frac{(i\alpha)^n}{n!} \\
&= \sum_{k=0,1,2,\cdots}\frac{(-1)^k\alpha^{2k}}{(2k)!} + i\sigma_j\sum_{k=0,1,2,\cdots}\frac{(-1)^k\alpha^{2k+1}}{(2k+1)!} \\
&= \cos\alpha + i\sigma_j\sin\alpha
\end{aligned}
$$

对于 $\sigma=\lambda\sigma_1+\mu\sigma_2$，

$$
\sigma^2 = (\lambda\sigma_1+\mu\sigma_2)^2 = \lambda^2+\mu^2+\lambda\mu(\sigma_1\sigma_2+\sigma_2\sigma_1)
$$

因 $\lambda^2+\mu^2=1$，$\sigma_1\sigma_2+\sigma_2\sigma_1=0$，故有 $\sigma^2=1$.同理可证

$$
e^{i\alpha\sigma} = \cos\alpha + i\sigma\sin\alpha
$$

6.6 有一定域电子(作为近似模型，可以不考虑轨道运动)受到均匀磁场 **B** 作用，磁场指向 x 轴正方向，相互作用势 $\hat{H}=\frac{eB}{\mu c}\hat{S}_x$.设 $t=0$ 时电子自旋方向朝上，即 $s_z=\hbar/2$，求 $t>0$ 时自旋 $\hat{\boldsymbol{S}}$ 的平均值.

解 $\hat{H}$ 的本征态矢与本征值为

$$
|\psi_1\rangle = \frac{1}{\sqrt{2}}\begin{pmatrix}1\\1\end{pmatrix},\quad E_1=\frac{eB\hbar}{2\mu c}\equiv\omega\hbar,\quad \omega\equiv\frac{eB}{2\mu c}
$$

$$
|\psi_2\rangle = \frac{1}{\sqrt{2}}\begin{pmatrix}1\\-1\end{pmatrix},\quad E_2=-\frac{eB\hbar}{2\mu c}=-\omega\hbar
$$

任意 t 时的态矢为

$$
|\psi(t)\rangle = c_1e^{-i\omega t}|\psi_1\rangle + c_2e^{i\omega t}|\psi_2\rangle
$$

$$
|\psi(0)\rangle = c_1|\psi_1\rangle + c_2|\psi_2\rangle = \begin{pmatrix}1\\0\end{pmatrix}
$$

$$
c_1 = \langle\psi_1|\psi(0)\rangle = \frac{1}{\sqrt{2}}(1\ ,\ 1)\begin{pmatrix}1\\0\end{pmatrix} = \frac{1}{\sqrt{2}}
$$

$$
c_2 = \langle\psi_2|\psi(0)\rangle = \frac{1}{\sqrt{2}}(1\ ,\ -1)\begin{pmatrix}1\\0\end{pmatrix} = \frac{1}{\sqrt{2}}
$$

$$
\begin{aligned}
|\psi(t)\rangle &= \frac{1}{\sqrt{2}}e^{-i\omega t}|\psi_1\rangle + \frac{1}{\sqrt{2}}e^{i\omega t}|\psi_2\rangle = \frac{1}{2}e^{-i\omega t}\begin{pmatrix}1\\1\end{pmatrix} + \frac{1}{2}e^{i\omega t}\begin{pmatrix}1\\-1\end{pmatrix} \\
&= \frac{1}{2}\begin{pmatrix}e^{-i\omega t}+e^{i\omega t}\\ e^{-i\omega t}-e^{i\omega t}\end{pmatrix} = \begin{pmatrix}\cos\omega t\\ -i\sin\omega t\end{pmatrix}
\end{aligned}
$$

$$\overline{s}_x=\frac{\hbar}{2}\left(\left|c_1\mathrm{e}^{-\mathrm{i}\omega t}\right|^2-\left|c_2\mathrm{e}^{\mathrm{i}\omega t}\right|^2\right)=0$$

$$\overline{s}_y=\left\langle\psi(t)\middle|\hat{S}_y\middle|\psi(t)\right\rangle=(\cos\omega t,\mathrm{i}\sin\omega t)\frac{\hbar}{2}\begin{pmatrix}0&-\mathrm{i}\\ \mathrm{i}&0\end{pmatrix}\begin{pmatrix}\cos\omega t\\ -\mathrm{i}\sin\omega t\end{pmatrix}$$

$$=-\frac{\hbar}{2}\sin 2\omega t$$

$$\overline{s}_z=\frac{\hbar}{2}\left(\left|\cos\omega t\right|^2-\left|-\mathrm{i}\sin\omega t\right|^2\right)=\frac{\hbar}{2}\cos 2\omega t$$

$|\psi(t)\rangle$ 也可以利用上题证明的公式

$$\mathrm{e}^{\mathrm{i}\alpha\sigma_j}=\cos\alpha+\mathrm{i}\sigma_j\sin\alpha,\ j=x,y,z$$

及

$$|\psi(t)\rangle=\mathrm{e}^{-\mathrm{i}\hat{H}t/\hbar}|\psi(0)\rangle$$

来计算.

$$\hat{H}=\frac{eB}{\mu c}\hat{S}_x=\frac{eB\hbar}{2\mu c}\sigma_x=\omega\hbar\sigma_x$$

$$|\psi(t)\rangle=\mathrm{e}^{-\mathrm{i}\omega t\sigma_x}|\psi(0)\rangle=\left(\cos\omega t-\mathrm{i}\sin\omega t\ \sigma_x\right)|\psi(0)\rangle$$

$$=\begin{pmatrix}\cos\omega t&-\mathrm{i}\sin\omega t\\ -\mathrm{i}\sin\omega t&\cos\omega t\end{pmatrix}\begin{pmatrix}1\\0\end{pmatrix}=\begin{pmatrix}\cos\omega t\\ -\mathrm{i}\sin\omega t\end{pmatrix}$$

6.7　自旋 $s=1/2$ 的电子在恒定磁场 $\boldsymbol{B}=B\boldsymbol{k}$ 中运动. 考虑电子自旋, 求哈密顿算符 $\hat{H}$ 的表达式, 求解 $\hat{H}$ 的本征值问题. 如有简并, 说明简并情况.

解　取电磁场矢势 $\boldsymbol{A}=(-By,0,0)$, 电子的哈密顿算符

$$\hat{H}=\frac{1}{2\mu}\left(\hat{\boldsymbol{p}}+\frac{e}{c}\boldsymbol{A}\right)^2+\frac{eB}{\mu c}\hat{S}_z$$

$$=\frac{1}{2\mu}\left[\left(\hat{p}_x-\frac{eB}{c}y\right)^2+\hat{p}_y^2+\hat{p}_z^2\right]+\frac{eB}{\mu c}\hat{S}_z$$

由于 $\hat{p}_x,\hat{p}_z,\hat{S}_z$ 为守恒量, 存在 $\hat{p}_x,\hat{p}_z,\hat{S}_z$ 与 $\hat{H}$ 的共同本征态, 令

$$\psi(x,y,z,s_z)=\mathrm{e}^{\mathrm{i}(p_x x+p_z z)/\hbar}\varphi(y)\chi_{m_s}(s_z)$$

其中 $\chi_{m_s}(s_z)$ 是 $\hat{S}_z$ 的本征函数, $m_s=\pm1/2$.将上式代入 $\hat{H}$ 的本征方程

$$\hat{H}\psi(x,y,z,s_z)=E\psi(x,y,z,s_z)$$

得到 $\varphi(y)$ 的方程

$$\left[-\frac{\hbar^2}{2\mu}\frac{\mathrm{d}^2}{\mathrm{d}y^2}+\frac{p_z^2}{2\mu}+\frac{1}{2\mu}\left(p_x-\frac{eB}{c}y\right)^2+\frac{eB\hbar m_s}{\mu c}\right]\varphi(y)=E\varphi(y)$$

其中

$$\frac{1}{2\mu}\left(p_x-\frac{eB}{c}y\right)^2=\frac{1}{2}\mu\left(\frac{eB}{\mu c}\right)^2\left(y-\frac{cp_x}{eB}\right)^2$$

令

$$\omega=\frac{eB}{\mu c},\ \xi=y-\frac{cp_x}{eB},\ E'=E-\frac{p_z^2}{2\mu}-\frac{eB\hbar m_s}{\mu c}$$

在变量$y\to\xi$的变换下，方程变为

$$\left(-\frac{\hbar^2}{2\mu}\frac{\mathrm{d}^2}{\mathrm{d}\xi^2}+\frac{1}{2}\mu\omega^2\xi^2\right)\varphi(\xi)=E'\varphi(\xi)$$

显然

$$E'=\left(n+\frac{1}{2}\right)\hbar\omega,\ n=0,1,2,\cdots$$

$$E=\frac{p_z^2}{2\mu}+\frac{eB\hbar m_s}{\mu c}+\left(n+\frac{1}{2}\right)\hbar\omega$$

$$p_z=-\infty\sim+\infty,\ m_s=\pm\frac{1}{2},\ n=0,1,2,\cdots$$

$p_z=\pm A$ 时，E 值相同，相对 p_z 而言，E 是二度简并的；E 同 p_x 无关，而 $p_x=-\infty\sim+\infty$，相对 p_x 而言，E 是无限度简并的. 由于 E 中不含 $p_x^2/2\mu$，故波函数中的 $e^{ip_xx/\hbar}$ 不代表 x 方向存在自由运动. 由

$$\bar{\xi}=\overline{\left(y-\frac{cp_x}{eB}\right)}=0\ \to\ \bar{y}=\frac{cp_x}{eB}$$

可见，p_x 的值决定粒子在 y 方向振动的平衡位置.

6.8　自旋 $s=1/2$，并具有自旋磁矩 $\hat{\boldsymbol{M}}=\mu_0\hat{\boldsymbol{S}}$ 的粒子处于沿 x 方向的均匀磁场 $\boldsymbol{B}$ 中. 已知 $t=0$ 时，粒子的 $s_z=\hbar/2$，求在以后任意 t 时刻发现粒子具有 $s_y=\pm\hbar/2$ 的概率.

解　令磁场 $\boldsymbol{B}=B\boldsymbol{i}$，粒子的哈密顿量为

$$\hat{H}=-\hat{\boldsymbol{M}}\cdot\boldsymbol{B}=-\mu_0 B\hat{S}_x$$

定态方程

$$-\mu_0 B\hat{S}_x|\psi\rangle = E|\psi\rangle$$

的解为

$$|\psi_1\rangle = \frac{1}{\sqrt{2}}\begin{pmatrix}1\\1\end{pmatrix},\ E_1 = -\frac{\mu_0 B\hbar}{2} \equiv -\omega\hbar,\quad \omega \equiv \frac{\mu_0 B}{2}$$

$$|\psi_2\rangle = \frac{1}{\sqrt{2}}\begin{pmatrix}1\\-1\end{pmatrix},\ E_2 = \frac{\mu_0 B\hbar}{2} = \omega\hbar$$

粒子在任意 t 时的态为

$$|\psi(t)\rangle = c_1 e^{i\omega t}|\psi_1\rangle + c_2 e^{-i\omega t}|\psi_2\rangle$$

$$|\psi(0)\rangle = c_1|\psi_1\rangle + c_2|\psi_2\rangle = \begin{pmatrix}1\\0\end{pmatrix}$$

$$c_1 = \langle\psi_1|\psi(0)\rangle = \frac{1}{\sqrt{2}}(1,1)\begin{pmatrix}1\\0\end{pmatrix} = \frac{1}{\sqrt{2}}$$

$$c_2 = \langle\psi_2|\psi(0)\rangle = \frac{1}{\sqrt{2}}(1,-1)\begin{pmatrix}1\\0\end{pmatrix} = \frac{1}{\sqrt{2}}$$

$$|\psi(t)\rangle = \frac{1}{2}e^{i\omega t}\begin{pmatrix}1\\1\end{pmatrix} + \frac{1}{2}e^{-i\omega t}\begin{pmatrix}1\\-1\end{pmatrix} = \begin{pmatrix}\cos\omega t\\ i\sin\omega t\end{pmatrix}$$

已知 $\hat{S}_y$ 的本征值与本征态为

$$s_y = \frac{\hbar}{2}, |\varphi_1\rangle = \frac{1}{\sqrt{2}}\begin{pmatrix}1\\i\end{pmatrix};\ s_y = -\frac{\hbar}{2}, |\varphi_2\rangle = \frac{1}{\sqrt{2}}\begin{pmatrix}1\\-i\end{pmatrix}$$

令

$$|\psi(t)\rangle = a(t)|\varphi_1\rangle + b(t)|\varphi_2\rangle$$

$$a(t) = \langle\varphi_1|\psi(t)\rangle = \frac{1}{\sqrt{2}}(1,-i)\begin{pmatrix}\cos\omega t\\ i\sin\omega t\end{pmatrix} = \frac{1}{\sqrt{2}}(\cos\omega t + \sin\omega t)$$

$$b(t) = \langle\varphi_2|\psi(t)\rangle = \frac{1}{\sqrt{2}}(1,i)\begin{pmatrix}\cos\omega t\\ i\sin\omega t\end{pmatrix} = \frac{1}{\sqrt{2}}(\cos\omega t - \sin\omega t)$$

任意 t 时刻 $s_y = \hbar/2$ 与 $-\hbar/2$ 的概率分别为

$$|a(t)|^2 = \frac{1}{2}(\cos\omega t + \sin\omega t)^2 = \frac{1}{2}(1 + \sin 2\omega t)$$

$$|b(t)|^2 = \frac{1}{2}(\cos\omega t - \sin\omega t)^2 = \frac{1}{2}(1 - \sin 2\omega t)$$

6.9　给定(θ,φ)方向单位矢量$\boldsymbol{n}=(\sin\theta\cos\varphi,\sin\theta\sin\varphi,\cos\theta)$. 在$\sigma_z$表象, 求$\sigma_n=\boldsymbol{\sigma}\cdot\boldsymbol{n}$的本征值和归一化本征态, 其中$\boldsymbol{\sigma}(\sigma_x,\sigma_y,\sigma_z)$为3个$2\times 2$的泡利矩阵.

解

$$\begin{aligned}\sigma_n=\boldsymbol{\sigma}\cdot\boldsymbol{n}&=\sin\theta\cos\varphi\sigma_x+\sin\theta\sin\varphi\sigma_y+\cos\theta\sigma_z\\&=\sin\theta\cos\varphi\begin{pmatrix}0&1\\1&0\end{pmatrix}+\sin\theta\sin\varphi\begin{pmatrix}0&-\mathrm{i}\\\mathrm{i}&0\end{pmatrix}+\cos\theta\begin{pmatrix}1&0\\0&-1\end{pmatrix}\\&=\begin{pmatrix}\cos\theta&\sin\theta\mathrm{e}^{-\mathrm{i}\varphi}\\\sin\theta\mathrm{e}^{\mathrm{i}\varphi}&-\cos\theta\end{pmatrix}\end{aligned}$$

σ_n的本征方程为

$$\sigma_n\psi=\lambda\psi$$

$$\begin{pmatrix}\cos\theta-\lambda&\sin\theta\mathrm{e}^{-\mathrm{i}\varphi}\\\sin\theta\mathrm{e}^{\mathrm{i}\varphi}&-\cos\theta-\lambda\end{pmatrix}\begin{pmatrix}c_1\\c_2\end{pmatrix}=0$$

由久期方程解得σ_n的本征值$\lambda=\pm1$. 将$\lambda=1$代入方程, 得

$$c_2=\frac{1-\cos\theta}{\sin\theta}\mathrm{e}^{\mathrm{i}\varphi}c_1$$

再利用归一化条$|c_1|^2+|c_2|^2=1$, 得$c_1=\cos\frac{\theta}{2}$,　$c_2=\sin\frac{\theta}{2}\mathrm{e}^{\mathrm{i}\varphi}$,

$$\lambda=1,\ \psi_+=\begin{pmatrix}\cos\frac{\theta}{2}\\\sin\frac{\theta}{2}\mathrm{e}^{\mathrm{i}\varphi}\end{pmatrix}$$

为使ψ_+看起来对称, 乘以因子$\mathrm{e}^{-\mathrm{i}\varphi/2}$(不改变态的归一化),

$$\lambda=1,\ \psi_+=\begin{pmatrix}\cos\frac{\theta}{2}\mathrm{e}^{-\mathrm{i}\varphi/2}\\\sin\frac{\theta}{2}\mathrm{e}^{\mathrm{i}\varphi/2}\end{pmatrix}$$

类似地, 对$\lambda=-1$, 可得

$$\lambda=-1,\quad\psi_-=\begin{pmatrix}-\sin\frac{\theta}{2}\mathrm{e}^{-\mathrm{i}\varphi/2}\\\cos\frac{\theta}{2}\mathrm{e}^{\mathrm{i}\varphi/2}\end{pmatrix}$$

6.10　自旋投影算符$\hat{S}_n=\frac{\hbar}{2}\boldsymbol{\sigma}\cdot\boldsymbol{n}$, $\boldsymbol{\sigma}$为泡利矩阵, $\boldsymbol{n}$为单位方向矢量,　$n^2=1$.

(1)对电子自旋朝上态 $\chi_+\left(s_z=\hbar/2\right)$，求 $\hat{S}_n$ 的可能值及相应概率. (2)对 σ_n 的本征值为 1 的本征态，求 σ_y 的可能值及相应的概率.

解　(1) $\hat{S}_n$ 的本征值与本征态为

$$s_n=\frac{\hbar}{2},\psi_+=\begin{pmatrix}\cos\frac{\theta}{2}\mathrm{e}^{-\mathrm{i}\varphi/2}\\ \sin\frac{\theta}{2}\mathrm{e}^{\mathrm{i}\varphi/2}\end{pmatrix};\ s_n=-\frac{\hbar}{2},\psi_-=\begin{pmatrix}-\sin\frac{\theta}{2}\mathrm{e}^{-\mathrm{i}\varphi/2}\\ \cos\frac{\theta}{2}\mathrm{e}^{\mathrm{i}\varphi/2}\end{pmatrix}$$

对电子自旋朝上态 χ_+, $s_n=\hbar/2$ 与 $-\hbar/2$ 的概率分别为

$$\left|\psi_+^+\chi_+\right|^2=\left|\left(\cos\frac{\theta}{2}\mathrm{e}^{\mathrm{i}\varphi/2},\sin\frac{\theta}{2}\mathrm{e}^{-\mathrm{i}\varphi/2}\right)\begin{pmatrix}1\\0\end{pmatrix}\right|^2=\cos^2\frac{\theta}{2}$$

$$\left|\psi_-^+\chi_+\right|^2=\left|\left(-\sin\frac{\theta}{2}\mathrm{e}^{\mathrm{i}\varphi/2},\cos\frac{\theta}{2}\mathrm{e}^{-\mathrm{i}\varphi/2}\right)\begin{pmatrix}1\\0\end{pmatrix}\right|^2=\sin^2\frac{\theta}{2}$$

(2) σ_y 的本征值 λ 与本征态 φ 为

$$\lambda=1,\ \varphi_+=\frac{1}{\sqrt{2}}\begin{pmatrix}1\\ \mathrm{i}\end{pmatrix};\ \lambda=-1,\varphi_-=\frac{1}{\sqrt{2}}\begin{pmatrix}1\\ -\mathrm{i}\end{pmatrix}$$

电子处于 σ_n 的本征值为 1 的本征态(也是 $\hat{S}_n$ 的本征值为 $\hbar/2$ 的本征态 ψ_+), σ_y 的可能值与相应的概率为

$$\lambda=1,\ \left|\varphi_+^+\psi_+\right|^2=\left|\frac{1}{\sqrt{2}}(1,-\mathrm{i})\begin{pmatrix}\cos\frac{\theta}{2}\mathrm{e}^{-\mathrm{i}\varphi/2}\\ \sin\frac{\theta}{2}\mathrm{e}^{\mathrm{i}\varphi/2}\end{pmatrix}\right|^2=\frac{1}{2}(1+\sin\theta\sin\varphi)$$

$$\lambda=-1,\ \left|\varphi_-^+\psi_+\right|^2=\left|\frac{1}{\sqrt{2}}(1,\mathrm{i})\begin{pmatrix}\cos\frac{\theta}{2}\mathrm{e}^{-\mathrm{i}\varphi/2}\\ \sin\frac{\theta}{2}\mathrm{e}^{\mathrm{i}\varphi/2}\end{pmatrix}\right|^2=\frac{1}{2}(1-\sin\theta\sin\varphi)$$

6.11　测量一个电子(处于自由空间)自旋 z 分量，结果为 $s_z=\hbar/2$. (1)紧接着测量自旋 x 分量，得到的可能值与相应的概率是什么？(2)如果测量的自旋方向同 z 轴成 θ 角，得到的可能值与相应的概率是什么？期望值是什么？

解　(1) $\hat{S}_x$ 的本征值与本征态为

$$s_x=\frac{\hbar}{2},\varphi_+=\frac{1}{\sqrt{2}}\begin{pmatrix}1\\1\end{pmatrix};\ s_x=-\frac{\hbar}{2},\varphi_-=\frac{1}{\sqrt{2}}\begin{pmatrix}1\\-1\end{pmatrix}$$

电子处于$s_z=\hbar/2$态α时，测量s_x得到的可能值与相应的概率为

$$s_x=\frac{\hbar}{2},\ \left|\varphi_+^+\alpha\right|^2=\left|\frac{1}{\sqrt{2}}(1,1)\begin{pmatrix}1\\0\end{pmatrix}\right|^2=\frac{1}{2}$$

$$s_x=-\frac{\hbar}{2},\ \left|\varphi_-^+\alpha\right|^2=\left|\frac{1}{\sqrt{2}}(1,-1)\begin{pmatrix}1\\0\end{pmatrix}\right|^2=\frac{1}{2}$$

(2) 令$\boldsymbol{n}$是同z轴成θ角的方向上的单位矢量(方位角$\varphi=0$)，$\hat{S}_n=\hat{\boldsymbol{S}}\cdot\boldsymbol{n}$的本征值与本征态为

$$s_n=\frac{\hbar}{2},\psi_+=\begin{pmatrix}\cos\frac{\theta}{2}\\ \sin\frac{\theta}{2}\end{pmatrix};\ s_n=-\frac{\hbar}{2},\ \psi_-=\begin{pmatrix}-\sin\frac{\theta}{2}\\ \cos\frac{\theta}{2}\end{pmatrix}$$

电子处于$s_z=\hbar/2$的α态时，测量s_n得到的可能值与相应概率，期望值为

$$s_n=\frac{\hbar}{2},\ \left|\psi_+^+\alpha\right|^2=\cos^2\frac{\theta}{2};\ s_n=-\frac{\hbar}{2},\left|\psi_-^+\alpha\right|^2=\sin^2\frac{\theta}{2}$$

$$\overline{s}_n=\frac{\hbar}{2}\left(\cos^2\frac{\theta}{2}-\sin^2\frac{\theta}{2}\right)=\frac{\hbar}{2}\cos\theta$$

6.12 $\sigma_x,\sigma_y,\sigma_z$为泡利矩阵，计算$e^{i\lambda\sigma_z}\sigma_x e^{-i\lambda\sigma_z}=?$

解 方法1：

利用公式

$$e^{\hat{A}}\hat{B}e^{-\hat{A}}=\hat{B}+\left[\hat{A},\hat{B}\right]+\frac{1}{2!}\left[\hat{A},\left[\hat{A},\hat{B}\right]\right]+\frac{1}{3!}\left[\hat{A},\left[\hat{A},\left[\hat{A},\hat{B}\right]\right]\right]+\cdots$$

$$e^{i\lambda\sigma_z}\sigma_x e^{-i\lambda\sigma_z}=\sigma_x+[i\lambda\sigma_z,\sigma_x]+\frac{1}{2!}[i\lambda\sigma_z,[i\lambda\sigma_z,\sigma_x]]$$
$$+\frac{1}{3!}\left[i\lambda\sigma_z,\left[i\lambda\sigma_z,[i\lambda\sigma_z,\sigma_x]\right]\right]+\cdots$$

其中对易关系

$$[i\lambda\sigma_z,\sigma_x]=-2\lambda\sigma_y,\ \left[i\lambda\sigma_z,[i\lambda\sigma_z,\sigma_x]\right]=-(2\lambda)^2\sigma_x$$

$$\left[i\lambda\sigma_z,\left[i\lambda\sigma_z,[i\lambda\sigma_z,\sigma_x]\right]\right]=(2\lambda)^3\sigma_y$$

后面的对易关系的值依次为

$$(2\lambda)^4\sigma_x,\ -(2\lambda)^5\sigma_y,\ -(2\lambda)^6\sigma_x,\ (2\lambda)^7\sigma_y,\ \cdots$$

将它们代入上式,

$$\begin{aligned}
\mathrm{e}^{\mathrm{i}\lambda\sigma_z}\sigma_x\mathrm{e}^{-\mathrm{i}\lambda\sigma_z} &= \sigma_x\left[1-\frac{(2\lambda)^2}{2!}+\frac{(2\lambda)^4}{4!}-\frac{(2\lambda)^6}{6!}+\cdots\right] \\
&\quad -\sigma_y\left[2\lambda-\frac{(2\lambda)^3}{3!}+\frac{(2\lambda)^5}{5!}-\frac{(2\lambda)^7}{7!}+\cdots\right] \\
&= \sigma_x\sum_{n=0}^{\infty}\frac{(-1)^n}{(2n)!}(2\lambda)^{2n}-\sigma_y\sum_{n=0}^{\infty}\frac{(-1)^n}{(2n+1)!}(2\lambda)^{2n+1} \\
&= \sigma_x\cos(2\lambda)-\sigma_y\sin(2\lambda)
\end{aligned}$$

方法 2:

利用公式

$$\mathrm{e}^{\mathrm{i}\lambda\sigma_z}=\cos\lambda+\mathrm{i}\sigma_z\sin\lambda$$

$$\begin{aligned}
\mathrm{e}^{\mathrm{i}\lambda\sigma_z}\sigma_x\mathrm{e}^{-\mathrm{i}\lambda\sigma_z} &= (\cos\lambda+\mathrm{i}\sigma_z\sin\lambda)\sigma_x(\cos\lambda-\mathrm{i}\sigma_z\sin\lambda) \\
&= (\cos\lambda+\mathrm{i}\sigma_z\sin\lambda)(\sigma_x\cos\lambda-\sigma_y\sin\lambda) \\
&= \sigma_x(\cos^2\lambda-\sin^2\lambda)-2\sigma_y\sin\lambda\cos\lambda \\
&= \sigma_x\cos(2\lambda)-\sigma_y\sin(2\lambda)
\end{aligned}$$

在以上计算中, 用到公式

$$\sigma_x\sigma_z=-\mathrm{i}\sigma_y,\ \sigma_z\sigma_x=\mathrm{i}\sigma_y,\ \sigma_z\sigma_y=-\mathrm{i}\sigma_x$$

还可以推导出其他相似的公式, 综合如下:

$$\mathrm{e}^{\mathrm{i}\lambda\sigma_z}\sigma_x\mathrm{e}^{-\mathrm{i}\lambda\sigma_z}=\sigma_x\cos(2\lambda)-\sigma_y\sin(2\lambda) \tag{1}$$

$$\mathrm{e}^{\mathrm{i}\lambda\sigma_z}\sigma_y\mathrm{e}^{-\mathrm{i}\lambda\sigma_z}=\sigma_y\cos(2\lambda)+\sigma_x\sin(2\lambda) \tag{2}$$

$$\mathrm{e}^{\mathrm{i}\lambda\sigma_y}\sigma_z\mathrm{e}^{-\mathrm{i}\lambda\sigma_y}=\sigma_z\cos(2\lambda)-\sigma_x\sin(2\lambda) \tag{3}$$

$$\mathrm{e}^{\mathrm{i}\lambda\sigma_y}\sigma_x\mathrm{e}^{-\mathrm{i}\lambda\sigma_y}=\sigma_x\cos(2\lambda)+\sigma_z\sin(2\lambda) \tag{4}$$

$$\mathrm{e}^{\mathrm{i}\lambda\sigma_x}\sigma_y\mathrm{e}^{-\mathrm{i}\lambda\sigma_x}=\sigma_y\cos(2\lambda)-\sigma_z\sin(2\lambda) \tag{5}$$

$$\mathrm{e}^{\mathrm{i}\lambda\sigma_x}\sigma_z\mathrm{e}^{-\mathrm{i}\lambda\sigma_x}=\sigma_z\cos(2\lambda)+\sigma_y\sin(2\lambda) \tag{6}$$

6.13　$\sigma_x,\sigma_y,\sigma_z$ 为泡利矩阵, 定义 $\sigma_\pm=\sigma_x\pm\mathrm{i}\sigma_y$. (1) 计算 $[\sigma_+,\sigma_-],[\sigma_z,\sigma_+]$,

$\left[\sigma_z,\sigma_-\right],\left(\sigma_+\right)^2,\left(\sigma_-\right)^2$；(2) 证明($\xi$ 为常数)：$e^{\xi\sigma_z}\sigma_\pm=\sigma_\pm e^{\xi\sigma_z}e^{\pm2\xi}$；(3) 化简下面两式：$e^{\xi\sigma_z}\sigma_x e^{-\xi\sigma_z}$，$e^{\xi\sigma_z}\sigma_y e^{-\xi\sigma_z}$.

解 (1) $\left[\sigma_+,\sigma_-\right]=\left[\sigma_x+i\sigma_y,\sigma_x-i\sigma_y\right]=i\left[\sigma_y,\sigma_x\right]-i\left[\sigma_x,\sigma_y\right]=4\sigma_z$

$$\left[\sigma_z,\sigma_+\right]=\left[\sigma_z,\sigma_x+i\sigma_y\right]=\left[\sigma_z,\sigma_x\right]+i\left[\sigma_z,\sigma_y\right]=2\left(\sigma_x+i\sigma_y\right)=2\sigma_+$$

$$\left[\sigma_z,\sigma_-\right]=\left[\sigma_z,\sigma_x-i\sigma_y\right]=\left[\sigma_z,\sigma_x\right]-i\left[\sigma_z,\sigma_y\right]=-2\left(\sigma_x-i\sigma_y\right)=-2\sigma_-$$

$$\left(\sigma_+\right)^2=\left(\sigma_x+i\sigma_y\right)\left(\sigma_x+i\sigma_y\right)=i\left(\sigma_x\sigma_y+\sigma_y\sigma_x\right)=0$$

$$\left(\sigma_-\right)^2=\left(\sigma_x-i\sigma_y\right)\left(\sigma_x-i\sigma_y\right)=-i\left(\sigma_x\sigma_y+\sigma_y\sigma_x\right)=0$$

(2) 用 $e^{-\xi\sigma_z}$ 右乘要证明的公式：$e^{\xi\sigma_z}\sigma_\pm=\sigma_\pm e^{\xi\sigma_z}e^{\pm2\xi}$，得

$$e^{\xi\sigma_z}\sigma_\pm e^{-\xi\sigma_z}=\sigma_\pm e^{\pm2\xi}$$

这两式是一样的. 我们来证明后式. 利用公式

$$e^{\hat{A}}\hat{B}e^{-\hat{A}}=\hat{B}+\left[\hat{A},\hat{B}\right]+\frac{1}{2!}\left[\hat{A},\left[\hat{A},\hat{B}\right]\right]+\frac{1}{3!}\left[\hat{A},\left[\hat{A},\left[\hat{A},\hat{B}\right]\right]\right]+\cdots$$

$$e^{\xi\sigma_z}\sigma_\pm e^{-\xi\sigma_z}=\sigma_\pm+\left[\xi\sigma_z,\sigma_\pm\right]+\frac{1}{2!}\left[\xi\sigma_z,\left[\xi\sigma_z,\sigma_\pm\right]\right]+\frac{1}{3!}\left[\xi\sigma_z,\left[\xi\sigma_z,\left[\xi\sigma_z,\sigma_\pm\right]\right]\right]+\cdots$$

利用$\left[\sigma_z,\sigma_+\right]=2\sigma_+$与$\left[\sigma_z,\sigma_-\right]=-2\sigma_-$，可以算出上式中所有对易关系：

$$\left[\xi\sigma_z,\sigma_\pm\right]=\pm2\xi\sigma_\pm,\ \left[\xi\sigma_z,\left[\xi\sigma_z,\sigma_\pm\right]\right]=\left(\pm2\xi\right)^2\sigma_\pm$$

$$\left[\xi\sigma_z,\left[\xi\sigma_z,\left[\xi\sigma_z,\sigma_\pm\right]\right]\right]=\left(\pm2\xi\right)^3\sigma_\pm,\ \cdots$$

将它们代入上式,

$$e^{\xi\sigma_z}\sigma_\pm e^{-\xi\sigma_z}=\sigma_\pm\left[1\pm2\xi+\frac{\left(\pm2\xi\right)^2}{2!}+\frac{\left(\pm2\xi\right)^3}{3!}+\cdots\right]=\sigma_\pm e^{\pm2\xi}$$

(3) 方法 1：

$$e^{\xi\sigma_z}\sigma_x e^{-\xi\sigma_z}=\sigma_x+\left[\xi\sigma_z,\sigma_x\right]+\frac{1}{2!}\left[\xi\sigma_z,\left[\xi\sigma_z,\sigma_x\right]\right]+\frac{1}{3!}\left[\xi\sigma_z,\left[\xi\sigma_z,\left[\xi\sigma_z,\sigma_x\right]\right]\right]+\cdots$$

其中对易关系

$$\left[\xi\sigma_z,\sigma_x\right]=2\mathrm{i}\xi\sigma_y,\ \left[\xi\sigma_z,\left[\xi\sigma_z,\sigma_x\right]\right]=-(2\mathrm{i}\xi)^2\sigma_x$$

$$\left[\xi\sigma_z,\left[\xi\sigma_z,\left[\xi\sigma_z,\sigma_x\right]\right]\right]=-(2\mathrm{i}\xi)^3\sigma_y$$

后面的对易关系的值依次为

$$(2\mathrm{i}\xi)^4\sigma_x,\ (2\mathrm{i}\xi)^5\sigma_y,\ -(2\mathrm{i}\xi)^6\sigma_x,\ -(2\mathrm{i}\xi)^7\sigma_y,\ \cdots$$

将它们代入上式,

$$\begin{aligned}
\mathrm{e}^{\xi\sigma_z}\sigma_x\mathrm{e}^{-\xi\sigma_z}&=\sigma_x\left[1-\frac{(2\mathrm{i}\xi)^2}{2!}+\frac{(2\mathrm{i}\xi)^4}{4!}-\frac{(2\mathrm{i}\xi)^6}{6!}+\cdots\right]\\
&\quad+\sigma_y\left[2\mathrm{i}\xi-\frac{(2\mathrm{i}\xi)^3}{3!}+\frac{(2\mathrm{i}\xi)^5}{5!}-\frac{(2\mathrm{i}\xi)^7}{7!}+\cdots\right]\\
&=\sigma_x\left[1+\frac{(2\xi)^2}{2!}+\frac{(2\xi)^4}{4!}+\frac{(2\xi)^6}{6!}+\cdots\right]\\
&\quad+\mathrm{i}\sigma_y\left[2\xi+\frac{(2\xi)^3}{3!}+\frac{(2\xi)^5}{5!}+\frac{(2\xi)^7}{7!}+\cdots\right]\\
&=\sigma_x\cosh(2\xi)+\mathrm{i}\sigma_y\sinh(2\xi)
\end{aligned}$$

方法 2:

令 $\xi=\mathrm{i}\lambda\quad(\lambda=-\mathrm{i}\xi)$, 利用公式 $\mathrm{e}^{\mathrm{i}\lambda\sigma_z}=\cos\lambda+\mathrm{i}\sigma_z\sin\lambda$,

$$\begin{aligned}
\mathrm{e}^{\xi\sigma_z}\sigma_x\mathrm{e}^{-\xi\sigma_z}&=\mathrm{e}^{\mathrm{i}\lambda\sigma_z}\sigma_x\mathrm{e}^{-\mathrm{i}\lambda\sigma_z}=(\cos\lambda+\mathrm{i}\sigma_z\sin\lambda)\sigma_x(\cos\lambda-\mathrm{i}\sigma_z\sin\lambda)\\
&=\sigma_x\cos(2\lambda)-\sigma_y\sin(2\lambda)=\sigma_x\cos(-\mathrm{i}2\xi)-\sigma_y\sin(-\mathrm{i}2\xi)\\
&=\sigma_x\cos(\mathrm{i}2\xi)+\sigma_y\sin(\mathrm{i}2\xi)\\
&=\sigma_x\cosh(2\xi)+\mathrm{i}\sigma_y\sinh(2\xi)
\end{aligned}$$

在以上计算中, 用到公式

$$\cos(\mathrm{i}x)=\cosh x,\ \sin(\mathrm{i}x)=\mathrm{i}\sinh x$$

类似地, 推导出

$$\mathrm{e}^{\xi\sigma_z}\sigma_y\mathrm{e}^{-\xi\sigma_z}=\sigma_y\cosh(2\xi)-\mathrm{i}\sigma_x\sinh(2\xi)$$

还可以推导出其他相似的公式, 综合如下:

$$\mathrm{e}^{\xi\sigma_x}\sigma_y\mathrm{e}^{-\xi\sigma_x}=\sigma_y\cosh(2\xi)+\mathrm{i}\sigma_z\sinh(2\xi)\tag{1}$$

$$e^{\xi\sigma_x}\sigma_z e^{-\xi\sigma_x}=\sigma_z\cosh(2\xi)-\mathrm{i}\sigma_y\sinh(2\xi) \tag{2}$$

$$e^{\xi\sigma_y}\sigma_x e^{-\xi\sigma_y}=\sigma_x\cosh(2\xi)-\mathrm{i}\sigma_z\sinh(2\xi) \tag{3}$$

$$e^{\xi\sigma_y}\sigma_z e^{-\xi\sigma_y}=\sigma_z\cosh(2\xi)+\mathrm{i}\sigma_x\sinh(2\xi) \tag{4}$$

$$e^{\xi\sigma_z}\sigma_x e^{-\xi\sigma_z}=\sigma_x\cosh(2\xi)+\mathrm{i}\sigma_y\sinh(2\xi) \tag{5}$$

$$e^{\xi\sigma_z}\sigma_y e^{-\xi\sigma_z}=\sigma_y\cosh(2\xi)-\mathrm{i}\sigma_x\sinh(2\xi) \tag{6}$$

6.14 一束速度为 v 自旋 $s=1/2$ 在 z 轴方向极化($s_z=\hbar/2$)的中性粒子, 沿 x 轴方向通过宽为 L 的均匀磁场区, 磁场 $\boldsymbol{B}$ 的方向为正 x 轴方向. 已知粒子具有自旋磁矩 $\hat{\boldsymbol{M}}=g\hat{\boldsymbol{S}}$, g 为常数. (1)求出粒子通过磁场区后其中 $s_z=-\hbar/2$ 与 $s_z=\hbar/2$ 的粒子数目之比; (2)如果希望通过磁场后的粒子全部都是 $s_z=-\hbar/2$ 的, 磁场强度 B 应取什么值?

解 设粒子进入磁场时 $t=0$. 在磁场区 $(x=0\sim L)$, 粒子的哈密顿量为

$$\hat{H}=-\hat{\boldsymbol{M}}\cdot\boldsymbol{B}=-g\hat{\boldsymbol{S}}\cdot\boldsymbol{B}=-gB\hat{S}_x$$

由定态方程

$$-gB\hat{S}_x\psi=E\psi$$

解得定态波函数与定态能量

$$\psi_1=\frac{1}{\sqrt{2}}\begin{pmatrix}1\\1\end{pmatrix},\ E_1=-\frac{gB\hbar}{2}\equiv-\omega\hbar,\quad \omega\equiv\frac{gB}{2}$$

$$\psi_2=\frac{1}{\sqrt{2}}\begin{pmatrix}1\\-1\end{pmatrix},\ E_2=\frac{gB\hbar}{2}=\omega\hbar$$

任意 t 时的波函数

$$\psi(t)=c_1e^{\mathrm{i}\omega t}\psi_1+c_2e^{-\mathrm{i}\omega t}\psi_2$$

$$\psi(0)=c_1\psi_1+c_2\psi_2=\begin{pmatrix}1\\0\end{pmatrix}$$

$$c_1=\psi_1^+\psi(0)=\frac{1}{\sqrt{2}},\ c_2=\psi_2^+\psi(0)=\frac{1}{\sqrt{2}}$$

将 c_1 与 c_2 值代入 $\psi(t)$ 中,

$$\psi(t)=\frac{e^{\mathrm{i}\omega t}}{\sqrt{2}}\psi_1+\frac{e^{-\mathrm{i}\omega t}}{\sqrt{2}}\psi_2=\begin{pmatrix}\cos\omega t\\ \mathrm{i}\sin\omega t\end{pmatrix}$$

当 $t\geqslant L/v$ 时, 粒子离开磁场区, 保持 $t=L/v$ 时的自旋态

$$\psi\left(t=L/v\right)=\begin{pmatrix}\cos\dfrac{\omega L}{v}\\ \mathrm{i}\sin\dfrac{\omega L}{v}\end{pmatrix}$$

这时, 粒子处于自旋向下态与自旋向上态的概率之比 P 为

$$P=\left|\frac{\sin\left(\omega L/v\right)}{\cos\left(\omega L/v\right)}\right|^2=\tan^2\frac{gBL}{2v}$$

它也是粒子离开磁场后自旋向下与自旋向上的粒子数目之比. 为了使全部粒子都是自旋向下的, 下述条件应该满足,

$$\frac{gBL}{2v}=\frac{\pi}{2}\left(2n+1\right) \text{ 或 } B=\frac{v\pi\left(2n+1\right)}{gL},\ n=0,1,2,\cdots$$

6.15 把一个自旋 $s=1/2$ 的粒子置于磁场 $\boldsymbol{B}=B_0(\sin\theta\boldsymbol{i}+\cos\theta\boldsymbol{k})$ 中, 其中 $\boldsymbol{i}$ 与 $\boldsymbol{k}$ 为 x 轴与 z 轴方向的单位矢量. 体系的哈密顿量为 $\hat{H}=-\hat{\boldsymbol{M}}_s\cdot\boldsymbol{B}$, $\hat{\boldsymbol{M}}_s=2\mu_{\mathrm{B}}\hat{\boldsymbol{S}}$ 是粒子的自旋磁矩. μ_{B} 是玻尔磁子. 试求 $\hat{H}$ 的本征值与本征态矢.

解

$$\begin{aligned}\hat{H}&=-\hat{\boldsymbol{M}}_s\cdot\boldsymbol{B}=-2\mu_{\mathrm{B}}B_0\hat{\boldsymbol{S}}\cdot(\sin\theta\boldsymbol{i}+\cos\theta\boldsymbol{k})\\&=-2\mu_{\mathrm{B}}B_0(\sin\theta\hat{S}_x+\cos\theta\hat{S}_z)\\&=-\mu_{\mathrm{B}}B_0\hbar\left[\sin\theta\begin{pmatrix}0&1\\1&0\end{pmatrix}+\cos\theta\begin{pmatrix}1&0\\0&-1\end{pmatrix}\right]\\&=-\mu_{\mathrm{B}}B_0\hbar\begin{pmatrix}\cos\theta&\sin\theta\\\sin\theta&-\cos\theta\end{pmatrix}\end{aligned}$$

定态方程为

$$\hat{H}\psi=E\psi$$

$$-\mu_{\mathrm{B}}B_0\hbar\begin{pmatrix}\cos\theta&\sin\theta\\\sin\theta&-\cos\theta\end{pmatrix}\begin{pmatrix}c_1\\c_2\end{pmatrix}=E\begin{pmatrix}c_1\\c_2\end{pmatrix}$$

其解为

$$E_1=-\mu_{\mathrm{B}}B_0\hbar,\psi_1=\begin{pmatrix}\cos\dfrac{\theta}{2}\\\sin\dfrac{\theta}{2}\end{pmatrix};\ E_2=\mu_{\mathrm{B}}B_0\hbar,\psi_2=\begin{pmatrix}-\sin\dfrac{\theta}{2}\\\cos\dfrac{\theta}{2}\end{pmatrix}$$

6.16 已知氢原子哈密顿算符 $\hat{H}=\dfrac{\hat{p}^2}{2\mu}-\dfrac{e^2}{r}+\xi(r)\hat{\boldsymbol{L}}\cdot\hat{\boldsymbol{S}}$，在 $\boldsymbol{r}$ - s_z 表象写出氢原子的定态方程. 设此方程的某一定态解已经求出，它的归一化波函数为 $\psi(\boldsymbol{r},s_z,t)=\begin{pmatrix}\varphi(\boldsymbol{r})\\F(\boldsymbol{r})\end{pmatrix}\mathrm{e}^{-\mathrm{i}Et/\hbar}$，其中 φ 与 F 是 $\boldsymbol{r}$ 的已知函数，写出任意 t 时刻力学量 x 与 s_x 的平均值计算公式.

解 在 $\boldsymbol{r}$ - s_z 表象氢原子哈密顿算符表示为

$$
\begin{aligned}
\hat{H}&=\left(-\frac{\hbar^2}{2\mu}\nabla^2-\frac{e^2}{r}\right)\begin{pmatrix}1&0\\0&1\end{pmatrix}\\
&\quad+\frac{\hbar\xi(r)}{2}\left[\hat{L}_x\begin{pmatrix}0&1\\1&0\end{pmatrix}+\hat{L}_y\begin{pmatrix}0&-\mathrm{i}\\\mathrm{i}&0\end{pmatrix}+\hat{L}_z\begin{pmatrix}1&0\\0&-1\end{pmatrix}\right]\\
&=\begin{pmatrix}-\dfrac{\hbar^2}{2\mu}\nabla^2-\dfrac{e^2}{r}+\dfrac{\hbar\xi(r)}{2}\hat{L}_z & \dfrac{\hbar\xi(r)}{2}\left(\hat{L}_x-\mathrm{i}\hat{L}_y\right)\\ \dfrac{\hbar\xi(r)}{2}\left(\hat{L}_x+\mathrm{i}\hat{L}_y\right) & -\dfrac{\hbar^2}{2\mu}\nabla^2-\dfrac{e^2}{r}-\dfrac{\hbar\xi(r)}{2}\hat{L}_z\end{pmatrix}
\end{aligned}
$$

定态方程为

$$
\begin{pmatrix}\hat{H}_{11}&\hat{H}_{12}\\\hat{H}_{21}&\hat{H}_{22}\end{pmatrix}\begin{pmatrix}\psi_1\\\psi_2\end{pmatrix}=E\begin{pmatrix}\psi_1\\\psi_2\end{pmatrix}
$$

其中 $\hat{H}_{ij}(i,j=1,2)$ 如上式所示. 已知定态方程的归一化定态解为

$$
\psi(\boldsymbol{r},s_z,t)=\begin{pmatrix}\varphi(\boldsymbol{r})\\F(\boldsymbol{r})\end{pmatrix}\mathrm{e}^{-\mathrm{i}Et/\hbar}
$$

x 与 s_x 的平均值计算公式为

$$
\begin{aligned}
\langle x\rangle&=\int\psi^{+}(\boldsymbol{r},s_z,t)\,x\psi(\boldsymbol{r},s_z,t)\mathrm{d}\tau\\
&=\int\left(\varphi^*(\boldsymbol{r}),F^*(\boldsymbol{r})\right)\begin{pmatrix}x\varphi(\boldsymbol{r})\\xF(\boldsymbol{r})\end{pmatrix}\mathrm{d}\tau\\
&=\int\left[\varphi^*(\boldsymbol{r})x\varphi(\boldsymbol{r})+F^*(\boldsymbol{r})xF(\boldsymbol{r})\right]\mathrm{d}\tau
\end{aligned}
$$

$$
\begin{aligned}
\langle s_x\rangle&=\int\psi^{+}(\boldsymbol{r},s_z,t)\hat{S}_x\psi(\boldsymbol{r},s_z,t)\mathrm{d}\tau\\
&=\frac{\hbar}{2}\int\left(\varphi^*(\boldsymbol{r}),F^*(\boldsymbol{r})\right)\begin{pmatrix}0&1\\1&0\end{pmatrix}\begin{pmatrix}\varphi(\boldsymbol{r})\\F(\boldsymbol{r})\end{pmatrix}\mathrm{d}\tau\\
&=\frac{\hbar}{2}\int\left[\varphi^*(\boldsymbol{r})F(\boldsymbol{r})+F^*(\boldsymbol{r})\varphi(\boldsymbol{r})\right]\mathrm{d}\tau
\end{aligned}
$$

6.17 氢原子基态能量 $E_1=-e^2/2a$，其中 $a=\hbar^2/\mu e^2$ 为玻尔半径，μ 为折合质量，近似等于电子质量 m_e . (1)写出电子偶素(氢原子中质子由正电子代替)的基态能量和玻尔半径. (2)由于电子有自旋，电子偶素基态的简并度是多少？(3)电子偶素的基态会发生衰变，湮没为光子. 这个过程中释放的能量和角动量是多少？证明终态至少有 2 个光子.

解 (1)电子偶素基态能量

$$E_1=-\frac{e^2}{2a}=-\frac{m_e e^4}{4\hbar^2},\ a=\frac{2\hbar^2}{m_e e^2}$$

(2) 简并度为 4，对应电子与正电子的总自旋 $\hat{S}^2$ 与 $\hat{S}_z$ 的共同本征态 $|11\rangle|10\rangle|1-1\rangle|00\rangle$，即自旋三重态与自旋单态.

(3) 释放能量 $2m_ec^2-\left(m_e e^4/4\hbar^2\right)$. 释放角动量为电子偶素基态的总自旋角动量 $S^2=s(s+1)\hbar^2$ 与 $S_z=m\hbar$. 如果电子偶素基态处于自旋三重态，则释放角动量为 $S^2=2\hbar^2$ 与 $S_z=m\hbar(m=0,\pm1)$. 如果电子偶素基态处于自旋单态，则释放角动量为 0.

由于电子偶素的动量为 0，根据动量守恒，终态至少有 2 个光子才能保持体系的总动量为 0.

6.18 考虑电子自旋谐振(自旋共振). 略去原子场，强磁场下 $\boldsymbol{B}=B_0\boldsymbol{k}$. $t=0$ 时，电子自旋向上，并附加弱磁场 $\boldsymbol{B}_1=B_1\sin\omega t\,\boldsymbol{i}$. $\boldsymbol{k}$ 与 $\boldsymbol{i}$ 分别是 z 轴与 x 轴方向的单位矢量. 试用一级含时微扰论，证明电子向自旋向下态的共振跃迁发生在 $\omega=\omega_0=eB_0/\mu c$ 处. 略去非共振项，计算小 t 时在 $\omega=\omega_0$ 处电子到自旋向下态跃迁的概率.

解 电子在强磁场 $\boldsymbol{B}=B_0\boldsymbol{k}$ 中的哈密顿量为

$$\hat{H}=-\hat{\boldsymbol{M}}_s\cdot\boldsymbol{B}=\frac{eB_0}{\mu c}\hat{S}_z$$

它的本征态矢与本征能量为

$$\varphi_1=\alpha=\begin{pmatrix}1\\0\end{pmatrix},\ E_1=\frac{eB_0\hbar}{2\mu c}\equiv\frac{\omega_0\hbar}{2},\quad \omega_0\equiv\frac{eB_0}{\mu c}$$

$$\varphi_2=\beta=\begin{pmatrix}0\\1\end{pmatrix},\ E_2=-\frac{eB_0\hbar}{2\mu c}=-\frac{\omega_0\hbar}{2}$$

$t=0$ 时处于 α 态的电子在微扰 $\hat{H}'=-\hat{\boldsymbol{M}}_s\cdot\boldsymbol{B}_1=\dfrac{eB_1}{\mu c}\sin\omega t\,\hat{S}_x$ 的作用下，$t(>0)$ 时跃

迁到 β 态的概率为

$$W_{\alpha\to\beta}(t)=\frac{1}{\hbar^2}\left|\int_0^t H'_{\beta\alpha}\mathrm{e}^{\mathrm{i}\omega_{\beta\alpha}t}\mathrm{d}t\right|^2$$

其中

$$\begin{aligned}H'_{\beta\alpha}&=\frac{eB_1}{\mu c}\sin\omega t\beta^+\hat{S}_x\alpha=\frac{eB_1\hbar}{2\mu c}\sin\omega t(0,1)\begin{pmatrix}0&1\\1&0\end{pmatrix}\begin{pmatrix}1\\0\end{pmatrix}\\&=\frac{eB_1\hbar}{2\mu c}\sin\omega t\end{aligned}$$

$$\omega_{\beta\alpha}=\frac{E_2-E_1}{\hbar}=-\omega_0$$

将以上两式代入 $W_{\alpha\to\beta}(t)$ 的计算公式，得

$$\begin{aligned}W_{\alpha\to\beta}(t)&=\frac{1}{\hbar^2}\left|\frac{eB_1\hbar}{2\mu c}\int_0^t\sin\omega t\mathrm{e}^{-\mathrm{i}\omega_0 t}\mathrm{d}t\right|^2\\&=\frac{e^2B_1^2}{4\mu^2c^2}\left|\frac{1}{2\mathrm{i}}\int_0^t\left(\mathrm{e}^{\mathrm{i}\omega t}-\mathrm{e}^{-\mathrm{i}\omega t}\right)\mathrm{e}^{-\mathrm{i}\omega_0 t}\mathrm{d}t\right|^2\\&=\frac{e^2B_1^2}{16\mu^2c^2}\left|\int_0^t\left(\mathrm{e}^{\mathrm{i}(\omega-\omega_0)t}-\mathrm{e}^{-\mathrm{i}(\omega+\omega_0)t}\right)\mathrm{d}t\right|^2\\&=\frac{e^2B_1^2}{16\mu^2c^2}\left|\frac{\mathrm{e}^{\mathrm{i}(\omega-\omega_0)t}-1}{\omega-\omega_0}+\frac{\mathrm{e}^{-\mathrm{i}(\omega+\omega_0)t}-1}{\omega+\omega_0}\right|^2\end{aligned}$$

由上式看出，当 $\omega\to\omega_0$ 时发生共振跃迁，略去非共振跃迁项，

$$\begin{aligned}W_{\alpha\to\beta}(t)&=\frac{e^2B_1^2}{16\mu^2c^2}\left|\frac{\mathrm{e}^{\mathrm{i}(\omega-\omega_0)t}-1}{\omega-\omega_0}\right|^2\\&=\frac{e^2B_1^2}{4\mu^2c^2}\frac{\sin^2\left[(\omega-\omega_0)t/2\right]}{(\omega-\omega_0)^2}\xrightarrow{t\to 0}\frac{e^2B_1^2t^2}{16\mu^2c^2}\end{aligned}$$

6.19 自旋为 1 的带电粒子(电荷为 $-q$，质量为 μ)受到磁场 $\boldsymbol{B}=B\boldsymbol{j}$ 的作用，其哈密顿量为 $\hat{H}=\dfrac{qB}{\mu c}\hat{S}_y$.如果 $t=0$ 时，粒子的自旋指向正 x 轴方向，求粒子自旋平均值的时间演化.

解 在 $\hat{S}_z$ 表象，

$$\hat{S}_x = \frac{\hbar}{\sqrt{2}}\begin{pmatrix} 0 & 1 & 0 \\ 1 & 0 & 1 \\ 0 & 1 & 0 \end{pmatrix}, \ \hat{S}_y = \frac{\hbar}{\sqrt{2}}\begin{pmatrix} 0 & -i & 0 \\ i & 0 & -i \\ 0 & i & 0 \end{pmatrix}$$

定态方程为

$$\frac{qB}{\mu c}\hat{S}_y \psi = E\psi$$

方程的解为

$$\psi_1 = \frac{1}{2}\begin{pmatrix} 1 \\ \sqrt{2}i \\ -1 \end{pmatrix}, \ E_1 = \frac{qB\hbar}{\mu c} \equiv \omega\hbar, \quad \omega \equiv \frac{qB}{\mu c}$$

$$\psi_2 = \frac{1}{\sqrt{2}}\begin{pmatrix} 1 \\ 0 \\ 1 \end{pmatrix}, E_2 = 0; \ \psi_3 = \frac{1}{2}\begin{pmatrix} 1 \\ -\sqrt{2}i \\ -1 \end{pmatrix}, E_3 = -\omega\hbar$$

$$\psi(t) = c_1 e^{-i\omega t}\psi_1 + c_2\psi_2 + c_3 e^{i\omega t}\psi_3$$

$$\psi(0) = c_1\psi_1 + c_2\psi_2 + c_3\psi_3 = \frac{1}{2}\begin{pmatrix} 1 \\ \sqrt{2} \\ 1 \end{pmatrix}$$

$$c_1 = \psi_1^+\psi(0) = \frac{1}{4}\left(1, -\sqrt{2}i, -1\right)\begin{pmatrix} 1 \\ \sqrt{2} \\ 1 \end{pmatrix} = -\frac{i}{2}$$

$$c_2 = \psi_2^+\psi(0) = \frac{1}{2\sqrt{2}}(1, 0, 1)\begin{pmatrix} 1 \\ \sqrt{2} \\ 1 \end{pmatrix} = \frac{1}{\sqrt{2}}$$

$$c_3 = \psi_3^+\psi(0) = \frac{1}{4}\left(1, \sqrt{2}i, -1\right)\begin{pmatrix} 1 \\ \sqrt{2} \\ 1 \end{pmatrix} = \frac{i}{2}$$

将上述 c_i 值代入 $\psi(t)$ 表示式，得

$$\psi(t)=-\frac{\mathrm{ie}^{-\mathrm{i}\omega t}}{4}\begin{pmatrix}1\\ \sqrt{2}\mathrm{i}\\ -1\end{pmatrix}+\frac{1}{2}\begin{pmatrix}1\\0\\1\end{pmatrix}+\frac{\mathrm{ie}^{\mathrm{i}\omega t}}{4}\begin{pmatrix}1\\ -\sqrt{2}\mathrm{i}\\ -1\end{pmatrix}$$

$$=\frac{1}{4}\begin{pmatrix}\mathrm{i}(\mathrm{e}^{\mathrm{i}\omega t}-\mathrm{e}^{-\mathrm{i}\omega t})+2\\ \sqrt{2}(\mathrm{e}^{\mathrm{i}\omega t}+\mathrm{e}^{-\mathrm{i}\omega t})\\ -\mathrm{i}(\mathrm{e}^{\mathrm{i}\omega t}-\mathrm{e}^{-\mathrm{i}\omega t})+2\end{pmatrix}=\frac{1}{2}\begin{pmatrix}1-\sin\omega t\\ \sqrt{2}\cos\omega t\\ 1+\sin\omega t\end{pmatrix}$$

$$\langle s_x\rangle=\psi^+(t)\hat{S}_x\psi(t)=\frac{\hbar}{4\sqrt{2}}\left(1-\sin\omega t,\sqrt{2}\cos\omega t,1+\sin\omega t\right)$$

$$\times\begin{pmatrix}0&1&0\\1&0&1\\0&1&0\end{pmatrix}\begin{pmatrix}1-\sin\omega t\\ \sqrt{2}\cos\omega t\\ 1+\sin\omega t\end{pmatrix}=\hbar\cos\omega t$$

$$\langle s_y\rangle=\hbar\left(|c_1|^2-|c_3|^2\right)=0$$

$$\langle s_z\rangle=\hbar\left|\frac{1-\sin\omega t}{2}\right|^2-\hbar\left|\frac{1+\sin\omega t}{2}\right|^2=-\hbar\sin\omega t$$

6.20 体系由两个自旋 $s=1/2$ 的非全同粒子组成. 已知粒子 1 处于 $s_{1z}=1/2$ 的态上, 粒子 2 处于 $s_{2x}=1/2$ 的态上, 求体系总自旋 $\hat{S}^2$ 与 $\hat{S}_z$ 的可测值及相应概率.

解 在 $(\hat{S}_{1z},\hat{S}_{2z})$ 表象, 体系的态矢为

$$|\psi\rangle=\begin{pmatrix}1\\0\end{pmatrix}_1\frac{1}{\sqrt{2}}\begin{pmatrix}1\\1\end{pmatrix}_2=\frac{1}{\sqrt{2}}\begin{pmatrix}1\\0\end{pmatrix}_1\begin{pmatrix}1\\0\end{pmatrix}_2+\frac{1}{\sqrt{2}}\begin{pmatrix}1\\0\end{pmatrix}_1\begin{pmatrix}0\\1\end{pmatrix}_2$$

$$=\frac{1}{\sqrt{2}}\alpha(1)\alpha(2)+\frac{1}{\sqrt{2}}\alpha(1)\beta(2)$$

$$=\frac{1}{\sqrt{2}}\alpha(1)\alpha(2)+\frac{1}{2}\left\{\frac{1}{\sqrt{2}}\left[\alpha(1)\beta(2)+\alpha(2)\beta(1)\right]\right.$$

$$\left.+\frac{1}{\sqrt{2}}\left[\alpha(1)\beta(2)-\alpha(2)\beta(1)\right]\right\}$$

$$=\frac{1}{\sqrt{2}}|11\rangle+\frac{1}{2}|10\rangle+\frac{1}{2}|00\rangle$$

$\hat{S}^2$ 的可测值为 0 与 $2\hbar^2$, 相应概率为 1/4 与 3/4. $\hat{S}_z$ 的可测值为 0 与 $\hbar$, 相应概率都是 1/2.

6.21 体系由两个自旋 $s=1/2$ 的非全同粒子组成, 粒子之间的相互作用为

$A\hat{\boldsymbol{S}}_1 \cdot \hat{\boldsymbol{S}}_2$, 其中 A 为常数. 设 $t=0$ 时, 粒子 1 的自旋指向 z 轴正方向, 粒子 2 的自旋指向 z 轴负方向. (1)在任意 t 时刻测量粒子 1 的自旋处于 z 轴正方向的概率是多少? (2)在任意 t 时刻测量粒子 1 与 2 的自旋处于 z 轴正方向的概率是多少?

解 体系的哈密顿量为

$$\hat{H} = A\hat{\boldsymbol{S}}_1 \cdot \hat{\boldsymbol{S}}_2 = \frac{A}{2}\left(\hat{S}^2 - \frac{3}{2}\hbar^2\right)$$

$\hat{H}$ 的本征态与本征值为

$$|\psi_1\rangle = |11\rangle, \quad E_1 = \frac{A\hbar^2}{4} \equiv \omega\hbar, \quad \omega \equiv \frac{A\hbar}{4}$$
$$|\psi_2\rangle = |10\rangle, \quad E_2 = \omega\hbar$$
$$|\psi_3\rangle = |1-1\rangle, \quad E_3 = \omega\hbar$$
$$|\psi_4\rangle = |00\rangle, \quad E_4 = -3\omega\hbar$$

任意 t 时的态矢为

$$|\psi(t)\rangle = \mathrm{e}^{-\mathrm{i}\omega t}\left(c_1|11\rangle + c_2|10\rangle + c_3|1-1\rangle\right) + c_4\mathrm{e}^{\mathrm{i}3\omega t}|00\rangle$$

$$|\psi(0)\rangle = c_1|11\rangle + c_2|10\rangle + c_3|1-1\rangle + c_4|00\rangle = \alpha(1)\beta(2)$$

$$c_1 = \langle 11|\psi(0)\rangle = [\alpha(1)\alpha(2)]^+\alpha(1)\beta(2) = 0$$

$$c_2 = \langle 10|\psi(0)\rangle = \frac{1}{\sqrt{2}}[\alpha(1)\beta(2) + \alpha(2)\beta(1)]^+\alpha(1)\beta(2) = \frac{1}{\sqrt{2}}$$

$$c_3 = \langle 1-1|\psi(0)\rangle = [\beta(1)\beta(2)]^+\alpha(1)\beta(2) = 0$$

$$c_4 = \langle 00|\psi(0)\rangle = \frac{1}{\sqrt{2}}[\alpha(1)\beta(2) - \alpha(2)\beta(1)]^+\alpha(1)\beta(2) = \frac{1}{\sqrt{2}}$$

将 $c_i\,(i=1,2,3,4)$ 的值代入 $|\psi(t)\rangle$,

$$|\psi(t)\rangle = \frac{1}{\sqrt{2}}\mathrm{e}^{-\mathrm{i}\omega t}|10\rangle + \frac{1}{\sqrt{2}}\mathrm{e}^{\mathrm{i}3\omega t}|00\rangle$$
$$= \frac{1}{2}[(\mathrm{e}^{-\mathrm{i}\omega t} + \mathrm{e}^{\mathrm{i}3\omega t})\alpha(1)\beta(2) + (\mathrm{e}^{-\mathrm{i}\omega t} - \mathrm{e}^{\mathrm{i}3\omega t})\alpha(2)\beta(1)]$$

任意 t 时刻, 粒子 1 的自旋处于 z 轴正方向的概率是

$$\frac{1}{4}\left|\mathrm{e}^{-\mathrm{i}\omega t} + \mathrm{e}^{\mathrm{i}3\omega t}\right|^2 = \cos^2 2\omega t$$

两个粒子自旋同时沿 z 轴正方向的概率为零, 因 $|\psi(t)\rangle$ 中不存在 $\alpha(1)\alpha(2)$ 态.

6.22　一个体系由两个自旋 $s=1/2$ 的非全同粒子组成, $\hat{\boldsymbol{S}}_1$ 与 $\hat{\boldsymbol{S}}_2$ 是粒子 1 与 2 的自旋算符.(1) 用非耦合态 $\alpha(1)\alpha(2),\alpha(1)\beta(2),\alpha(2)\beta(1),\beta(1)\beta(2)$, 构成总自旋 $\hat{\boldsymbol{S}}=\hat{\boldsymbol{S}}_1+\hat{\boldsymbol{S}}_2$ 的 $\hat{S}^2$ 及 $\hat{S}_z$ 的共同本征态矢 $|sm_s\rangle$; (2) 求 $(\hat{S}_{1z}-\hat{S}_{2z})|sm_s\rangle=?$ (3) 如体系的哈密顿量 $\hat{H}=A\hat{\boldsymbol{S}}_1\cdot\hat{\boldsymbol{S}}_2+B(\hat{S}_{1z}-\hat{S}_{2z})$, 其中 A 与 B 为常数, 求体系的能量; (4) 给出 $A=0,B\neq 0$ 时 $\hat{H}$ 的归一化本征态.

解　(1)　$|11\rangle=\alpha(1)\alpha(2),\ |10\rangle=\dfrac{1}{\sqrt{2}}[\alpha(1)\beta(2)+\alpha(2)\beta(1)]$

$$|1-1\rangle=\beta(1)\beta(2),\ |00\rangle=\frac{1}{\sqrt{2}}[\alpha(1)\beta(2)-\alpha(2)\beta(1)]$$

(2)

$$(\hat{S}_{1z}-\hat{S}_{2z})|11\rangle=(\hat{S}_{1z}-\hat{S}_{2z})\alpha(1)\alpha(2)=0$$

$$(\hat{S}_{1z}-\hat{S}_{2z})|1-1\rangle=(\hat{S}_{1z}-\hat{S}_{2z})\beta(1)\beta(2)=0$$

$$\begin{aligned}(\hat{S}_{1z}-\hat{S}_{2z})|10\rangle&=(\hat{S}_{1z}-\hat{S}_{2z})\frac{1}{\sqrt{2}}\left[\alpha(1)\beta(2)+\alpha(2)\beta(1)\right]\\&=\frac{\hbar}{2\sqrt{2}}\left\{\left[\alpha(1)\beta(2)-\alpha(2)\beta(1)\right]-\left[-\alpha(1)\beta(2)+\alpha(2)\beta(1)\right]\right\}\\&=\frac{\hbar}{\sqrt{2}}\left[\alpha(1)\beta(2)-\alpha(2)\beta(1)\right]=\hbar|00\rangle\end{aligned}$$

$$(\hat{S}_{1z}-\hat{S}_{2z})|00\rangle=\hbar|10\rangle$$

(3)

$$\hat{H}=A\hat{\boldsymbol{S}}_1\cdot\hat{\boldsymbol{S}}_2+B(\hat{S}_{1z}-\hat{S}_{2z})=\frac{A}{2}\left(\hat{S}^2-\frac{3}{2}\hbar^2\right)+B(\hat{S}_{1z}-\hat{S}_{2z})$$

显然, $\hat{H}$ 的两个本征态与相应的本征值为

$$|\psi_1\rangle=|11\rangle,E_1=\frac{A\hbar^2}{4};\ |\psi_2\rangle=|1-1\rangle,E_2=\frac{A\hbar^2}{4} \tag{1}$$

$\hat{H}$ 的另外两个本征态, 因同 $|11\rangle$ 与 $|1-1\rangle$ 正交, 只能由 $|10\rangle$ 与 $|00\rangle$ 的线性叠加组成

$$|\psi\rangle=c_1|10\rangle+c_2|00\rangle \tag{2}$$

定态方程为

$$\hat{H}|\psi\rangle=E|\psi\rangle\quad 或\quad \begin{pmatrix}H_{11} & H_{12}\\ H_{21} & H_{22}\end{pmatrix}\begin{pmatrix}c_1\\ c_2\end{pmatrix}=E\begin{pmatrix}c_1\\ c_2\end{pmatrix} \tag{3}$$

在以 $|1\rangle=|10\rangle$ 与 $|2\rangle=|00\rangle$ 为基矢的表象中, $\hat{H}$ 的矩阵元

$$H_{11}=\langle 1|\hat{H}|1\rangle=\langle 10|\left[\frac{A}{2}\left(\hat{S}^2-\frac{3}{2}\hbar^2\right)+B(\hat{S}_{1z}-\hat{S}_{2z})\right]|10\rangle=\frac{A\hbar^2}{4}$$

$$H_{22}=\langle 2|\hat{H}|2\rangle=\langle 00|\left[\frac{A}{2}\left(\hat{S}^2-\frac{3}{2}\hbar^2\right)+B(\hat{S}_{1z}-\hat{S}_{2z})\right]|00\rangle=-\frac{3A\hbar^2}{4}$$

$$H_{12}=\langle 1|\hat{H}|2\rangle=\langle 10|\left[\frac{A}{2}\left(\hat{S}^2-\frac{3}{2}\hbar^2\right)+B(\hat{S}_{1z}-\hat{S}_{2z})\right]|00\rangle=B\hbar$$

$$H_{21}=H_{12}^*=B\hbar$$

将以上矩阵元的值代入方程(3), 得

$$\begin{pmatrix}\left(A\hbar^2/4\right)-E & B\hbar \\ B\hbar & -\left(3A\hbar^2/4\right)-E\end{pmatrix}\begin{pmatrix}c_1\\c_2\end{pmatrix}=0 \tag{4}$$

由此方程解得体系的两个能量为

$$E_3=-\frac{A\hbar^2}{4}+\sqrt{\frac{A^2\hbar^2}{4}+B^2\hbar^2} \tag{5}$$

$$E_4=-\frac{A\hbar^2}{4}-\sqrt{\frac{A^2\hbar^2}{4}+B^2\hbar^2} \tag{6}$$

(4) $A=0$ 时, 体系的哈密顿量为

$$\hat{H}=B(\hat{S}_{1z}-\hat{S}_{2z})$$

显然, $\hat{H}$ 的两个本征态与相应的本征值为

$$|\psi_1\rangle=|11\rangle,\ E_1=0;\ |\psi_2\rangle=|1-1\rangle,\ E_2=0$$

$\hat{H}$ 的另外两个本征态由 $|10\rangle$ 与 $|00\rangle$ 的线性叠加组成

$$|\psi\rangle=c_1|10\rangle+c_2|00\rangle$$

在方程(4)中, 令 $A=0$, 得 $|\psi\rangle$ 满足的方程

$$\begin{pmatrix}-E & B\hbar \\ B\hbar & -E\end{pmatrix}\begin{pmatrix}c_1\\c_2\end{pmatrix}=0$$

由此方程解得

$$|\psi_3\rangle=\frac{1}{\sqrt{2}}\begin{pmatrix}1\\1\end{pmatrix}=\frac{1}{\sqrt{2}}\left(|10\rangle+|00\rangle\right),\ E_3=B\hbar$$

$$\left|\psi_4\right\rangle=\frac{1}{\sqrt{2}}\begin{pmatrix}1\\-1\end{pmatrix}=\frac{1}{\sqrt{2}}\left(\left|10\right\rangle-\left|00\right\rangle\right),\ E_4=-B\hbar$$

6.23 两个自旋$s=1/2$的非全同粒子体系哈氏量$\hat{H}=V_0(\sigma_{1x}\sigma_{2y}-\sigma_{1y}\sigma_{2x})$，其中$V_0$是常数. (1)求$\hat{H}$的本征值与本征态；(2)设$t=0$时，体系处于$\alpha(1)\beta(2)$态，求任意$t$时刻体系处于$\beta(1)\alpha(2)$态的概率.

解 (1)取(s_{1z},s_{2z})表象，基矢依次记为

$$\left|1\right\rangle=\alpha(1)\beta(2),\ \left|2\right\rangle=\beta(1)\alpha(2),\ \left|3\right\rangle=\alpha(1)\alpha(2),\ \left|4\right\rangle=\beta(1)\beta(2)$$

利用公式

$$\sigma_x\alpha=\beta,\ \sigma_x\beta=\alpha,\ \sigma_y\alpha=\mathrm{i}\beta,\ \sigma_y\beta=-\mathrm{i}\alpha$$

算出

$$\hat{H}\left|3\right\rangle=V_0(\sigma_{1x}\sigma_{2y}-\sigma_{1y}\sigma_{2x})\alpha(1)\alpha(2)=V_0\left[\mathrm{i}\beta(1)\beta(2)-\mathrm{i}\beta(1)\beta(2)\right]=0$$

$$\hat{H}\left|4\right\rangle=V_0(\sigma_{1x}\sigma_{2y}-\sigma_{1y}\sigma_{2x})\beta(1)\beta(2)=V_0\left[-\mathrm{i}\alpha(1)\alpha(2)+\mathrm{i}\alpha(1)\alpha(2)\right]=0$$

可见，$\left|3\right\rangle$与$\left|4\right\rangle$是$\hat{H}$的本征态，本征值均为0. $\hat{H}$的另外两个本征态因同$\left|3\right\rangle$与$\left|4\right\rangle$正交，只能由$\left|1\right\rangle$与$\left|2\right\rangle$的线性组合构成：

$$\left|\psi\right\rangle=c_1\left|1\right\rangle+c_2\left|2\right\rangle$$

定态方程$\hat{H}\left|\psi\right\rangle=E\left|\psi\right\rangle$具有如下形式：

$$\begin{pmatrix}H_{11}&H_{12}\\H_{21}&H_{22}\end{pmatrix}\begin{pmatrix}c_1\\c_2\end{pmatrix}=E\begin{pmatrix}c_1\\c_2\end{pmatrix}$$

利用以下算式：

$$\begin{aligned}\hat{H}\left|1\right\rangle&=V_0(\sigma_{1x}\sigma_{2y}-\sigma_{1y}\sigma_{2x})\alpha(1)\beta(2)=V_0\left[-\mathrm{i}\beta(1)\alpha(2)-\mathrm{i}\beta(1)\alpha(2)\right]\\&=-2\mathrm{i}V_0\beta(1)\alpha(2)=-2\mathrm{i}V_0\left|2\right\rangle\end{aligned}$$

$$\begin{aligned}\hat{H}\left|2\right\rangle&=V_0(\sigma_{1x}\sigma_{2y}-\sigma_{1y}\sigma_{2x})\beta(1)\alpha(2)=V_0\left[\mathrm{i}\alpha(1)\beta(2)+\mathrm{i}\alpha(1)\beta(2)\right]\\&=2\mathrm{i}V_0\alpha(1)\beta(2)=2\mathrm{i}V_0\left|1\right\rangle\end{aligned}$$

算出

$$H_{11}=\left\langle 1\right|\hat{H}\left|1\right\rangle=0,\qquad H_{22}=\left\langle 2\right|\hat{H}\left|2\right\rangle=0$$

$$H_{12}=\left\langle 1\right|\hat{H}\left|2\right\rangle=2\mathrm{i}V_0,\ H_{21}=H_{12}^*=-2\mathrm{i}V_0$$

将上述 H_{ij} 值代入定态方程，得

$$\begin{pmatrix} 0 & 2\mathrm{i}V_0 \\ -2\mathrm{i}V_0 & 0 \end{pmatrix}\begin{pmatrix} c_1 \\ c_2 \end{pmatrix} = E\begin{pmatrix} c_1 \\ c_2 \end{pmatrix}$$

解之得

$$E_1 = -2V_0,\ |\psi_1\rangle = \frac{1}{\sqrt{2}}\begin{pmatrix} 1 \\ \mathrm{i} \end{pmatrix} = \frac{1}{\sqrt{2}}[\alpha(1)\beta(2) + \mathrm{i}\beta(1)\alpha(2)]$$

$$E_2 = 2V_0,\ |\psi_2\rangle = \frac{1}{\sqrt{2}}\begin{pmatrix} 1 \\ -\mathrm{i} \end{pmatrix} = \frac{1}{\sqrt{2}}[\alpha(1)\beta(2) - \mathrm{i}\beta(1)\alpha(2)]$$

加上前面的两组解：

$$E_3 = 0,\ |\psi_3\rangle = \alpha(1)\alpha(2)$$

$$E_4 = 0,\ |\psi_4\rangle = \beta(1)\beta(2)$$

(2) 任意 t 时刻的态矢

$$|\psi(t)\rangle = \sum_{n=1}^{4} c_n \mathrm{e}^{-\mathrm{i}E_n t/\hbar} |\psi_n\rangle$$

$$|\psi(0)\rangle = \sum_{n=1}^{4} c_n |\psi_n\rangle = \alpha(1)\beta(2)$$

$$c_1 = \langle\psi_1|\psi(0)\rangle = \frac{1}{\sqrt{2}},\ c_2 = \langle\psi_2|\psi(0)\rangle = \frac{1}{\sqrt{2}}$$

$$c_3 = \langle\psi_3|\psi(0)\rangle = 0,\ c_4 = \langle\psi_4|\psi(0)\rangle = 0$$

$$\begin{aligned}|\psi(t)\rangle &= \frac{\mathrm{e}^{-\mathrm{i}E_1 t/\hbar}}{\sqrt{2}}|\psi_1\rangle + \frac{\mathrm{e}^{-\mathrm{i}E_2 t/\hbar}}{\sqrt{2}}|\psi_2\rangle \\ &= \frac{\mathrm{e}^{\mathrm{i}2V_0 t/\hbar}}{2}[\alpha(1)\beta(2) + \mathrm{i}\beta(1)\alpha(2)] + \frac{\mathrm{e}^{-\mathrm{i}2V_0 t/\hbar}}{2}[\alpha(1)\beta(2) - \mathrm{i}\beta(1)\alpha(2)] \\ &= \cos\frac{2V_0 t}{\hbar}\alpha(1)\beta(2) - \sin\frac{2V_0 t}{\hbar}\beta(1)\alpha(2)\end{aligned}$$

任意 t 时刻体系处于 $\beta(1)\alpha(2)$ 态的概率为 $\sin^2\dfrac{2V_0 t}{\hbar}$.

6.24 3 个自旋 $s = 1/2$ 的粒子组成的体系哈密顿量为

$$\hat{H} = C(\hat{\boldsymbol{S}}_1 \cdot \hat{\boldsymbol{S}}_2 + \hat{\boldsymbol{S}}_2 \cdot \hat{\boldsymbol{S}}_3 + \hat{\boldsymbol{S}}_3 \cdot \hat{\boldsymbol{S}}_1)$$

其中C为常数. 求$\hat{H}$的本征值与简并度.

解 体系总自旋的平方

$$\hat{S}^2=(\hat{\boldsymbol{S}}_1+\hat{\boldsymbol{S}}_2+\hat{\boldsymbol{S}}_3)^2=\frac{9}{4}\hbar^2+2(\hat{\boldsymbol{S}}_1\cdot\hat{\boldsymbol{S}}_2+\hat{\boldsymbol{S}}_2\cdot\hat{\boldsymbol{S}}_3+\hat{\boldsymbol{S}}_3\cdot\hat{\boldsymbol{S}}_1)$$

由此式得

$$(\hat{\boldsymbol{S}}_1\cdot\hat{\boldsymbol{S}}_2+\hat{\boldsymbol{S}}_2\cdot\hat{\boldsymbol{S}}_3+\hat{\boldsymbol{S}}_3\cdot\hat{\boldsymbol{S}}_1)=\frac{1}{2}\left(\hat{S}^2-\frac{9}{4}\hbar^2\right)$$

$$\hat{H}=\frac{C}{2}\left(\hat{S}^2-\frac{9}{4}\hbar^2\right)$$

显然$\hat{H}$的本征态与本征值为

$$|\psi\rangle=|sm_s\rangle,\ E_s=\frac{C\hbar^2}{2}\left[s(s+1)-\frac{9}{4}\right]$$

$$s=\frac{1}{2},m_s=\pm\frac{1}{2};\ \ s=\frac{3}{2},m_s=\pm\frac{1}{2},\pm\frac{3}{2}$$

其中$|sm_s\rangle$是总自旋$\hat{S}^2$与$\hat{S}_z$的共同本征态. 能级有两个:

$$E_{3/2}=\frac{3C\hbar^2}{4},\ 简并度:\ 2\times\frac{3}{2}+1=4$$

$$E_{1/2}=-\frac{3C\hbar^2}{4},\ 简并度:\left(2\times\frac{1}{2}+1\right)\times 2=4$$

由3个量子数$s=1/2$的自旋合成的总自旋量子数为$s=1/2$有两种方式:

$$1/2\oplus 1/2\to 0,1;\ 0\oplus 1/2\to 1/2;\ 1\oplus 1/2\to 1/2,3/2$$

因此在上式的圆括号外要乘2.

6.25 一个两能级系统, 哈密顿量为$\hat{H}_0$, 能级间隔大小为A. 现在此系统受到一微扰$\hat{H}'$的作用, 在$\hat{H}_0$表象中$\hat{H}'$的表示为$\hat{H}'=\lambda(\sigma_1+\sigma_2)$, 其中$\sigma_1$与$\sigma_2$是泡利矩阵, λ为实数. 请算出系统受微扰后能级的间隔.

解 已知微扰$\hat{H}'$在$\hat{H}_0$表象的表示为

$$\hat{H}'=\lambda(\sigma_1+\sigma_2)$$

这表明$\hat{H}_0$表象是σ_3表象, 因为泡利矩阵是在σ_3表象中给出的. $\hat{H}_0$的本征态为$|\psi_1\rangle=\alpha$与$|\psi_2\rangle=\beta$, 相应的能量本征值之差$E_1-E_2=A$或$-A$. 这两个态的一级修正能量分别为

$$E_1^{(1)} = \alpha^+ \hat{H}' \alpha = \lambda \alpha^+ (\boldsymbol{\sigma}_1 + \boldsymbol{\sigma}_2) \alpha$$
$$= \lambda (1,0) \left[\begin{pmatrix} 0 & 1 \\ 1 & 0 \end{pmatrix} + \begin{pmatrix} 0 & -\mathrm{i} \\ \mathrm{i} & 0 \end{pmatrix} \right] \begin{pmatrix} 1 \\ 0 \end{pmatrix} = 0$$
$$E_2^{(1)} = \beta^+ \hat{H}' \beta = \lambda \beta^+ (\boldsymbol{\sigma}_1 + \boldsymbol{\sigma}_2) \beta$$
$$= \lambda (0,1) \left[\begin{pmatrix} 0 & 1 \\ 1 & 0 \end{pmatrix} + \begin{pmatrix} 0 & -\mathrm{i} \\ \mathrm{i} & 0 \end{pmatrix} \right] \begin{pmatrix} 0 \\ 1 \end{pmatrix} = 0$$

二级修正能量分别为

$$E_1^{(2)} = \frac{\left| H'_{21} \right|^2}{E_1 - E_2}, \ E_2^{(2)} = \frac{\left| H'_{12} \right|^2}{E_2 - E_1}$$

其中

$$H'_{21} = \beta^+ \hat{H}' \alpha = \lambda \beta^+ (\boldsymbol{\sigma}_1 + \boldsymbol{\sigma}_2) \alpha$$
$$= \lambda (0,1) \left[\begin{pmatrix} 0 & 1 \\ 1 & 0 \end{pmatrix} + \begin{pmatrix} 0 & -\mathrm{i} \\ \mathrm{i} & 0 \end{pmatrix} \right] \begin{pmatrix} 1 \\ 0 \end{pmatrix} = \lambda (1 + \mathrm{i})$$
$$\left| H'_{21} \right|^2 = \left| H'_{12} \right|^2 = 2\lambda^2$$

假定 $E_1 > E_2, E_1 - E_2 = A$，则

$$E_1^{(2)} = \frac{2\lambda^2}{A}, \ E_2^{(2)} = -\frac{2\lambda^2}{A}$$

两能级间隔为 $A + (4\lambda^2 / A)$．假定 $E_1 < E_2, E_1 - E_2 = -A$，两能级间隔仍为 $A + (4\lambda^2 / A)$．这是因为低能级的 $E^{(2)}$ 为 $-2\lambda^2 / A$，高能级的 $E^{(2)}$ 为 $2\lambda^2 / A$．

6.26 试求在磁场强度为 $\boldsymbol{B}$ 的外磁场中，电子的由自旋引起的能量本征值和本征函数，$\boldsymbol{B} = B_z \boldsymbol{k} + B_x \boldsymbol{i}$，其中 B_x, B_z 是常数，$\boldsymbol{i}$ 与 $\boldsymbol{k}$ 分别是 x 与 z 方向的单位矢量．

解 电子的哈密顿量为

$$\hat{H} = -\hat{\boldsymbol{M}}_s \cdot \boldsymbol{B} = \frac{e}{\mu c} \hat{\boldsymbol{S}} \cdot \boldsymbol{B} = \frac{e}{\mu c} \left(B_z \hat{S}_z + B_x \hat{S}_x \right)$$
$$= \frac{e\hbar}{2\mu c} \begin{pmatrix} B_z & B_x \\ B_x & -B_z \end{pmatrix}$$

定态方程为

$$\hat{H}\psi = E\psi \quad 或 \quad \frac{e\hbar}{2\mu c} \begin{pmatrix} B_z & B_x \\ B_x & -B_z \end{pmatrix} \begin{pmatrix} c_1 \\ c_2 \end{pmatrix} = E \begin{pmatrix} c_1 \\ c_2 \end{pmatrix}$$

令 $B=\sqrt{B_x^2+B_z^2}$，定态方程的解为

$$E_1=\frac{e\hbar B}{2\mu c},\ \psi_1=\frac{1}{\sqrt{B_x^2+(B-B_z)^2}}\begin{pmatrix}B_x\\B-B_z\end{pmatrix}$$

$$E_2=-\frac{e\hbar B}{2\mu c},\ \psi_2=\frac{1}{\sqrt{B_x^2+(B+B_z)^2}}\begin{pmatrix}B_x\\-B-B_z\end{pmatrix}$$

6.27 电子在周期性变化的磁场中运动，$B_x=B_0\cos\omega t, B_y=B_0\sin\omega t, B_z=0$. 不考虑空间运动. 已知 $t=0$ 时，电子处于 $s_z=\hbar/2$ 的态上，求任意 t 时电子的波函数 $\psi(s_z,t)$，及电子处于 $s_z=-\hbar/2$ 态的概率.

解 电子在磁场中的哈密顿量为

$$\hat{H}=-\hat{\boldsymbol{M}}_s\cdot\boldsymbol{B}=\frac{e}{\mu c}\hat{\boldsymbol{S}}\cdot\boldsymbol{B}=\frac{eB_0}{\mu c}\left(\hat{S}_x\cos\omega t+\hat{S}_y\sin\omega t\right)$$

$$=\frac{eB_0\hbar}{2\mu c}\begin{pmatrix}0 & e^{-i\omega t}\\ e^{i\omega t} & 0\end{pmatrix} \tag{1}$$

令任意 t 时的波函数为

$$\psi(s_z,t)=\begin{pmatrix}a(t)\\b(t)\end{pmatrix},\ \psi(s_z,0)=\begin{pmatrix}1\\0\end{pmatrix} \tag{2}$$

薛定谔方程为

$$i\hbar\frac{d}{dt}\begin{pmatrix}a(t)\\b(t)\end{pmatrix}=\frac{eB_0\hbar}{2\mu c}\begin{pmatrix}0 & e^{-i\omega t}\\ e^{i\omega t} & 0\end{pmatrix}\begin{pmatrix}a(t)\\b(t)\end{pmatrix} \tag{3}$$

在方程(3)中，令 $\Omega_0=eB_0/\mu c$，得

$$\frac{da(t)}{dt}=-\frac{i\Omega_0}{2}e^{-i\omega t}b(t) \tag{4}$$

$$\frac{db(t)}{dt}=-\frac{i\Omega_0}{2}e^{i\omega t}a(t) \tag{5}$$

由方程(4)与(5)得

$$\frac{d^2b(t)}{dt^2}-i\omega\frac{db(t)}{dt}+\frac{\Omega_0^2}{4}b(t)=0 \tag{6}$$

令 $b(t)=Ae^{i\lambda t}$ 代入方程(6)，得

$$\lambda^2-\omega\lambda-\frac{\Omega_0^2}{4}=0 \tag{7}$$

其解为

$$\lambda_{\pm}=\frac{\omega\pm\sqrt{\omega^2+\Omega_0^2}}{2} \tag{8}$$

于是

$$\begin{aligned}b(t)&=A\mathrm{e}^{\mathrm{i}\left(\omega+\sqrt{\omega^2+\Omega_0^2}\right)t/2}+B\mathrm{e}^{\mathrm{i}\left(\omega-\sqrt{\omega^2+\Omega_0^2}\right)t/2}\\&=\mathrm{e}^{\mathrm{i}\omega t/2}\left(A\mathrm{e}^{\mathrm{i}\sqrt{\omega^2+\Omega_0^2}t/2}+B\mathrm{e}^{-\mathrm{i}\sqrt{\omega^2+\Omega_0^2}t/2}\right)\\&=\mathrm{e}^{\mathrm{i}\omega t/2}\left(C\sin\frac{\sqrt{\omega^2+\Omega_0^2}t}{2}+D\cos\frac{\sqrt{\omega^2+\Omega_0^2}t}{2}\right)\end{aligned} \tag{9}$$

利用初条件 $b(0)=0$, 得 $D=0$.

$$b(t)=C\mathrm{e}^{\mathrm{i}\omega t/2}\sin\frac{\sqrt{\omega^2+\Omega_0^2}t}{2} \tag{10}$$

将式(10)代入式(5),

$$\begin{aligned}a(t)&=\frac{2\mathrm{i}\mathrm{e}^{-\mathrm{i}\omega t}}{\Omega_0}\frac{\mathrm{d}b(t)}{\mathrm{d}t}\\&=\frac{C\mathrm{e}^{-\mathrm{i}\omega t/2}}{\Omega_0}\left(\mathrm{i}\sqrt{\omega^2+\Omega_0^2}\cos\frac{\sqrt{\omega^2+\Omega_0^2}t}{2}-\omega\sin\frac{\sqrt{\omega^2+\Omega_0^2}t}{2}\right)\end{aligned} \tag{11}$$

由初条件 $a(0)=1$, 得

$$C=-\frac{\mathrm{i}\Omega_0}{\sqrt{\omega^2+\Omega_0^2}} \tag{12}$$

将式(12)代入式(11)与(10), 得

$$a(t)=\frac{\mathrm{e}^{-\mathrm{i}\omega t/2}}{\sqrt{\omega^2+\Omega_0^2}}\left(\sqrt{\omega^2+\Omega_0^2}\cos\frac{\sqrt{\omega^2+\Omega_0^2}t}{2}+\mathrm{i}\omega\sin\frac{\sqrt{\omega^2+\Omega_0^2}t}{2}\right)$$

$$b(t)=-\frac{\mathrm{i}\Omega_0\mathrm{e}^{\mathrm{i}\omega t/2}}{\sqrt{\omega^2+\Omega_0^2}}\sin\frac{\sqrt{\omega^2+\Omega_0^2}t}{2}$$

将以上两式代入式(2)，得任意 t 时的波函数 $\psi(s_z,t)$. t 时刻电子处于 $s_z=-\hbar/2$ 态的概率为

$$|b(t)|^2=\frac{\Omega_0^2}{\omega^2+\Omega_0^2}\sin^2\frac{\sqrt{\omega^2+\Omega_0^2}\,t}{2}$$

6.28 电子在周期性变化的磁场中运动，$B_x=B_0\cos\omega t, B_y=B_0\sin\omega t, B_z=B$. 不考虑空间运动. 已知 $t=0$ 时，电子处于 $s_z=\hbar/2$ 的态上，求任意 t 时电子的波函数 $\psi(s_z,t)$，及电子处于 $s_z=-\hbar/2$ 态的概率.

解 电子在磁场中的哈密顿量为

$$\begin{aligned}\hat{H}&=-\hat{\boldsymbol{M}}_s\cdot\boldsymbol{B}=\frac{e}{\mu c}\hat{\boldsymbol{S}}\cdot\boldsymbol{B}\\&=\frac{e}{\mu c}\left(B_0\cos\omega t\hat{S}_x+B_0\sin\omega t\hat{S}_y+B\hat{S}_z\right)\\&=\frac{e\hbar}{2\mu c}\begin{pmatrix}B & B_0\mathrm{e}^{-\mathrm{i}\omega t}\\ B_0\mathrm{e}^{\mathrm{i}\omega t} & -B\end{pmatrix}\end{aligned}\tag{1}$$

令任意 t 时的波函数为

$$\psi(s_z,t)=\begin{pmatrix}a(t)\\ b(t)\end{pmatrix},\ \psi(s_z,0)=\begin{pmatrix}1\\ 0\end{pmatrix}\tag{2}$$

薛定谔方程为

$$\mathrm{i}\hbar\frac{\mathrm{d}}{\mathrm{d}t}\begin{pmatrix}a(t)\\ b(t)\end{pmatrix}=\frac{eh}{2\mu c}\begin{pmatrix}B & B_0\mathrm{e}^{-\mathrm{i}\omega t}\\ B_0\mathrm{e}^{\mathrm{i}\omega t} & -B\end{pmatrix}\begin{pmatrix}a(t)\\ b(t)\end{pmatrix}\tag{3}$$

在方程(3)中令

$$\Omega=\frac{eB}{\mu c},\ \Omega_0=\frac{eB_0}{\mu c}\tag{4}$$

得 $a(t)$ 与 $b(t)$ 的方程

$$\frac{\mathrm{d}a(t)}{\mathrm{d}t}=-\frac{\mathrm{i}\Omega}{2}a(t)-\frac{\mathrm{i}\Omega_0}{2}\mathrm{e}^{-\mathrm{i}\omega t}b(t)\tag{5}$$

$$\frac{\mathrm{d}b(t)}{\mathrm{d}t}=-\frac{\mathrm{i}\Omega_0}{2}\mathrm{e}^{\mathrm{i}\omega t}a(t)+\frac{\mathrm{i}\Omega}{2}b(t)\tag{6}$$

再令

$$a(t)=\mathrm{e}^{-\mathrm{i}\Omega t/2}A(t)\tag{7}$$

$$b(t) = \mathrm{e}^{\mathrm{i}\Omega t/2} B(t) \tag{8}$$

代入式(5)与(6), 得 $A(t)$ 与 $B(t)$ 的方程

$$\frac{\mathrm{d}A(t)}{\mathrm{d}t} = -\frac{\mathrm{i}\Omega_0}{2} \mathrm{e}^{-\mathrm{i}(\omega-\Omega)t} B(t) \tag{9}$$

$$\frac{\mathrm{d}B(t)}{\mathrm{d}t} = -\frac{\mathrm{i}\Omega_0}{2} \mathrm{e}^{\mathrm{i}(\omega-\Omega)t} A(t) \tag{10}$$

式(10)对 t 微商, 并利用式(9), 得

$$\frac{\mathrm{d}^2 B(t)}{\mathrm{d}t^2} - \mathrm{i}(\omega-\Omega)\frac{\mathrm{d}B(t)}{\mathrm{d}t} + \frac{\Omega_0^2}{4} B(t) = 0 \tag{11}$$

令 $B(t) = F\mathrm{e}^{\mathrm{i}\lambda t}$ 代入式(11)得 λ 的方程

$$\lambda^2 - (\omega-\Omega)\lambda - \frac{\Omega_0^2}{4} = 0 \tag{12}$$

其解为

$$\lambda_\pm = \frac{1}{2}\left[(\omega-\Omega) \pm \sqrt{(\omega-\Omega)^2 + \Omega_0^2}\right] \tag{13}$$

于是

$$\begin{aligned} B(t) &= F\mathrm{e}^{\mathrm{i}\left[(\omega-\Omega)+\sqrt{(\omega-\Omega)^2+\Omega_0^2}\right]t/2} + G\mathrm{e}^{\mathrm{i}\left[(\omega-\Omega)-\sqrt{(\omega-\Omega)^2+\Omega_0^2}\right]t/2} \\ &= \mathrm{e}^{\mathrm{i}(\omega-\Omega)t/2}\left(F\mathrm{e}^{\mathrm{i}\sqrt{(\omega-\Omega)^2+\Omega_0^2}\,t/2} + G\mathrm{e}^{-\mathrm{i}\sqrt{(\omega-\Omega)^2+\Omega_0^2}\,t/2}\right) \\ &= \mathrm{e}^{\mathrm{i}(\omega-\Omega)t/2}\left[C\sin\frac{\sqrt{(\omega-\Omega)^2+\Omega_0^2}\,t}{2} + D\cos\frac{\sqrt{(\omega-\Omega)^2+\Omega_0^2}\,t}{2}\right] \end{aligned} \tag{14}$$

由初条件 $b(0) = 0 \to B(0) = 0 \to D = 0$,

$$B(t) = C\mathrm{e}^{\mathrm{i}(\omega-\Omega)t/2} \sin\frac{\sqrt{(\omega-\Omega)^2+\Omega_0^2}\,t}{2} \tag{15}$$

由式(10)得

$$A(t) = \frac{2\mathrm{i}}{\Omega_0} \mathrm{e}^{-\mathrm{i}(\omega-\Omega)t} \frac{\mathrm{d}B(t)}{\mathrm{d}t} \tag{16}$$

将式(15)代入式(16), 得

$$A(t)=\frac{\mathrm{i}C}{\Omega_0}\mathrm{e}^{-\mathrm{i}(\omega-\Omega)t/2}\left[\mathrm{i}(\omega-\Omega)\sin\frac{\sqrt{(\omega-\Omega)^2+\Omega_0^2}\,t}{2}\right.$$
$$\left.+\sqrt{(\omega-\Omega)^2+\Omega_0^2}\cos\frac{\sqrt{(\omega-\Omega)^2+\Omega_0^2}\,t}{2}\right] \tag{17}$$

由初条件 $a(0)=1$, 得 $A(0)=1$, 再由式(17)得

$$C=-\frac{\mathrm{i}\Omega_0}{\sqrt{(\omega-\Omega)^2+\Omega_0^2}} \tag{18}$$

将式(18)代入式(17)与(15), 得

$$A(t)=\frac{\mathrm{e}^{-\mathrm{i}(\omega-\Omega)t/2}}{\sqrt{(\omega-\Omega)^2+\Omega_0^2}}\left[\mathrm{i}(\omega-\Omega)\sin\frac{\sqrt{(\omega-\Omega)^2+\Omega_0^2}\,t}{2}\right.$$
$$\left.+\sqrt{(\omega-\Omega)^2+\Omega_0^2}\cos\frac{\sqrt{(\omega-\Omega)^2+\Omega_0^2}\,t}{2}\right] \tag{19}$$

$$B(t)=-\frac{\mathrm{i}\Omega_0\mathrm{e}^{\mathrm{i}(\omega-\Omega)t/2}}{\sqrt{(\omega-\Omega)^2+\Omega_0^2}}\sin\frac{\sqrt{(\omega-\Omega)^2+\Omega_0^2}\,t}{2} \tag{20}$$

将式(19)与(20)代入式(7)与(8), 得

$$a(t)=\frac{\mathrm{e}^{-\mathrm{i}\omega t/2}}{\sqrt{(\omega-\Omega)^2+\Omega_0^2}}\left[\mathrm{i}(\omega-\Omega)\sin\frac{\sqrt{(\omega-\Omega)^2+\Omega_0^2}\,t}{2}\right.$$
$$\left.+\sqrt{(\omega-\Omega)^2+\Omega_0^2}\cos\frac{\sqrt{(\omega-\Omega)^2+\Omega_0^2}\,t}{2}\right] \tag{21}$$

$$b(t)=-\frac{\mathrm{i}\Omega_0\mathrm{e}^{\mathrm{i}\omega t/2}}{\sqrt{(\omega-\Omega)^2+\Omega_0^2}}\sin\frac{\sqrt{(\omega-\Omega)^2+\Omega_0^2}\,t}{2} \tag{22}$$

将式(21)与(22)代入式(2), 得任意 t 时的波函数 $\psi(s_z,t)$. t 时刻电子处于 $s_z=-\hbar/2$ 态的概率为

$$|b(t)|^2 = \frac{\Omega_0^2}{(\omega-\Omega)^2+\Omega_0^2}\sin^2\frac{\sqrt{(\omega-\Omega)^2+\Omega_0^2}t}{2} \tag{23}$$

如果$B=0$，即不存在磁场的z分量，则$\Omega = eB/\mu c = 0$．在式(21)~(23)中令$\Omega=0$，结果同6.27题一致．

6.29 一束处于基态的氢原子通过Stern-Gerlach实验的不均匀磁场后分裂为两束．这两束氢原子中电子的自旋在磁场方向上的分量分别为$\hbar/2$与$-\hbar/2$，即氢原子中的电子被完全极化了．如果改用电子束重复上述实验，则电子束不能分裂为两束，为什么？

解 Joachim Kessler在*Polarized Electrons*一书中对这个问题作了详细的分析，现简述如下．

1. 电子束的宽度τ远远大于它的德布罗意波长λ

如图6.1所示，由O点发射在y方向加速并准直的一束电子，其速度分量

$$v_y \equiv v \gg v_x, v_z \tag{1}$$

显然有

$$\Delta v_x, \Delta v_z \ll v \tag{2}$$

这里的Δv_x与Δv_z分别是电子速度分量v_x与v_z的分布宽度．束中电子在x方向的位置分布宽度Δx与动量分布宽度Δp_x满足测不准关系

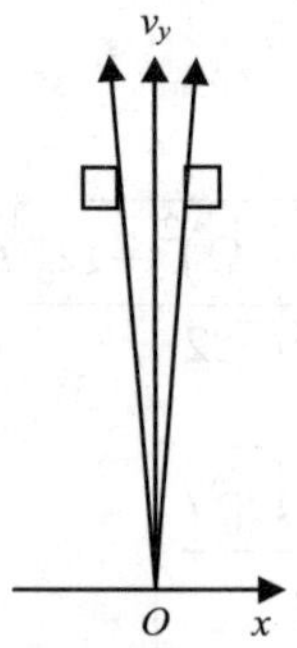

图6.1

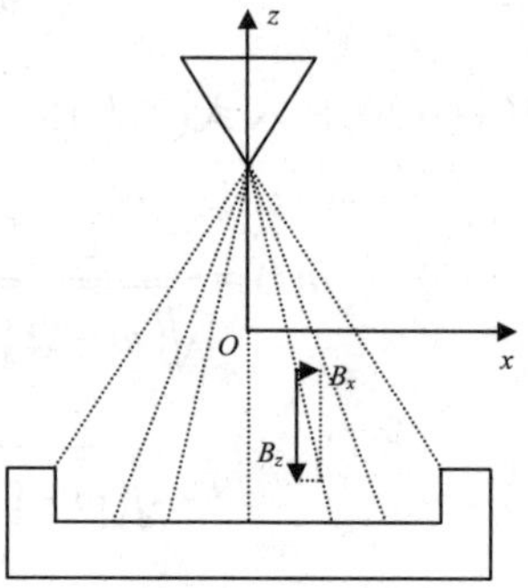

图6.2

$$\Delta x \Delta p_x = m\Delta x \Delta v_x \approx h \tag{3}$$

由式(2)与(3)得

$$\Delta v_x \approx \frac{h}{m\Delta x} \ll v \tag{4}$$

或
$$\Delta x \gg \frac{h}{mv} = \lambda \tag{5}$$

同理可得$\Delta z \gg \lambda$.由此可见，根据测不准原理，电子束的宽度τ总是远远大于它的德布罗意波长λ的.

2. 不均匀磁场的性质

在 Stern-Gerlach 实验装置中的磁场如图 6.2 所示，其中虚线表示磁力线.电子以速度v沿垂直于图面的y轴由坐标原点O点进入磁场.这是一个不均匀的磁场，它有z与x方向的两个分量，

$$\boldsymbol{B} = B_x(x,z)\boldsymbol{i} + B_z(x,z)\boldsymbol{k} \tag{6}$$

由
$$\nabla \cdot \boldsymbol{B} = 0 \quad 或 \quad \frac{\partial B_x}{\partial x} + \frac{\partial B_z}{\partial z} = 0 \tag{7}$$

得
$$\frac{\partial B_x}{\partial x} = -\frac{\partial B_z}{\partial z}, \quad \left|\frac{\partial B_x}{\partial x}\right| = \left|\frac{\partial B_z}{\partial z}\right| \tag{8}$$

上式表示，z方向与x方向的不均匀磁场B_z与B_x是同时存在的，并且B_z在z方向的梯度$\frac{\partial B_z}{\partial z}$与$B_x$在$x$方向的梯度$\frac{\partial B_x}{\partial x}$，在数值上是一样的.在这个磁场中，$|B_x| \ll |B_z|$.在$x=0$(电子束的中心)处，$B_x=0$(在$x=0$处的磁力线沿$z$轴).在电子所在的很小空间内($-\tau/2 < x < \tau/2$)，$B_x$可以近似表示为

$$B_x = \frac{\partial B_x}{\partial x} x \tag{9}$$

x的正负决定B_x的方向，$x>0$处的B_x方向为x的正向，$x<0$处的B_x方向为x的反向.x的绝对值愈大(离开电子束中心愈远的位置)，B_x的值愈大.

3. $B_z(z)$同电子自旋磁矩的作用，使$S_z = \pm\hbar/2$的电子分离

电子由于有自旋磁矩$\boldsymbol{M} = -\frac{e}{mc}\boldsymbol{S}$，在不均匀磁场$B_z(z)$中受到沿$z$轴方向的作用力

$$F_1 = M_z \frac{\partial B_z}{\partial z} = -\frac{eS_z}{mc}\frac{\partial B_z}{\partial z} = \mp\frac{e\hbar}{2mc}\frac{\partial B_z}{\partial z} \tag{10}$$

其中$\partial B_z/\partial z < 0$(因$\partial B_x/\partial x > 0$).上式表示，$S_z$取值$\hbar/2$与$-\hbar/2$的电子分别受到$z$轴正向和反向的作用力，它们将分别沿$z$轴上下移动.在非极化的入射电子束中，$S_z$取值$\hbar/2$与$-\hbar/2$的电子各占一半，只要$\partial B_z/\partial z$的值足够大，电子通过不均匀磁场$B_z(z)$的时间足够长(实验装置在$y$方向足够长)，当电子离开磁场时，两种电子分离的距离ΔL就一定可以大于电子束的宽度τ，一束非极化的电子就分裂成两

束不同极化的电子了.

假若电子在磁场中只受到上述 F_1 的力作用，电子束的分裂是很容易实现的.但是，由于电子带有电荷 $-e$，在磁场中电子还要受到洛伦兹力的作用.正是 x 方向磁场 B_x 产生的洛伦兹力作用，使电子束的分裂无法实现.

4. B_x 对电子的作用使电子束不能分裂

以速度 v 沿 y 轴运动的电子，因 z 轴方向与 x 方向的磁场 B_z 与 B_x 而受到两种洛伦兹力的作用.前者的方向沿 x 轴，使电子束整体向 x 方向移动，对电子束的分裂无影响，不用考虑. 后者的方向沿 z 轴，必须考虑. 它可以表示为

$$F_2 = \frac{ev}{c} B_x = \frac{ev}{c} \frac{\partial B_x}{\partial x} x \tag{11}$$

处于电子束中心 $(x=0)$ 的电子不受力，偏离束中心 $(x \neq 0)$ 的电子受力，偏离愈大 $(|x|$ 愈大),受力愈大. $x>0$ 的电子受力方向沿 z 轴正向(B_x 方向为 x 轴的正向), $x<0$ 的电子受力方向沿 z 轴反向(B_x 方向为 x 轴的反向). 为了解 F_2 的大小，我们选取 $x = \lambda = \dfrac{h}{mv} = \dfrac{2\pi\hbar}{mv}$ 的电子，它受力的大小为

$$F_2 = \frac{ev}{c} \left| \frac{\partial B_x}{\partial x} \right| \lambda = \frac{2\pi e\hbar}{mc} \left| \frac{\partial B_x}{\partial x} \right| \tag{12}$$

将它同电子受力 F_1 [见式(10)]相比，并注意到 $|\partial B_x / \partial x| = |\partial B_z / \partial z|$，

$$\frac{F_2}{F_1} = \frac{\dfrac{2\pi e\hbar}{mc} \left| \dfrac{\partial B_x}{\partial x} \right|}{\dfrac{e\hbar}{2mc} \left| \dfrac{\partial B_z}{\partial z} \right|} = 4\pi \tag{13}$$

$x=\lambda$ 的电子受到的作用力 F_2 是电子受到的作用力 F_1 的大约 10 倍. $x>\lambda$ 的电子受力 F_2 更大.由于电子束的宽度远大于 λ，电子束中 $x>\lambda$ 的电子占绝大多数. 电子束在 F_2 力的作用下向正负 z 方向扩展，电子束变得非常宽，这个宽度远远大于作用力 F_1 使 $s_z = \hbar/2$ 与 $s_z = 1-\hbar/2$ 的电子分离的距离 ΔL，因而电子束无法分裂.为了能使电子束分裂，需要增大 ΔL，这就要增大 F_1，我们只能通过增大 $\partial B_z / \partial z$ 来实现.由于 $|\partial B_x / \partial x| = |\partial B_z / \partial z|$，当 $\partial B_z / \partial z$ 增大时，$\partial B_x / \partial x$ 与 F_2 相应增大，F_2 与 F_1 比值是不变的，电子束的宽度总是远远大于 ΔL 的.

处于氢原子中的电子，它的电荷被质子电荷中和，作为一个整体，氢原子不受洛伦兹力作用，氢原子束通过不均匀磁场时，它的宽度不会增大，氢原子束是可以分离的.

6.30 两个自旋为 1/2 的粒子处于态 $|\psi\rangle = a\alpha(2)\beta(1) + b\alpha(1)\beta(2)$ (纠缠态). 求

(1)两个粒子自旋平行的概率；(2)两个粒子自旋反平行的概率；(3)体系处于总自旋为 0 的概率；(4)粒子 1 自旋向上的概率. 当发现粒子 1 自旋向上时, 粒子 2 处于什么态?

解
$$|\psi\rangle = a\alpha(2)\beta(1) + b\alpha(1)\beta(2) = \frac{b+a}{\sqrt{2}}|10\rangle + \frac{b-a}{\sqrt{2}}|00\rangle$$

(1) 两个粒子自旋平行的概率为 0；(2)反平行的概率为 1；(3)体系处于总自旋为 0 的概率为 $|b-a|^2/2(|a|^2+|b|^2)$；(4)粒子 1 自旋向上的概率为 $|b|^2/(|a|^2+|b|^2)$，当粒子 1 自旋向上时, 粒子 2 处于自旋向下的态.

6.31 电子处于自旋 $\hat{\boldsymbol{S}}$ 在方向 $\boldsymbol{n} = (\sin\theta\cos\varphi, \sin\theta\sin\varphi, \cos\theta)$ 上投影 $\hat{\boldsymbol{S}}\cdot\boldsymbol{n}$ 的本征态, 本征值为 $\hbar/2$. (1)求出相应的本征函数；(2)若在上面的态中, 自旋的 x 分量和 y 分量有相等的均方差, 请求出方向角 θ, φ.

解 (1) 在 $\hat{S}_z$ 表象, $\hat{S}_n = \hat{\boldsymbol{S}}\cdot\boldsymbol{n}$ 的本征值为 $\hbar/2$ 的本征态为

$$|+\rangle = \begin{pmatrix} \cos\frac{\theta}{2}\mathrm{e}^{-\mathrm{i}\varphi/2} \\ \sin\frac{\theta}{2}\mathrm{e}^{\mathrm{i}\varphi/2} \end{pmatrix}$$

(2) $\hat{S}_x$ 的均方差为

$$(\Delta s_x)^2 = \overline{s_x^2} - (\overline{s}_x)^2$$

其中

$$\overline{s}_x = \langle +|\hat{S}_x|+\rangle = \frac{\hbar}{2}\left(\cos\frac{\theta}{2}\mathrm{e}^{\mathrm{i}\varphi/2}, \sin\frac{\theta}{2}\mathrm{e}^{-\mathrm{i}\varphi/2}\right)\begin{pmatrix} 0 & 1 \\ 1 & 0 \end{pmatrix}\begin{pmatrix} \cos\frac{\theta}{2}\mathrm{e}^{-\mathrm{i}\varphi/2} \\ \sin\frac{\theta}{2}\mathrm{e}^{\mathrm{i}\varphi/2} \end{pmatrix}$$

$$= \frac{\hbar}{2}\sin\theta\cos\varphi$$

$$\overline{s_x^2} = \frac{\hbar^2}{4}$$

$$(\Delta s_x)^2 = \overline{s_x^2} - (\overline{s}_x)^2 = \frac{\hbar^2}{4}(1 - \sin^2\theta\cos^2\varphi)$$

类似地,

$$(\Delta s_y)^2 = \overline{s_y^2} - (\overline{s}_y)^2 = \frac{\hbar^2}{4}(1 - \sin^2\theta\sin^2\varphi)$$

由 $\quad (\Delta s_x)^2 = (\Delta s_y)^2 \quad \rightarrow \quad \sin^2\theta\cos^2\varphi = \sin^2\theta\sin^2\varphi$

可见，当 $\theta = 0,\pi$ 时，φ 取任意值；当 $\theta \neq 0,\pi$ 时，$\varphi = \pi/4, 3\pi/4, 5\pi/4, \cdots$.

6.32 自旋 $s=1/2$ 的粒子具有自旋磁矩 $\hat{\boldsymbol{M}}_s = \gamma\hat{\boldsymbol{S}}$，该粒子处于磁场 $\boldsymbol{B} = B\boldsymbol{n}(\theta,\varphi)$ 中，$\boldsymbol{n}(\theta,\varphi)$ 是 (θ,φ) 方向的单位矢量. 设 $t=0$ 时粒子处于自旋朝下态 $|\psi(0)\rangle = |-\rangle$，求 t 时刻粒子仍处于该态的概率.

解 方法1：

自旋磁矩 $\hat{\boldsymbol{M}}_s = \gamma\hat{\boldsymbol{S}}$ 在磁场 $\boldsymbol{B} = B\boldsymbol{n}(\theta,\varphi)$ 中的势能为

$$\hat{H} = -\hat{\boldsymbol{M}}_s\cdot\boldsymbol{B} = -\gamma\hat{\boldsymbol{S}}\cdot\boldsymbol{B} = -\frac{\gamma\hbar B}{2}\sigma_n = -\omega\hbar\sigma_n$$

其中 $\omega = \gamma B/2$. 定态方程

$$-\omega\hbar\hat{\sigma}_n|\psi\rangle = E|\psi\rangle$$

其解为

$$|\psi_1\rangle = \begin{pmatrix} \cos\frac{\theta}{2}\mathrm{e}^{-\mathrm{i}\varphi/2} \\ \sin\frac{\theta}{2}\mathrm{e}^{\mathrm{i}\varphi/2} \end{pmatrix}, E_1 = -\omega\hbar\text{；}\ |\psi_2\rangle = \begin{pmatrix} -\sin\frac{\theta}{2}\mathrm{e}^{-\mathrm{i}\varphi/2} \\ \cos\frac{\theta}{2}\mathrm{e}^{\mathrm{i}\varphi/2} \end{pmatrix}, E_2 = \omega\hbar$$

$$|\psi(t)\rangle = c_1\mathrm{e}^{\mathrm{i}\omega t}|\psi_1\rangle + c_2\mathrm{e}^{-\mathrm{i}\omega t}|\psi_2\rangle$$

$$|\psi(0)\rangle = c_1|\psi_1\rangle + c_1|\psi_1\rangle = \begin{pmatrix} 0 \\ 1 \end{pmatrix}$$

$$c_1 = \langle\psi_1|\psi(0)\rangle = \left(\cos\frac{\theta}{2}\mathrm{e}^{\mathrm{i}\varphi/2}, \sin\frac{\theta}{2}\mathrm{e}^{-\mathrm{i}\varphi/2}\right)\begin{pmatrix} 0 \\ 1 \end{pmatrix} = \sin\frac{\theta}{2}\mathrm{e}^{-\mathrm{i}\varphi/2}$$

$$c_2 = \langle\psi_2|\psi(0)\rangle = \left(-\sin\frac{\theta}{2}\mathrm{e}^{\mathrm{i}\varphi/2}, \cos\frac{\theta}{2}\mathrm{e}^{-\mathrm{i}\varphi/2}\right)\begin{pmatrix} 0 \\ 1 \end{pmatrix} = \cos\frac{\theta}{2}\mathrm{e}^{-\mathrm{i}\varphi/2}$$

$$|\psi(t)\rangle = \sin\frac{\theta}{2}\mathrm{e}^{-\mathrm{i}\varphi/2}\mathrm{e}^{\mathrm{i}\omega t}\begin{pmatrix} \cos\frac{\theta}{2}\mathrm{e}^{-\mathrm{i}\varphi/2} \\ \sin\frac{\theta}{2}\mathrm{e}^{\mathrm{i}\varphi/2} \end{pmatrix} + \cos\frac{\theta}{2}\mathrm{e}^{-\mathrm{i}\varphi/2}\mathrm{e}^{-\mathrm{i}\omega t}\begin{pmatrix} -\sin\frac{\theta}{2}\mathrm{e}^{-\mathrm{i}\varphi/2} \\ \cos\frac{\theta}{2}\mathrm{e}^{\mathrm{i}\varphi/2} \end{pmatrix}$$

$$= \begin{pmatrix} \mathrm{i}\sin\omega t\sin\theta\mathrm{e}^{-\mathrm{i}\varphi} \\ \cos\omega t - \mathrm{i}\sin\omega t\cos\theta \end{pmatrix}$$

t 时刻粒子仍处于 $|-\rangle$ 态的概率为

$$\left|\cos\omega t - \mathrm{i}\sin\omega t\cos\theta\right|^2 = 1-\sin^2\omega t\sin^2\theta$$

方法 2：

$$\left|\psi(t)\right\rangle = \mathrm{e}^{-\mathrm{i}\hat{H}t/\hbar}\left|\psi(0)\right\rangle = \mathrm{e}^{\mathrm{i}\omega t\hat{\sigma}_n}\begin{pmatrix}0\\1\end{pmatrix}$$

利用公式：

$$\mathrm{e}^{\mathrm{i}\omega t\hat{\sigma}_n} = \cos\omega t + \mathrm{i}\sin\omega t\hat{\sigma}_n$$

$$\begin{aligned}\left|\psi(t)\right\rangle &= \left(\cos\omega t + \mathrm{i}\sin\omega t\hat{\sigma}_n\right)\begin{pmatrix}0\\1\end{pmatrix}\\ &= \left[\begin{pmatrix}\cos\omega t & 0\\ 0 & \cos\omega t\end{pmatrix} + \mathrm{i}\sin\omega t\begin{pmatrix}\cos\theta & \sin\theta\mathrm{e}^{-\mathrm{i}\varphi}\\ \sin\theta\mathrm{e}^{\mathrm{i}\varphi} & -\cos\theta\end{pmatrix}\right]\begin{pmatrix}0\\1\end{pmatrix}\\ &= \begin{pmatrix}\cos\omega t + \mathrm{i}\sin\omega t\cos\theta & \mathrm{i}\sin\omega t\sin\theta\mathrm{e}^{-\mathrm{i}\varphi}\\ \mathrm{i}\sin\omega t\sin\theta\mathrm{e}^{\mathrm{i}\varphi} & \cos\omega t - \mathrm{i}\sin\omega t\cos\theta\end{pmatrix}\begin{pmatrix}0\\1\end{pmatrix}\\ &= \begin{pmatrix}\mathrm{i}\sin\omega t\sin\theta\mathrm{e}^{-\mathrm{i}\varphi}\\ \cos\omega t - \mathrm{i}\sin\omega t\cos\theta\end{pmatrix}\end{aligned}$$

6.33 求哈密顿量 $\hat{H} = \sigma_{1x}\sigma_{2x} + \sigma_{1y}\sigma_{2y} + a\sigma_{1z}\sigma_{2z}$ 的本征值与本征态，其中 $\sigma_{1x},\sigma_{2y},\cdots$ 是粒子 1 与 2 的泡利矩阵的 x,y 分量等，a 为实数，并讨论 $a=1$ 时的特点.

解 方法 1：

$$\hat{H} = \boldsymbol{\sigma}_1\cdot\boldsymbol{\sigma}_2 + (a-1)\sigma_{1z}\sigma_{2z} = \frac{4}{\hbar^2}\left[\hat{\boldsymbol{S}}_1\cdot\hat{\boldsymbol{S}}_2 + (a-1)\hat{S}_{1z}\hat{S}_{2z}\right] \tag{1}$$

令
$$\hat{\boldsymbol{S}} = \hat{\boldsymbol{S}}_1 + \hat{\boldsymbol{S}}_2,\ \hat{S}_z = \hat{S}_{1z} + \hat{S}_{2z} \tag{2}$$

$$\hat{\boldsymbol{S}}_1\cdot\hat{\boldsymbol{S}}_2 = \frac{1}{2}\left(\hat{S}^2 - \frac{3\hbar^2}{2}\right),\ \hat{S}_{1z}\hat{S}_{2z} = \frac{1}{2}\left(\hat{S}_z^2 - \frac{\hbar^2}{2}\right) \tag{3}$$

将式(3)代入式(1)，得

$$\hat{H} = \frac{2}{\hbar^2}\left[\hat{S}^2 - \frac{3\hbar^2}{2} + (a-1)\left(\hat{S}_z^2 - \frac{\hbar^2}{2}\right)\right] \tag{4}$$

显然 $\hat{H}$ 的本征态为总自旋平方 $\hat{S}^2$ 及其 z 分量 $\hat{S}_z$ 的共同本征态：$\left|sm_s\right\rangle$. 由

$$\hat{H}\left|sm_s\right\rangle = E\left|sm_s\right\rangle \tag{5}$$

求得 $\hat{H}$ 的本征值

$$E_{sm_s} = 2\left[s(s+1) - \frac{3}{2} + (a-1)\left(m_s^2 - \frac{1}{2}\right)\right] \tag{6}$$

$\hat{H}$ 的本征态与本征值为

$$\begin{aligned} &|\psi_1\rangle = |11\rangle, \quad E_1 = a; \ |\psi_2\rangle = |10\rangle, \ E_2 = 2-a \\ &|\psi_3\rangle = |1-1\rangle, \ E_3 = a; \ |\psi_4\rangle = |00\rangle, \ E_4 = -2-a \end{aligned} \tag{7}$$

如果 $a=1$, 则总自旋 $s=1$ 所对应的 3 个态的能量相同: $E_1 = E_2 = E_3 = 1$, $E_4 = -3$.

方法 2:

在分角动量表象中, 基矢为

$$|1\rangle = \alpha(1)\alpha(2), \ |2\rangle = \alpha(1)\beta(2), \ |3\rangle = \beta(1)\alpha(2), \ |4\rangle = \beta(1)\beta(2)$$

体系的哈密顿量可表示为

$$\begin{aligned} \hat{H} &= \sigma_{1x} \otimes \sigma_{2x} + \sigma_{1y} \otimes \sigma_{2y} + a\sigma_{1z} \otimes \sigma_{2z} \\ &= \begin{pmatrix} 0 & 1 \\ 1 & 0 \end{pmatrix} \otimes \begin{pmatrix} 0 & 1 \\ 1 & 0 \end{pmatrix} + \begin{pmatrix} 0 & -\mathrm{i} \\ \mathrm{i} & 0 \end{pmatrix} \otimes \begin{pmatrix} 0 & -\mathrm{i} \\ \mathrm{i} & 0 \end{pmatrix} + \begin{pmatrix} a & 0 \\ 0 & -a \end{pmatrix} \otimes \begin{pmatrix} 1 & 0 \\ 0 & -1 \end{pmatrix} \\ &= \begin{pmatrix} 0 & 0 & 0 & 1 \\ 0 & 0 & 1 & 0 \\ 0 & 1 & 0 & 0 \\ 1 & 0 & 0 & 0 \end{pmatrix} + \begin{pmatrix} 0 & 0 & 0 & -1 \\ 0 & 0 & 1 & 0 \\ 0 & 1 & 0 & 0 \\ -1 & 0 & 0 & 0 \end{pmatrix} + \begin{pmatrix} a & 0 & 0 & 0 \\ 0 & -a & 0 & 0 \\ 0 & 0 & -a & 0 \\ 0 & 0 & 0 & a \end{pmatrix} \\ &= \begin{pmatrix} a & 0 & 0 & 0 \\ 0 & -a & 2 & 0 \\ 0 & 2 & -a & 0 \\ 0 & 0 & 0 & a \end{pmatrix} \end{aligned}$$

解本征方程 $\hat{H}|\psi\rangle = E|\psi\rangle$, 得

$$|\psi_1\rangle = \begin{pmatrix} 1 \\ 0 \\ 0 \\ 0 \end{pmatrix} = |11\rangle, E_1 = a; \ |\psi_2\rangle = \frac{1}{\sqrt{2}}\begin{pmatrix} 0 \\ 1 \\ 1 \\ 0 \end{pmatrix} = |10\rangle, E_2 = 2-a$$

$$|\psi_3\rangle = \begin{pmatrix} 0 \\ 0 \\ 0 \\ 1 \end{pmatrix} = |1-1\rangle, E_3 = a; \ |\psi_4\rangle = \frac{1}{\sqrt{2}}\begin{pmatrix} 0 \\ 1 \\ -1 \\ 0 \end{pmatrix} = |00\rangle, E_4 = -2-a$$

这个结果同方法 1 的式(7)相同.

6.34 讨论一个由电子和正电子通过库仑吸引力结合而成的类氢原子体系. 该体系在磁场 $\boldsymbol{B}=B\boldsymbol{e}_z$ 中的哈密顿量为 $\hat{H}=\hat{H}_0+A\hat{\boldsymbol{S}}_{\mathrm{e}}\cdot\hat{\boldsymbol{S}}_{\mathrm{p}}+\frac{eB}{mc}\left(\hat{S}_{\mathrm{e}z}-\hat{S}_{\mathrm{p}z}\right)$, 式中 $\hat{H}_0$ 是电子与正电子的动能, 以及电子与正电子之间的库仑能之和, $\hat{\boldsymbol{S}}_{\mathrm{e}},\hat{\boldsymbol{S}}_{\mathrm{p}}$ 分别为电子和正电子的自旋, 取 $A\hat{\boldsymbol{S}}_{\mathrm{e}}\cdot\hat{\boldsymbol{S}}_{\mathrm{p}}+\frac{eB}{mc}\left(\hat{S}_{\mathrm{e}z}-\hat{S}_{\mathrm{p}z}\right)$ 为微扰, 用微扰论求 $\hat{H}_0$ 由于自旋而导致的四度简并的基态(l=0)能量变化至一级修正.

解 在电子和正电子的质心系中,

$$\hat{H}_0=-\frac{\hbar^2}{2\mu}\nabla^2-\frac{e^2}{r},\quad \mu=\frac{m}{2},r=\left|\boldsymbol{r}_{\mathrm{e}}-\boldsymbol{r}_{\mathrm{p}}\right|$$

$$\hat{H}'=A\hat{\boldsymbol{S}}_{\mathrm{e}}\cdot\hat{\boldsymbol{S}}_{\mathrm{p}}+\frac{eB}{mc}\left(\hat{S}_{\mathrm{e}z}-\hat{S}_{\mathrm{p}z}\right)=\frac{A}{2}\left(\hat{S}^2-\frac{3\hbar^2}{2}\right)+\frac{eB}{mc}\left(\hat{S}_{\mathrm{e}z}-\hat{S}_{\mathrm{p}z}\right)$$

$\hat{H}_0$ 的基态能量 $E^{(0)}=-e^2/2a$ 是四度简并的, 对应的 4 个波函数是

$$\left|\phi_1\right\rangle=\psi_{100}(r)\left|11\right\rangle,\ \left|\phi_2\right\rangle=\psi_{100}(r)\left|1-1\right\rangle$$
$$\left|\phi_3\right\rangle=\psi_{100}(r)\left|10\right\rangle,\ \left|\phi_4\right\rangle=\psi_{100}(r)\left|00\right\rangle$$

令零级近似波函数为

$$\left|\psi^{(0)}\right\rangle=c_1\left|\phi_1\right\rangle+c_2\left|\phi_2\right\rangle+c_3\left|\phi_3\right\rangle+c_4\left|\phi_4\right\rangle$$

c_1,c_2,c_3,c_4 满足方程

$$\begin{pmatrix} H'_{11}-E^{(1)} & H'_{12} & H'_{13} & H'_{14} \\ H'_{21} & H'_{22}-E^{(1)} & H'_{23} & H'_{24} \\ H'_{31} & H'_{32} & H'_{33}-E^{(1)} & H'_{34} \\ H'_{41} & H'_{42} & H'_{43} & H'_{44}-E^{(1)} \end{pmatrix}\begin{pmatrix} c_1 \\ c_2 \\ c_3 \\ c_4 \end{pmatrix}=0$$

其中

$$H'_{11}=\left\langle\phi_1\right|\hat{H}'\left|\phi_1\right\rangle=\left\langle 11\right|\frac{A}{2}\left(\hat{S}^2-\frac{3\hbar^2}{2}\right)+\frac{eB}{mc}\left(\hat{S}_{\mathrm{e}z}-\hat{S}_{\mathrm{p}z}\right)\left|11\right\rangle=\frac{A\hbar^2}{4}\equiv a$$

$$H'_{12}=\left\langle\phi_1\right|\hat{H}'\left|\phi_2\right\rangle=\left\langle 11\right|\frac{A}{2}\left(\hat{S}^2-\frac{3\hbar^2}{2}\right)+\frac{eB}{mc}\left(\hat{S}_{\mathrm{e}z}-\hat{S}_{\mathrm{p}z}\right)\left|1-1\right\rangle=0$$

$$H'_{13}=H'_{14}=0,\ H'_{21}=0,\ H'_{22}=a,\ H'_{23}=H'_{24}=0,\ H'_{31}=H'_{32}=0$$

$$H'_{33}=a,\ H'_{34}=\frac{eB\hbar}{mc}\equiv b,\ H'_{41}=H'_{42}=0,\ H_{43}=b,\ H'_{44}=-3a$$

将它们代入方程,

$$\begin{pmatrix} a-E^{(1)} & 0 & 0 & 0 \\ 0 & a-E^{(1)} & 0 & 0 \\ 0 & 0 & a-E^{(1)} & b \\ 0 & 0 & b & -3a-E^{(1)} \end{pmatrix}\begin{pmatrix} c_1 \\ c_2 \\ c_3 \\ c_4 \end{pmatrix}=0$$

解得

$$E_1^{(1)}=a=\frac{A\hbar^2}{4},\ E_2^{(1)}=a=\frac{A\hbar^2}{4}$$

$$E_3^{(1)}=-a+\sqrt{4a^2+b^2}=-\frac{A\hbar^2}{4}+\sqrt{\frac{A^2\hbar^4}{4}+\frac{e^2B^2\hbar^2}{m^2c^2}}$$

$$E_4^{(1)}=-a-\sqrt{4a^2+b^2}=-\frac{A\hbar^2}{4}-\sqrt{\frac{A^2\hbar^4}{4}+\frac{e^2B^2\hbar^2}{m^2c^2}}$$

6.35 一个由三个非全同的自旋为 1/2 的粒子组成的体系,其哈密顿量为 $\hat{H}=\frac{A}{\hbar^2}\hat{\boldsymbol{S}}_1\cdot\hat{\boldsymbol{S}}_2+\frac{B}{\hbar^2}(\hat{\boldsymbol{S}}_1+\hat{\boldsymbol{S}}_2)\cdot\hat{\boldsymbol{S}}_3$,其中 $\hat{\boldsymbol{S}}_1,\hat{\boldsymbol{S}}_2,\hat{\boldsymbol{S}}_3$ 分别是三个粒子的自旋算符,求体系的能量与相应的简并度.

解 令

$$\hat{\boldsymbol{S}}_{12}=\hat{\boldsymbol{S}}_1+\hat{\boldsymbol{S}}_2,\ \hat{\boldsymbol{S}}=\hat{\boldsymbol{S}}_{12}+\hat{\boldsymbol{S}}_3$$

$$\hat{S}_{12}^2=\hat{S}_1^2+\hat{S}_2^2+2\hat{\boldsymbol{S}}_1\cdot\hat{\boldsymbol{S}}_2=\frac{3\hbar^2}{2}+2\hat{\boldsymbol{S}}_1\cdot\hat{\boldsymbol{S}}_2$$

$$\hat{\boldsymbol{S}}_1\cdot\hat{\boldsymbol{S}}_2=\frac{1}{2}\left(\hat{S}_{12}^2-\frac{3}{2}\hbar^2\right)$$

$$\hat{S}^2=\hat{S}_{12}^2+\hat{S}_3^2+2\hat{\boldsymbol{S}}_{12}\cdot\hat{\boldsymbol{S}}_3=\hat{S}_{12}^2+\frac{3}{4}\hbar^2+2\hat{\boldsymbol{S}}_{12}\cdot\hat{\boldsymbol{S}}_3$$

$$\hat{\boldsymbol{S}}_{12}\cdot\hat{\boldsymbol{S}}_3=\frac{1}{2}\left(\hat{S}^2-\hat{S}_{12}^2-\frac{3}{4}\hbar^2\right)$$

体系的哈密顿量可表示为

$$\begin{aligned}\hat{H}&=\frac{A}{\hbar^2}\hat{\boldsymbol{S}}_1\cdot\hat{\boldsymbol{S}}_2+\frac{B}{\hbar^2}(\hat{\boldsymbol{S}}_1+\hat{\boldsymbol{S}}_2)\cdot\hat{\boldsymbol{S}}_3\\&=\frac{A}{2\hbar^2}\left(\hat{S}_{12}^2-\frac{3}{2}\hbar^2\right)+\frac{B}{2\hbar^2}\left(\hat{S}^2-\hat{S}_{12}^2-\frac{3}{4}\hbar^2\right)\end{aligned}$$

$\hat{S}_{12}^2,\hat{S}^2,\hat{S}_z$ 同 $\hat{H}$ 对易，存在它们的共同本征态. 令 $\hat{S}_{12}^2,\hat{S}^2,\hat{S}_z$ 的共同本征态为 $|s_{12}sm_s\rangle$：

$$\hat{S}_{12}^2|s_{12}sm_s\rangle=s_{12}(s_{12}+1)\hbar^2|s_{12}sm_s\rangle$$

$$\hat{S}^2|s_{12}sm_s\rangle=s(s+1)\hbar^2|s_{12}sm_s\rangle$$

$$\hat{S}_z|s_{12}sm_s\rangle=m_s\hbar|s_{12}sm_s\rangle$$

$$s_{12}=0,1;\ s=1/2,m_s=\pm1/2;\ s=3/2,m_s=\pm1/2,\pm3/2$$

显然，$|s_{12}sm_s\rangle$ 也是 $\hat{H}$ 的本征态，$\hat{H}$ 的本征值为

$$E_{s_{12},s}=\frac{A}{2}\left[s_{12}(s_{12}+1)-\frac{3}{2}\right]+\frac{B}{2}\left[s(s+1)-s_{12}(s_{12}+1)-\frac{3}{4}\right]$$

能级 $E_{s_{12},s}$ 同 m_s 无关，简并度为 $2s+1$. 体系的能级、简并度、相应的态矢为

$$E_{s_{12}=0,s=1/2}=-\frac{3A}{4}，\text{二度简并}，|0,1/2,m_s\rangle(m_s=\pm1/2)$$

$$E_{s_{12}=1,s=1/2}=\frac{A}{4}-B，\text{二度简并}，|1,1/2,m_s\rangle(m_s=\pm1/2)$$

$$E_{s_{12}=1,s=3/2}=\frac{A}{4}+\frac{B}{2}，\text{四度简并}，|1,3/2,m_s\rangle(m_s=\pm1/2,\pm3/2)$$

6.36 考虑二维电子系统中存在自旋–轨道耦合，$\hat{H}=\hat{H}_0+\hat{H}_{s\text{-}o}$，$\hat{H}_0$ 是二维自由电子哈密顿量：$\hat{H}_0=\frac{\hat{p}^2}{2m}=\frac{\hat{p}_x^2}{2m}+\frac{\hat{p}_y^2}{2m}$. 电子在 xy 平面中运动. $\hat{H}_{s\text{-}o}$ 表示电子自旋与轨道的耦合作用：$\hat{H}_{s\text{-}o}=\frac{\lambda}{\hbar}\left(\hat{p}_y\hat{\sigma}_x-\hat{p}_x\hat{\sigma}_y\right)$. 假设电子波函数可表示为自旋波函数与轨道运动波函数的直积形式：$\psi(\boldsymbol{r},s_z)=\psi(\boldsymbol{r})\chi(s_z)$. (1)对哈密顿量 $\hat{H}_0$，求解本征值问题，并说明对 $s_z=\pm\hbar/2$，能量是简并的；(2)对哈密顿量 $\hat{H}=\hat{H}_0+\hat{H}_{s\text{-}o}$，求出本征值及相应的本征函数.

解 (1) $\hat{H}_0$ 的本征函数与本征值为

$$\psi(\boldsymbol{r},s_z)=\frac{1}{2\pi\hbar}e^{i(p_xx+p_yy)/\hbar}\chi_{m_s}(s_z),\ E=\frac{1}{2m}\left(p_x^2+p_y^2\right)=\frac{p^2}{2m}$$

其中 $\chi_{m_s}(s_z)$ 是 $\hat{S}_z$ 的本征函数，$m_s=\pm1/2$，$p_x,p_y=-\infty-+\infty$. 由于能量 E 同 m_s 无关，故对 $s_z=\pm\hbar/2$ 是简并的.

(2) $\hat{H}=\frac{1}{2m}(\hat{p}_x^2+\hat{p}_y^2)+\frac{\lambda}{\hbar}(\hat{p}_y\hat{\sigma}_x-\hat{p}_x\hat{\sigma}_y)$

$$=\begin{pmatrix}\frac{\hat{p}_x^2+\hat{p}_y^2}{2m} & 0\\ 0 & \frac{\hat{p}_x^2+\hat{p}_y^2}{2m}\end{pmatrix}+\frac{\lambda}{\hbar}\left[\begin{pmatrix}0 & \hat{p}_y\\ \hat{p}_y & 0\end{pmatrix}-\begin{pmatrix}0 & -\mathrm{i}\hat{p}_x\\ \mathrm{i}\hat{p}_x & 0\end{pmatrix}\right]$$

$$=\begin{pmatrix}\frac{\hat{p}_x^2+\hat{p}_y^2}{2m} & \frac{\lambda}{\hbar}(\hat{p}_y+\mathrm{i}\hat{p}_x)\\ \frac{\lambda}{\hbar}(\hat{p}_y-\mathrm{i}\hat{p}_x) & \frac{\hat{p}_x^2+\hat{p}_y^2}{2m}\end{pmatrix}$$

令
$$\psi(\boldsymbol{r},s_z)=\psi(\boldsymbol{r})\phi(s_z)=\psi(\boldsymbol{r})\begin{pmatrix}c_1\\ c_2\end{pmatrix}$$

由于 $\hat{p}_x,\hat{p}_y$ 是守恒量，体系波函数可表示为

$$\psi(\boldsymbol{r},s_z)=\frac{1}{2\pi\hbar}\mathrm{e}^{\mathrm{i}(p_x x+p_y y)/\hbar}\begin{pmatrix}c_1\\ c_2\end{pmatrix}$$

将它代入本征方程 $\hat{H}|\psi\rangle=E|\psi\rangle$，得

$$\begin{pmatrix}(p_x^2+p_y^2)/2m & \lambda(p_y+\mathrm{i}p_x)/\hbar\\ \lambda(p_y-\mathrm{i}p_x)/\hbar & (p_x^2+p_y^2)/2m\end{pmatrix}\begin{pmatrix}c_1\\ c_2\end{pmatrix}=E\begin{pmatrix}c_1\\ c_2\end{pmatrix}$$

$$\begin{pmatrix}\left[(p_x^2+p_y^2)/2m\right]-E & \lambda(p_y+\mathrm{i}p_x)/\hbar\\ \lambda(p_y-\mathrm{i}p_x)/\hbar & \left[(p_x^2+p_y^2)/2m\right]-E\end{pmatrix}\begin{pmatrix}c_1\\ c_2\end{pmatrix}=0$$

为简化，令 $p=\sqrt{p_x^2+p_y^2}$, $\theta=\arctan(p_x/p_y)$, $p_y+\mathrm{i}p_x=p\mathrm{e}^{\mathrm{i}\theta}$，方程变为

$$\begin{pmatrix}\frac{p^2}{2m}-E & \frac{\lambda p}{\hbar}\mathrm{e}^{\mathrm{i}\theta}\\ \frac{\lambda p}{\hbar}\mathrm{e}^{-\mathrm{i}\theta} & \frac{p^2}{2m}-E\end{pmatrix}\begin{pmatrix}c_1\\ c_2\end{pmatrix}=0$$

其解为

$$E_1=\frac{p^2}{2m}+\frac{\lambda p}{\hbar},\ \phi_1(s_z)=\frac{1}{\sqrt{2}}\begin{pmatrix}\mathrm{e}^{\mathrm{i}\theta/2}\\ \mathrm{e}^{-\mathrm{i}\theta/2}\end{pmatrix}$$

$$E_2 = \frac{p^2}{2m} - \frac{\lambda p}{\hbar}, \ \phi_2(s_z) = \frac{1}{\sqrt{2}}\begin{pmatrix} \mathrm{e}^{\mathrm{i}\theta/2} \\ -\mathrm{e}^{-\mathrm{i}\theta/2} \end{pmatrix}$$

$$\psi_1(\boldsymbol{r}, s_z) = \frac{1}{2\pi\hbar} \mathrm{e}^{\mathrm{i}(p_x x + p_y y)/\hbar} \phi_1(s_z)$$

$$\psi_2(\boldsymbol{r}, s_z) = \frac{1}{2\pi\hbar} \mathrm{e}^{\mathrm{i}(p_x x + p_y y)/\hbar} \phi_2(s_z)$$

6.37 两个自旋为 1/2 的非全同粒子体系. 以$|+\rangle, |-\rangle$分别代表自旋向上与向下的两个态. 在$t=0$时体系波函数为$|\psi(0)\rangle = \frac{1}{2}|++\rangle + \frac{1}{2}|+-\rangle + \frac{1}{\sqrt{2}}|--\rangle$. 体系的哈密顿量为$\hat{H} = \omega_1 \hat{S}_{1z} + \omega_2 \hat{S}_{2z}$. (1)求$t$时刻波函数$|\psi(t)\rangle$；(2)求$t$时刻的平均值：$\langle s_{1x}\rangle, \langle s_{1y}\rangle, \langle s_{2x}\rangle$与$\langle s_{2y}\rangle$.

解 (1) $\hat{H} = \omega_1 \hat{S}_{1z} + \omega_2 \hat{S}_{2z}$的本征态与本征值为

$$|\psi_1\rangle = |++\rangle, \ E_1 = \frac{\hbar}{2}(\omega_1 + \omega_2); \ |\psi_2\rangle = |+-\rangle, \ E_2 = \frac{\hbar}{2}(\omega_1 - \omega_2)$$

$$|\psi_3\rangle = |-+\rangle, \ E_3 = \frac{\hbar}{2}(\omega_2 - \omega_1); \ |\psi_4\rangle = |--\rangle, \ E_4 = -\frac{\hbar}{2}(\omega_1 + \omega_2)$$

任意t时的波函数为

$$|\psi(t)\rangle = c_1 \mathrm{e}^{-\mathrm{i}E_1 t/\hbar}|++\rangle + c_2 \mathrm{e}^{-\mathrm{i}E_2 t/\hbar}|+-\rangle + c_3 \mathrm{e}^{-\mathrm{i}E_3 t/\hbar}|-+\rangle + c_4 \mathrm{e}^{-\mathrm{i}E_4 t/\hbar}|--\rangle$$

由$t=0$时体系波函数

$$|\psi(0)\rangle = \frac{1}{2}|++\rangle + \frac{1}{2}|+-\rangle + \frac{1}{\sqrt{2}}|--\rangle$$

得$c_1 = c_2 = 1/2, c_3 = 0, c_4 = 1/\sqrt{2}$，

$$\begin{aligned} |\psi(t)\rangle &= \frac{1}{2}\mathrm{e}^{-\mathrm{i}E_1 t/\hbar}|++\rangle + \frac{1}{2}\mathrm{e}^{-\mathrm{i}E_2 t/\hbar}|+-\rangle + \frac{1}{\sqrt{2}}\mathrm{e}^{-\mathrm{i}E_4 t/\hbar}|--\rangle \\ &= \frac{1}{2}\mathrm{e}^{-\mathrm{i}E_1 t/\hbar}\alpha(1)\alpha(2) + \frac{1}{2}\mathrm{e}^{-\mathrm{i}E_2 t/\hbar}\alpha(1)\beta(2) + \frac{1}{\sqrt{2}}\mathrm{e}^{-\mathrm{i}E_4 t/\hbar}\beta(1)\beta(2) \end{aligned}$$

(2) 利用公式

$$\hat{S}_{1x}\alpha(1) = \frac{\hbar}{2}\beta(1), \ \hat{S}_{1x}\beta(1) = \frac{\hbar}{2}\alpha(1), \ \hat{S}_{2x}\alpha(2) = \frac{\hbar}{2}\beta(2), \ \hat{S}_{2x}\beta(2) = \frac{\hbar}{2}\alpha(2)$$

$$\hat{S}_{1y}\alpha(1) = \frac{i\hbar}{2}\beta(1), \hat{S}_{1y}\beta(1) = -\frac{i\hbar}{2}\alpha(1), \hat{S}_{2y}\alpha(2) = \frac{i\hbar}{2}\beta(2), \hat{S}_{2y}\beta(2) = -\frac{i\hbar}{2}\alpha(2)$$

$$\alpha^+(i)\alpha(i)=1,\ \alpha^+(i)\beta(i)=0,\ \beta^+(i)\alpha(i)=0,\ \beta^+(i)\beta(i)=1$$

算出

$$\begin{aligned}\langle s_{1x}\rangle &= \langle\psi(t)|\hat{S}_{1x}|\psi(t)\rangle \\ &= \left[\frac{1}{2}e^{iE_1t/\hbar}\alpha^+(1)\alpha^+(2)+\frac{1}{2}e^{iE_2t/\hbar}\alpha^+(1)\beta^+(2)+\frac{1}{\sqrt{2}}e^{iE_4t/\hbar}\beta^+(1)\beta^+(2)\right] \\ &\quad\times\hat{S}_{1x}\left[\frac{1}{2}e^{-iE_1t/\hbar}\alpha(1)\alpha(2)+\frac{1}{2}e^{-iE_2t/\hbar}\alpha(1)\beta(2)+\frac{1}{\sqrt{2}}e^{-iE_4t/\hbar}\beta(1)\beta(2)\right] \\ &= \left[\frac{1}{2}e^{iE_1t/\hbar}\alpha^+(1)\alpha^+(2)+\frac{1}{2}e^{iE_2t/\hbar}\alpha^+(1)\beta^+(2)+\frac{1}{\sqrt{2}}e^{iE_4t/\hbar}\beta^+(1)\beta^+(2)\right] \\ &\quad\times\left[\frac{\hbar}{4}e^{-iE_1t/\hbar}\beta(1)\alpha(2)+\frac{\hbar}{4}e^{-iE_2t/\hbar}\beta(1)\beta(2)+\frac{\hbar}{2\sqrt{2}}e^{-iE_4t/\hbar}\alpha(1)\beta(2)\right] \\ &= \frac{\hbar}{4\sqrt{2}}\left[e^{i(E_2-E_4)t/\hbar}+e^{-i(E_2-E_4)t/\hbar}\right]=\frac{\hbar}{2\sqrt{2}}\cos\frac{(E_2-E_4)t}{\hbar} \\ &= \frac{\hbar}{2\sqrt{2}}\cos\omega_1 t\end{aligned}$$

类似的计算，得

$$\langle s_{1y}\rangle=\langle\psi(t)|\hat{S}_{1y}|\psi(t)\rangle=\frac{\hbar}{2\sqrt{2}}\sin\omega_1 t$$

$$\langle s_{2x}\rangle=\langle\psi(t)|\hat{S}_{2x}|\psi(t)\rangle=\frac{\hbar}{4}\cos\omega_2 t$$

$$\langle s_{2y}\rangle=\langle\psi(t)|\hat{S}_{2y}|\psi(t)\rangle=\frac{\hbar}{4}\sin\omega_2 t$$

6.38 自旋均为 1/2 的两个非全同粒子构成孤立体系，粒子间存在相互作用 $\alpha(\hat{S}_{1x}\hat{S}_{2x}+\hat{S}_{1y}\hat{S}_{2y}-\hat{S}_{1z}\hat{S}_{2z})$，其中 α 为实常数. 只考虑自旋自由度，(1)求体系的能量本征值问题，并讨论能量的简并度；(2)设 $t=0$ 时，粒子 1 与 2 的自旋分别沿 z 轴正向与 x 轴负向，求 $t>0$ 时，粒子 1 自旋反转的概率.

解 (1) 体系的哈密顿量为

$$\begin{aligned}\hat{H}&=\alpha(\hat{S}_{1x}\hat{S}_{2x}+\hat{S}_{1y}\hat{S}_{2y}-\hat{S}_{1z}\hat{S}_{2z})=\alpha(\hat{\boldsymbol{S}}_1\cdot\hat{\boldsymbol{S}}_2-2\hat{S}_{1z}\hat{S}_{2z}) \\ &=\alpha\left[\frac{1}{2}\left(\hat{S}^2-\frac{3}{2}\hbar^2\right)-\left(\hat{S}_z^2-\frac{\hbar^2}{2}\right)\right]\end{aligned}$$

$\hat{H}$ 的本征态与本征值为

$$|\psi\rangle=|sm_s\rangle,\ E=\frac{\alpha\hbar^2}{2}\left[s(s+1)-2m_s^2-\frac{1}{2}\right]$$

其中 $|sm_s\rangle$ $(s=1,0;m_s=0,\pm1)$ 为总自旋 $\hat{S}^2$ 与 $\hat{S}_z$ 的共同本征态矢. $|sm_s\rangle$ 的 4 个态及相应的能量为

$$|\psi_1\rangle=|11\rangle,\ E_1=-\alpha\hbar^2/4;\ |\psi_2\rangle=|1,-1\rangle,\ E_2=-\alpha\hbar^2/4$$
$$|\psi_3\rangle=|10\rangle,\ E_3=3\alpha\hbar^2/4,\ |\psi_4\rangle=|00\rangle,\ E_4=-\alpha\hbar^2/4$$

能量 $E=3\alpha\hbar^2/4$ 是非简并的；能量 $E=-\alpha\hbar^2/4$ 是三度简并的.

(2)
$$|\psi(t)\rangle=\sum_{n=1}^{4}c_n\mathrm{e}^{-\mathrm{i}E_nt/\hbar}|\psi_n\rangle$$

$$|\psi(0)\rangle=\sum_{n=1}^{4}c_n|\psi_n\rangle=\begin{pmatrix}1\\0\end{pmatrix}_1\frac{1}{\sqrt{2}}\begin{pmatrix}1\\-1\end{pmatrix}_2=\frac{1}{\sqrt{2}}\alpha(1)[\alpha(2)-\beta(2)]$$
$$=\frac{1}{\sqrt{2}}|11\rangle-\frac{1}{2}|10\rangle-\frac{1}{2}|00\rangle$$

$$|\psi(t)\rangle=\frac{1}{\sqrt{2}}\mathrm{e}^{\mathrm{i}\alpha\hbar t/4}|11\rangle-\frac{1}{2}\mathrm{e}^{-\mathrm{i}3\alpha\hbar t/4}|10\rangle-\frac{1}{2}\mathrm{e}^{\mathrm{i}\alpha\hbar t/4}|00\rangle$$
$$=\frac{1}{\sqrt{2}}\mathrm{e}^{\mathrm{i}\alpha\hbar t/4}\alpha(1)\alpha(2)-\frac{1}{2\sqrt{2}}\left(\mathrm{e}^{-\mathrm{i}3\alpha\hbar t/4}+\mathrm{e}^{\mathrm{i}\alpha\hbar t/4}\right)\alpha(1)\beta(2)$$
$$+\frac{1}{2\sqrt{2}}\left(\mathrm{e}^{\mathrm{i}\alpha\hbar t/4}-\mathrm{e}^{-\mathrm{i}3\alpha\hbar t/4}\right)\alpha(2)\beta(1)$$

$t>0$ 时粒子 1 自旋反转概率为

$$P=\left|\frac{1}{2\sqrt{2}}\left(\mathrm{e}^{\mathrm{i}\alpha\hbar t/4}-\mathrm{e}^{-\mathrm{i}3\alpha\hbar t/4}\right)\right|^2=\frac{1}{2}\sin^2\frac{\alpha\hbar t}{2}$$

6.39 磁矩为 $\hat{\boldsymbol{\mu}}=-\gamma\hat{\boldsymbol{S}}$ 的电子在恒定磁场 $\boldsymbol{B}=B\boldsymbol{e}_y$ 中运动(γ,B 均为正实数). 初始时刻电子处于 $s_z=-\hbar/2$ 的态上, 求(1) $t\geqslant0$ 时 $\hat{S}_y$ 与 $\hat{S}_z$ 的平均值；(2)电子自旋 x 分量反转周期(由 $s_x=\hbar/2\to s_x=-\hbar/2$ 的时间).

解 (1)在 $\hat{S}_z$ 表象, $\hat{H}=-\hat{\boldsymbol{\mu}}\cdot\boldsymbol{B}=\gamma B\hat{S}_y$ 的本征态与本征值为

$$|\psi_1\rangle=\frac{1}{\sqrt{2}}\begin{pmatrix}1\\\mathrm{i}\end{pmatrix},\ E_1=\frac{\gamma B\hbar}{2}\equiv\omega\hbar,\ \omega\equiv\frac{\gamma B}{2}$$
$$|\psi_2\rangle=\frac{1}{\sqrt{2}}\begin{pmatrix}1\\-\mathrm{i}\end{pmatrix},\ E_2=-\omega\hbar$$

$$|\psi(t)\rangle = c_1 e^{-iE_1 t/\hbar}|\psi_1\rangle + c_2 e^{-iE_2 t/\hbar}|\psi_2\rangle$$

$$|\psi(0)\rangle = c_1|\psi_1\rangle + c_2|\psi_2\rangle = \begin{pmatrix} 0 \\ 1 \end{pmatrix}$$

$$c_1 = \langle \psi_1 | \psi(0) \rangle = -\frac{i}{\sqrt{2}},\ c_2 = \langle \psi_2 | \psi(0) \rangle = \frac{i}{\sqrt{2}}$$

$$|\psi(t)\rangle = \begin{pmatrix} -\sin\omega t \\ \cos\omega t \end{pmatrix}$$

$$\overline{s}_y = 0,\ \overline{s}_z = -\frac{\hbar}{2}\cos 2\omega t$$

(2) 将$|\psi(t)\rangle$用$\hat{S}_x$的本征态展开：

$$|\psi(t)\rangle = \begin{pmatrix} -\sin\omega t \\ \cos\omega t \end{pmatrix} = b_1(t)\frac{1}{\sqrt{2}}\begin{pmatrix} 1 \\ 1 \end{pmatrix} + b_2(t)\frac{1}{\sqrt{2}}\begin{pmatrix} 1 \\ -1 \end{pmatrix}$$

$$b_1(t) = \frac{1}{\sqrt{2}}(1,1)\begin{pmatrix} -\sin\omega t \\ \cos\omega t \end{pmatrix} = \frac{1}{\sqrt{2}}(\cos\omega t - \sin\omega t)$$

$$b_2(t) = \frac{1}{\sqrt{2}}(1,-1)\begin{pmatrix} -\sin\omega t \\ \cos\omega t \end{pmatrix} = -\frac{1}{\sqrt{2}}(\cos\omega t + \sin\omega t)$$

当$\omega t_1 = 3\pi/4$时，$b_1(t_1) = -1, b_2(t_1) = 0, s_x = \hbar/2$；当$\omega t_2 = 5\pi/4$时，$b_1(t_2) = 0$，$b_2(t_2) = 1$，$s_x = -\hbar/2$. 电子自旋$x$分量反转周期为

$$T = t_2 - t_1 = \frac{5\pi}{4\omega} - \frac{3\pi}{4\omega} = \frac{\pi}{2\omega} = \frac{\pi}{\gamma B}$$

6.40 磁矩为$\hat{\boldsymbol{M}}_s = -\gamma\hat{\boldsymbol{S}}$的电子在外磁场$\boldsymbol{B} = B\boldsymbol{e}_z$中运动，现加上另一外磁场$\boldsymbol{B}' = B'\boldsymbol{e}_x$（$\gamma > 0, B, B'$均为实数）. (1)严格求解该电子的能量本征值；(2)若将$\boldsymbol{B}'$的作用视为微扰，求电子能量本征值至二级近似，本征态至一级近似.

解 (1) 在$\hat{S}_z$表象，

$$\hat{H} = -\hat{\boldsymbol{M}}_s \cdot (\boldsymbol{B} + \boldsymbol{B}') = \gamma B\hat{S}_z + \gamma B'\hat{S}_x = \frac{\gamma\hbar}{2}\begin{pmatrix} B & B' \\ B' & -B \end{pmatrix}$$

由定态方程

$$\frac{\gamma\hbar}{2}\begin{pmatrix} B & B' \\ B' & -B \end{pmatrix}\begin{pmatrix} c_1 \\ c_2 \end{pmatrix} = E\begin{pmatrix} c_1 \\ c_2 \end{pmatrix}$$

解得

$$E_1=\frac{\gamma\hbar}{2}\sqrt{B^2+B'^2},\ E_2=-\frac{\gamma\hbar}{2}\sqrt{B^2+B'^2}$$

(2) $\hat{H}_0=\gamma B\hat{S}_z$ 的本征态与本征值为

$$\left|\psi_1^{(0)}\right\rangle=|+\rangle,E_1^{(0)}=\frac{\gamma B\hbar}{2};\ \left|\psi_2^{(0)}\right\rangle=|-\rangle,E_2^{(0)}=-\frac{\gamma B\hbar}{2}$$

其中 $|\pm\rangle$ 是 $\hat{S}_z$ 的本征态. 微扰 $\hat{H}'=\gamma B'\hat{S}_x$. 对 $E_1^{(0)}=\gamma B\hbar/2$,

$$E_1^{(1)}=\langle+|\gamma B'\hat{S}_x|+\rangle=0,\ E_1^{(2)}=\frac{\left|\langle-|\gamma B'\hat{S}_x|+\rangle\right|^2}{E_1^{(0)}-E_2^{(0)}}=\frac{\gamma\hbar B'^2}{4B}$$

二级近似能量为

$$E_1=\frac{\gamma B\hbar}{2}+\frac{\gamma B'^2\hbar}{4B}$$

对 $E_2^{(0)}=-\gamma B\hbar/2$,

$$E_2^{(1)}=\langle-|\gamma B'\hat{S}_x|-\rangle=0,\ E_2^{(2)}=\frac{\left|\langle+|\gamma B'\hat{S}_x|-\rangle\right|^2}{E_2^{(0)}-E_1^{(0)}}=-\frac{\gamma\hbar B'^2}{4B}$$

二级近似能量为

$$E_2=-\frac{\gamma B\hbar}{2}-\frac{\gamma B'^2\hbar}{4B}$$

与 E_1,E_2 相应的一级近似态矢分别为

$$|\psi_1\rangle=|+\rangle+\frac{B'}{2B}|-\rangle,\ |\psi_2\rangle=|-\rangle-\frac{B'}{2B}|+\rangle$$

6.41 (1)考虑自旋为 1/2 的系统. 试在 $\hat{S}^2,\hat{S}_z$ 表象中求算符 $A\hat{S}_y+B\hat{S}_z$ 的本征值及归一化的本征态, 其中 $\hat{S}_y,\hat{S}_z$ 是自旋角动量算符, 而 A,B 为实常数. (2)假定此系统处于以上算符的一个本征态上, 求测量 $\hat{S}_y$ 得到结果为 $\hbar/2$ 的概率.

解 (1) $\hat{H}=A\hat{S}_y+B\hat{S}_z=\frac{A\hbar}{2}\begin{pmatrix}0&-\mathrm{i}\\ \mathrm{i}&0\end{pmatrix}+\frac{B\hbar}{2}\begin{pmatrix}1&0\\0&-1\end{pmatrix}=\frac{\hbar}{2}\begin{pmatrix}B&-\mathrm{i}A\\ \mathrm{i}A&-B\end{pmatrix}$

$\hat{H}$ 的本征方程

$$\hat{H}|\psi\rangle=E|\psi\rangle\quad 或\quad \frac{\hbar}{2}\begin{pmatrix}B&-\mathrm{i}A\\ \mathrm{i}A&-B\end{pmatrix}\begin{pmatrix}c_1\\c_2\end{pmatrix}=E\begin{pmatrix}c_1\\c_2\end{pmatrix}$$

这个方程的解为

$$E_1 = \frac{\hbar\sqrt{A^2+B^2}}{2}$$

$$|\psi_1\rangle = \frac{1}{\sqrt{A^2+\left(\sqrt{A^2+B^2}-B\right)^2}}\begin{pmatrix} A \\ \left(\sqrt{A^2+B^2}-B\right)\mathrm{i}\end{pmatrix}$$

$$E_2 = -\frac{\hbar\sqrt{A^2+B^2}}{2}$$

$$|\psi_2\rangle = \frac{1}{\sqrt{A^2+\left(\sqrt{A^2+B^2}+B\right)^2}}\begin{pmatrix} A \\ -\left(\sqrt{A^2+B^2}+B\right)\mathrm{i}\end{pmatrix}$$

(2) $\hat{S}_y$ 的本征值为 $\hbar/2$ 的本征态为 $|+\rangle = \frac{1}{\sqrt{2}}\begin{pmatrix}1\\ \mathrm{i}\end{pmatrix}$. 设系统处于 $\hat{H}$ 的本征值为 E_1 的本征态 $|\psi_1\rangle$ 上, 测量 $\hat{S}_y$ 得到结果为 $\hbar/2$ 的概率为

$$P_+ = \left|\langle + | \psi_1\rangle\right|^2 = \frac{\left(A-B+\sqrt{A^2+B^2}\right)^2}{2\left[A^2+\left(\sqrt{A^2+B^2}-B\right)^2\right]}$$

6.42 能量为 E 的中子束沿 x 轴入射, 在 $x\geqslant 0$ 区受到势场 $V(x)=V_0+\omega_0\hat{S}_z$ 的作用, 其中 V_0,ω_0 是正实数, $\hat{S}_z$ 是中子自旋 z 分量, 且 $0<\hbar\omega_0/2<V_0$. 在 $x<0$ 处, $V(x)=0$. (1)设入射中子束中自旋 z 分量向上和向下的中子各占一半. 求反射中子的极化度:

$$A=(\text{自旋向上中子数}-\text{自旋向下中子数})/\text{中子总数}$$

(2)入射中子能量为何值时, 极化度最大?

解

$$V(x)=\begin{cases}0, & x<0\\ V_0+\omega_0\hat{S}_z, & x>0\end{cases}$$

对 $s_z=\hbar/2$ 的入射中子, 作用力势为

$$V_1(x)=\begin{cases}0, & x<0\\ V_0+\dfrac{\hbar\omega_0}{2}, & x>0\end{cases}$$

对 $s_z=-\hbar/2$ 的入射中子, 作用力势为

$$V_2(x)=\begin{cases}0, & x<0\\ V_0-\dfrac{\hbar\omega_0}{2}, & x>0\end{cases}$$

设入射中子能量 $E>V_0+(\hbar\omega_0/2)$，令 $k=\sqrt{2\mu E/\hbar^2}$，

$$\alpha_1=\sqrt{\frac{2\mu\left[E-\left(V_0+\frac{\hbar\omega_0}{2}\right)\right]}{\hbar^2}},\quad \alpha_2=\sqrt{\frac{2\mu\left[E-\left(V_0-\frac{\hbar\omega_0}{2}\right)\right]}{\hbar^2}}$$

由 1.37 题知，$s_z=\hbar/2$ 的中子反射率为

$$R_1=\begin{cases}\dfrac{(k-\alpha_1)^2}{(k+\alpha_1)^2}, & E>V_0+\dfrac{\hbar\omega_0}{2}\\ 1, & E<V_0+\dfrac{\hbar\omega_0}{2}\end{cases}$$

$s_z=-\hbar/2$ 的中子反射率为

$$R_2=\begin{cases}\dfrac{(k-\alpha_2)^2}{(k+\alpha_2)^2}, & E>V_0-\dfrac{\hbar\omega_0}{2}\\ 1, & E<V_0-\dfrac{\hbar\omega_0}{2}\end{cases}$$

$E>V_0+(\hbar\omega_0/2)$ 的极化度

$$A=\frac{R_1-R_2}{R_1+R_2}=\frac{\left[(k-\alpha_1)^2/(k+\alpha_1)^2\right]-\left[(k-\alpha_2)^2/(k+\alpha_2)^2\right]}{\left[(k-\alpha_1)^2/(k+\alpha_1)^2\right]+\left[(k-\alpha_2)^2/(k+\alpha_2)^2\right]}$$

$$=\frac{(k-\alpha_1)^2(k+\alpha_2)^2-(k-\alpha_2)^2(k+\alpha_1)^2}{(k-\alpha_1)^2(k+\alpha_2)^2+(k-\alpha_2)^2(k+\alpha_1)^2}$$

$V_0-(\hbar\omega_0/2)<E<V_0+(\hbar\omega_0/2)$ 的极化度

$$A=\frac{1-\left[(k-\alpha_2)^2/(k+\alpha_2)^2\right]}{1+\left[(k-\alpha_2)^2/(k+\alpha_2)^2\right]}$$

$E<V_0-(\hbar\omega_0/2)$ 的极化度 $A=0$. 显然，当 $E=V_0+(\hbar\omega_0/2)$ 时，A 取最大值.

6.43 有一个自旋为 1/2，磁矩为 μ 电荷为 0 的粒子，置于磁场 $\boldsymbol{B}=B_0\boldsymbol{k}$ 中，$t=0$ 时处于自旋“向下”态($\sigma_z=-1$)，$t\geqslant 0$ 时再加上弱的磁场 $\boldsymbol{B}=B_1\boldsymbol{i}$. 求 $t>0$ 时粒子的自旋态，以及测得自旋“向上”($\sigma_z=1$)的概率.

解 粒子的自旋磁矩 $\hat{\boldsymbol{M}}_s=\mu\hat{\boldsymbol{\sigma}}$. $t<0$ 时，哈密顿量为

$$\hat{H}=-\boldsymbol{B}_0\cdot\hat{\boldsymbol{M}}_s=-\mu B_0\hat{\sigma}_z$$

定态方程为

$$-\mu B_0\hat{\sigma}_z|\psi\rangle = E|\psi\rangle$$

其解为

$$E_1 = -\mu B_0,\ |\psi_1\rangle = \alpha;\ E_2 = \mu B_0,\ |\psi_2\rangle = \beta$$

已知 $t=0$ 时,粒子处于 $|\psi_2\rangle = \beta$ 态, $t \geqslant 0$ 时受到微扰 $\hat{H}' = -\boldsymbol{B}_1 \cdot \hat{\boldsymbol{M}}_s = -\mu B_1 \hat{\sigma}_x$ 的作用,粒子的哈密顿量变为 $\hat{H} = -\mu(B_0\hat{\sigma}_z + B_1\hat{\sigma}_x)$, $t \geqslant 0$ 时粒子的波函数 $|\psi(t)\rangle$ 由薛定谔方程

$$\mathrm{i}\hbar\frac{\partial}{\partial t}|\psi(t)\rangle = -\mu(B_0\hat{\sigma}_z + B_1\hat{\sigma}_x)|\psi(t)\rangle$$

及初条件 $|\psi(0)\rangle = |\psi_2\rangle = \beta$ 决定. 令

$$|\psi(t)\rangle = a_1(t)\mathrm{e}^{-\mathrm{i}E_1 t/\hbar}|\psi_1\rangle + a_2(t)\mathrm{e}^{-\mathrm{i}E_2 t/\hbar}|\psi_2\rangle$$

在一级近似下,

$$a_2(t) \approx 1,\ a_1(t) = \frac{1}{\mathrm{i}\hbar}\int_0^t H'_{12}\mathrm{e}^{\mathrm{i}\omega_{12}t}\mathrm{d}t$$

其中

$$\omega_{12} = \frac{E_1 - E_2}{\hbar} = -\frac{2\mu B_0}{\hbar}$$

$$H'_{12} = \langle\psi_1|\hat{H}'|\psi_2\rangle = -\mu B_1\alpha^+\hat{\sigma}_x\beta = -\mu B_1$$

$$a_1(t) = \frac{1}{\mathrm{i}\hbar}\int_0^t H'_{12}\mathrm{e}^{\mathrm{i}\omega_{12}t}\mathrm{d}t = -\frac{\mu B_1}{\mathrm{i}\hbar}\int_0^t \mathrm{e}^{-2\mathrm{i}\mu B_0 t/\hbar}\mathrm{d}t = \frac{B_1(1-\mathrm{e}^{-2\mathrm{i}\mu B_0 t/\hbar})}{2B_0}$$

$t>0$ 时粒子的波函数为

$$|\psi(t)\rangle = \frac{B_1(1-\mathrm{e}^{-2\mathrm{i}\mu B_0 t/\hbar})}{2B_0}\mathrm{e}^{-\mathrm{i}E_1 t/\hbar}|\psi_1\rangle + \mathrm{e}^{-\mathrm{i}E_2 t/\hbar}|\psi_2\rangle$$

$t>0$ 时粒子跃迁到 $|\psi_1\rangle = \alpha$ 的概率为

$$W_{2\to1} = |a_1(t)|^2 = \left|\frac{B_1(1-\mathrm{e}^{-2\mathrm{i}\mu B_0 t/\hbar})}{2B_0}\right|^2 = \left(\frac{B_1}{B_0}\right)^2\sin^2\frac{\mu B_0 t}{\hbar}$$

6.44 证明 $\sqrt{1+\sigma_x}$ 是厄米算符, 其中 σ_x 是泡利矩阵.

证 利用 $\sigma_x^2 = 1$,

$$\sqrt{1+\sigma_x}=\sqrt{\frac{1}{2}\left(1+\sigma_x^2+2\sigma_x\right)}=\sqrt{\frac{1}{2}\left(1+\sigma_x\right)^2}=\frac{1}{\sqrt{2}}\left(1+\sigma_x\right)$$

因 σ_x 是厄米算符,故 $\sqrt{1+\sigma_x}=\frac{1}{\sqrt{2}}\left(1+\sigma_x\right)$ 是厄米算符.

6.45　电子的磁矩定义为 $\hat{\boldsymbol{M}}=\hat{\boldsymbol{M}}_L+\hat{\boldsymbol{M}}_S=-\frac{e}{2\mu c}\left(\hat{\boldsymbol{L}}+2\hat{\boldsymbol{S}}\right)$. 计算它的 z 分量 $\hat{M}_z=-\frac{e}{2\mu c}\left(\hat{L}_z+2\hat{S}_z\right)$ 在 $\hat{L}^2,\hat{S}^2,\hat{J}^2,\hat{J}_z$ 的共同本征态 $\left|lsjm_j\right\rangle$ 上的平均值 $\left\langle M_z\right\rangle_{lsjm_j}$，其中 $m_j=j$ 的 $\left\langle M_z\right\rangle_{lsjj}\equiv\mu$ 用来表示电子磁矩的大小, 算出 μ. 将电子的磁矩的计算结果, 推广到原子磁矩.［提示: $j=l\pm(1/2)$ 的 $\left|lsjm_j\right\rangle$ 表示式为

$$\left|l,s,j=l+\frac{1}{2},m_j\right\rangle=\sqrt{\frac{l+m_j+\frac{1}{2}}{2l+1}}\left|l,m_j-\frac{1}{2}\right\rangle\alpha+\sqrt{\frac{l-m_j+\frac{1}{2}}{2l+1}}\left|l,m_j+\frac{1}{2}\right\rangle\beta$$

$$\left|l,s,j=l-\frac{1}{2},m_j\right\rangle=-\sqrt{\frac{l-m_j+\frac{1}{2}}{2l+1}}\left|l,m_j-\frac{1}{2}\right\rangle\alpha+\sqrt{\frac{l+m_j+\frac{1}{2}}{2l+1}}\left|l,m_j+\frac{1}{2}\right\rangle\beta$$

其中 $s=1/2$，$|lm\rangle$ 是 $\hat{L}^2$ 与 $\hat{L}_z$ 的共同本征态.］

解

$$\hat{M}_z=-\frac{e}{2\mu c}\left(\hat{L}_z+2\hat{S}_z\right)=-\frac{e}{2\mu c}\left(\hat{J}_z+\hat{S}_z\right)$$

$$\begin{aligned}\left\langle M_z\right\rangle_{lsjm_j}&=-\frac{e}{2\mu c}\left\langle lsjm_j\right|(\hat{J}_z+\hat{S}_z)\left|lsjm_j\right\rangle\\&=-\frac{e}{2\mu c}\left(m_j\hbar+\left\langle lsjm_j\right|\hat{S}_z\left|lsjm_j\right\rangle\right)\end{aligned}\tag{1}$$

将提示的 $j=l+(1/2)$ 与 $j=l-(1/2)$ 的 $\left|lsjm_j\right\rangle$ 表示式代入 $\left\langle lsjm_j\right|\hat{S}_z\left|lsjm_j\right\rangle$ 中, 算出

$$\left\langle lsjm_j\right|\hat{S}_z\left|lsjm_j\right\rangle=\begin{cases}\dfrac{\hbar m_j}{2j}, & j=l+\dfrac{1}{2}\\-\dfrac{\hbar m_j}{2(j+1)}, & j=l-\dfrac{1}{2}\end{cases}\tag{2}$$

将式(2)代入式(1)中, 得

$$\left\langle M_z\right\rangle_{lsjm_j}=\begin{cases}-\dfrac{\mu_{\mathrm{B}}m_j(2j+1)}{2j}, & j=l+\dfrac{1}{2}\\-\dfrac{\mu_{\mathrm{B}}m_j(2j+1)}{2(j+1)}, & j=l-\dfrac{1}{2}\end{cases}\tag{3}$$

其中 $\mu_B = \dfrac{e\hbar}{2\mu c}$ 是玻尔磁子. 可以证明式(3)能表示为

$$\langle M_z \rangle_{lsjm_j} = -\mu_B g m_j \tag{4}$$

$$g = 1 + \frac{j(j+1) + s(s+1) - l(l+1)}{2j(j+1)} \tag{5}$$

或将 $s = 1/2$ 代入上式, 得

$$g = 1 + \frac{j(j+1) - l(l+1) + \frac{3}{4}}{2j(j+1)} \tag{6}$$

式(6)称作 g 因子或朗德因子. 表示电子磁矩大小的 $\mu = -\mu_B gj$, 或

$$\mu = \langle M_z \rangle_{lsjj} = \begin{cases} -\mu_B \left(j + \dfrac{1}{2} \right), & j = l + \dfrac{1}{2} \\ -\mu_B \dfrac{j(2j+1)}{2(j+1)}, & j = l - \dfrac{1}{2} \end{cases} \tag{7}$$

电子磁矩的上述结果可以推广到原子磁矩. 将原子中所有电子的 $\hat{\boldsymbol{L}}_i$ 与 $\hat{\boldsymbol{S}}_i$ 分别耦合成总轨道角动量 $\hat{\boldsymbol{L}}$ 与总自旋 $\hat{\boldsymbol{S}}$, 然后再将 $\hat{\boldsymbol{L}}$ 与 $\hat{\boldsymbol{S}}$ 耦合成原子的总角动量 $\hat{\boldsymbol{J}}$:

$$\hat{\boldsymbol{L}} = \sum_i \hat{\boldsymbol{L}}_i, \quad \hat{\boldsymbol{S}} = \sum_i \hat{\boldsymbol{S}}_i, \quad \hat{\boldsymbol{J}} = \hat{\boldsymbol{L}} + \hat{\boldsymbol{S}} \tag{8}$$

$\hat{L}^2, \hat{S}^2, \hat{J}^2, \hat{J}_z$ 相互对易, 它们的共同本征态记为 $|LSJM\rangle$, 本征值分别为 $L(L+1)\hbar^2, S(S+1)\hbar^2, J(J+1)\hbar^2, M\hbar$. 原子磁矩

$$\hat{\boldsymbol{M}} = -\frac{e}{2\mu c}\left(\hat{\boldsymbol{L}} + 2\hat{\boldsymbol{S}} \right) = -\frac{e}{2\mu c}\left(\hat{\boldsymbol{J}} + \hat{\boldsymbol{S}} \right) \tag{9}$$

$$\hat{M}_z = -\frac{e}{2\mu c}\left(\hat{J}_z + \hat{S}_z \right) \tag{10}$$

原子磁矩 $\hat{M}_z$ 在 $|LSJM\rangle$ 态上的平均值

$$\langle M_z \rangle_{LSJM} = -\mu_B g M \tag{11}$$

$$g = 1 + \frac{J(J+1) + S(S+1) - L(L+1)}{2J(J+1)} \tag{12}$$

$M = J$ 的 $\langle M_z \rangle_{LSJJ} \equiv \mu$ 用来表示原子磁矩的大小

$$\mu = \langle M_z \rangle_{LSJJ} = -\mu_B g J \tag{13}$$

6.46 在电子的某个自旋态$|\chi\rangle$中，测量$\hat{S}_z$得$\hbar/2$的概率为 1/6，测量$\hat{S}_y$得$\hbar/2$的概率为1/3. 求该自旋态$|\chi\rangle$和$\hat{S}_x$的平均值.

解 不失一般性，令$|\chi\rangle=\begin{pmatrix}a\\b+\mathrm{i}c\end{pmatrix}$，其中$a,b,c$为实数. 由归一化条件得$a^2+b^2+c^2=1$. 由$s_z=\hbar/2$的概率为 1/6，得$a^2=1/6, a=\pm1/\sqrt{6}$. 取正值，$a=1/\sqrt{6}$. 由$s_y=\hbar/2$的概率为1/3，得

$$\left|\frac{1}{\sqrt{2}}(1,-\mathrm{i})\begin{pmatrix}a\\b+\mathrm{i}c\end{pmatrix}\right|^2=\frac{1}{3}\ \to\ a^2+b^2+c^2+2ac=\frac{2}{3}$$

将$a^2+b^2+c^2=1$代入上式，得$ac=-1/6$. 已知$a=1/\sqrt{6}$，故$c=-1/\sqrt{6}$. 再由归一化条件$a^2+b^2+c^2=1$，得$b=\pm2/\sqrt{6}$. 于是

$$|\chi\rangle=\begin{pmatrix}a\\b+\mathrm{i}c\end{pmatrix}=\frac{1}{\sqrt{6}}\begin{pmatrix}1\\\pm2-\mathrm{i}\end{pmatrix}$$

$\hat{S}_x$的平均值

$$\langle\chi|\hat{S}_x|\chi\rangle=\frac{1}{\sqrt{6}}(1,\pm2+\mathrm{i})\frac{\hbar}{2}\begin{pmatrix}0&1\\1&0\end{pmatrix}\frac{1}{\sqrt{6}}\begin{pmatrix}1\\\pm2-\mathrm{i}\end{pmatrix}=\pm\frac{\hbar}{3}$$

6.47 1/2 自旋算符可用泡利矩阵$\boldsymbol{\sigma}=(\sigma_1,\sigma_2,\sigma_3)$表示为$\hat{\boldsymbol{S}}=\hbar\boldsymbol{\sigma}/2$，其中$\sigma_3$的两个本征态为$\alpha$与$\beta$. (1) 求$\boldsymbol{\sigma}\cdot\boldsymbol{n}$的本征态，其中$\boldsymbol{n}=(\sin\theta\cos\varphi,\sin\theta\sin\varphi,\cos\theta)$；(2) 求算符$\hat{U}=\mathrm{e}^{-\mathrm{i}\sigma_3\varphi/2}\mathrm{e}^{-\mathrm{i}\sigma_2\theta/2}$对$\sigma_3$的两个本征态$\alpha$与$\beta$作用的结果；(3) 说明(1)和(2)题结果之间的关系及$\hat{U}$的物理意义.

解 (1)求$\boldsymbol{\sigma}\cdot\boldsymbol{n}$的本征态，详见 6.9 题.

$$\begin{aligned}\boldsymbol{\sigma}\cdot\boldsymbol{n}=\sigma_n&=\sin\theta\cos\varphi\sigma_1+\sin\theta\sin\varphi\sigma_2+\cos\theta\sigma_3\\&=\begin{pmatrix}\cos\theta&\sin\theta\mathrm{e}^{-\mathrm{i}\varphi}\\\sin\theta\mathrm{e}^{\mathrm{i}\varphi}&-\cos\theta\end{pmatrix}\end{aligned}$$

由σ_n的本征方程$\sigma_n|\psi\rangle=\sigma|\psi\rangle$，即

$$\begin{pmatrix}\cos\theta&\sin\theta\mathrm{e}^{-\mathrm{i}\varphi}\\\sin\theta\mathrm{e}^{\mathrm{i}\varphi}&-\cos\theta\end{pmatrix}\begin{pmatrix}c_1\\c_2\end{pmatrix}=\sigma\begin{pmatrix}c_1\\c_2\end{pmatrix}$$

解得

$$\sigma=1,\ |\psi_1\rangle=\begin{pmatrix}\cos\dfrac{\theta}{2}\mathrm{e}^{-\mathrm{i}\varphi/2}\\\sin\dfrac{\theta}{2}\mathrm{e}^{\mathrm{i}\varphi/2}\end{pmatrix},\quad\sigma=-1,\ |\psi_2\rangle=\begin{pmatrix}-\sin\dfrac{\theta}{2}\mathrm{e}^{-\mathrm{i}\varphi/2}\\\cos\dfrac{\theta}{2}\mathrm{e}^{\mathrm{i}\varphi/2}\end{pmatrix}$$

(2) 利用公式

$$e^{i\theta\sigma_\alpha} = \cos\theta + i\sigma_\alpha \sin\theta,\ \alpha = 1,2,3$$

$$e^{-i\sigma_2\theta/2} = \cos\frac{\theta}{2} - i\sigma_2 \sin\frac{\theta}{2},\ e^{-i\sigma_3\varphi/2} = \cos\frac{\varphi}{2} - i\sigma_3 \sin\frac{\varphi}{2}$$

$$\begin{aligned} e^{-i\sigma_3\varphi/2}e^{-i\sigma_2\theta/2} &= \left(\cos\frac{\varphi}{2} - i\sigma_3\sin\frac{\varphi}{2}\right)\left(\cos\frac{\theta}{2} - i\sigma_2\sin\frac{\theta}{2}\right) \\ &= \begin{pmatrix} \cos\frac{\varphi}{2} - i\sin\frac{\varphi}{2} & 0 \\ 0 & \cos\frac{\varphi}{2} + i\sin\frac{\varphi}{2} \end{pmatrix}\begin{pmatrix} \cos\frac{\theta}{2} & -\sin\frac{\theta}{2} \\ \sin\frac{\theta}{2} & \cos\frac{\theta}{2} \end{pmatrix} \\ &= \begin{pmatrix} e^{-i\varphi/2} & 0 \\ 0 & e^{i\varphi/2} \end{pmatrix}\begin{pmatrix} \cos\frac{\theta}{2} & -\sin\frac{\theta}{2} \\ \sin\frac{\theta}{2} & \cos\frac{\theta}{2} \end{pmatrix} = \begin{pmatrix} \cos\frac{\theta}{2}e^{-i\varphi/2} & -\sin\frac{\theta}{2}e^{-i\varphi/2} \\ \sin\frac{\theta}{2}e^{i\varphi/2} & \cos\frac{\theta}{2}e^{i\varphi/2} \end{pmatrix} \end{aligned}$$

$$e^{-i\sigma_3\varphi/2}e^{-i\sigma_2\theta/2}\alpha = \begin{pmatrix} \cos\frac{\theta}{2}e^{-i\varphi/2} & -\sin\frac{\theta}{2}e^{-i\varphi/2} \\ \sin\frac{\theta}{2}e^{i\varphi/2} & \cos\frac{\theta}{2}e^{i\varphi/2} \end{pmatrix}\begin{pmatrix} 1 \\ 0 \end{pmatrix} = \begin{pmatrix} \cos\frac{\theta}{2}e^{-i\varphi/2} \\ \sin\frac{\theta}{2}e^{i\varphi/2} \end{pmatrix}$$

$$e^{-i\sigma_3\varphi/2}e^{-i\sigma_2\theta/2}\beta = \begin{pmatrix} \cos\frac{\theta}{2}e^{-i\varphi/2} & -\sin\frac{\theta}{2}e^{-i\varphi/2} \\ \sin\frac{\theta}{2}e^{i\varphi/2} & \cos\frac{\theta}{2}e^{i\varphi/2} \end{pmatrix}\begin{pmatrix} 0 \\ 1 \end{pmatrix} = \begin{pmatrix} -\sin\frac{\theta}{2}e^{-i\varphi/2} \\ \cos\frac{\theta}{2}e^{i\varphi/2} \end{pmatrix}$$

$\hat{U}$ 对 σ_3 的两个本征态作用的结果是使之分别变成为 σ_n 的两个本征态. 可见 $\hat{U}$ 是一个自旋态的变换算符, 它使沿 z 轴方向的自旋态变为沿

$$\boldsymbol{n} = (\sin\theta\cos\varphi, \sin\theta\sin\varphi, \cos\theta)$$

方向的自旋态.

6.48　一个质量为 m, 无电荷但自旋为 1/2, 磁矩为 $\hat{\boldsymbol{M}}_s = -\frac{2\mu_0}{\hbar}\hat{\boldsymbol{S}}$ 的粒子在一维无限深势阱 $V(x) = \begin{cases} 0, & |x| < L \\ \infty, & |x| > L \end{cases}$ 中运动, 其中 μ_0 和 L 是正的常数, $\hat{\boldsymbol{S}}$ 为粒子的自旋算符. 现考虑在 $x < 0$ 的半空间中有一沿 z 方向的均匀磁场, 大小为 B, 而在 $x > 0$ 的半空间中有一同样大小但沿 x 方向的均匀磁场. 在弱磁场极限下用微扰论求出体系基态的能级和波函数, 并指出 B 能作为弱磁场处理的具体条件[微扰只需计算到最低阶, 自旋空间的波函数在 $(\hat{S}^2, \hat{S}_z)$ 表象中写出].

解 磁矩 $\hat{\boldsymbol{M}}_s$ 在磁场 $\boldsymbol{B}$ 中的势能 $\hat{H}'$ (微扰)与体系的哈密顿量 $\hat{H}$ 为

$$\hat{H}' = -\hat{\boldsymbol{M}}_s \cdot \boldsymbol{B} = \begin{cases} \dfrac{2\mu_0 B}{\hbar}\hat{S}_z = \mu_0 B\sigma_z \equiv \hat{H}_1', & x<0 \\ \dfrac{2\mu_0 B}{\hbar}\hat{S}_x = \mu_0 B\sigma_x \equiv \hat{H}_2', & x>0 \end{cases}$$

$$\hat{H} = \hat{H}_0 + \hat{H}'$$

$\hat{H}_0$ 是一维无限深势阱的哈密顿量，它的基态能量 $E^{(0)} = \pi^2\hbar^2/8mL^2$ 是二度简并的，对应的两个波函数为

$$\phi_1(x,s_z) = \psi_1(x)\alpha,\ \phi_2(x,s_z) = \psi_1(x)\beta$$

$$\psi_1(x) = \begin{cases} \sqrt{\dfrac{1}{L}}\sin\left(\dfrac{\pi x}{2L} + \dfrac{\pi}{2}\right) = \sqrt{\dfrac{1}{L}}\cos\dfrac{\pi x}{2L}, & |x|<L \\ 0, & |x|>L \end{cases}$$

令零级近似波函数为 $\psi^{(0)} = c_1\phi_1 + c_2\phi_2$，$c_1$ 与 c_2 满足方程

$$\begin{pmatrix} H_{11}' - E^{(1)} & H_{12}' \\ H_{21}' & H_{22}' - E^{(1)} \end{pmatrix}\begin{pmatrix} c_1 \\ c_2 \end{pmatrix} = 0$$

$$H_{11}' = \int_{-L}^{+L} \phi_1^+ \hat{H}'\phi_1 \mathrm{d}x = \int_{-L}^{0} |\psi_1(x)|^2 \,\mathrm{d}x\alpha^+\hat{H}_1'\alpha + \int_0^{+L} |\psi_1(x)|^2 \,\mathrm{d}x\alpha^+\hat{H}_2'\alpha$$

$$H_{12}' = \int_{-L}^{+L} \phi_1^+ \hat{H}'\phi_2 \mathrm{d}x = \int_{-L}^{0} |\psi_1(x)|^2 \,\mathrm{d}x\alpha^+\hat{H}_1'\beta + \int_0^{+L} |\psi_1(x)|^2 \,\mathrm{d}x\alpha^+\hat{H}_2'\beta$$

$$H_{21}' = H_{12}'^*$$

$$H_{22}' = \int_{-L}^{+L} \phi_2^+ \hat{H}'\phi_2 \mathrm{d}x = \int_{-L}^{0} |\psi_1(x)|^2 \,\mathrm{d}x\beta^+\hat{H}_1'\beta + \int_0^{+L} |\psi_1(x)|^2 \,\mathrm{d}x\beta^+\hat{H}_2'\beta$$

其中

$$\int_{-L}^{0} |\psi_1(x)|^2 \,\mathrm{d}x = \int_0^{+L} |\psi_1(x)|^2 \,\mathrm{d}x = \frac{1}{2}$$

$$\alpha^+\hat{H}_1'\alpha = \mu_0 B\alpha^+\sigma_z\alpha = \mu_0 B,\ \alpha^+\hat{H}_2'\alpha = \mu_0 B\alpha^+\sigma_x\alpha = 0$$

$$\alpha^+\hat{H}_1'\beta = \mu_0 B\alpha^+\sigma_z\beta = 0,\ \alpha^+\hat{H}_2'\beta = \mu_0 B\alpha^+\sigma_x\beta = \mu_0 B$$

$$\beta^+\hat{H}_1'\beta = \mu_0 B\beta^+\sigma_z\beta = -\mu_0 B,\ \beta^+\hat{H}_2'\beta = \mu_0 B\beta^+\sigma_x\beta = 0$$

将以上各式代入 $\hat{H}_{ij}'$ 中，得

$$H_{11}' = \mu_0 B/2 \equiv A,\ H_{12}' = H_{21}' = A,\ H_{22}' = -A$$

方程变为

$$\begin{pmatrix} A-E^{(1)} & A \\ A & -A-E^{(1)} \end{pmatrix}\begin{pmatrix} c_1 \\ c_2 \end{pmatrix}=0$$

方程的解为

$$E_1^{(1)}=\sqrt{2}A=\frac{\mu_0 B}{\sqrt{2}},\ \psi_1^{(0)}=\begin{pmatrix} c_1 \\ c_2 \end{pmatrix}=\frac{1}{\sqrt{4-2\sqrt{2}}}\begin{pmatrix} 1 \\ \sqrt{2}-1 \end{pmatrix}$$

$$E_2^{(1)}=-\sqrt{2}A=-\frac{\mu_0 B}{\sqrt{2}},\ \psi_2^{(0)}=\begin{pmatrix} c_1 \\ c_2 \end{pmatrix}=\frac{1}{\sqrt{4+2\sqrt{2}}}\begin{pmatrix} 1 \\ -\left(\sqrt{2}+1\right) \end{pmatrix}$$

基态一级近似能量与零级近似波函数为

$$E_1=\frac{\pi^2\hbar^2}{8mL^2}+\frac{\mu_0 B}{\sqrt{2}},\ \psi_1^{(0)}=\frac{1}{\sqrt{4-2\sqrt{2}}}\psi_1(x)\left[\alpha+\left(\sqrt{2}-1\right)\beta\right]$$

$$E_2=\frac{\pi^2\hbar^2}{8mL^2}-\frac{\mu_0 B}{\sqrt{2}},\ \psi_2^{(0)}=\frac{1}{\sqrt{4+2\sqrt{2}}}\psi_1(x)\left[\alpha-\left(\sqrt{2}+1\right)\beta\right]$$

弱磁场条件：

$$B\ll\frac{\sqrt{2}\pi^2\hbar^2}{8\mu_0 mL^2}$$

6.49　电子在磁场 $\boldsymbol{B}=(0,B_y,B_z)$ 中运动，B_z 比 B_y 小得多. (1)只考虑自旋运动，写出体系的哈密顿量 $\hat{H}$，求出本征能量并展开到 B_z/B_y 的领头阶，求出 $\hat{H}$ 的本征态；(2)把 B_z 看成微扰，用定态微扰论计算体系的能量到 B_z^2 阶.

解　(1) $\hat{H}$ 本征能量和本征函数的精确解

$$\begin{aligned}\hat{H}&=-\boldsymbol{M}_s\cdot\boldsymbol{B}=\frac{e}{mc}\hat{\boldsymbol{S}}\cdot(B_y\boldsymbol{j}+B_z\boldsymbol{k})=\frac{e}{mc}\left(B_y\hat{S}_y+B_z\hat{S}_z\right)\\&=\frac{e\hbar}{2mc}\left(B_y\hat{\sigma}_y+B_z\hat{\sigma}_z\right)=\frac{e\hbar}{2mc}\left[B_y\begin{pmatrix} 0 & -\mathrm{i} \\ \mathrm{i} & 0 \end{pmatrix}+B_z\begin{pmatrix} 1 & 0 \\ 0 & -1 \end{pmatrix}\right]\\&=\frac{e\hbar}{2mc}\begin{pmatrix} B_z & -\mathrm{i}B_y \\ \mathrm{i}B_y & -B_z \end{pmatrix}\end{aligned}$$

定态方程 $\hat{H}|\psi\rangle=E|\psi\rangle$ 为

$$\frac{e\hbar}{2mc}\begin{pmatrix} B_z & -\mathrm{i}B_y \\ \mathrm{i}B_y & -B_z \end{pmatrix}\begin{pmatrix} c_1 \\ c_2 \end{pmatrix}=E\begin{pmatrix} c_1 \\ c_2 \end{pmatrix}$$

令 $\lambda = 2mcE/e\hbar$，方程变为

$$\begin{pmatrix} B_z-\lambda & -\mathrm{i}B_y \\ \mathrm{i}B_y & -B_z-\lambda \end{pmatrix}\begin{pmatrix} c_1 \\ c_2 \end{pmatrix}=0$$

解之得 $\lambda=\pm\sqrt{B_y^2+B_z^2}$，

$$E_1=\frac{e\hbar}{2mc}\sqrt{B_y^2+B_z^2}$$

$$|\psi_1\rangle=\frac{1}{\sqrt{B_y^2+\left(\sqrt{B_y^2+B_z^2}-B_z\right)^2}}\begin{pmatrix} B_y \\ \left(\sqrt{B_y^2+B_z^2}-B_z\right)\mathrm{i} \end{pmatrix}$$

$$E_2=-\frac{e\hbar}{2mc}\sqrt{B_y^2+B_z^2}$$

$$|\psi_2\rangle=\frac{1}{\sqrt{B_y^2+\left(\sqrt{B_y^2+B_z^2}+B_z\right)^2}}\begin{pmatrix} B_y \\ -\left(\sqrt{B_y^2+B_z^2}+B_z\right)\mathrm{i} \end{pmatrix}$$

将 E_1 与 E_2 作泰勒级数展开：

$$E_1=\frac{e\hbar}{2mc}\sqrt{B_y^2+B_z^2}=\frac{e\hbar B_y}{2mc}\sqrt{1+\left(\frac{B_z}{B_y}\right)^2}=\frac{e\hbar B_y}{2mc}\left(1+\frac{B_z^2}{2B_y^2}+\cdots\right)$$

$$E_2=-\frac{e\hbar}{2mc}\sqrt{B_y^2+B_z^2}=-\frac{e\hbar B_y}{2mc}\sqrt{1+\left(\frac{B_z}{B_y}\right)^2}=-\frac{e\hbar B_y}{2mc}\left(1+\frac{B_z^2}{2B_y^2}+\cdots\right)$$

(2) $\hat{H}$ 本征能量和本征函数的近似解

$$\hat{H}_0=\frac{eB_y}{mc}\hat{S}_y,\ \hat{H}'=\frac{eB_z}{mc}\hat{S}_z$$

$$E_1^{(0)}=\frac{e\hbar B_y}{2mc},\left|\psi_1^{(0)}\right\rangle=\frac{1}{\sqrt{2}}\begin{pmatrix} 1 \\ \mathrm{i} \end{pmatrix};\ E_2^{(0)}=-\frac{e\hbar B_y}{2mc},\left|\psi_2^{(0)}\right\rangle=\frac{1}{\sqrt{2}}\begin{pmatrix} 1 \\ -\mathrm{i} \end{pmatrix}$$

$$H'_{11}=\left\langle\psi_1^{(0)}\middle|\hat{H}'\middle|\psi_1^{(0)}\right\rangle=\frac{1}{\sqrt{2}}(1,-\mathrm{i})\frac{e\hbar B_z}{2mc}\begin{pmatrix} 1 & 0 \\ 0 & -1 \end{pmatrix}\frac{1}{\sqrt{2}}\begin{pmatrix} 1 \\ \mathrm{i} \end{pmatrix}=0$$

$$H'_{12}=\left\langle\psi_1^{(0)}\middle|\hat{H}'\middle|\psi_2^{(0)}\right\rangle=\frac{e\hbar B_z}{2mc},\ H'_{21}=(H'_{12})^*=\frac{e\hbar B_z}{2mc},\ H'_{22}=0$$

$$E_1 = E_1^{(0)} + E_1^{(1)} + E_1^{(2)} = \frac{e\hbar B_y}{2mc} + H'_{11} + \frac{|H'_{21}|^2}{E_1^{(0)} - E_2^{(0)}}$$

$$= \frac{e\hbar B_y}{2mc} + \frac{e\hbar B_z^2}{4mcB_y} = \frac{e\hbar B_y}{2mc}\left(1 + \frac{B_z^2}{2B_y^2}\right)$$

$$E_2 = E_2^{(0)} + E_2^{(1)} + E_2^{(2)} = -\frac{e\hbar B_y}{2mc} + H'_{22} + \frac{|H'_{12}|^2}{E_2^{(0)} - E_1^{(0)}}$$

$$= -\frac{e\hbar B_y}{2mc} - \frac{e\hbar B_z^2}{4mcB_y} = -\frac{e\hbar B_y}{2mc}\left(1 + \frac{B_z^2}{2B_y^2}\right)$$

比较精确能量与近似能量看出，精确能量展开式的前二项正是微扰论的二级近似能量.

6.50　氢原子处于沿 z 轴方向的均匀电场与磁场中，电场 $\boldsymbol{E} = \varepsilon \boldsymbol{k}$，磁场 $\boldsymbol{B} = B\boldsymbol{k}$.如果电场和磁场足够强，以致可以忽略自旋-轨道耦合作用，而电磁作用仍可当做微扰，求计入电子自旋后氢原子 $n=2$ 能级的分裂情况(一级近似).

解　由 5.26 题知，在不考虑自旋的条件下，同一方向的电磁场作用使氢原子 $n=2$ 的能级分裂为如下 4 个：

$$E_1 = -\frac{e^2}{8a} + \frac{eB\hbar}{2\mu c},\ \psi_1 = \psi_{211}$$

$$E_2 = -\frac{e^2}{8a} - \frac{eB\hbar}{2\mu c},\ \psi_2 = \psi_{21-1}$$

$$E_3 = -\frac{e^2}{8a} + 3ae\varepsilon,\ \psi_3 = \frac{1}{\sqrt{2}}(\psi_{200} - \psi_{210})$$

$$E_4 = -\frac{e^2}{8a} - 3ae\varepsilon,\ \psi_4 = \frac{1}{\sqrt{2}}(\psi_{200} + \psi_{210})$$

考虑自旋后，氢原子的哈密顿量增加一项 $-\hat{\boldsymbol{M}}_s \cdot \boldsymbol{B} = \frac{eB}{\mu c}\hat{S}_z$，上述 4 个零级近似波函数变为

$$\psi_1 = \psi_{211}\chi_{m_s},\qquad \psi_2 = \psi_{21-1}\chi_{m_s}$$

$$\psi_3 = \frac{1}{\sqrt{2}}(\psi_{200} - \psi_{210})\chi_{m_s},\ \psi_4 = \frac{1}{\sqrt{2}}(\psi_{200} + \psi_{210})\chi_{m_s}$$

其中 $m_s = \pm 1/2$. 相应的能量作如下变化：

$$E_1=-\frac{e^2}{8a}+\frac{eB\hbar}{2\mu c}\ \to\ -\frac{e^2}{8a}+\frac{eB\hbar}{2\mu c}\pm\frac{eB\hbar}{2\mu c}$$

$$E_2=-\frac{e^2}{8a}-\frac{eB\hbar}{2\mu c}\ \to\ -\frac{e^2}{8a}-\frac{eB\hbar}{2\mu c}\pm\frac{eB\hbar}{2\mu c}$$

$$E_3=-\frac{e^2}{8a}+3ae\varepsilon\ \to\ -\frac{e^2}{8a}+3ae\varepsilon\pm\frac{eB\hbar}{2\mu c}$$

$$E_4=-\frac{e^2}{8a}-3ae\varepsilon\ \to\ -\frac{e^2}{8a}-3ae\varepsilon\pm\frac{eB\hbar}{2\mu c}$$

于是$n=2$的能级一分为七：

$$E_1=E_2=-\frac{e^2}{8a}$$

$$E_3=-\frac{e^2}{8a}+\frac{eB\hbar}{\mu c},\qquad E_4=-\frac{e^2}{8a}-\frac{eB\hbar}{\mu c}$$

$$E_5=-\frac{e^2}{8a}+3ae\varepsilon+\frac{eB\hbar}{2\mu c},\ E_6=-\frac{e^2}{8a}+3ae\varepsilon-\frac{eB\hbar}{2\mu c}$$

$$E_7=-\frac{e^2}{8a}-3ae\varepsilon+\frac{eB\hbar}{2\mu c},\ E_8=-\frac{e^2}{8a}-3ae\varepsilon-\frac{eB\hbar}{2\mu c}$$

6.51 已知电子某一时刻的波函数为$\psi(\boldsymbol{r},t)=\psi_1(\boldsymbol{r})\chi_+(s_z)+\psi_2(\boldsymbol{r})\chi_-(s_z)$，其中$\chi_+$与$\chi_-$分别是电子自旋沿正$z$轴与负$z$轴的归一化波函数. 试写出电子自旋沿正$z$轴且在薄壳$(r,r+\mathrm{d}r)$内出现的概率$P_1$；电子自旋沿负$z$轴且在$(\theta,\varphi)$方向$\mathrm{d}\Omega=\sin\theta\mathrm{d}\theta\mathrm{d}\varphi$立体角内出现的概率$P_2$；电子自旋沿正$z$轴的概率$P_3$.

解 任意t时粒子在全空间出现的概率为

$$\int\psi^+(\boldsymbol{r},t)\psi(\boldsymbol{r},t)\ \mathrm{d}\tau=\int\left(\psi_1^*,\psi_2^*\right)\begin{pmatrix}\psi_1\\ \psi_2\end{pmatrix}\mathrm{d}\tau=\int|\psi_1|^2\,\mathrm{d}\tau+\int|\psi_2|^2\,\mathrm{d}\tau$$

令
$$A=\frac{\int|\psi_1|^2\,\mathrm{d}\tau}{\int|\psi_1|^2\,\mathrm{d}\tau+\int|\psi_2|^2\,\mathrm{d}\tau},\ B=\frac{\int|\psi_2|^2\,\mathrm{d}\tau}{\int|\psi_1|^2\,\mathrm{d}\tau+\int|\psi_2|^2\,\mathrm{d}\tau}$$

A与B分别是电子自旋沿正z轴与负z轴的概率.

$$P_1=Ar^2\mathrm{d}r\int_0^{\pi}\mathrm{d}\theta\sin\theta\int_0^{2\pi}\mathrm{d}\varphi|\psi_1|^2$$

$$P_2=B\sin\theta\mathrm{d}\theta\mathrm{d}\varphi\int_0^{\infty}|\psi_2|^2\,r^2\mathrm{d}r$$

$$P_3 = A$$

6.52　一个自旋 $s=1/2$ 的粒子, 其哈密顿量为 $\hat{H}=\frac{\hbar\omega}{5}(3\sigma_z+4\sigma_x)$, 其中 ω 为常量, σ_z 与 σ_x 为泡利矩阵. (1)求粒子的能级与相应的波函数; (2)已知 $t=0$ 时粒子的自旋沿正 z 轴, 求 $t>0$ 时粒子的波函数 $|\psi(t)\rangle$, 粒子沿负 z 轴的概率 P, 以及能量的平均值 $\overline{E}$.

解

$$\hat{H}=\frac{\hbar\omega}{5}(3\sigma_z+4\sigma_x)=\frac{\hbar\omega}{5}\begin{pmatrix}3 & 4\\ 4 & -3\end{pmatrix}$$

由定态方程

$$\hat{H}|\psi\rangle=E|\psi\rangle \quad 或 \quad \frac{\hbar\omega}{5}\begin{pmatrix}3 & 4\\ 4 & -3\end{pmatrix}\begin{pmatrix}c_1\\ c_2\end{pmatrix}=E\begin{pmatrix}c_1\\ c_2\end{pmatrix}$$

解得

$$E_1=\hbar\omega,\ |\psi_1\rangle=\frac{1}{\sqrt{5}}\begin{pmatrix}2\\ 1\end{pmatrix};\ E_2=-\hbar\omega,\ |\psi_2\rangle=\frac{1}{\sqrt{5}}\begin{pmatrix}1\\ -2\end{pmatrix}$$

$$|\psi(t)\rangle=c_1\mathrm{e}^{-\mathrm{i}E_1t/\hbar}|\psi_1\rangle+c_2\mathrm{e}^{-\mathrm{i}E_2t/\hbar}|\psi_2\rangle=c_1\mathrm{e}^{-\mathrm{i}\omega t}|\psi_1\rangle+c_2\mathrm{e}^{\mathrm{i}\omega t}|\psi_2\rangle$$

$$|\psi(0)\rangle=c_1|\psi_1\rangle+c_2|\psi_2\rangle=\begin{pmatrix}1\\ 0\end{pmatrix}$$

$$c_1=\langle\psi_1|\psi(0)\rangle=\frac{2}{\sqrt{5}},\ c_2=\langle\psi_2|\psi(0)\rangle=\frac{1}{\sqrt{5}}$$

$$|\psi(t)\rangle=\frac{2}{\sqrt{5}}\mathrm{e}^{-\mathrm{i}\omega t}|\psi_1\rangle+\frac{1}{\sqrt{5}}\mathrm{e}^{\mathrm{i}\omega t}|\psi_2\rangle=\frac{1}{5}\begin{pmatrix}4\mathrm{e}^{-\mathrm{i}\omega t}+\mathrm{e}^{\mathrm{i}\omega t}\\ 2(\mathrm{e}^{-\mathrm{i}\omega t}-\mathrm{e}^{\mathrm{i}\omega t})\end{pmatrix}$$

$t>0$ 时粒子的沿负 z 轴的概率 P 与平均能量 $\overline{E}$ 为

$$P=\left|\frac{2}{5}(\mathrm{e}^{-\mathrm{i}\omega t}-\mathrm{e}^{\mathrm{i}\omega t})\right|^2=\frac{16}{25}\sin^2\omega t$$

$$\overline{E}=|c_1|^2E_1+|c_2|^2E_2=\frac{3}{5}\hbar\omega$$

6.53　(1)证明 $\hat{L}^2=\boldsymbol{\sigma}\cdot\hat{\boldsymbol{L}}(\boldsymbol{\sigma}\cdot\hat{\boldsymbol{L}}+\hbar)$, 其中 $\hat{\boldsymbol{L}}$ 是轨道角动量, $\boldsymbol{\sigma}$ 为泡利矩阵; (2)计算 $(\boldsymbol{\sigma}\cdot\hat{\boldsymbol{L}})^2$ 在 $\hat{L}^2,\hat{J}^2$ 与 $\hat{J}_z$ 的共同本征态 $|ljm_j\rangle$ 态上的平均值, 其中 $\hat{\boldsymbol{J}}=\hat{\boldsymbol{L}}+\hat{\boldsymbol{S}}$ 是总角动量, $\hat{\boldsymbol{S}}=\hbar\boldsymbol{\sigma}/2$ 是自旋.

解 证明 $\hat{L}^2 = \boldsymbol{\sigma}\cdot\hat{\boldsymbol{L}}(\boldsymbol{\sigma}\cdot\hat{\boldsymbol{L}}+\hbar)$ 也就是证明 $(\boldsymbol{\sigma}\cdot\hat{\boldsymbol{L}})^2 = \hat{L}^2 - \hbar\boldsymbol{\sigma}\cdot\hat{\boldsymbol{L}}$.

$$
\begin{aligned}
(\boldsymbol{\sigma}\cdot\hat{\boldsymbol{L}})^2 &= (\sigma_x\hat{L}_x+\sigma_y\hat{L}_y+\sigma_z\hat{L}_z)(\sigma_x\hat{L}_x+\sigma_y\hat{L}_y+\sigma_z\hat{L}_z) \\
&= \sigma_x^2\hat{L}_x^2+\sigma_y^2\hat{L}_y^2+\sigma_z^2\hat{L}_z^2+\sigma_x\sigma_y\hat{L}_x\hat{L}_y+\sigma_y\sigma_x\hat{L}_y\hat{L}_x \\
&\quad +\sigma_y\sigma_z\hat{L}_y\hat{L}_z+\sigma_z\sigma_y\hat{L}_z\hat{L}_y+\sigma_z\sigma_x\hat{L}_z\hat{L}_x+\sigma_x\sigma_z\hat{L}_x\hat{L}_z \\
&= \hat{L}_x^2+\hat{L}_y^2+\hat{L}_z^2+\mathrm{i}\sigma_z(\hat{L}_x\hat{L}_y-\hat{L}_y\hat{L}_x)+\mathrm{i}\sigma_x(\hat{L}_y\hat{L}_z-\hat{L}_z\hat{L}_y)+\mathrm{i}\sigma_y(\hat{L}_z\hat{L}_x-\hat{L}_x\hat{L}_z) \\
&= \hat{L}^2-\hbar\sigma_z\hat{L}_z-\hbar\sigma_x\hat{L}_x-\hbar\sigma_y\hat{L}_y = \hat{L}^2-\hbar\boldsymbol{\sigma}\cdot\hat{\boldsymbol{L}}
\end{aligned}
$$

在证明中用到以下公式:

$$\sigma_x^2=\sigma_y^2=\sigma_z^2=1$$

$$\sigma_x\sigma_y=-\sigma_y\sigma_x=\mathrm{i}\sigma_z,\ \sigma_y\sigma_z=-\sigma_z\sigma_y=\mathrm{i}\sigma_x,\ \sigma_z\sigma_x=-\sigma_x\sigma_z=\mathrm{i}\sigma_y$$

$$[\hat{L}_x,\hat{L}_y]=\mathrm{i}\hbar\hat{L}_z,\ [\hat{L}_x,\hat{L}_y]=\mathrm{i}\hbar\hat{L}_z,\ [\hat{L}_x,\hat{L}_y]=\mathrm{i}\hbar\hat{L}_z$$

$(\boldsymbol{\sigma}\cdot\hat{\boldsymbol{L}})^2$ 可以表示为

$$
\begin{aligned}
(\boldsymbol{\sigma}\cdot\hat{\boldsymbol{L}})^2 &= \hat{L}^2-\hbar\boldsymbol{\sigma}\cdot\hat{\boldsymbol{L}} = \hat{L}^2-2\hat{\boldsymbol{S}}\cdot\hat{\boldsymbol{L}} = \hat{L}^2-(\hat{J}^2-\hat{L}^2-\hat{S}^2) \\
&= 2\hat{L}^2-\hat{J}^2+\hat{S}^2
\end{aligned}
$$

$(\boldsymbol{\sigma}\cdot\hat{\boldsymbol{L}})^2$ 在 $\left|ljm_j\right\rangle$ 态上的平均值

$$
\begin{aligned}
\left\langle ljm_j\right|(\boldsymbol{\sigma}\cdot\hat{\boldsymbol{L}})^2\left|ljm_j\right\rangle &= \left\langle ljm_j\right|(2\hat{L}^2-\hat{J}^2+\hat{S}^2)\left|ljm_j\right\rangle \\
&= \left[2l(l+1)-j(j+1)+\frac{3}{4}\right]\hbar^2
\end{aligned}
$$

6.54 证明如果在电子的某一态上测量自旋 x 分量和 y 分量的平均值均为 0, 则测量自旋 z 分量时, 不是 $\hbar/2$, 就是 $-\hbar/2$.

证 令电子自旋波函数为 $|\psi\rangle=\begin{pmatrix}a\\b\end{pmatrix}$, $|a|^2+|b|^2=1$.

$$\overline{S_x}=\langle\psi|\hat{S}_x|\psi\rangle=(a^*,b^*)\frac{\hbar}{2}\begin{pmatrix}0&1\\1&0\end{pmatrix}\begin{pmatrix}a\\b\end{pmatrix}=\frac{\hbar}{2}(a^*b+ab^*)=0$$

$$\overline{S_y}=\langle\psi|\hat{S}_y|\psi\rangle=(a^*,b^*)\frac{\hbar}{2}\begin{pmatrix}0&-\mathrm{i}\\\mathrm{i}&0\end{pmatrix}\begin{pmatrix}a\\b\end{pmatrix}=-\frac{\mathrm{i}\hbar}{2}(a^*b-ab^*)=0$$

由以上两式, 得 $a^*b+ab^*=0$, $a^*b-ab^*=0$. 两式相加或相减, 得 $a^*b=0$, 或 $ab^*=0$. 由 $|\psi\rangle$ 的归一化条件 $|a|^2+|b|^2=1$ 知, a 与 b 不能同时为 0. 要么

$b=0,a=1$，电子处于 $s_z=\hbar/2$ 的态；要么 $a=0,b=1$，电子处于 $s_z=-\hbar/2$ 的态.

6.55 自旋 $s=1/2$ 的核子处于三维各向同性谐振子势场 $V(r)=\dfrac{1}{2}\mu\omega^2r^2$ 中，定态波函数与能量为

$$\psi_{n_r lmm_s}=\psi_{n_r lm}(r)\chi_{m_s}(s_z)=R_{n_r l}(r)Y_{lm}(\theta,\varphi)\chi_{m_s}(s_z),\ E_N=\left(N+\frac{3}{2}\right)\hbar\omega$$

$$n_r,l=0,1,2,\cdots,\ m=0,\pm1,\cdots,\pm l,\ m_s=\pm1/2,\ N=2n_r+l=0,1,2,\cdots$$

(1) 指出 $N=2$ 的能级 E_2 的简并度；(2) 如果核子还受到 $\hat{H}'=-c\hat{\boldsymbol{L}}\cdot\hat{\boldsymbol{S}}$（$c$ 为正实数）的自旋–轨道耦合作用，讨论 $N=2$ 的能级 E_2 的分裂情况，并指出分裂后能级的简并度.

解 (1) 对 $N=2n_r+l=2$，n_r 的可能值为 0 与 1. 当 $n_r=0$ 时，$l=2$，$m=0,\pm1,\pm2$；当 $n_r=1$ 时，$l=0$，$m=0$. 考虑到 $m_s=\pm1/2$，能级 E_2 的简并度为 $2(5+1)=12$.

(2) 令

$$\hat{H}_0=-\frac{\hbar^2}{2\mu}\nabla^2+\frac{1}{2}\mu\omega^2r^2$$

$$\hat{H}'=-c\hat{\boldsymbol{L}}\cdot\hat{\boldsymbol{S}}=-\frac{c}{2}\left(\hat{J}^2-\hat{L}^2-\frac{3\hbar^2}{4}\right)$$

其中 $\hat{J}^2$ 是核子总角动量 $\hat{\boldsymbol{J}}=\hat{\boldsymbol{L}}+\hat{\boldsymbol{S}}$ 的平方算符. 由于 $\hat{L}_z,\hat{S}_z$ 同 $\hat{H}=\hat{H}_0+\hat{H}'$ 不对易，$\hat{L}_z,\hat{S}_z$ 不再是守恒量，作为 $\hat{H}_0$ 本征函数的 $\psi_{n_r lmm_s}$ 不是 $\hat{H}=\hat{H}_0+\hat{H}'$ 的本征函数. 由于 $\hat{L}^2,\hat{J}^2,\hat{J}_z$ 同 $\hat{H}=\hat{H}_0+\hat{H}'$ 对易，$\hat{H}$ 的本征函数与本征能量为

$$|\psi\rangle=|ljm_j\rangle,\ j=l\pm\frac{1}{2},\ m_j=j,j-1,\cdots,-(j-1),-j$$

$$\begin{aligned}E&=\langle ljm_j|(\hat{H}_0+\hat{H}')|ljm_j\rangle\\&=E_N-\frac{c}{2}\langle ljm_j|\left(\hat{J}^2-\hat{L}^2-\frac{3\hbar^2}{4}\right)|ljm_j\rangle\\&=E_N-\frac{c\hbar^2}{2}\left[j(j+1)-l(l+1)-\frac{3}{4}\right]\equiv E_{Nlj}\end{aligned}$$

对 $N=2$，$l=2,j=2\pm\dfrac{1}{2}=\dfrac{5}{2},\dfrac{3}{2}$；$l=0,j=\dfrac{1}{2}$. 在 $\hat{H}'=-c\hat{L}\cdot\hat{S}$ 的作用下，能级 $E_2=\dfrac{7}{2}\hbar\omega$ 一分为三：

$$E_{2,2,5/2}=\frac{7}{2}\hbar\omega-\frac{c\hbar^2}{2}\left[\frac{5}{2}\left(\frac{5}{2}+1\right)-2(2+1)-\frac{3}{4}\right]=\frac{7}{2}\hbar\omega-c\hbar^2$$

$$E_{2,2,3/2}=\frac{7}{2}\hbar\omega-\frac{c\hbar^2}{2}\left[\frac{3}{2}\left(\frac{3}{2}+1\right)-2(2+1)-\frac{3}{4}\right]=\frac{7}{2}\hbar\omega+\frac{3c\hbar^2}{2}$$

$$E_{2,0,1/2}=\frac{7}{2}\hbar\omega-\frac{c\hbar^2}{2}\left[\frac{1}{2}\left(\frac{1}{2}+1\right)-\frac{3}{4}\right]=\frac{7}{2}\hbar\omega$$

能级 $E_{2,2,5/2}$，$E_{2,2,3/2}$ 与 $E_{2,0,1/2}$ 的简并度分别是 $2\times\frac{5}{2}+1=6$，$2\times\frac{3}{2}+1=4$ 与 $2\times\frac{1}{2}+1=2$.

6.56 质量为 m，能量 $E>0$，自旋向上(沿 z 轴方向)的电子沿 x 轴从 $-\infty$ 向右运动，在 $x=0$ 处被位势 $V(x,\sigma)$ 散射，$V(x,\sigma)=-A\delta(x)(\sigma_++\sigma_-)$，其中 σ_+ 与 σ_- 为电子自旋的升降算符，$A>0$. 求散射后电子具有自旋向下(沿 z 轴反方向)的反射份额.

解

$$V(x,\sigma_x)=-A\delta(x)(\sigma_++\sigma_-)=-2A\delta(x)\sigma_x$$
$$=\begin{cases}-2A\delta(x), & s_x=\hbar/2\quad(\sigma_x=1)\\ 2A\delta(x), & s_x=-\hbar/2\quad(\sigma_x=-1)\end{cases}$$
$$\hat{H}=-\frac{\hbar^2}{2\mu}\frac{\mathrm{d}^2}{\mathrm{d}x^2}+V(x,\sigma_x)$$

$\hat{S}_x$ 同 $\hat{H}$ 对易，是守恒量. 如果入射粒子处于 $\hat{S}_x$ 的本征值为 $s_x=\hbar/2$ 的本征态 $|+\rangle$ 上，或 $s_x=-\hbar/2$ 的本征态 $|-\rangle$ 上，则在散射过程中自旋状态不变，并且 $s_x=\hbar/2$ 的粒子按势 $V(x,\sigma_x=1)=-2A\delta(x)$ 散射，$s_x=-\hbar/2$ 的粒子按势 $V(x,\sigma_x=-1)=2A\delta(x)$ 散射. 现在入射粒子处于 $\hat{S}_z$ 的本征值为 $s_z=\hbar/2$ 的本征态 $|1/2\rangle=\frac{1}{\sqrt{2}}|+\rangle+\frac{1}{\sqrt{2}}|-\rangle$ 上，即同时处于 $s_x=\hbar/2$ 与 $s_x=-\hbar/2$ 的本征态 $|+\rangle$ 与 $|-\rangle$ 上，并且处于这两个态的概率相等，各为 1/2. 如果入射粒子只处于 $|+\rangle$ 态上，波函数为

$$\psi_1(x,s_z)=|+\rangle\mathrm{e}^{\mathrm{i}kx}+B_+|+\rangle\mathrm{e}^{-\mathrm{i}kx},\quad x<0$$
$$\psi_2(x,s_z)=C_+|+\rangle\mathrm{e}^{\mathrm{i}kx},\qquad x>0$$

反射率 $R_+=|B_+|^2$. 如果入射粒子只处于 $|-\rangle$ 态上，波函数为

$$\psi_1(x,s_z)=|-\rangle\mathrm{e}^{\mathrm{i}kx}+B_-|-\rangle\mathrm{e}^{-\mathrm{i}kx},\quad x<0$$
$$\psi_1(x,s_z)=C_-|-\rangle\mathrm{e}^{\mathrm{i}kx},\qquad x<0$$

反射率 $R_- = |B_-|^2$. 现在入射粒子处于 $|1/2\rangle = \frac{1}{\sqrt{2}}|+\rangle + \frac{1}{\sqrt{2}}|-\rangle$ 态上, 波函数为

$$\psi_1(x,s_z) = \left(\frac{1}{\sqrt{2}}|+\rangle + \frac{1}{\sqrt{2}}|-\rangle\right)\mathrm{e}^{\mathrm{i}kx} + \left(\frac{B_+}{\sqrt{2}}|+\rangle + \frac{B_-}{\sqrt{2}}|-\rangle\right)\mathrm{e}^{-\mathrm{i}kx}, \quad x<0$$

$$\psi_2(x,s_z) = \left(\frac{C_+}{\sqrt{2}}|+\rangle + \frac{C_-}{\sqrt{2}}|-\rangle\right)\mathrm{e}^{\mathrm{i}kx}, \quad x>0$$

由入射波

$$\psi_i = \left(\frac{1}{\sqrt{2}}|+\rangle + \frac{1}{\sqrt{2}}|-\rangle\right)\mathrm{e}^{\mathrm{i}kx}$$

算出入射概率流密度

$$j_i = -\frac{\mathrm{i}\hbar}{2\mu}\left(\psi_i^+\frac{\partial}{\partial x}\psi_i - \psi_i\frac{\partial}{\partial x}\psi_i^+\right) = \frac{\hbar k}{\mu}$$

由 $|+\rangle$ 与 $|-\rangle$ 态反射波波函数 $\psi_{r+} = \frac{B_+}{\sqrt{2}}\mathrm{e}^{-\mathrm{i}kx}$ 与 $\psi_{r-} = \frac{B_-}{\sqrt{2}}\mathrm{e}^{-\mathrm{i}kx}$ 算出反射概率流密度

$$j_{r+} = -\frac{|B_+|^2\hbar k}{2\mu}, \quad j_{r-} = -\frac{|B_-|^2\hbar k}{2\mu}$$

$|+\rangle$ 与 $|-\rangle$ 态粒子的反射率分别为

$$R_+ = \left|\frac{j_{r+}}{j_i}\right| = \frac{1}{2}|B_+|^2, \quad R_- = \left|\frac{j_{r-}}{j_i}\right| = \frac{1}{2}|B_-|^2$$

由 $V_\pm = \mp 2A\delta(x)$ 算出(见 1.36 题)

$$B_+ = \frac{-\mathrm{i}2\mu A/\hbar^2 k}{1+(\mathrm{i}2\mu A/\hbar^2 k)}, \quad B_- = \frac{\mathrm{i}2\mu A/\hbar^2 k}{1-(\mathrm{i}2\mu A/\hbar^2 k)}$$

$$|B_+|^2 = |B_-|^2 = \frac{(2\mu A/\hbar^2 k)^2}{1+(2\mu A/\hbar^2 k)^2}$$

可见 $s_x = \hbar/2$ 与 $s_x = -\hbar/2$ 的粒子反射率相同:

$$R_\pm = \frac{1}{2}|B_\pm|^2 = \frac{1}{2}\cdot\frac{(2\mu A/\hbar^2 k)^2}{1+(2\mu A/\hbar^2 k)^2} = \frac{2(\mu A/\hbar^2 k)^2}{1+(2\mu A/\hbar^2 k)^2}$$

而 $s_x = \hbar/2$ 与 $s_x = -\hbar/2$ 的粒子处于 $s_z = -\hbar/2$ 态的概率均为 $1/2$. 因此入射粒子自旋反向的份额为

$$R = \frac{2(\mu A/\hbar^2 k)^2}{1+(2\mu A/\hbar^2 k)^2}$$

第七章　全同粒子体系

学 习 要 点

1. 全同性原理：全同粒子体系的态对交换其中任一对粒子保持不变.

2. 由 N 个全同粒子组成的体系波函数记为 $\psi(q_1,q_2,\cdots,q_N)$，其中 $q_i \equiv (\boldsymbol{r}_i,\ s_{iz})$ 表示第 i 个粒子的全部坐标. 引入交换算符 $\hat{P}_{ij}$，它对 ψ 的作用是

$$\hat{P}_{ij}\psi(q_1,\cdots,q_i,\cdots,q_j,\cdots,q_N)=\psi(q_1,\cdots,q_j,\cdots,q_i,\cdots,q_N) \tag{7-1}$$

根据全同性原理, 全同粒子体系波函数 ψ 应该是交换算符 $\hat{P}_{ij}$ 的本征函数, 本征值 $\lambda=\pm1$. 实验表明, 对于自旋 $s=0,1,2,\cdots$ 的全同粒子(玻色子)体系，$\lambda=1$;对于自旋 $s=1/2,3/2,\cdots$ 的全同粒子(费米子)体系，$\lambda=-1$.

3. 由薛定谔方程决定的全同粒子体系波函数 ψ 不一定满足全同性原理. 如果不满足, 则一定要使之满足:对玻色子体系, 波函数 ψ 必须使之成为交换对称的 $(\lambda=1)$;对费米子体系, 波函数 ψ 必须使之成为交换反对称的 $(\lambda=-1)$.

4. 在同一势场中运动的全同粒子体系的态可以用单粒子态 $\varphi_i(i=1,2,\cdots)$ 上的粒子占有数 n_i 表示，n_i 是 φ_i 态粒子占有数算符 $\hat{N}_i=a_i^+a_i$ 的本征值:

$$\hat{N}|n_i\rangle=n_i|n_i\rangle \tag{7-2}$$

$|n_i\rangle$ 是 $\hat{N}$ 的本征态, 表示在 φ_i 态上有 n_i 个粒子. a_i^+ 与 a_i 分别是 φ_i 态粒子产生算符与湮没算符. $|n_1n_2n_3\cdots\rangle\equiv|n_1\rangle|n_2\rangle|n_3\rangle\cdots$ 表示在 $\varphi_1,\varphi_2,\varphi_3,\cdots$ 态上分别有 $n_1,n_2,n_3,\cdots$ 个粒子的态.

5. 对玻色子体系，a_i 与 a_j^+ $(i,j=1,2,\cdots)$ 满足对易关系

$$[a_i,a_j^+]=\delta_{ij},\ [a_i,a_j]=[a_i^+,a_j^+]=0 \tag{7-3}$$

$$i,j=1,2,\cdots$$

由上述对易关系可以证明 $\hat{N}_i=a_i^+a_i$ 的本征值 $n_i=0,1,2,\cdots$.

$$a_i|n_i\rangle=\sqrt{n_i}|n_i-1\rangle \tag{7-4}$$

$$a_i^+|n_i\rangle=\sqrt{n_i+1}|n_i+1\rangle \tag{7-5}$$

$$a_i\left|n_1n_2\cdots n_i\cdots\right\rangle=\sqrt{n_i}\left|n_1n_2\cdots n_i-1\cdots\right\rangle \tag{7-6}$$

$$a_i^+\left|n_1n_2\cdots n_i\cdots\right\rangle=\sqrt{n_i+1}\left|n_1n_2\cdots n_i+1\cdots\right\rangle \tag{7-7}$$

6. 对费米子体系，a_i 与 a_j^+ $(i,j=1,2,\cdots)$ 满足反对易关系

$$\left\{a_i,a_j^+\right\}\equiv a_ia_j^++a_j^+a_i=\delta_{ij},\ \left\{a_i,a_j\right\}=\left\{a_i^+,a_j^+\right\}=0 \tag{7-8}$$

$$i,j=1,2,\cdots$$

由上述反对易关系可以证明 $\hat{N}_i=a_i^+a_i$ 的本征值 $n_i=0,1$.

$$a_i\left|n_i\right\rangle=\sqrt{n_i}\left|n_i-1\right\rangle \tag{7-9}$$

$$a_i^+\left|n_i\right\rangle=\sqrt{1-n_i}\left|n_i+1\right\rangle \tag{7-10}$$

$$a_i\left|n_1n_2\cdots n_i\cdots\right\rangle=(-1)^m\sqrt{n_i}\left|n_1n_2\cdots n_i-1\cdots\right\rangle \tag{7-11}$$

$$a_i^+\left|n_1n_2\cdots n_i\cdots\right\rangle=(-1)^m\sqrt{1-n_i}\left|n_1n_2\cdots n_i+1\cdots\right\rangle \tag{7-12}$$

$$m=\sum_{\alpha=1}^{i-1}n_\alpha$$

习题与解答

7.1　一体系由三个全同玻色子组成，不考虑粒子间的相互作用. 已知可能的单粒子态为 φ_1 与 φ_2，相应的能量为 ε_1 与 ε_2，写出体系所有可能态的波函数和能量.

解　为了简单，令 $\varphi_i(\alpha)\equiv\varphi_i(q_\alpha)(i=1,2,\alpha=1,2,3)$，

$$\psi_1=\varphi_1(1)\varphi_1(2)\varphi_1(3),\ E_1=3\varepsilon_1$$

$$\psi_2=\varphi_2(1)\varphi_2(2)\varphi_2(3),\ E_2=3\varepsilon_2$$

$$\psi_3=\frac{1}{\sqrt{3}}\left[\varphi_1(1)\varphi_1(2)\varphi_2(3)+\varphi_1(3)\varphi_1(2)\varphi_2(1)+\varphi_1(1)\varphi_1(3)\varphi_2(2)\right]$$

$$E_3=2\varepsilon_1+\varepsilon_2$$

$$\psi_4=\frac{1}{\sqrt{3}}\left[\varphi_1(1)\varphi_2(2)\varphi_2(3)+\varphi_1(2)\varphi_2(1)\varphi_2(3)+\varphi_1(3)\varphi_2(2)\varphi_2(1)\right]$$

$$E_4=\varepsilon_1+2\varepsilon_2$$

7.2　两个自旋 $s=1/2$ 的全同粒子在同一谐振子势场中运动，

$V(r)=\frac{1}{2}\mu\omega^2r^2$，不考虑两粒子之间的相互作用，求一粒子处于单粒子基态，另一粒子处于在 z 方向运动的单粒子第一激发态的体系波函数和能量，并求体系总角动量量子数 (j,m_j) 的可能值.

解　单粒子态波函数与能量为

$$\psi_{n_1n_2n_3}(\boldsymbol{r})=\psi_{n_1}(x)\psi_{n_2}(y)\psi_{n_3}(z),\ E_{n_1n_2n_3}=\left(n_1+n_2+n_3+\frac{3}{2}\right)\hbar\omega$$

$$n_1,n_2,n_3=0,1,2,\cdots$$

其中 ψ_n 为一维谐振子定态波函数. 体系波函数为

$$\frac{1}{\sqrt{2}}\left[\psi_{000}(\boldsymbol{r}_1)\psi_{001}(\boldsymbol{r}_2)+\psi_{000}(\boldsymbol{r}_2)\psi_{001}(\boldsymbol{r}_1)\right]|00\rangle$$

$$\frac{1}{\sqrt{2}}\left[\psi_{000}(\boldsymbol{r}_1)\psi_{001}(\boldsymbol{r}_2)-\psi_{000}(\boldsymbol{r}_2)\psi_{001}(\boldsymbol{r}_1)\right]\begin{cases}|11\rangle\\|10\rangle\\|1-1\rangle\end{cases}$$

$$|11\rangle=\alpha(1)\alpha(2),\ |10\rangle=\frac{1}{\sqrt{2}}\left[\alpha(1)\beta(2)+\alpha(2)\beta(1)\right]$$

$$|1-1\rangle=\beta(1)\beta(2),\ |00\rangle=\frac{1}{\sqrt{2}}\left[\alpha(1)\beta(2)-\alpha(2)\beta(1)\right]$$

上述 4 个波函数对应的能量均为 $4\hbar\omega$.

单粒子态 $\psi_{000}(\boldsymbol{r})$ 与 $\psi_{001}(\boldsymbol{r})$ 可以表示为

$$\psi_{000}(\boldsymbol{r})=\frac{\alpha}{\sqrt{\pi}}\sqrt{\frac{\alpha}{\sqrt{\pi}}}\mathrm{e}^{-\alpha^2r^2/2}=2\alpha\sqrt{\frac{\alpha}{\sqrt{\pi}}}\mathrm{e}^{-\alpha^2r^2/2}Y_{00}(\theta,\varphi)$$

$$\psi_{100}(\boldsymbol{r})=\frac{\alpha^2}{\sqrt{\pi}}\sqrt{\frac{2\alpha}{\sqrt{\pi}}}z\mathrm{e}^{-\alpha^2r^2/2}=2\alpha^2\sqrt{\frac{\alpha}{3\sqrt{\pi}}}r\mathrm{e}^{-\alpha^2r^2/2}Y_{10}(\theta,\varphi)$$

可见，体系的空间波函数 $\frac{1}{\sqrt{2}}\left[\psi_{000}(\boldsymbol{r}_1)\psi_{001}(\boldsymbol{r}_2)\pm\psi_{000}(\boldsymbol{r}_2)\psi_{001}(\boldsymbol{r}_1)\right]$ 描述总轨道角动量 $\hat{L}^2,\hat{L}_z$ 的量子数 $l=1,m=0$ 的态. 体系自旋波函数 $|00\rangle,|10\rangle,|1\pm1\rangle$ 描述总自旋 $\hat{S}^2,\hat{S}_z$ 的量子数 $s=0,1,m_s=0,\pm1$ 的态. 体系总角动量 $\hat{\boldsymbol{J}}=\hat{\boldsymbol{L}}+\hat{\boldsymbol{S}}$ ，$\hat{J}_z=\hat{L}_z+\hat{S}_z$. $\hat{J}^2,\hat{J}_z$ 的量子数

$$j=l+s,l+s-1,\cdots,|l-s|=2,1,0.\quad (l=1,s=0,1)$$

$$m_j = m + m_s = 0, \pm 1. \quad (m = 0, m_s = 0, \pm 1)$$

因此, 体系总角动量量子数的可能值是 $j = 0,1,2, m_j = 0, \pm 1$.

7.3 (1) 在一维无限深方势阱 $V(x) = \begin{cases} 0, & 0 < x < a \\ \infty, & x < 0, x > a \end{cases}$ 中有两个自旋 $s = 0$ 的全同粒子, 粒子之间不存在相互作用, 写出体系最低两个能级, 指出简并度, 并给出相应的波函数; (2) 同(1), 粒子具有自旋 $s = 1/2$; (3) 同(2), 但粒子之间存在同自旋有关的相互作用力势 $V = A\hat{\boldsymbol{S}}_1 \cdot \hat{\boldsymbol{S}}_2 (A > 0)$.

解 单粒子态能量与波函数为

$$E_n = \frac{n^2\pi^2\hbar^2}{2\mu a^2}, \ \psi_n(x) = \begin{cases} \sqrt{\frac{2}{a}} \sin\frac{n\pi x}{a}, & 0 < x < a \\ 0, & x < 0, x > a \end{cases}, \ n = 1, 2, \cdots$$

(1) $E_{\text{I}} = 2E_1 = \dfrac{\pi^2\hbar^2}{\mu a^2}$, 非简并, $\psi_{\text{I}} = \psi_1(x_1)\psi_1(x_2)$

$$E_{\text{II}} = E_1 + E_2 = \frac{5\pi^2\hbar^2}{2\mu a^2}, \text{非简并}, \ \psi_{\text{II}} = \frac{1}{\sqrt{2}}[\psi_1(x_1)\psi_2(x_2) + \psi_1(x_2)\psi_2(x_1)]$$

(2) $E_{\text{I}} = 2E_1 = \dfrac{\pi^2\hbar^2}{\mu a^2}$, 非简并, $\psi_{\text{I}} = \psi_1(x_1)\psi_1(x_2)|00\rangle$

$$E_{\text{II}} = E_1 + E_2 = \frac{5\pi^2\hbar^2}{2\mu a^2}, \text{四度简并}.$$

$$\psi_{\text{II}} = \frac{1}{\sqrt{2}}[\psi_1(x_1)\psi_2(x_2) + \psi_1(x_2)\psi_2(x_1)]|00\rangle$$

$$\psi'_{\text{II}} = \frac{1}{\sqrt{2}}[\psi_1(x_1)\psi_2(x_2) - \psi_1(x_2)\psi_2(x_1)]\begin{cases} |11\rangle \\ |10\rangle \\ |1-1\rangle \end{cases}$$

(3) $V = A\hat{\boldsymbol{S}}_1 \cdot \hat{\boldsymbol{S}}_2 = \dfrac{A}{2}\left(\hat{S}^2 - \dfrac{3}{2}\hbar^2\right)$

$$E_{\text{I}} = 2E_1 - \frac{3}{4}A\hbar^2 = \frac{\pi^2\hbar^2}{\mu a^2} - \frac{3}{4}A\hbar^2, \text{非简并}, \ \psi_{\text{I}} = \psi_1(x_1)\psi_1(x_2)|00\rangle$$

$$E_{\text{II}} = E_1 + E_2 - \frac{3}{4}A\hbar^2 = \frac{5\pi^2\hbar^2}{2\mu a^2} - \frac{3}{4}A\hbar^2, \text{非简并}$$

$$\psi_{\text{II}} = \frac{1}{\sqrt{2}}[\psi_1(x_1)\psi_2(x_2) + \psi_1(x_2)\psi_2(x_1)]|00\rangle$$

在以上波函数中

$$|11\rangle=\alpha(1)\alpha(2),\ |10\rangle=\frac{1}{\sqrt{2}}\left[\alpha(1)\beta(2)+\alpha(2)\beta(1)\right]$$

$$|1-1\rangle=\beta(1)\beta(2),\ |00\rangle=\frac{1}{\sqrt{2}}\left[\alpha(1)\beta(2)-\alpha(2)\beta(1)\right]$$

7.4　设绝对零度时, 在三维各向同性谐振子势 $V(r)=\frac{1}{2}\mu\omega^2r^2$ 中有 20 个自旋 $s=1/2$ 质量为 μ 的全同粒子组成的体系. 忽略粒子之间的相互作用. 已知这 20 个粒子的平均能量为 3eV . (1)如果同样的温度下该势场中有 12 个这样的粒子组成的体系, 其平均能量是什么?(2)如果同样的温度下该势场中有 17 个自旋 $s=0$ 质量仍为 μ 的全同粒子组成的体系, 其平均能量是什么?

解　(1) 单粒子态波函数与能量为

$$\psi_{n_1n_2n_3}(x,y,z,s_z)=\psi_{n_1}(x)\psi_{n_2}(y)\psi_{n_3}(z)\chi_{m_s}(s_z)$$

$$E_{n_1n_2n_3}=\left(n_1+n_2+n_3+\frac{3}{2}\right)\hbar\omega$$

ψ_n 是一维谐振子定态波函数, $\chi_{m_s}(s_z)$ 是 $\hat{S}_z$ 的本征函数, $n_1,n_2,n_3=0,1,2,\cdots$, $m_s=\pm1/2$. 单粒子基态能量 $E_1=3\hbar\omega/2$, 二度简并, 相应 $(n_1n_2n_3)=(000)$, $m_s=\pm1/2$ 的态. 单粒子第一激发态能量 $E_2=5\hbar\omega/2$, 六度简并, 相应 $(n_1n_2n_3)=(100)$, (010), (001), $m_s=\pm1/2$ 的态. 单粒子第二激发态能量 $E_3=7\hbar\omega/2$, 十二度简并, 相应 $(n_1n_2n_3)=(200), (020), (002), (110), (101)$, (011), $m_s=\pm1/2$ 的态. 绝对零度时体系处于最低能态. 这时能级 E_1,E_2 与 E_3 上分别有 2, 6 与 12 个粒子. 体系的平均能量

$$\langle E\rangle=\frac{2E_1+6E_2+12E_3}{20}=3\hbar\omega=3\text{eV}$$

由此得 $\hbar\omega=1\text{eV}$. 现在绝对零度时, 只有 12 个粒子, 能级 E_1,E_2 与 E_3 上分别有 2, 6 与 4 个粒子. 体系的平均能量

$$\langle E\rangle=\frac{2E_1+6E_2+4E_3}{12}=\frac{8}{3}\hbar\omega=\frac{8}{3}\text{eV}$$

(2) 绝对零度时, 17 个玻色子都处于能级 E_1, 平均能量为 $E_1=3\hbar\omega/2=1.5\text{eV}$.

7.5　设有两个质量为 μ 自旋 $s=1/2$ 的全同粒子, 在同一势场 $V=\frac{1}{2}kx^2$ 中作一维谐振子运动, 即 $V_i=\frac{1}{2}kx_i^2(i=1,2)$. 两个粒子之间的相互作用力势为 $\frac{1}{2}\alpha k(x_1-x_2)^2, \alpha>-1/2$. 试求体系的能级, 并指出哪些能级属于自旋单态?哪些能

级属于自旋三重态?

解 体系的哈密顿量为

$$\hat{H}=-\frac{\hbar^2}{2\mu}\left(\frac{\partial^2}{\partial x_1^2}+\frac{\partial^2}{\partial x_2^2}\right)+\frac{1}{2}k\left(x_1^2+x_2^2\right)+\frac{1}{2}k\alpha\left(x_1-x_2\right)^2$$

令

$$y_1=\frac{1}{\sqrt{2}}(x_1+x_2),\ y_2=\frac{1}{\sqrt{2}}(x_1-x_2)$$

作变换 $x_1,x_2\to y_1,y_2$. 在此变换下,

$$\frac{\partial^2}{\partial x_1^2}+\frac{\partial^2}{\partial x_2^2}=\frac{\partial^2}{\partial y_1^2}+\frac{\partial^2}{\partial y_2^2},\ x_1^2+x_2^2=y_1^2+y_2^2,\ x_1-x_2=\sqrt{2}y_2$$

$$\hat{H}=-\frac{\hbar^2}{2\mu}\left(\frac{\partial^2}{\partial y_1^2}+\frac{\partial^2}{\partial y_2^2}\right)+\frac{1}{2}ky_1^2+\frac{1}{2}k\left(1+2\alpha\right)y_2^2$$

$$=-\frac{\hbar^2}{2\mu}\frac{\partial^2}{\partial y_1^2}+\frac{1}{2}\mu\omega_1^2y_1^2-\frac{\hbar^2}{2\mu}\frac{\partial^2}{\partial y_2^2}+\frac{1}{2}\mu\omega_2^2y_2^2$$

$$\omega_1=\sqrt{\frac{k}{\mu}},\ \omega_2=\sqrt{\frac{k(1+2\alpha)}{\mu}}$$

显然, $\hat{H}$ 的本征能量与本征函数为

$$E_{n_1n_2}=\left(n_1+\frac{1}{2}\right)\hbar\omega_1+\left(n_2+\frac{1}{2}\right)\hbar\omega_2$$

$$\psi_{n_1n_2}(y_1,y_2)=N_1\mathrm{e}^{-\alpha_1^2y_1^2/2}H_{n_1}(\alpha_1y_1)N_2\mathrm{e}^{-\alpha_2^2y_2^2/2}H_{n_2}(\alpha_2y_2)$$

$$\alpha_1=\sqrt{\frac{\mu\omega_1}{\hbar}},\ \alpha_2=\sqrt{\frac{\mu\omega_2}{\hbar}},\ n_1,n_2=0,1,2,\cdots$$

回到原来的变量,

$$\psi_{n_1n_2}(x_1,x_2)=\varphi_{n_1}(x_1,x_2)\varphi_{n_2}(x_1,x_2)$$

$$\varphi_{n_1}\left(x_1,x_2\right)=N_{n_1}\mathrm{e}^{-\alpha_1^2(x_1+x_2)^2/4}H_{n_1}\left(\frac{\alpha_1}{\sqrt{2}}(x_1+x_2)\right)$$

$$\varphi_{n_2}\left(x_1,x_2\right)=N_{n_2}\mathrm{e}^{-\alpha_2^2(x_1-x_2)^2/4}H_{n_2}\left(\frac{\alpha_2}{\sqrt{2}}(x_1-x_2)\right)$$

$\psi_{n_1}(x_1,x_2)$ 对交换 x_1 与 x_2 是对称的; $\psi_{n_2}(x_1,x_2)$ 对交换 x_1 与 x_2 的对称性质取决于 n_2, $n_2=0,2,4,\cdots$ 是对称的, $n_2=1,3,5,\cdots$ 是反对称的. 体系由自旋 $s=1/2$ 的全同

粒子组成，包含自旋变量在内的体系波函数对于交换任一对粒子的全部坐标必须是反对称的. 因此，对称的空间波函数要同反对称的自旋单态波函数相配;反对称的空间波函数要同对称的自旋三重态波函数相配. 由上述空间波函数$\psi_{n_1}(x_1,x_2)$与$\psi_{n_2}(x_1,x_2)$的性质知，$n_2=0,2,4,\cdots$的态$\psi_{n_1n_2}$是自旋单态；$n_2=1,3,5,\cdots$的态$\psi_{n_1n_2}$是自旋三重态.

7.6　假设氦原子中两个电子被没有自旋的玻色子取代(质量和电荷不变)，试讨论能级的变化.

解　电子被没有自旋的玻色子取代后，氦原子基态波函数与能量的变化为

$$\psi_{100}(\boldsymbol{r}_1)\psi_{100}(\boldsymbol{r}_2)\left|00\right\rangle \to \psi_{100}(\boldsymbol{r}_1)\psi_{100}(\boldsymbol{r}_2)$$

$$E=-\frac{4e^2}{a}+\int\psi_{100}^*(\boldsymbol{r}_1)\psi_{100}^*(\boldsymbol{r}_2)\frac{e^2}{r_{12}}\psi_{100}(\boldsymbol{r}_1)\psi_{100}(\boldsymbol{r}_2)\,\mathrm{d}\tau_1\mathrm{d}\tau_2 \text{ 不变}$$

令
$$\psi_\pm=\frac{1}{\sqrt{2}}\left[\psi_{nlm}(\boldsymbol{r}_1)\psi_{n'l'm'}(\boldsymbol{r}_2)\pm\psi_{nlm}(\boldsymbol{r}_2)\psi_{n'l'm'}(\boldsymbol{r}_1)\right]$$

激发态波函数与能量的变化为

$$\psi_+\left|00\right\rangle\to\psi_+$$

$$E_+=-\frac{2e^2}{a}\left(\frac{1}{n^2}+\frac{1}{n'^2}\right)+\int\psi_+^*\frac{e^2}{r_{12}}\psi_+\mathrm{d}\tau_1\mathrm{d}\tau_2\quad\text{不变}$$

$$\psi_-\left|11\right\rangle,\ \psi_-\left|10\right\rangle,\ \psi_-\left|1-1\right\rangle\to\text{消失}$$

$$E_-=-\frac{2e^2}{a}\left(\frac{1}{n^2}+\frac{1}{n'^2}\right)+\int\psi_-^*\frac{e^2}{r_{12}}\psi_-\mathrm{d}\tau_1\mathrm{d}\tau_2\to\text{消失}$$

7.7　两个质量为μ的粒子处于边长为$a>b>c$的立方体盒中，粒子间相互作用势$V=A\delta(\boldsymbol{r}_1-\boldsymbol{r}_2)$可视为微扰. 在下列条件下，用一级微扰方法计算体系的最低能量：(1)粒子非全同;(2)零自旋的全同粒子;(3)自旋为 1/2 的全同粒子，并处于总自旋$s=1$的态上.

解　(1) 不考虑微扰时，单粒子态波函数与能量为

$$\psi_{n_1n_2n_3}(\boldsymbol{r})=\begin{cases}\sqrt{\dfrac{8}{abc}}\sin\dfrac{n_1\pi x}{a}\sin\dfrac{n_2\pi y}{b}\sin\dfrac{n_3\pi z}{c}, & \text{盒内}\\ 0, & \text{盒外}\end{cases}$$

$$E_{n_1n_2n_3}=\frac{\pi^2\hbar^2}{2\mu}\left(\frac{n_1^2}{a^2}+\frac{n_2^2}{b^2}+\frac{n_3^2}{c^2}\right),\ n_1,n_2,n_3=1,2,3,\cdots$$

两粒子都处于单粒子基态 ψ_{111} 时，体系能量最低. 此时体系的波函数与能量为

$$\psi^{(0)}=\psi_{111}(\boldsymbol{r}_1)\psi_{111}(\boldsymbol{r}_2)$$
$$=\begin{cases}\dfrac{8}{abc}\sin\dfrac{\pi x_1}{a}\sin\dfrac{\pi y_1}{b}\sin\dfrac{\pi z_1}{c}\sin\dfrac{\pi x_2}{a}\sin\dfrac{\pi y_2}{b}\sin\dfrac{\pi z_2}{c}, & \text{盒内}\\ 0, & \text{盒外}\end{cases}$$

$$E^{(0)}=\frac{\pi^2\hbar^2}{\mu}\left(\frac{1}{a^2}+\frac{1}{b^2}+\frac{1}{c^2}\right)$$

能量 $E^{(0)}$ 是非简并的，一级修正能量为

$$E^{(1)}=\iint\psi^{*(0)}A\delta(\boldsymbol{r}_1-\boldsymbol{r}_2)\psi^{(0)}\mathrm{d}\tau_1\mathrm{d}\tau_2$$
$$=A\left(\frac{8}{abc}\right)^2\int_0^a\sin^4\frac{\pi x_1}{a}\mathrm{d}x_1\int_0^b\sin^4\frac{\pi y_1}{b}\mathrm{d}y_1\int_0^c\sin^4\frac{\pi z_1}{c}\mathrm{d}z_1$$
$$=\frac{27A}{8abc}$$

一级近似能量为

$$E=\frac{\pi^2\hbar^2}{\mu}\left(\frac{1}{a^2}+\frac{1}{b^2}+\frac{1}{c^2}\right)+\frac{27A}{8abc}$$

(2) 波函数与能量同(1).

(3) 体系由两个自旋 $s=1/2$ 的费米子组成并处于总自旋 $s=1$ 的自旋三重态，自旋波函数是交换对称的，这就要求空间波函数是交换反对称的. 体系的最低能量态是一个粒子处于单粒子基态 ψ_{111}，另一个粒子处于单粒子激发态 ψ_{211} (因 $a>b>c$，故 $E_{211}<E_{121}<E_{112}$). 空间波函数为

$$\psi(\boldsymbol{r}_1,\boldsymbol{r}_2)=\frac{1}{\sqrt{2}}\left[\psi_{111}(\boldsymbol{r}_1)\psi_{211}(\boldsymbol{r}_2)-\psi_{111}(\boldsymbol{r}_2)\psi_{211}(\boldsymbol{r}_1)\right]$$

考虑自旋后，体系的波函数为

$$\boldsymbol{\Psi}^{(0)}(\boldsymbol{r}_1,\boldsymbol{r}_2,s_{1z},s_{2z})=\psi(\boldsymbol{r}_1,\boldsymbol{r}_2)\chi_{1m_s}(s_{1z},s_{2z}),\ m_s=0,\pm1$$

$$E^{(0)}=\frac{\pi^2\hbar^2}{2\mu}\left(\frac{1}{a^2}+\frac{1}{b^2}+\frac{1}{c^2}\right)+\frac{\pi^2\hbar^2}{2\mu}\left(\frac{4}{a^2}+\frac{1}{b^2}+\frac{1}{c^2}\right)$$
$$=\frac{\pi^2\hbar^2}{2\mu}\left(\frac{5}{a^2}+\frac{2}{b^2}+\frac{2}{c^2}\right)$$

虽然 $E^{(0)}$ 能级是三度简并的(对应 $m_s=0,\pm1$)，但因微扰矩阵的非对角元素均为零，故对角元素为一级修正能量

$$E^{(1)} = \iint \boldsymbol{\Psi}^{+(0)} A\delta(\boldsymbol{r}_1 - \boldsymbol{r}_2)\boldsymbol{\Psi}^{(0)} \mathrm{d}\tau_1 \mathrm{d}\tau_2$$
$$= \frac{A}{2}\iint \left[\psi_{111}^*(\boldsymbol{r}_1)\psi_{211}^*(\boldsymbol{r}_2) - \psi_{111}^*(\boldsymbol{r}_2)\psi_{211}^*(\boldsymbol{r}_1)\right]\delta(\boldsymbol{r}_1 - \boldsymbol{r}_2)$$
$$\times\left[\psi_{111}(r_1)\psi_{211}(r_2) - \psi_{111}(r_2)\psi_{211}(r_1)\right]\mathrm{d}\tau_1 \mathrm{d}\tau_2 = 0$$

一级近似能量

$$E = \frac{\pi^2\hbar^2}{2\mu}\left(\frac{5}{a^2} + \frac{2}{b^2} + \frac{2}{c^2}\right)$$

7.8　假设两个质量为 $m_{\mathrm{q}} = 70\ \mathrm{MeV}/c^2$ 的夸克可以通过相互作用位势 $V(r) = -a(\hat{\boldsymbol{\sigma}}_1 \cdot \hat{\boldsymbol{\sigma}}_2 - b)r^2$ 束缚在一起，其中 r 是两个夸克之间的距离，b 是一个待定的参数，$a = 68.99\mathrm{MeV/fm^2}$. (1) b 取什么值才能使两个夸克束缚在一起?(2)设两个夸克是不同类型的，并取 $b = 3/2$. 试求基态能量和简并度；(3)设两个夸克是同一类型的，并取 $b = 3/2$. 试求基态能量和简并度；(4)令 $b = 0$，求两个全同夸克在基态的方均根距离. 已知 $\hbar c = 197.3\ \mathrm{MeV \cdot fm}$.

解　(1) 在质心坐标系中，体系的哈密顿量为

$$\hat{H} = -\frac{\hbar^2}{2\mu}\nabla^2 - a(\hat{\boldsymbol{\sigma}}_1 \cdot \hat{\boldsymbol{\sigma}}_2 - b)r^2,\ \mu = \frac{m_{\mathrm{q}}}{2}$$

将

$$\hat{\boldsymbol{\sigma}}_1 \cdot \hat{\boldsymbol{\sigma}}_2 = \frac{4}{\hbar^2}\hat{\boldsymbol{S}}_1 \cdot \hat{\boldsymbol{S}}_2 = \frac{2}{\hbar^2}\left(\hat{S}^2 - \frac{3}{2}\hbar^2\right)$$

代入上式，

$$\hat{H} = -\frac{\hbar^2}{2\mu}\nabla^2 - a\left[\frac{2}{\hbar^2}\left(\hat{S}^2 - \frac{3}{2}\hbar^2\right) - b\right]r^2$$

显然，总自旋 $\hat{S}^2$ 与 $\hat{S}_z$ 是守恒量. 令 $\hat{S}^2$ 与 $\hat{S}_z$ 的共同本征态为 $|sm_s\rangle$，其中 $s = 1, m_s = 0, \pm 1$；$s = 0, m_s = 0$. $\hat{H}$ 的定态波函数为

$$\psi(\boldsymbol{r}, s_{1z}, s_{2z}) = \psi(\boldsymbol{r})|sm_s\rangle$$

将它代入定态方程

$$\left\{-\frac{\hbar^2}{2\mu}\nabla^2 - a\left[\frac{2}{\hbar^2}\left(\hat{S}^2 - \frac{3}{2}\hbar^2\right) - b\right]r^2\right\}\psi(\boldsymbol{r}, s_{1z}, s_{2z}) = E\psi(\boldsymbol{r}, s_{1z}, s_{2z})$$

得 $\psi(\boldsymbol{r})$ 的方程

$$\left\{-\frac{\hbar^2}{2\mu}\nabla^2 - a\left[2s(s+1) - 3 - b\right]r^2\right\}\psi(\boldsymbol{r}) = E\psi(\boldsymbol{r})$$

对 $s=0$, $\psi(\boldsymbol{r})$ 的方程为

$$\left[-\frac{\hbar^2}{2\mu}\nabla^2+a(b+3)r^2\right]\psi(\boldsymbol{r})=E\psi(\boldsymbol{r})$$

对 $s=1$, $\psi(\boldsymbol{r})$ 的方程为

$$\left[-\frac{\hbar^2}{2\mu}\nabla^2+a(b-1)r^2\right]\psi(\boldsymbol{r})=E\psi(\boldsymbol{r})$$

已知 $a>0$, 显然, $b>-3$ 可以形成 $s=0$ 的束缚态; $b>1$ 可以形成 $s=1$ 的束缚态. 因此形成束缚态的条件是 $b>-3$.

(2) $b=3/2$, 体系为两个 $s=1/2$ 的非全同粒子. 由于 $b>1$, 体系可以形成 $s=0$ 与 $s=1$ 的束缚态. 对于 $s=0$, 定态方程为

$$\left(-\frac{\hbar^2}{2\mu}\nabla^2+\frac{9}{2}ar^2\right)\psi(\boldsymbol{r})=E\psi(\boldsymbol{r})$$

或

$$\left(-\frac{\hbar^2}{2\mu}\nabla^2+\frac{1}{2}\mu\omega_0^2r^2\right)\psi(\boldsymbol{r})=E\psi(\boldsymbol{r}),\ \omega_0=3\sqrt{\frac{a}{\mu}}$$

对于 $s=1$, 定态方程为

$$\left(-\frac{\hbar^2}{2\mu}\nabla^2+\frac{1}{2}ar^2\right)\psi(\boldsymbol{r})=E\psi(\boldsymbol{r})$$

或

$$\left(-\frac{\hbar^2}{2\mu}\nabla^2+\frac{1}{2}\mu\omega_1^2r^2\right)\psi(\boldsymbol{r})=E\psi(\boldsymbol{r}),\ \omega_1=\sqrt{\frac{a}{\mu}}$$

因 $\omega_1<\omega_0$, 故体系的基态是角频率为 ω_1 的三维各向同性谐振子基态, 能量为

$$E_1=\frac{3}{2}\hbar\omega_1=\frac{3}{2}\hbar\sqrt{\frac{a}{\mu}}=\frac{3}{2}\hbar\sqrt{\frac{2a}{m_{\mathrm{q}}}}$$

能级的简并度为 3, 对应 $s=1$ 的 $m_s=0,\pm1$ 的 3 个态.

(3) $b=3/2$, 体系为两个自旋 $s=1/2$ 的全同粒子. 分别考虑 $s=0$ 与 $s=1$ 的最低能量态.

$s=0$ 的自旋波函数是交换反对称的, 相应的空间波函数 $\psi(\boldsymbol{r})=\psi(\boldsymbol{r}_1-\boldsymbol{r}_2)$ 对交换 $\boldsymbol{r}_1$ 与 $\boldsymbol{r}_2$ 必须是对称的. 交换 $\boldsymbol{r}_1$ 与 $\boldsymbol{r}_2$ 等效于空间反演: $\boldsymbol{r}\to-\boldsymbol{r}$. 这就要求空间波函数 $\psi(\boldsymbol{r})$ 是 $\boldsymbol{r}$ 的偶函数(具有偶宇称). 已知三维各向同性谐振子定态波函数为

$$\psi(\boldsymbol{r})=\psi_{n_1n_2n_3}(\boldsymbol{r})=N\mathrm{e}^{-\alpha^2r^2/2}H_{n_1}(\alpha x)H_{n_2}(\alpha y)H_{n_3}(\alpha z)$$

偶宇称的最低能量态是ψ_{000}，能量为

$$E=\frac{3}{2}\hbar\omega_0=\frac{9}{2}\hbar\sqrt{\frac{a}{\mu}}=\frac{9}{2}\hbar\sqrt{\frac{2a}{m_{\rm q}}}$$

$s=1$的自旋波函数是交换对称的，要求相应的空间波函数$\psi(\boldsymbol{r})$是$\boldsymbol{r}$的奇函数(具有奇宇称). 奇宇称的最低能量态是ψ_{100}，ψ_{010}与ψ_{001}，能量为

$$E'=\frac{5}{2}\hbar\omega_1=\frac{5}{2}\hbar\sqrt{\frac{a}{\mu}}=\frac{5}{2}\hbar\sqrt{\frac{2a}{m_{\rm q}}}$$

因$E'<E$，故体系的基态能量为$E'=\frac{5}{2}\hbar\sqrt{\frac{2a}{m_{\rm q}}}$，简并度为$3\times3=9$，其中一个3代表3个空间波函数，另一个3代表自旋三重态.

(4) $b=0$，体系为 2 个自旋$s=1/2$的全同粒子. $b=0$只能形成$s=0$的束缚态，定态方程为

$$\left(-\frac{\hbar^2}{2\mu}\nabla^2+3ar^2\right)\psi(\boldsymbol{r})=E\psi(\boldsymbol{r})$$

或
$$\left(-\frac{\hbar^2}{2\mu}\nabla^2+\frac{1}{2}\mu\omega_0^2r^2\right)\psi(\boldsymbol{r})=E\psi(\boldsymbol{r}),\ \omega_0=\sqrt{\frac{6a}{\mu}}$$

$s=0$的空间波函数$\psi(\boldsymbol{r})$应为$\boldsymbol{r}$的偶函数. 基态波函数为

$$\psi(\boldsymbol{r})=\frac{\alpha^{3/2}}{\pi^{3/4}}\mathrm{e}^{-\alpha^2r^2/2},\ \alpha=\sqrt{\frac{\mu\omega_0}{\hbar}}$$

在基态上r的平方平均值

$$\left\langle r^2\right\rangle=\int\left|\psi(\boldsymbol{r})\right|^2r^2\,\mathrm{d}\tau=\frac{4\pi\alpha^3}{\pi^{3/2}}\int_0^\infty\mathrm{e}^{-\alpha^2r^2}r^4\mathrm{d}r=\frac{3}{2\alpha^2}$$

对上式开方，得两个全同夸克在基态的方均根距离

$$\sqrt{\left\langle r^2\right\rangle}=\sqrt{\frac{3}{2\alpha^2}}=\sqrt{\frac{3\hbar}{2\mu\omega_0}}=\sqrt{\frac{3\hbar}{2\sqrt{6\mu a}}}$$

将a=68.99MeV/fm^2，$\mu=m_{\rm q}/2=35\mathrm{MeV}/c^2$代入上式，得

$$\sqrt{\left\langle r^2\right\rangle}=\sqrt{0.0125\hbar c(\mathrm{fm/MeV})}$$

再将$\hbar c=197.3\ \mathrm{MeV\cdot fm}$代入上式，得

$$\sqrt{\langle r^2 \rangle} = 1.57\text{fm}$$

7.9　一体系由两个质量为 m 的一维全同粒子组成，两粒子之间的相互作用为 $a(x_1 - x_2)^2/2$ $(a>0)$. (1)若粒子自旋为 0，写出它们的相对运动态的能量和波函数；(2)若粒子自旋 $s=1/2$，写出它们的相对运动基态及第一激发态的能量和波函数.

解　(1) 体系的哈密顿量为

$$\hat{H} = -\frac{\hbar^2}{2m}\frac{\partial^2}{\partial x_1^2} - \frac{\hbar^2}{2m}\frac{\partial^2}{\partial x_2^2} + \frac{1}{2}a(x_1 - x_2)^2$$

引入质心坐标 X 与相对坐标 x：

$$X = \frac{1}{2}(x_1 + x_2),\ x = x_1 - x_2$$

在坐标变换 $x_1, x_2 \to X$，x 下，哈密顿量变为

$$\hat{H} = -\frac{\hbar^2}{2M}\frac{\partial^2}{\partial X^2} - \frac{\hbar^2}{2\mu}\frac{\partial^2}{\partial x^2} + \frac{1}{2}ax^2,\ M = 2m, \mu = \frac{m}{2}$$

相对运动哈密顿量为

$$\hat{H} = -\frac{\hbar^2}{2\mu}\frac{\mathrm{d}^2}{\mathrm{d}x^2} + \frac{1}{2}ax^2 = -\frac{\hbar^2}{2\mu}\frac{\mathrm{d}^2}{\mathrm{d}x^2} + \frac{1}{2}\mu\omega^2 x^2,\quad \omega = \sqrt{\frac{a}{\mu}}$$

相对运动能量与波函数为

$$E = \left(n + \frac{1}{2}\right)\hbar\omega,\ \psi(x) = N_n \mathrm{e}^{-\alpha^2 x^2/2} H_n(\alpha x)$$

$$\alpha = \sqrt{\frac{\mu\omega}{\hbar}},\ n = 0, 2, 4, \cdots$$

为保证波函数 $\psi(x) = \psi(x_1 - x_2)$ 对交换 x_1 与 x_2 保持不变，n 只能取 0, 2, 4, ⋯.

(2) 体系为自旋 $s = 1/2$ 的全同粒子，相对运动能量与波函数为

$$E = \left(n + \frac{1}{2}\right)\hbar\omega,\ n = 0, 1, 2, \cdots$$

$$\psi(x, s_z) = N_n \mathrm{e}^{-\alpha^2 x^2/2} H_n(\alpha x)|00\rangle,\ n = 0, 2, 4, \cdots$$

$$\psi(x, s_z) = N_n \mathrm{e}^{-\alpha^2 x^2/2} H_n(\alpha x)\begin{cases} |11\rangle \\ |10\rangle \\ |1-1\rangle \end{cases},\ n = 1, 3, 5, \cdots$$

$$|11\rangle=\alpha(1)\alpha(2),\quad |10\rangle=\frac{1}{\sqrt{2}}\left[\alpha(1)\beta(2)+\alpha(2)\beta(1)\right]$$

$$|1-1\rangle=\beta(1)\beta(2),\ |00\rangle=\frac{1}{\sqrt{2}}\left[\alpha(1)\beta(2)-\alpha(2)\beta(1)\right]$$

体系基态能量与波函数为

$$E=\frac{1}{2}\hbar\omega,\ \psi(x,s_z)=N_0\mathrm{e}^{-\alpha^2x^2/2}|00\rangle$$

第一激发态能量与波函数为

$$E=\frac{3}{2}\hbar\omega,\ \psi(x,s_z)=N_1\mathrm{e}^{-\alpha^2x^2/2}H_1(\alpha x)\begin{cases}|11\rangle\\|10\rangle\\|1-1\rangle\end{cases}$$

7.10 氯化钠晶体中有些负离子空穴. 每个空穴束缚一个电子, 可以认为, 这些电子被束缚在一个尺度为晶格常数的三维无限深势阱中, 晶体处于室温. 试粗略估计被这些电子强烈吸收的电磁波的最长波长. 已知 $\hbar c=197\mathrm{MeV}\cdot\mathrm{fm}$, 晶格常数 $a=0.1\mathrm{nm}=10^5\mathrm{fm}$, 电子质量 $\mu c^2=0.511\mathrm{MeV}$.

解 由于每个电子都局限于自己的有限空间中运动, 故可以不考虑全同性原理. 在边长为 a 的立方体空间中电子的能量为

$$E=\frac{\pi^2\hbar^2}{2\mu a^2}\left(n_1^2+n_2^2+n_3^2\right),\ n_1,n_2,n_3=1,2,\cdots$$

基态能量 E_0 与第一激发态能量 E_1 分别为

$$E_0=\frac{\pi^2\hbar^2}{2\mu a^2}(1+1+1)=\frac{3\pi^2\hbar^2}{2\mu a^2}$$

$$E_1=\frac{\pi^2\hbar^2}{2\mu a^2}\left(2^2+1+1\right)=\frac{3\pi^2\hbar^2}{\mu a^2}$$

两个能量之差

$$\Delta E=E_1-E_0=\frac{3\pi^2\hbar^2}{2\mu a^2}=\frac{3\pi^2(\hbar c)^2}{2\mu c^2a^2}$$

将 $\mu c^2=0.511\mathrm{MeV}$, $\hbar c=197\mathrm{MeV}\cdot\mathrm{fm}$, $a=10^5\mathrm{fm}$ 代入上式得 $\Delta E=1.12\times10^{-4}\mathrm{MeV}=112\mathrm{eV}$. 室温下, 电子能得到的平均热激发能约为 $10^{-2}\mathrm{eV}$, 它不足以使电子由基态激发到第一激发态, 故室温下电子仍处于基态. 光照使电子由基态跃迁到第一激发态, 光的频率为

$$\nu = \frac{\Delta E}{h} = \frac{112 \times 1.6 \times 10^{-12}\,\text{erg}}{6.62 \times 10^{-27}\,\text{erg} \cdot \text{s}} = 2.7 \times 10^{16}\,/\text{s}$$

光的波长为

$$\lambda = \frac{c}{\nu} = \frac{3 \times 10^{10}\,\text{cm/s}}{2.7 \times 10^{16}\,/\text{s}} = 1.1 \times 10^{-6}\,\text{cm}$$

它就是被电子强烈吸收的电磁波的最长波长.

7.11 设 a^+ 与 a 是玻色子在某单粒子态上的产生算符与湮没算符, 满足对易关系 $[a, a^+] = 1$. $\hat{N} = a^+ a$ 是该单粒子态上的粒子占有数算符, $|n\rangle$ 是 $\hat{N}$ 的本征值为 n 的本征态. (1) 计算对易关系 $[a, \hat{N}], [a^+, \hat{N}]$; (2) 证明

$$a|n\rangle = \sqrt{n}|n-1\rangle \tag{1}$$

$$a^+|n\rangle = \sqrt{n+1}|n+1\rangle \tag{2}$$

(3) 求 $\hat{N}$ 的本征值 n.

解 (1)

$$[a, \hat{N}] = [a, a^+ a] = [a, a^+]a = a \tag{3}$$

$$[a^+, \hat{N}] = [a^+, a^+ a] = a^+[a^+, a] = -a^+ \tag{4}$$

(2) 利用式(3), 得

$$\hat{N}a = a\hat{N} - a = a(\hat{N} - 1) \tag{5}$$

$$\hat{N}a|n\rangle = a(\hat{N} - 1)|n\rangle = (n-1)a|n\rangle \tag{6}$$

可见 $a|n\rangle$ 是 $\hat{N}$ 的本征值为 $n-1$ 的本征态. 由于 $\hat{N}$ 的本征值是非简并的, 故有

$$a|n\rangle = \lambda|n-1\rangle \tag{7}$$

$$\langle n|a^+ = \lambda^*\langle n-1| \tag{8}$$

以上两式作内积, 得

$$|\lambda|^2 = \langle n|a^+ a|n\rangle = n \tag{9}$$

λ 取正值 $\sqrt{n}$, 代入式(7), 式(1)得证. 再利用式(4), 得

$$\hat{N}a^+ = a^+\hat{N} + a^+ = a^+(\hat{N} + 1) \tag{10}$$

$$\hat{N}a^+|n\rangle = a^+(\hat{N} + 1)|n\rangle = (n+1)a^+|n\rangle \tag{11}$$

可见 $a^+|n\rangle$ 是 $\hat{N}$ 的本征值为 $n+1$ 的本征态.

$$a^{+}|n\rangle=\lambda|n+1\rangle \tag{12}$$

$$\langle n|a=\lambda^{*}\langle n+1| \tag{13}$$

以上两式作内积，得

$$|\lambda|^{2}=\langle n|aa^{+}|n\rangle=\langle n|a^{+}a+1|n\rangle=n+1 \tag{14}$$

λ 取正值 $\sqrt{n+1}$，代入式(13)，式(2)得证.

(3) $\hat{N}$ 的本征值 n 可表示为

$$n=\langle n|a^{+}a|n\rangle=\langle\varphi|\varphi\rangle\geqslant 0 \tag{15}$$

假定 n 不是正整数，如 $n=2.4$，则 $|2.4\rangle$ 经过 a 的 3 次作用就变成本征值为负的态 $|-0.6\rangle$. 这同式(15)矛盾. 假定 n 是正整数或 0，如 $n=3$，则 $|3\rangle$ 经过 a 的 3 次作用就变成本征值为 0 的态 $|0\rangle$. $|0\rangle$ 再经过 a 的无论多少次作用，都变成零态，不会变成本征值为负的态. 因此 $n=0,1,2,\cdots$.

7.12　算符 a_i 与 a_j^{+} $(i,j=1,2)$ 满足对易关系 $[a_i,a_j^{+}]=\delta_{ij}$，$[a_i,a_j]=0$，$[a_i^{+},a_j^{+}]=0$. 体系的哈密顿量为 $\hat{H}=\hbar\omega_0(a_1^{+}a_1+a_2^{+}a_2)+\mathrm{i}\hbar\omega_1(a_1^{+}a_2-a_2^{+}a_1)$，其中 ω_0 与 ω_1 均为正实数，且 $\omega_1\ll\omega_0$. 试用微扰方法计算体系的第一激发态的一级近似能量，并同精确能量比较.

解　$\hat{H}_0=\hbar\omega_0(a_1^{+}a_1+a_2^{+}a_2),\ \hat{H}'=\mathrm{i}\hbar\omega_1(a_1^{+}a_2-a_2^{+}a_1)$

$\hat{H}_0$ 的本征值与本征态矢为

$$E^{(0)}=\hbar\omega_0(n_1+n_2),\ |n_1n_2\rangle=|n_1\rangle_1|n_2\rangle_2,\ n_1,n_2=0,1,2,\cdots$$

第一激发态能量 $E^{(0)}=\hbar\omega_0$ 是二度简并的，相应的本征态矢为

$$|1\rangle=|01\rangle=|0\rangle_1|1\rangle_2,\ |2\rangle=|10\rangle=|1\rangle_1|0\rangle_2$$

令零级近似态矢为 $|\psi\rangle=c_1|1\rangle+c_2|2\rangle$，$c_1$ 与 c_2 满足方程

$$\begin{pmatrix}H'_{11}-E^{(1)} & H'_{12}\\ H'_{21} & H'_{22}-E^{(1)}\end{pmatrix}\begin{pmatrix}c_1\\ c_2\end{pmatrix}=0$$

利用公式

$$a_i^{+}|n_1n_2\cdots n_i\cdots\rangle=\sqrt{n_i+1}|n_1n_2\cdots n_i+1\cdots\rangle$$

$$a_i|n_1n_2\cdots n_i\cdots\rangle=\sqrt{n_i}|n_1n_2\cdots n_i-1\cdots\rangle$$

算出微扰矩阵元

$$H'_{11} = \langle 1|\hat{H}'|1\rangle = \mathrm{i}\hbar\omega_1 \langle 01|a_1^+ a_2 - a_2^+ a_1|01\rangle = 0$$

$$H'_{22} = \langle 2|\hat{H}'|2\rangle = \mathrm{i}\hbar\omega_1 \langle 10|a_1^+ a_2 - a_2^+ a_1|10\rangle = 0$$

$$H'_{12} = \langle 1|\hat{H}'|2\rangle = \mathrm{i}\hbar\omega_1 \langle 01|a_1^+ a_2 - a_2^+ a_1|10\rangle = -\mathrm{i}\hbar\omega_1$$

$$H'_{21} = H'^*_{12} = \mathrm{i}\hbar\omega_1$$

将上述 H'_{ij} 值代入方程,

$$\begin{pmatrix} -E^{(1)} & -\mathrm{i}\hbar\omega_1 \\ \mathrm{i}\hbar\omega_1 & -E^{(1)} \end{pmatrix}\begin{pmatrix} c_1 \\ c_2 \end{pmatrix} = 0$$

解之得

$$E_1^{(1)} = -\hbar\omega_1,\ |\psi_1\rangle = \frac{1}{\sqrt{2}}\begin{pmatrix} 1 \\ -\mathrm{i} \end{pmatrix};\ E_2^{(1)} = \hbar\omega_1,\ |\psi_2\rangle = \frac{1}{\sqrt{2}}\begin{pmatrix} 1 \\ \mathrm{i} \end{pmatrix}$$

一级近似能量和零级近似态矢为

$$E_1 = \hbar(\omega_0 - \omega_1),\ |\psi_1\rangle = \frac{1}{\sqrt{2}}\left(|01\rangle - \mathrm{i}|10\rangle\right)$$

$$E_2 = \hbar(\omega_0 + \omega_1),\ |\psi_2\rangle = \frac{1}{\sqrt{2}}\left(|01\rangle + \mathrm{i}|10\rangle\right)$$

为求精确能量, 令

$$b_1 = \frac{1}{\sqrt{2}}(a_1 + \mathrm{i}a_2),\ b_2 = \frac{1}{\sqrt{2}}(a_1 - \mathrm{i}a_2), \tag{1}$$

$$b_1^+ = \frac{1}{\sqrt{2}}\left(a_1^+ - \mathrm{i}a_2^+\right),\ b_2^+ = \frac{1}{\sqrt{2}}\left(a_1^+ + \mathrm{i}a_2^+\right) \tag{2}$$

可以证明

$$[b_i, b_j^+] = \delta_{ij},\ [b_i, b_j] = [b_i^+, b_j^+] = 0$$

b_i, b_j^+ 与 a_i, a_j^+ 一样, 也是玻色子的湮没算符与产生算符. 作变换 $a_1, a_2, a_1^+, a_2^+ \to b_1, b_2, b_1^+, b_2^+$. 在此变换下, 体系的哈密顿量变为

$$\hat{H} = \hbar(\omega_0 + \omega_1)b_1^+ b_1 + \hbar(\omega_0 - \omega_1)b_2^+ b_2$$

$\hat{H}$ 的本征值为

$$E = \hbar(\omega_0 + \omega_1)n_1 + \hbar(\omega_0 - \omega_1)n_2,\ n_1, n_2 = 0, 1, 2, \cdots$$

当 $(n_1n_2)=(01)$ 与 (10) 时，能量分别为 $\hbar(\omega_0-\omega_1)$ 与 $\hbar(\omega_0+\omega_1)$. 精确能量同上述一级近似能量相同.

下面介绍，为求精确能量，上面所作的变换(1)和(2)是怎样得到的. 如果 $\hat{H}=\hbar\omega_0\left(a_1^+a_1+a_2^+a_2\right)+\mathrm{i}\hbar\omega_1\left(a_1^+a_2-a_2^+a_1\right)$ 只有前两项，

$$\hat{H}=\hbar\omega_0\left(a_1^+a_1+a_2^+a_2\right)=\left(a_1^+,a_2^+\right)\begin{pmatrix}\hbar\omega_0 & 0\\ 0 & \hbar\omega_0\end{pmatrix}\begin{pmatrix}a_1\\ a_2\end{pmatrix}$$

其中 2×2 矩阵是对角矩阵，对角元素是单粒子态 ϕ_1,ϕ_2 的能量 $\varepsilon_1=\varepsilon_2=\hbar\omega_0$. $\hat{H}$ 的本征态与本征值为

$$|\psi\rangle=|n_1n_2\rangle=|n_1\rangle|n_2\rangle,\ E=\hbar\omega_0n_1+\hbar\omega_0n_2,\ n_1,n_2=0,1,2,\cdots$$

现在 $\hat{H}$ 有 4 项，

$$\begin{aligned}\hat{H}&=\hbar\omega_0\left(a_1^+a_1+a_2^+a_2\right)+\mathrm{i}\hbar\omega_1\left(a_1^+a_2-a_2^+a_1\right)\\&=\left(a_1^+,a_2^+\right)\begin{pmatrix}\hbar\omega_0 & \mathrm{i}\hbar\omega_1\\ -\mathrm{i}\hbar\omega_1 & \hbar\omega_0\end{pmatrix}\begin{pmatrix}a_1\\ a_2\end{pmatrix}\end{aligned}$$

其中 2×2 矩阵是非对角矩阵. 在上式中引入单位矩阵 $1=SS^+$，S 为幺正变换矩阵：$S^+S=SS^+=1$，

$$\begin{aligned}\hat{H}&=\begin{pmatrix}a_1\\ a_2\end{pmatrix}^+SS^+\begin{pmatrix}\hbar\omega_0 & \mathrm{i}\hbar\omega_1\\ -\mathrm{i}\hbar\omega_1 & \hbar\omega_0\end{pmatrix}SS^+\begin{pmatrix}a_1\\ a_2\end{pmatrix}\\&=\left[S^+\begin{pmatrix}a_1\\ a_2\end{pmatrix}\right]^+\left[S^+\begin{pmatrix}\hbar\omega_0 & \mathrm{i}\hbar\omega_1\\ -\mathrm{i}\hbar\omega_1 & \hbar\omega_0\end{pmatrix}S\right]\left[S^+\begin{pmatrix}a_1\\ a_2\end{pmatrix}\right]\end{aligned}$$

假设在 S 矩阵的变换下，非对角矩阵变成对角矩阵，相应地 a_1,a_2 变成了 b_1,b_2：

$$S^+\begin{pmatrix}\hbar\omega_0 & \mathrm{i}\hbar\omega_1\\ -\mathrm{i}\hbar\omega_1 & \hbar\omega_0\end{pmatrix}S=\begin{pmatrix}\varepsilon_1 & 0\\ 0 & \varepsilon_2\end{pmatrix},\ S^+\begin{pmatrix}a_1\\ a_2\end{pmatrix}=\begin{pmatrix}b_1\\ b_2\end{pmatrix}$$

于是

$$\begin{aligned}\hat{H}&=\begin{pmatrix}b_1\\ b_2\end{pmatrix}^+\begin{pmatrix}\varepsilon_1 & 0\\ 0 & \varepsilon_2\end{pmatrix}\begin{pmatrix}b_1\\ b_2\end{pmatrix}=\left(b_1^+,b_2^+\right)\begin{pmatrix}\varepsilon_1 & 0\\ 0 & \varepsilon_2\end{pmatrix}\begin{pmatrix}b_1\\ b_2\end{pmatrix}\\&=\varepsilon_1b_1^+b_1+\varepsilon_2b_2^+b_2=\varepsilon_1\hat{N}_1'+\varepsilon_2\hat{N}_2'\end{aligned}$$

$$\hat{N}_1'=b_1^+b_1,\ \hat{N}_2'=b_2^+b_2$$

$\hat{H}$ 的本征值为 $E=\varepsilon_1n_1+\varepsilon_2n_2$，$n_1,n_2=0,1,2,\cdots$. 这是因为在上述线性变换下

b_1, b_2, b_1^+, b_2^+ 之间的关系同 a_1, a_2, a_1^+, a_2^+ 之间的关系是一样的：

$$\left[b_i, b_j^+\right] = \delta_{ij},\ \left[b_i, b_j\right] = \left[b_i^+, b_j^+\right] = 0$$

现在我们来找能使非对角矩阵变成对角矩阵的变换矩阵 S 是什么，ε_1 与 ε_2 是什么。令

$$\hat{H}_a = \begin{pmatrix} \hbar\omega_0 & \mathrm{i}\hbar\omega_1 \\ -\mathrm{i}\hbar\omega_1 & \hbar\omega_0 \end{pmatrix}$$

设想 $\hat{H}_a$ 为一哈密顿算符，它的矩阵是非对角的，表明它是在某一个力学量 $\hat{A}$ 表象中给出的. 使 $\hat{H}_a$ 对角化，就是将 $\hat{H}_a$ 变换到自身 $\hat{H}_a$ 表象. $\hat{A} \to \hat{H}_a$ 表象变换的 S 矩阵，可以将 $\hat{H}_a$ 在 $\hat{A}$ 表象的本征态矢 ψ_1, ψ_2 并列得到. 为此，我们在 $\hat{A}$ 表象解 $\hat{H}_a$ 的定态方程

$$\hat{H}_a\psi = \varepsilon\psi,\ \begin{pmatrix} \hbar\omega_0 & \mathrm{i}\hbar\omega_1 \\ -\mathrm{i}\hbar\omega_1 & \hbar\omega_0 \end{pmatrix}\begin{pmatrix} c_1 \\ c_2 \end{pmatrix} = \varepsilon\begin{pmatrix} c_1 \\ c_2 \end{pmatrix}$$

由方程解得

$$\varepsilon_1 = \hbar(\omega_0 + \omega_1),\ \psi_1 = \frac{1}{\sqrt{2}}\begin{pmatrix} 1 \\ -\mathrm{i} \end{pmatrix};\ \varepsilon_2 = \hbar(\omega_0 - \omega_1),\ \psi_2 = \frac{1}{\sqrt{2}}\begin{pmatrix} 1 \\ \mathrm{i} \end{pmatrix}$$

$$S = \frac{1}{\sqrt{2}}\begin{pmatrix} 1 & 1 \\ -\mathrm{i} & \mathrm{i} \end{pmatrix}$$

$$\begin{pmatrix} b_1 \\ b_2 \end{pmatrix} = S^+\begin{pmatrix} a_1 \\ a_2 \end{pmatrix} = \frac{1}{\sqrt{2}}\begin{pmatrix} 1 & \mathrm{i} \\ 1 & -\mathrm{i} \end{pmatrix}\begin{pmatrix} a_1 \\ a_2 \end{pmatrix} = \frac{1}{\sqrt{2}}\begin{pmatrix} a_1 + \mathrm{i}a_2 \\ a_1 - \mathrm{i}a_2 \end{pmatrix}$$

即
$$b_1 = \frac{1}{\sqrt{2}}(a_1 + \mathrm{i}a_2),\ b_2 = \frac{1}{\sqrt{2}}(a_1 - \mathrm{i}a_2)$$

$$b_1^+ = \frac{1}{\sqrt{2}}\left(a_1^+ - \mathrm{i}a_2^+\right),\ b_2^+ = \frac{1}{\sqrt{2}}\left(a_1^+ + \mathrm{i}a_2^+\right)$$

这正是前面给出的变换公式(1)与(2).

7.13　a 与 a^+ 是费米子体系的某个单粒子态的湮没与产生算符，满足反对易关系 $\{a, a^+\} \equiv aa^+ + a^+a = 1$，$a^2 = (a^+)^2 = 0$. 以 $\hat{N} = a^+a$ 表示该单粒子态的粒子占有数算符，$|n\rangle$ 为 $\hat{N}$ 的本征值为 n 的本征态矢. (1)求 $\hat{N}$ 的本征值 n；(2)计算对易关系式 $[\hat{N}, a]$, $[\hat{N}, a^+]$；(3)证明 $a|n\rangle = \sqrt{n}|n-1\rangle$，$a^+|n\rangle = \sqrt{1-n}|n+1\rangle$；(4)在 $\hat{N}$ 表象求 a 与 a^+ 的矩阵表示.

解 (1) $$\hat{N}|n\rangle = n|n\rangle,\ \hat{N}^2|n\rangle = n^2|n\rangle$$

利用 $aa^+ + a^+a = 1$ 与 $a^2 = (a^+)^2 = 0$,

$$\hat{N}^2 = a^+aa^+a = a^+(1-a^+a)a = a^+a = \hat{N}$$

由以上两式得 $n^2 = n,\ n = 0,1$.

(2) 由 $a^2 = (a^+)^2 = 0$ 与 $aa^+ = 1 - a^+a$, 或 $a^+a = 1 - aa^+$,

$$[\hat{N}, a] = a^+aa - aa^+a = -aa^+a = -a(1-aa^+) = -a$$

$$[\hat{N}, a^+] = a^+aa^+ - a^+a^+a = a^+aa^+ = a^+(1-a^+a) = a^+$$

(3) 由 $[\hat{N}, a] = -a$, 得

$$\hat{N}a = a\hat{N} - a = a(\hat{N}-1)$$

$$\hat{N}a|n\rangle = a(\hat{N}-1)|n\rangle = (n-1)a|n\rangle$$

可见, $a|n\rangle$ 是 $\hat{N}$ 的本征值为 $n-1$ 的本征态. 由于 $\hat{N}$ 的本征值是非简并的, 故有

$$a|n\rangle = \lambda|n-1\rangle,\ \langle n|a^+ = \lambda^*\langle n-1|$$

以上两式作内积, 得 $|\lambda|^2 = \langle n|a^+a|n\rangle = n$. λ 取正值 $\sqrt{n}$, 便有

$$a|n\rangle = \sqrt{n}|n-1\rangle$$

再由 $[\hat{N}, a^+] = a^+$, 得

$$\hat{N}a^+ = a^+\hat{N} + a^+ = a^+(\hat{N}+1)$$

$$\hat{N}a^+|n\rangle = a^+(\hat{N}+1)|n\rangle = (n+1)a^+|n\rangle$$

可见, $a^+|n\rangle$ 是 $\hat{N}$ 的本征值为 $n+1$ 的本征态.

$$a^+|n\rangle = \lambda|n+1\rangle,\ \langle n|a = \lambda^*\langle n+1|$$

$$|\lambda|^2 = \langle n|aa^+|n\rangle = \langle n|1-a^+a|n\rangle = 1-n$$

λ 取正值 $\sqrt{1-n}$, 便有

$$a^+|n\rangle = \sqrt{1-n}|n+1\rangle$$

(4) $\hat{N}$ 表象的基矢为 $|0\rangle$ 与 $|1\rangle$, a 在 $\hat{N}$ 表象中的矩阵元

$$a_{11} = \langle 0|a|0\rangle = 0, a_{12} = \langle 0|a|1\rangle = 1, a_{21} = \langle 1|a|0\rangle = 0, a_{22} = \langle 1|a|1\rangle = 0,$$

$$a=\begin{pmatrix}0 & 1\\ 0 & 0\end{pmatrix},\ a^{+}=\begin{pmatrix}0 & 0\\ 1 & 0\end{pmatrix}$$

7.14 算符 a_i 与 a_j^{+} $(i,j=1,2)$ 满足反对易关系 $\{a_i,a_j\}=\{a_i^{+},a_j^{+}\}=0$ ，$\{a_i,a_j^{+}\}\equiv a_ia_j^{+}+a_j^{+}a_i=\delta_{ij}$，(1)试求哈密顿量 $\hat{H}_0=\hbar\omega_1a_1^{+}a_1+\hbar\omega_2a_2^{+}a_2$ $(\omega_2>\omega_1>0)$ 的能谱和本征态矢；(2)在 $\hat{H}_0$ 表象给出算符 $\hat{Q}=a_1a_2$ 和 $\hat{W}=a_1^{+}a_2^{+}$ 的矩阵表示；(3)设 $\hat{H}'=\varepsilon(a_1^{+}a_2^{+}-a_1a_2)$ 为微扰，求 $\hat{H}_0$ 的基态在计入微扰后的二级近似能量和一级近似态矢.

解 (1) $\hat{H}_0$ 的本征态与本征能量为

$$\left|\psi^{(0)}\right\rangle=\left|n_1n_2\right\rangle=\left|n_1\right\rangle_1\left|n_2\right\rangle_2$$

$$E^{(0)}=\hbar\omega_1n_1+\hbar\omega_2n_2,\ n_1,n_2=0,1$$

体系的态总共只有 4 个:

$$E_1^{(0)}=0,\qquad \left|\psi_1^{(0)}\right\rangle=\left|00\right\rangle$$

$$E_2^{(0)}=\hbar\omega_1,\qquad \left|\psi_2^{(0)}\right\rangle=\left|10\right\rangle$$

$$E_3^{(0)}=\hbar\omega_2,\qquad \left|\psi_3^{(0)}\right\rangle=\left|01\right\rangle$$

$$E_4^{(0)}=\hbar(\omega_1+\omega_2),\ \left|\psi_4^{(0)}\right\rangle=\left|11\right\rangle$$

(2) $\hat{H}_0$ 表象的基矢为 $\left|\alpha\right\rangle=\left|\psi_\alpha^{(0)}\right\rangle,\alpha=1,2,3,4$. 利用公式

$$a_i\left|n_1n_2\cdots n_i\cdots\right\rangle=(-1)^m\sqrt{n_i}\left|n_1n_2\cdots n_i-1\cdots\right\rangle$$

$$a_i^{+}\left|n_1n_2\cdots n_i\cdots\right\rangle=(-1)^m\sqrt{1-n_i}\left|n_1n_2\cdots n_i+1\cdots\right\rangle$$

$$m=\sum_{\alpha=1}^{i-1}n_\alpha$$

计算 $\hat{Q}$ 与 $\hat{W}$ 在 $\hat{H}_0$ 表象的矩阵元：$Q_{\alpha\beta}=\left\langle\alpha\right|a_1a_2\left|\beta\right\rangle$ 与 $W_{\alpha\beta}=\left\langle\alpha\right|a_1^{+}a_2^{+}\left|\beta\right\rangle$. 计算的结果是，除 $Q_{14}=-1$ 与 $W_{41}=1$ 之外，其余 $Q_{\alpha\beta}=0,W_{\alpha\beta}=0$. 于是

$$\hat{Q}=\begin{pmatrix}0 & 0 & 0 & -1\\ 0 & 0 & 0 & 0\\ 0 & 0 & 0 & 0\\ 0 & 0 & 0 & 0\end{pmatrix},\ \hat{W}=\begin{pmatrix}0 & 0 & 0 & 0\\ 0 & 0 & 0 & 0\\ 0 & 0 & 0 & 0\\ 1 & 0 & 0 & 0\end{pmatrix}$$

(3) 微扰 $\hat{H}'$ 可以表示为

$$\hat{H}' = \varepsilon(a_1^+ a_2^+ - a_1 a_2) = \varepsilon(\hat{W} - \hat{Q})$$

由 $\hat{Q}$ 与 $\hat{W}$ 在 $\hat{H}_0$ 表象的矩阵得到 $\hat{H}'$ 在 $\hat{H}_0$ 表象的矩阵

$$\hat{H}' = \varepsilon\begin{pmatrix} 0 & 0 & 0 & 1 \\ 0 & 0 & 0 & 0 \\ 0 & 0 & 0 & 0 \\ 1 & 0 & 0 & 0 \end{pmatrix}$$

基态的二级近似能量

$$E_1 = E_1^{(0)} + H'_{11} + \sum_{m\neq 1}\frac{\left|H'_{m1}\right|^2}{E_1^{(0)} - E_m^{(0)}} = \frac{\left|H'_{41}\right|^2}{E_1^{(0)} - E_4^{(0)}} = -\frac{\varepsilon^2}{\hbar(\omega_1 + \omega_2)}$$

基态的一级近似态矢

$$\left|\psi_1\right\rangle = \left|\psi_1^{(0)}\right\rangle + \sum_{m\neq 1}\frac{H'_{m1}}{E_1^{(0)} - E_m^{(0)}}\left|\psi_m^{(0)}\right\rangle = \left|00\right\rangle - \frac{\varepsilon}{\hbar(\omega_1 + \omega_2)}\left|11\right\rangle$$

7.15　设 a 和 a^+ 是湮没算符和产生算符，满足对易关系 $[a, a^+] = 1$. 体系的哈密顿量为

$$\hat{H} = Aa^2 + B(a^+)^2 + Ca^+ a + D \tag{1}$$

请问 A, B, C, D 要满足什么条件，$\hat{H}$ 才是厄米算符？求出体系的能量.

解　$\hat{H}$ 是厄米算符的条件是 $A = B^*, C$ 与 D 均为实数. 为了简单，设 $A = B$，是实数.

$$\hat{H} = A\left[a^2 + (a^+)^2\right] + Ca^+ a + D \tag{2}$$

求体系的能量可用两种方法.

方法 1：

令

$$a = \frac{1}{\sqrt{2}}\left(Q + \mathrm{i}\hat{P}\right),\ a^+ = \frac{1}{\sqrt{2}}\left(Q - \mathrm{i}\hat{P}\right) \tag{3}$$

其中

$$\hat{P} = -\mathrm{i}\frac{\mathrm{d}}{\mathrm{d}Q},\ \left[\hat{Q}, \hat{P}\right] = \mathrm{i} \tag{4}$$

显然有 $[a, a^+] = 1$. 由式(3)与(4)确定的 $a, a^+ \to Q, \hat{P}$ 的变换是符合要求的. 由式(3)算出

$$a^+a = \frac{1}{2}\hat{P}^2 + \frac{1}{2}Q^2 - \frac{1}{2} = -\frac{1}{2}\frac{\mathrm{d}^2}{\mathrm{d}Q^2} + \frac{1}{2}Q^2 - \frac{1}{2} \tag{5}$$

$$a^2 + (a^+)^2 = Q^2 - \hat{P}^2 = Q^2 + \frac{\mathrm{d}^2}{\mathrm{d}Q^2} \tag{6}$$

将式(5)与(6)代入式(2)中，得

$$\hat{H} = -\left(\frac{C}{2} - A\right)\frac{\mathrm{d}^2}{\mathrm{d}Q^2} + \left(\frac{C}{2} + A\right)Q^2 + D - \frac{C}{2} \tag{7}$$

设$(C/2) - A > 0$，令

$$\frac{C}{2} - A = \frac{\hbar^2}{2\mu},\ \frac{C}{2} + A = \frac{1}{2}\mu\omega^2 \tag{8}$$

式(7)前两项可以表示成谐振子的哈密顿量

$$\hat{H} = -\frac{\hbar^2}{2\mu}\frac{\mathrm{d}^2}{\mathrm{d}Q^2} + \frac{1}{2}\mu\omega^2 Q^2 + D - \frac{C}{2} \tag{9}$$

$\hat{H}$ 的本征能量为

$$E_n = \left(n + \frac{1}{2}\right)\hbar\omega + D - \frac{C}{2} \tag{10}$$

其中$\hbar\omega$ 由式(8)中的两个等式相乘得到

$$\left(\frac{C}{2} - A\right)\left(\frac{C}{2} + A\right) = \frac{\hbar^2\omega^2}{4},\ \hbar^2\omega^2 = C^2 - 4A^2$$

$$\hbar\omega = \sqrt{C^2 - 4A^2} \tag{11}$$

将式(11)代入式(10)，得

$$E_n = \left(n + \frac{1}{2}\right)\sqrt{C^2 - 4A^2} + D - \frac{C}{2},\quad n = 0,1,2,\cdots \tag{12}$$

方法 2:

对式(2), 除 A, 并移项, 得

$$\frac{C}{A}a^+a + a^2 + \left(a^+\right)^2 = \frac{1}{A}\left(\hat{H} - D\right) \tag{13}$$

令

$$b = \lambda a + \upsilon a^+,\ b^+ = \lambda a^+ + \upsilon a \tag{14}$$

其中λ与υ是实数, 待定. 计算对易关系

$$[b,b^+]=[\lambda a+\upsilon a^+,\lambda a^+ +\upsilon a]=\lambda^2[a,a^+]+\upsilon^2[a^+,a] \tag{15}$$

已知

$$[a,a^+]=1 \tag{16}$$

便有

$$[b,b^+]=\lambda^2-\upsilon^2 \tag{17}$$

为使 b,b^+ 满足同 a,a^+ 相同的对易关系

$$[b,b^+]=1 \tag{18}$$

要求

$$\lambda^2-\upsilon^2=1 \tag{19}$$

作运算

$$\begin{aligned} b^+b &= \left(\lambda a^+ +\upsilon a\right)\left(\lambda a+\upsilon a^+\right) \\ &= \lambda^2\ a^+a+\lambda\upsilon[a^2+(a^+)^2]+\upsilon^2\ aa^+ \end{aligned} \tag{20}$$

由式(16)知

$$aa^+=1+a^+a \tag{21}$$

将式(21)代入式(20), 得

$$b^+b=(\lambda^2+\upsilon^2)\ a^+a+\lambda\upsilon[a^2+(a^+)^2]+\upsilon^2 \tag{22}$$

上式除 $\lambda\upsilon$, 并移项, 得

$$\frac{\lambda^2+\upsilon^2}{\lambda\upsilon}a^+a+a^2+(a^+)^2=\frac{1}{\lambda\upsilon}(b^+b-\upsilon^2) \tag{23}$$

比较式(23)与(13)看出, 如果令

$$\frac{\lambda^2+\upsilon^2}{\lambda\upsilon}=\frac{C}{A} \tag{24}$$

则式(13)的左边同式(23)的左边相等. 在此条件下, 两式的右边也应相等:

$$\frac{1}{A}(\hat{H}-D)=\frac{1}{\lambda\upsilon}(b^+b-\upsilon^2) \tag{25}$$

由式(25)得

$$\hat{H}=\frac{A}{\lambda\upsilon}(b^+b-\upsilon^2)+D \tag{26}$$

如果常数 λ 与 υ 已知, 则 $\hat{H}$ 的本征值为

$$E_n = \frac{A}{\lambda\upsilon}(n-\upsilon^2)+D,\ n=0,1,2,\cdots \tag{27}$$

现在来求 λ 与 υ. 它们满足方程(19)与(24), 即

$$\begin{cases} \lambda^2-\upsilon^2=1 \\ \lambda^2+\upsilon^2=\dfrac{C}{A}\lambda\upsilon \end{cases} \tag{28}$$

解之得

$$\lambda=\sqrt{\frac{C+\sqrt{C^2-4A^2}}{2\sqrt{C^2-4A^2}}},\ \upsilon=\sqrt{\frac{C-\sqrt{C^2-4A^2}}{2\sqrt{C^2-4A^2}}},\ \lambda\upsilon=\frac{A}{\sqrt{C^2-4A^2}} \tag{29}$$

将上式代入式(27), 得体系的能量

$$\begin{aligned} E_n &= \sqrt{C^2-4A^2}\left(n-\frac{C-\sqrt{C^2-4A^2}}{2\sqrt{C^2-4A^2}}\right)+D \\ &= \left(n+\frac{1}{2}\right)\sqrt{C^2-4A^2}+D-\frac{C}{2} \end{aligned} \tag{30}$$

$$n=0,1,2,\cdots$$

由式(29)看出, λ 与 υ 有解的条件是 $C>2A$. 这里的能量式(30)同方法 1 的能量式(12)完全相同, 有解的条件也相同.

7.16　某体系哈密顿量 $\hat{H}=\frac{5}{3}a^+a+\frac{2}{3}[a^2+(a^+)^2]$, 其中 $a=\frac{1}{\sqrt{2}}(Q+\mathrm{i}\hat{P})$, $a^+=\frac{1}{\sqrt{2}}(Q-\mathrm{i}\hat{P})$, $\hat{P}$ 与 Q 满足基本对易关系 $[Q,\hat{P}]=\mathrm{i}$, $\hat{P}=-\mathrm{i}\frac{\mathrm{d}}{\mathrm{d}Q}$. 试求 $\hat{H}$ 的本征值与基态波函数 $\psi_0(Q)$.

解　由 a 与 a^+ 的定义式可以证明 $[a,a^+]=1$,

$$a^+a=\frac{1}{2}\hat{P}^2+\frac{1}{2}Q^2-\frac{1}{2},\ a^2+(a^+)^2=Q^2-\hat{P}^2 \tag{1}$$

于是

$$\hat{H}=\frac{1}{6}\hat{P}^2+\frac{3}{2}Q^2-\frac{5}{6}=-\frac{1}{6}\frac{\mathrm{d}^2}{\mathrm{d}Q^2}+\frac{3}{2}Q^2-\frac{5}{6} \tag{2}$$

令

$$\frac{1}{6}=\frac{\hbar^2}{2\mu},\ \frac{3}{2}=\frac{1}{2}\mu\omega^2 \tag{3}$$

式(2)变为

$$\hat{H}=-\frac{\hbar^2}{2\mu}\frac{\mathrm{d}^2}{\mathrm{d}Q^2}+\frac{1}{2}\mu\omega^2Q^2-\frac{5}{6} \tag{4}$$

$$E=\left(n+\frac{1}{2}\right)\hbar\omega-\frac{5}{6},\ n=0,1,2,\cdots \tag{5}$$

将式(3)中的两个等式相乘，得$\hbar\omega=1$．式(5)变为

$$E=n-\frac{1}{3},\ n=0,1,2,\cdots \tag{6}$$

基态波函数

$$\psi_0(Q)=\sqrt{\frac{\alpha}{\sqrt{\pi}}}\mathrm{e}^{-\alpha^2Q^2/2} \tag{7}$$

其中

$$\alpha=\sqrt{\frac{\mu\omega}{\hbar}}=\sqrt{\frac{\mu\omega^2}{\hbar\omega}}=\sqrt{\mu\omega^2}=\sqrt{3}$$

$$\psi_0(Q)=\left(\frac{3}{\pi}\right)^{1/4}\mathrm{e}^{-3Q^2/2} \tag{8}$$

式(8)中用到$\mu\omega^2=3$，这可以由式(3)的后一式直接得到．

7.17　设哈密顿算符$\hat{H}=\lambda a^+a+\varepsilon(a^++a)$，其中$\lambda$是正实数，$\varepsilon$是小参数，$a^+$与$a$是玻色子产生算符与湮没算符．求$\hat{H}$的基态能量本征值(准至$\varepsilon^2$级)，并同严格值比较．

解　$\hat{H}$可以表示为 $\hat{H}=\hat{H}_0+\hat{H}'$，

$$\hat{H}_0=\lambda a^+a,\ \hat{H}'=\varepsilon(a^++a)$$

$\hat{H}_0$的本征值与本征态矢为

$$E_n^{(0)}=n\lambda,\ \left|\psi_n^{(0)}\right\rangle=|n\rangle,\ n=0,1,2,\cdots$$

利用公式

$$a^+|n\rangle=\sqrt{n+1}|n+1\rangle,\ a|n\rangle=\sqrt{n}|n-1\rangle$$

算出微扰矩阵元:

$$H'_{m0}=\langle m|\hat{H}'|0\rangle=\varepsilon\langle m|(a^++a)|0\rangle=\varepsilon\delta_{m1}$$

基态二级近似能量与一级近似态矢为

$$E_0 = E_0^{(0)} + H'_{00} + \sum_{m\neq 0}^{\infty} \frac{\left|H'_{m0}\right|^2}{E_0^{(0)} - E_m^{(0)}} = \frac{\left|H'_{10}\right|^2}{E_0^{(0)} - E_1^{(0)}} = -\frac{\varepsilon^2}{\lambda}$$

$$\left|\psi_0\right\rangle = \left|0\right\rangle + \sum_{m\neq 0}^{\infty} \frac{H'_{m0}}{E_0^{(0)} - E_m^{(0)}}\left|m\right\rangle = \left|0\right\rangle - \frac{\varepsilon}{\lambda}\left|1\right\rangle$$

为求严格解，令

$$b = a + \frac{\varepsilon}{\lambda},\ b^+ = a^+ + \frac{\varepsilon}{\lambda}$$

b 与 b^+ 满足对易关系

$$\left[b, b^+\right] = \left[a + \frac{\varepsilon}{\lambda}, a^+ + \frac{\varepsilon}{\lambda}\right] = \left[a, a^+\right] = 1$$

b 与 b^+ 也是玻色子的湮没与产生算符.

$$b^+ b = \left(a^+ + \frac{\varepsilon}{\lambda}\right)\left(a + \frac{\varepsilon}{\lambda}\right) = a^+ a + \frac{\varepsilon}{\lambda}(a^+ + a) + \frac{\varepsilon^2}{\lambda^2}$$

$$aa^+ + \frac{\varepsilon}{\lambda}(a^+ + a) = b^+ b - \frac{\varepsilon^2}{\lambda^2}$$

$$\hat{H} = \lambda a^+ a + \varepsilon(a^+ + a) = \lambda b^+ b - \frac{\varepsilon^2}{\lambda}$$

$\hat{H}$ 的本征值与本征态矢为

$$E_n = n\lambda - \frac{\varepsilon^2}{\lambda},\ \left|\psi_n\right\rangle = \left|n\right\rangle,\ n = 0,1,2,\cdots$$

基态能量 $E_0 = -\varepsilon^2/\lambda$ 同上述二级近似能量相同.

7.18 在粒子数表象中，一维谐振子基态态矢 $\left|0\right\rangle$ 满足性质 $a\left|0\right\rangle = 0$，其中 a 为湮没算符，$a = \sqrt{\frac{\mu\omega}{2\hbar}}\left(x + \frac{\mathrm{i}}{\mu\omega}\hat{p}\right)$. 试利用此性质求出基态在动量表象中的波函数显示式 $\left\langle p|0\right\rangle = \psi_0(p)$.

解 将 a 的表示式代入 $a\left|0\right\rangle = 0$，得

$$\left(x + \frac{\mathrm{i}}{\mu\omega}\hat{p}\right)\left|0\right\rangle = 0$$

在 p 表象，这个方程表示为

$$\left(\mathrm{i}\hbar\frac{\mathrm{d}}{\mathrm{d}p}+\frac{\mathrm{i}}{\mu\omega}p\right)\psi_0(p)=0$$

$$\frac{\mathrm{d}\psi_0(p)}{\psi_0(p)}=-\frac{p\mathrm{d}p}{\mu\omega\hbar}$$

上式积分后，得

$$\psi_0(p)=A\mathrm{e}^{-p^2/2\mu\omega\hbar}$$

其中 A 由归一化条件确定为 $A=(\pi\mu\omega\hbar)^{-1/4}$.

7.19　一维谐振子哈密顿量 $\hat{H}=\hbar\omega\left(a^+a+\frac{1}{2}\right)$，且 $[a,a^+]=1$. (1)若 $|0\rangle$ 是归一化的基态态矢($a|0\rangle=0$), 则第 n 个激发态态矢为 $|n\rangle=N_n(a^+)^n|0\rangle$. 求归一化因子 N_n . (2)若外加一微扰 $\hat{H}'=ga^+a^+aa$, 求第 n 个激发态的能量本征值(准至 g 一级).

解　(1) 利用公式 $a^+|n\rangle=\sqrt{n+1}|n+1\rangle$,

$$a^+|0\rangle=|1\rangle,\ (a^+)^2|0\rangle=a^+|1\rangle=\sqrt{2!}|2\rangle,\ (a^+)^3|0\rangle=\sqrt{3!}|3\rangle,\cdots$$

$$(a^+)^n|0\rangle=\sqrt{n!}|n\rangle,\ |n\rangle=\frac{1}{\sqrt{n!}}(a^+)^n|0\rangle$$

由上式得归一化因子 $N_n=1/\sqrt{n!}$.

(2) 第 n 个激发态的一级修正能量

$$E_n^{(1)}=\langle n|\hat{H}'|n\rangle=g\langle n|\ a^+a^+aa|n\rangle \tag{1}$$

其中

$$aa|n\rangle=\sqrt{n(n-1)}|n-2\rangle \tag{2}$$

$$\langle n|a^+a^+=(aa|n\rangle)^+=\sqrt{n(n-1)}\langle n-2| \tag{3}$$

以上利用了公式： $a|n\rangle=\sqrt{n}|n-1\rangle$. 将式(2)与(3)代入式(1), 得

$$E_n^{(1)}=gn(n-1)$$

也可以在式(1)中，令

$$\hat{H}'=ga^+a^+aa=ga^+(aa^+-1)a=g\hat{N}(\hat{N}-1)$$

$$E_n^{(1)}=g\langle n|\hat{N}(\hat{N}-1)|n\rangle=gn(n-1)$$

其中 $\hat{N}=a^+a$, $|n\rangle$ 是 $\hat{N}$ 的本征值为 n 的本征态. 第 n 个激发态的一级近似能量

$$E_n = E_n^{(0)} + E_n^{(1)} = \left(n+\frac{1}{2}\right)\hbar\omega + gn(n-1)$$

7.20　一维谐振子受到微扰 $\hat{H}'=cx^2$ 的作用，其中 c 是常数. 在粒子数表象中 $x=\sqrt{\dfrac{\hbar}{2\mu\omega}}(a+a^+)$，$a$ 与 a^+ 分别是湮没算符和产生算符，满足如下公式：$a|n\rangle=\sqrt{n}|n-1\rangle$，$a^+|n\rangle=\sqrt{n+1}|n+1\rangle$，其中 $|n\rangle$ 是一维谐振子哈密顿量 $\hat{H}=\hbar\omega\left(a^+a+\dfrac{1}{2}\right)$ 的本征态. (1)用微扰论，准确到二级近似，求能量修正值；(2)求能量的准确值，并与微扰论给出的结果比较.

解　$\hat{H}'=cx^2=\dfrac{c\hbar}{2\mu\omega}(a+a^+)^2=\dfrac{c\hbar}{2\mu\omega}[a^2+(a^+)^2+aa^++a^+a]$

$$=\frac{c\hbar}{2\mu\omega}[a^2+(a^+)^2+1+2a^+a]$$

利用公式

$$a|n\rangle=\sqrt{n}|n-1\rangle,\ a^+|n\rangle=\sqrt{n+1}|n+1\rangle$$

算出微扰矩阵元

$$H'_{mn}=\langle m|\hat{H}'|n\rangle=\frac{c\hbar}{2\mu\omega}\langle m|[a^2+(a^+)^2+1+2a^+a]|n\rangle$$

$$=\frac{c\hbar}{2\mu\omega}\left[\sqrt{n(n-1)}\delta_{m,n-2}+(2n+1)\delta_{mn}+\sqrt{(n+1)(n+2)}\delta_{m,n+2}\right]$$

零级近似能量，一级与二级修正能量分别为

$$E_n^{(0)}=\left(n+\frac{1}{2}\right)\hbar\omega,\ E_n^{(1)}=H'_{nn}=\left(n+\frac{1}{2}\right)\frac{c\hbar}{\mu\omega}$$

$$E_n^{(2)}=\sum_{m\neq n}^{\infty}\frac{|H'_{mn}|^2}{E_n^{(0)}-E_m^{(0)}}=\frac{c^2\hbar}{8\mu^2\omega^3}[n(n-1)-(n+1)(n+2)]=-\left(n+\frac{1}{2}\right)\frac{c^2\hbar}{2\mu^2\omega^3}$$

求精确能量，

$$\hat{H}=\frac{\hat{p}^2}{2\mu}+\frac{1}{2}\mu\omega^2x^2+cx^2=\frac{\hat{p}^2}{2\mu}+\frac{1}{2}\mu\omega_0^2x^2$$

$$\omega_0=\sqrt{\omega^2+\frac{2c}{\mu}}=\omega\sqrt{1+\frac{2c}{\mu\omega^2}}$$

$\hat{H}$ 的本征能量

$$E=\left(n+\frac{1}{2}\right)\hbar\omega_0=\left(n+\frac{1}{2}\right)\hbar\omega\sqrt{1+\frac{2c}{\mu\omega^2}}=\left(n+\frac{1}{2}\right)\hbar\omega\sqrt{1+\lambda}$$

$$n=0,1,2,\cdots,\ \lambda=2c/\mu\omega^2$$

由于λ是微小量,

$$E=\left(n+\frac{1}{2}\right)\hbar\omega\left(1+\frac{\lambda}{2}-\frac{\lambda^2}{8}+\frac{\lambda^3}{16}-\cdots\right)=E^{(0)}+E^{(1)}+E^{(2)}+\cdots$$

其中

$$E^{(0)}=\left(n+\frac{1}{2}\right)\hbar\omega,\ E^{(1)}=\left(n+\frac{1}{2}\right)\frac{c\hbar}{\mu\omega},\ E^{(2)}=-\left(n+\frac{1}{2}\right)\frac{c^2\hbar}{2\mu^2\omega^3}$$

精确能量展开式的第1, 2与3项分别同能量的零级近似值, 一级修正值与二级修正值相等.

7.21 考虑两个自旋$s=1/2$,质量为μ的全同粒子在三维空间内运动. 假定两粒子的总动量为0,两粒子间的相互作用势为$V(\boldsymbol{r}_1,\boldsymbol{r}_2)=\dfrac{g}{|\boldsymbol{r}_1-\boldsymbol{r}_2|}\boldsymbol{\sigma}_1\cdot\boldsymbol{\sigma}_2$,其中$g$是一个正实数,$\boldsymbol{\sigma}_1$与$\boldsymbol{\sigma}_2$为两个粒子的泡利矩阵. 求出两个粒子能形成的所有束缚态能级和相应的简并度.

解 选择质心系,$r=|\boldsymbol{r}_1-\boldsymbol{r}_2|$, $V(r)=\dfrac{g}{r}\boldsymbol{\sigma}_1\cdot\boldsymbol{\sigma}_2$,

$$\hat{H}=-\frac{\hbar^2}{2m}\nabla^2+\frac{g}{r}\boldsymbol{\sigma}_1\cdot\boldsymbol{\sigma}_2,\ m=\frac{\mu}{2}$$

$$\boldsymbol{\sigma}_1\cdot\boldsymbol{\sigma}_2=\frac{4}{\hbar^2}\hat{\boldsymbol{S}}_1\cdot\hat{\boldsymbol{S}}_2=\frac{2}{\hbar^2}\left(\hat{S}^2-\frac{3\hbar^2}{2}\right)$$

$$\hat{H}=-\frac{\hbar^2}{2m}\nabla^2+\frac{2g}{\hbar^2 r}\left(\hat{S}^2-\frac{3\hbar^2}{2}\right)$$

定态方程为

$$\left[-\frac{\hbar^2}{2m}\nabla^2+\frac{2g}{\hbar^2 r}\left(\hat{S}^2-\frac{3\hbar^2}{2}\right)\right]\psi(\boldsymbol{r},s_{1z},s_{2z})=E\psi(\boldsymbol{r},s_{1z},s_{2z})$$

令

$$\psi(\boldsymbol{r},s_{1z},s_{2z})=\psi(\boldsymbol{r})|sm_s\rangle$$

其中$|sm_s\rangle$是两粒子体系的总自旋$\hat{S}^2,\hat{S}_z$的共同本征态. 将上式代入定态方程,得

$$\left\{-\frac{\hbar^2}{2m}\nabla^2+\frac{2g}{r}\left[s(s+1)-\frac{3}{2}\right]\right\}\psi(\boldsymbol{r})=E\psi(\boldsymbol{r})$$

对 $s=1$ 的自旋三重态，

$$\left(-\frac{\hbar^2}{2m}\nabla^2+\frac{g}{r}\right)\psi(\boldsymbol{r})=E\psi(\boldsymbol{r})$$

对于 $s=0$ 的自旋单态

$$\left(-\frac{\hbar^2}{2m}\nabla^2-\frac{3g}{r}\right)\psi(\boldsymbol{r})=E\psi(\boldsymbol{r})$$

显然，只有 $s=0$ 自旋单态的方程才能形成束缚态. 令 $3g=e^2$，方程变为

$$\left(-\frac{\hbar^2}{2m}\nabla^2-\frac{e^2}{r}\right)\psi(\boldsymbol{r})=E\psi(\boldsymbol{r})$$

这正是氢原子定态方程，

$$E=-\frac{e^2}{2an^2}=-\frac{3g}{2an^2},\ \psi(\boldsymbol{r})=\psi_{nlm}(\boldsymbol{r})$$

$$a=\frac{\hbar^2}{me^2}=\frac{\hbar^2}{3gm},\ n=1,2,\cdots$$

$$\psi(\boldsymbol{r},s_{1z},s_{2z})=\psi_{nlm}(\boldsymbol{r})|00\rangle$$

由于自旋单态波函数 $|00\rangle$ 对交换 s_{1z},s_{2z} 是反对称的，这就要求空间波函数对交换 $\boldsymbol{r}_1,\boldsymbol{r}_2$ 必须是对称的. 交换 $\boldsymbol{r}_1,\boldsymbol{r}_2$ 等效于 $\boldsymbol{r}=\boldsymbol{r}_1-\boldsymbol{r}_2\to-\boldsymbol{r}$. $\psi_{nlm}(\boldsymbol{r})$ 必须是偶函数，$l=0,2,4,\cdots$.

基态 $E_1=-3g/(2a)$，非简并，$\psi(\boldsymbol{r},s_{1z},s_{2z})=\psi_{100}(\boldsymbol{r})|00\rangle$.

第一激发态 $E_2=-3g/(8a)$，非简并，$\psi(\boldsymbol{r},s_{1z},s_{2z})=\psi_{200}(\boldsymbol{r})|00\rangle$.

第二激发态 $E_3=-3g/(18a)$，六度简并，

$$\psi(\boldsymbol{r},s_{1z},s_{2z})=\psi_{300}(\boldsymbol{r})|00\rangle,\ \psi_{32m}(\boldsymbol{r})|00\rangle\ (m=0,\pm1,\pm2)$$

$$\cdots\cdots\cdots$$

n 为奇数的 E_n 的简并度为 $n(n+1)/2$；n 为偶数的 E_n 的简并度为 $n(n-1)/2$.

7.22 两个无相互作用的粒子置于一维无限深方势阱 $(0<x<a)$ 中. 对于以下两种情况，写出两粒子体系可具有的两个最低能量值，相应的简并度，以及上述能级对应的所有二粒子波函数：(1)两个自旋为 1/2 的可区分粒子；(2)两个自旋为

1/2 的全同粒子.

解 单粒子波函数与能量:

$$\psi_n(x)=\sqrt{\frac{2}{a}}\sin\frac{n\pi x}{a},\ E_n=\frac{n^2\pi^2\hbar^2}{2\mu a^2},\ n=1,2,\cdots$$

(1) 基态 $E=2E_1=\pi^2\hbar^2/\mu a^2$，简并度为 4，对应 4 个波函数

$$\psi_1(x_1)\psi_1(x_2)\alpha(1)\alpha(2),\ \psi_1(x_1)\psi_1(x_2)\alpha(1)\beta(2)$$
$$\psi_1(x_1)\psi_1(x_2)\beta(1)\alpha(2),\ \psi_1(x_1)\psi_1(x_2)\beta(1)\beta(2)$$

第一激发态 $E=E_1+E_2=5\pi^2\hbar^2/(2\mu a^2)$，简并度为 8，对应 8 个波函数

$$\psi_1(x_1)\psi_2(x_2)\alpha(1)\alpha(2),\ \psi_1(x_1)\psi_2(x_2)\alpha(1)\beta(2)$$
$$\psi_1(x_1)\psi_2(x_2)\beta(1)\alpha(2),\ \psi_1(x_1)\psi_2(x_2)\beta(1)\beta(2)$$
$$\psi_2(x_1)\psi_1(x_2)\alpha(1)\alpha(2),\ \psi_2(x_1)\psi_1(x_2)\alpha(1)\beta(2)$$
$$\psi_2(x_1)\psi_1(x_2)\beta(1)\alpha(2),\ \psi_2(x_1)\psi_1(x_2)\beta(1)\beta(2)$$

(2) 基态 $E=2E_1=\pi^2\hbar^2/(\mu a^2)$，非简并，对应波函数

$$\psi_1(x_1)\psi_1(x_2)\frac{1}{\sqrt{2}}[\alpha(1)\beta(2)-\alpha(2)\beta(1)]$$

第一激发态 $E=E_1+E_2=5\pi^2\hbar^2/(2\mu a^2)$，简并度为 4，对应 4 个波函数

$$\frac{1}{\sqrt{2}}\left[\psi_1(x_1)\psi_2(x_2)+\psi_1(x_2)\psi_2(x_1)\right]\frac{1}{\sqrt{2}}\left[\alpha(1)\beta(2)-\alpha(2)\beta(1)\right]$$

$$\frac{1}{\sqrt{2}}\left[\psi_1(x_1)\psi_2(x_2)-\psi_1(x_2)\psi_2(x_1)\right]\begin{cases}\alpha(1)\alpha(2)\\ \frac{1}{\sqrt{2}}\left[\alpha(1)\beta(2)+\alpha(2)\beta(1)\right]\\ \beta(1)\beta(2)\end{cases}$$

7.23 两个无相对作用粒子具有相同质量 m，在宽为 a 的一维无限深方势阱中运动. (1)写出体系 4 个最低能级的能量. (2)对下述情况，分别求出体系 4 个最低能级的简并度：(a)自旋为 1/2 的全同粒子；(b)自旋为 1/2 的非全同粒子；(c)自旋为 1 的全同粒子.

解 (1)体系波函数与能量为

$$\psi_{n_1n_2}(x_1,x_2)=\psi_{n_1}(x_1)\psi_{n_2}(x_2),\ \psi_n(x)=\begin{cases}\sqrt{\frac{2}{a}}\sin\frac{n\pi x}{a}, & 0<x<a\\ 0, & x<0,x>a\end{cases}$$

$$E_{n_1n_2}=\frac{\pi^2\hbar^2}{2ma^2}(n_1^2+n_2^2),\ n_1,n_2=1,2,\cdots$$

体系 4 个最低能级的能量与相应的波函数为

$$E_1=E_{11}=\frac{\pi^2\hbar^2}{ma^2},\ \psi_{11}(x_1,x_2)；\ E_2=E_{12}=\frac{5\pi^2\hbar^2}{2ma^2},\ \psi_{12}(x_1,x_2)$$

$$E_3=E_{22}=\frac{4\pi^2\hbar^2}{ma^2},\ \psi_{22}(x_1,x_2)；\ E_4=E_{13}=\frac{5\pi^2\hbar^2}{ma^2},\ \psi_{13}(x_1,x_2)$$

(2) (*a*)两粒子为自旋 $s=1/2$ 的全同粒子，体系波函数是交换反对称的 $E_1=E_{11}$，非简并，波函数 $\psi_1(x_1)\psi_1(x_2)|00\rangle$；$E_2=E_{12}$，四度简并，对称空间波函数 $\frac{1}{\sqrt{2}}[\psi_1(x_1)\psi_2(x_2)+\psi_1(x_2)\psi_2(x_1)]$ 配反对称自旋波函数 $|00\rangle$，反对称空间波函数 $\frac{1}{\sqrt{2}}[\psi_1(x_1)\psi_2(x_2)-\psi_1(x_2)\psi_2(x_1)]$ 分别配对称自旋波函数 $|11\rangle,|10\rangle,|1-1\rangle$；$E_3=E_{22}$，同 E_1 相似，非简并，波函数 $\psi_2(x_1)\psi_2(x_2)|00\rangle$；$E_4=E_{13}$，同 E_2 相似，四度简并，$\frac{1}{\sqrt{2}}[\psi_1(x_1)\psi_3(x_2)+\psi_1(x_2)\psi_3(x_1)]$ 配 $|00\rangle$，$\frac{1}{\sqrt{2}}[\psi_1(x_1)\psi_3(x_2)-\psi_1(x_2)\psi_3(x_1)]$ 分别配 $|11\rangle,|10\rangle,|1-1\rangle$.

(*b*) 两粒子为自旋 1/2 的非全同粒子，体系波函数不要求有交换对称性质. $E_1=E_{11}$，四度简并，$\psi_1(x_1)\psi_1(x_2)$ 分别配 4 个自旋波函数：$\alpha(1)\alpha(2)$，$\alpha(1)\beta(2)$，$\alpha(2)\beta(1)$，$\beta(1)\beta(2)$；$E_2=E_{12}$，八度简并，$\psi_1(x_1)\psi_2(x_2)$ 与 $\psi_2(x_1)\psi_1(x_2)$ 分别配 4 个自旋波函数：$\alpha(1)\alpha(2)$，$\alpha(1)\beta(2)$，$\alpha(2)\beta(1)$，$\beta(1)\beta(2)$；$E_3=E_{22}$，同 E_1 相似，四度简并；$E_4=E_{13}$，同 E_2 相似，八度简并.

(*c*) 两粒子为自旋 $s=1$ 的全同粒子，体系波函数是交换对称的. $E_1=E_{11}$，六度简并，$\psi_1(x_1)\psi_1(x_2)$ 分别配如下 6 个对称自旋波函数：

$$|22\rangle=|1\rangle_1|1\rangle_1,\ |21\rangle=\frac{1}{\sqrt{2}}|1\rangle_1|0\rangle_2+\frac{1}{\sqrt{2}}|0\rangle_1|1\rangle_2$$

$$|20\rangle=\frac{1}{\sqrt{6}}|1\rangle_1|-1\rangle_2+\sqrt{\frac{2}{3}}|0\rangle_1|0\rangle_2+\frac{1}{\sqrt{6}}|-1\rangle_1|1\rangle_2$$

$$|2,-1\rangle=\frac{1}{\sqrt{2}}|-1\rangle_1|0\rangle_2+\frac{1}{\sqrt{2}}|0\rangle_1|-1\rangle_2,\ |2,-2\rangle=|-1\rangle_1|-1\rangle_2$$

$$|00\rangle=\frac{1}{\sqrt{3}}|1\rangle_1|-1\rangle_2-\frac{1}{\sqrt{3}}|0\rangle_1|0\rangle_2+\frac{1}{\sqrt{3}}|-1\rangle_1|1\rangle_2$$

$E_2 = E_{12}$，九度简并，$\frac{1}{\sqrt{2}}[\psi_1(x_1)\psi_2(x_2)+\psi_1(x_2)\psi_2(x_1)]$ 配 6 个对称自旋波函数：

$|22\rangle, |21\rangle, |20\rangle, |2,-1\rangle, |2,-2\rangle, |00\rangle$；$\frac{1}{\sqrt{2}}[\psi_1(x_1)\psi_2(x_2)-\psi_1(x_2)\psi_2(x_1)]$ 配如下 3 个自旋反对称波函数：

$$|11\rangle = \frac{1}{\sqrt{2}}|1\rangle_1|0\rangle_2 - \frac{1}{\sqrt{2}}|0\rangle_1|1\rangle_2$$

$$|10\rangle = \frac{1}{\sqrt{2}}|1\rangle_1|-1\rangle_2 - \frac{1}{\sqrt{2}}|-1\rangle_1|1\rangle_2$$

$$|1,-1\rangle = \frac{1}{\sqrt{2}}|0\rangle_1|-1\rangle_2 - \frac{1}{\sqrt{2}}|-1\rangle_1|0\rangle_2$$

$E_3 = E_{22}$，同 E_1 相似，六度简并；$E_4 = E_{13}$，同 E_2 相似，九度简并.

7.24 求两个自旋 $s=1/2$ 的关在一维无限深势阱 $V(x)=\begin{cases}0, & 0<x<a \\ \infty, & x<0, x>a\end{cases}$ 中，并以接触势 $U(x_1,x_2)=c\delta(x_1-x_2)(c\ll 1)$ 为相互作用的全同粒子系统的零级近似归一化波函数(考虑自旋态)，以接触势为微扰，求准确到 c 的一次方的基态能量.

解 单粒子态空间波函数与能量为

$$\psi_n(x)=\begin{cases}\sqrt{\frac{2}{a}}\sin\frac{n\pi x}{a}, & 0<x<a \\ 0, & x<0, x>a\end{cases},\quad E_n=\frac{n^2\pi^2\hbar^2}{2ma^2},\ n=1,2,\cdots$$

体系基态波函数(考虑自旋)为

$$\psi(x_1,x_2,s_{z1},s_{z2})=\psi_1(x_1)\psi_1(x_2)\frac{1}{\sqrt{2}}\left[\alpha(1)\beta(2)-\alpha(2)\beta(1)\right]$$

这正是基态的零级近似归一化波函数. 相应的零级近似能量为

$$E^{(0)}=2\times\frac{\pi^2\hbar^2}{2ma^2}=\frac{\pi^2\hbar^2}{ma^2}$$

一级修正能量为

$$\begin{aligned}E^{(1)}&=\int\psi^+(x_1,x_2,s_{z1},s_{z2})U(x_1,x_2)\psi(x_1,x_2,s_{z1},s_{z2})\mathrm{d}x_1\mathrm{d}x_2\\&=c\int\psi_1^*(x_1)\psi_1^*(x_2)\delta(x_1-x_2)\psi_1(x_1)\psi_1(x_2)\mathrm{d}x_1\mathrm{d}x_2\\&=c\int\psi_1^4(x_1)\mathrm{d}x_1=\frac{4c}{a^2}\int_0^a\sin^4\frac{\pi x_1}{a}\mathrm{d}x_1=\frac{3c}{2a}\end{aligned}$$

一级近似能量为

$$E=\frac{\pi^2\hbar^2}{ma^2}+\frac{3c}{2a}$$

7.25　考虑两个具有相同角频率 ω_0 的振子，哈密顿量为 $\hat{H}_1=\hbar\omega_0 a_1^+ a_1$，$\hat{H}_2=\hbar\omega_0 a_2^+ a_2$. 记 $\hat{H}_1,\hat{H}_2$ 相应于本征值 $n_1\hbar\omega_0$ 和 $n_2\hbar\omega_0$ 的本征态为 $|n_1 n_2\rangle$，零点能已略去. 在两个振子具有相互作用后，其哈密顿量为

$$\begin{aligned}\hat{H}&=\hbar\omega_0 a_1^+ a_1+\hbar\omega_0 a_2^+ a_2+g a_1^+ a_2+g a_2^+ a_1\\&=\left(a_1^+,a_2^+\right)\begin{pmatrix}\hbar\omega_0 & g\\ g & \hbar\omega_0\end{pmatrix}\begin{pmatrix}a_1\\ a_2\end{pmatrix}\end{aligned}$$

其中 g 为正实数. 因为有相互作用，$|n_1 n_2\rangle$ 不是 $\hat{H}$ 的本征态. 求 $\hat{H}$ 的本征值. [提示：使矩阵 $\begin{pmatrix}\hbar\omega_0 & g\\ g & \hbar\omega_0\end{pmatrix}$ 对角化]

解　按照 7.12 题的做法，在 $\hat{H}$ 中插入 $SS^+=1$（S 为幺正变换矩阵：$S^+S=SS^+=1$）. 如果在 S 矩阵的变换下，$S^+\begin{pmatrix}\hbar\omega_0 & g\\ g & \hbar\omega_0\end{pmatrix}S$ 成为对角矩阵：

$$\begin{aligned}\hat{H}&=\left(a_1^+,a_2^+\right)SS^+\begin{pmatrix}\hbar\omega_0 & g\\ g & \hbar\omega_0\end{pmatrix}SS^+\begin{pmatrix}a_1\\ a_2\end{pmatrix}\\&=\left(a_1^+,a_2^+\right)S\begin{pmatrix}E_1 & 0\\ 0 & E_2\end{pmatrix}S^+\begin{pmatrix}a_1\\ a_2\end{pmatrix}\\&=\left(b_1^+,b_2^+\right)\begin{pmatrix}E_1 & 0\\ 0 & E_2\end{pmatrix}\begin{pmatrix}b_1\\ b_2\end{pmatrix}\\&=E_1 b_1^+ b_1+E_2 b_2^+ b_2\end{aligned}$$

则 $\hat{H}$ 的本征态与本征值为

$$|\psi\rangle=|n_1 n_2\rangle,\ E=E_1 n_1+E_2 n_2,\ n_1,n_2=0,1,2,\cdots$$

其中 E_1 与 E_2 在求 S 矩阵的同时得到. 令

$$\hat{H}_a=\begin{pmatrix}\hbar\omega_0 & g\\ g & \hbar\omega_0\end{pmatrix}$$

由 $\hat{H}_a$ 的定态方程

$$\hat{H}_a|\psi\rangle=E|\psi\rangle\quad\text{或}\quad\begin{pmatrix}\hbar\omega_0 & g\\ g & \hbar\omega_0\end{pmatrix}\begin{pmatrix}c_1\\ c_2\end{pmatrix}=E\begin{pmatrix}c_1\\ c_2\end{pmatrix}$$

解得

$$E_1=\hbar\omega_0+g,\ |\psi_1\rangle=\frac{1}{\sqrt{2}}\begin{pmatrix}1\\1\end{pmatrix}$$

$$E_2=\hbar\omega_0-g,\ |\psi_2\rangle=\frac{1}{\sqrt{2}}\begin{pmatrix}1\\-1\end{pmatrix}$$

于是

$$E=(\hbar\omega_0+g)n_1+(\hbar\omega_0-g)n_2,\ n_1,n_2=0,1,2,\cdots$$

将态矢$|\psi_1\rangle$与$|\psi_2\rangle$并列，得到S矩阵：

$$S=\frac{1}{\sqrt{2}}\begin{pmatrix}1&1\\1&-1\end{pmatrix}$$

7.26　质量为μ的粒子处于三维各向同性谐振子势$V(r)=\dfrac{1}{2}\mu\omega^2r^2$中. (1)求粒子的本征能量和相应的简并度；(2)如再加上微扰$\hat{H}'=bxz$的作用(b为小的正实数)，求粒子的基态和第一激发态能量的一级修正；(3)如在以上势阱(含微扰)中，放入5个全同无相互作用的自旋$s=0$的粒子，求体系基态能量；(4)如在以上势阱(含微扰)中，放入5个全同无相互作用的自旋$s=1/2$的粒子，求体系基态能量.

解　(1) 在三维各向同性谐振子势中粒子的定态波函数与能量为

$$\psi_{n_1n_2n_2}(\boldsymbol{r})=\psi_{n_1}(x)\psi_{n_2}(y)\psi_{n_3}(z)$$

$$E_N=\left(n_1+n_2+n_3+\frac{3}{2}\right)\hbar\omega=\left(N+\frac{3}{2}\right)\hbar\omega,\ n_1,n_2,n_3=0,1,2,\cdots$$

能级简并度为$\sum\limits_{i=1}^{N+1}i=\dfrac{(N+1)(N+2)}{2}, N=n_1+n_2+n_3$

(2) 基态能量$E_0=3\hbar\omega/2$，非简并，能量的一级修正值为

$$E_0^{(1)}=b\int\psi_{000}^*(\boldsymbol{r})xz\psi_{000}(\boldsymbol{r})\,\mathrm{d}\tau=0$$

第一激发态能量$E_1=5\hbar\omega/2$，三度简并，对应波函数$\psi_{100},\psi_{010},\psi_{001}$. 令零级近似波函数$\psi^{(0)}=c_1\psi_{100}+c_2\psi_{010}+c_3\psi_{001}$，$c_1,c_2,c_3$满足方程

$$\begin{pmatrix}H'_{11}-E^{(1)}&H'_{12}&H'_{13}\\H'_{21}&H'_{22}-E^{(1)}&H'_{23}\\H'_{31}&H'_{32}&H'_{33}-E^{(1)}\end{pmatrix}\begin{pmatrix}c_1\\c_2\\c_3\end{pmatrix}=0$$

除$H'_{13}=H'_{31}=b/(2\alpha^2)$外，其余$H'_{ij}=0$：

$$H'_{13} = b\int \psi_{100}^* xz\psi_{001}\mathrm{d}\tau$$
$$= b\int \psi_1^*(x)x\psi_0(x)\mathrm{d}x\int \psi_0^*(y)\psi_0(y)\mathrm{d}y\int \psi_0^*(z)z\psi_1(z)\mathrm{d}z = \frac{b}{2\alpha^2}$$

将 H'_{ij} 代入方程，

$$\begin{pmatrix} -E^{(1)} & 0 & b/(2\alpha^2) \\ 0 & -E^{(1)} & 0 \\ b/(2\alpha^2) & 0 & -E^{(1)} \end{pmatrix}\begin{pmatrix} c_1 \\ c_2 \\ c_3 \end{pmatrix} = 0$$

由此方程解得

$$E_1^{(1)} = 0,\ E_2^{(1)} = \frac{b}{2\alpha^2} = \frac{b\hbar}{2\mu\omega},\ E_3^{(1)} = -\frac{b\hbar}{2\mu\omega}$$

计入微扰后，单粒子基态能量 E_0，第一、二、三激发态能量 E_1, E_2, E_3 分别为

$$E_0 = \frac{3}{2}\hbar\omega,\ E_1 = \frac{5}{2}\hbar\omega - \frac{b\hbar}{2\mu\omega},\ E_2 = \frac{5}{2}\hbar\omega,\ E_3 = \frac{5}{2}\hbar\omega + \frac{b\hbar}{2\mu\omega}$$

对于自旋 $s=0$ 的粒子，这 4 个能级都是非简并的. 对于自旋 $s=1/2$ 的粒子，这 4 个能级都是二度简并的.

(3) 计入微扰后，如果放入 5 个 $s=0$ 的全同粒子，让它们都处于单粒子基态 E_0，这就成为体系的基态. 体系基态能量为

$$E = 5E_0 = \frac{15}{2}\hbar\omega$$

(4) 计入微扰后，如果放入 5 个 $s=1/2$ 的全同粒子，2 个处于单粒子基态 E_0，2 个处于单粒子第一激发态 E_1，1 个处于单粒子第二激发态 E_2，这就成为体系的基态. 体系基态能量为

$$E = 2E_0 + 2E_1 + E_2 = \frac{21}{2}\hbar\omega - \frac{b\hbar}{\mu\omega}$$

7.27　a_i^+, a_i 是玻色子在单粒子态 $\phi_i(i=1,2)$ 上的产生算符与湮没算符，满足对易关系 $\left[a_i, a_j\right] = \left[a_i^+, a_j^+\right] = 0, \left[a_i, a_j^+\right] = \delta_{ij}$. 令

$$\hat{J}_x = \frac{\hbar}{2}\left(a_1^+ a_2 + a_2^+ a_1\right),\ \hat{J}_y = \frac{\mathrm{i}\hbar}{2}\left(a_1^+ a_2 - a_2^+ a_1\right),\ \hat{J}_z = \frac{\hbar}{2}\left(a_2^+ a_2 - a_1^+ a_1\right)$$

(1) 证明

$$\left[\hat{J}_x, \hat{J}_y\right] = \mathrm{i}\hbar\hat{J}_z,\ \left[\hat{J}_y, \hat{J}_z\right] = \mathrm{i}\hbar\hat{J}_x,\ \left[\hat{J}_z, \hat{J}_x\right] = \mathrm{i}\hbar\hat{J}_y$$

(2) 证明

$$\hat{J}^2=\hat{J}_x^2+\hat{J}_y^2+\hat{J}_z^2=\hbar^2\frac{\hat{N}_1+\hat{N}_2}{2}\left(\frac{\hat{N}_1+\hat{N}_2}{2}+1\right)$$

$$\left[\hat{J}^2,\hat{J}_\alpha\right]=0,\ \alpha=x,y,z$$

其中 $\hat{N}_1=a_1^+a_1$ 与 $\hat{N}_2=a_2^+a_2$ 分别是 ϕ_1 与 ϕ_2 态上粒子占有数算符；(3) 求 $\hat{J}^2$ 与 $\hat{J}_z$ 的共同本征态，以及它们的本征值.

解 (1)

$$\begin{aligned}\left[\hat{J}_x,\hat{J}_y\right]&=\frac{\mathrm{i}\hbar^2}{4}\left[a_1^+a_2+a_2^+a_1,\ a_1^+a_2-a_2^+a_1\right]\\&=\frac{\mathrm{i}\hbar^2}{4}\left\{-\left[a_1^+a_2,a_2^+a_1\right]+\left[a_2^+a_1,a_1^+a_2\right]\right\}=\frac{\mathrm{i}\hbar^2}{2}\left[a_2^+a_1,a_1^+a_2\right]\\&=\frac{\mathrm{i}\hbar^2}{2}\left\{a_2^+\left[a_1,a_1^+a_2\right]+\left[a_2^+,a_1^+a_2\right]a_1\right\}\\&=\frac{\mathrm{i}\hbar^2}{2}\left\{a_2^+\left[a_1,a_1^+\right]a_2+a_1^+\left[a_2^+,a_2\right]a_1\right\}\\&=\frac{\mathrm{i}\hbar^2}{2}\left(a_2^+a_2-a_1^+a_1\right)=\mathrm{i}\hbar\hat{J}_z\end{aligned}$$

类似的计算，可证

$$\left[\hat{J}_y,\hat{J}_z\right]=\mathrm{i}\hbar\hat{J}_x,\ \left[\hat{J}_z,\hat{J}_x\right]=\mathrm{i}\hbar\hat{J}_y$$

(2)

$$\begin{aligned}\hat{J}^2&=\hat{J}_x^2+\hat{J}_y^2+\hat{J}_z^2\\&=\frac{\hbar^2}{4}\left[\left(a_1^+a_2+a_2^+a_1\right)^2-\left(a_1^+a_2-a_2^+a_1\right)^2+\left(a_2^+a_2-a_1^+a_1\right)^2\right]\\&=\frac{\hbar^2}{4}\left(a_1^+a_2a_1^+a_2+a_1^+a_2a_2^+a_1+a_2^+a_1a_1^+a_2+a_2^+a_1a_2^+a_1\right.\\&\quad-a_1^+a_2a_1^+a_2+a_1^+a_2a_2^+a_1+a_2^+a_1a_1^+a_2-a_2^+a_1a_2^+a_1\\&\quad\left.+a_2^+a_2a_2^+a_2-a_2^+a_2a_1^+a_1-a_1^+a_1a_2^+a_2+a_1^+a_1a_1^+a_1\right)\\&=\frac{\hbar^2}{4}\left(2a_1^+a_2a_2^+a_1+2a_2^+a_1a_1^+a_2+a_2^+a_2a_2^+a_2-a_2^+a_2a_1^+a_1\right.\\&\quad\left.-a_1^+a_1a_2^+a_2+a_1^+a_1a_1^+a_1\right)\end{aligned}$$

其中

$$a_1^+ a_2 a_2^+ a_1 = a_1^+ a_1 a_2 a_2^+ = a_1^+ a_1 \left(1 + a_2^+ a_2\right) = a_1^+ a_1 + a_1^+ a_1 a_2^+ a_2$$

$$a_2^+ a_1 a_1^+ a_2 = a_1 a_1^+ a_2^+ a_2 = \left(1 + a_1^+ a_1\right) a_2^+ a_2 = a_2^+ a_2 + a_1^+ a_1 a_2^+ a_2$$

$$a_2^+ a_2 a_1^+ a_1 = a_1^+ a_1 a_2^+ a_2$$

$$\begin{aligned}\hat{J}^2 &= \frac{\hbar^2}{4}\left(2a_1^+ a_1 + 2a_2^+ a_2 + 2a_1^+ a_1 a_2^+ a_2 + a_1^+ a_1 a_1^+ a_1 + a_2^+ a_2 a_2^+ a_2\right) \\ &= \frac{\hbar^2}{2}\left(a_1^+ a_1 + a_2^+ a_2\right)\left[\frac{1}{2}\left(a_1^+ a_1 + a_2^+ a_2\right) + 1\right] \\ &= \hbar^2 \frac{\hat{N}_1 + \hat{N}_2}{2}\left(\frac{\hat{N}_1 + \hat{N}_2}{2} + 1\right)\end{aligned}$$

$$\begin{aligned}\left[\hat{N}_1 + \hat{N}_2, \hat{J}_x\right] &= \frac{\hbar}{2}\left[a_1^+ a_1 + a_2^+ a_2, a_1^+ a_2 + a_2^+ a_1\right] \\ &= \frac{\hbar}{2}\left\{\left[a_1^+ a_1, a_1^+ a_2\right] + \left[a_1^+ a_1, a_2^+ a_1\right] + \left[a_2^+ a_2, a_1^+ a_2\right] + \left[a_2^+ a_2, a_2^+ a_1\right]\right\} \\ &= \frac{\hbar}{2}\left\{a_1^+\left[a_1, a_1^+\right] a_2 + a_2^+\left[a_1^+, a_1\right] a_1 + a_1^+\left[a_2^+, a_2\right] a_2 + a_2^+\left[a_2, a_2^+\right] a_1\right\} \\ &= \frac{\hbar}{2}\left(a_1^+ a_2 - a_2^+ a_1 - a_1^+ a_2 + a_2^+ a_1\right) = 0\end{aligned}$$

因$\left[\hat{N}_1 + \hat{N}_2, \hat{J}_x\right] = 0$，故$\left[\hat{J}^2, \hat{J}_x\right] = 0$.

$$\begin{aligned}\left[\hat{N}_1 + \hat{N}_2, \hat{J}_y\right] &= \frac{\mathrm{i}\hbar}{2}\left[a_1^+ a_1 + a_2^+ a_2, a_1^+ a_2 - a_2^+ a_1\right] \\ &= \frac{\mathrm{i}\hbar}{2}\left\{\left[a_1^+ a_1, a_1^+ a_2\right] - \left[a_1^+ a_1, a_2^+ a_1\right] + \left[a_2^+ a_2, a_1^+ a_2\right] - \left[a_2^+ a_2, a_2^+ a_1\right]\right\} \\ &= \frac{\mathrm{i}\hbar}{2}\left\{a_1^+\left[a_1, a_1^+\right] a_2 - a_2^+\left[a_1^+, a_1\right] a_1 + a_1^+\left[a_2^+, a_2\right] a_2 - a_2^+\left[a_2, a_2^+\right] a_1\right\} \\ &= \frac{\mathrm{i}\hbar}{2}\left(a_1^+ a_2 + a_2^+ a_1 - a_1^+ a_2 - a_2^+ a_1\right) = 0\end{aligned}$$

因$\left[\hat{N}_1 + \hat{N}_2, \hat{J}_y\right] = 0$，故$\left[\hat{J}^2, \hat{J}_y\right] = 0$. $\left[\hat{J}^2, \hat{J}_z\right] = 0$是显然的，因为$\left[\hat{N}_1, \hat{N}_2\right] = \left[a_1^+ a_1, a_2^+ a_2\right] = 0$.

(3) 由于$\hat{J}^2$与$\hat{J}_z$对易，存在$\hat{J}^2$与$\hat{J}_z$的共同本征态. 显然，$\hat{J}^2$与$\hat{J}_z$的共同本征态就是$\hat{N}_1$与$\hat{N}_2$的共同本征态

$$\left|n_1 n_2\right\rangle = \left|n_1\right\rangle\left|n_2\right\rangle,\ n_1, n_2 = 0, 1, 2, \cdots$$

$\hat{J}^2$ 的本征值为

$$J^2 = j(j+1)\hbar^2, \ j = \frac{1}{2}(n_1 + n_2) = 0, \frac{1}{2}, 1, \frac{3}{2}, 2, \frac{5}{2}, \cdots$$

$\hat{J}_z$ 的本征值为

$$J_z = \frac{\hbar}{2}(n_2 - n_1) = \frac{\hbar}{2}(n_1 + n_2 - 2n_1) = \hbar(j - n_1)$$

其中 $n_1 = 0,1,2,\cdots,2j$，共有 $2j+1$ 个值. n_1 的最大值是 $2j$，这是因为 $n_1 + n_2 = 2j$，当 $n_2 = 0$ 时，n_1 取最大值 $2j$. 因此，与 $\hat{J}^2$ 的本征值 $J^2 = j(j+1)\hbar^2$ 相应的 $\hat{J}_z$ 的本征值有 $2j+1$ 个，它们也可以表示为

$$J_z = m\hbar, \ m = j, j-1, j-2, \cdots, -(j-2), -(j-1), -j$$

第八章 散　射

学 习 要 点

1. 散射微分截面的定义是

$$\sigma(\theta,\varphi)=\frac{1}{j}\frac{\mathrm{d}n(\theta,\varphi)}{\mathrm{d}\Omega} \tag{8-1}$$

它表示沿 z 方向入射的单位粒子流在坐标原点处由于受到一个靶粒子的作用,单位时间内在 (θ,φ) 方向单位立体角内出射的粒子数. 其中 j 为入射粒子流密度, $\mathrm{d}n(\theta,\varphi)/\mathrm{d}\Omega$ 为在 (θ,φ) 方向单位时间单位立体角内出射的粒子数. $\sigma(\theta,\varphi)$ 的量纲为面积,单位为靶恩($1\mathrm{b}=10^{-24}\mathrm{cm}^2$). 散射总截面

$$\sigma_t=\int\sigma(\theta,\varphi)\mathrm{d}\Omega \tag{8-2}$$

2. 质心系中的散射方程为

$$\left[-\frac{\hbar^2}{2\mu}\nabla^2+V(\boldsymbol{r})\right]\psi(\boldsymbol{r})=E\psi(\boldsymbol{r}) \tag{8-3}$$

其中 $\mu=m_1m_2/(m_1+m_2)$ 为折合质量(m_1 与 m_2 分别为入射粒子与靶粒子的质量), E 为入射粒子与靶粒子的相对运动能量, $\psi(\boldsymbol{r})$ 为散射波函数, $\boldsymbol{r}=\boldsymbol{r}_1-\boldsymbol{r}_2$ 为入射粒子与靶粒子的相对位置矢量. 这个方程的解在 $r\to\infty$ 处具有如下形式:

$$\psi(\boldsymbol{r})\xrightarrow{r\to\infty}\mathrm{e}^{\mathrm{i}kz}+f(\theta,\varphi)\frac{\mathrm{e}^{\mathrm{i}kz}}{r} \tag{8-4}$$

其中 $k=\sqrt{2\mu E/\hbar^2}$, $f(\theta,\varphi)$ 为出射球面波振幅,它决定了散射微分截面

$$\sigma(\theta,\varphi)=|f(\theta,\varphi)|^2 \tag{8-5}$$

理论计算的散射微分截面是质心坐标系的,为了同实验值比较,必须将计算的截面变换到实验室系.

3. 中心力场 $V(r)$ 散射的分波法计算公式

$$f(\theta)=\frac{1}{k}\sum_{l=0}^{\infty}(2l+1)\mathrm{e}^{\mathrm{i}\delta_l}\sin\delta_l P_l(\cos\theta) \tag{8-6}$$

$$\sigma(\theta)=\frac{1}{k^2}\left|\sum_{l=0}^{\infty}(2l+1)\mathrm{e}^{\mathrm{i}\delta_l}\sin\delta_l P_l(\cos\theta)\right|^2 \tag{8-7}$$

$$\sigma_t=\frac{4\pi}{k^2}\sum_{l=0}^{\infty}(2l+1)\sin^2\delta_l \tag{8-8}$$

其中 δ_l 为 l 分波相移. 求 δ_l 的方法是解 l 分波的径向方程

$$\frac{\mathrm{d}^2R_l(r)}{\mathrm{d}r^2}+\frac{2}{r}\frac{\mathrm{d}R_l(r)}{\mathrm{d}r}+\left\{\frac{2\mu}{\hbar^2}[E-V(r)]-\frac{l(l+1)}{r^2}\right\}R_l(r)=0 \tag{8-9}$$

求出 $R_l(r)$, 由

$$R_l(r)\xrightarrow{r\to\infty}\frac{1}{r}\sin\left(kr-\frac{l\pi}{2}+\delta_l\right) \tag{8-10}$$

得到 δ_l. 也可以令 $R_l(r)=u_l(r)/r$, 由方程

$$\frac{\mathrm{d}^2u_l(r)}{\mathrm{d}r^2}+\left\{\frac{2\mu}{\hbar^2}[E-V(r)]-\frac{l(l+1)}{r^2}\right\}u_l(r)=0 \tag{8-11}$$

及边界条件 $u(0)=0$, 解得 $u(r)$, 再由

$$u(r)\xrightarrow{r\to\infty}\sin\left(kr-\frac{l\pi}{2}+\delta_l\right) \tag{8-12}$$

得到 δ_l. 对低能中心力场散射, 只要计算 $l=0,1$ 等几个最小 l 的 δ_l. 特别是 $E\to 0$ 时, 只要计算 $l=0$ 的 δ_0. 这时求 δ_0 的径向方程为

$$\frac{\mathrm{d}^2R_0(r)}{\mathrm{d}r^2}+\frac{2}{r}\frac{\mathrm{d}R_0(r)}{\mathrm{d}r}+\frac{2\mu}{\hbar^2}[E-V(r)]R_0(r)=0 \tag{8-13}$$

或

$$\frac{\mathrm{d}^2u_0(r)}{\mathrm{d}r^2}+\frac{2\mu}{\hbar^2}[E-V(r)]u_0(r)=0 \tag{8-14}$$

s 波的 $f(\theta)$, $\sigma(\theta)$ 与 σ_t 的计算公式为

$$f(\theta)=\frac{1}{k}\mathrm{e}^{\mathrm{i}\delta_0}\sin\delta_0 \tag{8-15}$$

$$\sigma(\theta)=\frac{1}{k^2}\sin^2\delta_0 \tag{8-16}$$

$$\sigma_t=\frac{4\pi}{k^2}\sin^2\delta_0 \tag{8-17}$$

4. 高能散射的玻恩近似公式

$$f\ (\theta,\varphi)=-\frac{\mu}{2\pi\hbar^2}\int \mathrm{e}^{-\mathrm{i}\boldsymbol{q}\cdot\boldsymbol{r}'}\ V(\boldsymbol{r}')\ \mathrm{d}\tau' \tag{8-18}$$

$$\sigma(\theta,\varphi)=\frac{\mu^2}{4\pi^2\hbar^4}\left|\int \mathrm{e}^{-\mathrm{i}\boldsymbol{q}\cdot\boldsymbol{r}'}\ V(\boldsymbol{r}')\ \mathrm{d}\tau'\ \right|^2 \tag{8-19}$$

$$\boldsymbol{q}=\boldsymbol{k}-\boldsymbol{k}_0,\ q=2k\sin\frac{\theta}{2} \tag{8-20}$$

其中 $\boldsymbol{k}_0$ 是沿 z 轴方向的入射波波矢量，$\boldsymbol{k}$ 是沿 (θ,φ) 方向的出射波波矢量. 这两个波矢量的大小均为 k . 对中心力场 $V(r)$,

$$f(\theta)=-\frac{2\mu}{q\hbar^2}\int_0^\infty rV(r)\sin qr\mathrm{d}r \tag{8-21}$$

$$\sigma(\theta)=\frac{4\mu^2}{q^2\hbar^4}\left|\int_0^\infty rV(r)\sin qr\mathrm{d}r\right|^2 \tag{8-22}$$

5. 全同粒子散射

设 $f(\theta)$ 是不考虑全同性原理时算出的出射球面波振幅. $s=0$ 的全同粒子散射微分截面

$$\sigma(\theta)=\left|f(\theta)+f(\pi-\theta)\right|^2 \tag{8-23}$$

对于 $s=1/2$ 的全同粒子散射, 假设作用力势同自旋无关, $f(\theta)$ 是不考虑全同性原理时算出的出射球面波振幅, 散射微分截面

$$\sigma(\theta)=\begin{cases}\left|f(\theta)+f(\pi-\theta)\right|^2, & \text{自旋单态}\\ \left|f(\theta)-f(\pi-\theta)\right|^2, & \text{自旋三重态}\end{cases} \tag{8-24}$$

$s=1/2$ 的全同粒子非极化散射微分截面

$$\sigma(\theta)=\frac{1}{4}\left|f(\theta)+f(\pi-\theta)\right|^2+\frac{3}{4}\left|f(\theta)-f(\pi-\theta)\right|^2 \tag{8-25}$$

$s=1/2$ 的全同粒子(入射粒子与靶粒子)同向极化散射微分截面

$$\sigma(\theta)=\left|f(\theta)-f(\pi-\theta)\right|^2 \tag{8-26}$$

$s=1/2$ 的全同粒子(入射粒子与靶粒子)反向极化散射微分截面

$$\sigma(\theta)=\frac{1}{2}\left|f(\theta)+f(\pi-\theta)\right|^2+\frac{1}{2}\left|f(\theta)-f(\pi-\theta)\right|^2$$

全同粒子散射总截面

$$\sigma_t = \frac{1}{2}\int \sigma(\theta,\varphi)\mathrm{d}\Omega \tag{8-27}$$

式中出现 1/2 因子的原因是，在对 $\mathrm{d}\Omega$ 的积分中，同一事件被记录了两次[在 (θ,φ) 方向入射粒子的散射与靶粒子的反冲均被当做散射事例记录].

习题与解答

8.1　求低能(s 波)粒子在球方势垒上散射总截面 σ_t. 已知 $V(r)=\begin{cases}V_0, & r\leqslant a\\ 0, & r>a\end{cases}$, $V_0>0$, 并给出 σ_t 在 $E\to 0$, $V_0\to\infty$ 时(刚球散射)的极限值.

解　对 s 波，令 $\psi(r)=u(r)/r$, $u(r)$ 满足方程

$$\frac{\mathrm{d}^2u(r)}{\mathrm{d}r^2}+\frac{2\mu}{\hbar^2}(E-V_0)u(r)=0,\quad r\leqslant a$$

$$\frac{\mathrm{d}^2u(r)}{\mathrm{d}r^2}+\frac{2\mu E}{\hbar^2}u(r)=0,\quad r>a$$

及条件 $u(0)=0$.

(1) $E<V_0$

令

$$\alpha=\sqrt{\frac{2\mu(V_0-E)}{\hbar^2}},\ k=\sqrt{\frac{2\mu E}{\hbar^2}}$$

方程变为

$$\frac{\mathrm{d}^2u(r)}{\mathrm{d}r^2}-\alpha^2u(r)=0,\quad r\leqslant a$$

$$\frac{\mathrm{d}^2u(r)}{\mathrm{d}r^2}+k^2u(r)=0,\quad r>a$$

方程满足条件 $u(0)=0$ 的解为

$$u_1(r)=A\left(\mathrm{e}^{\alpha r}-\mathrm{e}^{-\alpha r}\right),\ r\leqslant a$$

$$u_2(r)=C\sin(kr+\delta_0),\ r>a$$

由连续条件 $u_1(a)=u_2(a)$, $u_1'(a)=u_2'(a)$ 得

$$A\left(\mathrm{e}^{\alpha a}-\mathrm{e}^{-\alpha a}\right)=C\sin(ka+\delta_0)$$

$$A\alpha\left(e^{\alpha a}+e^{-\alpha a}\right)=Ck\cos(ka+\delta_0)$$

以上两式相比，得

$$\tan(ka+\delta_0)=\frac{k}{\alpha}\frac{e^{\alpha a}-e^{-\alpha a}}{e^{\alpha a}+e^{-\alpha a}}\equiv G$$

$$\delta_0=\arctan G-ka$$

$$\sigma_t=\frac{4\pi}{k^2}\sin^2(\arctan G-ka)$$

如果 $V_0\to\infty$，则 $\alpha\to\infty$，$G\to0,\delta_0\to -ka$，

$$\sigma_t=\frac{4\pi}{k^2}\sin^2(-ka)=\frac{4\pi}{k^2}\sin^2(ka)$$

如果同时有 $E\to0$，则 $k\to0$，上式变为 $\sigma_t=4\pi a^2$.

(2) $E>V_0$

令
$$\beta=\sqrt{\frac{2\mu\left(E-V_0\right)}{\hbar^2}}$$

方程为

$$\frac{d^2u(r)}{dr^2}+\beta^2u(r)=0,\ r\leqslant a$$

$$\frac{d^2u(r)}{dr^2}+k^2u(r)=0,\ r>a$$

方程满足条件 $u(0)=0$ 的解为

$$u_1(r)=A\sin\beta r,\qquad r\leqslant a$$

$$u_2(r)=C\sin(kr+\delta_0),\ r>a$$

用情况(1)相同的方法求得

$$\delta_0=\arctan\left(\frac{k}{\beta}\tan\beta a\right)-ka$$

$$\sigma_t=\frac{4\pi}{k^2}\sin^2\left[\arctan\left(\frac{k}{\beta}\tan\beta a\right)-ka\right]$$

8.2 求低能(s 波)波球方势阱散射总截面 σ_t，势场为 $V(r)=\begin{cases}-V_0, & r\leqslant a\\ 0, & r>a\end{cases}$，其中

$V_0>0$, 并求σ_t在$E\to 0$时的极限值.

解 对 s 波, 令$\psi(r)=u(r)/r$, $u(r)$满足方程

$$\frac{\mathrm{d}^2u(r)}{\mathrm{d}r^2}+\frac{2\mu}{\hbar^2}(E+V_0)u(r)=0,\ r\leqslant a$$

$$\frac{\mathrm{d}^2u(r)}{\mathrm{d}r^2}+\frac{2\mu E}{\hbar^2}u(r)=0,\qquad r>a$$

及条件$u(0)=0$.

令
$$k=\sqrt{\frac{2\mu E}{\hbar^2}},\ \alpha=\sqrt{\frac{2\mu(V_0+E)}{\hbar^2}}$$

方程变为

$$\frac{\mathrm{d}^2u(r)}{\mathrm{d}r^2}+\alpha^2u(r)=0,\ r\leqslant a$$

$$\frac{\mathrm{d}^2u(r)}{\mathrm{d}r^2}+k^2u(r)=0,\ r>a$$

方程满足条件$u(0)=0$的解为

$$u_1(r)=A\sin\alpha r,\qquad r\leqslant a$$

$$u_2(r)=B\sin(kr+\delta_0),\ r>a$$

由波函数的连续条件$u_1(a)=u_2(a),u_1'(a)=u_2'(a)$, 得

$$A\sin\alpha a=B\sin(ka+\delta_0)$$

$$A\alpha\cos\alpha a=Bk\cos(ka+\delta_0)$$

以上两式相比, 得

$$\frac{k}{\alpha}\tan\alpha a=\tan(ka+\delta_0)$$

$$\delta_0=\arctan\left(\frac{k}{\alpha}\tan\alpha a\right)-ka$$

$$\sigma_t=\frac{4\pi}{k^2}\sin^2\delta_0=\frac{4\pi}{k^2}\sin^2\left[\arctan\left(\frac{k}{\alpha}\tan\alpha a\right)-ka\right]$$

当$E\to 0$时, $k\to 0,\alpha\to\sqrt{\frac{2\mu V_0}{\hbar^2}}\equiv\alpha_0$. 这时

$$\delta_0 \to \arctan\left(\frac{k}{\alpha_0}\tan\alpha_0 a\right) - ka \approx \frac{k}{\alpha_0}\tan\alpha_0 a - ka$$
$$= ka\left(\frac{\tan\alpha_0 a}{\alpha_0 a} - 1\right)$$

$$\delta_t \to 4\pi a^2\left(\frac{\tan\alpha_0 a}{\alpha_0 a} - 1\right)^2$$

由上式看出，当 $V_0 \to \infty(\alpha_0 \to \infty)$ 时，$\sigma_t \to 4\pi a^2$.这正是半径为 a 的刚球低能散射总截面.

8.3　质量为 μ 的粒子被中心力场 $V(r) = \dfrac{\alpha}{r^2}(\alpha > 0)$ 散射. (1)求各分波的相移 δ_l；(2)在 $\mu\alpha/\hbar^2 \ll 1$ 条件下，求 δ_l 的渐近式，并计算 $E \to 0$ 时 s 波散射总截面 σ_t，及任意能量 E 时的散射微分截面 $\sigma(\theta)$.

解　(1) l 分波的径向方程为

$$\frac{\mathrm{d}^2 R_l(r)}{\mathrm{d}r^2} + \frac{2}{r}\frac{\mathrm{d}R_l(r)}{\mathrm{d}r} + \left\{\frac{2\mu}{\hbar^2}\left[E - V(r)\right] - \frac{l(l+1)}{r^2}\right\}R_l(r) = 0 \tag{1}$$

将 $V(r) = \alpha/r^2$ 及 $2\mu E/\hbar^2 = k^2$ 代入方程(1),

$$\frac{\mathrm{d}^2 R_l(r)}{\mathrm{d}r^2} + \frac{2}{r}\frac{\mathrm{d}R_l(r)}{\mathrm{d}r} + \left\{k^2 - \left[l(l+1) + \frac{2\mu\alpha}{\hbar^2}\right]\frac{1}{r^2}\right\}R_l(r) = 0 \tag{2}$$

令

$$\nu(\nu+1) = l(l+1) + \frac{2\mu\alpha}{\hbar^2} \tag{3}$$

由式(3)解得

$$\nu = \left[l(l+1) + \frac{2\mu\alpha}{\hbar^2} + \frac{1}{4}\right]^{1/2} - \frac{1}{2} = \left[\left(l + \frac{1}{2}\right)^2 + \frac{2\mu\alpha}{\hbar^2}\right]^{1/2} - \frac{1}{2} \tag{4}$$

将式(3)代入方程(2)，得

$$\frac{\mathrm{d}^2 R_l(r)}{\mathrm{d}r^2} + \frac{2}{r}\frac{\mathrm{d}R_l(r)}{\mathrm{d}r} + \left[k^2 - \frac{\nu(\nu+1)}{r^2}\right]R_l(r) = 0 \tag{5}$$

令 $\rho = kr$，作变换 $r \to \rho$，得 $R_l(\rho)$ 的方程

$$\frac{\mathrm{d}^2 R_l(\rho)}{\mathrm{d}\rho^2} + \frac{2}{\rho}\frac{\mathrm{d}R_l(\rho)}{\mathrm{d}\rho} + \left[1 - \frac{\nu(\nu+1)}{\rho^2}\right]R_l(\rho) = 0 \tag{6}$$

这是球贝塞尔方程，它的两个线性独立解是

$$\mathrm{j}_\nu(\rho)=\sqrt{\frac{\pi}{2\rho}}\mathrm{J}_{\nu+\frac{1}{2}}(\rho),\ \mathrm{n}_\nu(\rho)=(-1)^{\nu+1}\sqrt{\frac{\pi}{2\rho}}\mathrm{J}_{-\nu-\frac{1}{2}}(\rho) \tag{7}$$

其中第二个函数 $\mathrm{n}_\nu(\rho)$（球诺依曼函数）在 $\rho\to 0$ 处发散. 取第一个函数 $\mathrm{j}_\nu(\rho)$（球贝塞尔函数），并回到变数 r，

$$R_l(r)=\mathrm{j}_\nu(kr)=\sqrt{\frac{\pi}{2kr}}\mathrm{J}_{\nu+\frac{1}{2}}(kr)\xrightarrow{r\to\infty}\frac{1}{kr}\sin\left(kr-\frac{\nu}{2}\pi\right) \tag{8}$$

已知 $R_l(r)$ 在 $r\to\infty$ 处的渐近式为

$$R_l(r)\xrightarrow{r\to\infty}\frac{1}{r}\sin\left(kr-\frac{l}{2}\pi+\delta_l\right) \tag{9}$$

比较以上两式，得

$$\delta_l=-\frac{\pi}{2}(\nu-l)=-\frac{\pi}{2}\left\{\left[\left(l+\frac{1}{2}\right)^2+\frac{2\mu\alpha}{\hbar^2}\right]^{1/2}-\left(l+\frac{1}{2}\right)\right\} \tag{10}$$

(2) 如果 $\mu\alpha/\hbar^2\ll 1$，则

$$\frac{2\mu\alpha}{\hbar^2}\ll 1\leqslant\left(l+\frac{1}{2}\right)^2\quad 或\quad \frac{2\mu\alpha}{\hbar^2\left(l+\frac{1}{2}\right)^2}\ll 1 \tag{11}$$

利用式(11)，式(10)可表示为

$$\begin{aligned}\delta_l&=-\frac{\pi}{2}\left\{\left(l+\frac{1}{2}\right)\left[1+\frac{2\mu\alpha}{\hbar^2\left(l+\frac{1}{2}\right)^2}\right]^{1/2}-\left(l+\frac{1}{2}\right)\right\}\\&\approx-\frac{\pi}{2}\left\{\left(l+\frac{1}{2}\right)\left[1+\frac{\mu\alpha}{\hbar^2\left(l+\frac{1}{2}\right)^2}\right]-\left(l+\frac{1}{2}\right)\right\}\\&=-\frac{\pi\mu\alpha}{(2l+1)\hbar^2}\end{aligned} \tag{12}$$

由式(12)与条件 $\mu\alpha/\hbar^2 \ll 1$，看出 $|\delta_l| \ll 1$．当 $E \to 0$ 时，只考虑 s 波相移 $\delta_0 = -\pi\mu\alpha/\hbar^2$，并注意到 $|\delta_l| \ll 1$，便有

$$\sigma(\theta) = \frac{1}{k^2}\sin^2\delta_0 \approx \frac{1}{k^2}\delta_0^2 = \frac{\pi^2\mu^2\alpha^2}{\hbar^4 k^2} \tag{13}$$

$$\sigma_t = \frac{4\pi^3\mu^2\alpha^2}{\hbar^4 k^2} \tag{14}$$

任意能量下，要考虑所有 l 分波相移 δ_l 的贡献

$$\sigma(\theta) = \frac{1}{k^2}\left|\sum_{l=0}^{\infty}(2l+1)\mathrm{e}^{\mathrm{i}\delta_l}\sin\delta_l P_l(\cos\theta)\right|^2 \tag{15}$$

因 $|\delta_l| \ll 1$，$\mathrm{e}^{\mathrm{i}\delta_l} \approx 1$．$\sin\delta_l \approx \delta_l$，上式变为

$$\sigma(\theta) = \frac{1}{k^2}\left|\sum_{l=0}^{\infty}(2l+1)\delta_l P_l(\cos\theta)\right|^2 \tag{16}$$

将 δ_l 的表示式(12)代入式(16)，并利用公式

$$\sum_{l=0}^{\infty}P_l(\cos\theta) = \frac{1}{2\sin\dfrac{\theta}{2}} \tag{17}$$

$$\sigma(\theta) = \frac{\pi^2\mu^2\alpha^2}{4\hbar^4 k^2}\frac{1}{\sin^2\dfrac{\theta}{2}} \tag{18}$$

8.4　求低能 $(ka \ll 1)$ 粒子在势场 $V(r) = \pm V_0\delta(r-a)$ $(V_0 > 0)$ 上的 s 波散射总截面 σ_t．

解　对 s 波，令 $\psi(r) = u(r)/r$，$u(r)$ 满足方程

$$\frac{\mathrm{d}^2 u(r)}{\mathrm{d}r^2} + \left[k^2 \mp \frac{2\mu V_0}{\hbar^2}\delta(r-a)\right]u(r) = 0 \tag{1}$$

及条件

$$u(0) = 0 \tag{2}$$

$$u'(a^+) - u'(a^-) = \pm\frac{2\mu V_0}{\hbar^2}u(a) \tag{3}$$

不考虑 $r = a$ 点时，方程(1)满足条件(2)的解为

$$u_1(r)=A\sin kr,\qquad r<a \tag{4}$$

$$u_2(r)=B\sin(kr+\delta_0),\ \ r<a \tag{5}$$

由连续条件 $u_1(a)=u_2(a)$,得

$$B\sin(ka+\delta_0)=A\sin ka \tag{6}$$

由条件(3),得

$$Bk\cos(ka+\delta_0)=Ak\cos ka\pm\frac{2\mu V_0}{\hbar^2}A\sin ka \tag{7}$$

式(6)与(7)相比,得

$$\tan(ka+\delta_0)=\frac{k}{k\cot ka\pm\dfrac{2\mu V_0}{\hbar^2}} \tag{8}$$

因 $ka\ll 1$, $\cot(ka)=\cos(ka)/\sin(ka)\approx 1/ka$,

$$\tan\left(ka+\delta_0\right)=\frac{k}{\dfrac{1}{a}\pm\dfrac{2\mu V_0}{\hbar^2}}=\frac{ka}{1\pm\dfrac{2\mu V_0 a}{\hbar^2}} \tag{9}$$

在 $ka\ll 1$ 条件下,上式可以近似表示为

$$ka+\delta_0\approx\frac{ka}{1\pm\dfrac{2\mu V_0 a}{\hbar^2}} \tag{10}$$

$$\delta_0\approx\frac{ka}{1\pm\dfrac{2\mu V_0 a}{\hbar^2}}-ka=\mp ka\frac{2\mu V_0 a/\hbar^2}{1\pm\dfrac{2\mu V_0 a}{\hbar^2}} \tag{11}$$

$$\sigma_t=\frac{4\pi}{k^2}\sin^2\delta_0\approx\frac{4\pi}{k^2}\delta_0^2=4\pi a^2\left[\frac{2\mu V_0 a/\hbar^2}{1\pm\left(2\mu V_0 a/\hbar^2\right)}\right]^2 \tag{12}$$

8.5 用玻恩近似法计算下列势场中的散射微分截面 $\sigma(\theta)$:

(1) $V(r)=\begin{cases}V_0, & r<a\\ 0, & r>a\end{cases}$;　　(2) $V(r)=\dfrac{Be^{-ar}}{r}$, $a>0$;

(3) $V(r)=V_0e^{-ar}, a>0$;　　(4) $V(r)=\dfrac{A}{r^2}$;

(5) $V(r)=V_0\delta(r-a), a>0$.

解 在中心力场 $V(r)$ 中,计算散射微分截面 $\sigma(\theta)$ 的玻恩近似公式为

$$\sigma(\theta)=\frac{4\mu^2}{\hbar^4q^2}\left|\int_0^\infty V(r)r\sin qr\mathrm{d}r\right|^2,\ q=2k\sin\frac{\theta}{2}$$

依次将 5 个势代入这个公式中，算出

(1) $\sigma(\theta)=\dfrac{4\mu^2V_0^2}{\hbar^4q^6}(\sin qa-aq\cos qa)^2$； (2) $\sigma(\theta)=\dfrac{4\mu^2B^2}{\hbar^4\left(a^2+q^2\right)^2}$；

(3) $\sigma(\theta)=\dfrac{16V_0^2\mu^2a^2}{\hbar^4\left(a^2+q^2\right)^4}$； (4) $\sigma(\theta)=\dfrac{A^2\mu^2\pi^2}{\hbar^4q^2}$；

(5) $\sigma(\theta)=\dfrac{4V_0^2\mu^2a^2\sin^2 qa}{\hbar^4q^2}$.

8.6　试用玻恩近似公式计算库仑散射的微分截面 $\sigma(\theta)$，库仑势为 $V(r)=\alpha/r$，入射粒子质量为 μ，速度为 v，α 为实数.

解　散射的玻恩近似公式为

$$\sigma(\theta)=\frac{4\mu^2}{\hbar^4q^2}\left|\int_0^\infty V(r)r\sin qr\mathrm{d}r\right|^2,\ q=2k\sin\frac{\theta}{2}$$

将 $V(r)=\alpha/r$ 代入上式，

$$\sigma(\theta)=\frac{4\mu^2\alpha^2}{\hbar^4q^2}\left|\int_0^\infty\sin qr\mathrm{d}r\right|^2$$

其中

$$\int_0^\infty\sin qr\mathrm{d}r=-\frac{1}{q}\cos qr\Big|_{r=0}^{r=\infty}\ \text{不确定}$$

用下述方法可以确定上述积分值，

$$\int_0^\infty\sin qr\mathrm{d}r=\lim_{\beta\to0}\int_0^\infty \mathrm{e}^{-\beta r}\sin qr\mathrm{d}r=\lim_{\beta\to0}\frac{q}{\beta^2+q^2}=\frac{1}{q}$$

$$\sigma(\theta)=\frac{4\mu^2\alpha^2}{q^4\hbar^4}=\frac{\mu^2\alpha^2}{4\hbar^4k^4\sin^4\dfrac{\theta}{2}}=\frac{\alpha^2}{4\mu^2v^4\sin^4\dfrac{\theta}{2}}$$

8.7　质量为 μ 的高能粒子被中心力势 $V(r)=A\mathrm{e}^{-r^2/a^2}$ ($A>0$，$a>0$)散射，求散射微分截面 $\sigma(\theta)$ 与总截面 σ_t.

解　在中心力场 $V(r)$ 中，计算散射微分截面 $\sigma(\theta)$ 的玻恩近似公式为

$$\sigma(\theta)=\frac{4\mu^2}{\hbar^4q^2}\left|\int_0^\infty V(r)r\sin qr\mathrm{d}r\right|^2,\ q=2k\sin\frac{\theta}{2}$$

将$V(r)$的表示式代入上式，先计算其中积分，

$$\int_0^\infty V(r)r\sin qr\mathrm{d}r = A\int_0^\infty r\mathrm{e}^{-r^2/a^2}\sin qr\mathrm{d}r = -\frac{Aa^2}{2}\int \sin qr\mathrm{d}\mathrm{e}^{-r^2/a^2}$$
$$= -\frac{Aa^2}{2}\left(\sin qr\mathrm{e}^{-r^2/a^2}\Big|_{r=0}^{r=\infty} - \int \mathrm{e}^{-r^2/a^2}\mathrm{d}\sin qr\right)$$
$$= \frac{Aa^2q}{2}\int_0^\infty \mathrm{e}^{-r^2/a^2}\cos qr\mathrm{d}r = \frac{A\sqrt{\pi}a^3q}{4}\mathrm{e}^{-a^2q^2/4}$$

以上计算用到积分公式

$$\int_0^\infty \mathrm{e}^{-\alpha^2r^2}\cos\beta r\mathrm{d}r = \frac{\sqrt{\pi}\mathrm{e}^{-\beta^2/4\alpha^2}}{2\alpha},\quad \alpha>0$$

将积分值代入$\sigma(\theta)$中，得

$$\sigma(\theta) = \frac{A^2\pi\mu^2a^6}{4\hbar^4}\mathrm{e}^{-a^2q^2/2} = \frac{A^2\pi\mu^2a^6}{4\hbar^4}\mathrm{e}^{-2a^2k^2\sin^2\frac{\theta}{2}}$$

$$\sigma_t = 2\pi\int_0^\pi \sigma(\theta)\sin\theta\mathrm{d}\theta = \frac{A^2\pi^2\mu^2a^6}{2\hbar^4}\int_0^\pi \mathrm{e}^{-2a^2k^2\sin^2\frac{\theta}{2}}\sin\theta\mathrm{d}\theta$$

其中

$$\sin\theta\mathrm{d}\theta = -\mathrm{d}\cos\theta = -\mathrm{d}\left(1-2\sin^2\frac{\theta}{2}\right) = 2\mathrm{d}\sin^2\frac{\theta}{2}$$

将上式代入积分，

$$\sigma_t = \frac{A^2\pi^2\mu^2a^6}{\hbar^4}\int_0^1 \mathrm{e}^{-2a^2k^2\sin^2\frac{\theta}{2}}\mathrm{d}\sin^2\frac{\theta}{2} = \frac{A^2\pi^2\mu^2a^6}{\hbar^4}\int_0^1 \mathrm{e}^{-2a^2k^2t}\mathrm{d}t$$
$$= \frac{A^2\pi^2\mu^2a^4}{2\hbar^4k^2}\left(1-\mathrm{e}^{-2a^2k^2}\right)$$

8.8 一束中子射向氢分子而发生弹性散射，氢分子中两个原子核同中子的作用可以用下面的简化势代替：$V(\boldsymbol{r}) = -V_0\left[\delta(\boldsymbol{r}-\boldsymbol{a})+\delta(\boldsymbol{r}+\boldsymbol{a})\right]$，其中$V_0$为正的常数，$\boldsymbol{a}$与$-\boldsymbol{a}$分别为两个原子核的位置矢量. 求高能中子散射的微分截面$\sigma(\theta,\varphi)$，并指出截面取极大值的方向.

解 在高能近似下，非中心力场$V(\boldsymbol{r})$散射的玻恩近似公式为

$$\sigma(\theta,\varphi) = \frac{\mu^2}{4\pi^2\hbar^4}\left|\int \mathrm{e}^{-\mathrm{i}\boldsymbol{q}\cdot\boldsymbol{r}'}V(\boldsymbol{r}')\,\mathrm{d}\tau'\right|^2$$

其中

$$\boldsymbol{q}=\boldsymbol{k}-\boldsymbol{k}_0,\ q=2k\sin\frac{\theta}{2}$$

$\boldsymbol{k}_0=k\boldsymbol{e}_z$ 是沿 z 轴方向入射的平面波波矢量, $\boldsymbol{k}=k\boldsymbol{n}(\theta,\varphi)$ 是沿 (θ,φ) 方向出射的平面波波矢量. 将 $V(\boldsymbol{r})$ 表示式代入 $\sigma(\theta,\varphi)$ 的计算公式,

$$\begin{aligned}\sigma(\theta,\varphi)&=\frac{\mu^2}{4\pi^2\hbar^4}\left|\int \mathrm{e}^{-\mathrm{i}\boldsymbol{q}\cdot\boldsymbol{r}'}\{-V_0[\delta(\boldsymbol{r}'-\boldsymbol{a})+\delta(\boldsymbol{r}'+\boldsymbol{a})]\}\,\mathrm{d}\tau'\ \right|^2\\&=\frac{\mu^2V_0^2}{4\pi^2\hbar^4}\left|\mathrm{e}^{\mathrm{i}\boldsymbol{q}\cdot\boldsymbol{a}}+\mathrm{e}^{-\mathrm{i}\boldsymbol{q}\cdot\boldsymbol{a}}\right|^2=\frac{\mu^2V_0^2}{\pi^2\hbar^4}\cos^2(\boldsymbol{q}\cdot\boldsymbol{a})\end{aligned}$$

当 $\boldsymbol{q}$ 与 $\boldsymbol{a}$ 垂直时, $\boldsymbol{q}\cdot\boldsymbol{a}=0$, $\cos^2(\boldsymbol{q}\cdot\boldsymbol{a})=1$, $\sigma(\theta,\varphi)$ 取极大值. 设 $\boldsymbol{a}$ 同 z 轴的交角为 α , 取 x 轴使 $\boldsymbol{a}$ 在 xz 平面内. 显然, 当散射角 $\theta=2\alpha$, $\varphi=0$ 时, $\boldsymbol{q}$ 与 $\boldsymbol{a}$ 垂直, $\sigma(\theta,\varphi)$ 取极大值.

8.9 质量为 μ 电荷为 Q 的粒子被一个势场 $V(r)$ 散射. 此势场是一个球对称电荷分布 $\rho(r)$ 产生的静电势场. 设 $\rho(r)$ 随 $r\to\infty$ 很快趋于零, 并有 $\int\rho(r)\mathrm{d}\tau=0$ 和 $\int r^2\rho(r)\mathrm{d}\tau=A$ (A 为已知常数). 试用玻恩近似计算向前散射的微分截面 $\sigma(0)$.

解 在距离球对称分布电荷中心 r 处, 电荷为 Q 的入射粒子受到的作用力势等于电荷 Q 同半径为 r 的球内分布电荷的作用力势加上电荷 Q 同球外分布电荷的作用力势:

$$V(r)=\frac{4\pi Q}{r}\int_0^r\rho(r')r'^2\mathrm{d}r'+4\pi Q\int_r^\infty\rho(r')\frac{r'^2}{r'}\mathrm{d}r' \tag{1}$$

其中第一项是电荷 Q 同半径为 r 的球内分布电荷的作用力势, 它等于电荷 Q 同将球内分布电荷集中在坐标原点时两者之间的作用力势;第二项是电荷 Q 同球外分布电荷的作用力势, 它等于将电荷 Q 置于坐标原点时两者之间的作用力势. 已知

$$4\pi\int_0^\infty\rho(r')r'^2\mathrm{d}r'=0 \tag{2}$$

即
$$\int_0^r\rho(r')r'^2\mathrm{d}r'+\int_r^\infty\rho(r')r'^2\mathrm{d}r'=0 \tag{3}$$

或
$$\int_0^r\rho(r')r'^2\mathrm{d}r'=-\int_r^\infty\rho(r')r'^2\mathrm{d}r' \tag{4}$$

将式(4)代入式(1),

$$V(r)=4\pi Q\int_r^\infty\left(\frac{1}{r'}-\frac{1}{r}\right)\rho(r')r'^2\mathrm{d}r' \tag{5}$$

玻恩近似公式为

$$\sigma(\theta)=\frac{4\mu^2}{\hbar^4 q^2}\left|\int_0^\infty V(r)r\sin qr\mathrm{d}r\right|^2=\frac{4\mu^2}{\hbar^4}\left|\int_0^\infty r^2\frac{\sin qr}{qr}V(r)\mathrm{d}r\right|^2 \tag{6}$$

对向前散射,

$$\theta\to 0,\ q=2k\sin\frac{\theta}{2}\to 0,\ \frac{\sin qr}{qr}\to 1 \tag{7}$$

$$\sigma(0)=\frac{4\mu^2}{\hbar^4}\left|\int_0^\infty r^2V(r)\mathrm{d}r\right|^2 \tag{8}$$

其中

$$\int_0^\infty r^2V(r)\mathrm{d}r=4\pi Q\int_0^\infty \mathrm{d}r r^2\int_r^\infty\left(\frac{1}{r'}-\frac{1}{r}\right)\rho(r')r'^2\mathrm{d}r' \tag{9}$$

改变上式中积分次序,先对 r 积分,再对 r' 积分,

$$\begin{aligned}\int_0^\infty r^2V(r)\mathrm{d}r&=4\pi Q\int_0^\infty \mathrm{d}r'\rho(r')r'^2\int_0^{r'}\left(\frac{1}{r'}-\frac{1}{r}\right)r^2\mathrm{d}r\\&=4\pi Q\int_0^\infty \rho(r')r'^2\left(\frac{r'^2}{3}-\frac{r'^2}{2}\right)\mathrm{d}r'\\&=-\frac{2\pi Q}{3}\int_0^\infty\rho(r')r'^4\mathrm{d}r'\end{aligned} \tag{10}$$

由题设,

$$\int r'^2\rho(r')\mathrm{d}\tau'=4\pi\int_0^\infty\rho(r')r'^4\mathrm{d}r'=A$$

$$\int_0^\infty\rho(r')r'^4\mathrm{d}r'=\frac{A}{4\pi} \tag{11}$$

将式(11)代入式(10),

$$\int_0^\infty r^2V(r)\mathrm{d}r=-\frac{QA}{6} \tag{12}$$

将式(12)代入式(8),得

$$\sigma(0)=\frac{\mu^2Q^2A^2}{9\hbar^4} \tag{13}$$

8.10 考虑低能 s 波 n - p 散射,作用力势 $V=V_0(r)+g(r)\hat{\boldsymbol{S}}_1\cdot\hat{\boldsymbol{S}}_2$,其中 r 是两个粒子之间的距离,$\hat{\boldsymbol{S}}_1$ 与 $\hat{\boldsymbol{S}}_2$ 分别是入射中子与靶质子的自旋. 已知 s 波自旋三重态

出射球面波振幅为 f_3，自旋单态出射球面波振幅为 f_1. (1)设入射中子处于自旋极化态 $s_z=\hbar/2$，靶质子处于自旋极化态 $s_z=-\hbar/2$，求散射总截面. (2)设入射中子处于自旋极化态 $s_z=\hbar/2$，靶质子是非极化的，求散射总截面，中子自旋取向不变的散射总截面，中子自旋反向的散射总截面.

解 在质心坐标系中，体系的哈密顿量为

$$\begin{aligned}\hat{H}&=-\frac{\hbar^2}{2\mu}\nabla^2+V_0(r)+g(r)\hat{\boldsymbol{S}}_1\cdot\hat{\boldsymbol{S}}_2\\&=-\frac{\hbar^2}{2\mu}\nabla^2+V_0(r)+\frac{g(r)}{2}\left(\hat{S}^2-\frac{3\hbar^2}{2}\right)\end{aligned}$$

其中 $\hat{S}^2$ 为体系总自旋平方算符. 显然，$\hat{S}^2$ 与 $\hat{S}_z$ 同 $\hat{H}$ 对易，$\hat{S}^2$ 与 $\hat{S}_z$ 是守恒量.

(1) 散射前体系波函数为

$$\psi_i=\alpha(1)\beta(2)\mathrm{e}^{\mathrm{i}kz}=\frac{1}{\sqrt{2}}\left(|10\rangle+|00\rangle\right)\mathrm{e}^{\mathrm{i}kz}$$

散射后出射球面波波函数为

$$\psi_{sc}=\frac{1}{\sqrt{2}}\left(f_3|10\rangle+f_2|00\rangle\right)\frac{\mathrm{e}^{\mathrm{i}kr}}{r}$$

散射总截面

$$\sigma_t=4\pi\left(\frac{1}{2}|f_3|^2+\frac{1}{2}|f_1|^2\right)=2\pi\left(|f_3|^2+|f_1|^2\right)$$

(2) 非极化的质子处于 $s_z=\hbar/2$ 与 $s_z=-\hbar/2$ 态的概率各为 $1/2$. 散射前体系处于以下两种状态的概率各为 $1/2$：

$$\psi_1=\alpha(1)\alpha(2)\mathrm{e}^{\mathrm{i}kz}=|11\rangle\mathrm{e}^{\mathrm{i}kz}$$

$$\psi_2=\alpha(1)\beta(2)\mathrm{e}^{\mathrm{i}kz}=\frac{1}{\sqrt{2}}\left(|10\rangle+|00\rangle\right)\mathrm{e}^{\mathrm{i}kz}$$

同 ψ_1 与 ψ_2 相应的出射球面波波函数为

$$\psi_{sc1}=f_3|11\rangle\frac{\mathrm{e}^{\mathrm{i}kr}}{r}$$

$$\psi_{sc2}=\frac{1}{\sqrt{2}}\left(f_3|10\rangle+f_1|00\rangle\right)\frac{\mathrm{e}^{\mathrm{i}kr}}{r}$$

这两种情况的散射总截面分别为

$$\sigma_{t1} = 4\pi|f_3|^2$$

$$\sigma_{t2} = 4\pi\left(\frac{1}{2}|f_3|^2 + \frac{1}{2}|f_1|^2\right) = 2\pi\left(|f_3|^2 + |f_1|^2\right)$$

散射总截面为

$$\sigma_t = \frac{1}{2}\sigma_{t1} + \frac{1}{2}\sigma_{t2} = 3\pi|f_3|^2 + \pi|f_1|^2$$

为了解在出射球面波态中入射中子处于自旋$s_z = \hbar/2$态与$s_z = -\hbar/2$态的情况，要把其中总自旋态用分自旋态表示：

$$\psi_{sc1} = f_3\alpha(1)\alpha(2)\frac{\mathrm{e}^{\mathrm{i}kr}}{r}$$

$$\begin{aligned}\psi_{sc2} &= \frac{1}{\sqrt{2}}\left\{\frac{f_3}{\sqrt{2}}\left[\alpha(1)\beta(2) + \alpha(2)\beta(1)\right] + \frac{f_1}{\sqrt{2}}\left[\alpha(1)\beta(2) - \alpha(2)\beta(1)\right]\right\}\frac{\mathrm{e}^{\mathrm{i}kr}}{r}\\ &= \frac{1}{2}\left[\left(f_3 + f_1\right)\alpha(1)\beta(2) + \left(f_3 - f_1\right)\alpha(2)\beta(1)\right]\frac{\mathrm{e}^{\mathrm{i}kr}}{r}\end{aligned}$$

中子自旋取向不变的散射总截面为

$$\sigma_{\uparrow\uparrow} = \frac{1}{2}\cdot 4\pi|f_3|^2 + \frac{1}{2}\cdot 4\pi\left|\frac{f_3 + f_1}{2}\right|^2 = 2\pi|f_3|^2 + \frac{\pi}{2}|f_3 + f_1|^2$$

中子自旋反向的散射总截面为

$$\sigma_{\downarrow\uparrow} = \frac{1}{2}\cdot 4\pi\left|\frac{f_3 - f_2}{2}\right|^2 = \frac{\pi}{2}|f_3 - f_1|^2$$

8.11 假想一个能量$E \to 0$的中子-中子散射，相互作用力势为

$$V = \begin{cases} V_0\boldsymbol{\sigma}_1\cdot\boldsymbol{\sigma}_2, & r < a \\ 0, & r > a \end{cases}$$

其中$\boldsymbol{\sigma}_1$与$\boldsymbol{\sigma}_2$是入射中子与靶中子的泡利矩阵，V_0是常数. 入射中子与靶中子都是非极化的. 计算散射总截面σ_t.

解 在上述力势作用下，总自旋$\hat{\boldsymbol{S}}$是守恒量. 体系波函数可以表示为

$$\psi(\boldsymbol{r}, s_{1z}, s_{2z}) = \psi(\boldsymbol{r})\Phi_{sm_s}(s_{1z}, s_{2z})$$

其中Φ_{sm_s}是$\hat{S}^2$与$\hat{S}_z$的共同本征函数，$s = 0, m_s = 0; s = 1, m_s = 0, \pm 1$. 对于能量$E \to 0$的散射，只需考虑 s 波的散射. s 波的空间波函数$\psi(r) = \psi\left(|\boldsymbol{r}_1 - \boldsymbol{r}_2|\right)$对于交换

两中子的空间坐标 $\boldsymbol{r}_1$ 与 $\boldsymbol{r}_2$ 是对称的. 与 $\psi(r)$ 相应的自旋波函数 $\Phi_{sm_s}(s_{1z},s_{2z})$, 必定是对于交换两中子的自旋变量 s_{1z} 与 s_{2z} 为反对称的自旋单态波函数 $\Phi_{00}(s_{1z},s_{2z})$. 在体系处于自旋单态时, $\boldsymbol{\sigma}_1\cdot\boldsymbol{\sigma}_2$ 的取值为 -3, 作用力势为

$$V=\begin{cases}-3V_0, & r<a\\ 0, & r>a\end{cases}$$

令 $\psi(r)=u(r)/r$, $u(r)$ 满足方程

$$\frac{\mathrm{d}^2u(r)}{\mathrm{d}r^2}+\frac{2\mu}{\hbar^2}(E+3V_0)u(r)=0,\ r<a$$

$$\frac{\mathrm{d}^2u(r)}{\mathrm{d}r^2}+\frac{2\mu E}{\hbar^2}u(r)=0,\qquad r>a$$

及边界条件 $u(0)=0$. 令

$$\alpha=\sqrt{\frac{2\mu(E+3V_0)}{\hbar^2}},\ k=\sqrt{\frac{2\mu E}{\hbar^2}}$$

方程变为

$$\frac{\mathrm{d}^2u(r)}{\mathrm{d}r^2}+\alpha^2u(r)=0,\ r<a$$

$$\frac{\mathrm{d}^2u(r)}{\mathrm{d}r^2}+k^2u(r)=0,\ r>a$$

方程满足条件 $u(0)=0$ 的解为

$$u_1(r)=A\sin\alpha r,\qquad r<a$$

$$u_2(r)=B\sin(kr+\delta_0),\ r>a$$

由连续条件 $u_1(a)=u_2(a), u_1'(a)=u_2'(a)$, 得

$$A\sin\alpha a=B\sin(ka+\delta_0)$$

$$A\alpha\cos\alpha a=Bk\cos(ka+\delta_0)$$

以上两式相比, 得

$$\frac{k}{\alpha}\tan(\alpha a)=\tan(ka+\delta_0)$$

$$\delta_0=\arctan\left[\frac{k}{\alpha}\tan(\alpha a)\right]-ka$$

$$E \to 0,\ k \to 0,\ \alpha \to \sqrt{\frac{6\mu V_0}{\hbar^2}} \equiv \alpha_0$$

$$\delta_0 \xrightarrow{E\to 0} \frac{k}{\alpha_0}\tan(\alpha_0 a) - ka = ka\left[\frac{\tan(\alpha_0 a)}{\alpha_0 a} - 1\right]$$

$$f(\theta) = \frac{1}{k}\mathrm{e}^{\mathrm{i}\delta_0}\sin\delta_0$$

$$\sigma(\theta) = |f(\theta) + f(\pi-\theta)|^2 = \left|\frac{2}{k}\mathrm{e}^{\mathrm{i}\delta_0}\sin\delta_0\right|^2$$

$$= \frac{4}{k^2}\sin^2\delta_0 \approx \frac{4}{k^2}\delta_0^2 = 4a^2\left[\frac{\tan(\alpha_0 a)}{\alpha_0 a} - 1\right]^2$$

自旋单态散射总截面为

$$\sigma_t = \frac{1}{2}\int\sigma(\theta)\mathrm{d}\Omega = 8\pi a^2\left[\frac{\tan(\alpha_0 a)}{\alpha_0 a} - 1\right]^2$$

在入射中子与靶中子都是非极化时，$\alpha(1)\alpha(2)$，$\alpha(1)\beta(2)$，$\beta(1)\alpha(2)$，$\beta(1)\beta(2)$ 4 种态出现的概率都是 1/4. 显然，状态 $|11\rangle$，$|10\rangle$，$|1-1\rangle$，$|00\rangle$ 出现的概率也都是 1/4. 考虑到自旋单态 $|00\rangle$ 出现的概率为 $1/4$，散射总截面为

$$\sigma_t = \frac{1}{4}\cdot 8\pi a^2\left[\frac{\tan(\alpha_0 a)}{\alpha_0 a} - 1\right]^2 = 2\pi a^2\left[\frac{\tan(\alpha_0 a)}{\alpha_0 a} - 1\right]^2$$

8.12 考虑两个质量为 m 的高能全同粒子散射，相互作用力势为 $V(r) = A\mathrm{e}^{-\alpha r}/r$，其中 A 与 α 是大于 0 的常数. 分别在以下情况，用玻恩近似公式计算散射微分截面 $\sigma(\theta)$：(1)粒子自旋 $s=0$；(2) 粒子自旋 $s=1/2$，并且散射是非极化的；(3) 粒子自旋 $s=1/2$，并且这两个粒子的自旋均指向 z 轴正方向. (提示：$\int_0^\infty \mathrm{e}^{-ax}\sin bx\mathrm{d}x = \frac{b}{a^2+b^2}, a>0$)

解 在中心力场 $V(r)$ 中，出射球面波振幅

$$f(\theta) = -\frac{2\mu}{q\hbar^2}\int_0^\infty V(r) r \sin qr\mathrm{d}r$$

其中

$$\mu = \frac{m}{2},\ q = 2k\sin\frac{\theta}{2}$$

将$V(r)=Ae^{-\alpha r}/r$代入$f(\theta)$的公式，并利用上式和提示积分公式，算出

$$f(\theta)=-\frac{2\mu A}{\hbar^2\left(\alpha^2+4k^2\sin^2\dfrac{\theta}{2}\right)},\quad f(\pi-\theta)=-\frac{2\mu A}{\hbar^2\left(\alpha^2+4k^2\cos^2\dfrac{\theta}{2}\right)}$$

(1) $s=0$的全同粒子散射，

$$\sigma(\theta)=\left|f(\theta)+f(\pi-\theta)\right|^2$$

$$=\frac{4\mu^2A^2}{\hbar^4}\left(\frac{1}{\alpha^2+4k^2\sin^2\dfrac{\theta}{2}}+\frac{1}{\alpha^2+4k^2\cos^2\dfrac{\theta}{2}}\right)^2$$

(2) $s=1/2$的全同粒子非极化散射，

$$\sigma(\theta)=\frac{1}{4}\left|f(\theta)+f(\pi-\theta)\right|^2+\frac{3}{4}\left|f(\theta)-f(\pi-\theta)\right|^2$$

$$=\frac{\mu^2A^2}{\hbar^4}\left[\left(\frac{1}{\alpha^2+4k^2\sin^2\dfrac{\theta}{2}}+\frac{1}{\alpha^2+4k^2\cos^2\dfrac{\theta}{2}}\right)^2\right.$$

$$\left.+3\left(\frac{1}{\alpha^2+4k^2\sin^2\dfrac{\theta}{2}}-\frac{1}{\alpha^2+4k^2\cos^2\dfrac{\theta}{2}}\right)^2\right]$$

(3) $s=1/2$的全同粒子极化散射，散射体系处于总自旋$s=1$，$m_s=1$的态

$$\sigma(\theta)=\left|f(\theta)-f(\pi-\theta)\right|^2$$

$$=\frac{4\mu^2A^2}{\hbar^4}\left(\frac{1}{\alpha^2+4k^2\sin^2\dfrac{\theta}{2}}-\frac{1}{\alpha^2+4k^2\cos^2\dfrac{\theta}{2}}\right)^2$$

8.13 考虑两个质量为m，自旋$s=1/2$的高能全同粒子散射. 两个粒子之间的相互作用力势为$V=\dfrac{Ae^{-\alpha r}}{r}\hat{\boldsymbol{S}}_1\cdot\hat{\boldsymbol{S}}_2$，其中$\hat{\boldsymbol{S}}_1$与$\hat{\boldsymbol{S}}_2$分别是入射粒子与靶粒子的自旋，$A$与$\alpha$是正实数. 分别在以下情况用玻恩近似公式计算散射微分截面$\sigma(\theta)$：(1)两个粒子是同向极化的；(2)两个粒子是反向极化的；(3)两个粒子是非极化的.（提示：$\int_0^\infty e^{-ax}\sin bx\,dx=\dfrac{b}{a^2+b^2}, a>0$）

解 $$V=\frac{Ae^{-\alpha r}}{r}\hat{\boldsymbol{S}}_1\cdot\hat{\boldsymbol{S}}_2=\frac{Ae^{-\alpha r}}{2r}\left(\hat{S}^2-\frac{3}{2}\hbar^2\right)$$

在质心系,散射体系的定态方程为

$$\left[-\frac{\hbar^2}{2\mu}\nabla^2+\frac{Ae^{-\alpha r}}{2r}\left(\hat{S}^2-\frac{3}{2}\hbar^2\right)\right]\psi(\boldsymbol{r},s_{1z},s_{2z})=E\psi(\boldsymbol{r},s_{1z},s_{2z})$$

显然,体系总自旋$\hat{S}^2,\hat{S}_z$是守恒量.令

$$\psi(\boldsymbol{r},s_{1z},s_{2z})=\psi(\boldsymbol{r})|sm_s\rangle$$

其中$|sm_s\rangle$是总自旋$\hat{S}^2,\hat{S}_z$的共同本征态,$s=0,m_s=0$;$s=1,m_s=0,\pm1$.将上式代入方程,得到$\psi(\boldsymbol{r})$的方程

$$\left\{-\frac{\hbar^2}{2\mu}\nabla^2+\frac{A\hbar^2e^{-\alpha r}}{2r}\left[s(s+1)-\frac{3}{2}\right]\right\}\psi(\boldsymbol{r})=E\psi(\boldsymbol{r})$$

对$s=0$,方程变为

$$\left(-\frac{\hbar^2}{2\mu}\nabla^2-\frac{3A\hbar^2}{4}\frac{e^{-\alpha r}}{r}\right)\psi(\boldsymbol{r})=E\psi(\boldsymbol{r})$$

对$s=1$,方程变为

$$\left(-\frac{\hbar^2}{2\mu}\nabla^2+\frac{A\hbar^2}{4}\frac{e^{-\alpha r}}{r}\right)\psi(\boldsymbol{r})=E\psi(\boldsymbol{r})$$

自旋单态$(s=0)$与自旋三重态$(s=1)$的作用力势是不一样的.它们分别为

$$V_1(r)=-\frac{3A\hbar^2}{4}\frac{e^{-\alpha r}}{r}\equiv B_1\frac{e^{-\alpha r}}{r},\quad B_1=-\frac{3A\hbar^2}{4}$$

$$V_3(r)=\frac{A\hbar^2}{4}\frac{e^{-\alpha r}}{r}\equiv B_3\frac{e^{-\alpha r}}{r},\qquad B_3=\frac{A\hbar^2}{4}$$

将$V_1(r)$与$V_3(r)$分别代入玻恩近似公式

$$f(\theta)=-\frac{2\mu}{\hbar^2 q}\int_0^\infty V(r)r\sin qr\mathrm{d}r$$

$$\mu=\frac{m}{2},\ q=2k\sin\frac{\theta}{2},\ k=\sqrt{\frac{2\mu E}{\hbar}}$$

算出自旋单态与三重态散射的出射球面波振幅

$$f_1(\theta)=-\frac{2\mu B_1}{\hbar^2\left(\alpha^2+4k^2\sin^2\dfrac{\theta}{2}\right)},\quad f_3(\theta)=-\frac{2\mu B_3}{\hbar^2\left(\alpha^2+4k^2\sin^2\dfrac{\theta}{2}\right)}$$

$$f_1(\pi-\theta)=-\frac{2\mu B_1}{\hbar^2\left(\alpha^2+4k^2\cos^2\dfrac{\theta}{2}\right)},\quad f_3(\pi-\theta)=-\frac{2\mu B_3}{\hbar^2\left(\alpha^2+4k^2\cos^2\dfrac{\theta}{2}\right)}$$

(1) 同向极化散射微分截面

$$\begin{aligned}\sigma(\theta)&=\left|f_3(\theta)-f_3(\pi-\theta)\right|^2\\&=\frac{4\mu^2B_3^2}{\hbar^4}\left|\frac{1}{\alpha^2+4k^2\sin^2\dfrac{\theta}{2}}-\frac{1}{\alpha^2+4k^2\cos^2\dfrac{\theta}{2}}\right|^2\end{aligned}$$

(2) 反向极化散射微分截面

$$\begin{aligned}\sigma(\theta)&=\frac{1}{2}\left|f_1(\theta)+f_1(\theta)\right|^2+\frac{1}{2}\left|f_3(\theta)-f_3(\theta)\right|^2\\&=\frac{2\mu^2B_1^2}{\hbar^4}\left|\frac{1}{\alpha^2+4k^2\sin^2\dfrac{\theta}{2}}+\frac{1}{\alpha^2+4k^2\cos^2\dfrac{\theta}{2}}\right|^2\\&\quad+\frac{2\mu^2B_3^2}{\hbar^4}\left|\frac{1}{\alpha^2+4k^2\sin^2\dfrac{\theta}{2}}-\frac{1}{\alpha^2+4k^2\cos^2\dfrac{\theta}{2}}\right|^2\end{aligned}$$

(3) 非极化散射微分截面

$$\begin{aligned}\sigma(\theta)&=\frac{1}{4}\left|f_1(\theta)+f_1(\theta)\right|^2+\frac{3}{4}\left|f_3(\theta)-f_3(\theta)\right|^2\\&=\frac{\mu^2B_1^2}{\hbar^4}\left|\frac{1}{\alpha^2+4k^2\sin^2\dfrac{\theta}{2}}+\frac{1}{\alpha^2+4k^2\cos^2\dfrac{\theta}{2}}\right|^2\\&\quad+\frac{3\mu^2B_3^2}{\hbar^4}\left|\frac{1}{\alpha^2+4k^2\sin^2\dfrac{\theta}{2}}-\frac{1}{\alpha^2+4k^2\cos^2\dfrac{\theta}{2}}\right|^2\end{aligned}$$

8.14 质量为m无自旋的粒子受到中心力势$V(r)=-\dfrac{\hbar^2}{ma^2}\dfrac{1}{\cosh^2(r/a)}$的散射，其中$a$是常数. 已知方程$\dfrac{\mathrm{d}^2y(x)}{\mathrm{d}x^2}+K^2y(x)+\dfrac{2}{\cosh^2 x}y(x)=0$的两个线性独立解为$y(x)=\mathrm{e}^{\pm\mathrm{i}Kx}(\tanh x\mp\mathrm{i}K)$. 在低能下，求粒子能量为$E$时，s 分波的散射截面及其角分布.

解 令$\psi(r)=u(r)/r$，$u(r)$满足方程

$$\frac{\mathrm{d}^2u(r)}{\mathrm{d}r^2}+\frac{2m}{\hbar^2}\left[E+\frac{\hbar^2}{ma^2}\frac{1}{\cosh^2(r/a)}\right]u(r)=0$$

作变换$r\to x=r/a,\ u(r)\to y(x)$，得$y(x)$的方程

$$\frac{\mathrm{d}^2y(x)}{\mathrm{d}x^2}+K^2y(x)+\frac{2}{\cosh^2 x}y(x)=0$$

其中$K=ka, k=\sqrt{2mE/\hbar^2}$. 已知该方程有解

$$y(x)=\mathrm{e}^{\pm\mathrm{i}Kx}(\tanh x\mp\mathrm{i}K)$$

方程的一般解为

$$y(x)=A\mathrm{e}^{\mathrm{i}kax}(\tanh x-\mathrm{i}ka)+B\mathrm{e}^{-\mathrm{i}kax}(\tanh x+\mathrm{i}ka)$$

回到原变量r，$u(r)$的一般解是

$$u(r)=A\mathrm{e}^{\mathrm{i}kr}\left[\tanh(r/a)-\mathrm{i}ka\right]+B\mathrm{e}^{-\mathrm{i}kr}\left[\tanh(r/a)+\mathrm{i}ka\right]$$

由$u(0)=0$，得$A=B$，

$$u(r)=A\left\{\mathrm{e}^{\mathrm{i}kr}\left[\tanh(r/a)-\mathrm{i}ka\right]+\mathrm{e}^{-\mathrm{i}kr}\left[\tanh(r/a)+\mathrm{i}ka\right]\right\}$$

它在$r\to\infty$处的渐近式为

$$u(r)\to A\left[\mathrm{e}^{\mathrm{i}kr}+\mathrm{e}^{-\mathrm{i}kr}-\mathrm{i}ka\left(\mathrm{e}^{\mathrm{i}kr}-\mathrm{e}^{-\mathrm{i}kr}\right)\right]=2A(\cos kr+ka\sin kr)$$

$$r\to\infty,\tanh(r/a)=\frac{\mathrm{e}^{r/a}-\mathrm{e}^{-r/a}}{\mathrm{e}^{r/a}+\mathrm{e}^{-r/a}}\to 1$$

令

$$\begin{aligned}\cos kr+ka\sin kr&=c\sin(kr+\delta_0)\\&=c\sin\delta_0\cos kr+c\cos\delta_0\sin kr\end{aligned}$$

得

$$c\sin\delta_0=1,\ \ c\cos\delta_0=ka$$

将上式中的两式相比，得

$$\cot\delta_0 = ka,\ \sin^2\delta_0 = \frac{1}{1+\cot^2\delta_0} = \frac{1}{1+k^2a^2}$$

$$\sigma_t = \frac{4\pi}{k^2}\sin^2\delta_0 = \frac{4\pi}{k^2}\frac{1}{1+k^2a^2} = \frac{2\pi\hbar^2}{mE}\frac{1}{1+(2mEa^2/\hbar^2)}$$

对 s 波散射, 角分布是各向同性的.

附录　硕士研究生入学考试量子力学试题

这里给出的试题由历届学生提供. 凡是已被本书选作习题的试题都以习题的编号表示. 试题在试卷中的次序有可能改变. 试题的分数已略去. 对于未选作习题的试题, 除简单题与能在任一本量子力学教科书上找到答案的题之外, 都给出简略的回答. 有些院校每年有几份不同专业的试卷, 这里只选用其中的一份.

中国科学院 1990 年

(一) 4.26　(二) 2.6　(三) 4.21　(四) 6.1　(五) 8.5 中的第三小题

中国科学院 1991 年

(一) 4.24　(二) 6.4　(三) 4.1 与 8.2　(四) 5.40

(五)　一个带电粒子在电磁场中运动, 请推导相应的概率守恒定律, 求出概率密度与概率流密度的表达式.

中国科学院 1992 年

(一) 4.20　(二) 6.6　(三) 5.4　(四) 8.8

(五)　N 个质量都是 m 的粒子在宽为 a 的一维无限深方势阱中运动, 忽略彼此间的相互作用, 请求出最低的 4 条能级, 并写下相应的简并度.

解　令 $E_0 = \pi^2\hbar^2/(2\mu a^2)$, 这 4 条能级能量是 $E_1 = NE_0$, 非简并; $E_2 = (N+3)E_0$, N 度简并; $E_3 = (N+6)E_0$, $N(N-1)/2$ 度简并; $E_4 = (N+8)E_0$, N 度简并.

(六)　(1)写出角动量算符 $\hat{L}_x, \hat{L}_y, \hat{L}_z$ 及 $\hat{L}^2$ 之间的一切对易关系; (2)设 ψ_{lm} 是 $\hat{L}^2$ 与 $\hat{L}_z$ 的本征态, 本征值分别为 $l(l+1)\hbar^2$ 和 $m\hbar$. 证明 $\phi = (\hat{L}_x + \mathrm{i}\hat{L}_y)\psi_{lm}$ 也是 $\hat{L}^2$ 与 $\hat{L}_z$ 的本征态, 求出本征值; (3)证明当 $l=0$ 时, ψ_{00} 也是 $\hat{L}_x$ 与 $\hat{L}_y$ 的本征态.

解　(2)见 2.9; (3) $\psi_{00} = 1/\sqrt{4\pi}$ 是常数, 故它也是 $\hat{L}_x$ 与 $\hat{L}_y$ 的本征态, 本征值都是 0.

中国科学院 1993 年

(一) 3.8　(二) 6.5　(三) 5.47　(四) 8.7　(五) 7.2

(六)　质量为 μ 的粒子在势场 $V(x) = -\alpha\delta(x)(\alpha > 0)$ 的作用下作一维运动. 设

粒子的能量 $E<0$，它的波函数可以写为

$$\begin{cases}\psi_1(x)=A_1\mathrm{e}^{\lambda x}+A_1'\mathrm{e}^{-\lambda x}, & x<0\\ \psi_2(x)=A_2\mathrm{e}^{\lambda x}+A_2'\mathrm{e}^{-\lambda x}, & x>0\end{cases}$$

(1) 计算矩阵 $M:\begin{pmatrix}A_2\\A_2'\end{pmatrix}=M\begin{pmatrix}A_1\\A_1'\end{pmatrix}$；(2)求能量 E 和波函数 $\psi(x)$；(3)求动量的概率分布表达式.

解 定态方程为

$$-\frac{\hbar^2}{2\mu}\frac{\mathrm{d}^2\psi(x)}{\mathrm{d}x^2}-\alpha\delta(x)\psi(x)=E\psi(x)$$

令 $E=-|E|,\lambda=\sqrt{2\mu|E|/\hbar^2}$，不考虑 $x=0$ 点，方程变为

$$\frac{\mathrm{d}^2\psi(x)}{\mathrm{d}x^2}-\lambda^2\psi(x)=0$$

这个方程的一般解为

$$\begin{cases}\psi_1(x)=A_1\mathrm{e}^{\lambda x}+A_1'\mathrm{e}^{-\lambda x}, & x<0\\ \psi_2(x)=A_2\mathrm{e}^{\lambda x}+A_2'\mathrm{e}^{-\lambda x}, & x>0\end{cases}$$

由 $\psi(\pm\infty)=0$ 得 $A_2=A_1'=0$；由 $\psi_1(0)=\psi_2(0)$ 得 $A_1=A_2'\equiv A$，

$$\begin{cases}\psi_1(x)=A\mathrm{e}^{\lambda x}, & x<0\\ \psi_2(x)=A\mathrm{e}^{-\lambda x}, & x>0\end{cases}$$

$$\begin{pmatrix}A_2\\A_2'\end{pmatrix}=M\begin{pmatrix}A_1\\A_1'\end{pmatrix}\text{实为}\begin{pmatrix}0\\A\end{pmatrix}=M\begin{pmatrix}A\\0\end{pmatrix},\ M=\begin{pmatrix}0&0\\1&0\end{pmatrix}$$

利用 $\psi'(x)$ 在 $x=0$ 点的不连续条件：$\psi_2'(0)-\psi_1'(0)=-\dfrac{2\mu\alpha}{\hbar^2}\psi_1(0)$，得

$$\lambda=\frac{\mu\alpha}{\hbar^2}=\sqrt{\frac{2\mu|E|}{\hbar^2}}\ \rightarrow\ E=-\frac{\mu\alpha^2}{2\hbar^2}$$

由 ψ 的归一化条件，得 $A=\sqrt{\lambda}=\sqrt{\mu\alpha/\hbar^2}$，

$$\psi(x)=\sqrt{\lambda}\mathrm{e}^{-\lambda|x|}$$

动量的概率分布表达式为

$$W(p)=\left|\frac{1}{(2\pi\hbar)^{1/2}}\int_{-\infty}^{+\infty}\mathrm{e}^{-\mathrm{i}px/\hbar}\psi(x)\mathrm{d}x\right|^2=\frac{2\lambda^3}{\pi\hbar\left[\lambda^2+(p/\hbar)^2\right]^2}$$

中国科学院 1994 年

(一)1.14　(二)4.15　(三)6.10　(四)4.8　(五)8.9

中国科学院 1995 年

(一)1.6　(二)4.27　(三)1.34　(四)7.13　(五)6.2

中国科学院 1996 年

(一)2.6　(二)6.6　(三)3.12　(四)1.34

(五)　一个质量为 μ 的非相对论粒子在位势 $V(x)=-\alpha\delta(x)\left(\alpha>0\right)$ 之下作一维束缚运动, 试求坐标 $a>0$ 使得粒子在区域 $|x|>a$ 的概率为 1/2.

解　在位势 $V(x)=-\alpha\delta(x)(\alpha>0)$ 中的束缚定态只有一个, 波函数为 $\psi(x)=\sqrt{\lambda}\mathrm{e}^{-\lambda|x|}$, 其中 $\lambda=\dfrac{\alpha\mu}{\hbar^2}$. 由条件 $\int_{-a}^{+a}|\psi(x)|^2\,\mathrm{d}x=1/2$ 算出 $a=\dfrac{\ln 2}{2\lambda}$.

(六)　有一个两能级体系, 哈密顿量 $\hat{H}=\hat{H}_0+\hat{H}'$, 在 $\hat{H}_0$ 表象 $\hat{H}_0=\begin{pmatrix}E_1 & 0\\ 0 & E_2\end{pmatrix}$, $\hat{H}'=b\begin{pmatrix}0 & 1\\ 1 & 0\end{pmatrix}$, $\hat{H}'$ 为微扰, $E_1\geqslant E_2$, b 表征微扰强度. 试求 $\hat{H}$ 的本征值和本征态.

解　如 $E_1>E_2$, 由非简并态微扰论算出, 二级近似能量与一级近似态矢为

$$E_1+\frac{b^2}{E_1-E_2},\ \begin{pmatrix}1\\0\end{pmatrix}+\frac{b}{E_1-E_2}\begin{pmatrix}0\\1\end{pmatrix}$$

$$E_2-\frac{b^2}{E_1-E_2},\ \begin{pmatrix}0\\1\end{pmatrix}-\frac{b}{E_1-E_2}\begin{pmatrix}1\\0\end{pmatrix}$$

如 $E_1=E_2$, 由简并态微扰论算出一级近似能量与零级近似态矢为

$$E_1+b,\ \frac{1}{\sqrt{2}}\begin{pmatrix}1\\1\end{pmatrix};\ E_1-b,\ \frac{1}{\sqrt{2}}\begin{pmatrix}1\\-1\end{pmatrix}$$

中国科学院 1997 年

(一)1.15　(二)6.19　(三)7.14　(四)5.11　(五)5.46

中国科学院 1998 年

(一)1.1　(二)5.9　(三)求 7.12 中的精确能量　(四)求 7.12 中的近似能量

(五)　自旋为 $\hbar/2$ 的带电粒子(电荷为 q, 质量为 m)受到均匀磁场 $\boldsymbol{B}=B\boldsymbol{j}$ 的作用($\boldsymbol{j}$ 为 y 方向的单位矢量), 其哈密顿量为 $\hat{H}=\hbar\omega+\left(eB/mc\right)\hat{S}_y$. 如果 $t=0$ 时粒子

的自旋指向正 x 轴方向，求粒子自旋平均值的时间演化.

解 参看6.6．令 $\omega_0 = eB/(2mc)$，定态能量与波函数及任意 t 时的波函数为

$$E_1 = \hbar(\omega+\omega_0),\ |\psi_1\rangle = \frac{1}{\sqrt{2}}\begin{pmatrix}1\\ \mathrm{i}\end{pmatrix};\ E_2 = \hbar(\omega-\omega_0),\ |\psi_2\rangle = \frac{1}{\sqrt{2}}\begin{pmatrix}1\\ -\mathrm{i}\end{pmatrix}$$

$$|\psi(t)\rangle = c_1\mathrm{e}^{-\mathrm{i}(\omega+\omega_0)t}|\psi_1\rangle + c_2\mathrm{e}^{-\mathrm{i}(\omega-\omega_0)t}|\psi_2\rangle,\ |\psi(0)\rangle = c_1|\psi_1\rangle + c_2|\psi_2\rangle = \frac{1}{\sqrt{2}}\begin{pmatrix}1\\ 1\end{pmatrix}$$

$$c_1 = \langle\psi_1|\psi(0)\rangle = \frac{1-\mathrm{i}}{2},\ c_2 = \langle\psi_2|\psi(0)\rangle = \frac{1+\mathrm{i}}{2}$$

将 c_1 与 c_2 值代入 $|\psi(t)\rangle$，得

$$|\psi(t)\rangle = \frac{\mathrm{e}^{-\mathrm{i}\omega t}}{\sqrt{2}}\begin{pmatrix}\cos\omega_0 t - \sin\omega_0 t\\ \cos\omega_0 t + \sin\omega_0 t\end{pmatrix}$$

$$\bar{s}_x(t) = \langle\psi(t)|\hat{S}_x|\psi(t)\rangle = \frac{\hbar}{2}\cos 2\omega_0 t$$

$$\bar{s}_y(t) = \langle\psi(t)|\hat{S}_y|\psi(t)\rangle = 0$$

$$\bar{s}_z(t) = \langle\psi(t)|\hat{S}_z|\psi(t)\rangle = -\frac{\hbar}{2}\sin 2\omega_0 t$$

中国科学院 1999 年

(一) 2.13 (二)与中国科学院 1998 年第二题相同 (三) 5.52

(四) 设有哈密顿量 $\hat{H} = \frac{\hat{p}^2}{2m} + \frac{1}{2}mx^2 + \sqrt{2m\hbar}x$，求(1) $\hat{H}$ 的能谱；(2) $\hat{H}$ 的基态和第一激发态的归一化波函数；(3)估计基态处于区间 $[0,\sqrt{\hbar/m}]$ 的概率.

解 哈密顿量可表示为

$$\hat{H} = \frac{\hat{p}^2}{2m} + \frac{1}{2}mx^2 + \sqrt{2m\hbar}x = \frac{\hat{p}^2}{2m} + \frac{1}{2}m\left(x+\sqrt{\frac{2\hbar}{m}}\right)^2 - \hbar$$

令 $y = x + \sqrt{\frac{2\hbar}{m}}, \omega = 1, \hat{p} = -\mathrm{i}\hbar\frac{\mathrm{d}}{\mathrm{d}y}$，上式变为

$$\hat{H} = -\frac{\hbar^2}{2m}\frac{\mathrm{d}^2}{\mathrm{d}y^2} + \frac{1}{2}m\omega^2 y^2 - \hbar\omega$$

$\hat{H}$ 的本征值为

$$E_n = \left(n+\frac{1}{2}\right)\hbar\omega - \hbar\omega = \left(n-\frac{1}{2}\right)\hbar,\ n = 0,1,2,\cdots$$

基态归一化波函数为

$$\psi_0(x)=\sqrt{\frac{\alpha}{\sqrt{\pi}}}\mathrm{e}^{-\frac{1}{2}\alpha^2\left(x+\sqrt{\frac{2\hbar}{m}}\right)^2},\ \alpha=\sqrt{\frac{m}{\hbar}}$$

第一激发态归一化波函数为

$$\psi_1(x)=\sqrt{\frac{\alpha}{2\sqrt{\pi}}}\mathrm{e}^{-\frac{1}{2}\alpha^2\left(x+\sqrt{\frac{2\hbar}{m}}\right)^2}2\alpha\left(x+\sqrt{\frac{2\hbar}{m}}\right)$$

基态处于区间$[0,\sqrt{\hbar/m}]$的概率为

$$\int_0^{\sqrt{\hbar/m}}|\psi_0(x)|^2\mathrm{d}x=\frac{\alpha}{\sqrt{\pi}}\int_0^{\sqrt{\hbar/m}}\mathrm{e}^{-\alpha^2\left(x+\sqrt{2\hbar/m}\right)^2}\mathrm{d}x=\frac{1}{\sqrt{\pi}}\int_{\sqrt{2}}^{\sqrt{2}+1}\mathrm{e}^{-t^2}\mathrm{d}t\approx 0.038$$

(五)　质量为 m 的粒子在一维势场 $V=\begin{cases}0, & |x|<a\\ V_0, & |x|>a\end{cases}$ $(V_0>0)$ 中运动. (1)求 $V_0\to\infty$ 时粒子的能谱和归一波函数；(2)求存在且仅存在三个束缚态的条件.

解　(2)参看 1.1. 存在且仅存在三个束缚态的条件是 $\frac{\pi^2\hbar^2}{2\mu}<V_0a^2<\frac{9\pi^2\hbar^2}{8\mu}$.

中国科学院 2000 年

(一) 1.24　(二) 6.17　(三) 2.14　(四) 6.13　(五) 5.10 中的问题 1　(六) 7.13

中国科学院 2001 年

(一) 1.39　(二) 2.14　(三) 5.1　(四) 5.27　(五) 7.18

(六)　一个质量为 μ 的粒子在势阱 $V(x)=\begin{cases}\infty, & x<0,x>2a\\ A\delta(x-a), & 0<x<2a\end{cases}$ 中运动, 其中 $A>0$ 为常数. 求系统第三激发态的能量本征值.

解　参看 1.6 . $E=\frac{2\pi^2\hbar^2}{\mu a^2}$. 它与宽为 $2a$ 的无限深方势阱中 $n=4$ 的定态能量 E_4 相同.

中国科学院 2002 年

(一) 2.18　(二) 1.16　(三) 6.25

(四)　一个质量为 μ 的粒子在势阱 $V(x)=A\delta(x)$ 中作束缚态运动, 其中 $A<0$ 为常数. 求值 a, 使粒子处于范围 $-a<x<a$ 的概率为 25% .

解 参看中国科学院 1996 年第五题, $a=\dfrac{\hbar^2}{2\mu|A|}\ln\dfrac{4}{3}$.

(五) 纠缠态可能在量子通信中有重大应用. 两个量子体系的复合系统的纠缠态是指不能用子系统的直积表示的态. 例如, 两个自旋为1/2的粒子的各自本征态为$|m,a\rangle$, 其中$m=1/2,-1/2$, 为磁量子数, $a=1,2$, 标记不同的粒子, 则复合系统的非耦合基如$|m,1\rangle|n,2\rangle,(m,n=1/2,-1/2)$, 就是一些非纠缠态;而一个耦合基如

$$|00\rangle=\frac{1}{\sqrt{2}}\left(\left|\frac{1}{2},1\right\rangle\left|-\frac{1}{2},2\right\rangle-\left|-\frac{1}{2},1\right\rangle\left|\frac{1}{2},2\right\rangle\right)$$

就是一个纠缠态. 试作出此复合体系一套互相正交归一的纠缠态(它们也可作为此复合系统的完备基).

解 一套互相正交归一的纠缠态为

$$|1\rangle=\frac{1}{\sqrt{2}}\left(\left|\frac{1}{2},1\right\rangle\left|\frac{1}{2},2\right\rangle+\left|-\frac{1}{2},1\right\rangle\left|-\frac{1}{2},2\right\rangle\right)$$

$$|2\rangle=\frac{1}{\sqrt{2}}\left(\left|\frac{1}{2},1\right\rangle\left|\frac{1}{2},2\right\rangle-\left|-\frac{1}{2},1\right\rangle\left|-\frac{1}{2},2\right\rangle\right)$$

$$|3\rangle=\frac{1}{\sqrt{2}}\left(\left|\frac{1}{2},1\right\rangle\left|-\frac{1}{2},2\right\rangle+\left|-\frac{1}{2},1\right\rangle\left|\frac{1}{2},2\right\rangle\right)$$

$$|4\rangle=\frac{1}{\sqrt{2}}\left(\left|\frac{1}{2},1\right\rangle\left|-\frac{1}{2},2\right\rangle-\left|-\frac{1}{2},1\right\rangle\left|\frac{1}{2},2\right\rangle\right)$$

(六) 设力学量 $\hat{F}$ 和角动量 $\hat{J}_i(i=1,2,3)$ 对易, 即 $\hat{F}$ 为标量算符. 试证在$(\hat{J}^2,\hat{J}_3)$的共同本征态$|jm\rangle$中, $\hat{F}$ 的平均值与量子数 m 无关.

解 见2.32.

中国科学院 2003 年

(一) 2.27 (二) 1.40 (三) 2.45 (四) 6.9 (五) 6.6

中国科学院 2004 年

(一) 2.28 (二) 6.30

(三) 在无限深方势阱 $V(x)=\begin{cases}0, & |x|<a\\ \infty, & |x|>a\end{cases}$ 中运动的粒子, 处于状态 $\psi=\phi_1+\mathrm{i}\phi_3+2\phi_4$, 其中 $\phi_n(n=1,2,\cdots)$ 是系统归一化的本征态. 求(1)粒子具有基态能量 E_1 的概率; (2)粒子平均能量; (3) ϕ_4 态中的节点数(在节点处波函数值为零); (4) ϕ_3 态

的宇称.

解　归一化的波函数为 $\psi=\frac{1}{\sqrt{6}}\phi_1+\frac{\mathrm{i}}{\sqrt{6}}\phi_3+\frac{2}{\sqrt{6}}\phi_4$. (1) E_1 的概率为 $\frac{1}{6}$；(2) $\bar{E}=\frac{1}{6}\left(E_1+E_3+4E_4\right)=\frac{37\pi^2\hbar^2}{24\mu a^2}$；(3) ϕ_n 的节点数为 $n-1$，ϕ_4 态的节点数为 3；(4) ϕ_n 态的宇称为 $(-1)^{n+1}$，ϕ_3 态的宇称为正.

(四)　考虑一维体系 $\hat{H}=\frac{\hat{p}^2}{2\mu}+V(x),V(x)=V_0x^\lambda$, $V_0>0,\lambda=2,4,6,\cdots$. 设 $\hat{H}$ 的本征函数为 ψ_n. (1)证明动量在 ψ_n 态上平均值为 0；(2)求在 ψ_n 中的动能平均值与势能平均值之间的关系.

解　(1) 由于 $x\to\pm\infty$，$V(x)\to\infty$，故此系统只存在束缚态，$x\to\pm\infty$，$\psi_n(x)\to 0$，且 $\psi_n(x)$ 是实函数.

$$\bar{p}=-\mathrm{i}\hbar\int_{-\infty}^{+\infty}\psi_n(x)\frac{\mathrm{d}\psi_n(x)}{\mathrm{d}x}\mathrm{d}x=-\mathrm{i}\hbar\int_{x=-\infty}^{x=+\infty}\psi_n(x)\mathrm{d}\psi_n(x)=-\frac{\mathrm{i}\hbar}{2}\psi_n^2(x)\Big|_{x=-\infty}^{x=+\infty}=0$$

(2) 由维里定理知，在 $\psi_n(x)$ 态中动能平均值与势能平均值之间的关系是 $(\bar{T})_n=(\bar{V})_n\lambda/2$.

(五)　质量为 μ 的粒子在三维各向同性谐振子势场 $V(r)=\frac{k(x^2+y^2+z^2)}{2}$ 中运动，求(1)第二激发态的能量；(2)第一激发态的简并度；(3)在基态中的不确定量 $\Delta r\Delta p$. 这里 Δr 是位置矢量的均方差根，Δp 是三维动量的均方差根，

$$\Delta r=\sqrt{\left\langle\Delta r^2\right\rangle}=\sqrt{\left\langle\Delta x^2\right\rangle+\left\langle\Delta y^2\right\rangle+\left\langle\Delta z^2\right\rangle}$$

$$\Delta p=\sqrt{\left\langle\Delta p^2\right\rangle}=\sqrt{\left\langle\Delta p_x^2\right\rangle+\left\langle\Delta p_y^2\right\rangle+\left\langle\Delta p_z^2\right\rangle}$$

解　(3) 利用公式

$$x\psi_n=\frac{1}{\alpha}\left(\sqrt{\frac{n}{2}}\psi_{n-1}+\sqrt{\frac{n+1}{2}}\psi_{n+1}\right),\quad\frac{\mathrm{d}\psi_n}{\mathrm{d}x}=\alpha\left(\sqrt{\frac{n}{2}}\psi_{n-1}-\sqrt{\frac{n+1}{2}}\psi_{n+1}\right)$$

算出

$$\langle x\rangle=\int\psi_0^*x\psi_0\mathrm{d}x=0,\ \left\langle x^2\right\rangle=\int\psi_0^*x^2\psi_0\mathrm{d}x=\int(x\psi_0)^*x\psi_0\mathrm{d}x=\frac{1}{2\alpha^2}$$

$$\langle p_x\rangle=-\mathrm{i}\hbar\int\psi_0^*\frac{\mathrm{d}\psi_0}{\mathrm{d}x}\mathrm{d}x=0$$

$$\left\langle p_x^2\right\rangle=\int\psi_0^*\hat{p}_x^2\psi_0\mathrm{d}x=\int(\hat{p}_x\psi_0)^*\hat{p}\ \psi_0\mathrm{d}x=\hbar^2\int\left(\frac{\mathrm{d}\psi_0}{\mathrm{d}x}\right)^*\frac{\mathrm{d}\psi_0}{\mathrm{d}x}\mathrm{d}x=\frac{\hbar^2\alpha^2}{2}$$

$$\left\langle\Delta x^2\right\rangle=\left\langle x^2\right\rangle-\left\langle x\right\rangle^2=\frac{1}{2\alpha^2},\ \left\langle\Delta p_x^2\right\rangle=\left\langle p_x^2\right\rangle-\left\langle p_x\right\rangle^2=\frac{\hbar^2\alpha^2}{2}$$

类似地,算出

$$\left\langle\Delta y^2\right\rangle=\left\langle\Delta z^2\right\rangle=\frac{1}{2\alpha^2},\ \left\langle\Delta p_y^2\right\rangle=\left\langle\Delta p_z^2\right\rangle=\frac{\hbar^2\alpha^2}{2}$$

$$\Delta r=\sqrt{\left\langle\Delta x^2\right\rangle+\left\langle\Delta y^2\right\rangle+\left\langle\Delta z^2\right\rangle}=\sqrt{\frac{3}{2}}\frac{1}{\alpha}$$

$$\Delta p=\sqrt{\left\langle\Delta p_x^2\right\rangle+\left\langle\Delta p_y^2\right\rangle+\left\langle\Delta p_z^2\right\rangle}=\sqrt{\frac{3}{2}}\hbar\alpha$$

$$\Delta r\Delta p=\frac{3\hbar}{2}$$

(六) 氢原子哈密顿量为 $\hat{H}=-\frac{\hbar^2}{2\mu}\nabla^2+V(r)+\xi(r)\hat{\boldsymbol{S}}\cdot\hat{\boldsymbol{L}}$,其中 $\xi(r)\hat{\boldsymbol{S}}\cdot\hat{\boldsymbol{L}}$ 为自旋轨道耦合相互作用. (1)证明轨道角动量 $\hat{\boldsymbol{L}}$ 与自旋 $\hat{\boldsymbol{S}}$ 不是守恒量,而总角动量 $\hat{\boldsymbol{J}}=\hat{\boldsymbol{L}}+\hat{\boldsymbol{S}}$ 是守恒量;(2)若自旋轨道耦合相互作用 $\xi(r)\hat{\boldsymbol{S}}\cdot\hat{\boldsymbol{L}}$ 可当做微扰,计算此系统基态能量的一级修正. 已知 $\hat{H}_0=-\frac{\hbar^2}{2\mu}\nabla^2+V(r)$ 的本能量为 $E_n^{(0)}$,本征函数为 $\psi_{nlmm_s}(\boldsymbol{r},s_z)=\psi_{nlm}(r,\theta,\varphi)\chi_{m_s}(s_z)$.

解 (1) 令

$$\hat{H}_0=-\frac{\hbar^2}{2\mu}\nabla^2+V(r),\ \hat{H}'=\xi(r)\hat{\boldsymbol{S}}\cdot\hat{\boldsymbol{L}}=\frac{\xi(r)}{2}\left(\hat{J}^2-\hat{L}^2-\frac{3\hbar^2}{4}\right)$$

$\hat{\boldsymbol{S}}(\hat{S}_x,\hat{S}_y,\hat{S}_z)$ 与 $\hat{\boldsymbol{L}}(\hat{L}_x,\hat{L}_y,\hat{L}_z)$ 分别同 $\hat{H}_0$ 对易,但是同 $\hat{H}'$ 不对易[因为同 $\hat{J}^2=(\hat{\boldsymbol{J}}+\hat{\boldsymbol{S}})^2$ 不对易],所以,它们不是守恒量. $\hat{\boldsymbol{J}}(\hat{J}_x,\hat{J}_y,\hat{J}_z)$ 同 $\hat{H}_0$ 与 $\hat{H}'$ 都对易,$\hat{\boldsymbol{J}}$ 是守恒量. $\hat{L}^2$ 也是守恒量.

(2)基态 $n=1,l=0$,$\hat{\boldsymbol{L}}=0,\ \hat{H}'=\xi(r)\hat{\boldsymbol{S}}\cdot\hat{\boldsymbol{L}}=0$,一级修正能量 $E_1^{(1)}=0$. 对于任一 $n>1$ 的定态,$E_n^{(0)}$ 是 $2n^2$ 度简并的. 在以 $\psi_{nlmm_s}(\boldsymbol{r},s_z)=R_{nl}(r)Y_{lm}(\theta,\varphi)\chi_{m_s}(s_z)$ 为基矢的非耦合角动量表象,用简并态微扰论来计算一级修正能量是非常困难的. 现在采用耦合角动量表象,基矢为

$$\psi_{nljm_j}(\boldsymbol{r},s_z)=R_{nl}(r)\sum_{mm_s}c_{mm_s}Y_{lm}(\theta,\varphi)\chi_{m_s}(s_z)$$

$$j=l\pm\frac{1}{2},m_j=j,j-1,\cdots,-(j-1),-j$$

在耦合角动量表象，微扰 $\hat{H}'$ 是对角矩阵，对角元素为一级修正能量

$$E_n^{(1)}=\int\psi_{nljm_j}^{+}(\boldsymbol{r},s_z)\frac{\xi(r)}{2}\left(\hat{J}^2-\hat{L}^2-\frac{3\hbar^2}{4}\right)\psi_{nljm_j}(\boldsymbol{r},s_z)\mathrm{d}\tau$$

$$=\frac{\hbar^2}{2}\left[j(j+1)-l(l+1)-\frac{3}{4}\right]\int_0^\infty R_{nl}^2(r)\xi(r)r^2\mathrm{d}r$$

基态 $j=1/2,l=0$，由上式得一级修正能量 $E_1^{(1)}=0$.

中国科学院 2005 年

(一)1.38　(二)4.34　(三)1.25　(四)1.34　(五)4.18

(六)　考虑自旋 $\hat{\boldsymbol{S}}$ 与角动量 $\hat{\boldsymbol{L}}$ 的耦合，体系的哈密顿量为

$$\hat{H}=-\frac{\hbar^2}{2\mu}\nabla^2+V(r)+\lambda\hat{\boldsymbol{L}}\cdot\hat{\boldsymbol{S}}$$

λ 是耦合常数. 试证明该体系的总角动量 $\hat{\boldsymbol{J}}=\hat{\boldsymbol{L}}+\hat{\boldsymbol{S}}$ 守恒. (此题与中国科学院 2004 年第六题基本相同，可参看该题)

中国科学院 2006 年

(一)1.21　(二)3.3　(三)6.31　(四)6.32　(五)2.8

中国科学院 2007 年

(一)1.38　(二)3.20　(三)2.48　(四)4.27　(五)6.55

(六)　一系统由两个可区分的自旋 1/2 的粒子组成. 实验测得粒子 1 的自旋投影总是朝上，粒子 2 的自旋投影总是朝下. 问测量系统总自旋平方 $\hat{S}^2$ 及其投影 $\hat{S}_z$ 的可能值和相应概率.

解　体系的态为 $\alpha(1)\beta(2)=\frac{1}{\sqrt{2}}|10\rangle+\frac{1}{\sqrt{2}}|00\rangle$，其中 $|sm_s\rangle$ 是总自旋平方 $\hat{S}^2$ 及其投影 $\hat{S}_z$ 的共同本征态. $\hat{S}^2$ 与 $\hat{S}_z$ 的可能值是 $S^2=0$ 与 $2\hbar^2$，概率各为 1/2；$S_z=0$，概率为 1.

中国科学院 2008 年

(一)3.5　(二)5.1　(三)6.53　(四)5.44

(五) 由薛定谔方程 $\mathrm{i}\hbar\frac{\partial\psi}{\partial t}=-\frac{\hbar^2}{2\mu}\nabla^2\psi+V(\boldsymbol{r})\psi$ 导出概率流密度矢量.

(六) 一个自旋为 1/2 的粒子在三维各向同性谐振子势中运动，求基态和第一激发态的能量，波函数和相应简并度. 已知质量为 μ 的无自旋的粒子在一维谐振子势(频率为 ω)中运动的基态与第一激发态的波函数为

$$\psi_0(x)=N_0\mathrm{e}^{-\alpha^2x^2/2},\ \psi_1(x)=N_1\alpha x\mathrm{e}^{-\alpha^2x^2/2}$$

$$\alpha=\sqrt{\frac{\mu\omega}{\hbar}},\ N_0=\left(\frac{\alpha^2}{\pi}\right)^{1/4},\ N_0=\sqrt{2}N_1$$

解 体系哈密顿量为

$$\hat{H}=-\frac{\hbar^2}{2\mu}\left(\frac{\partial^2}{\partial x^2}+\frac{\partial^2}{\partial y^2}+\frac{\partial^2}{\partial z^2}+\right)+\frac{1}{2}\mu\omega^2\left(x^2+y^2+z^2\right)$$

$\hat{H}$ 的本征能量和本征函数为

$$E=E_{n_1n_2n_3}=\left(n_1+n_2+n_3+\frac{3}{2}\right)\hbar\omega$$

$$\psi=\psi_{n_1n_2n_3}(\boldsymbol{r})\chi_{m_s}(s_z)=\psi_{n_1}(x)\psi_{n_2}(y)\psi_{n_3}(z)\chi_{m_s}(s_z)$$

$$n_1,n_2,n_3=0,1,\cdots,\ m_s=\pm\frac{1}{2}$$

其中 $\chi_{m_s}(s_z)$ 是自旋 $\hat{S}_z$ 的本征值为 $m_s\hbar$ 的本征函数. 基态能量 $E=3\hbar\omega/2$，二度简并，对应波函数 $\psi=\psi_{000}(\boldsymbol{r})\chi_{m_s}(s_z)$；第一激发态能量 $E=5\hbar\omega/2$，六度简并，对应波函数

$$\psi_{100}(\boldsymbol{r})\chi_{m_s}(s_z),\ \psi_{010}(\boldsymbol{r})\chi_{m_s}(s_z),\ \psi_{001}(\boldsymbol{r})\chi_{m_s}(s_z)$$

中国科学院 2009 年

(一) 1.2 (二) 6.54

(三) 质量为 μ 电荷为 q 的粒子在以电磁势 $(\phi,\boldsymbol{A})$ 描写的电磁场内运动，哈密顿量为 $\hat{H}=\frac{1}{2\mu}(\hat{\boldsymbol{p}}-q\boldsymbol{A})^2+q\phi$. 试求相应的守恒流.

(四) 二维各向同性谐振子，势能为 $V=\frac{1}{2}\mu\omega^2\left(x^2+y^2\right)$，$\mu$ 为粒子质量，ω 为频率，求能级和能量本征函数，并讨论本征态的简并度和宇称.

解 粒子的哈密顿量为

$$\hat{H}=-\frac{\hbar^2}{2\mu}\left(\frac{\partial^2}{\partial x^2}+\frac{\partial^2}{\partial y^2}\right)+\frac{1}{2}\mu\omega^2\left(x^2+y^2\right)$$

$\hat{H}$ 的本征能量和本征函数为

$$E_N=\left(n_1+n_2+1\right)\hbar\omega=\left(N+1\right)\hbar\omega$$

$$\psi_{n_1n_2}=\psi_{n_1}(x)\psi_{n_2}(y)=N_{n_1}\mathrm{e}^{-\alpha^2x^2/2}H_{n_1}(\alpha x)N_{n_2}\mathrm{e}^{-\alpha^2y^2/2}H_{n_2}(\alpha y)$$

$$n_1,n_2=0,1,2,\cdots,\ N=n_1+n_2=0,1,2,\cdots$$

能级 E_N 的简并度为 $N+1$，$\psi_{n_1n_2}$ 的宇称是 $(-1)^{n_1+n_2}=(-1)^N$.

(五)　对于核电荷为 Ze 的类氢原子，计算处于束缚定态 ψ_{nlm} 中电子位置矢径函数 r^{-1},r^{-2} 和 r^{-3} 的期望值 $\left\langle r^{-1}\right\rangle$，$\left\langle r^{-2}\right\rangle$ 和 $\left\langle r^{-3}\right\rangle$.

解　$\left\langle r^{-1}\right\rangle=\dfrac{Z}{an^2}$ (见 4.14 题)，$\left\langle r^{-2}\right\rangle=\dfrac{2Z^2}{(2l+1)a^2n^3}$ (见 4.15 题)

$$\left\langle r^{-3}\right\rangle=\frac{2Z^3}{l(l+1)(2l+1)a^3n^3},\quad a=\frac{\hbar^2}{\mu e^2}\quad (见 4.16 题)$$

(六)　一维谐振子的哈密顿量 $\hat{H}_0=\dfrac{\hat{p}^2}{2\mu}+\dfrac{1}{2}\mu\omega^2x^2$. 今加上微扰 $\hat{H}'=\lambda x^4$，(1)求基态和第一激发态能量的一级修正；(2)微扰论在此能适用，参量 λ 应满足什么要求？

解　定态 ψ_n 的一级修正能量

$$E_n^{(1)}=\lambda\int\psi_n^*x^4\psi_n\mathrm{d}x=\lambda\int(x^2\psi_n)^*x^2\psi_n\mathrm{d}x$$

利用公式

$$x^2\psi_n=\frac{1}{2\alpha^2}\left[\sqrt{n(n-1)}\psi_{n-2}+(2n+1)\psi_n+\sqrt{(n+1)(n+2)}\psi_{n+2}\right]$$

算出

$$E_n^{(1)}=\frac{3\lambda}{4\alpha^4}\left(2n^2+2n+1\right)$$

将 $n=0$ 与 $n=1$ 分别代入上式，得基态与第一激发态的一级修正能量

$$E_0^{(1)}=\frac{3\lambda}{4\alpha^4},\quad E_1^{(1)}=\frac{15\lambda}{4\alpha^4},\quad \alpha=\sqrt{\frac{\mu\omega}{\hbar}}$$

微扰论在此能适用的条件是 $E^{(1)}\ll\hbar\omega$，将 $E_1^{(1)}=15\lambda/4\alpha^4$ 代入得

$$\lambda \ll \frac{4\alpha^4 \hbar\omega}{15} = \frac{4\mu^2\omega^3}{15\hbar}$$

中国科学院 2010 年

(一)1.44 (二)6.51 (三)6.52 (四)5.28

(五) 质量为 μ 的粒子被一势垒 $V(r) = \begin{cases} 0, & x<0, x>a \\ V_0, & 0<x<a \end{cases}$ 散射，当粒子能量达到某些值时，粒子能全部通过．求此时的能量．

解 $E = V_0 + \dfrac{n^2\pi^2\hbar^2}{2\mu a^2}, n = 1,2,3,\cdots$.

(六) 一系统处于用角动量态描写的态 $\psi = Y_{00} + bY_{11}$ 中，其中 Y_{00} 和 Y_{11} 是轨道角动量平方 $\hat{L}^2$ 及其 z 分量 $\hat{L}_z$ 的共同本征态，b 为常数．求在此态中，测量角动量 x 分量 $\hat{L}_x$ 的可能值和相应概率．

解 归一化的波函数为

$$\psi = \frac{1}{\sqrt{1+|b|^2}}(Y_{00} + bY_{11})$$

在 $l=1$ 的 $(\hat{L}^2, \hat{L}_z)$ 表象，基矢为 $|1\rangle = Y_{11}, |2\rangle = Y_{10}, |3\rangle = Y_{1-1}$，$\hat{L}_x$ 的本征值与本征态为

$$L_x = \hbar, |\phi_+\rangle = \frac{1}{2}\begin{pmatrix} 1 \\ \sqrt{2} \\ 1 \end{pmatrix};\ L_x = 0, |\phi_+\rangle = \frac{1}{\sqrt{2}}\begin{pmatrix} 1 \\ 0 \\ -1 \end{pmatrix};\ L_x = -\hbar, |\phi_-\rangle = \frac{1}{2}\begin{pmatrix} 1 \\ -\sqrt{2} \\ 1 \end{pmatrix}$$

在 $|1\rangle = \begin{pmatrix} 1 \\ 0 \\ 0 \end{pmatrix}$ 态上，L_x 取值 $\hbar, 0$ 与 $-\hbar$ 的概率分别为

$$P_+ = |\langle\phi_+|1\rangle|^2 = \frac{1}{4},\ P_0 = |\langle\phi_0|1\rangle|^2 = \frac{1}{2},\ P_- = |\langle\phi_-|1\rangle|^2 = \frac{1}{4}$$

在 Y_{00} 态上 $L_x = 0$．在 ψ 态上 L_x 取值为 $\hbar, 0, -\hbar$ 的概率分别为

$$\frac{|b|^2}{4(1+|b|^2)}, \frac{2+|b|^2}{2(1+|b|^2)}, \frac{|b|^2}{4(1+|b|^2)}$$

北京大学 1992 年

(一)4.12

(二) (1)设在一维谐振子势中有 2 个全同粒子(无自旋, 无相互作用)组成的体系, 写出体系最低的三条能级和波函数[用谐振子的能量本征态 $\psi_n(x)$ 表示, $n=0,1,2,\cdots$]; (2)同(1), 但粒子具有自旋 $s=1/2$, 重复(1)的讨论; (3)对于(2)设两粒子具有短程吸引作用势 $V=-\gamma\delta(x_1-x_2)(\gamma>0)$, 试讨论体系最低两条能级有何变动(定性).

解 参看 7.3. 令

$$|11\rangle=\alpha(1)\alpha(2),\ |10\rangle=\frac{1}{\sqrt{2}}[\alpha(1)\beta(2)+\alpha(2)\beta(1)]$$

$$|1-1\rangle=\beta(1)\beta(2),\ |00\rangle=\frac{1}{\sqrt{2}}[\alpha(1)\beta(2)-\alpha(2)\beta(1)]$$

(1) $s=0$

$$E_1=1\hbar\omega,\quad \Psi_1=\psi_0(x_1)\psi_0(x_2)$$

$$E_2=2\hbar\omega,\quad \Psi_2=\frac{1}{\sqrt{2}}[\psi_0(x_1)\psi_1(x_2)+\psi_0(x_2)\psi_1(x_1)]$$

$$E_3=3\hbar\omega,\quad \Psi_{31}=\psi_1(x_1)\psi_1(x_2)$$

$$\Psi_{32}=\frac{1}{\sqrt{2}}[\psi_0(x_1)\psi_2(x_2)+\psi_0(x_2)\psi_2(x_1)]$$

(2) $s=1/2$

$$E_1=1\hbar\omega,\quad \Psi_1=\psi_0(x_1)\psi_0(x_2)|00\rangle$$

$$E_2=2\hbar\omega,\quad \Psi_{21}=\frac{1}{\sqrt{2}}[\psi_0(x_1)\psi_1(x_2)+\psi_0(x_2)\psi_1(x_1)]|00\rangle$$

$$\Psi_{22}=\frac{1}{\sqrt{2}}[\psi_0(x_1)\psi_1(x_2)-\psi_0(x_2)\psi_1(x_1)]\begin{cases}|11\rangle\\|10\rangle\\|1-1\rangle\end{cases}$$

$$E_3=3\hbar\omega,\quad \Psi_{31}=\psi_1(x_1)\psi_1(x_2)|00\rangle$$

$$\Psi_{32}=\frac{1}{\sqrt{2}}[\psi_0(x_1)\psi_2(x_2)+\psi_0(x_2)\psi_2(x_1)]|00\rangle$$

$$\Psi_{33}=\frac{1}{\sqrt{2}}[\psi_0(x_1)\psi_2(x_2)-\psi_0(x_2)\psi_2(x_1)]\begin{cases}|11\rangle\\|10\rangle\\|1-1\rangle\end{cases}$$

(3) E_1 能级降低一点, E_2 能级一分为二, 其中 Ψ_{21} 态能量降低一点, Ψ_{22} 态能

量不变. 这是因为体系附加了能量 $\Delta E=-\gamma\int\Psi^{+}\delta(x_1-x_2)\Psi\mathrm{d}x_1\mathrm{d}x_2$. 对 $\Psi=\Psi_1$ 与 Ψ_{21}, $\Delta E<0$, 对 $\Psi=\Psi_{22}$, $\Delta E=0$.

(三) (1) 写出一维自由粒子的定态波函数(粒子能量为 E), 它是否简并? (2) 写出三维自由粒子的两种形式的定态波函数(粒子能量为 E). (3) 中心力场中沿 z 轴方向入射的粒子, 通常用 $\psi\sim\mathrm{e}^{ikz}$ 描述(k 为波数), 它是否定态?(说明理由)

解 (1) $\psi(x)=\dfrac{1}{\sqrt{2\pi\hbar}}\mathrm{e}^{\mathrm{i}px/\hbar}$, $E=\dfrac{p^2}{2\mu}$, 二度简并.

(2) $\psi_1(\boldsymbol{r})=\dfrac{1}{(2\pi\hbar)^{3/2}}\mathrm{e}^{\mathrm{i}\boldsymbol{p}\cdot\boldsymbol{r}/\hbar}$, $\psi_2(r)=A\dfrac{\mathrm{e}^{\mathrm{i}kr}}{r}$, $E=\dfrac{p^2}{2\mu}=\dfrac{\hbar^2k^2}{2\mu}$.

(3) e^{ikz} 不是定态, 因为它不是中心力场 $V(r)$ 中定态方程 $\hat{H}\psi=E\psi$ 的定态解.

(四) (1) 在势场 $V(\boldsymbol{r})$ 中的粒子处于定态. 证明粒子动能 $\hat{T}=\dfrac{\hat{p}^2}{2\mu}$ 的平均值为 $\langle T\rangle=\dfrac{1}{2}\langle\boldsymbol{r}\cdot\nabla V\rangle$; (2) 对于氢原子基态, 计算 $\langle T\rangle$.

解 (1)在束缚定态上, 不含时间 t 的 $\boldsymbol{r}\cdot\hat{\boldsymbol{p}}$ 的平均值是不随时间变化的, 故有

$$
\begin{aligned}
0=\frac{\mathrm{d}}{\mathrm{d}t}\overline{\boldsymbol{r}\cdot\hat{\boldsymbol{p}}}&=\frac{1}{\mathrm{i}\hbar}\overline{\left[\boldsymbol{r}\cdot\hat{\boldsymbol{p}},\frac{\hat{p}^2}{2\mu}+V(\boldsymbol{r})\right]}\\
&=\frac{1}{\mathrm{i}\hbar}\left\{\frac{1}{2\mu}\overline{\left[\boldsymbol{r}\cdot\hat{\boldsymbol{p}},\hat{p}^2\right]}+\overline{\left[\boldsymbol{r}\cdot\hat{\boldsymbol{p}},V(\boldsymbol{r})\right]}\right\}\\
&=\overline{\left(\frac{\hat{p}^2}{\mu}\right)}-\overline{\boldsymbol{r}\cdot\nabla V(\boldsymbol{r})}=2\overline{T}-\overline{\boldsymbol{r}\cdot\nabla V(\boldsymbol{r})}
\end{aligned}
$$

由上式得

$$
\overline{T}=\frac{1}{2}\overline{\boldsymbol{r}\cdot\nabla V(\boldsymbol{r})},\text{此即}\langle T\rangle=\frac{1}{2}\langle\boldsymbol{r}\cdot\nabla V\rangle
$$

(2) 对氢原子, $V=-\dfrac{e^2}{r}$, $\boldsymbol{r}\cdot\nabla V=-V$, $\langle\boldsymbol{r}\cdot\nabla V\rangle=-\langle V\rangle$. 将它代入上式, 得 $\langle V\rangle=-2\langle\hat{T}\rangle$. 再将此 $\langle V\rangle$ 值代入 $E=\langle\hat{T}\rangle+\langle V\rangle=-\dfrac{e^2}{2a}$, 得 $\langle\hat{T}\rangle=\dfrac{e^2}{2a}$.

北京大学 1994 年

(一)1.11 (二)3.7 (三)5.12 (四)7.8

(五) 力常数为 k , 质量为 m 的一维简谐振子. 已知基态波函数 $\psi_0(x)=$

$\left(\dfrac{\alpha}{\pi}\right)^{1/4}\mathrm{e}^{-\alpha x^2/2}$，其中 $\alpha=\dfrac{m\omega}{\hbar},\omega=\sqrt{\dfrac{k}{m}}$. 试求在经典区之外找到粒子的概率. (提示：$\dfrac{2}{\sqrt{\pi}}\int_0^1\mathrm{e}^{-y^2}\mathrm{d}y=0.84270$).

解 概率为

$$1-\int_{-1/\sqrt{\alpha}}^{+1/\sqrt{\alpha}}|\psi_0(x)|^2\,\mathrm{d}x=1-\sqrt{\frac{\alpha}{\pi}}\int_{-1/\sqrt{\alpha}}^{+1/\sqrt{\alpha}}\mathrm{e}^{-\alpha x^2}\mathrm{d}x=1-\frac{2}{\sqrt{\pi}}\int_0^1\mathrm{e}^{-y^2}\mathrm{d}y=0.15730$$

(六) 设有一个质量为 $m_\mathrm{p}/3$ 的“夸克”，禁闭在一个边长为 $a=2.0\mathrm{fm}$ 的立方盒子中. 试求从基态到第一激发态的激发能，用 MeV 作单位. 已知 $m_\mathrm{p}=938.27\mathrm{MeV}/c^2$，$\hbar c=197.3\mathrm{MeV}\cdot\mathrm{fm}$, $1\mathrm{fm}=10^{-15}\mathrm{m}$.

解 参看7.10.

$$\Delta E=\frac{3\pi^2\hbar^2}{2\mu a^2}=\frac{9\pi^2(\hbar c)^2}{2m_\mathrm{p}c^2a^2}=\frac{9\pi^2(197.3)^2}{2\times938.27(2.0)^2}\mathrm{MeV}=460.7\mathrm{MeV}$$

北京大学 1995 年

(一)1.32

(二) 判断下列提法正误, 简要说明理由：(1)中心力场中粒子能级的简并度至少为 $(2l+1), l=0,1,2,\cdots$；(2)一维粒子处于势阱中, 至少有一条束缚能级；(3)在非定态下, 力学量的平均值随时间变化.

解 (1)正确, 因为在中心力场的定态方程中不含量子数 m；(2)误, 因为在一维半壁无限高势阱 $V(x)=\begin{cases}\infty, & x<0\\ 0, & 0<x<a\\ V_0, & x>a\end{cases}$ 中存在束缚态的条件是 $V_0a^2\geqslant\dfrac{\pi^2\hbar^2}{8\mu}$，见1.4题. 当此条件不满足时, 不存在束缚态；(3)误, 因为守恒量在任何态下的平均值不随时间变化.

(三) 简要回答下列问题：(1)写出三维自由粒子的两组守恒量完全集；(2)计算 $[\hat{p}_x^2,\psi(x)],\hat{p}_x=-\mathrm{i}\hbar\dfrac{\partial}{\partial x}$ 是动量算符；(3)计算 $[\boldsymbol{r},\hat{p}^2],\boldsymbol{r}(x,y,z)$ 是坐标，$\hat{p}^2=\hat{p}_x^2+\hat{p}_y^2+\hat{p}_z^2$ 是动量平方；(4)一维自由粒子波函数 $\psi(x)=\delta(x)$ 是否为定态波函数？(5)设一维粒子处于空间 x_0 点, 分别在坐标表象和动量表象写出它的波函数；(6)写出带电 q 的粒子在电磁场(矢势 $\boldsymbol{A}$，标势 φ)中的薛定谔方程；(7)证明 $\mathrm{e}^{\mathrm{i}\theta\sigma_z}=\cos\theta+\mathrm{i}\sigma_z\sin\theta$, σ_z 为泡利算符.

解 (1) $(\hat{p}_x,\hat{p}_y,\hat{p}_z),(\hat{H},\hat{L}^2,\hat{L}_z^2)$；

(2) $[\hat{p}_x^2,\psi(x)]=\hat{p}_x[\hat{p}_x,\psi(x)]+[\hat{p}_x,\psi(x)]\hat{p}_x=-\mathrm{i}\hbar\left[\hat{p}_x\dfrac{\mathrm{d}\psi(x)}{\mathrm{d}x}+\dfrac{\mathrm{d}\psi(x)}{\mathrm{d}x}\hat{p}_x\right]$;

(3) $[\boldsymbol{r},\hat{p}^2]=2\mathrm{i}\hbar\hat{\boldsymbol{p}}$;

(4) 否. 因为它不是自由粒子定态方程的定态波函数;

(5) $\psi(x)=\delta(x-x_0)$, $\varphi(p)=\dfrac{1}{\sqrt{2\pi\hbar}}\int \mathrm{e}^{-\mathrm{i}px/\hbar}\delta(x-x_0)\mathrm{d}x=\dfrac{\mathrm{e}^{-\mathrm{i}px_0/\hbar}}{\sqrt{2\pi\hbar}}$;

(6) $\mathrm{i}\hbar\dfrac{\partial}{\partial t}\psi(\boldsymbol{r},t)=\left[\dfrac{1}{2\mu}\left(\hat{\boldsymbol{p}}-\dfrac{q}{c}\boldsymbol{A}\right)^2+q\varphi\right]\psi(\boldsymbol{r},t)$;

(7) 见 6.5.

(四) 求球方势阱 $V(r)=\begin{cases}0, & r<a\\ \infty, & r>a\end{cases}$ 中粒子的基态波函数和能量.

解 基态一定是 $l=0$ 的态. 令

$$k=\sqrt{\frac{2\mu E}{\hbar^2}},\ \psi(r)=\frac{u(r)}{r}$$

$u(r)$ 满足的方程与条件为

$$\frac{\mathrm{d}^2u}{\mathrm{d}r^2}+k^2u=0,\ u(0)=u(a)=0$$

这个方程满足条件 $u(0)=0$ 的解为

$$\psi(r)=A\sin kr$$

将它代入条件 $u(a)=0$, 得

$$k=\frac{n\pi}{a}=\sqrt{\frac{2\mu E}{\hbar^2}},\ n=1,2,3,\cdots$$

由上式不难求出定态能量. 于是, 定态能量与归一化的定态波函数为

$$E_n=\frac{n^2\pi^2\hbar^2}{2\mu a^2},\ \psi_n(r)=\frac{1}{\sqrt{2\pi a}}\frac{1}{r}\sin\frac{n\pi r}{a}$$

令 $n=1$ 得基态能量与波函数

$$E_1=\frac{\pi^2\hbar^2}{2\mu a^2},\ \psi_1(r)=\frac{1}{\sqrt{2\pi a}}\frac{1}{r}\sin\frac{\pi r}{a}$$

(五) 设 $\hat{\boldsymbol{L}}$ 为轨道角动量. 在 $(\hat{L}^2,\hat{L}_z)$ 表象(即以 $|lm\rangle$ 为基矢的表象)中, 写出 $l=1$ 的子空间中 $\hat{L}_x$ 的矩阵表示式, 并求出它的本征值和本征态.

解　在$l=1$的$(\hat{L}^2,\hat{L}_z)$表象中，$\hat{L}_x$与它的本征值和本征态为

$$\hat{L}_x=\frac{\hbar}{\sqrt{2}}\begin{pmatrix}0&1&0\\1&0&1\\0&1&0\end{pmatrix}$$

$$L_x=\hbar,\ \psi_+=\frac{1}{2}\begin{pmatrix}1\\\sqrt{2}\\1\end{pmatrix};\ L_x=0,\ \psi_0=\frac{1}{\sqrt{2}}\begin{pmatrix}1\\0\\-1\end{pmatrix};\ L_x=-\hbar,\ \psi_-=\frac{1}{2}\begin{pmatrix}1\\-\sqrt{2}\\1\end{pmatrix}$$

北京大学 1996 年

(一) 6.36

(二)　对于角动量$(\hat{L}^2,\hat{L}_z)$的共同本征态Y_{11}，求(1)力学量$\hat{L}^2,\hat{L}_z$的测量值；(2)$\hat{L}_x,\hat{L}_y$的可能测量值与相应概率.

解　参看中国科学院 2010 年第六题. (1)$L^2=2\hbar^2,L_z=\hbar$；(2)L_x取值$\hbar,0,-\hbar$的概率分别是 1/4, 1/2, 1/4；L_y取值$\hbar,0,-\hbar$的概率分别也是 1/4, 1/2, 1/4.

(三)　假设两自旋系统的哈密顿量为$\hat{H}=B\left(\hat{\sigma}_{1z}+\hat{\sigma}_{2z}\right)+J\hat{\boldsymbol{\sigma}}_1\cdot\hat{\boldsymbol{\sigma}}_2$. 指标 1 表示自旋 1, 指标 2 表示自旋 2. 两自旋波函数可表示为自旋 1 与自旋 2 直积形式：

$$\chi_1=|+\rangle|+\rangle,\ \chi_2=|-\rangle|-\rangle,\ \chi_3=|+\rangle|-\rangle,\ \chi_4=|-\rangle|+\rangle$$

(1) 求在此表示下, 哈密顿量$\hat{H}$的矩阵表示：$H_{ij}=\langle i|\hat{H}|j\rangle$；(2) 已知波函数$\psi$与$\hat{H}$的定态方程表示为

$$\psi=a\chi_1+b\chi_2+c\chi_3+d\chi_4=\begin{pmatrix}a\\b\\c\\d\end{pmatrix},\quad\begin{pmatrix}H_{11}&H_{12}&H_{13}&H_{14}\\H_{21}&H_{22}&H_{23}&H_{24}\\H_{31}&H_{32}&H_{33}&H_{34}\\H_{41}&H_{42}&H_{43}&H_{44}\end{pmatrix}\begin{pmatrix}a\\b\\c\\d\end{pmatrix}=E\begin{pmatrix}a\\b\\c\\d\end{pmatrix}$$

求解$\hat{H}$的本征值与本征函数；(3) 假设$B=0,J>0$，求两自旋系统的基态能量及对应的基态波函数.

解　(1)在题目所给的非耦合角动量表象中，基矢为

$$|1\rangle=|+\rangle|+\rangle,\ |2\rangle=|-\rangle|-\rangle,\ |3\rangle=|+\rangle|-\rangle,\ |4\rangle=|-\rangle|+\rangle$$

利用公式

$$\sigma_x|+\rangle=|-\rangle,\ \sigma_x|-\rangle=|+\rangle,\ \sigma_y|+\rangle=\mathrm{i}|-\rangle,\ \sigma_y|-\rangle=-\mathrm{i}|+\rangle$$

算出

$$\hat{H} = B(\sigma_{1z} + \sigma_{2z}) + J(\sigma_{1x}\sigma_{2x} + \sigma_{1y}\sigma_{2y} + \sigma_{1z}\sigma_{2z})$$

的矩阵元 $H_{ij} = \langle i|\hat{H}|j\rangle$：

$$H_{11} = J + 2B,\ H_{22} = J - 2B,\ H_{33} = H_{44} = -J,\ H_{34} = H_{43} = 2J$$

其余 $H_{ij} = 0$. 在此表象中,哈密顿量 $\hat{H}$ 的矩阵表示与定态方程为

$$\hat{H} = \begin{pmatrix} J+2B & 0 & 0 & 0 \\ 0 & J-2B & 0 & 0 \\ 0 & 0 & -J & 2J \\ 0 & 0 & 2J & -J \end{pmatrix}$$

$$\begin{pmatrix} J+2B & 0 & 0 & 0 \\ 0 & J-2B & 0 & 0 \\ 0 & 0 & -J & 2J \\ 0 & 0 & 2J & -J \end{pmatrix}\begin{pmatrix} c_1 \\ c_2 \\ c_3 \\ c_4 \end{pmatrix} = E\begin{pmatrix} c_1 \\ c_2 \\ c_3 \\ c_4 \end{pmatrix}$$

(2) 由定态方程解得

$$E_1 = J + 2B,\ \psi_1 = \begin{pmatrix} 1 \\ 0 \\ 0 \\ 0 \end{pmatrix} = |+\rangle|+\rangle;\ E_2 = J - 2B,\ \psi_2 = \begin{pmatrix} 0 \\ 1 \\ 0 \\ 0 \end{pmatrix} = |-\rangle|-\rangle$$

$$E_3 = J,\ \psi_3 = \frac{1}{\sqrt{2}}\begin{pmatrix} 0 \\ 0 \\ 1 \\ 1 \end{pmatrix} = \frac{1}{\sqrt{2}}\left(|+\rangle|-\rangle + |-\rangle|+\rangle\right)$$

$$E_4 = -3J,\ \psi_4 = \frac{1}{\sqrt{2}}\begin{pmatrix} 0 \\ 0 \\ 1 \\ -1 \end{pmatrix} = \frac{1}{\sqrt{2}}\left(|+\rangle|-\rangle - |-\rangle|+\rangle\right)$$

(3) $B = 0, J > 0$ 时, 基态能量 $E = -3J$, 波函数 $\psi = \frac{1}{\sqrt{2}}\left(|+\rangle|-\rangle - |-\rangle|+\rangle\right)$.

北京大学 1997 年

(一) 5.5　(二) 2.6　(三) 8.5 中的第三小题

(四)　证明：(1) $\mathrm{i}(\hat{p}_x x - x\hat{p}_x)$ 是厄米算符；(2)一维运动的粒子的动量平均值 $\overline{p} = -\dfrac{\mathrm{i}\hbar}{2}\displaystyle\int\left(\psi^*\dfrac{\mathrm{d}\psi}{\mathrm{d}x} - \psi\dfrac{\mathrm{d}\psi^*}{\mathrm{d}x}\right)\mathrm{d}x$.

证　(1)　$[\mathrm{i}(\hat{p}_x x - x\hat{p}_x)]^+ = -\mathrm{i}\left[(\hat{p}_x x)^+ - (x\hat{p}_x)^+\right] = -\mathrm{i}\left(x\hat{p}_x - \hat{p}_x x\right) = \mathrm{i}(\hat{p}_x x - x\hat{p}_x)$

(2) 因 $\overline{p}$ 是实数,

$$\overline{p} = -\mathrm{i}\hbar\int\psi^*\frac{\mathrm{d}\psi}{\mathrm{d}x}\mathrm{d}x = (\overline{p})^* = \mathrm{i}\hbar\int\psi\frac{\mathrm{d}\psi^*}{\mathrm{d}x}\mathrm{d}x = -\frac{\mathrm{i}\hbar}{2}\int\left(\psi^*\frac{\mathrm{d}\psi}{\mathrm{d}x} - \psi\frac{\mathrm{d}\psi^*}{\mathrm{d}x}\right)\mathrm{d}x$$

(五)　设 ψ_{lm} 是 $\hat{L}^2$ 和 $\hat{L}_z$ 的本征函数, 其相应的本征值分别为 $l(l+1)\hbar^2$ 和 $m\hbar$, 试证明: (1) $\varphi = (\hat{L}_x + \mathrm{i}\hat{L}_y)\psi_{lm}$ 也是 $\hat{L}^2$ 和 $\hat{L}_z$ 的本征函数; (2)在态 ψ_{lm} 中, $\hat{L}_x$ 的平均值为零.

证　(1)见2.9；(2)利用公式

$$\hat{L}_\pm = \hat{L}_x \pm \mathrm{i}\hat{L}_y,\ \hat{L}_\pm\psi_{lm} = \sqrt{l(l+1) - m(m\pm1)}\hbar\psi_{lm\pm1},\ \hat{L}_x = \frac{1}{2}(\hat{L}_+ + \hat{L}_-)$$

$$\overline{L_x} = \int\psi_{lm}^*\hat{L}_x\psi_{lm}\mathrm{d}\Omega = \frac{1}{2}\int\psi_{lm}^*(\hat{L}_+ + \hat{L}_-)\psi_{lm}\mathrm{d}\Omega = 0$$

(六)　粒子在硬壁球形空腔中运动, 势能为 $V(r) = \begin{cases}0, & r\leqslant R\\ \infty, & r>R\end{cases}$. 求解粒子角动量为零时的能级和波函数. (与北京大学 1995 年第四题基本相同)

(七)　已知在自旋 $s=1$ 的 $(\hat{S}^2, \hat{S}_z)$ 表象中：$|\psi\rangle = \begin{pmatrix}0\\0\\1\end{pmatrix}$, $\hat{S}_x = \dfrac{\hbar}{\sqrt{2}}\begin{pmatrix}0&1&0\\1&0&1\\0&1&0\end{pmatrix}$. 求在 ψ 态自旋 $\hat{S}_x$ 的可能值及相应的概率.

解　由 $\hat{S}_x$ 的本征方程 $\hat{S}_x|\phi\rangle = s_x|\phi\rangle$ 解得 $\hat{S}_x$ 的本征值 s_x 与本征态 $|\phi\rangle$ 为

$$s_x = \hbar,\ |\phi_1\rangle = \frac{1}{2}\begin{pmatrix}1\\\sqrt{2}\\1\end{pmatrix};\ s_x = 0,\ |\phi_2\rangle = \frac{1}{\sqrt{2}}\begin{pmatrix}1\\0\\-1\end{pmatrix};\ s_x = -\hbar,\ |\phi_1\rangle = \frac{1}{2}\begin{pmatrix}1\\-\sqrt{2}\\1\end{pmatrix}$$

$\hat{S}_x$ 取值 $\hbar, 0, -\hbar$ 的概率分别为

$$|\langle\phi_1|\psi\rangle|^2 = \frac{1}{4},\ |\langle\phi_2|\psi\rangle|^2 = \frac{1}{2},\ |\langle\phi_3|\psi\rangle|^2 = \frac{1}{4}$$

北京大学 1998 年

(一) 2.14　(二) 5.7　(三) 7.3

(四)　判断下列说法正误：(1)设一体系的哈密顿量 $\hat{H}$ 与 t 无关，则体系一定处于定态；(2)厄米算符 $\hat{A}$ 满足 $\hat{A}^4=1$，则该算符的本征值为 $\pm1,\pm\mathrm{i}$；(3)全同粒子系统的波函数必须是反对称的；(4)粒子在中心力场中运动，若角动量 L_z 是守恒量，那么 L_x 就不是守恒量；(5)量子力学适用于微观体系，经典力学适用于宏观体系.

解　全错.

(五)　简单回答下列问题：(1)计及自旋自由度，氢原子主量子数为 n 的能级简并度为多少?(2)写出下列对易关系：$[\hat{L}_x,\hat{p}_x],[\hat{L}_x\pm\mathrm{i}\hat{L}_y,\hat{L}_z]$；(3)证明厄米算符的平方的平均值为正；(4)在 (x,y,z) 表象中写出力学量 $(x,y,\hat{p}_z)$ 的共同本征函数，设本征值为 (x',y',p_z')；(5)证明量子力学基态能级的微扰二级修正永远是负的(非简并情形).

解　(1) $2n^2$；(2) $[\hat{L}_x,\hat{p}_x]=0,\ [\hat{L}_x\pm\mathrm{i}\hat{L}_y,\hat{L}_z]=\mp\hbar(\hat{L}_x\pm\mathrm{i}\hat{L}_y)$；(3) 设 $\hat{F}$ 为厄米算符,

$$\langle\hat{F}^2\rangle=\int\psi^*\hat{F}^2\psi\,\mathrm{d}\tau=\int(\hat{F}\psi)^*\hat{F}\psi\,\mathrm{d}\tau=\int\left|\hat{F}\psi\right|^2\mathrm{d}\tau\geqslant0$$

(4) $\delta(x-x')\delta(y-y')\dfrac{1}{\sqrt{2\pi\hbar}}\mathrm{e}^{\mathrm{i}p_z'z/\hbar}$；(5) $E_n^{(2)}=\sum\limits_{m\neq n}\dfrac{\left|\hat{H}'_{mn}\right|^2}{E_n^{(0)}-E_m^{(0)}}$，因 $E_n^{(0)}<E_m^{(0)}$，故 $E_n^{(1)}<0$.

(六)　设 $t=0$ 时，粒子的状态为 $\psi(x)=A\left(\sin^2kx+\dfrac{1}{2}\cos kx\right)$. 求粒子的动量平均值和动能平均值.

解

$$\psi(x)=\frac{A}{4}\left(2-\mathrm{e}^{\mathrm{i}2kx}-\mathrm{e}^{-\mathrm{i}2kx}+\mathrm{e}^{\mathrm{i}kx}+\mathrm{e}^{-\mathrm{i}kx}\right)$$

$$\langle p\rangle=0,\ \langle T\rangle=\frac{(2\hbar k)^2}{2\mu}\times\frac{1}{4}+\frac{(\hbar k)^2}{2\mu}\times\frac{1}{4}=\frac{5\hbar^2k^2}{8\mu}$$

(七)　设已知在 $\hat{L}^2$ 和 $\hat{L}_z$ 的共同表象中 $\hat{L}_x=\dfrac{\hbar\sqrt{2}}{2}\begin{pmatrix}0&1&0\\1&0&1\\0&1&0\end{pmatrix}$. 试求其本征值和归一化本征函数. 最后写出 $\hat{L}_x$ 在自身表象中的矩阵表示.

解　参看北京大学 1995 年第五题. $\hat{L}_x$ 在自身表象中的矩阵为对角矩阵，对角元素为 $\hat{L}_x$ 的本征值 $\hbar,0,-\hbar$.

北京大学 1999 年

(一)1.21　(二)6.20　(三)5.17

(四)　判断下列说法正误：(1)如 $\hat{A},\hat{B}$ 均为厄米算符，则 $\hat{A}\cdot\hat{B}$ 也是厄米算符；(2)海森伯的不确定关系表明，不管将来的测量技术如何改进，同时测准一个微观粒子的坐标和动量是不可能的；(3)不同定态的线性叠加还是定态；(4)所谓全同粒子就是指该系统的粒子的所有性质都相同；(5)中心力场中单粒子系统，不考虑自旋自由度，我们可选该系统的力学量完全集为 $(\hat{H},\hat{L}^2,\hat{L}_z)$.

解　(1)(3)(4)错. (2)(5)正确.

(五)　回答下列问题：(1)什么是量子力学中的定态?它有什么特性? (2)什么是量子力学中的守恒量?它有什么性质?(3)写出下列力学量算符的对易关系：$[\hat{L}_+,\hat{L}_-]=?$ $[\hat{L}_x,\boldsymbol{r}\cdot\hat{\boldsymbol{p}}]=?$ (4)写出一维动量表象中，坐标和动量的算符形式和它们的本征函数的表示式. (5)动量算符 $\hat{p}=-\mathrm{i}\hbar\mathrm{d}/\mathrm{d}x$，在满足什么样的无穷远波函数的条件下，才是厄米算符，试说明之.

解　(1)定态是哈密顿量的本征态，它的特点是定态能量 E 取确定值，定态波函数具有如下形式：$\psi(\boldsymbol{r},t)=\mathrm{e}^{-\mathrm{i}Et/\hbar}\psi(\boldsymbol{r})$. 于是，概率密度 $|\psi(\boldsymbol{r},t)|^2=|\psi(\boldsymbol{r})|^2$，不含 t 的力学量 $\hat{F}$ 平均值 $\int\psi^*(\boldsymbol{r},t)\hat{F}\psi(\boldsymbol{r},t)\mathrm{d}\tau=\int\psi^*(\boldsymbol{r})\hat{F}\psi(\boldsymbol{r})\mathrm{d}\tau$，以及 $\hat{F}$ 取值 f_n(本征值)的概率 $\left|\int\phi_n^*(\boldsymbol{r})\psi(\boldsymbol{r},t)\mathrm{d}\tau\right|^2=\left|\int\phi_n^*(\boldsymbol{r})\psi(\boldsymbol{r})\mathrm{d}\tau\right|^2$ 都不随时间变化. 上式中的 ϕ_n 是 $\hat{F}$ 的本征值为 f_n 的本征函数. (2)守恒量是在任何态上的平均值都不随时间变化的力学量，它的性质是本身不含 t，且同哈密顿量对易. (3) $[\hat{L}_+,\hat{L}_-]=2\hbar\hat{L}_z$，$[\hat{L}_x,\boldsymbol{r}\cdot\hat{\boldsymbol{p}}]=0$. (4)$\hat{x}=\mathrm{i}\hbar\dfrac{\partial}{\partial p}$，本征函数 $\dfrac{1}{\sqrt{2\pi\hbar}}\mathrm{e}^{-\mathrm{i}px/\hbar}$；$\hat{p}=p$，本征函数 $\delta(p-p')$. (5)$\psi(x\to\pm\infty)=0$ 或 $\psi(+\infty)=\psi(-\infty)$.

(六)　一个质量为 m 的粒子在一维势场 $V(x)=\begin{cases}+\infty, & x<0\\ \dfrac{1}{2}m\omega^2x^2, & x>0\end{cases}$ 中运动，求其能级，不必作详细计算.

解　$\left(n+\dfrac{1}{2}\right)\hbar\omega,\ n=1,3,5,\cdots$

北京大学 2000 年

(一)1.5　(二)6.24　(三)6.23　(四)7.19　(五)5.41

(六)　若$|\alpha\rangle$和$|\beta\rangle$是氢原子的定态矢(电子和质子的相互作用为库仑作用，并计及电子的自旋-轨道耦合项). (1)给出 $|\alpha\rangle$ 和 $|\beta\rangle$ 态的守恒量完全集;(2)若

$\langle\beta|f(r)\hat{\boldsymbol{S}}\cdot\boldsymbol{r}|\alpha\rangle\neq 0$，则$|\alpha\rangle$和$|\beta\rangle$态的哪些量子数可能是不同的?为什么?[注：$f(r)$是$r$的非零函数，$\hat{\boldsymbol{S}},\boldsymbol{r}$为电子的自旋和坐标算符].

解 (1) $\hat{H},\hat{L}^2,\hat{J}^2,\hat{J}_z$；

(2) 氢原子的定态$|\alpha\rangle$和$|\beta\rangle$可以表示为$|\alpha\rangle=|nljm_j\rangle$，$|\beta\rangle=|n'l'j'm_j'\rangle$

$$\hat{\boldsymbol{S}}\cdot\boldsymbol{r}=r(\sin\theta\cos\varphi\hat{S}_x+\sin\theta\sin\varphi\hat{S}_y+\cos\theta\hat{S}_z)=r\hat{S}_n$$

$$\begin{aligned}\langle\beta|f(r)\hat{\boldsymbol{S}}\cdot\boldsymbol{r}|\alpha\rangle&=\langle n'l'j'm_j'|f(r)r\hat{S}_n|nljm_j\rangle\\&=\int_0^\infty R_{n'l'}(r)R_{nl}(r)f(r)r^3\,\mathrm{d}r\int\varphi^+_{l'j'm_j'}(\theta,\varphi,s_z)\hat{S}_n\varphi_{ljm_j}(\theta,\varphi,s_z)\,\mathrm{d}\Omega\end{aligned}$$

设$\varphi_{ljm_j}(\theta,\varphi,s_z)$是$\hat{S}_n$的本征函数，为使

$$\int\varphi^+_{l'j'm_j'}(\theta,\varphi,s_z)\hat{S}_n\varphi_{ljm_j}(\theta,\varphi,s_z)\,\mathrm{d}\Omega\neq 0$$

要求$l'=l,j'=j,m_j'=m_j$. 实际上，$\varphi_{ljm_j}(\theta,\varphi,s_z)$不是$\hat{S}_n$的本征函数，使上述积分不为0的$l'j'm_j'$均可能分别不同于$ljm_j$，使

$$\int_0^\infty R_{n'l'}(r)R_{nl}(r)f(r)r^3\,\mathrm{d}r\neq 0$$

的$n'l'$均可能分别不同于nl. 总之，使$\langle\beta|\hat{\boldsymbol{S}}\cdot\boldsymbol{r}|\alpha\rangle\neq 0$的$n'l'j'm_j'$均可能分别不同于$nljm_j$.

北京大学 2001 年

(一)1.3 (二)6.22 (三)5.42

(四) 请回答下列问题：(1) $\hbar=?$ (2)设一粒子在球面上运动，它处于状态$Y_{lm}(\theta,\varphi)$，计算：(a)在$(\theta,\theta+\mathrm{d}\theta)$区间中测得粒子的概率；(b)在$(\varphi,\varphi+\mathrm{d}\varphi)$区间中测得粒子的概率；(3)在中心力场中，粒子处于定态，轨道角动量是否有确定值?(4) $[\hat{p}_x^{-n},x]=?$ (5)写出坐标的本征态(本征值为$\boldsymbol{r}_0$)在动量表象中的表示及动量的本征态(本征值为$\boldsymbol{p}_0$)在坐标表象中的表示；(6)若在 Schrödinger Picture 中，$\hat{H}=\omega_0\hat{L}_z$，试给出$(\hat{L}_x)_{\text{Heisenberg}}$；(7)设粒子波函数为$\psi(\boldsymbol{r},t)$，写出粒子概率守恒的微分表达式；(8)给出跃迁的 Golden Rule 公式，简单说明式中各因子的含义.

解 (2)在$(\theta,\theta+\mathrm{d}\theta)$区间中测得粒子的概率为$\left[\int_0^{2\pi}|Y_{lm}(\theta,\varphi)|^2\,\mathrm{d}\varphi\right]\sin\theta\mathrm{d}\theta$；在$(\varphi,\varphi+\mathrm{d}\varphi)$区间中测得粒子的概率为$\left[\int_0^{\pi}|Y_{lm}(\theta,\varphi)|^2\sin\theta\mathrm{d}\theta\right]\mathrm{d}\varphi$；(3)不一定；

(4) $[\hat{p}_x^{-n},x]=-\mathrm{i}\hbar\dfrac{\partial}{\partial\hat{p}_x}\hat{p}_x^{-n}=\mathrm{i}\hbar n\hat{p}_x^{-(n+1)}$；(5)

$$\phi_{\boldsymbol{r}_0}(\boldsymbol{p})=\frac{1}{(2\pi\hbar)^{3/2}}\mathrm{e}^{-\mathrm{i}\boldsymbol{p}\cdot\boldsymbol{r}_0/\hbar},\ \psi_{\boldsymbol{p}_0}(\boldsymbol{r})=\frac{1}{(2\pi\hbar)^{3/2}}\mathrm{e}^{\mathrm{i}\boldsymbol{p}_0\cdot\boldsymbol{r}/\hbar}$$

(6) $(\hat{L}_x)_{\text{Heisenberg}}=\mathrm{e}^{\frac{\mathrm{i}\omega_0 t}{\hbar}\hat{L}_z}\hat{L}_x\mathrm{e}^{-\frac{\mathrm{i}\omega_0 t}{\hbar}\hat{L}_z}=\cos\omega_0 t\hat{L}_x-\sin\omega_0 t\hat{L}_y$（见1.46）. (7)粒子概率守恒的微分表达式为

$$\frac{\partial\rho}{\partial t}+\nabla\cdot\boldsymbol{j}=0$$

$$\rho=\left|\psi(\boldsymbol{r},t)\right|^2,\ \boldsymbol{j}=-\frac{\mathrm{i}\hbar}{2\mu}\left[\psi^*(\boldsymbol{r},t)\nabla\psi(\boldsymbol{r},t)-\psi(\boldsymbol{r},t)\nabla\psi^*(\boldsymbol{r},t)\right]$$

(8) 跃迁的 Golden Rule 公式为 $w=\dfrac{2\pi}{\hbar}\left|H'_{mk}\right|^2\rho(E,F)$. 这个公式描述具有连续能谱的粒子在常微扰 $\hat{H}'$ 作用下，由 $\hat{H}_0$ 的能量为 E 的定态 ψ_k，跃迁到 $\hat{H}_0$ 的能量仍为 E 的具有某种特性 F 的一组末态的速率，这一组末态可以近似地用一个定态波函数 ψ_m 表示，$\rho(E,F)$ 是这一组末态的能态密度，表示在能量为 E 的单位能量间隔内具有特性 F 的状态的数目，公式中的 $H'_{mk}=\int\psi_m^*\hat{H}'\psi_k\mathrm{d}\tau$ 是微扰矩阵元. 以具有连续能谱的自由粒子为例，设初态为能量 $E=\hbar^2k^2/2\mu$ 沿 z 轴方向入射的平面波 $\psi_k=L^{-3/2}\mathrm{e}^{\mathrm{i}kz}$（假定粒子被限制在边长为 L 的立方体积中，$L^{-3/2}$ 为箱归一化常数），末态为在势场 $V(\boldsymbol{r})$ 作用下沿 (θ,φ) 方向的 $\mathrm{d}\Omega$ 立体角内出射的一组平面波，这一组平面波具有的特性是，它们的方向都是在 (θ,φ) 的 $\mathrm{d}\Omega$ 立体角内. 由于 $\mathrm{d}\Omega$ 很小，它们可以近似地用沿 (θ,φ) 方向的平面波 $\psi_m=L^{-3/2}\mathrm{e}^{\mathrm{i}\boldsymbol{k}\cdot\boldsymbol{r}}$ 表示. 跃迁的 Golden Rule 公式 $w=\dfrac{2\pi}{\hbar}\left|H'_{mk}\right|^2\rho(E,\theta,\varphi,\mathrm{d}\Omega)$ 描述能量为 E 沿 z 轴方向入射的粒子，在势 $V(\boldsymbol{r})$ 的作用下沿 (θ,φ) 方向的 $\mathrm{d}\Omega$ 立体角内出射的速率. 末态能态密度 $\rho(E,\theta,\varphi,\mathrm{d}\Omega)$ 表示在立方体积 L^3 中的自由粒子能量在 E 处的单位能量间隔内，具有方向在 (θ,φ) 的 $\mathrm{d}\Omega$ 立体角内的状态数. $\rho(E,\theta,\varphi,\mathrm{d}\Omega)$ 中的（$\theta,\varphi,\mathrm{d}\Omega$）就是 $\rho(E,F)$ 中的 F. 微扰矩阵元 $H'_{mk}=\int\psi_m^*V(\boldsymbol{r})\psi_k\mathrm{d}\tau$.

（五）　两个质量为 m 的一维全同粒子，它们之间的相互作用为 $\dfrac{1}{2}a(x_1-x_2)^2$ $(a>0)$. (1)若粒子自旋为 0，写出它们的相对运动的基态能量和波函数；(2)若粒子自旋为 $\hbar/2$，写出它们的相对运动的基态及第一激发态能量和波函数.

解 令 $x=x_1-x_2$, $V=\frac{1}{2}\mu\omega^2x^2$, $\omega=\sqrt{\frac{a}{\mu}}=\sqrt{\frac{2a}{m}}$,

(1) $s=0$, 基态 $E=\frac{1}{2}\hbar\omega$, $\psi=\sqrt{\frac{\alpha}{\sqrt{\pi}}}\mathrm{e}^{-\alpha^2x^2/2}$;

(2) $s=\frac{1}{2}$, 基态 $E=\frac{1}{2}\hbar\omega$, $\psi=\sqrt{\frac{\alpha}{\sqrt{\pi}}}\mathrm{e}^{-\alpha^2x^2/2}\frac{1}{\sqrt{2}}[\alpha(1)\beta(2)-\alpha(2)\beta(1)]$;

第一激发态 $E=\frac{3}{2}\hbar\omega$,

$$\psi=\sqrt{\frac{\alpha}{2\sqrt{\pi}}}2\alpha x\mathrm{e}^{-\alpha^2x^2/2}\begin{cases}\alpha(1)\alpha(2)\\ \frac{1}{\sqrt{2}}[\alpha(1)\beta(2)+\alpha(2)\beta(1)]\\ \beta(1)\beta(2)\end{cases}$$

(六) 假设氢原子的位能项 $-\frac{e^2}{r}$ 被 $-\frac{e^2}{r}\mathrm{e}^{-r/a}$ ($a\gg a_0, a_0$ 为玻尔半径)所取代, 试求氢原子的基态能量修正(准至 a^{-1}).

解 $\hat{H}'=-\frac{e^2}{r}\mathrm{e}^{-r/a}-\left(-\frac{e^2}{r}\right)=\frac{e^2}{r}(1-\mathrm{e}^{-r/a})\approx\frac{e^2}{a}$, $\Delta E=\int\psi^*\hat{H}'\psi\,\mathrm{d}\tau=\frac{e^2}{a}$.

北京大学 2002 年

(一) 填充题

(1) 波函数的统计解释是______, 其标准条件是______;

(2) 设 $\psi_n(x)$ 是一维谐振子的定态波函数, 则有

$$\int_{-\infty}^{+\infty}\psi_n^*(x)x\psi_n(x)\mathrm{d}x=\_\_\_\_,\quad \int_{-\infty}^{+\infty}\psi_n^*(x)\hat{p}_x\psi_n(x)\mathrm{d}x=\_\_\_\_,$$

$$\int_{-\infty}^{+\infty}\psi_{n+1}^*(x)x\psi_n(x)\mathrm{d}x=\_\_\_\_,\quad \int_{-\infty}^{+\infty}\psi_n^*(x)\hat{p}_x\psi_{n-1}(x)\mathrm{d}x=\_\_\_\_;$$

(3) 设 $|lm\rangle$ 为 $\hat{L}^2$ 和 $\hat{L}_z$ 的共同本征态矢, 则

$\hat{L}_z(\hat{L}_x+\mathrm{i}\hat{L}_y)|lm\rangle=$ ____ $(\hat{L}_x+\mathrm{i}\hat{L}_y)|lm\rangle$, $\hat{L}_z(\hat{L}_x-\mathrm{i}\hat{L}_y)|lm\rangle=$ ____ $(\hat{L}_x-\mathrm{i}\hat{L}_y)|lm\rangle$;

(4) 设有波函数 $\psi(r)=c\frac{\mathrm{e}^{-3kr}}{r}$, 概率密度 $W(r)=$ ____, 概率流密度

$J_r=$ ____, $J_\theta=$ ____, $J_\varphi=$ ____;

(5) 氢原子中电子处于 3d 态, $\psi_{320}=Ar^2\mathrm{e}^{-r/3a_0}Y_{20}(\theta,\varphi)$ 的径向分布概率为最

大值时的 $r=$ ____；

(6) 在 $\hat{S}_z$ 表象中，在自旋态 $\frac{1}{\sqrt{2}}\begin{pmatrix}1\\1\end{pmatrix}$ 中 $\hat{S}_z$ 的可能测值为 ____ 和 ____，其相应概率分别为 ____ 和 ____；

(7) 对易关系：

$[\hat{S}_y,\hat{S}_x]=$ ____，$[\hat{L}_x,y]=$ ____，$[\hat{L}_x,\hat{p}_z]=$ ____，$[\hat{S}_z,z]=$ ____；

(8) 中心力场中，电偶极跃迁的选择定则为 $\Delta l=$ ____，$\Delta m=$ ____；

(9) 考虑到电子的自旋，氢原子能级 E_n 的简并度为 ____，碱金属原子能级 E_{nl} 的简并度为 ____；

(10) 两个角动量 $j_1=1, j_2=1/2$，耦合的总角动量 $j=$ ____ 和 ____，相应的耦合态的个数分别为 ____ 和 ____。

解 (1)波函数 $\psi(\boldsymbol{r},t)$ 的统计解释是波函数的绝对值平方 $|\psi(\boldsymbol{r},t)|^2$ 表示概率密度，即 t 时刻粒子在空间 $\boldsymbol{r}$ 处单位体积内出现的概率，其标准条件是单值、连续和有限；

(2)
$$\int_{-\infty}^{+\infty}\psi_n^*(x)x\psi_n(x)\mathrm{d}x=0,\ \int_{-\infty}^{+\infty}\psi_n^*(x)\hat{p}_x\psi_n(x)\mathrm{d}x=0$$

$$\int_{-\infty}^{+\infty}\psi_{n+1}^*(x)x\psi_n(x)\mathrm{d}x=\frac{1}{\alpha}\sqrt{\frac{n+1}{2}},\ \alpha=\sqrt{\frac{\mu\omega}{\hbar}}$$

$$\int_{-\infty}^{+\infty}\psi_n^*(x)\hat{p}_x\psi_{n-1}(x)\mathrm{d}x=\mathrm{i}\hbar\alpha\sqrt{\frac{n}{2}}$$

(3)
$$\hat{L}_z(\hat{L}_x+\mathrm{i}\hat{L}_y)|lm\rangle=(m+1)\hbar(\hat{L}_x+\mathrm{i}\hat{L}_y)|lm\rangle$$

$$\hat{L}_z(\hat{L}_x-\mathrm{i}\hat{L}_y)|lm\rangle=(m-1)\hbar(\hat{L}_x-\mathrm{i}\hat{L}_y)|lm\rangle$$

(4) 概率密度 $W(r)=|c|^2\frac{\mathrm{e}^{-6kr}}{r^2}$，概率流密度 $J_r=0, J_\theta=0, J_\varphi=0$ [如果 $W(r)\mathrm{d}r$ 表示粒子在 $r\sim r+\mathrm{d}r$ 内出现的概率，则 $W(r)=4\pi|c|^2\mathrm{e}^{-6kr}$]；

(5) $\frac{\mathrm{d}}{\mathrm{d}r}\left(|\psi_{320}|^2r^2\right)=|AY_{20}(\theta,\varphi)|^2\frac{\mathrm{d}}{\mathrm{d}r}\left(r^6\mathrm{e}^{-2r/3a_0}\right)=0\to r=9a_0$；

(6) $\hat{S}_z$ 的可能测值为 $\hbar/2$ 和 $-\hbar/2$，相应概率都是 $1/2$；

(7) $[\hat{S}_y,\hat{S}_x]=-\mathrm{i}\hbar\hat{S}_z$，$[\hat{L}_x,y]=\mathrm{i}\hbar z$，$[\hat{L}_x,\hat{p}_z]=-\mathrm{i}\hbar\hat{p}_y$，$[\hat{S}_z,z]=0$；

(8) 在中心力场中，电偶极跃迁的选择定则为 $\Delta l=\pm1$，$\Delta m=0,\pm1$；

(9) 考虑到电子的自旋，氢原子能级 E_n 的简并度为 $2n^2$，碱金属原子能级 E_{nl}

的简并度为 $2(2l+1)$；

(10) $j_1=1$ 与 $j_2=1/2$ 耦合的总角动量 $j=3/2$ 和 $1/2$，相应耦合态的个数分别为 4 和 2.

(二) 计算题

(1) 试求粒子 $(E>0)$ 在下列势阱壁 $(x=0)$ 处的反射系数：

$$V(x)=\begin{cases}-V_0, & x<0\\ 0, & x>0\end{cases}$$

解 参看 1.37 题.令 $k=\sqrt{\dfrac{2\mu E}{\hbar^2}},\alpha=\sqrt{\dfrac{2\mu(E+V_0)}{\hbar^2}}$，得到同 1.37 题相同的定态方程，并求得反射系数 $R=\dfrac{(k-\alpha)^2}{(k+\alpha)^2}$，透射系数 $T=\dfrac{4k\alpha}{(k+\alpha)^2}$.

(2) 计算 $\hat{L}_x,\hat{L}_y$ 在 $\hat{L}^2$ 和 $\hat{L}_z$ 的共同本征态 $Y_{lm}(\theta,\varphi)$ 中的平均值.

解
$$\overline{L_x}=\frac{1}{2}\int Y_{lm}^*(\theta,\varphi)(\hat{L}_+ +\hat{L}_-)Y_{lm}(\theta,\varphi)\mathrm{d}\Omega=0$$

$$\overline{L_x}=\frac{1}{2\mathrm{i}}\int Y_{lm}^*(\theta,\varphi)(\hat{L}_+ -\hat{L}_-)Y_{lm}(\theta,\varphi)\mathrm{d}\Omega=0$$

(3) 设粒子在具有理想反射壁的球内运动，粒子的势能为 $V(r)=\begin{cases}0, & r\leqslant a\\ \infty, & r>a\end{cases}$. 求粒子的角动量为 0 时的能级和归一化的波函数. [见北京大学 1995 年(四)题]

(4) 一维非线性谐振子的势能为 $V(x)=\dfrac{1}{2}kx^2+cx^3+dx^4$. 若把非谐振项看做微扰，试求基态和第一激发态能量的一级修正.

解 参看 5.7 题，此题同 5.7 题基本相同.

(5) 在自旋 $s=1/2$ 与 $s=3/2$ 情况下，两个粒子的对称和反对称的自旋波函数各有几个?

解 要构成反对称态，2 个粒子的单粒子态必须不同，而要构成对称态，则不受此限制. $s=1/2$ 自旋的单粒子态只有 2 个，只能构成一个反对称态；但可以构成三个对称态，其中两个粒子同处一个单粒子态的 2 个，处于不同态的 1 个. $s=3/2$ 自旋的单粒子态有 4 个，可以构成 6 个反对称态；10 个对称态，其中两个粒子同处一个单粒子态的 4 个，处于不同态的 6 个.

北京大学 2003 年

(一) 6.9 (二) 5.37 (三) 4.31

(四) (1)简述力学量的厄米性；(2)使用狄拉克符号导出不含时间的薛定谔方

程在动量表象中的形式.

解　(1) 力学量 $\hat{F}$ 的厄米性是，对于任意波函数 ψ 与 φ，以下等式成立：

$$\int \psi^* \hat{F} \varphi \mathrm{d}\tau = \int (\hat{F}\psi)^* \varphi \mathrm{d}\tau$$

(2) 在动量表象中，定态薛定谔方程为

$$\left[\frac{\boldsymbol{p}}{2\mu} + V(\hat{\boldsymbol{r}})\right]|\psi\rangle = E|\psi\rangle,\ \hat{\boldsymbol{r}} = \mathrm{i}\hbar\nabla_{\boldsymbol{p}}$$

(五)　(1)证明 $[\hat{L}_x, \hat{p}_y] = [\hat{p}_x, \hat{L}_y] = \mathrm{i}\hbar\hat{p}_z$；(2)求 $\hat{\boldsymbol{p}}\times\hat{\boldsymbol{L}} + \hat{\boldsymbol{L}}\times\hat{\boldsymbol{p}} = ?$ (见 2.31).

北京大学 2004 年

(一)　(1)试写出定态薛定谔方程；(2)试简要叙述测不准原理.

(二)　电子受哈密顿量 $\hat{H} = a\hat{S}_y$ 的作用，其中 a 是实常数. $t=0$ 时，电子自旋沿正 x 方向. 求 $t=T$ 时电子自旋沿负 x 方向的概率.

解　在 $\hat{S}_z$ 表象，$\hat{S}_x$ 的本征值与本征态为

$$s_x = \frac{\hbar}{2},\ |\phi_1\rangle = \frac{1}{\sqrt{2}}\begin{pmatrix}1\\1\end{pmatrix};\ s_x = -\frac{\hbar}{2},\ |\phi_2\rangle = \frac{1}{\sqrt{2}}\begin{pmatrix}1\\-1\end{pmatrix}$$

$\hat{H} = a\hat{S}_y$ 的本征值与本征态为

$$E_1 = \frac{a\hbar}{2},\ |\psi_1\rangle = \frac{1}{\sqrt{2}}\begin{pmatrix}1\\\mathrm{i}\end{pmatrix};\ E_2 = -\frac{a\hbar}{2},\ |\psi_2\rangle = \frac{1}{\sqrt{2}}\begin{pmatrix}1\\-\mathrm{i}\end{pmatrix}$$

任意 t 时的波函数为

$$|\psi(t)\rangle = c_1 \mathrm{e}^{-\mathrm{i}E_1 t/\hbar}|\psi_1\rangle + c_2 \mathrm{e}^{-\mathrm{i}E_2 t/\hbar}|\psi_2\rangle$$

由初条件 $|\psi(0)\rangle = c_1|\psi_1\rangle + c_2|\psi_2\rangle = |\phi_1\rangle$，确定

$$c_1 = \langle\psi_1|\phi_1\rangle = \frac{1}{2}(1-\mathrm{i}),\ c_2 = \langle\psi_2|\phi_1\rangle = \frac{1}{2}(1+\mathrm{i})$$

$$|\psi(t)\rangle = \frac{1}{\sqrt{2}}\begin{pmatrix}\cos\dfrac{at}{2} - \sin\dfrac{at}{2}\\[2ex] \cos\dfrac{at}{2} + \sin\dfrac{at}{2}\end{pmatrix}$$

$t=T$ 时，电子自旋沿负与正 x 方向的概率分别为

$$P_- = \left|\langle\phi_2|\psi(T)\rangle\right|^2 = \sin^2\frac{aT}{2},\ P_+ = \left|\langle\phi_1|\psi(T)\rangle\right|^2 = \cos^2\frac{aT}{2}$$

(三) 氢原子处于状态 $\psi=\begin{pmatrix}\frac{1}{2}R_{21}(r)Y_{11}(\theta,\varphi)\\ -\frac{\sqrt{3}}{2}R_{21}(r)Y_{10}(\theta,\varphi)\end{pmatrix}$, $\hat{H}\psi_{nlm}(\boldsymbol{r})=E_n\psi_{nlm}(\boldsymbol{r})$. 求(1) $\hat{L}_z$ 的平均值; (2)自旋 z 分量 $\hat{S}_z$ 的平均值; (3)总磁矩 $\hat{\boldsymbol{M}}=-\frac{e}{2\mu}\hat{\boldsymbol{L}}-\frac{e}{\mu}\hat{\boldsymbol{S}}$ 的 z 分量的平均值.

解 $\overline{L_z}=\frac{\hbar}{4}$, $\overline{s_z}=\frac{\hbar}{2}\left(\frac{1}{4}-\frac{3}{4}\right)=-\frac{\hbar}{4}$, $M_z=-\frac{e}{2\mu}\frac{\hbar}{4}-\frac{e}{\mu}\left(-\frac{\hbar}{4}\right)=\frac{e\hbar}{8\mu}$.

(注: $\hat{\boldsymbol{M}}=-\frac{e}{2\mu}\hat{\boldsymbol{L}}-\frac{e}{\mu}\hat{\boldsymbol{S}}$ 是国际单位制的表示式, $\hat{\boldsymbol{M}}=-\frac{e}{2\mu c}\hat{\boldsymbol{L}}-\frac{e}{\mu c}\hat{\boldsymbol{S}}$ 是高斯单位制的表示式).

(四) 质量为 μ, 自旋为 1/2 无相互作用的两个全同粒子, 处于一维谐振子势阱中, 写出体系基态和第一激发态的能量和波函数, 并指出简并度.

解 基态能量 $E=\hbar\omega$, 非简并, 波函数

$$\psi=\psi_0(x_1)\psi_0(x_2)\frac{1}{\sqrt{2}}\left[\alpha(1)\beta(2)-\alpha(2)\beta(1)\right]$$

第一激发态能量 $E=2\hbar\omega$, 四度简并, 波函数

$$\psi=\frac{1}{\sqrt{2}}\left[\psi_0(x_1)\psi_1(x_2)+\psi_0(x_2)\psi_1(x_1)\right]\frac{1}{\sqrt{2}}\left[\alpha(1)\beta(2)-\alpha(2)\beta(1)\right]$$

$$\psi=\frac{1}{\sqrt{2}}\left[\psi_0(x_1)\psi_1(x_2)-\psi_0(x_2)\psi_1(x_1)\right]\begin{cases}\alpha(1)\alpha(2)\\ \frac{1}{\sqrt{2}}\left[\alpha(1)\beta(2)+\alpha(2)\beta(1)\right]\\ \beta(1)\beta(2)\end{cases}$$

(五) 一体系由三个全同玻色子组成, 玻色子之间无相互作用, 玻色子只有可能的 3 个单粒子态. 问体系可能的状态有几个?

解 可能的态有 10 个, 其中 3 个粒子同处于一个单粒子态的有 3 个, 2 个同处于同一单粒子态的有 6 个, 3 个粒子各处于一个单粒子态的有一个.

北京大学 2005 年

(一)1.41

(二) 填空: 1924 年, 德布罗意提出物质波概念, 认为任何实物粒子, 如电子、质子等, 也具有波性, 对于具有一定动量 p 的自由粒子, 满足德布罗意关系: ( ); 假设电子由静止被 150 伏电压加速, 加速后电子的物质波波长为(保留一位有效数

字)：( ). 对宏观物体而言，其对应的物质波长极短，所以宏观物体波动性很难被我们观察到，但最近发现介观系统(纳米尺度下的大分子)在低温下会显示出波动性. 计算1K时，C_{60}团簇(由 60 个C原子构成足球状分子)热运动所对应的物质波波长为(保留一位有效数字)：( ).

解 动量为p的自由粒子，满足德布罗意关系：$\lambda = h/p$；电子经150伏电压加速后的物质波波长为

$$\lambda = \frac{h}{p} = \frac{h}{\sqrt{2m_e E}} = \frac{h}{\sqrt{2m_e eV}}$$

$$= \frac{6.626\times10^{-34}}{\sqrt{2\times9.109\times10^{-31}\times1.602\times10^{-19}\times150}}\text{米} = 1.0\times10^{-10}\text{米}$$

C_{60}的质量为$m = 60\times12\times1.674\times10^{-27}$千克$=1.205\times10^{-24}$千克，它在1K时热运动能量$E = \frac{3}{2}kT = \frac{3}{2}\times1.381\times10^{-23}\times1 = 2.07\times10^{-23}$焦耳/开，将$m$与$E$的值代入$\lambda = \frac{h}{p} = \frac{h}{\sqrt{2mE}}$中得$C_{60}$在1K时的物质波波长$\lambda = 9.4\times10^{-9}$米.

(三) 质量为m的一个粒子在边长为a的立方盒子中运动，势能为

$$V(x,y,z) = \begin{cases} 0, & x\in(0,a); y\in(0,a); z\in(0,a) \\ \infty, & \text{others} \end{cases}$$

(1)列出定态薛定谔方程，并求出系统能量本征值和归一化波函数；(2)假设有两个电子在立方盒子中运动，不考虑电子间的相互作用，系统基态能量是多少？并写出系统基态归一化波函数；(3)假设有两个玻色子在立方盒子中运动，不考虑玻色子间的相互作用，系统基态能量是多少？并写出系统基态归一化波函数.

解 (2) $E = \dfrac{3\pi^2\hbar^2}{ma^2}$，$\psi = \psi_{111}(\boldsymbol{r}_1)\psi_{111}(\boldsymbol{r}_2)\dfrac{1}{\sqrt{2}}\left[\alpha(1)\beta(2) - \alpha(2)\beta(1)\right]$；

(3) 设玻色子自旋$s=0$，$E = \dfrac{3\pi^2\hbar^2}{ma^2}$，$\psi = \psi_{111}(\boldsymbol{r}_1)\psi_{111}(\boldsymbol{r}_2)$，其中$\psi_{n_1n_2n_3}(\boldsymbol{r}) = \psi_{n_1}(x)\,\psi_{n_2}(y)\psi_{n_3}(z)$，$\psi_n$是一维无限深方势阱定态波函数.

(四) 假设一个定域电子(忽略电子轨道运动)在均匀磁场中运动，磁场$\boldsymbol{B}$沿z轴正向，电子磁矩在均匀磁场中的势$V = -\hat{\boldsymbol{M}}_s\cdot\boldsymbol{B}$，这里$\hat{\boldsymbol{M}}_s = -\dfrac{e}{m}\hat{\boldsymbol{S}}$为电子的自旋磁矩. 自旋用泡利矩阵表示：$\hat{\boldsymbol{S}} = \dfrac{\hbar}{2}\hat{\boldsymbol{\sigma}}$，$\sigma_x = \begin{pmatrix}0 & 1\\ 1 & 0\end{pmatrix}$，$\sigma_y = \begin{pmatrix}0 & -\mathrm{i}\\ \mathrm{i} & 0\end{pmatrix}$，$\sigma_z = \begin{pmatrix}1 & 0\\ 0 & -1\end{pmatrix}$.

(1)求定域电子在磁场中的哈密顿量，并列出电子满足的薛定谔方程：$\mathrm{i}\hbar\dfrac{\partial\psi}{\partial t} = \hat{H}\psi$；

(2)假设 $t=0$ 时，电子自旋指向 x 轴正向，即 $s_x=\hbar/2$，求 $t>0$ 时，自旋 $\hat{\boldsymbol{S}}$ 的平均值；
(3)求 $t>0$ 时，电子自旋指向 y 轴负向，即 $s_y=-\hbar/2$ 的概率是多少？

解 (1)
$$\hat{H}=-\hat{\boldsymbol{M}}_s\cdot\boldsymbol{B}=\frac{e}{m}\hat{\boldsymbol{S}}\cdot\boldsymbol{B}=\frac{eB}{m}\hat{S}_z$$

$$\mathrm{i}\hbar\frac{\partial\psi}{\partial t}=\hat{H}\psi,\ \mathrm{i}\hbar\frac{\partial}{\partial t}\begin{pmatrix}c_1\\c_2\end{pmatrix}=\begin{pmatrix}\mu_{\mathrm{B}}B & 0\\0 & -\mu_{\mathrm{B}}B\end{pmatrix}\begin{pmatrix}c_1\\c_2\end{pmatrix},\ \mu_{\mathrm{B}}=\frac{e\hbar}{2m}$$

(2) 令 $\psi(t)=\mathrm{e}^{-\mathrm{i}Et/\hbar}\psi$，$\psi$ 满足定态方程
$$\frac{eB}{m}\hat{S}_z\psi=E\psi$$

方程的解与任意 t 时的波函数为
$$E_1=\mu_{\mathrm{B}}B,\ \psi_1=\alpha;\ E_2=-\mu_{\mathrm{B}}B,\ \psi_2=\beta$$
$$\psi(t)=c_1\mathrm{e}^{-\mathrm{i}E_1t/\hbar}\psi_1+c_2\mathrm{e}^{-\mathrm{i}E_2t/\hbar}\psi_2$$

由 $\psi(0)=\frac{1}{\sqrt{2}}\begin{pmatrix}1\\1\end{pmatrix}$，确定 $c_1=c_2=\frac{1}{\sqrt{2}}$. 令 $\omega=\frac{\mu_{\mathrm{B}}B}{\hbar}$，
$$\psi(t)=\frac{1}{\sqrt{2}}\mathrm{e}^{-\mathrm{i}\omega t}\begin{pmatrix}1\\0\end{pmatrix}+\frac{1}{\sqrt{2}}\mathrm{e}^{\mathrm{i}\omega t}\begin{pmatrix}0\\1\end{pmatrix}=\frac{1}{\sqrt{2}}\begin{pmatrix}\mathrm{e}^{-\mathrm{i}\omega t}\\\mathrm{e}^{\mathrm{i}\omega t}\end{pmatrix}$$

$$\langle s_x\rangle=\psi^{+}(t)\hat{S}_x\psi(t)=\frac{\hbar}{4}\left(\mathrm{e}^{\mathrm{i}\omega t},\mathrm{e}^{-\mathrm{i}\omega t}\right)\begin{pmatrix}0 & 1\\1 & 0\end{pmatrix}\begin{pmatrix}\mathrm{e}^{-\mathrm{i}\omega t}\\\mathrm{e}^{\mathrm{i}\omega t}\end{pmatrix}=\frac{\hbar}{2}\cos 2\omega t$$
$$\langle s_y\rangle=\psi^{+}(t)\hat{S}_y\psi(t)=\frac{\hbar}{4}\left(\mathrm{e}^{\mathrm{i}\omega t},\mathrm{e}^{-\mathrm{i}\omega t}\right)\begin{pmatrix}0 & -\mathrm{i}\\\mathrm{i} & 0\end{pmatrix}\begin{pmatrix}\mathrm{e}^{-\mathrm{i}\omega t}\\\mathrm{e}^{\mathrm{i}\omega t}\end{pmatrix}=\frac{\hbar}{2}\sin 2\omega t$$
$$\langle s_z\rangle=0$$

(3) $t>0$ 时，电子自旋指向 y 轴负向的概率是
$$\left|\phi_-^{+}\psi(t)\right|^2=\frac{1}{2}(1-\sin 2\omega t),\ 其中\ \phi_-=\frac{1}{\sqrt{2}}\begin{pmatrix}1\\-\mathrm{i}\end{pmatrix}$$

北京大学 2006 年

(一)1.26 (二)6.49 (三)5.31 (四)4.35

(五) 判断正误：(1)量子力学中可观察力学量相应的算符为厄米算符；(2)设体系处于定态，则不含时力学量 $\hat{F}$ 的测量值的概率分布不随时间改变；(3)一维粒

子的能量本征态是不简并的；(4)设一维无限深方势阱中的粒子能量为E，则动量为$p=\pm\sqrt{2mE}$；(5)二电子体系的自旋波函数，对于自旋交换必须反对称；(6)设体系哈密顿量为守恒量，则体系处于定态；(7)在非定态下，力学量平均值一定随时间变化；(8)在三维空间中自由传播的平面波具有确定的能量；(9)中心力场中运动的粒子，若处于定态，则角动量取确定值；(10)由于角动量算符$\hat{J}_x$和$\hat{J}_y$不对易，所以永远不可能有共同本征态；(11)量子力学只适用于微观体系，经典力学只适用于宏观体系；(12)厄米算符$\hat{A}$满足$\hat{A}^4=1$，则$\hat{A}$的本征值为$1,-1,1,-1$；(13)中心力场中运动的粒子，力学量完全集可取$\hat{H},\hat{L}^2,\hat{L}_z$，不过由于$\hat{L}_x$和$\hat{L}_z$不对易，所以$\hat{L}_x$不是守恒量.

解　(1)，(2)与(12)正确，其他全错.

北京大学 2007 年

(一) 6.37　(二) 1.17　(三) 6.56

(四)　体系的两个归一化波函数为

$$|\Psi\rangle=\sqrt{\frac{3}{8}}Y_{11}(\theta,\varphi)+\sqrt{\frac{1}{8}}Y_{10}(\theta,\varphi)+AY_{1-1}(\theta,\varphi)$$

$$|\Phi\rangle=\sqrt{\frac{8}{15}}Y_{11}(\theta,\varphi)+\sqrt{\frac{4}{15}}Y_{10}(\theta,\varphi)+\sqrt{\frac{3}{15}}Y_{1-1}(\theta,\varphi)$$

其中$Y_{lm}(\theta,\varphi)$是球谐函数，A是正实数. (1)计算$\hat{L}^2$与$\hat{L}_x$在$|\Psi\rangle$态下的平均值，并计算矩阵元$\langle\Phi|\hat{L}_+|\Psi\rangle$和$\langle\Phi|\hat{L}_-|\Psi\rangle$.

解　由归一化条件确定$A=\sqrt{4/8}$. 以下计算用到公式

$$\hat{L}_\pm Y_{lm}(\theta,\varphi)=\sqrt{l(l+1)-m(m\pm1)}\hbar Y_{lm\pm1}(\theta,\varphi)$$

$$\langle\Psi|\hat{L}^2|\Psi\rangle=2\hbar^2$$

$$\begin{aligned}\langle\Psi|\hat{L}_x|\Psi\rangle&=\frac{1}{2}\int\Psi^*\left(\hat{L}_++\hat{L}_-\right)\Psi\mathrm{d}\Omega\\&=\frac{1}{2}\int\left[\sqrt{\frac{3}{8}}Y_{11}^*(\theta,\varphi)+\sqrt{\frac{1}{8}}Y_{10}^*(\theta,\varphi)+\sqrt{\frac{4}{8}}Y_{1-1}^*(\theta,\varphi)\right]\left(\hat{L}_++\hat{L}_-\right)\\&\quad\times\left[\sqrt{\frac{3}{8}}Y_{11}(\theta,\varphi)+\sqrt{\frac{1}{8}}Y_{10}(\theta,\varphi)+\sqrt{\frac{4}{8}}Y_{1-1}(\theta,\varphi)\right]\mathrm{d}\Omega\\&=\frac{\hbar}{4\sqrt{2}}\left(\sqrt{3}+2\right)\end{aligned}$$

$$\langle \Phi | \hat{L}_+ | \Psi \rangle = \int \Phi^* \hat{L}_+ \Psi \mathrm{d}\Omega$$

$$= \int \left[\sqrt{\frac{8}{15}} Y_{11}^*(\theta,\varphi) + \sqrt{\frac{4}{15}} Y_{10}^*(\theta,\varphi) + \sqrt{\frac{3}{15}} Y_{1-1}^*(\theta,\varphi) \right] \hat{L}_+$$

$$\times \left[\sqrt{\frac{3}{8}} Y_{11}(\theta,\varphi) + \sqrt{\frac{1}{8}} Y_{10}(\theta,\varphi) + \sqrt{\frac{4}{8}} Y_{1-1}(\theta,\varphi) \right] \mathrm{d}\Omega$$

$$= \frac{\left(\sqrt{2}+2\right)\hbar}{\sqrt{15}}$$

$$\langle \Phi | \hat{L}_- | \Psi \rangle = \int \Phi^* \hat{L}_- \Psi \mathrm{d}\Omega$$

$$= \int \left[\sqrt{\frac{8}{15}} Y_{11}^*(\theta,\varphi) + \sqrt{\frac{4}{15}} Y_{10}^*(\theta,\varphi) + \sqrt{\frac{3}{15}} Y_{1-1}^*(\theta,\varphi) \right] \hat{L}_-$$

$$\times \left[\sqrt{\frac{3}{8}} Y_{11}(\theta,\varphi) + \sqrt{\frac{1}{8}} Y_{10}(\theta,\varphi) + \sqrt{\frac{4}{8}} Y_{1-1}(\theta,\varphi) \right] \mathrm{d}\Omega$$

$$= \frac{3\hbar}{2\sqrt{5}}$$

(五) 一维谐振子的频率与时间有关. 体系的哈密顿量为

$$\hat{H}(t) = -\frac{\hbar^2}{2m}\frac{\partial^2}{\partial x^2} + \frac{1}{2} m\omega^2 x^2 \left(1 + \frac{1}{\cos^2 \lambda t}\right)$$

在 $t \to -\infty$ 时, 体系处于谐振子的基态 $|0\rangle$, 在 $t \to \infty$ 时体系跃迁到激发态 $|n\rangle$ 的概率记为 $P_{0\to n}$. (1)计算 $P_{0\to 1}$; (2)当 $\lambda \gg \omega$ 时, 计算 $P_{0\to 2}$; (3)讨论 $\lambda/\omega \to 0$ 时 $P_{0\to 2}$ 的行为.

解
$$\hat{H}(t) = -\frac{\hbar^2}{2m}\frac{\mathrm{d}^2}{\mathrm{d}x^2} + \frac{1}{2} m\omega^2 x^2 \left(1 + \frac{1}{\cos^2 \lambda t}\right) = \hat{H}_0 + \hat{H}'(t)$$

$$\hat{H}_0 = -\frac{\hbar^2}{2m}\frac{\mathrm{d}}{\mathrm{d}x^2} + \frac{1}{2} m\omega^2 x^2, \ \hat{H}'(t) = \frac{m\omega^2 x^2}{2\cos^2 \lambda t}$$

由于 $\hat{H}'(t)$ 的强度比 $\hat{H}_0$ 中的 $\frac{1}{2}m\omega^2 x^2$ 大得多, 这不是与时间有关的微扰问题; 也不是原来处于 $\hat{H}_0$ 的某一定态, 后来在 $\hat{H}'(t)$ 的作用下跃迁到 $\hat{H}_0$ 的另一定态的量子跃迁的问题, 因为 $\hat{H}'(t)$ 不是从某一时刻出现的, 而是与 $\hat{H}_0$ 同时存在的. 利用 $\hat{H}_0$ 本征

函数 $\{\psi_n(x)\}$ 的完备性，令 $\psi(x,t)=\sum_n c_n(t)\psi_n(x)$，代入薛定谔方程

$$\mathrm{i}\hbar\frac{\partial\psi(x,t)}{\partial t}=\left[\hat{H}_0+\hat{H}(t)\right]\psi(x,t)$$

再利用 $\{\psi_n(x)\}$ 的正交归一公式，消去 $\{\psi_n(x)\}$，得到 $\{c_n(t)\}$ 的方程，并将 $t\to-\infty$ 时取作时间的零点，初条件为 $c_n(0)=\delta_{n0}$. 由 $\{c_n(t)\}$ 方程及初条件求出 $\{c_n(t)\}$，从而得到 $P_{0\to n}=\left|c_n(t\to\infty)\right|^2$. 但是，由于 $\hat{H}'(t)$ 不是微扰，方程求解很困难.

北京大学 2008 年

(一)　简答题

(1) 分别写出在位置及动量表象下，粒子处于位置 x_0 或动量 p_0 时的本征函数. (2) $\left[x,\dfrac{1}{\hat{p}_x}\right]=?$ (3)何谓力学量完全集？(4)已知 $\psi(x,t)$ 为自由粒子的波函数，求 $\dfrac{\mathrm{d}^2}{\mathrm{d}t^2}\int\psi^*(x,t)x\psi(x,t)\mathrm{d}x=?$ (5)在电磁场存在的条件下，写出通量矢 $\boldsymbol{j}$ 的表达式；力学量 $x,\hat{p}_x,\boldsymbol{j},\hat{H}$ 的平均值是否为规范不变的？

解　(1)在位置表象，粒子处于位置 x_0 时的本征函数为 $\psi_{x_0}(x)=\delta(x-x_0)$，处于动量 p_0 时的本征函数为 $\psi_{p_0}(x)=\dfrac{1}{(2\pi\hbar)^{1/2}}\mathrm{e}^{\mathrm{i}p_0x/\hbar}$. 在动量表象，粒子处于位置 x_0 时的本征函数为

$$\phi_{x_0}(p)=\frac{1}{(2\pi\hbar)^{1/2}}\int\delta(x-x_0)\mathrm{e}^{-\mathrm{i}px/\hbar}\mathrm{d}x=\frac{1}{(2\pi\hbar)^{1/2}}\mathrm{e}^{-\mathrm{i}px_0/\hbar};$$

处于动量 p_0 时的本征函数为 $\phi_{p_0}(p)=\delta(p-p_0)$. (2) $\left[x,\dfrac{1}{\hat{p}_x}\right]=\mathrm{i}\hbar\dfrac{\partial}{\partial\hat{p}_x}\dfrac{1}{\hat{p}_x}=-\dfrac{\mathrm{i}\hbar}{\hat{p}_x^2}$.

(3)见第二章学习要点 8. (4) $\dfrac{\mathrm{d}^2}{\mathrm{d}t^2}\overline{x(t)}=0$. (5)在电磁场中，通量矢 $\boldsymbol{j}$ 的表达式为

$$\boldsymbol{j}=\frac{1}{2\mu}\left[\psi^*\left(\hat{\boldsymbol{p}}-\frac{q}{c}\boldsymbol{A}\right)\psi+\psi\left(\hat{\boldsymbol{p}}-\frac{q}{c}\boldsymbol{A}\right)^*\psi^*\right]$$

$x,\hat{p}_x,\boldsymbol{j},\hat{H}$ 的平均值是规范不变的.

(二)　一自由粒子 $t=0$ 时刻波函数为 $\psi(t=0)=\begin{cases}\sqrt{\dfrac{b}{2\pi}}\sin bx\;, & |x|<\dfrac{2\pi}{b}\\ 0, & |x|\geqslant\dfrac{2\pi}{b}\end{cases}$，(1)求在

$0<x<\dfrac{\pi}{b}$ 范围内发现粒子的概率；(2)求粒子的动量幅；(3)求粒子在动量 $\hbar b$ 下，在 $\mathrm{d}p_x$ 范围的概率.

解 (1)从 $\psi(t=0)$ 的表达式看出，这是无限深方势阱中的波函数，坐标原点位于势阱中心. 设势阱宽度为 $2a$，$V(x)=\begin{cases}0, & |x|<a\\ \infty, & |x|>a\end{cases}$. 在此势阱中的定态波函数

$$\psi_n(x)=\begin{cases}\sqrt{\dfrac{1}{a}}\sin\dfrac{n\pi(x+a)}{2a}, & |x|<a\\ 0, & |x|>a\end{cases}$$

对比

$$\psi(t=0)=\begin{cases}\sqrt{\dfrac{b}{2\pi}}\sin bx\ , & |x|<\dfrac{2\pi}{b}\\ 0, & |x|\geqslant\dfrac{2\pi}{b}\end{cases}$$

看出，$a=\dfrac{2\pi}{b},n=4$. 可见，$\psi(t=0)$ 是阱宽为 $2a=\dfrac{4\pi}{b}$，$n=4$ 的定态波函数 $\psi_4(x)$.

粒子在 $0<x<\dfrac{\pi}{b}$ 内出现的概率为

$$\int_0^{\pi/b}|\psi(t=0)|^2\mathrm{d}x=\frac{b}{2\pi}\int_0^{\pi/b}\sin^2 bx\mathrm{d}x=\frac{1}{4}$$

(2) 粒子的动量幅

$$\begin{aligned}\phi(p)&=\frac{1}{\sqrt{2\pi\hbar}}\int_{-2\pi/b}^{+2\pi/b}\mathrm{e}^{-\mathrm{i}px/\hbar}\psi(t=0)\mathrm{d}x=\frac{1}{2\pi}\sqrt{\frac{b}{\hbar}}\int_{-2\pi/b}^{+2\pi/b}\mathrm{e}^{-\mathrm{i}px/\hbar}\sin bx\mathrm{d}x\\&=\frac{1}{4\mathrm{i}\pi}\sqrt{\frac{b}{\hbar}}\int_{-2\pi/b}^{+2\pi/b}\left[\mathrm{e}^{\mathrm{i}\left(b-\frac{p}{\hbar}\right)x}-\mathrm{e}^{-\mathrm{i}\left(b+\frac{p}{\hbar}\right)x}\right]\mathrm{d}x\\&=\frac{(\hbar b)^{3/2}}{\mathrm{i}\pi}\frac{\sin\dfrac{2\pi p}{\hbar b}}{p^2-\hbar^2b^2}\end{aligned}$$

(3) 粒子动量在 $p\sim p+\mathrm{d}p$ 范围的概率为

$$|\phi(p)|^2\mathrm{d}p=\frac{(\hbar b)^3\sin^2\dfrac{2\pi p}{\hbar b}}{\pi^2(p^2-\hbar^2b^2)^2}\mathrm{d}p$$

粒子在动量$\hbar b$下,处于$\mathrm{d}p$范围的概率为$\left|\phi(p=\hbar b)\right|^2\mathrm{d}p=\dfrac{\mathrm{d}p}{\hbar b}$.

(三)　取试探波函数为$\psi(r)=A\mathrm{e}^{-\alpha r}\,(\alpha>0)$,计算氢原子基态能量上限.

解　由归一化条件:$\int_0^\infty|\psi(r)|^2 r^2\mathrm{d}r4\pi=1$得$A=\sqrt{\dfrac{\alpha^3}{\pi}}$.

$$\begin{aligned}E(\alpha)&=\int_0^\infty\psi^*\left(-\frac{\hbar^2}{2\mu}\nabla^2-\frac{e^2}{r}\right)\psi r^2\mathrm{d}r4\pi\\&=4\alpha^3\int_0^\infty\mathrm{e}^{-\alpha r}\left(-\frac{\hbar^2}{2\mu}\nabla^2-\frac{e^2}{r}\right)\mathrm{e}^{-\alpha r}r^2\mathrm{d}r\\&=4\alpha^3\left[-\frac{\hbar^2}{2\mu}\int_0^\infty\mathrm{e}^{-\alpha r}\left(\nabla^2\mathrm{e}^{-\alpha r}\right)r^2\mathrm{d}r-e^2\int_0^\infty\mathrm{e}^{-2\alpha r}r\mathrm{d}r\right]\\&=\frac{\hbar^2\alpha^2}{2\mu}-e^2\alpha\end{aligned}$$

由$\dfrac{\partial E(\alpha)}{\partial\alpha}=0\rightarrow\alpha=\dfrac{\mu e^2}{\hbar^2}$,代入$E(\alpha)$中得基态能量

$$E=-\frac{\mu e^4}{2\hbar^2}=-\frac{e^2}{2a},\ a=\frac{\hbar^2}{\mu e^2}$$

(四)　已知一粒子哈密顿量$\hat{H}=\hat{H}_0+\hat{H}_1$,其中$\hat{H}_0=\dfrac{\hat{p}^2}{2m}+\dfrac{1}{2}m\omega^2r^2$,$\hat{H}_1=\lambda\hat{L}_x=\lambda(y\hat{p}_z-z\hat{p}_y)$.(1)求$\hat{H}_0$的本征值,本征态及简并度;(2)当粒子处于能量$E=5\hbar\omega/2$的态时,由微扰论求能级$E$的一级修正.

解　(1) $E_N^{(0)}=\left(n_1+n_2+n_3+\dfrac{3}{2}\right)\hbar\omega=\left(N+\dfrac{3}{2}\right)\hbar\omega,\ N=n_1+n_2+n_3$

$$\psi_{n_1n_2n_3}^{(0)}(x,y,z)=\psi_{n_1}(x)\psi_{n_2}(y)\psi_{n_z}(z),\ n_1,n_2,n_3=0,1,2,\cdots$$

其中ψ_n为一维谐振子定态波函数.为求能量$E_N^{(0)}$的简并度,给定n_1,n_2+n_3取确定值$N-n_1$.当n_2+n_3取确定值$N-n_1$时,n_2可以取值$0,1,2,\cdots,N-n_1$,共有$N-n_1+1$种可能.考虑到n_1可能取值$0,1,2,\cdots,N$,能量$E_N^{(0)}$的简并度为

$$\sum_{n_1=0}^{N}(N-n_1+1)=\frac{1}{2}(N+2)(N+1)$$

(2) $E=5\hbar\omega/2$,三度简并,对应波函数$\phi_1=\psi_{100}$,$\phi_2=\psi_{010}$,$\phi_3=\psi_{001}$.令零

级近似波函数 $\psi^{(0)} = c_1\phi_1 + c_2\phi_2 + c_3\phi_3$，$c_1,c_2,c_3$ 满足方程

$$\begin{pmatrix} H'_{11}-E^{(1)} & H'_{12} & H'_{13} \\ H'_{21} & H'_{22}-E^{(1)} & H'_{23} \\ H'_{31} & H'_{32} & H'_{33}-E^{(1)} \end{pmatrix}\begin{pmatrix} c_1 \\ c_2 \\ c_3 \end{pmatrix} = 0$$

其中 $H'_{ij} = \int \phi_i^* \hat{H}' \phi_j \mathrm{d}\tau$. 计算表明，除 $H'_{23} = -\mathrm{i}\hbar\lambda,\ H'_{32} = \mathrm{i}\hbar\lambda$ 之外，所有其他 $H'_{ij} = 0$. 由方程

$$\begin{pmatrix} -E^{(1)} & 0 & 0 \\ 0 & -E^{(1)} & -\mathrm{i}\lambda\hbar \\ 0 & \mathrm{i}\lambda\hbar & -E^{(1)} \end{pmatrix}\begin{pmatrix} c_1 \\ c_2 \\ c_3 \end{pmatrix} = 0$$

解得能量的一级修正值 $E_1^{(1)} = 0,\ E_2^{(1)} = \lambda\hbar,\ E_3^{(1)} = -\lambda\hbar$.

(五) 已知角动量量子数 $l = 1$ 时，角动量的本征函数为

$$Y_{1\pm1}(\theta,\varphi) = \mp\sqrt{\frac{3}{8\pi}}\sin\theta \mathrm{e}^{\pm\mathrm{i}\varphi},\ Y_{10}(\theta,\varphi) = \sqrt{\frac{3}{4\pi}}\cos\theta$$

求 $\hat{L}_x$ 与 $\hat{L}_y$ 的表达式.

(六) 某体系粒子在势场中运动，其哈密顿量为 $\hat{H} = \dfrac{\hat{p}_x^2}{2m} - \lambda\delta(x)\ (\lambda > 0)$. (1) 求体系的所有可能的本征值和本征态；(2) 当粒子处于(1)的基态时，受到微扰 $V = V_0 x\cos\omega t$ 作用，试在一级近似下求粒子跃迁到其他态的概率.

解 (1) $E < 0$ 的束缚态只有一个，能量与波函数为

$$E_0 = -\frac{\mu\lambda^2}{2\hbar^2},\ \psi_0(x) = \sqrt{\frac{\mu\lambda}{\hbar^2}}\mathrm{e}^{-\mu\lambda|x|/\hbar^2} = \sqrt{\alpha}\mathrm{e}^{-\alpha|x|},\ \alpha = \frac{\mu\lambda}{\hbar^2}$$

$E > 0$ 的非束缚态为自由粒子态，能量与波函数为

$$E_p = \frac{p^2}{2\mu},\ \psi_p(x) = \frac{1}{\sqrt{2\pi\hbar}}\mathrm{e}^{\mathrm{i}px/\hbar} = \frac{1}{\sqrt{2\pi\hbar}}\mathrm{e}^{\mathrm{i}kx}$$

$$k = \frac{p}{\hbar},\ p = -\infty \sim +\infty$$

(2) $t < 0$ 时粒子处于基态 $\psi_0(x)$，$t \geqslant 0$ 时由于受到周期微扰 $\hat{H}' = V_0 x\cos\omega t$ 作用 $\left(\hbar\omega > |E_0|\right)$，粒子跃迁到 $\psi_p(x)$ 态的概率为

$$W_{0\to p}(t)=\frac{1}{\hbar^2}\left|\int_0^t H'_{p0}\mathrm{e}^{\mathrm{i}\omega_{p0}t}\mathrm{d}t\right|^2$$

其中

$$\omega_{p0}=\frac{E_p-E_0}{\hbar}=\frac{p^2}{2\mu\hbar}+\frac{\mu\lambda^2}{2\hbar^3}$$

$$\begin{aligned}H'_{p0}&=\int\psi_p^*(x)\hat{H}'\psi_0(x)\mathrm{d}x=V_0\cos\omega t\int_{-\infty}^{+\infty}\psi_p^*(x)x\psi_0(x)\mathrm{d}x\\&=V_0x_{p0}\cos\omega t=\frac{1}{2}V_0x_{p0}\left(\mathrm{e}^{\mathrm{i}\omega t}+\mathrm{e}^{-\mathrm{i}\omega t}\right)\end{aligned}$$

$$\begin{aligned}x_{p0}&=\int_{-\infty}^{+\infty}\psi_p^*(x)x\psi_0(x)\mathrm{d}x=\sqrt{\frac{\alpha}{2\pi\hbar}}\int_{-\infty}^{+\infty}\mathrm{e}^{\mathrm{i}kx-\alpha|x|}\mathrm{d}x\\&=\sqrt{\frac{\alpha}{2\pi\hbar}}\left[\int_{-\infty}^{0}\mathrm{e}^{(\mathrm{i}k+\alpha)x}\mathrm{d}x+\int_0^{+\infty}\mathrm{e}^{(\mathrm{i}k-\alpha)x}\mathrm{d}x\right]=\frac{2\alpha}{\alpha^2+k^2}\sqrt{\frac{\alpha}{2\pi\hbar}}\end{aligned}$$

$$\begin{aligned}W_{0\to p}(t)&=\frac{V_0^2\left|x_{p0}\right|^2}{4\hbar^2}\left|\int_0^t\left[\mathrm{e}^{\mathrm{i}\left(\omega_{p0}+\omega\right)t}+\mathrm{e}^{\mathrm{i}\left(\omega_{p0}-\omega\right)t}\right]\mathrm{d}t\right|^2\\&=\frac{V_0^2\left|x_{p0}\right|^2}{4\hbar^2}\left|\frac{\mathrm{e}^{\mathrm{i}\left(\omega_{p0}+\omega\right)t}-1}{\omega_{p0}+\omega}+\frac{\mathrm{e}^{\mathrm{i}\left(\omega_{p0}-\omega\right)t}-1}{\omega_{p0}-\omega}\right|^2\\&\approx\frac{V_0^2\left|x_{p0}\right|^2}{4\hbar^2}\left|\frac{\mathrm{e}^{\mathrm{i}\left(\omega_{p0}-\omega\right)t}-1}{\omega_{p0}-\omega}\right|^2\\&=\frac{V_0^2\left|x_{p0}\right|^2}{\hbar^2}\frac{\sin^2\left(\dfrac{\omega_{p0}-\omega}{2}t\right)}{\left(\omega_{p0}-\omega\right)^2}\end{aligned}$$

南京大学 1992 年

(一) 4.9　(二) 6.7

(三)　一粒子处在一维无限深势阱 $V(x)=\begin{cases}0, & |x|<a\\ \infty, & |x|>a\end{cases}$ 中. (1)粒子运动处于基态, 证明 $(\Delta x)^2>\left(\dfrac{a}{\pi}\right)^2$. (2)求坐标算符在能量表象中的矩阵元 x_{mn}.

解　(1)利用以下两式:

$$(\Delta p)^2 = \overline{p^2} - (\overline{p})^2 = \overline{p^2},\ E = \overline{H} = \frac{\overline{p^2}}{2\mu} = \frac{\pi^2\hbar^2}{8\mu a^2}$$

得

$$(\Delta p)^2 = \overline{p^2} = \frac{\pi^2\hbar^2}{4a^2}$$

将它代入测不准系关系式：$(\Delta x)^2(\Delta p)^2 \geqslant \dfrac{\hbar^2}{4}$，得 $(\Delta x)^2 \geqslant \left(\dfrac{a}{\pi}\right)^2$.

(2)
$$x_{mn} = \frac{1}{a}\int_{-a}^{+a} \sin\frac{m\pi}{2a}(x+a)\, x \sin\frac{n\pi}{2a}(x+a)\,\mathrm{d}x$$
$$= \begin{cases} \dfrac{8amn\left[(-1)^{m+n}-1\right]}{\pi^2(m^2-n^2)^2}, & m \neq n \\ 0, & m = n \end{cases}$$

（四）(1)证明 $\mathrm{e}^{\mathrm{i}\sigma_z\frac{\pi}{2}} = \mathrm{i}\sigma_y$，$\sigma_z$ 与 σ_y 为泡利矩阵；(2)证明在氢原子的任何定态 $\psi_{nlm}(r,\theta,\varphi)$ 中，动能的平均值等于该定态能量的负值，即 $\langle\dfrac{p^2}{2\mu}\rangle_{nlm} = -E_n$.

解　(1)参看 6.5. (2)利用维里定理 $\langle T\rangle = -\dfrac{1}{2}\langle V\rangle$ 与 $E_n = \langle T\rangle + \langle V\rangle$，可以证明 $\langle T\rangle_{nlm} = -E_n$.

（五）氢原子在相互垂直的均匀电场和磁场中，电场 $\boldsymbol{E} = \varepsilon\boldsymbol{i}$，磁场 $\boldsymbol{B} = B\boldsymbol{k}$. 如果电场和磁场足够强，以致可以忽略自旋-轨道耦合作用，而电磁作用仍可当做微扰，求计入电子自旋后氢原子 $n=2$ 能级的分裂情况. 已知

$$\langle 211|x|200\rangle = -3a/\sqrt{2},\ \langle 21-1|x|200\rangle = 3a/\sqrt{2}$$

解　先不考虑自旋，由 5.26 题的小题(3)知，在微扰 $\hat{H}' = e\varepsilon x + \dfrac{eB}{2\mu c}\hat{L}_z$ 的作用下，氢原子 $n=2$ 能级(四度简并)分裂为 3 个：

$$E_1 = -\frac{e^2}{8a} - \sqrt{K^2 + 2D^2},\ E_2 = -\frac{e^2}{8a},\ E_3 = -\frac{e^2}{8a} + \sqrt{K^2 + 2D^2}$$

$$K = \frac{eB\hbar}{2\mu c},\ D = \frac{3e\varepsilon a}{\sqrt{2}}$$

其中能级 E_2 是二度简并的. 考虑自旋后，上述 3 个能级每个都增加一项自旋磁矩在磁场 $\boldsymbol{B} = B\boldsymbol{k}$ 中所获得的势能 $\dfrac{eB\hbar}{\mu c}m_s\left(m_s = \pm\dfrac{1}{2}\right)$. 每个能级一分为二. 于是，$n=2$

的能级分裂成6个能级，其中由E_2分裂的2个能级(E_{21}, E_{22})是二度简并的，其他能级都是非简并的：

$$E_{11} = -\frac{e^2}{8a} - \sqrt{K^2 + 2D^2} - \frac{eB\hbar}{2\mu c},\quad E_{12} = -\frac{e^2}{8a} - \sqrt{K^2 + 2D^2} + \frac{eB\hbar}{2\mu c}$$

$$E_{21} = -\frac{e^2}{8a} - \frac{eB\hbar}{2\mu c},\qquad E_{22} = -\frac{e^2}{8a} + \frac{eB\hbar}{2\mu c}$$

$$E_{31} = -\frac{e^2}{8a} + \sqrt{K^2 + 2D^2} - \frac{eB\hbar}{2\mu c},\quad E_{32} = -\frac{e^2}{8a} + \sqrt{K^2 + 2D^2} + \frac{eB\hbar}{2\mu c}$$

南京大学 1993 年

(一)1.29　(二)4.5　(三)6.3　(四)5.10

(五)　(1)如果算符$\hat{A}, \hat{B}$满足$[[\hat{A}, \hat{B}], \hat{A}] = 0$，其中$[\hat{A}, \hat{B}]$表示对易式，证明对于任意正整数$m$，以下关系式成立：$[\hat{A}^m, \hat{B}] = m\hat{A}^{m-1}[\hat{A}, \hat{B}]$．(2)已知$[a, a^+] = 1$，$\hat{Q} \equiv Aa^+a + Ba + B^*a^+$，$\hat{R} \equiv Fa - F^*a^+$，$A$为实常数，$B$与$F$为复常数，求$e^{\hat{R}}\hat{Q}e^{-\hat{R}}$表达式．

解　(1)见2.11．(2)利用公式

$$e^{\hat{R}}\hat{Q}e^{-\hat{R}} = \hat{Q} + [\hat{R}, \hat{Q}] + \frac{1}{2!}[\hat{R}, [\hat{R}, \hat{Q}]] + \cdots,\ [a, a^+] = 1$$

算出

$$e^{\hat{R}}\hat{Q}e^{-\hat{R}} = Aa^+a + (B + FA)a + (B^* + F^*A)a^+ + FB^* + F^*B + FF^*A$$

南京大学 1994 年

(一)1.7　(二)6.26　(三)4.10　(四)5.22　(五)6.7

南京大学 1995 年

(一)5.22　(二)2.12，2.6中的(3)

(三)　质量为μ的粒子在势场

$$V(x,y,z) = \begin{cases} 0, & 0 < x < a,\ 0 < y < b, 0 < z < c \\ \infty, & x < 0, x > a, y < 0, y > b, z < 0, z > c \end{cases}$$

中运动，(1)求出体系的能量本征函数和本征值；(2)当$a = b = c = 10^{-6}$ m时，试问该体系有多少状态具有小于1eV的能量．($1\text{eV} = 1.6 \times 10^{-12}$ erg)

解　(2)当 $a=b=c$ 时，能量 $E\leqslant E_0$ 的状态数目为 $N=\dfrac{a^3}{6\pi^2}\left(\dfrac{2\mu E_0}{\hbar^2}\right)^{3/2}$．$\mu$ 未知，无法算 N．

(四)　角量子数 $l=0$ 的两个全同电子，在硬壁球形空腔中运动，其势函数为 $V(r)=\begin{cases}0, & r<a\\ \infty, & r>a\end{cases}$．计及电子自旋，并忽略电子间的相互作用，写出系统归一化的基态和激发态的波函数．

解　单粒子态能量与波函数为

$$E_n=\frac{\pi^2\hbar^2n^2}{2\mu a^2},\ \psi_n(r)=\sqrt{\frac{1}{2\pi a}}\frac{1}{r}\sin\frac{n\pi r}{a},\ n=1,2,\cdots$$

体系的基态能量与波函数为 $E=\dfrac{\pi^2\hbar^2}{\mu a^2}$，$\psi=\psi_1(r_1)\psi_1(r_2)\left|00\right\rangle$．体系的激发态能量与波函数为 $E=\dfrac{\pi^2\hbar^2}{2\mu a^2}(n_1^2+n_2^2)$ (其中 n_1 与 n_2 不同时为 1)，

$$\psi_{\mathrm{I}}=\frac{1}{\sqrt{2}}[\psi_{n_1}(r_1)\psi_{n_2}(r_2)+\psi_{n_1}(r_2)\psi_{n_2}(r_1)]\left|00\right\rangle,$$

$$\psi_{\mathrm{II}}=\frac{1}{\sqrt{2}}[\psi_{n_1}(r_1)\psi_{n_2}(r_2)-\psi_{n_1}(r_2)\psi_{n_2}(r_1)]\begin{cases}\left|11\right\rangle\\ \left|10\right\rangle\\ \left|1-1\right\rangle\end{cases}$$

$$\left|11\right\rangle=\alpha(1)\alpha(2),\ \left|10\right\rangle=\frac{1}{\sqrt{2}}[\alpha(1)\beta(2)+\alpha(2)\beta(1)]$$

$$\left|1-1\right\rangle=\beta(1)\beta(2),\ \left|00\right\rangle=\frac{1}{\sqrt{2}}[\alpha(1)\beta(2)-\alpha(2)\beta(1)]$$

南京大学 1996 年

(一)1.18

(二)　具有能量 E 的粒子沿 x 轴正方向射向势垒 $V(x)\begin{cases}0, & x<0,x>0\\ V_0, & 0\leqslant x\leqslant a\end{cases}$，$0<E<V_0$．试求透射系数 T．

解　参看1.39．令 $k=\sqrt{\dfrac{2\mu E}{\hbar^2}}$，$\beta=\sqrt{\dfrac{2\mu(V_0-E)}{\hbar^2}}$，

$$T=\frac{4k^2\beta^2}{(k^2+\beta^2)^2\sinh^2(\beta a)+4k^2\beta^2}$$

(三)　粒子在有限深球方势阱中运动, $V(r)=\begin{cases}0, & r<a\\ V_0, & r>a\end{cases}$. 试求 s 态能级和波函数, 并讨论有一个束缚态的条件.

解　参看4.1. 本题同4.1题的势阱本质相同. 束缚态能量 E 在0与 V_0 之间. 令 $\beta=\sqrt{\dfrac{2\mu E}{\hbar^2}}$, $\alpha=\sqrt{\dfrac{2\mu(V_0-E)}{\hbar^2}}$, 给出同4.1题完全相同的定态方程, 存在束缚态的条件也相同, 都是 $V_0a^2\geqslant\dfrac{\pi^2\hbar^2}{8\mu}$.

(四)　一维位移谐振子的哈密顿量 $\hat{H}=\dfrac{\hat{p}^2}{2\mu}+\dfrac{1}{2}\mu\omega^2x^2+bx, b$ 是微小量. (1)严格求解定态问题; (2)用微扰论求解定态问题, 波函数准确到一级近似, 能量准确到二级近似.

解　(1)令 $y=x+\dfrac{b}{\mu\omega^2}$, 哈密顿量可以表示为

$$\hat{H}=-\frac{\hbar^2}{2\mu}\frac{\mathrm{d}^2}{\mathrm{d}y^2}+\frac{1}{2}\mu\omega^2y^2-\frac{b^2}{2\mu\omega^2}$$

精确能量与波函数为

$$E=\left(n+\frac{1}{2}\right)\hbar\omega-\frac{b^2}{2\mu\omega^2}$$

$$\psi(x)=N_n\mathrm{e}^{-\frac{1}{2}\alpha^2\left(x+\frac{b}{\mu\omega^2}\right)^2}H_n\left(\alpha\left(x+\frac{b}{\mu\omega^2}\right)\right)$$

(2) 参看5.1, 二级近似能量与一级近似波函数为

$$E=\left(n+\frac{1}{2}\right)\hbar\omega-\frac{b^2}{2\mu\omega^2},$$

$$\psi(x)=\psi_n(x)+\frac{b}{\hbar\omega\alpha}\left[\sqrt{\frac{n}{2}}\psi_{n-1}(x)-\sqrt{\frac{n+1}{2}}\psi_{n+1}(x)\right]$$

$$\psi_n(x)=N_n\mathrm{e}^{-\alpha^2x^2/2}H_n(\alpha x)$$

南京大学 1997 年

(一)　质量为 m, 能量为 $E(E>0)$ 的电子, 沿正 x 方向朝阶梯势 $V(x)=$

$\begin{cases}0, & x<0\\ -V_0, & x>0\end{cases}$ $(V_0>0)$ 运动，试求当 $E=V_0/3$ 时，电子的反射系数和透射系数.

解 参看 1.37 题. 令 $k=\sqrt{\dfrac{2\mu E}{\hbar^2}}$，$\alpha=\sqrt{\dfrac{2\mu(E+V_0)}{\hbar^2}}$，得到同 1.37 题相同的定态方程. 求得

$$\text{反射系数}\ R=\frac{(k-\alpha)^2}{(k+\alpha)^2}\text{，透射系数}\ T=\frac{4k\alpha}{(k+\alpha)^2}$$

将 $k=\sqrt{\dfrac{2\mu V_0}{3\hbar^2}}$，$\alpha=\sqrt{\dfrac{8\mu V_0}{3\hbar^2}}$ 代入以上两式，得 $R=1/9$，$T=8/9$.

(二) 质量为 m 的粒子在半壁无限大势阱 $V(x)=\begin{cases}\infty, & x<0\\ \dfrac{1}{2}m\omega^2x^2, & x>0\end{cases}$ 中运动，求粒子的能级和波函数.

解

$$E=\left(n+\frac{1}{2}\right)\hbar\omega,\ \psi(x)=N_n\mathrm{e}^{-\alpha^2x^2/2}H_n(\alpha x)$$

$$n=1,3,5,\cdots,\ \alpha=\sqrt{\frac{m\omega}{\hbar}}$$

(三) 忽略自旋–轨道相互作用 $\hat{H}_{ls}$ 时，碱金属原子的哈密顿量 $\hat{H}_0=-\dfrac{\hbar^2}{2\mu}\nabla^2+V(r)$ 的能量本征值为 E_{nl}，现把 $\hat{H}_{ls}$ 当做微扰，试求解薛定谔方程 $(\hat{H}_0+\hat{H}_{ls})\psi=E\psi$，写出能量本征值(精确到一级项)，并讨论其简并性. 已知 $\hat{H}_{ls}=\dfrac{1}{2\mu^2c^2}\dfrac{1}{r}\dfrac{\mathrm{d}V}{\mathrm{d}r}\hat{\boldsymbol{L}}\cdot\hat{\boldsymbol{S}}$.

解 零级近似能量与相应的波函数为

$$E^{(0)}=E_{nl},\ \psi^{(0)}_{nljm_j}(r,s_z)=R_{nl}(r)\varphi_{ljm_j}(\theta,\varphi,s_z)$$

将

$$V=-\frac{Ze^2}{r},\ \hat{\boldsymbol{L}}\cdot\hat{\boldsymbol{S}}=\frac{1}{2}\left(\hat{J}^2-\hat{L}^2-\frac{3}{4}\hbar^2\right)$$

代入 $\hat{H}_{ls}$，得

$$\hat{H}_{ls}=\frac{Ze^2}{4\mu^2c^2}\frac{1}{r^3}\left(\hat{J}^2-\hat{L}^2-\frac{3}{4}\hbar^2\right)$$

尽管 $E^{(0)}$ 是简并的，但由于微扰矩阵是对角矩阵，对角元素为一级修正能量

$$E^{(1)} = \int \psi_{nljm_j}^{+(0)}(\boldsymbol{r}, s_z)\hat{H}_{ls}\psi_{nljm_j}^{(0)}(\boldsymbol{r}, s_z)\mathrm{d}\tau$$

$$= \frac{Ze^2}{4\mu^2c^2}\int_0^\infty \frac{R_{nl}^2(r)}{r}\mathrm{d}r \int \varphi_{ljm_j}^+(\theta,\varphi,s_z)\left(\hat{J}^2 - \hat{L}^2 - \frac{3}{4}\hbar^2\right)\varphi_{ljm_j}(\theta,\varphi,s_z)\mathrm{d}\Omega$$

$$= \frac{Ze^2\hbar^2}{4\mu^2c^2}\left[j(j+1) - l(l+1) - \frac{3}{4}\right]\int_0^\infty \frac{R_{nl}^2(r)}{r}\mathrm{d}r$$

$$\int_0^\infty \frac{R_{nl}^2(r)}{r}\mathrm{d}r = \frac{2Z^3}{a^3n^3l(l+1)(2l+1)}$$

$$E = E_{nlj} = E^{(0)} + E^{(1)} = E_{nl} + \frac{Z^4e^2\hbar^2\left[j(j+1) - l(l+1) - \dfrac{3}{4}\right]}{2\mu^2c^2a^3n^3l(l+1)(2l+1)}$$

能级 E_{nlj} 的简并度为 $2j+1$，$j = l \pm \frac{1}{2}$.

(四)　设哈密顿量在能量表象中的矩阵是(其中 ε 是小常数)：

$$\hat{H} = \hat{H}_0 + \hat{H}' = \begin{pmatrix} 1 & 0 & 0 \\ 0 & 3 & 0 \\ 0 & 0 & -2 \end{pmatrix} + \begin{pmatrix} 0 & \varepsilon & 0 \\ \varepsilon & 0 & 0 \\ 0 & 0 & \varepsilon \end{pmatrix}$$

试用微扰理论求能量本征值,准确到二级.

解　参看 5.3. $E_1 = 1 - \frac{\varepsilon^2}{2}, E_2 = 3 + \frac{\varepsilon^2}{2}, E_3 = -2 + \varepsilon$.

(五)　以 z 轴为球坐标的极轴,说明 $\Delta\varphi\Delta L_z \approx \hbar$.设氢原子中电子角动量 L_z 被确定到 $2\hbar$ 的 5%,说明此时坐标 φ 完全不确定.

解　$\Delta\varphi\Delta L_z \approx \hbar$ 是 φ 与 $\hat{L}_z$ 的测不准关系式，其中 $\Delta\varphi = \sqrt{\overline{\varphi^2} - (\overline{\varphi})^2}$，$\Delta L_z = \sqrt{\overline{L_z^2} - (\overline{L}_z)^2}$. 这个关系式表示力学量 φ 与 L_z 不能同时测准(即标准偏差 $\Delta\varphi$ 与 ΔL_z 不能同时为零). 现在 $\Delta L_z = 2\hbar \times 0.05 = 0.1\hbar$，将它代入测不准关系式中，得 $\Delta\varphi \approx 10 > 2\pi$. 可见 φ 完全不确定.

南京大学 1998 年

(一)1.4　(二)5.19　(三)1.28

(四)　试判断下列诸等式的正误，如果等式不成立，试写出正确的结果：(1) $\mathrm{e}^{\hat{\boldsymbol{p}}\cdot\boldsymbol{e}_x}\mathrm{e}^{\hat{\boldsymbol{r}}\cdot\boldsymbol{e}_y} = \mathrm{e}^{\hat{\boldsymbol{p}}\cdot\boldsymbol{e}_x + \hat{\boldsymbol{r}}\cdot\boldsymbol{e}_y - \mathrm{i}\hbar/2}$，其中 $\boldsymbol{e}_x$ 与 $\boldsymbol{e}_y$ 分别是 x 和 y 方向的单位矢量；(2) $[\hat{p}_x, \hat{p}_x f(x)\hat{p}_x] = \frac{\hbar}{\mathrm{i}}\hat{p}_x f'(x)$，其中 $\hat{p}_x = \frac{\hbar}{\mathrm{i}}\frac{\partial}{\partial x}$；(3) 系统的哈密顿算符为

$\hat{H}=\dfrac{\hat{p}^2}{2\mu}+V(\boldsymbol{r})$，设$\psi_n(\boldsymbol{r})$是归一化的束缚态波函数，则有

$$\langle\psi_n|\frac{\hat{p}^2}{2\mu}|\psi_n\rangle=\frac{1}{2}\langle\psi_n|\boldsymbol{r}\cdot\nabla V(\boldsymbol{r})|\psi_n\rangle$$

解 (1)错，$\mathrm{e}^{\hat{\boldsymbol{p}}\cdot\boldsymbol{e}_x}\mathrm{e}^{\hat{\boldsymbol{r}}\cdot\boldsymbol{e}_y}=\mathrm{e}^{\hat{\boldsymbol{p}}\cdot\boldsymbol{e}_x+\hat{\boldsymbol{r}}\cdot\boldsymbol{e}_y}$；(2)错，$[\hat{p}_x,\hat{p}_xf(x)\hat{p}_x]=\dfrac{\hbar}{\mathrm{i}}\hat{p}_xf'(x)\hat{p}_x$；(3)正确.

(五) 碱金属原子处在z方向的外磁场$\boldsymbol{B}$中，微扰哈密顿量为$\hat{H}'=\hat{H}_{ls}+\hat{H}_B$，其中$\hat{H}_{ls}=\dfrac{1}{2\mu^2c^2}\dfrac{1}{r}\dfrac{\mathrm{d}V}{\mathrm{d}r}\hat{\boldsymbol{L}}\cdot\hat{\boldsymbol{S}}$，$\hat{H}_B=\dfrac{eB}{2\mu c}(\hat{L}_z+2\hat{S}_z)$．当外磁场很弱时，哪些力学量算符是运动积分(守恒量)，应取什么样的零级近似波函数，能使微扰计算比较简单，为什么?

解 守恒量为$E,\hat{L}^2$和$\hat{J}_z$．零级近似波函数应取

$$\psi_{nljm_j}(\boldsymbol{r},s_z)=R_{nl}(r)\varphi_{ljm_j}(\theta,\varphi,s_z)$$

其中$\varphi_{ljm_j}(\theta,\varphi,s_z)$是$\hat{L}^2,\hat{J}^2$和$\hat{J}_z$的共同本征函数．已知$\hat{H}_{ls}$中的$\hat{\boldsymbol{L}}\cdot\hat{\boldsymbol{S}}$与$\hat{H}_B$中的$\hat{L}_z+2\hat{S}_z$可以分别表示为

$$\hat{\boldsymbol{L}}\cdot\hat{\boldsymbol{S}}=\frac{1}{2}\left(\hat{J}^2-\hat{L}^2-\frac{3}{4}\hbar^2\right),\ \hat{L}_z+2\hat{S}_z=\hat{J}_z+\hat{S}_z$$

由于$\psi_{nljm_j}(\boldsymbol{r},s_z)$是以上两式中$\hat{L}^2,\hat{J}^2$和$\hat{J}_z$的本征函数(仅非$\hat{S}_z$的本征函数)，这在计算微扰矩阵元时是比较方便的.

南京大学 1999 年

(一)1.18 (二)5.24 (三)3.6

(四) $t=0$时，粒子的状态为$\psi(x)=A\sin^2kx$．求此时动量的可能测值和相应的概率，并计算动量的平均值.

解 粒子的波函数$\psi(x)=A\sin^2kx=\dfrac{A}{4}(2-\mathrm{e}^{\mathrm{i}2kx}-\mathrm{e}^{-\mathrm{i}2kx})$．动量的可能测值为$0,\ 2\hbar k,\ -2\hbar k$，相应的概率为4/6,1/6与1/6，动量平均值为0.

(五) 对自旋为1/2的粒子，$\hat{S}_y$和$\hat{S}_z$是自旋角动量算符．求$\hat{H}=A\hat{S}_y+B\hat{S}_z$的本征函数和本征值($A$与$B$是实常数).

解 见6.41.

南京大学 2000 年

(一)1.4 (二)5.26

(三) 一维谐振子处在$\psi(x)=\sqrt{\frac{\alpha}{\sqrt{\pi}}}e^{-\alpha^2x^2/2}$状态，$\alpha=\sqrt{\frac{m\omega}{\hbar}}$，求(1)势能的平均值；(2)动能的概率分布函数；(3)动能的平均值. 提示：$\int_{-\infty}^{+\infty}e^{-(x-\beta)^2}dx=\sqrt{\pi}$.

解 (1)$\bar{V}=\hbar\omega/4$；(2)与(3)见2.22.

(四) 质量为m的粒子在一维势场$V(x)=\begin{cases}\infty, & x<0,x>a\\ cx, & 0<x<a\end{cases}$中运动，其中$c$是小的实常数. 试用微扰论求解到$c$的一次方的基态能量.

解 $E=\frac{\pi^2\hbar^2}{2ma^2}+\frac{ca}{2}$.

(五) 两个自旋为1/2的非全同粒子体系的哈密顿量$\hat{H}_s=-J\hat{\boldsymbol{S}}_1\cdot\hat{\boldsymbol{S}}_2$，其中$J>0$. 求$\hat{H}_s$的能量本征值和相应的简并度.

解 $E_1=-\frac{J\hbar^2}{4}$，三度简并；$E_2=\frac{3J\hbar^2}{4}$，非简并.

南京大学 2001 年

(一)1.30 (二)1.37 (三)5.13 (四)7.10 (五)6.41

南京大学 2002 年

(一)1.18 (二)5.21

(三) 一维自由粒子的状态由波函数$\psi(x)=\sin^2 kx+\frac{1}{2}\cos kx$描述，求粒子的动量平均值和动能平均值.

解 $\psi(x)=\frac{1}{4}(2-e^{i2kx}-e^{-i2kx}+e^{ikx}+e^{-ikx})$，动量平均值$\bar{p}=0$，动能平均值$\bar{T}=\frac{5\hbar^2k^2}{8\mu}$.

(四) 设算符$\hat{N}=a^+a$，且$[a,a^+]=1$.证明：如果ψ是$\hat{N}$的本征函数，对应的本征值为λ，则波函数$\psi_1=a\psi$也是$\hat{N}$的本征函数，对应的本征值为$\lambda-1$；而$\psi_2=a^+\psi$也是$\hat{N}$的本征函数，对应的本征值为$\lambda+1$.

解 参看7.11.

(五) 若电子处于$\hat{S}_z$的本征态，试证在此态中，$\hat{S}_y$取值为$\hbar/2$与$-\hbar/2$的概率各为1/2.

解 若电子处于$s_z=\hbar/2$态，$s_y=\hbar/2$与$-\hbar/2$的概率分别为

$$P_1=\left|\frac{1}{\sqrt{2}}\begin{pmatrix}1\\ \mathrm{i}\end{pmatrix}^+\begin{pmatrix}1\\0\end{pmatrix}\right|^2=\frac{1}{2},\ P_2=\left|\frac{1}{\sqrt{2}}\begin{pmatrix}1\\-\mathrm{i}\end{pmatrix}^+\begin{pmatrix}1\\0\end{pmatrix}\right|^2=\frac{1}{2}$$

若电子处于 $s_z=-\hbar/2$ 态, $s_y=\hbar/2$ 与 $-\hbar/2$ 的概率分别为

$$P_1=\left|\frac{1}{\sqrt{2}}\begin{pmatrix}1\\ \mathrm{i}\end{pmatrix}^+\begin{pmatrix}0\\1\end{pmatrix}\right|^2=\frac{1}{2},\ P_2=\left|\frac{1}{\sqrt{2}}\begin{pmatrix}1\\-\mathrm{i}\end{pmatrix}^+\begin{pmatrix}0\\1\end{pmatrix}\right|^2=\frac{1}{2}$$

南京大学 2003 年

(一) 5.30　(二) 7.7

(三)　一个质量为 μ 的粒子处于一维谐振子势 $V(x)=\frac{1}{2}\mu\omega^2x^2$ 中运动, ω 为振动频率. 如果 $t=0$ 时粒子处于态 $\psi(x,0)=\sqrt{\frac{1}{3}}\psi_0(x)+c\psi_2(x)$, 其中 $\psi_0(x)$ 与 $\psi_2(x)$ 分别为一维谐振子基态与第二激发态的能量本征函数, c 为待定常数, 且 $c>0$. (1)由归一化条件, 求常数 c; (2)求 t 时刻粒子所处的状态 $\psi(x,t)$; (3)求测量粒子能量的可能值及相应的概率; (4)求粒子的能量平均值; (5)若在 $t=\tau$ 时, 粒子所处的势场突然变为 $V'(x)=\frac{1}{3}\mu\omega^2x^2$, 求粒子在 τ 时刻处于新势场 $V'(x)$ 的第一激发态的概率.

解　(1) $c=\sqrt{\frac{2}{3}}$; (2) $\psi(x,t)=\sqrt{\frac{1}{3}}\mathrm{e}^{-\mathrm{i}E_0t/\hbar}\psi_0(x)+\sqrt{\frac{2}{3}}\mathrm{e}^{-\mathrm{i}E_2t/\hbar}\psi_2(x)$, 其中 $E_n=\left(n+\frac{1}{2}\right)\hbar\omega$; (3) $E=\frac{1}{2}\hbar\omega$, 概率为 $\frac{1}{3}$; $E=\frac{5}{2}\hbar\omega$, 概率为 $\frac{2}{3}$; (4) $\overline{E}=\frac{1}{3}E_0+\frac{2}{3}E_2=\frac{11}{6}\hbar\omega$; (5)令

$$V'=\frac{1}{3}\mu\omega^2x^2=\frac{1}{2}\mu\omega'^2x^2,\ \omega'=\sqrt{\frac{2}{3}}\omega,\ \alpha_1=\sqrt{\frac{\mu\omega}{\hbar}},\ \alpha_2=\sqrt{\frac{\mu\omega'}{\hbar}}$$

$$\psi_0(x)=\sqrt{\frac{\alpha_1}{\sqrt{\pi}}}\mathrm{e}^{-\alpha_1^2x^2/2},\ \psi_2(x)=\sqrt{\frac{\alpha_1}{2\sqrt{\pi}}}\mathrm{e}^{-\alpha_1^2x^2/2}\left(2\alpha_1^2x^2-1\right)$$

$$\psi_1'(x)=\sqrt{\frac{\alpha_2}{2\sqrt{\pi}}}2\alpha_2x\mathrm{e}^{-\alpha_2^2x^2/2}$$

$t=\tau$ 时粒子处于新势场 $V'(x)$ 的第一激发态的概率为

$$P_1=\left|\int_{-\infty}^{+\infty}\psi_1'(x)\psi(x,\tau)\mathrm{d}x\right|^2$$

其中 $\psi_1'(x)$ 是新势场 $V'(x)$ 的第一激发态波函数，是奇函数，$\psi(x,\tau)$ 是偶函数. 上式积分中的被积函数是奇函数，积分为 0，故 $P_1=0$.

(四) 两个自旋为1/2的粒子组成的系统由哈密顿量为 $\hat{H}=A(\hat{S}_{1z}+\hat{S}_{2z})+B\hat{\boldsymbol{S}}_1\cdot\hat{\boldsymbol{S}}_2$ 描述，其中 $\hat{\boldsymbol{S}}_1$ 与 $\hat{\boldsymbol{S}}_2$ 分别是两个粒子的自旋，而 $\hat{S}_{1z}$ 与 $\hat{S}_{2z}$ 分别是这两个粒子自旋的 z 分量，A 和 B 是实常数. 求哈密顿量的所有能级.

解 $$\hat{H}=A(\hat{S}_{1z}+\hat{S}_{2z})+B\hat{\boldsymbol{S}}_1\cdot\hat{\boldsymbol{S}}_2=A\hat{S}_z+\frac{B}{2}\left(\hat{S}^2-\frac{3\hbar^2}{2}\right)$$

$\hat{H}$ 的本征态为总自旋 $\hat{S}^2,\hat{S}_z$ 的共同本征态 $|sm_s\rangle$，$\hat{H}$ 的本征能量为

$$E_{sm_s}=A\hbar m_s+\frac{B\hbar^2}{2}\left[s(s+1)-\frac{3}{2}\right]$$

$$s=0,m_s=0;\ s=1,m_s=0,\pm1$$

(五) 一个质量为 μ 带有电荷 q 的粒子，被束缚在宽度为 a 的一维无限深方势阱 $V(x)=\begin{cases}0, & |x|<a/2\\ \infty, & |x|>a/2\end{cases}$ 中运动. 如果在入射光的照射下，该粒子能在不同能级间发生电偶极辐射跃迁，求跃迁的选择定则.

解 $\Delta n=n'-n$ 取奇数. 这是因为

$$\langle n'|x|n\rangle=\begin{cases}\dfrac{4an'n}{\pi^2(n'^2-n^2)^2}\left[(-1)^{n'+n}-1\right], & n'\neq n\\ 0, & n'=n\end{cases}$$

见复旦大学 2005 年第四题.

南京大学 2004 年

(一) 6.9 与 6.10 (二) 6.48 (三) 8.14 (四) 4.2

(五) 已知电子质量为 μ，电量为 $-e$，回答以下问题：(1)一个电子被限制在宽度为 a 的一维无限深势阱中运动，请写出该体系的能级公式；(2)五个电子被限制在宽度为 a 的一维无限深势阱中运动，不考虑电子与电子之间的库仑相互作用，请写出该体系的基态和第一激发态的能级公式；(3)一个电子处于一维谐振子势场 $\mu\omega^2x^2/2$ 中运动，请写出该体系的能级公式；(4)如果电子在上题中的一维谐振子势场中运动，并且处在某个能量本征态上，求电子的坐标和动量平均值，这些平均值随时间变化么？(5)请写出氢原子体系的能级公式和电子的基态波函数，这里假定原子核是不动的；(6)假定氢原子处于基态，求电子势能 $-e^2/r$ 的平均值，其中 r 是电子的径向坐标.

(六) 假定电子的波函数在球坐标下写为$\psi(r,\theta,\varphi)=\left(\mathrm{e}^{\mathrm{i}\varphi}\sin\theta+\cos\theta\right)g(r)$，其中$g(r)$仅为径向坐标的函数. (1)求角动量平方$\hat{L}^2$的可能测量值和相应的概率；(2)求角动量的$z$分量$\hat{L}_z$的可能测量值和平均值. 提示：头几个球谐函数的表达式如下：

$$Y_{00}(\theta,\varphi)=\frac{1}{\sqrt{4\pi}},\ Y_{10}(\theta,\varphi)=\sqrt{\frac{3}{4\pi}}\cos\theta,\ Y_{1,\pm1}(\theta,\varphi)=\mp\sqrt{\frac{3}{8\pi}}\sin\theta\mathrm{e}^{\pm\mathrm{i}\varphi}$$

$$Y_{20}(\theta,\varphi)=\sqrt{\frac{5}{16\pi}}\left(3\cos^2\theta-1\right),\ Y_{2,\pm1}(\theta,\varphi)=\mp\sqrt{\frac{15}{8\pi}}\sin\theta\cos\theta\mathrm{e}^{\pm\mathrm{i}\varphi}$$

$$Y_{2,\pm2}(\theta,\varphi)=\sqrt{\frac{15}{32\pi}}\sin^2\theta\mathrm{e}^{\pm2\mathrm{i}\varphi}$$

解

$$\begin{aligned}\psi(r,\theta,\varphi)&=\left(\mathrm{e}^{\mathrm{i}\varphi}\sin\theta+\cos\theta\right)g(r)\\&=\sqrt{4\pi}g(r)\left[\sqrt{\frac{1}{3}}Y_{10}(\theta,\varphi)-\sqrt{\frac{2}{3}}Y_{11}(\theta,\varphi)\right]\end{aligned}$$

$L^2=2\hbar^2$，概率为1；$L_z=0$与$\hbar$，相应概率分别为1/3与2/3，$\overline{L_z}=2\hbar/3$.

南京大学 2005 年

(一)5.4 (二)7.24

(三) 问答题：(1)试述量子态的叠加原理. 讨论自由粒子的波函数是否一定是平面波？为什么？(2)为什么波函数$\psi(\boldsymbol{r},t)$必定是复数？一维定态薛定谔方程的解$\psi(x)$是否也必定是复数？(3)以下波函数是否代表同一个量子态，为什么？(*a*) $\psi(\boldsymbol{r},t)$与$\mathrm{e}^{\mathrm{i}\varphi}\psi(\boldsymbol{r},t)$，其中$\varphi$是实常数(*是，波函数可以有一常数因子*)；(*b*)$\psi(\boldsymbol{r},t)$与$\mathrm{e}^{\mathrm{i}\varphi(r)}\psi(\boldsymbol{r},t)$，其中$\varphi(\boldsymbol{r})$是实函数(*不是，它们不可能是同一薛定谔方程的解*). (4)为什么力学量算符$\hat{A}$应是线性厄米算符？(5)为什么全同粒子体系的波函数对于粒子的交换应是对称或反对称的？

(四) 质量为μ的粒子在一维无限深势阱中运动，$V(x)=\begin{cases}0, & |x|<a\\ \infty, & |x|>a\end{cases}$，其中$a$为正实数. 试求解定态薛定谔方程.

(五) 质量为μ的粒子在一维势阱中运动，势能为$V(x)=\begin{cases}\frac{1}{2}\mu\omega^2x^2, & x>0\\ \infty, & x<0\end{cases}$，其中$x>0$区的$V(x)$为谐振子势能，求解基态的能量和归一化波函数.

解 $E_n=\left(n+\dfrac{1}{2}\right)\hbar\omega,\ \psi_n(x)=N_n\mathrm{e}^{-\alpha^2x^2/2}H_n(\alpha x),\ n=1,3,5,\cdots.$

(六) 中子有内禀磁矩：$\boldsymbol{M}_s=-g\dfrac{e}{mc}\hat{\boldsymbol{S}}$，其中$g=1.9$，$m$为中子质量. 当自旋在$z$正方向极化的中子束，沿$x$轴作一维运动时，在$x<0$区没有磁场，而在$x>0$区存在恒定磁场$\boldsymbol{B}$，其方向沿$z$方向. 若中子能量$E>g\dfrac{e\hbar B}{2mc}$，求解中子的一维散射运动.

解 在$x>0$区，中子受到力势$V=-\hat{\boldsymbol{M}}_s\cdot\boldsymbol{B}=\dfrac{geB}{mc}\hat{S}_z$的作用. 对于在$z$方向极化的中子，$V=\dfrac{geB\hbar}{2mc}\equiv V_0$. 在1.37题中，令$V_0=\dfrac{geB\hbar}{2mc}$，可得本题结果.

南京大学 2006 年

(一) 5.53 (二) 7.21 (三) 1.43

(四) 已知一个自旋1/2的系统处于$\hat{S}_n=\hat{\boldsymbol{S}}\cdot\boldsymbol{n}$的本征值为$\hbar/2$的本征态，其中$\hat{\boldsymbol{S}}$是自旋算符，$\boldsymbol{n}$是$xz$平面内与正$z$轴成$\beta$角的单位矢量. (1) $\hat{S}_x$取值$\hbar/2$的概率是多少？(2) $\hat{S}_x$的均方涨落$\Delta s_x=\sqrt{\left\langle\left(s_x-\langle s_x\rangle\right)^2\right\rangle}$是多少？

解 在$\hat{S}_z$表象，$\hat{S}_n$的本征值为$s_n=\hbar/2$的本征态为

$$|\psi\rangle=\begin{pmatrix}\cos(\beta/2)\\ \sin(\beta/2)\end{pmatrix}$$

$\hat{S}_x$的本征值与本征态为

$$s_x=\frac{\hbar}{2},\ |\phi_1\rangle=\frac{1}{\sqrt{2}}\begin{pmatrix}1\\1\end{pmatrix};\ s_x=-\frac{\hbar}{2},\ |\phi_2\rangle=\frac{1}{\sqrt{2}}\begin{pmatrix}1\\-1\end{pmatrix}$$

在$|\psi\rangle$态上，$s_x=\hbar/2$与$-\hbar/2$的概率分别为

$$P_1=|\langle\phi_1|\psi\rangle|^2=\left|\frac{1}{\sqrt{2}}(1,1)\begin{pmatrix}\cos(\beta/2)\\ \sin(\beta/2)\end{pmatrix}\right|^2=\frac{1+\sin\beta}{2}$$

$$P_2=|\langle\phi_2|\psi\rangle|^2=\left|\frac{1}{\sqrt{2}}(1,-1)\begin{pmatrix}\cos(\beta/2)\\ \sin(\beta/2)\end{pmatrix}\right|^2=\frac{1-\sin\beta}{2}$$

$$\overline{s_x}=\frac{1+\sin\beta}{2}\frac{\hbar}{2}-\frac{1-\sin\beta}{2}\frac{\hbar}{2}=\frac{\hbar}{2}\sin\beta,\ \overline{s_x^2}=\frac{\hbar^2}{4}$$

$$\Delta s_x = \sqrt{\left\langle \left(s_x - \langle s_x \rangle\right)^2 \right\rangle} = \sqrt{\overline{s_x^2} - (\overline{s}_x)^2} = \frac{\hbar}{2}\cos\beta$$

(五) 质量为 μ 的粒子在三维势场 $V(r)$ 中运动. 该势场在无穷远处趋于零. 已知该粒子的一个能量本征函数为 $\psi = Cr^{\sqrt{7}}\exp(-\beta r)\cos\theta$，其中 C 和 β 是实常数. (1)在此状态下, 粒子的角动量 L^2 和 L_z 可以有哪些取值, 相应的概率是多少? (2)试确定 $V(r)$ 的具体形式.

解 定态波函数可以表示为

$$\psi = Cr^{\sqrt{7}}\exp(-\beta r)\cos\theta = C'r^{\sqrt{7}}\exp(-\beta r)Y_{10}(\theta,\varphi)$$

(1) $L^2 = 2\hbar^2$, $L_z = 0$，概率均为 1；

(2) 将 ψ 代入定态方程

$$\left\{-\frac{\hbar^2}{2\mu}\left[\frac{1}{r^2}\frac{\partial}{\partial r}\left(r^2\frac{\partial}{\partial r}\right) - \frac{\hat{L}^2}{\hbar^2 r^2}\right] + V(r)\right\}\psi = E\psi$$

得

$$-\frac{\hbar^2}{2\mu}\left[\frac{5+\sqrt{7}}{r^2} - \frac{2\left(\sqrt{7}+1\right)\beta}{r} + \beta^2\right] + V(r) = E$$

由边界条件 $r \to \infty$, $V(r) \to 0$，求得定态能量

$$E = -\frac{\hbar^2\beta^2}{2\mu}$$

将 E 值代入前一式, 得

$$V(r) = \frac{\hbar^2}{2\mu}\left[\frac{5+\sqrt{7}}{r^2} - \frac{2\left(\sqrt{7}+1\right)\beta}{r}\right]$$

南京大学 2007 年

(一) 1.36　(二) 7.26

(三) 简答题(只写结果, 不写中间过程)(1)写出薛定谔方程和定态薛定谔方程；(2)写出一维谐振子的能级公式；(3)写出氢原子的能级公式；(4)写出关于坐标和动量的海森伯不确定关系；(5)写出电子在外加电磁场中运动时的哈密顿量；(6)两个电子分别处于一维无限深势阱的基态(用 ψ_1 表示)和第一激发态(用 ψ_2 表示), 试就两个电子的自旋平行和反平行两种情况, 分别写出两电子的空间波函数.

(四) 质量为 μ 的粒子在宽为 a 的一维无限深势阱 $V(x) = \begin{cases} 0, & 0 < x < a \\ +\infty, & x < 0, x > a \end{cases}$ 中

运动. (1)写出粒子的能量本征值和归一化能量本征函数; (2)设 $t=0$ 时粒子的波函数为 $\psi(x)=\sqrt{\frac{1}{a}}\left(\sin\frac{\pi x}{a}+\sin\frac{2\pi x}{a}\right)\ (0<x<a)$, 求 $t>0$ 时粒子的波函数和动量的平均值; (3)设 $t<0$ 时粒子处于基态, $t=0$ 时势阱宽度突然扩大一倍, 即势阱变为 $V(x)=\begin{cases}0, & 0<x<2a\\ +\infty, & x<0,x>2a\end{cases}$, 此时测量粒子的能量可能得到什么结果, 相应的概率是多少?

解 (2)见1.24; (3) $t\geqslant 0$ 时粒子能量可能值为 $E_n=\dfrac{n^2\pi^2\hbar^2}{8\mu a^2}$, $n=1,2,\cdots$. 能量取值 E_n 的概率为

$$P_n=\left|\frac{\sqrt{2}}{a}\int_0^a \sin\frac{n\pi x}{2a}\sin\frac{\pi x}{a}\mathrm{d}x\right|^2=\begin{cases}\dfrac{32}{(n^2-4)^2\pi^2}, & n=1,3,5,\cdots\\[2mm] \dfrac{1}{2}, & n=2\\[2mm] 0, & n=4,6,8,\cdots\end{cases}$$

(五) 有两个自旋1/2的粒子, 其中一个处于 $s_z=\hbar/2$ 的本征态, 另一个处于 $s_z=-\hbar/2$ 的本征态. (1)求这两个粒子处于自旋三重态的概率; (2)研究这两个粒子间的碰撞. 假定这两个粒子是非全同的, 入射粒子和靶粒子的质量都是 μ, 散射势为 $V(r)=\begin{cases}-V_0, & 0<r<a\\ 0, & r>a\end{cases}$, 其中 r 是两个粒子间的距离, V_0 和 a 是两个正的常数. 入射粒子的能量很小(只要考虑 s 波), 求散射总截面(不讨论共振散射); (3)假定这两个粒子是中子, 散射势同自旋有关: $V(r)=\begin{cases}\boldsymbol{\sigma}_1\cdot\boldsymbol{\sigma}_2, & 0<r<a\\ 0, & r>a\end{cases}$, 其中矢量 $\boldsymbol{\sigma}_1$ 和 $\boldsymbol{\sigma}_2$ 是两个中子的泡利矩阵. 其他条件和要求与上一问相同, 求散射总截面.

解 (1) $|\psi\rangle=\alpha(1)\beta(2)=\frac{1}{\sqrt{2}}|10\rangle+\frac{1}{\sqrt{2}}|00\rangle$, 两个粒子处于自旋三重态的概率为 1/2; (2)见8.2; (3)见8.11.

南京大学 2008 年

(一) 4.3 (二) 4.20 (三) 6.46 (四) 6.42

(五) 质量为 μ 的粒子在势场 $V(x,y,z)=\frac{1}{2}\mu\omega_0^2\left(x^2+y^2+z^2\right)$ 中作本征频率为 ω_0 的简谐振动. (1)求3个最低能级, 对它们及一般情形的能级讨论简并度; (2)设

粒子受周期性微扰势作用：$\hat{H}'=A\sin\frac{2\pi x}{a}\sin\frac{2\pi y}{a}\sin\frac{2\pi z}{a}\cos\omega t$，其中 A,a,ω 是常数. 以 $\left|n_x n_y n_z\right\rangle$ 表示粒子的能量本征态. 其中 $n_x,n_y,n_z=0,1,2,\cdots$ 各自对应三个一维谐振子的量子数. 设 $t=0$ 时粒子处在 $|000\rangle$ 态, 求 t 时刻粒子处于 $|110\rangle$ 态的概率, 略去等于或高于 A^2 的贡献. 下列关系式可能有用：$\int_{-\infty}^{\infty}\mathrm{e}^{-\alpha^2x^2}\mathrm{e}^{\mathrm{i}kx}\mathrm{d}x=\frac{\sqrt{\pi}}{\alpha}\mathrm{e}^{-\frac{k^2}{4\alpha^2}}$，一维振子归一化波函数：

$$\psi_n=\sqrt{\frac{\alpha}{\sqrt{\pi}2^n n!}}\mathrm{e}^{-\xi^2/2}H_n(\xi),\ \alpha=\sqrt{\frac{\mu\omega_0}{\hbar}}$$

$$\xi=\alpha x,\ H_0(\xi)=1,\ H_1(\xi)=2\xi,\ \cdots\cdots$$

解 (1) 粒子的能量为

$$E_N=\left(n_1+n_2+n_3+\frac{3}{2}\right)\hbar\omega_0=\left(N+\frac{3}{2}\right)\hbar\omega_0,\ N=n_1+n_2+n_3=0,1,2,\cdots$$

最低的 3 个能级是 $E_0=\frac{3}{2}\hbar\omega_0$，非简并；$E_1=\frac{5}{2}\hbar\omega_0$，三度简并；$E_1=\frac{7}{2}\hbar\omega_0$，六度简并；能级 E_N 的简并度为 $\frac{(N+1)(N+2)}{2}$.

(2) t 时刻粒子由 $|000\rangle$ 态到 $|110\rangle$ 态的一级近似跃迁概率

$$W_{k\to m}(t)=\frac{1}{\hbar^2}\left|\int_0^t H'_{mk}(t)\mathrm{e}^{\mathrm{i}\omega_{mk}t}\mathrm{d}\tau\right|^2\sim A^2$$

如若略去等于或高于 A^2 的贡献, 则 $W_{k\to m}(t)=0$.

(六) 考虑两个质量为 μ、自旋为1/2的粒子的散射, 相互作用力势为 $V=\xi\hat{\boldsymbol{S}}_1\cdot\hat{\boldsymbol{S}}_2\delta(\boldsymbol{r})$，其中 ξ 是常数, $\hat{\boldsymbol{S}}_1$ 和 $\hat{\boldsymbol{S}}_2$ 是两个粒子的自旋, δ 是狄拉克的 δ 函数. (1)如果两个粒子是可分辨的, 用一级玻恩近似分别求自旋单态和自旋三重态的微分散射截面；(2)设粒子是非极化的, 求微分散射截面；(3)如果两个粒子是全同的, 且处于自旋三重态, 则微分散射截面为零, 请给予物理解释.

解 (1)

$$V=\xi\hat{\boldsymbol{S}}_1\cdot\hat{\boldsymbol{S}}_2\delta(\boldsymbol{r})=\frac{\xi}{2}\left(\hat{S}^2-\frac{3\hbar^2}{2}\right)\delta(\boldsymbol{r})$$

自旋单态势为

$$V_1=-\frac{3\xi\hbar^2}{4}\delta(\boldsymbol{r})=A_1\delta(\boldsymbol{r}),\ A_1=-\frac{3\xi\hbar^2}{4}$$

自旋三重态势为

$$V_3 = \frac{\xi\hbar^2}{4}\delta(\boldsymbol{r}) = A_3\delta(\boldsymbol{r}),\ A_3 = \frac{\xi\hbar^2}{4}$$

$$\begin{aligned}\sigma(\theta,\varphi) &= \frac{\mu^2}{4\pi^2\hbar^4}\left|\int \mathrm{e}^{-\mathrm{i}\boldsymbol{q}\cdot\boldsymbol{r}'}V_i(\boldsymbol{r}')\mathrm{d}\tau'\right|^2 \\ &= \frac{\mu^2 A_i^2}{4\pi^2\hbar^4}\left|\int \mathrm{e}^{-\mathrm{i}\boldsymbol{q}\cdot\boldsymbol{r}'}\delta(\boldsymbol{r}')\mathrm{d}\tau'\right|^2 = \frac{\mu^2 A_i^2}{4\pi^2\hbar^4}\end{aligned}$$

自旋单态与自旋三重态的微分散射截面分别为

$$\sigma_1(\theta,\varphi) = \frac{9\mu^2\xi^2}{64\pi^2},\ \sigma_3(\theta,\varphi) = \frac{\mu^2\xi^2}{64\pi^2}$$

(2)
$$\sigma(\theta,\varphi) = \frac{1}{4}\sigma_1(\theta,\varphi) + \frac{3}{4}\sigma_3(\theta,\varphi) = \frac{3\mu^2\xi^2}{64\pi^2}$$

(3)
$$f_3(\theta,\varphi) = -\frac{\mu}{2\pi\hbar^2}\int \mathrm{e}^{-\mathrm{i}\boldsymbol{q}\cdot\boldsymbol{r}'}V_3(\boldsymbol{r}')\mathrm{d}\tau' = -\frac{\mu A_3}{2\pi\hbar^2} = -\frac{\mu\xi}{8\pi}$$

$$\sigma_3(\theta,\varphi) = \left|f_3(\theta,\varphi) - f_3(\pi-\theta,\varphi+\pi)\right|^2 = 0$$

对于 $s=1/2$ 的自旋三重态散射，空间波函数必须是交换反对称的. 在质心系中，空间波函数 $\psi(\boldsymbol{r})$ 必须是奇函数. 但是由玻恩近似公式算出的出射球面波振幅 $f_3(\theta,\varphi)$ 同角度 θ,φ 无关，散射是各向同性的，这表明 $\psi(\boldsymbol{r})$ 是球对称的，它只能是偶函数. 因此，在此势场中，自旋三重态散射不可能发生. 否则就违反全同性原理了.

南京大学 2009 年

(一)1.37

(二)　基本概念问题：(1)试表述量子态的叠加原理并说明叠加系数是否依赖于时空变量及其理由. (2)量子力学中的力学量算符有哪些性质？为什么需要这些性质？(3)试给出本征函数的正交归一关系并说明它们在分立本征谱和连续本征谱的差别.

(三)　设一维简谐振子的初始 $(t=0)$ 波函数为

$$\phi(x,0) = \frac{1}{\sqrt{3}}\phi_0(x) + \frac{1}{2}\phi_1(x) + A\phi_2(x)$$

其中 $\phi_n(x)$ 为简谐振子的 3 个 $(n=0,1,2)$ 最低能量的定态波函数. 试求(1)系数 $A=?$ (2) t 时刻的波函数 $\phi(x,t)$；(3) t 时刻的能量平均值.

(四)　设无外势场时，质量为 μ 能量为 $E>0$ 的粒子的状态用球面波描写. 试(1)导出决定 s 波 $(l=0)$ 波函数的常微分方程；(2)求出所有 s 波的球面波波函数；

(3)计算对应于 s 波解的速度流矢量并作出图示.

解 (1) $V=0$ 的自由粒子定态方程为

$$-\frac{\hbar^2}{2\mu}\nabla^2\psi(\boldsymbol{r})=E\psi(\boldsymbol{r}),\ \nabla^2\psi(\boldsymbol{r})=k^2\psi(\boldsymbol{r}),\quad k=\sqrt{\frac{2\mu E}{\hbar^2}}$$

在球坐标中,方程表示为

$$\left(\frac{1}{r^2}\frac{\partial}{\partial r}r^2\frac{\partial}{\partial r}-\frac{\hat{L}^2}{\hbar^2 r^2}\right)\psi(\boldsymbol{r})=k^2\psi(\boldsymbol{r})$$

$V=0$ 可视为中心力场. 在中心力场中, $\hat{L}^2$ 与 $\hat{L}_z$ 为守恒量. 令

$$\psi(\boldsymbol{r})=R(r)Y_{lm}(\theta,\varphi)=\frac{u(r)}{r}Y_{lm}(\theta,\varphi)$$

代入方程,得 $u(r)$ 的方程

$$\frac{\mathrm{d}^2u(r)}{\mathrm{d}r^2}+\left[k^2-\frac{l(l+1)}{r^2}\right]u(r)=0$$

对 $l=0$ 的 s 波,方程变为

$$\frac{\mathrm{d}^2u(r)}{\mathrm{d}r^2}+k^2u(r)=0$$

(2) 由上述 s 波方程得到它的两个线条独立解: $u_1(r)=A\mathrm{e}^{\mathrm{i}kr}$, $u_2(r)=A\mathrm{e}^{-\mathrm{i}kr}$, 相应的 s 波波函数为 $\psi_1(r)=A\frac{\mathrm{e}^{\mathrm{i}kr}}{r}$, $\psi_2(r)=A\frac{\mathrm{e}^{-\mathrm{i}kr}}{r}$;

(3) 对 $\psi_1(r)$ 与 $\psi_2(r)$,利用公式

$$j_r=-\frac{\mathrm{i}\hbar}{2\mu}\left(\psi^*\frac{\partial}{\partial r}\psi-\psi\frac{\partial}{\partial r}\psi^*\right)$$

$$j_\theta=-\frac{\mathrm{i}\hbar}{2\mu r}\left(\psi^*\frac{\partial}{\partial\theta}\psi-\psi\frac{\partial}{\partial\theta}\psi^*\right)$$

$$j_\varphi=-\frac{\mathrm{i}\hbar}{2\mu r\sin\theta}\left(\psi^*\frac{\partial}{\partial\varphi}\psi-\psi\frac{\partial}{\partial\varphi}\psi^*\right)$$

算出概率流密度

$$j_{r1}=\frac{|A|^2\hbar k}{\mu r^2}=\frac{|A|^2 v}{r^2},\ j_{\theta1}=j_{\varphi1}=0$$

$$j_{r2}=-\frac{|A|^2\hbar k}{\mu r^2}=-\frac{|A|^2 v}{r^2},\ j_{\theta2}=j_{\varphi2}=0$$

(五)　设有三个1/2的自旋算符$\hat{\boldsymbol{S}}_1,\hat{\boldsymbol{S}}_2,\hat{\boldsymbol{S}}_3$组成的系统,其哈密顿量为

$$\hat{H}=A\hat{\boldsymbol{S}}_1\cdot\hat{\boldsymbol{S}}_2+B\hat{\boldsymbol{S}}_2\cdot\hat{\boldsymbol{S}}_3+B\hat{\boldsymbol{S}}_3\cdot\hat{\boldsymbol{S}}_1$$

(1)给出系统的力学量完全集;(2)求解能级;(3)给出每一个能级的简并度.

解　(1)力学量完全集为$\hat{S}_{1z},\hat{S}_{2z},\hat{S}_{3z}$或$\hat{S}_{12}^2,\hat{S}^2,\hat{S}_z$,其中$\hat{\boldsymbol{S}}_{12}=\hat{\boldsymbol{S}}_1+\hat{\boldsymbol{S}}_2$,$\hat{\boldsymbol{S}}=\hat{\boldsymbol{S}}_1+\hat{\boldsymbol{S}}_2+\hat{\boldsymbol{S}}_3$. (2)与(3)见6.35.

南京大学2010年

(一)6.47

(二)　基本概念题:(1)试表述坐标与动量这两个力学量之间的海森伯不确定关系;(2)写出波函数$\psi(x)=\mathrm{e}^{ikx}$上的相应海森伯不确定关系;(3)写出波函数$\psi(x)=\delta(x-x_0)$上的相应海森伯不确定关系.

解　(1) $\Delta x\Delta p\geqslant\hbar/2$;(2)因$\Delta p=0,\ \Delta x=\infty$,故符合$\Delta x\Delta p\geqslant\hbar/2$;(3)因$\Delta x=0,\Delta p=\infty$,故也符合$\Delta x\Delta p\geqslant\hbar/2$.

(三)　设有一个质量为m的粒子在一维无限深势阱$V(x)=\begin{cases}+\infty, & x<0,x>a\\ 0, & 0<x<a\end{cases}$中运动. (1)求能量本征态(定态)波函数;(2)如初态波函数为

$$\psi(x,t=0)=C\left(1-\cos\frac{\pi x}{a}\right)\sin\frac{\pi x}{a}$$

求常数C并说明该波函数的含义;(3)求t时刻对应的波函数$\psi(x,t)$和粒子的平均能量.

解　参看1.24题. $C=\sqrt{\dfrac{8}{5a}}$,

$$\psi(x,t)=\sqrt{\frac{4}{5}}\mathrm{e}^{-\mathrm{i}E_1t/\hbar}\psi_1(x)-\sqrt{\frac{1}{5}}\mathrm{e}^{-\mathrm{i}E_2t/\hbar}\psi_2(x)$$

$$\bar{E}=\frac{4}{5}E_1+\frac{1}{5}E_2=\frac{4\pi^2\hbar^2}{5\mu a^2}$$

(四)　在一维坐标表象中,$\phi_{x'}(x)=\delta(x-x')$为坐标算符的本征函数,而动量算符可以写成$\hat{p}=\dfrac{\hbar}{\mathrm{i}}\dfrac{\mathrm{d}}{\mathrm{d}x}$. 试求(1)坐标算符的矩阵元$\int\mathrm{d}x\phi_{x'}^*(x)\hat{x}\phi_{x''}(x)$;(2)动量算符的矩阵元$\int\mathrm{d}x\phi_{x'}^*(x)\hat{p}\phi_{x''}(x)$;(3)哈密顿算符$\hat{H}=\dfrac{\hat{p}^2}{2m}+V(\hat{x})$的矩阵元$\int\mathrm{d}x\phi_{x'}^*(x)\ \hat{H}\phi_{x''}(x)$.

解　$$x_{x'x''}=\int\mathrm{d}x\phi_{x'}^*(x)\hat{x}\phi_{x''}(x)=\int\delta(x-x')x\delta(x-x'')\mathrm{d}x=x'\delta(x'-x'')$$

$$p_{x'x''}=\int \mathrm{d}x\phi_{x'}^*(x)\hat{p}\phi_{x''}(x)=-\mathrm{i}\hbar\int\delta(x-x')\frac{\mathrm{d}}{\mathrm{d}x}\delta(x-x'')\mathrm{d}x$$

$$=-\mathrm{i}\hbar\frac{\mathrm{d}}{\mathrm{d}x'}\delta(x'-x'')$$

$$H_{x'x''}=\int \mathrm{d}x\phi_{x'}^*(x)\hat{H}\phi_{x''}(x)=\int\delta(x-x')\left[-\frac{\hbar^2}{2m}\frac{\mathrm{d}^2}{\mathrm{d}x^2}+V(x)\right]\delta(x-x'')\mathrm{d}x$$

$$=\left[-\frac{\hbar^2}{2m}\frac{\mathrm{d}^2}{\mathrm{d}x'^2}+V(x')\right]\delta(x'-x'')$$

(五)　在一维坐标表象中, 试解决下列问题: (1)对于可以进行多项式展开的 $f(\hat{p})$, $[x,f(\hat{p})]=\mathrm{i}\hbar\dfrac{\mathrm{d}f(\hat{p})}{\mathrm{d}\hat{p}}$; (2)对于算符的 $D(\hat{p})=\mathrm{e}^{-\mathrm{i}a\hat{p}/\hbar}$ (a 为常数), 求波函数 $D(\hat{p})\delta(x-x')$; (3)如果 $u(x)$ 与 $D(\hat{p})$ 对易, 给出 $u(x)$ 的主要性质.

解　(1) 将 $f(\hat{p})=\sum\limits_n c_n\hat{p}^n$ 代入 $[x,f(\hat{p})]$ 中,

$$[x,f(\hat{p})]=\left[x,\sum_n c_n\hat{p}^n\right]=\sum_n c_n\left[x,\hat{p}^n\right]$$

$$=\sum_n c_n\mathrm{i}\hbar\frac{\mathrm{d}}{\mathrm{d}\hat{p}}\hat{p}^n=\mathrm{i}\hbar\frac{\mathrm{d}}{\mathrm{d}\hat{p}}\sum_n c_n\hat{p}^n=\mathrm{i}\hbar\frac{\mathrm{d}f(\hat{p})}{\mathrm{d}\hat{p}}$$

(2) 对于任意波函数 $\psi(x)$, 因

$$\mathrm{e}^{-\mathrm{i}a\hat{p}/\hbar}\psi(x)=\sum_n\frac{(-\mathrm{i}a/\hbar)^n}{n!}\hat{p}^n\psi(x)=\sum_n\frac{(-a)^n}{n!}\frac{\mathrm{d}^n\psi(x)}{\mathrm{d}x^n}=\psi(x-a)$$

故有

$$D(\hat{p})\delta(x-x')=\mathrm{e}^{-\mathrm{i}a\hat{p}/\hbar}\delta(x-x')=\delta(x-a-x')$$

(3) 已知 $u(x)$ 与 $D(\hat{p})$ 对易: $u(x)D(\hat{p})=D(\hat{p})u(x)$. 对于任意波函数 $\psi(x)$,

$$u(x)D(\hat{p})\psi(x)=D(\hat{p})u(x)\psi(x)$$

将

$$D(\hat{p})\psi(x)=\psi(x-a),\ D(\hat{p})u(x)\psi(x)=u(x-a)\psi(x-a)$$

代入上式, 得

$$u(x)\psi(x-a)=u(x-a)\psi(x-a)\ \rightarrow\ u(x)=u(x-a)$$

可见, $u(x)$ 是 x 的周期性函数, 周期为 a.

复旦大学 1994 年

(一) 5.1　(二) 8.6　(三) 5.2

(四)　氢原子处于基态，求势能平均值和动能平均值.

解　参看 4.13 . $\langle V\rangle=-\dfrac{e^2}{a},\langle T\rangle=\dfrac{e^2}{2a}$.

(五)　证明一维体系中坐标在动量表象的阵元为 $\langle p|x|p'\rangle=A\dfrac{\partial}{\partial p}\delta(p-p')$，并确定常数 A 的值.

解

$$\langle p|x|p'\rangle=\int\delta(p''-p)\mathrm{i}\hbar\frac{\partial}{\partial p''}\delta(p''-p')\mathrm{d}p''=\mathrm{i}\hbar\frac{\partial}{\partial p}\delta(p-p')$$

$$A=\mathrm{i}\hbar$$

复旦大学 1995 年

(一) 2.10　(二) 1.22　(三) 5.3　(四) 8.6　(五) 5.50

复旦大学 1996 年

(一) 4.14　(二) 1.19　(三) 5.5　(四) 8.12

(五)　(1)写出体系守恒量应满足的条件. 若粒子处在下列势场中：(*a*) 中心力场 $V=V(r)$, (*b*) 无限均匀平面场 $V=V(|z|)$，问力学量：动量 p_x,p_y,p_z，能量 E，角动量 L_x,L_y,L_z，宇称 I 中哪些是守恒量?(不必证明). (2)求对易子：$[\hat{L}_x,r^2]=?[\hat{L}_x,\hat{p}^2]=?$

解　(1)中心力场中的守恒量：E,L_x,L_y,L_z,L^2,I；势场 $V(|z|)$ 中的守恒量：E,p_x,p_y,L_z,I . (2) $[\hat{L}_x,r^2]=0,[\hat{L}_x,\hat{p}^2]=0$.

复旦大学 1997 年

(一) 3.14　(二) 4.18　(三) 6.18

(四)　在 σ_x 表象求 σ_y 的本征态.

解　在 σ_z 表象，

$$\sigma_x=\begin{pmatrix}0&1\\1&0\end{pmatrix},\ \sigma_y=\begin{pmatrix}0&-\mathrm{i}\\\mathrm{i}&0\end{pmatrix}$$

σ_x 的本征值与本征态为

$$\lambda=1,\ \phi_1=\frac{1}{\sqrt{2}}\begin{pmatrix}1\\1\end{pmatrix};\ \lambda=-1,\ \phi_2=\frac{1}{\sqrt{2}}\begin{pmatrix}1\\-1\end{pmatrix}.$$

将ϕ_1,ϕ_2并列得到由σ_z表象到σ_x表象变换的S矩阵：

$$S=\frac{1}{\sqrt{2}}\begin{pmatrix}1 & 1\\ 1 & -1\end{pmatrix}$$

在σ_x表象，σ_y的矩阵为

$$\sigma_y'=S^{+}\sigma_y S=\frac{1}{2}\begin{pmatrix}1 & 1\\ 1 & -1\end{pmatrix}\begin{pmatrix}0 & -\mathrm{i}\\ \mathrm{i} & 0\end{pmatrix}\begin{pmatrix}1 & 1\\ 1 & -1\end{pmatrix}=\begin{pmatrix}0 & \mathrm{i}\\ -\mathrm{i} & 0\end{pmatrix}$$

σ_y'的本征值与本征态为

$$\lambda=1,\ \phi_1=\frac{1}{\sqrt{2}}\begin{pmatrix}1\\ -\mathrm{i}\end{pmatrix};\ \lambda=-1,\ \phi_2=\frac{1}{\sqrt{2}}\begin{pmatrix}1\\ \mathrm{i}\end{pmatrix}.$$

(五) 粒子在势阱$V(r)=-\dfrac{V_0\mathrm{e}^{-r/a}}{r/a}(V_0>0,a>0)$中运动，用试探波函数$\psi(r)=\mathrm{e}^{-\beta r/a}$求基态能量，$\beta$为无量纲(现称量纲为1)的变分参数，$\beta>0$，写出$\beta$满足的方程.

解 归一化的试探波函数为

$$\psi(r)=\sqrt{\frac{\beta^3}{\pi a^3}}\mathrm{e}^{-\beta r/a}$$

$$E(\beta)=\int\psi^*(r)\left(-\frac{\hbar^2}{2\mu}\nabla^2-\frac{V_0\mathrm{e}^{-r/a}}{r/a}\right)\psi(r)\mathrm{d}\tau=\frac{\hbar^2\beta^2}{2\mu a^2}-\frac{4V_0\beta^3}{(2\beta+1)^2}$$

由$\dfrac{\partial E(\beta)}{\partial\beta}=0$，得$\beta$满足的方程

$$\frac{\hbar^2}{\mu a^2}-\frac{12V_0\beta}{(2\beta+1)^2}+\frac{16V_0\beta^2}{(2\beta+1)^3}=0$$

由此方程求出β，代入$E(\beta)$可得基态近似能量.

复旦大学 1998 年

(一) 4.22 (二) 4.17 (三) 5.2

(四) 一维无限深势阱中，质量为μ的粒子在$t=0$时的态为

$$\psi(x,0)=A\cos\frac{\pi x}{a}\left(\sin\frac{3\pi x}{a}-3\sin\frac{\pi x}{a}\right)$$

其中a为阱宽，A为归一化系数. 试求(1)t时刻粒子所处的态；(2)$t>0$及$t=0$时粒

子的平均能量；(3) t 时刻在 $0<x<a/2$ 中发现粒子的概率.

解 参看1.24. (1) $t>0$ 时的波函数为

$$\psi(x,t)=\sqrt{\frac{1}{5}}\mathrm{e}^{-\mathrm{i}E_4t/\hbar}\psi_4(x)-\sqrt{\frac{4}{5}}\mathrm{e}^{-\mathrm{i}E_2t/\hbar}\psi_2(x)$$

$$E_n=\frac{n^2\pi^2\hbar^2}{2\mu a^2},\ \psi_n(x)=\begin{cases}\sqrt{\frac{2}{a}}\sin\frac{n\pi x}{a}, & 0<x<a\\ 0, & x<0,x>a\end{cases}$$

(2) $t=0$ 与 $t>0$ 时, 粒子的平均能量均为

$$\overline{E}=\frac{1}{5}E_4+\frac{4}{5}E_2=\frac{3.2\pi^2\hbar^2}{\mu a^2}$$

(3) $t(>0)$ 时刻在 $0<x<a/2$ 中发现粒子的概率为

$$\int_0^{a/2}|\psi(x,t)|^2\mathrm{d}x=\frac{1}{2}$$

(五) 一个电子在与磁场 $\boldsymbol{B}$ (沿 z 轴) 垂直的平面内运动, 取规范 $\boldsymbol{A}=(-By,0,0)$. 试求此二维问题的哈密顿量和能量本征值.

解 参看 4.6.

$$\hat{H}=\frac{1}{2\mu}\left[\left(\hat{p}_x-\frac{eBy}{c}\right)^2+\hat{p}_y^2\right]+\frac{eB}{\mu c}\hat{S}_z$$

$$E=\hbar\omega\left(n+\frac{1}{2}\right)+\hbar\omega m_s$$

$$\omega=\frac{eB}{\mu c},\ n=01,2,\cdots,\ m_s=\pm\frac{1}{2}$$

复旦大学 1999 年

(一) 4.20

(二) 设 $t=0$ 时, 粒子处于 $\psi(x)=\sin kx+\frac{1}{3}\cos^2 kx$, 求粒子动量和动能的平均值.

解 波函数可以表示为

$$\psi(x)=\frac{1}{12}\left(6\mathrm{i}\mathrm{e}^{-\mathrm{i}kx}-6\mathrm{i}\mathrm{e}^{\mathrm{i}kx}+\mathrm{e}^{\mathrm{i}2kx}+\mathrm{e}^{-\mathrm{i}2kx}+2\right)$$

$$\overline{p}=0,\ \overline{T}=\frac{20\hbar^2k^2}{39\mu}$$

(三) 试在σ_y表象中, 求σ_z本征态.

解 在σ_z表象,

$$\sigma_z=\begin{pmatrix}1 & 0\\ 0 & -1\end{pmatrix},\ \sigma_y=\begin{pmatrix}0 & -\mathrm{i}\\ \mathrm{i} & 0\end{pmatrix}$$

σ_y的本征值与本征态为

$$\lambda=1,\ \phi_1=\frac{1}{\sqrt{2}}\begin{pmatrix}1\\ \mathrm{i}\end{pmatrix};\ \lambda=-1,\ \phi_2=\frac{1}{\sqrt{2}}\begin{pmatrix}1\\ -\mathrm{i}\end{pmatrix}$$

将ϕ_1,ϕ_2并列得到由σ_z表象到σ_y表象变换的S矩阵:

$$S=\frac{1}{\sqrt{2}}\begin{pmatrix}1 & 1\\ \mathrm{i} & -\mathrm{i}\end{pmatrix}$$

在σ_y表象, σ_z的矩阵为

$$\sigma_z'=S^+\sigma_zS=\frac{1}{2}\begin{pmatrix}1 & -\mathrm{i}\\ 1 & \mathrm{i}\end{pmatrix}\begin{pmatrix}1 & 0\\ 0 & -1\end{pmatrix}\begin{pmatrix}1 & 1\\ \mathrm{i} & -\mathrm{i}\end{pmatrix}=\begin{pmatrix}0 & 1\\ 1 & 0\end{pmatrix}$$

σ_z'的本征值与本征态为

$$\lambda=1,\ \phi_1=\frac{1}{\sqrt{2}}\begin{pmatrix}1\\ 1\end{pmatrix};\ \lambda=-1,\ \phi_2=\frac{1}{\sqrt{2}}\begin{pmatrix}1\\ -1\end{pmatrix}$$

(四) 设体系哈密顿量在能量表象中为矩阵$\begin{pmatrix}E_1^{(0)}+a & b\\ b & E_2^{(0)}+a\end{pmatrix}$, 其中$a,b$为实数.试用微扰论公式求能量至二级修正值.

解 $$E_1=E_1^{(0)}+a+\frac{b^2}{E_1^{(0)}-E_2^{(0)}},\ E_2=E_2^{(0)}+a+\frac{b^2}{E_2^{(0)}-E_1^{(0)}}$$

(五) 若在宽度为$2a$的无限深方势阱的中心放入$V_0\delta(x)$势, 问对于无限深方势阱的原来各能级有何影响?

解 原有能级$E_n=\dfrac{n^2\pi^2\hbar^2}{8\mu a^2}$中$n=2,4,\cdots$保留, $n=1,3,\cdots$消失, 代之以其他能级. 这是因为$n=2,4,\cdots$的波函数

$$\psi_n(x)=\begin{cases}\sqrt{\dfrac{1}{a}}\sin\dfrac{n\pi}{2a}(x+a), & |x|<a\\ 0, & |x|>a\end{cases}$$

满足条件$\psi_n(0)=0$，符合$\delta(x)$势中波函数导数$\psi'(x)$在$x=0$所应满足的条件. 参看1.7.

复旦大学 2000 年

(一) 4.20　(二) 5.1

(三)　试求出能量为100eV的自由电子的德布罗意波的波长.

(四)　粒子系处于下列外场中，指出哪些力学量(动量，能量，角动量，宇称等)是守恒量：(1)自由粒子(无相互作用，也不受外力)；(2)无限、均匀轴对称场；(3)无限、均匀平面场；(4)中心力场；(5)均匀交变场；(6)椭球场.

解　(1)动量，能量，角动量，宇称；(2)设z轴为对称轴，能量，动量z分量p_z，角动量z分量L_z，宇称；(3)设xy平面为均匀平面，能量，p_x,p_y,L_z，宇称；(4)能量，角动量，宇称；(5)设场的方向沿z轴，p_x,p_y,L_z；(6)能量，宇称.

(五)　两电子在宽度为L的一维无限深方势阱中，电子间排斥势$V(|x_1-x_2|)$可视为微扰，试求体系第一激发态和第二激发态的能级(至微扰论一级).

解　第一激发态能量

$$E=\frac{5\pi^2\hbar^2}{2\mu L^2}+\int\Psi_\pm^*V(|x_1-x_2|)\Psi_\pm\mathrm{d}x_1\mathrm{d}x_2$$

$$\Psi_\pm=\frac{1}{\sqrt{2}}\left[\psi_1(x_1)\psi_2(x_2)\pm\psi_2(x_1)\psi_1(x_2)\right]$$

第二激发态能量

$$E=\frac{4\pi^2\hbar^2}{\mu L^2}+\int\Psi^*V(|x_1-x_2|)\Psi\mathrm{d}x_1\mathrm{d}x_2,\ \Psi=\psi_2(x_1)\psi_2(x_2)$$

以上波函数中的$\psi_n(x)$是一维无限深方势阱中的定态波函数：

$$\psi_n(x)=\begin{cases}\sqrt{\dfrac{2}{L}}\sin\dfrac{n\pi x}{L}, & 0<x<L\\ 0, & x<0,x>L\end{cases}$$

复旦大学 2001 年

(一) 3.15　(二) 5.39

(三) 质量为 m 的粒子在一维对称势 $V(x) = Ax^2$ 中运动.请用量子化条件求粒子能量 E 的可能取值.

解 参看2.44. 用量子力学的量子化条件：$[x,\hat{p}] = \mathrm{i}\hbar$ 或 $[a,a^+] = 1$，求出 $E = \left(n+\dfrac{1}{2}\right)\hbar\omega$，其中 $\omega = \sqrt{2A/m}, n = 0,1,2,\cdots$. 用非量子力学的量子化条件 $\oint p\mathrm{d}x = nh$，求出 $E = n\hbar\omega,\ n = 1,2,\cdots$.

(四) 质量为 m 的粒子处在一维谐振子势 $V_0(x) = \dfrac{\alpha^4\hbar^2}{2m}x^2$ 的基态，其波函数为 $\varphi_0(x) = \left(\dfrac{\alpha}{\sqrt{\pi}}\right)^{1/2}\mathrm{e}^{-\alpha^2x^2/2}$.若势能 $V_0(x)$ 忽然变为 $V_1(x) = \dfrac{\beta^4\hbar^2}{2m}x^2$，问在其后任意时刻 t，粒子处在基态的概率. 若势能是非常缓慢地从 $V_0(x)$ 变为 $V_1(x)$，结果如何?

解 参看1.19，概率为 $\dfrac{2\alpha\beta}{\alpha^2+\beta^2}$. 如果势能 $V_0(x)$ 缓变，则概率为 1.

(五) 分析，讨论或求解在势阱 $V(x) = \begin{cases} \infty, & x<0 \\ m\omega^2x^2/2, & x>0 \end{cases}$ 中运动的能级.

解 $E = \left(n+\dfrac{1}{2}\right)\hbar\omega,\ n = 1,3,5,\cdots$，相应的波函数 $\psi_n(x)$ 满足条件：$\psi_n(0) = 0$.

复旦大学 2002 年

(一)1.27 (二)4.26 (三)7.20 (四)7.15

(五) 体系服从下述薛定谔方程：

$$\left[-\frac{\hbar^2}{2\mu}\left(\nabla_1^2+\nabla_2^2\right)+\frac{1}{2}k\left|\boldsymbol{r}_1-\boldsymbol{r}_2\right|^2\right]\psi(\boldsymbol{r}_1,\boldsymbol{r}_2) = E\psi(\boldsymbol{r}_1,\boldsymbol{r}_2)$$

(1) 指出这体系的所有守恒量(不必证明)；(2) 求基态能量和基态波函数.

解 (1) E, L^2, L_z，宇称 I；

(2) 令

$$\boldsymbol{r} = \boldsymbol{r}_1-\boldsymbol{r}_2,\ r = \left|\boldsymbol{r}_1-\boldsymbol{r}_2\right|,\ \mu = \frac{m}{2},\ \omega = \sqrt{\frac{k}{\mu}},\ \alpha = \sqrt{\frac{\mu\omega}{\hbar}}$$

质心系中的定态方程为

$$\left(-\frac{\hbar^2}{2\mu}\nabla^2+\frac{1}{2}\mu\omega^2r^2\right)\psi(\boldsymbol{r}) = E\psi(\boldsymbol{r})$$

定态能量与波函数为

$$E_{n_1n_2n_3}=\left(n_1+n_2+n_3+\frac{3}{2}\right)\hbar\omega$$

$$\psi_{n_1n_2n_3}(x,y,z)=\psi_{n_1}(x)\psi_{n_2}(y)\psi_{n_3}(z)$$

$$n_1,n_2,n_3=0,1,2,\cdots,\ \psi_{n_1}(x)=N_{n_1}\mathrm{e}^{-\alpha^2x^2/2}H_{n_1}(\alpha x),\ \cdots$$

基态能量和基态波函数为

$$E=\frac{3}{2}\hbar\omega,\ \psi(r)=\sqrt{\frac{\alpha^3}{\pi^{3/2}}}\mathrm{e}^{-\alpha^2r^2/2}$$

复旦大学 2003 年

(一) 4.20　(二) 2.42　(三) 5.43　(四) 7.23

(五)　试从电子的托马斯·杨双缝衍射实验结果，说明电子的重要微观性质.

复旦大学 2004 年

(一) 4.33　(二) 5.25　(三) 7.25

(四)　质量为 m 的粒子在宽度为 a 的一维无限深势阱中，设在 $t=0$ 时粒子的状态为 $\Phi(0)=a_1\phi_1+a_2\phi_2+a_3\phi_3+a_4\phi_4$，$\phi_n(n=1,2,3,4)$ 是能量为 E_n 时一维无限深势阱的归一化本征函数，a_1,a_2,a_3,a_4 是已知常数. 求(1)在 $t=0$ 时，测量能量，结果小于 $3\pi^2\hbar^2/ma^2$ 的概率；(2)在 $t=0$ 时，能量 E 与 E^2 的平均值；(3) t 时的波函数 $\Phi(t)$；(4)如果在 Φ 态测量能量，所得结果为 $8\pi^2\hbar^2/ma^2$，问测量后粒子处在何种状态？

解　设 $\Phi(0)$ 是归一化的：$\sum\limits_{n=1}^{4}|a_n|^2=1$. (1) 概率：$|a_1|^2+|a_2|^2$；(2) 能量 E,E^2 平均值

$$\overline{E}=\sum_{n=1}^{4}|a_n|^2E_n,\ \overline{E^2}=\sum_{n=1}^{4}|a_n|^2E_n^2,\ E_n=\frac{n^2\pi^2\hbar^2}{2ma^2}$$

(3) $\Phi(t)=\sum\limits_{n=1}^{4}a_n\mathrm{e}^{-\mathrm{i}E_nt/\hbar}\phi_n$；(4) ϕ_4.

(五)　两个自旋为1/2的粒子组成的体系由哈密顿量 $\hat{H}=A(\hat{S}_{1z}+\hat{S}_{2z})+B\hat{\boldsymbol{S}}_1\cdot\hat{\boldsymbol{S}}_2$ 描述，其中 $\hat{\boldsymbol{S}}_1,\hat{\boldsymbol{S}}_2$ 分别是两个粒子的自旋，$\hat{S}_{1z},\hat{S}_{2z}$ 是它们的 z 分量，A,B 为常数. 求该哈密顿量的所有能级.

解　体系哈密顿量可以表示为

$$\hat{H} = A(\hat{S}_{1z} + \hat{S}_{2z}) + B\hat{\boldsymbol{S}}_1 \cdot \hat{\boldsymbol{S}}_2 = A\hat{S}_z + \frac{B}{2}\left(\hat{S}^2 - \frac{3\hbar^2}{2}\right)$$

其中$\hat{S}^2$与$\hat{S}_z$是体系总自旋平方与总自旋在z方向分量算符. 令$\hat{S}^2$与$\hat{S}_z$的共同本征态为$|sm_s\rangle, s=0, m_s=0; s=1, m_s=0, \pm 1$. $\hat{H}$的本征态与本征值为

$$|\psi\rangle = |sm_s\rangle,\ E_{sm_s} = A\hbar m_s + \frac{B\hbar^2}{2}\left[s(s+1) - \frac{3}{2}\right]$$

能级有4个:

$$E_{00} = -\frac{3B\hbar^2}{4},\ E_{1-1} = \frac{B\hbar^2}{4} - A\hbar,\ E_{10} = \frac{B\hbar^2}{4},\ E_{11} = \frac{B\hbar^2}{4} + A\hbar$$

复旦大学2005年

(一) 2.37　(二) 6.34　(三) 6.35

(四) 一粒子处于宽度为a的一维无限深势阱中, 求在能量表象中坐标x的矩阵元$\langle n|x|m\rangle$, 其中$|n\rangle$是第n个能量本征态.

解 在$V(x) = \begin{cases} 0, & |x| < a/2 \\ \infty, & |x| > a/2 \end{cases}$势阱中,

$$\langle n|x|m\rangle = \begin{cases} \dfrac{4amn}{\pi^2(n^2 - m^2)^2}\left[(-1)^{m+n} - 1\right], & m \neq n \\ 0, & m = n \end{cases}$$

(五) 一个处于基态的氢原子, 它的原子核忽然受到一个中子的轰击, 使它得到速度$\boldsymbol{v}$. 设在这个撞击下, 氢原子既不激发、也不电离, 求在撞击后氢原子仍然处于基态的概率.

解 当氢原子受到一个中子的轰击时, 处于基态的电子有可能获得一定能量而被激发或电离. 现在电子没有因中子的轰击而被激发或电离, 只是获得一定速度$\boldsymbol{v}$或动量$\boldsymbol{p} = \mu\boldsymbol{v}$. 假定中子轰击的方向为正$z$轴方向, 则电子获得$z$轴方向动量$p = \mu v$. 于是电子的波函数由原来的$\psi_{100}(\boldsymbol{r}) = \frac{1}{\sqrt{\pi a^3}}\mathrm{e}^{-r/a}$变为后来的$\psi(\boldsymbol{r}) = \psi_{100}(\boldsymbol{r})\mathrm{e}^{\mathrm{i}pz/\hbar}$. 这个波函数$\psi(\boldsymbol{r})$满足归一化条件$\int|\psi(\boldsymbol{r})|^2\mathrm{d}\tau = 1$. 在此态上, 电子的动量平均值与动能平均值分别为

$$\overline{p_z} = \int \psi_{100}^* \mathrm{e}^{-\mathrm{i}pz/\hbar}\left(-\mathrm{i}\hbar\frac{\partial}{\partial z}\right)\psi_{100}\mathrm{e}^{\mathrm{i}pz/\hbar}\mathrm{d}\tau = p,\ \overline{p_x} = \overline{p_y} = 0$$

$$\overline{T}=\int\psi_{100}^{*}\mathrm{e}^{-\mathrm{i}pz/\hbar}\left(-\frac{\hbar^2}{2\mu}\nabla^2\right)\psi_{100}\mathrm{e}^{\mathrm{i}pz/\hbar}\mathrm{d}\tau=\frac{e^2}{2a}+\frac{p^2}{2\mu}$$

可见, $\psi=\psi_{100}\mathrm{e}^{\mathrm{i}pz/\hbar}$ 描写的态同单纯的 ψ_{100} 态不同, 在 ψ_{100} 态上,

$$\overline{p_x}=\overline{p_y}=\overline{p_z}=0,\ \overline{T}=\frac{e^2}{2a}$$

在 $\psi=\psi_{100}\mathrm{e}^{\mathrm{i}pz/\hbar}$ 态上, 氢原子的任意一个定态 ψ_{nlm} 都有可能出现, 出现的概率为

$$P_{nlm}=\left|\int\psi_{nlm}^{*}\psi_{100}\mathrm{e}^{\mathrm{i}pz/\hbar}\mathrm{d}\tau\right|^2=\left|\int\psi_{nlm}^{*}\psi_{100}\mathrm{e}^{\mathrm{i}kz}\mathrm{d}\tau\right|^2=\left|\int\psi_{nlm}^{*}\psi_{100}\mathrm{e}^{\mathrm{i}kr\cos\theta}\mathrm{d}\tau\right|^2$$

其中 $p=\hbar k$. 电子仍处于基态 ψ_{100} 的概率为

$$P_{100}=\left|\int\psi_{100}^{*}\psi_{100}\mathrm{e}^{\mathrm{i}kr\cos\theta}\mathrm{d}\tau\right|^2$$

式中积分

$$\begin{aligned}\int\psi_{100}^{*}\psi_{100}\mathrm{e}^{\mathrm{i}kr\cos\theta}\mathrm{d}\tau&=\frac{1}{\pi a^3}\iiint\mathrm{e}^{-2r/a}\mathrm{e}^{\mathrm{i}kr\cos\theta}r^2\sin\theta\mathrm{d}\theta\mathrm{d}\varphi\mathrm{d}r\\&=\frac{2}{a^3}\int_0^\infty\mathrm{d}r r^2\mathrm{e}^{-2r/a}\int_0^\pi\mathrm{e}^{\mathrm{i}kr\cos\theta}\sin\theta\mathrm{d}\theta\\&=\frac{2}{a^3}\int_0^\infty\mathrm{d}r r^2\mathrm{e}^{-2r/a}\int_{-1}^{+1}\mathrm{e}^{\mathrm{i}kr\cos\theta}\mathrm{d}\cos\theta\\&=\frac{2}{\mathrm{i}ka^3}\int_0^\infty r\mathrm{e}^{-2r/a}\left(\mathrm{e}^{\mathrm{i}kr}-\mathrm{e}^{-\mathrm{i}kr}\right)\mathrm{d}r\\&=\frac{4^2}{\left(4+k^2a^2\right)^2}\end{aligned}$$

其中 a 为玻尔半径. 电子仍处于基态 ψ_{100} 的概率为

$$P_{100}=\frac{4^4}{\left(4+k^2a^2\right)^4}=\frac{4^4}{\left(4+\dfrac{\mu^2v^2a^2}{\hbar^2}\right)^4}=\frac{1}{\left(1+\dfrac{\mu^2v^2a^2}{4\hbar^2}\right)^4}$$

如果电子获得的速度 v 很小, 使得 $ka\ll1$, 则 $P_{100}\to1$; 反之, $P_{100}\to0$.

复旦大学 2006 年

(一) 5.36 (二) 7.23 (三) 6.41

(四) 一维谐振子处于第一激发态 $\psi(x)=\sqrt{\frac{\alpha}{2\sqrt{\pi}}}2\alpha x\mathrm{e}^{-\alpha^2x^2/2}$ 中，其中 $\alpha=\sqrt{\frac{m\omega}{\hbar}}$，$m$ 是振子的质量，ω 是振动角频率. 求(1)动能平均值与势能平均值；(2)第一激发态概率最大的位置.

解 (1)$\bar{T}=\bar{V}=\frac{3}{4}\hbar\omega$；(2)由 $\frac{\mathrm{d}}{\mathrm{d}x}|\psi(x)|^2=0$ 得概率最大的位置 $x=\pm\frac{1}{\alpha}=\pm\sqrt{\frac{\hbar}{m\omega}}$.

(五) 设能量为 E 的粒子从左边入射到深度为 V_0，宽度为 a 的势阱，求阱壁处的反射系数.

解 令
$$k=\sqrt{\frac{2\mu E}{\hbar^2}},\ \alpha=\sqrt{\frac{2\mu(E+V_0)}{\hbar^2}}$$

波函数 $\psi(x)$ 在 3 个区内具有如下形式：

$$\psi_1(x)=\mathrm{e}^{\mathrm{i}kx}+B\mathrm{e}^{-\mathrm{i}kx},\qquad x<0$$
$$\psi_2(x)=F\mathrm{e}^{\mathrm{i}\alpha x}+G\mathrm{e}^{-\mathrm{i}\alpha x},\ 0<x<a$$
$$\psi_3(x)=C\mathrm{e}^{\mathrm{i}kx},\qquad x>a$$

由 $\psi(x)$ 与 $\psi'(x)$ 在 $x=0$ 及 $x=a$ 的连续条件：

$$\psi_1(0)=\psi_2(0),\ \psi_1'(0)=\psi_2'(0),\ \psi_2(a)=\psi_3(a),\ \psi_2'(a)=\psi_3'(a)$$

得到系数 B,F,G,C 的 4 个方程，解出 B，反射系数(详见 1.39)

$$R=|B|^2=\frac{\left(k^2-\alpha^2\right)^2\sin^2(\alpha a)}{\left(k^2-\alpha^2\right)^2\sin^2(\alpha a)+4k^2a^2}$$

基本物理常数

普朗克常数	$h=6.62608\times10^{-34}$ 焦耳·秒 $=6.62608\times10^{-27}$ 尔格·秒 $\hbar=h/2\pi=1.05459\times10^{-34}$ 焦耳·秒 $=1.05459\times10^{-27}$ 尔格·秒
光速	$c=2.99792\times10^{8}$ 米/秒 $=2.99792\times10^{10}$ 厘米/秒
电子电荷绝对值	$e=1.60219\times10^{-19}$ 库仑 $=4.80324\times10^{-10}$ 静电单位[(尔格·厘米)$^{1/2}$]
精细结构常数	$\alpha=e^2/\hbar c=1/137.036=7.29735\times10^{-3}$
阿伏伽德罗常数	$N_A=6.02205\times10^{23}$/摩尔
玻尔兹曼常数	$k=1.38066\times10^{-23}$ 焦耳/开 $=1.38066\times10^{-16}$ 尔格/开
气体常数	$R=N_Ak=8.31441$ 焦耳/(开·摩尔) $=8.31441\times10^{7}$ 尔格/(开·摩尔)
电子质量	$m_e=9.10953\times10^{-31}$ 千克 $=0.511003\text{MeV}/c^2$
质子质量	$m_p=1.67265\times10^{-27}$ 千克 $=938.280\text{MeV}/c^2$
中子质量	$m_n=1.67492\times10^{-27}$ 千克 $=939.555\text{MeV}/c^2$
玻尔半径	$a=\hbar^2/m_ee^2=5.29177\times10^{-11}$ 米
电子经典半径	$r_e=e^2/m_ec^2=2.81794\times10^{-15}$ 米
玻尔磁子	$\mu_B=e\hbar/2m_ec=9.27408\times10^{-24}$ 焦耳/特斯拉 $=9.27408\times10^{-21}$ 尔格/高斯
核磁子	$\mu_N=e\hbar/2m_pc=5.05082\times10^{-27}$ 焦耳/特斯拉 $=5.05082\times10^{-24}$ 尔格/高斯

1 焦耳=10^7 尔格

1 Å=10^{-10} 米=10^{-8} 厘米=10^5 飞米

1 a.m.u $=1.66057\times10^{-27}$ 千克 $=931.502\text{MeV}/c^2$

1 eV $=1.60219\times10^{-19}$ 焦耳 $=1.60219\times10^{-12}$ 尔格

1 特斯拉=10^4 高斯

1 尔格(克·厘米^2/秒^2)=10^{-7} 焦耳(千克·米^2/秒^2)

《量子力学基础教程》习题与本书对照

本书是《量子力学基础教程》(第六版)(陈鄂生、李明明编著，山东大学出版社)的配套书。该书中大部分习题的解答，可以从本书中查找到。例如，《量子力学基础教程》(简称《教程》) 第三章习题 6 的解答由本书的习题 1.1 给出。详见下表：

《教程》习题		本书习题	《教程》习题		本书习题	《教程》习题		本书习题
第三章	6	1.1	第六章	5	4.1	第八章	1	6.9
	7	1.24		6	4.2		3	6.13
	8	1.14		7	4.3		6	6.6
	9	1.6		8	4.4		7	6.5
	10	1.5		9	4.11		8	6.4
	11	1.2（参考）		10	4.9		9	6.15
	12	1.11		11	4.5		10	6.1
	13	1.33		12	4.8		11	6.19
	14	1.34		13	4.27		13	3.16
	15	1.37		14	4.14		14	3.17
第四章	5	2.11		15	4.15		15	6.20
	6	2.4		16	4.16		16	6.21
	7	2.10, 2.11		17	4.20		17	6.22
	8	2.13		18	4.21		18	6.27
	10	4.19		19	4.18		19	6.28
	12	2.14	第七章	1	5.4	第九章	1	7.1
	13	3.12		3	5.5		2	7.2
	15	1.21		4	5.6		3	7.3
	16	1.29		5	5.7		4	7.4
	17	1.18		7	5.10		5	7.5
	19	2.20, 2.22		8	5.17		6	7.6
	24	2.12		9	5.19		7	7.7
	26	2.24		10	5.12		8	7.8
	27	1.46		11	5.20		10	6.23
第五章	2	3.4		12	5.8		11	6.24
	5	3.2		13	5.21		12	7.11（参考）
	7	3.9		14	5.22		13	7.13
	8	3.8（参考）		15	5.23		14	7.17
	9	3.18		16	5.39		15	7.16
	10	3.11		17	5.40	第十章	1	8.2
	11	3.19		18	5.41		2	8.4
	12	3.14		19	5.42		3	8.5
	13	3.15		20	5.48		4	8.7
	14	3.2		21	5.49		5	8.8
	15	2.6		22	5.50		6	8.12
第六章	2	4.14, 4.17, 4.18		23	5.52		7	8.9
	3	4.26						